新编智能建筑弱电工程设计与安装

梁 晨 梁 华 编著

中国建筑工业出版社

图书在版编目（CIP）数据

新编智能建筑弱电工程设计与安装/梁晨，梁华编
著. —北京：中国建筑工业出版社，2019.4（2023.1重印）
ISBN 978-7-112-23522-3

Ⅰ．①新…　Ⅱ．①梁…②梁…　Ⅲ．①智能化建
筑-电气设备-工程设计②智能化建筑-电气设备-工程施
工　Ⅳ．①TU855

中国版本图书馆 CIP 数据核字（2019）第 053621 号

　　　　智能建筑弱电工程是现代信息技术和现代建筑技术相结合的产物，发展迅速。
本书是在广受好评的《智能建筑弱电工程设计与安装》的基础上，根据建筑弱电
技术的最新发展，结合国家标准规范，推出《新编智能建筑弱电工程设计与安
装》。全书共十一章，内容包括智能建筑概论，电话通信与计算机网络系统，综合
布线系统，厅堂扩声与公共广播系统，音频与视频会议系统，有线电视和卫星电
视接收系统，视频监控系统，安全防范系统，火灾自动报警与联动控制系统，建
筑设备自动化系统（BAS）以及住宅小区智能化系统等。书中列有大量实用图表
和数据，并列举许多典型应用实例。

　　　　本书取材新颖，图文并茂，内容丰富，力求实用。可供从事智能建筑弱电工
程的设计、安装、施工、维护和管理等技术人员、管理人员、安装施工人员等使
用，也可供相关院校和培训班的师生参考。

＊　　＊　　＊

责任编辑：王玉容
责任校对：王　瑞

新编智能建筑弱电工程设计与安装

梁　晨　梁　华　编著

＊

中国建筑工业出版社出版、发行（北京海淀三里河路9号）
各地新华书店、建筑书店经销
霸州市顺浩图文科技发展有限公司
北京盛通印刷股份有限公司印刷

＊

开本：787×1092毫米　1/16　印张：41¾　字数：1039千字
2019年5月第一版　　2023年1月第五次印刷
定价：**98.00**元
ISBN 978-7-112-23522-3
（33086）

前　言

　　智能建筑（Intelligent Buildings）是现代建筑技术与现代通信技术、计算机网络技术、信息处理技术和自动控制技术相结合的产物。它是以建筑为平台，兼备建筑设备、办公自动化及通信网络系统，集结构、系统、服务、管理及其优化组合为一体，向人们提供高效、舒适、便利、节能、安全的建筑环境。智能建筑工程主要是指现代建筑弱电系统。所谓弱电系统是相对于强电系统而言的，它几乎包括了除像电力那样的强电之外的所有电子信息系统。

　　本书是在广受好评的《智能建筑弱电工程设计与安装》（已重印六次）的基础上，根据建筑弱电技术的最新发展，结合国家标准规范撰写的。全书共十一章，内容包括智能建筑概论、电话通信与计算机网络系统、综合布线系统、厅堂扩声与公共广播系统、音频与视频会议系统、有线电视和卫星电视接收系统、视频监控系统、安全防范系统、火灾自动报警与联动控制系统、建筑设备自动化系统（BAS）以及住宅小区智能化系统等。书中列有大量实用图表和数据，并列举许多典型应用实例。

　　因此，本书可供从事智能建筑弱电工程的设计、安装、施工、维护、监理等的技术人员、管理人员、安装施工人员等使用，也可供相关院校和培训班的师生参考。应该指出，在本书撰写过程中，得到了洪孝诒、郑正华、曾品凝、梁亮、周丹、郑德希、田宾、周庆东、冯雪梅、曾向伟、叶寿平、梁中云、林晓辉、游绿洲、梁巧、顾用军、梁瑞钦、方咏春、梁晶、林国英等同志的大力支持和帮助，在此一并表示感谢。限于作者水平和时间，书中难免有不足或不当之处，欢迎读者给予批评批指正。

目　　录

第一章 智能建筑概论

第一节 智能建筑的定义与组成

一、智能建筑基本特征

1. 智能建筑的定义

1984年，美国联合技术公司（United Technology Corp.）的一家子公司——联合技术建筑系统公司在美国康涅狄格州的哈特福德市建设了一幢City Place大厦，从而诞生了世界公认的第一座智能建筑（Intelligent Building）。

目前国际上关于智能建筑尚未有统一的定义。智能建筑的内涵随着科学技术的进步和人们对其功能要求的变化而不断补充、更新，由于国家、地域位置、文化背景、经济、技术等多种因素的不同和影响，智能建筑没有、也不可能有一个统一的、严格的或完整的定义。下面列举几个国内外较著名的并基本上得到公认的有关智能建筑的定义，以便从不同侧面了解、领会智能建筑的内涵。

（1）日本电机工业协会的定义

智能建筑是综合计算机、信息通信等方面的最先进技术，使建筑物内的电力、空调、照明、防灾、防盗、运输设备等协调工作，以期发挥最大效率，实现建筑物自动化、通信和办公自动化。

（2）国际智能工程学会的定义

智能建筑是指在建筑中设计了可提供响应的功能，以及能够适应用户对建筑物用途、信息技术要求变动时的灵活性。智能建筑应该具有安全、舒适、系统综合、有效利用投资、节能的特点，并且具备很强的使用功能，以满足用户实现高效率的需要。

（3）欧洲智能建筑集团的定义

智能建筑是指使用户发挥最高效率，同时以最低保养成本、最有效地管理本身资源的建筑。智能建筑应能提供反应快速、效率高和支持力较强的环境，使用户能达到迅速实现其业务的目的。

（4）美国智能建筑研究中心的定义

智能建筑通过对建筑物的结构、系统、服务和管理四个基本要素，以及它们之间内在联系的最优化组合，从而提供一个投资合理又具有高效、舒适、便利的环境。

（5）新加坡公共事业部门的定义

智能建筑必须具备三个条件：一是具有保安、消防与环境控制等先进自动化控制系统，能对建筑内的温度、湿度、灯光等进行自动调节，为用户提供舒适、安全的环境；二是具有良好的通信网络设施，以保证数据在建筑内部的流通；三是能够提供足够的对外通信设施与能力。

（6）我国的定义

我国《智能建筑设计标准》GB/T 50314—2015 给出的智能建筑的定义为："以建筑为平台，兼备建筑设备、办公自动化及通信网络系统，集结构、系统、服务、管理及它们之间的最优化的组合，向人们提供一个高效、舒适、便利、安全的建筑环境"。

不同定义反映出不同国家、地区对事物认识角度的不同。无论从智能建筑功能的抽象描述，还是从构成角度来具体认识智能建筑，都各有特色。但通过对比不难发现，高效、舒适、便利、安全、节能是共同的目标。建筑设备自动化、通信网络、办公自动化三大系统不仅是统一的、公认的共识，也是智能建筑的技术基础与支持。

2. 智能建筑的组成和功能

智能建筑是由建筑物内的建筑设备自动化系统（Building Automation System，BAS）、办公自动化系统（Office Automation System，OAS）和通信自动化系统（Communication Automation System，CAS），通过综合布线系统（Generic Cabling System，GCS）的有机结合而形成的一个综合的整体。因此，智能建筑习惯上又被人们简称 3A 系统，如图 1-1 所示。

图 1-1　智能建筑的基本构成

智能建筑与传统建筑最主要的区别在于"智能化"。也就是说，它不仅具有传统建筑物的功能，而且具有智能（或智慧）。"智能化"可以理解为，具有某种"拟人智能"的特性或功能。建筑物的智能化意味着：

（1）对环境和使用功能的变化具有感知能力；

（2）具有传递、处理感知信号或信息的能力；

（3）具有综合分析、判断的能力；

（4）具有做出决定、并且发出指令信息提供动作响应的能力。

以上四种能力建立在上述三大系统（BAS、OAS、CNS）有机结合、系统集成的基础上，如图 1-1 所示。智能化程度的高低，取决于三大系统有机结合、渗透的程度，也就是系统综合集成的程度。

智能建筑主要分为两大类：一类是以公共建筑为主的智能建筑，如写字楼、综合楼、宾馆、饭店、医院、机场航站楼、体育场馆等，习惯上称为智能大厦；另一类是以住宅及住宅小区为主的智能化住宅和小区。

智能建筑的基本内涵是：以综合布线为基础，以计算机网络为桥梁，综合配置建筑内的各功能子系统，全面实现对通信系统、办公自动化系统、大楼内各种设备（空调、供热、给水排水、变配电、照明、消防、公共安全）等的综合管理。

为了将智能建筑的 3 个系统有机地连接起来，可以使用综合布线系统（Premises Distribution System，简称 PDS）来实现。综合布线系统以双绞线和光缆为传输介质，采用一套高质量的标准配件，以模块化组合方式，把语音、数据、图像信号等的布线综合在一套标准、灵活、开放的布线系统里。综合布线系统能支持计算机、通信及电子设备的多种应用。对于智能建筑来说，综合布线系统犹如体内的神经系统。

表 1-1 列出智能建筑弱电工程的系统构成与功能说明。

智能建筑弱电工程的系统组成与功能说明

表 1-1

系 统 名 称	说　　明
建筑设备自动化系统（BAS） building automation system	将建筑物或建筑群内的空调与通风、供配电、照明、给排水、热源与热交换、冷冻和冷却及电梯和自动扶梯等系统，以集中监视、控制和管理为目的构成的综合系统，使其运行于最佳状态
信息网络系统（INS） information networks system	信息网络系统是应用计算机技术、通信技术、多媒体技术、信息安全技术和行为科学等先进技术和设备构成的信息网络平台。借助于这一平台实现信息共享、资源共享和信息的传递与处理，并在此基础上开展各种应用业务
通信网络系统（CNS） communication networks system	通信网络系统是建筑物内语音、数据、图像传输的基础设施。通过通信网络系统，可实现与外部通信网络（如公用电话网、综合业务数字网、互联网、数据通信网及卫星通信网等）相连，确保信息畅通和实现信息共享
智能化集成系统（IIS） intelligented integration system	智能化集成系统应在建筑设备监控系统、安全防范系统、火灾自动报警与联动控制系统等各子系统分部工程的基础上，实现建筑物管理系统（BMS）集成。BMS可进一步与信息网络系统（INS）、通信网络系统（CNS）进行系统集成，实现智能建筑管理集成系统（IBMS），以满足建筑物的监控功能、管理功能和信息共享的需求，便于通过对建筑物和建筑设备的自动检测与优化控制，实现信息资源的优化管理和对使用者提供最佳的信息服务，使智能建筑达到投资合理、适应信息社会需要的目标，并具有安全、舒适、高效和环保的特点

续表

系 统 名 称	说　明
安全防范系统(SAS) security protection & alarm system	根据建筑安全防范管理的需要，综合运用电子信息技术、计算机网络技术、视频安防监控技术和各种现代安全防范技术构成的用于维护公共安全、预防刑事犯罪及灾害事故为目的的，具有报警、视频安防监控、出入口控制、安全检查、停车场(库)管理的安全技术防范体系
火灾报警系统(FAS) fire alarm system	由火灾探测系统、火灾自动报警及消防联动系统和自动灭火系统等部分组成，实现建筑物的火灾自动报警及消防联动
住宅(小区)智能化 (CI) community intelligent	它是以住宅小区为平台，兼备安全防范系统、火灾自动报警及消防联动系统、信息网络系统和物业管理系统等功能系统以及这些系统集成的智能化系统，具有集建筑系统、服务和管理于一体，向用户提供节能、高效、舒适、便利、安全的人居环境等特点的智能化系统
家庭控制器(HC) home controller	完成家庭内各种数据采集、控制、管理及通信的控制器或网络系统，一般应具备家庭安全防范、家庭消防、家用电器监控及信息服务等功能
控制网络系统(CNS) control networks system	用控制总线将控制设备、传感器及执行机构等装置连接在一起进行实时的信息交互，并完成管理和设备监控的网络系统

二、智能建筑弱电工程设计与各专业的配合

在智能建筑弱电工程设计中，与建筑、结构、给排水、暖通空调以及电气专业内部都有配合。建筑物的特性、功能要求，给排水、暖通空调的设备要求，是弱电专业设计方案的依据与对象。同时电气专业的设计方案也必须得到相关专业的配合。

1. 与建筑专业的配合

与建筑专业的配合，一是合理确定本专业的设计方案、设备配置和设计深度；二是合理选择本专业的机房、控制中心位置，满足机房的功能要求，保证系统运行的安全、可靠和合理性；三是合理解决各系统的缆线敷设通道，保证系统安全和缆线的传输性能。各设计阶段与建筑专业的配合内容见表1-2。

与建筑专业的配合内容　　　　　　　　　　　　　　　　表 1-2

方案设计阶段	初步设计阶段	施工图设计阶段
(1)了解建筑物的特性及功能要求； (2)了解建筑物的面积、层高、层数、建筑高度； (3)了解电梯台数、类型； (4)提出机房位置、数量	(1)了解建筑物的使用要求、板块组成、区域划分； (2)了解防火区域划分； (3)了解有否特殊区域和特殊用房； (4)提出机房及管理中心的面积、层高、位置、防火、防水、通风要求； (5)提出弱电竖井的面积、位置、防火、防水要求； (6)提出缆线进出建筑物的位置	(1)核对初步设计阶段了解的资料； (2)了解各类用房的设计标准、设计要求； (3)了解各类用房的设计深度，如是否二次装修； (4)提出机房、管理中心的地面、墙面、门窗等做法及要求； (5)提出在非承重墙上的留洞尺寸； (6)提出缆线敷设的路径及其宽度、高度要求

2. 与结构专业的配合

利用基础钢筋、柱子内钢筋作为防雷、接地装置，需要在结构打基础的时候开始配合，一直到结构封顶，配合时间长。钢筋工对电气规范的焊接、绑扎要求不熟悉，所以需

认真配合，可选用标准设计图。

在承重墙上、梁上留洞；楼板上、屋顶上的荷载应认真考虑，并及时提出。各设计阶段与结构专业的配合内容见表1-3。

与结构专业的配合内容 表 1-3

方案设计阶段	初步设计阶段	施工图设计阶段
一般工程不需配合	(1)了解基础形式、主体结构形式； (2)了解底层车库上及其他无吊顶用房的梁的布局	(1)提出基础钢筋、柱子内钢筋、屋顶结构做防雷、接地、等电位联结装置的施工要求； (2)提出在承重墙上留洞尺寸及标高； (3)提出机房、控制中心的荷载值； (4)提出设备基础及安装要求

3. 与给排水专业的配合

与给排水专业的配合应解决：

(1) 根据建筑物性质及给排水专业提出的各台水泵容量，确定设备的启动、控制方式。

(2) 根据提出的水泵位置，阀门、水流指示器的数量及控制要求，确定建筑设备自动控制系统的监控点与系统配置。

(3) 通过管道与设备位置的综合，合理敷设电气管线。

各设计阶段与给排水专业的配合内容见表1-4。

4. 与暖通空调专业的配合

与暖通空调专业的配合十分重要，因为建筑设备自动控制系统的监控点集中在空调系统，是该系统的规模与设备配置的主要因素。在设备安装和缆线敷设方面，电气专业与暖通空调专业的交叉项目多，所以从方案设计至施工图设计阶段，都应密切配合，才可以减少返工，节省时间，并保证工程设计的合理性、可靠性。

与给排水专业的配合内容 表 1-4

方案设计阶段	初步设计阶段	施工图设计阶段
了解主要水泵房的位置	(1)了解给排水泵的台数、容量、安装位置； (2)了解消防水泵的台数、容量、安装位置； (3)了解水箱、水池、气压罐的位置； (4)了解消火栓的位置； (5)了解安全阀、报警阀、水流指示器、冷却塔、风机等的位置	(1)了解各台水泵的控制要求； (2)了解压力表、电动阀门的安装位置； (3)综合管线进出建筑物的位置； (4)综合管线垂直、水平通道； (5)综合喷水头、探测器等设备的位置； (6)提出电气用房的用水要求； (7)综合电气用房的消防功能

各设计阶段与暖通空调专业的配合内容见表1-5。

5. 电气专业内部的配合

建筑电气设计大致包括供配电、电力照明、防雷接地系统组成的强电和智能化系统（弱电）两部分。由于系统众多，联动关系复杂，需要密切配合才能保证供电系统的安全、可靠，保证智能化系统的传输性能和控制要求。电气专业内部的配合见表1-6。

与暖通空调专业的配合内容 表1-5

方案设计阶段	初步设计阶段	施工图设计阶段
（1）了解制冷系统冷冻机的台数与容量； （2）了解冷冻机房的位置； （3）了解锅炉房的位置； （4）了解排烟送风机的台数； （5）了解其他空调用电设备台数	（1）核实和了解冷冻机、冷水泵、冷却泵的台数、单台容量、备用情况、控制要求； （2）核实和了解锅炉房用电设备的台数及控制要求； （3）确定排烟送风机等消防设施的台数； （4）了解其他空调用电设备的分布； （5）了解排烟系统的划分、电动阀门的位置； （6）机房通风温度要求	（1）了解制冷系统、热力系统、空气处理系统的监测控制要求； （2）了解消防送、排风系统的控制要求； （3）了解各类阀门的安装位置、控制要求； （4）综合暖气片、风机盘管、风机等设备的安装位置； （5）综合管道垂直、水平方向的安装位置； （6）提出电气用房的空调要求

与电气专业内部的配合内容 表1-6

方案设计阶段	初步设计阶段	施工图设计阶段
（1）了解设置的智能化系统名称； （2）了解智能化系统的机房位置	（1）了解智能化系统设备的用电负荷与负荷等级； （2）了解智能化系统的机房照度要求、光源； （3）提出消防送、排风机和消防泵控制箱位置； （4）提出非消防电源的切断点位置； （5）提供其他专业提出的相关资料	（1）核实建筑设备自动控制系统的监控点数量、位置、类型及控制要求； （2）核实智能化机房及设备的供电点位置、容量； （3）综合智能化系统设备的安装位置，供电要求； （4）综合缆线敷设通道； （5）综合缆线进出建筑物的位置； （6）综合智能化系统的防雷、接地做法

三、智能建筑各种类型系统的配置

智能建筑有各种类型建筑，表1-7～表1-15表示各种类型智能化系统配置。

办公建筑智能化系统配置表 表1-7

智能化系统		商务办公	行政办公	金融办公	智能化系统			商务办公	行政办公	金融办公
智能化集成系统		○	○	○	建筑设备管理系统			●	●	●
信息设施系统	通信接入系统	●	●	●	公共安全系统	安全技术防范系统	火灾自动报警系统	●	●	●
	电话交换系统	●	●	●			安全防范综合管理系统	○	○	○
	信息网络系统	●	●	●			入侵报警系统	●	●	●
	综合布线系统	●	●	●			视频安防监控系统	●	●	●
	室内移动通信覆盖系统	●	●	●			出入口控制系统	●	●	●
	卫星通信系统	○	○	●			电子巡查管理系统	●	●	●
	有线电视及卫星电视接收系统	●	●	●			汽车库（场）管理系统	●	●	●
	广播系统	●	●	●			其他特殊要求技术防范系统	○	○	○
	会议系统	●	●	●		应急指挥系统		○	○	○
	信息导引及发布系统	○	○	○	机房工程	信息中心设备机房		○	●	●
	时钟系统	○	○	○		数字程控电话交换机系统设备机房		○	●	●
	其他相关的信息通信系统	○	○	○		通信系统总配线设备机房		●	●	●
信息化应用系统	办公工作业务系统	●	●	●		智能化系统设备总控室		●	●	●
	物业运营管理系统	●	●	●		消防监控中心机房		●	●	●
	公共服务管理系统	●	●	●		安防监控中心机房		●	●	●
	公共信息服务系统	●	●	●		通信接入设备机房		●	●	●
	智能卡应用系统	○	●	●		有线电视前端设备机房		●	●	●
	信息网络安全管理系统	○	●	●		弱电间（电信间）		●	●	●
	其他业务功能所需求的应用系统	○	○	○		应急指挥中心机房		○	○	○
						其他智能化系统设备机房		○	○	○

注：●需配置；○宜配置。

商业建筑智能化系统配置表　　　　　　　　　　表 1-8

智能化系统		商场建筑	宾馆建筑
智能化集成系统		○	○
信息设施系统	通信接入系统	●	●
	电话交换系统	●	●
	信息网络系统	●	●
	综合布线系统	●	●
	室内移动通信覆盖系统	●	●
	卫星通信系统	○	○
	有线电视及卫星电视接收系统	○	●
	广播系统	●	●
	会议系统	●	●
	信息导引及发布系统	●	●
	时钟系统	○	●
	其他相关的信息通信系统	○	○
信息化应用系统	商业经营信息管理系统	●	—
	宾馆经营信息管理系统	—	●
	物业运营管理系统	●	●
	公共服务管理系统	●	●
	公共信息服务系统	○	●
	智能卡应用系统	●	●
	信息网络安全管理系统	●	●
	其他业务功能所需的应用系统	○	○

智能化系统			商场建筑	宾馆建筑
建筑设备管理系统			●	●
公共安全系统	火灾自动报警系统		●	●
	安全技术防范系统	安全防范综合管理系统	○	●
		入侵报警系统	●	●
		视频监控系统	●	●
		出入口控制系统	●	●
		电子巡查管理系统	●	●
		汽车库(场)管理系统	○	○
		其他特殊要求技术防范系统	○	○
	应急指挥系统		●	●
机房工程	信息中心设备机房		●	●
	数字程控电话交换机系统设备机房		●	●
	通信系统总配线设备机房		●	●
	智能化系统设备总控室		○	○
	消防监控中心机房		●	●
	安防监控中心机房		●	●
	通信接入设备机房		●	●
	有线电视前端设备机房		●	●
	弱电间(电信间)		●	●
	应急指挥中心机房		○	○
	其他智能化系统设备机房		○	○

注：●需配置；○宜配置。

文化建筑智能化系统配置选项表　　　　　　　　表 1-9

智能化系统		图书馆	博物馆	会展中心	档案馆
智能化集成系统		○	○	○	○
信息设施系统	通信接入系统	●	●	●	●
	电话交换系统	●	●	●	●
	信息网络系统	●	●	●	●
	综合布线系统	●	●	●	●
	室内移动通信覆盖系统	●	●	●	●
	卫星通信系统	○	○	○	○
	有线电视及卫星电视接收系统	●	●	●	○
	广播系统	●	●	●	●
	会议系统	●	●	●	●
	信息导引及发布系统	●	●	●	●
	时钟系统	○	○	○	○
	其他业务功能所需相关系统	○	○	○	○
信息化应用系统	工作业务系统	●	●	●	●
	物业运营管理系统	○	○	○	○
	公共服务管理系统	●	●	●	●
	公共信息服务系统	●	●	●	●
	智能卡应用系统	●	●	●	●
	信息网络安全管理系统	●	●	●	●
	其他业务功能所需的应用系统	○	○	○	○

智能化系统			图书馆	博物馆	会展中心	档案馆
建筑设备管理系统			●	●	●	●
公共安全系统	火灾自动报警系统		●	●	●	●
	安全技术防范系统	安全防范综合管理系统	○	○	●	○
		入侵报警系统	●	●	●	●
		视频安防监控系统	●	●	●	●
		出入口控制系统	●	●	●	●
		电子巡查管理系统	●	●	●	●
		汽车库(场)管理系统	○	○	●	○
		其他特殊要求技术防范系统	○	○	○	○
	应急指挥系统		○	○	●	○
机房工程	信息中心设备机房		●	●	●	●
	数字程控电话交换机系统设备机房		○	○	○	○
	通信系统总配线设备机房		●	●	●	●
	消防监控中心机房		●	●	●	●
	安防监控中心机房		●	●	●	●
	智能化系统设备总控室		●	●	●	●
	通信接入设备机房		●	●	●	●
	有线电视前端设备机房		○	○	○	○
	弱电间(电信间)		●	●	●	●
	应急指挥中心机房		○	○	●	○
	其他智能化系统设备机房		○	○	○	○

注：●需配置；○宜配置。

媒体建筑智能化系统配置表 表 1-10

智能化系统		剧(影)院建筑	广播电视业务建筑	智能化系统			剧(影)院建筑	广播电视业务建筑
智能化集成系统		○	○	建筑设备管理系统			●	●
信息设施系统	通信接入系统	●	●	公共安全系统		火灾自动报警系统	●	●
	电话交换系统	●	●		安全技术防范系统	安全防范综合管理系统	○	○
	信息网络系统	●	●			入侵报警系统	●	●
	综合布线系统	●	●			视频安防监控系统	●	●
	室内移动通信覆盖系统	●	●			出入口控制系统	●	●
	卫星通信系统	○	●			电子巡查管理系统	●	●
	有线电视及卫星电视接收系统	●	●			汽车库(场)管理系统	●	●
	广播系统	●	●			其他特殊要求技术防范系统	○	○
	会议系统	○	●		应急指挥系统		○	○
	信息导引及发布系统	●	●	工程机房	信息中心设备机房		●	●
	时钟系统	●	●		数字程控电话交换机系统设备机房		○	●
	无线屏蔽系统	●	●		通信系统总配线设备机房		●	●
	其他相关的信息通信系统	○	○		智能化系统设备总控室		○	○
信息化应用系统	工作业务系统	●	●		消防监控中心机房		●	●
	物业运营管理系统	●	●		安防监控中心机房		●	●
	公共服务管理系统	●	●		通信接入设备机房		●	●
	自动寄存系统	●	○		有线电视前端设备机房		●	●
	人流统计分析系统	●	○		弱电间(电信间)		●	●
	售检票系统	●	○		应急指挥中心机房		○	○
	公共信息服务系统	●	●		其他智能化系统设备机房		○	○
	智能卡应用系统	●	●					
	信息网络安全管理系统	●	●					
	其他业务功能所需的应用系统	○	○					

注：●需配置；○宜配置。

体育建筑智能化系统配置表 表 1-11

智能化系统		体育场	体育馆	游泳馆	智能化系统			体育场	体育馆	游泳馆
智能化集成系统		○	○	○	信息化应用系统	智能卡应用系统		●	●	●
信息设施系统	通信接入系统	●	●	●		信息网络安全管理系统		●	●	●
	电话交换系统	●	●	●		其他业务功能所需的应用系统		○	○	○
	信息网络系统	●	●	●	建筑设备管理系统			●	●	●
	综合布线系统	●	●	●	公共安全系统		火灾自动报警系统	●	●	●
	室内移动通信覆盖系统	●	●	●		安全技术防范系统	安全防范综合管理系统	○	○	○
	卫星通信系统	○	○	○			入侵报警系统	●	●	●
	有线电视及卫星电视接收系统	○	○	○			视频安防监控系统	●	●	●
	广播系统	●	●	●			出入口控制系统	●	●	●
	会议系统	○	●	○			电子巡查管理系统	●	●	●
	信息导引及发布系统	●	●	●			汽车库(场)管理系统	●	●	●
	竞赛信息广播系统	●	●	●			其他特殊要求技术防范系统	○	○	○
	扩声系统	●	●	●		应急指挥系统		●	○	○
	时钟系统	○	○	○	机房工程	信息中心设备机房		●	●	●
	其他相关的信息通信系统	○	○	○		数字程控电话交换机系统设备机房		●	●	●
信息化应用系统	体育工作业务系统	●	●	●		通信系统总配线设备机房		●	●	●
	计时记分系统	●	●	●		智能化系统设备总控室		○	●	○
	现场成绩处理系统	○	○	○		消防监控中心机房		●	●	●
	现场影像采集及回放系统	○	●	○		安防监控中心机房		●	●	●
	售验票系统	●	●	●		通信接入设备机房		●	●	●
	电视转播和现场评论系统	○	○	○		有线电视前端设备机房		●	●	●
	升降旗控制系统	○	○	○		弱电间(电信间)		●	●	●
	物业运营管理系统	○	○	○		应急指挥中心机房		●	○	○
	公共服务管理系统	●	●	●		其他智能化系统设备机房		○	○	○
	公共信息服务系统	●	●	●						

注：●需配置；○宜配置。

医院建筑智能化系统配置表

表 1-12

	智能化系统		综合性医院	专科医院	特殊病院
	智能化集成系统		○	○	○
信息设施系统	通信接入系统		●	●	●
	电话交换系统		●	●	●
	信息网络系统		●	●	●
	综合布线系统		●	●	●
	室内移动通信覆盖系统		●	●	●
	卫星通信系统		○	○	○
	有线电视及卫星电视接收系统		●	●	●
	广播系统		●	●	●
	会议系统		○	○	○
	信息导引及发布系统		●	●	●
	时钟系统		●	●	●
	其他相关的信息通信系统		○	○	○
信息化应用系统	医院信息管理系统		●	●	●
	排队叫号系统		●	●	●
	探视系统		●	●	●
	视屏示教系统		○	○	○
	临床信息系统		●	●	●
	物业运营管理系统		●	●	●
	办公和服务管理系统		●	●	●
	公共信息服务系统		●	●	●
	智能卡应用系统		●	●	●
	信息网络安全管理系统		●	●	●
	其他业务功能所需的应用系统		○	○	○
	建筑设备管理系统		●	●	●
公共安全系统	火灾自动报警系统		●	●	●
	安全技术防范系统	安全防范综合管理系统	●	○	○
		入侵报警系统	●	●	●
		视频安防监控系统	●	●	●
		出入口控制系统	●	●	●
		电子巡查管理系统	●	●	●
		汽车库（场）管理系统	○	○	○
		其他特殊要求技术防范系统	○	○	○
	应急指挥系统		○	—	—
机房工程	信息中心设备机房		●	●	●
	数字程控电话交换系统设备机房		●	●	●
	通信系统总配线设备机房		●	●	●
	智能化系统设备总控室		●	○	○
	消防监控中心机房		●	●	●
	安防监控中心机房		●	●	●
	通信接入设备机房		●	●	●
	有线电视前端设备机房		●	●	●
	弱电间（电信间）		○	●	●
	应急指挥中心设备机房		○	—	—
	其他智能化系统设备机房		○	○	○

注：●需配置；○宜配置。

9

学校建筑智能化系统配置表

表 1-13

类别	智能化系统	普通全日制高等院校	高级中学和高级职业中学	初级中学和小学	托儿所和幼儿园
智能化系统集成系统	智能化集成系统	○	○	○	○
信息设施系统	通信接入系统	●	●	●	●
	电话交换系统	●	●	●	●
	信息网络系统	●	●	●	●
	综合布线系统	●	●	●	●
	室内移动通信覆盖系统	●	●	●	○
	有线电视及卫星电视接收系统	●	●	●	●
	广播系统	●	●	●	●
	会议系统	●	●	●	●
	信息导引及发布系统	●	●	●	●
	时钟系统	○	○	○	●
	其他相关的信息通信系统	●	●	●	●
信息化应用系统	教学视、音频及多媒体教学系统	●	●	●	○
	电子教学设备系统	●	●	●	●
	多媒体制作与播放中心系统	●	●	●	○
	教学、科研、办公和学习业务应用管理系统	●	●	●	○
	数字化教学系统	○	○	○	○
	数字化图书馆系统	○	○	○	○
	信息窗口系统	○	○	○	○
	资源规划管理系统	●	●	●	○
	物业运营管理系统	●	●	●	●
	校园智能卡应用系统	●	●	●	●
信息化应用系统	信息网络安全管理系统	●	●	●	○
	指纹仪或智能卡读卡机电脑图像识别系统	○	○	○	○
	其他业务功能所需的应用系统	○	○	○	○
建筑设备管理系统	建筑设备管理系统	○	○	○	○
公共安全系统	火灾自动报警系统	●	●	●	●
安全技术防范系统	安全防范综合管理系统	●	●	●	●
	周界防护入侵报警系统	●	●	●	●
	入侵报警系统	●	●	●	●
	视频安防监控系统	●	●	●	●
	出入口控制系统	●	●	●	●
	电子巡查管理系统	●	●	●	●
	停车库管理系统	○	○	○	○
机房工程	信息中心设备机房	●	●	●	●
	数字程控电话交换机系统设备机房	●	●	●	●
	通信系统总配线设备总控室	●	●	●	●
	智能化系统设备中心机房	●	●	●	●
	消防监控中心机房	○	○	○	○
	安防监控中心机房	●	●	●	○
	通信接入设备机房	●	●	●	○
	有线电视前端设备机房	●	●	●	●
	弱电间（电信间）	●	●	●	●
	其他智能化系统设备机房	○	—	—	—

注：●需配置；○宜配置。

交通建筑智能化系统配置表

表1-14

智能化系统		空港航站楼	铁路客运站	城市公共轨道交通站	社会停车库(场)
智能化集成系统		●	●	●	○
信息设施系统	通信接入系统	●	●	●	○
	电话交换系统	●	●	●	○
	信息网络系统	●	●	●	●
	综合布线系统	●	●	●	●
	室内移动通信覆盖系统	●	●	●	●
	卫星通信系统	●	○	○	—
	有线电视及卫星电视接收系统	●	●	●	—
	广播系统	●	●	●	●
	会议系统	○	○	○	○
	信息导引及发布系统	●	●	●	●
	时钟系统	●	●	●	○
	其他相关的信息通信系统	○	○	○	○
信息化应用系统	交通工作业务系统	●	●	●	●
	旅客查询系统	●	●	●	—
	综合显示屏系统	●	●	●	—
	物业运营管理系统	●	●	●	●
	公共服务管理系统	●	●	●	●
	公众服务系统	●	●	●	●
	智能卡应用系统	●	●	●	●
	信息网络安全管理系统	●	●	●	●
	自动售票系统	●	●	●	○
	旅客行包检票系统	●	●	○	—
	其他业务功能所需的应用系统	○	○	○	○
建筑设备管理系统		●	●	●	○
公共安全系统	火灾自动报警系统	●	●	●	●
	安全技术防范系统 安全防范综合管理系统	●	●	●	○
	入侵报警系统	●	●	●	●
	视频安防监控系统	●	●	●	●
	出入口控制系统	●	●	○	●
	电子巡查管理系统	●	●	●	●
	汽车库(场)管理系统	●	○	○	●
	其他特殊要求技术防范系统	○	○	○	○
	应急指挥系统	●	○	○	—
机房工程	信息中心设备机房	●	●	●	—
	数字程控电话交换系统设备机房	○	○	○	—
	通信系统总配线设备机房	●	●	●	●
	智能化系统设备总控室	●	●	●	●
	消防监控中心机房	●	●	●	●
	安防监控中心机房	●	●	●	●
	通信接入设备机房	●	●	●	●
	有线电视前端设备机房	●	●	○	○
	弱电间(电信间)	●	●	●	●
	应急指挥中心机房	●	○	○	—
	其他智能化系统设备机房	○	○	○	○

注：●高配置；○宜配置。

住宅建筑智能化系统配置表　　　　　　　　表 1-15

智能化系统		住宅	别墅	智能化系统			住宅	别墅
智能化集成系统		○	○	建筑设备管理系统			○	○
信息设施系统	通信接入系统	●	●	公共安全系统	火灾自动报警系统		○	○
	电话交换系统	○	○		安全技术防范系统	安全防范综合管理系统	○	○
	信息网络系统	○	●			入侵报警系统	●	●
	综合布线系统	○	●			视频安防监控系统	●	●
	室内移动通信覆盖系统	○	○			出入口控制系统	●	●
	卫星通信系统	—	—			电子巡查管理系统	●	●
	有线电视及卫星电视接收系统	●	●			汽车库(场)管理系统	○	○
	广播系统	○	○			其他特殊要求技术防范系统	○	○
	信息导引及发布系统	●	●	机房工程	信息中心设备机房		○	○
	其他相关的信息通信系统	○	○		数字程控电话交换机系统设备机房		○	○
信息化应用系统	物业运营管理系统	●	●		通信系统总配线设备机房		●	●
	信息服务系统	●	●		智能化系统设备总控室		○	○
	智能卡应用系统	○	○		消防监控中心机房		●	●
	信息网络安全管理系统	○	○		安防监控中心机房		●	●
	其他业务功能所需的应用系统	○	○		通信接入设备机房		●	●
					有线电视前端设备机房		●	●
					弱电间(电信间)		○	○
					其他智能化系统设备机房		○	○

注：●需配置；○宜配置。

四、智能建筑弱电工程标准规范

（一）智能化系统设计标准规范

《智能建筑设计标准》GB/T 50314—2006

《绿色建筑评价标准》GB/T 50378—2006

《智能建筑及居住区数字化技术应用》GB/T 20299—2006

《民用建筑电气设计规范》JBJ/T 16—2008

《智能建筑工程施工规范》GB 50606—2010

《建筑电气工程施工质量验收规范》GB 50303—2002

《智能建筑工程质量验收规范》GB 50339—2013

《智能建筑施工及验收规范》DG/TJ 08-601—2001

《智能建筑评估标准》IDG/TJ 08-602—2001

《建筑智能化系统设计技术规程》DB/J 01-615—2003

《公共建筑节能标准》GB 50189—2005

《体育建筑电气设计规范》JGJ 354—2014

《体育建筑智能化系统工程技术规程》JGJ/T 179—2009

（二）机房工程系统标准规范

《电子信息系统机房设计规范》GB 50174—2008

《电子计算机场地通用规范》GB/T 2887—2000

《防静电活动地板通用规范》SJ/T 10796—2001

《电信专业房屋设计规范》YD 5003—1994

（三）防雷与接地系统标准规范

《建筑物防雷设计规范》GB 50057—2010

《建筑物电子信息系统防雷技术规范》GB 50343—2004

《建筑物的雷电防护》IEC 61024：1990—1998

（四）结构化布线系统标准规范

《综合布线系统工程设计规范》GB/T 50311—2007

《综合布线系统工程验收规范》GB/T 50312—2007

《国际商务布线标准》ISO/IEC 11801

《光纤总规范》GB/T 15972.2—1998

《商务楼通用信息建筑布线标准》EIATIA568A

《民用建筑通信通道和空间标准》EIATIA569

（五）通信及网络系统标准规范

《通信管道与管道工程设计规范》GB 50373—2006

《数字程控自动电话交换机技术要求》GB/T 15542—1995

《住宅区和住宅建筑内通信设施工程设计规范》GB/T 50605—2010

《住宅区和住宅建筑内光纤到户通信设施工程设计规范》GB 50846—2012

《信息技术系统间远程通信和信息交换局域网和城域网》GB 15629.11—2003

《信息处理系统光纤分布式数据接口》ISO 9314-1：1989

《光纤分布式数据接口（FDDI）高速局域网标准》ANSIX3T9.5

（六）扩声与会议系统标准规范

《厅堂扩声系统设计规范》GB 50371—2006

《剧场、电影院和多用途厅堂建筑声学设计规范》GB/T 50356—2005

《演出场所扩声系统的声学特性指标》WH/T 18—2002

《剧场建筑设计规范》JGJ 57—2000

《体育场馆声学设计及测量规范》JGJ/T 131—2012

《体育场建筑声学技术规范》GB/T 50948—2013

《民用建筑隔声设计规范》GB 50118—2010

《电影院建筑设计规范》JGJ 58—2008

《多通道音频数字串行接口》GY/T 187—2002

《厅堂扩声特性测量方法》GB 4959—95

《声系统设备互连的优选配接值》GB/T 14197—93

《声系统设备互连用连接器的应用》GB/T 14947—94

《会议系统电及音频的性能要求》GB/T 15381—94

《扬声器主要性能测试方法》GB/T 9396—1996

《试听室工程技术规范》GB/T 51091—2015

《电子会议系统工程设计规范》GB 50799—2012

《电子会议系统工程施工与质量验收规范》GB 51043—2014

《红外线同声传译系统工程技术规范》GB 50524—2010

《公共广播系统工程技术规范》GB 50526—2010

（七）会议电视、有线电视及显示技术规范

《有线电视系统工程技术规范》GB 50200—94

《会议电视会场工程设计规范》GB 50635—2010

《会议电视会场系统工程施工及验收规范》GB 50793—2012

《会议电视系统工程设计规范》YD 5032—97

《会议电视系统工程验收规范》YD 5033—97

《视频显示系统工程技术规范》GB 50464—2008

《视频显示系统工程测量规范》GB 50525—2010

《工业电视系统工程设计规范》GB 50115—2009

（八）综合安防系统设计标准规范

《视频安防监控系统工程设计规范》GB 50395—2007

《入侵报警系统工程设计规范》GB 50394—2007

《安全防范工程技术规范》GB 50348—2004

《出入口控制系统工程设计规范》GB 50396—2007

《安全防范系统验收规范》GA 308—2001

《广播电影电视系统重点单位重要部位风险等级和安全防护级别》GA 586—2005

《安全防范报警系统设备安全要求和试验方法》GB 16796—1997

《防盗报警控制器通用技术条件》GB 12663—2001

《银行营业场所安全防范工程设计规范》GB/T 16676—1996

《文物系统博物馆安全防范工程设计规范》GA 166—1997

《工业电视系统工程设计规范》GB 50115—2009

《集成电路（IC）卡读写机通用规范》GB/T 18239—2000

《识别卡物理特性》GB/T 14916—2006

《重点单位重要部位安全技术防范系统要求》DB 31/329—2007

（九）火灾报警系统标准规范

《高层民用建筑设计防火规范》（2001年版）GB 50045—1995

《建筑设计防火规范》GB 50016—2014

《火灾自动报警系统设计规范》GB 50116—2013

《火灾自动报警系统施工及验收规范》GB 50166—2007

《自动喷水灭火系统设计规范》GB 50084—2001

《自动喷水灭火系统施工及验收规范》GB 50261—2005

《城市消防远程监控系统技术规范》GB 50440—2007

《火灾报警控制器通用技术条件》GB 4717—2005

《点型感烟火灾探测器技术要求及试验方法》GB 4715—2005

《点型感温火灾探测器技术要求及试验方法》GB 4716—2005

《线型光束感烟火灾探测器技术要求及试验方法》GB 14003—2005

《点型红外火焰探测器性能要求及试验方法》GB 15631—1995

第二节　机房工程

一、机房工程的分类与系统方框图（表1-16和图1-2）

机房的分类　　　　　　　　　　　　　　　表1-16

类型	主要设备
(1)消防控制室	消防报警主机、消防联动报警柜、分区控制盘、背景音乐及紧急广播呼叫站和机柜等
(2)安防控制室	安防监控电视墙、操作台、工作站等
(3)电话机房	电话交换机、电话接入设备、总线入配线架、综合布线系统和语音总配线架等
(4)网络机房	网络接入设备、服务器、工作站、核心交换机、综合布线系统和数据/光纤总配线架等
(5)信息中心	各管理服务器和工作站等
(6)电视机房	有线电视接入设备、卫星电视接入设备、电视机柜、彩色收监机等
(7)UPS机房	UPS电源主机、电池柜、电源配电箱等
(8)扩声控制室	调音台、数字音频处理器、功效、周边设备、监听音箱或耳机等

图1-2　机房工程系统方框图

二、各类机房对土建与装修的要求（表 1-17～表 1-19）

（1）主机房的使用面积应根据设备的数量、外形尺寸和布置方式确定，并预留今后业务发展需要的面积。在方案阶段，可按每个机柜或机架占用面积 3.5～5.5m² 考虑。

（2）智能化系统合用一个控制室时，控制室的面积一般按 80～120m² 考虑。机房系统方框图如图 1-2 所示。

（3）控制室宜铺设防静电活动地板、网络地板。地板架空高度不宜小于 250mm。

各类机房对土建专业的要求 表 1-17

房间名称		室内净高（梁下或风管下）(m)	楼、地面等效均布活荷载(kN/m²)		地面材料	顶棚、墙面	门（及宽度）	窗
电话站	程控交换机室	≥2.5	≥4.5		防静电地面	涂不起灰、浅色无光涂料	外开双扇防火门 1.2～1.5m	良好防尘
	总配线架室	≥2.5	≥4.5		防静电地面	涂不起灰、浅色无光涂料	外开双扇防火门 1.2～1.5m	良好防尘
	话务室	≥2.5	≥3.0		防静电地面	阻燃吸声材料	隔声门 1.0m	良好防尘设纱窗
	免维护电池室	≥2.5	＜200A·h时,4.5 200～400A·h时,6.0 ≥500A·h时,10.0	注2	防尘防滑地面	涂不起灰、无光涂料	外开双扇防火门 1.2～1.5m	良好防尘
	电缆进线室	≥2.2	≥3.0		水泥地面	涂防潮涂料	外开双扇防火门 ≥1.0m	—
计算机网络机房		≥2.5	≥4.5		防静电地面	涂不起灰、浅色无光涂料	外开双扇防火门 ≥1.2～1.5m	良好防尘
建筑设备监控机房		≥2.5	≥4.5		防静电地面	涂不起灰、浅色无光涂料	外开双扇防火门 1.2～1.5m	良好防尘
综合布线设备间		≥2.5	≥4.5		防静电地面	涂不起灰、浅色无光涂料	外开双扇防火门 1.2～1.5m	良好防尘
广播室	录播室	≥2.5	≥2.0		防静电地面	阻燃吸声材料	隔声门 1.0m	隔声窗
	设备室	≥2.5	≥4.5		防静电地面	涂浅色无光涂料	双扇门 1.2～1.5m	良好防尘设纱窗
消防控制中心		≥2.5	≥4.5		防静电地面	涂浅色无光涂料	外开双扇甲级防火门 1.5m 或 1.2m	良好防尘设纱窗
安防监控中心		≥2.5	≥4.5		防静电地面	涂浅色无光涂料	外开双扇防火门 1.5m 或 1.2m	良好防尘设纱窗

续表

房间名称		室内净高（梁下或风管下）（m）	楼、地面等效均布活荷载（kN/m²）	地面材料	顶棚、墙面	门（及宽度）	窗
有线电视前端机房		≥2.5	≥4.5	防静电地面	涂浅色无光涂料	外开双扇隔声门 1.2～1.5m	良好防尘 设纱窗
会议电视	电视会议室	≥2.5	≥3.0	防静电地面	吸声材料	双扇门≥1.2～1.5	隔声窗
	控制室	≥2.5	≥4.5	防静电地面	涂浅色无光涂料	外开单扇门≥1.0m	良好防尘
	传输室	≥2.5	≥4.5	防静电地面	涂浅色无光涂料	外开单扇门≥1.0m	良好防尘
电信间		≥2.5	≥4.5	水泥地	涂防潮涂料	外开丙级防火门≥0.7m	—

注：1. 如选用设备的技术要求高于本表所列要求，应遵照选用设备的技术要求执行。

2. 当300A·h及以上容量的免维护电池需置于楼上时不应叠放；如需叠放时，应将其布置于梁上，并需另行计算楼板负荷。

3. 会议电视室最低净高一般为3.5m；当会议室较大时，应按最佳容积比来确定；其混响时间宜为0.6～0.8s。

4. 室内净高不含活动地板高度，是否采用活动地板，由工程设计决定，室内设备高度按2.0m考虑。

5. 电视会议室的围护结构应采用具有良好隔声性能的非燃烧材料或难燃材料，其隔声量不低于50dB（A）；电视会议室的内壁、顶棚、地面应做吸声处理，室内噪声不应超过35dB（A）。

6. 电视会议室的装饰布置，严禁采用黑色和白色作为背景色。

7. 有关扩声控制室请见第四章。

机房工程的基本要求　　　　　　　　　　　　　　　　　　表 1-18

1. 机房位置的选择		在多层建筑或高层建筑物内，计算机机房一般宜设于第二或第三层，消防和安防控制室一般宜设于首层，卫星电视机房宜设于顶层或临近卫星电视接收天线的位置，UPS机房宜设于承重条件好的位置，弱电间宜设于接近水平布线区域中心的位置。 此外，机房位置选择应考虑：远离强振源和强噪声源，避开强电磁场干扰。当无法避开强电磁场干扰或为保障系统信息安全，可采取有效的电磁屏蔽措施
2. 机房面积的确定		一般机房由主机房、辅助用房等组成。机房的使用面积应根据机房内设备的数量和外形尺寸及布置位置综合确定。在设备外形尺寸不完全掌握的情况下，机房的使用面积可按下列方法确定
	(1)主机房	1)当系统设备已选型时，可按公式计算：$A = K\sum S$。 式中：A——主机房使用面积(m²)； 　　　K——系数，取值为5～7； 　　　S——设备的投影面积(m²) 2)当系统的设备尚未选型时，可按公式计算：$A = KN$。 式中：K——单台设备占用面积，可取4.5～5.5(m²/台)； 　　　N——机房内所有设备的总台数
	(2)辅助用房	辅助用房面积的总和，宜等于主机房面积或是主机房面积的1.5倍。如需要考虑机房内人员办公的要求，可按每人3.5～4m²计算

续表

3. 机房内设备的平面布置	机房内设备的布置应保证能够便利操作,并兼顾设备使用安全。 计算机网络系统的机柜正面之间的距离不应小于 1.5m;机柜侧面(或不用面)距墙不应小于 0.5m,当需要维修测试时,则距墙不应小于 1.2m;走道净宽不应小于 1.2m。易产生尘埃及废物的设备应远离对尘埃敏感的设备,并宜集中布置在靠近机房的回风口处

机房装修施工要求　　　　　　　　　　　　　　　　　　表 1-19

1. 机房装修要求	(1)进场施工后,根据平面布置图样,先弹出施工红线以及地面水平线,使其余各工种有基准。 (2)根据施工红线,进行顶棚抹灰防尘处理,而后进行顶棚安装。顶棚龙骨安装牢固、整齐,施工时应与电气等有关的专业部门配合好。 (3)顶棚完成后,进行墙面抹灰和防尘处理,而后机房墙面装高级装饰材料。 (4)墙面完成后,进行门套安装,而后进行地面处理。 (5)地面处理后铺设防静电地板。 (6)进行地脚线安装。 (7)每天下班前进行简单的清场,把垃圾及时清运
2. 顶棚工程	顶棚是机房中重要的组成部分。顶棚上部安装着强电、弱电、线槽和管线,也安装着消防灭火的气体管路及新风系统风管等。在顶棚面层上安装着嵌入式灯具、风口、消防报警探测器、气体灭火喷头等。考虑机房顶棚必须防火、防尘、吸声性能好、无有害气体释放、抗腐蚀不变形、美观和易于拆装等方面,可以选用微孔铝合金方形扣板,配嵌入式三管格栅灯具。灯具尺寸 1200mm×600mm,与扣板尺寸配套。考虑照度均匀,灯具采用均布方式
3. 活动地板	活动地板在机房中是必不可少的。机房敷设活动地板,在活动地板下形成隐蔽空间,可以在地板下敷设电源线管、线槽、综合布线、消防管线等以及一些电气设施(插座、插座箱等);活动地板因其具有可拆性,所以对网络的建设、设备的检修及更换等很方便。所有连接电缆都从地板下进入设备,便于设备的布局调整,同时减少了因设备扩充或更新而带来的建筑设施的改造。 活动地板的种类较多,活动地板不同的选择直接影响机房的档次。不同质量的地板使用后,机房的效果大不一样。活动地板的正确应用及使用,可以提高计算机及其微电子设备运行的可靠性和延长设备的使用寿命;一般通常采用抗静电活动地板。 抗静电活动地板安装时,同时要求安装静电泄漏系统。铺设静电泄漏地网,通过静电泄漏干线和机房安全保护接地端子连在一起,将静电泄漏掉。 一般机房活动地板敷设高度为 0.30m。活动地板安装过程中,地板与墙面交界处,活动地板需精确切割下料,切割边需封胶处理后安装。地板安装后,可用亚光不锈钢踢脚板压边装饰。 因洁净需要,地板下刷防尘漆。此漆主要成分为环氧树脂,具有耐磨、防水性能
4. 隔墙	机房内部隔墙可以采用不锈钢饰面钢化玻璃隔断,效果极好,而且显得精致、豪华
5. 墙面、柱面	机房的墙面和柱面有刷乳胶漆和金属复合壁板(即彩钢板)两种装饰方法	(1)采用乳胶漆墙面,优点是安装方便,具有表面平整、清秀、光滑、无眩光、防尘、防火、防潮、抗静电、易清洗、耐摩擦等优点。 (2)金属复合壁板是由彩色钢板(0.7mm 厚)做成 50mm 厚的箱形凹凸板材。其内部垂直粘贴 50mm 厚的优质聚苯板。板材在生产线上加工,工艺先进,尺寸精确。安装时,在顶上和地面先安装马槽,然后依次把壁板推入后固定。其表面为钢板漆面,安装后接口缝隙小于 1mm,美观、整齐、缝隙均匀。该壁板隔音、保温、密封效果好。该墙体有配套的金属壁板门,精致、美观。此种材料施工后,所见到的墙体表面为金属漆面
6. 门窗工程	机房门一般采用钢制防火防盗门。此门主要功能是防火、隔声、保温、防尘、美观。机房内部根据实际使用需要可以增设单扇或双扇大玻璃平开门。机房内部电动窗帘、木质窗帘盒、垂直 PVC 窗帘样式可待机房装修完成之后另行选定。至于防鼠问题,则应主要在围护结构上解决,尽量不留孔洞。有孔洞如管、槽,则要做好封堵,要绝对保持围护结构的严密		

三、机房对电气、暖通施工设计要求（表1-20～表1-23、图1-3）

机房电气设计与施工内容　　　　　　　表1-20

1. 机房配电设计	（1）机房进线电源宜采用三相五线制
	（2）机房内用电设备供电电源为三相五线制及单相三线制
	（3）机房用电设备、配电线路装设过流过载两段保护，同时配电系统各级之间有选择性地配合，配电以放射式向用电设备供电
	（4）机房配电系统所用线缆均为阻燃聚氯乙烯绝缘导线及阻燃交联电力电缆，敷设镀锌金属线槽、镀锌金属钢管及金属软管
	（5）机房配电设备具备与消防系统联动功能
2. 机房动力配电系统	机房动力设备包括计算机设备、机房空调设备、各系统控制主机等。从大楼低压配电系统引一路电源给机房内的配电柜，由配电柜给部分机房UPS供电，UPS输出引入配电柜再分配给各机房设备供电。对于没有UPS的机房，将由配电柜统一输出供电。配电柜以树干式结构分别向各设备供电
3. 机房照明配电系统	（1）机房照明电源引自机房配电柜
	（2）照度选择：照度不低于300lx，应急备用照明照度不小于40lx
	（3）灯具选择：灯具选用三管格栅灯并带电容补偿3×40W（1200mm×600mm）。灯具正常照明电源由市电供给，由照明配电箱中的断路器、房间区域安装于墙面上的跷板开关控制。应急备用照明灯具为适当位置的荧光灯组，正常情况下荧光灯由市电供电。市电停电时，市电电源切换到备用电源，由备用电池电源供电，燃亮灯具。每套应急灯具备有独立的备用可充电电池
	（4）接地系统：机房一般主要设有两种接地形式，即计算机专用直流逻辑地、配电系统交流工作地。 　　考虑交流工作地共用建筑物本体综合接地，其电阻小于1Ω。为保证电子设备不受电磁干扰，能正常地精确运行，还需要采取屏蔽及抗静电措施，以满足电子设备的直流接地要求。 　　容易产生静电的活动地板、饰面金属塑墙板、不锈钢玻璃隔墙均采用导线布成泄漏网，并用干线引至动力配电柜中交流接地端子。活动地板静电泄漏干线采用BV-10mm² 导线，静电泄漏支线采用ZRBVR-4mm² 导线，支线导体与地板支腿螺栓紧密连接。支线做成网格状，间隔1.8m×1.8m。不锈钢玻璃隔墙的金属框架同样用静电泄漏支线连接，并且每一连续金属框架的静电泄漏支线连接点不少于两处
4. 机房配电与机房消防报警联动	当火灾发生时，感烟探测器报警后，火灾控制器发出火警预警声、光报警信号，但此时不启动灭火程序；当同一防护区的感温探测器与感烟探测器同时报警时，控制器发出声光报警信号。在手动或自动启动灭火程序喷淋前，总控制台发出指令，通知人员撤离，并发出联动控制信号，切断机房配电柜供电源，即切断非消防电源供电的用电设备，如空调、照明、计算机等设备供电电源。上述设备供电与消防系统的联动过程，是采用电源配电柜断路器的分励脱扣器作远距离分端。配电柜主开关装有分励脱扣器和辅助接点，另外紧急跳闸按钮在必要时可手动切断进线电源

机房空气环境设计参数　　　　　　　表1-21

夏季温度	(23±2)℃	冬季温度	(20±2)℃
夏季湿度	55±10%	冬季温度	55±10%
洁净度	粒子≥0.5μm	个数≤10000 粒/dm³	
湿度变化率	≤5℃/h		

图 1-3　机房配置示意图

各类机房对电气、暖通专业的要求　　　　　　　　　　　　　　表 1-22

房间名称		空调、通风			电　气			备　注
		温度(℃)	相对湿度(%)	通风	照度(lx)	交流电源	应急照明	
电话站	程控交换机室	18～28	30～75	—	500	可靠电源	设置	注2
	总配线架室	10～28	30～75	—	200	—	设置	注2
	话务室	18～28	30～75	—	300	—	设置	注2
	免维护电池室	18～28	30～75	注2	200	可靠电源	设置	—
	电缆进线室	—	—	注1	200	—	—	—
计算机网络机房		18～28	40～70	—	500	可靠电源	设置	注2
建筑设备监控机房		18～28	40～70	—	500	可靠电源	设置	注2
综合布线设备间		18～28	30～75	—	200	可靠电源	设置	注2
广播室	录播室	18～28	30～80	—	300	—	—	—
	设备室	18～28	30～80	—	300	可靠电源	设置	—
消防控制中心		18～28	30～80	—	300	消防电源	设置	注2
安防监控中心		18～28	30～80	—	300	消防电源	设置	注2
有线电视前端机房		18～28	30～75	—	300	可靠电源	设置	注2
会议电视	电视会议室	18～28	30～75	注3	一般区≥500 主席区≥ 750(注4)	可靠电源	设置	—
	控制室	18～28	30～75	—	≥300	可靠电源	设置	—
	传输室	18～28	30～75	—	≥300	可靠电源	设置	—
电信间	有网络设备	18～28	40～70	注1	≥200	可靠电源	设置	注2
	无网络设备	5～35	20～80			可靠电源	设置	

注：1. 地下电缆进线室、电信间一般采用轴流式通风机，排风按每小时不大于 5 次换风量计算，并保持负压；

　　2. 设有空调的机房应保持微正压；

　　3. 电视会议室新鲜空气换气量应按每人≥30m³/h；

　　4. 投影电视屏幕照度不高于 75lx，电视会议室照度应均匀可调，会议室的光源应采用色温为 3200K 的三基色灯。

机房环境温度、相对湿度值　　　　表 1-23

房间名称	温度		相对湿度	
	A级、B级	C级	A级、B级	C级
主机房（开机时）	23±1℃	18～28℃	40%～55%	35%～75%
主机房（停机时）	5～35℃	5～35℃	40%～70%	20%～80%
辅助区（开机时）	18～28℃		35%～75%	
辅助区（停机时）	5～35℃		20%～80%	
UPS电池室	15～25℃		—	
主机房和辅助区温度变化率	<5℃/h	<10℃/h	—	

四、机房对消防、安防及设备监控的要求（表 2-24、表 2-25）

（1）机房应设置火灾自动报警系统，并应符合现行国家标准《火灾自动报警系统设计规范》GB 50116—1998 的规定。

（2）采用管网式洁净气体灭火系统的机房，应同时设置两组独立的火灾探测器，且火灾报警系统应与灭火系统联动。两组独立的火灾探测器可以采用感烟和感温探测器、感烟和离子探测器、感烟和光电探测器的组合，也可以采用两组不同灵敏度的感烟探测器。对于空气高速流动的机房，由于烟雾被气流稀释，致使一般感烟探测器的灵敏度降低；此外，烟雾可导致电子信息设备损坏，如能及早发现火灾，可减少设备损失，因此机房宜采用吸气式烟雾探测火灾报警系统作为感烟探测器。

（3）环境和设备监控系统、安全防范系统的主机和人机界面一般设置在同一个监控中心内（安全防范系统也可设置在消防控制室）。为了提高供电电源的可靠性，各系统宜采用独立的 UPS 电源。当采用集中 UPS 电源供电时，应采用单独回路为各系统配电。

机房安全防范系统要求　　　　表 1-24

区域名称	机房安全防范系统要求		
	A级	B级	C级
发电机室、配电室	入侵探测器、视频监视	入侵探测器	机械锁
UPS室、机电设备间	出入控制（识读设备采用读卡器）、视频监视		
安防设备间	出入控制（识读设备采用读卡器）		
监控中心	出入控制（识读设备采用读卡器）、视频监视		
紧急出口	推杆锁、视频监视、监控中心连锁报警		推杆锁
主机房出入口	出入控制（识读设备采用读卡器）或人体生物特征识别、视频监视	出入控制（识读设备采用读卡器）、视频监视	机械锁入侵探测器
主机房内	视频监视		—

机房环境和设备监控系统要求 表 1-25

监控项目	监控内容		
	A 级	B 级	C 级
空气质量	温度、相对湿度、压差、含尘度(离线定期检测)		温度、相对湿度
机房专用空调	状态参数:开关、制冷、加热、加湿、除湿 报警参数:温度、相对湿度、传感器故障、压缩机压力、加湿器水位、风量		—
供配电系统(电能质量)	开关状态、电流、电压、有功功率、功率因数、谐波含量		根据需要选择
柴油发电机系统	油箱(罐)油位、柴油机转速、输出功率、频率、电压、功率因数		
UPS	输入和输出功率、电压、频率、电流、功率因数、负载比率;电池输入电压、电流、容量; 同步/不同步状态、UPS/旁路供电状态、市电故障、UPS故障		根据需要选择
电池	监控每一个蓄电池的电压、阻抗和故障	监控每一组蓄电池的电压、阻抗和故障	—
漏水检测报警	装设漏水感应器		
集中空调、新风系统、动力系统	设备运行状态、滤网压差		

五、电子信息系统机房分级标准（表 1-26、表 1-27）

弱电机房分级标准、性能要求和系统配置 表 1-26

要求 等级	分级标准	性能要求	系统配置
A 级	符合下列情况之一的机房为A 级: (1)电子信息系统运行中断将造成重大的经济损失; (2)电子信息系统运行中断将造成公共场所秩序严重混乱	A 级机房内的场地设施应按容错系统配置,在电子信息系统运行期间,场地设施不应因操作失误、设备故障、外电源中断、维护和检修而导致电子信息系统运行中断	系统配置: $2N,2(N+1)$ 系统配置说明: 具有两套或两套以上相同配置的系统,在同一时刻,至少有两套系统在工作
B 级	符合下列情况之一的机房为B 级: (1)电子信息系统运行中断将造成较大的经济损失; (2)电子信息系统运行中断将造成公共场所秩序混乱	B 级机房内的场地设备应按冗余要求配置。在系统运行期间,场地设施在冗余能力范围内,不应因设备故障而导致电子信息系统运行中断	系统配置: $N+X(X=1\sim N)$ 系统配置说明: 系统满足基本要求外,增加了 X个单元、X个模块或X个路径。任何X个单元、模块或路径的故障或维护不会导致系统运行中断
C 级	不属于 A 级或 B 级机房的为C 级机房	C 级电子信息系统机房内的场地设备应按基本需求配置。在场地设施正常运行情况下,应保证电子信息系统运行不中断	系统配置:N 系统满足基本需求,没有冗余

注:(1)冗余:重复配置系统的一些或全部部件,当系统发生故障时,冗余配置的部件介入并承担故障部件的工作,由此减少系统的故障时间。

(2)容错:具有两套或两套以上相向配置的系统,在同一时刻,至少有两套系统在工作。按容错系统配置的场地设备,至少能经受住一次严重的突发设备故障或人为操作失误事件而不影响系统的运行。

各级机房举例 表1-27

等级	机房举例
A级	以下部门的数据机房、通信机房、控制室、电信接入间等为A级机房； 国家气象台；国家级信息中心、计算中心；重要的军事指挥部门；大中城市的机场、广播电台、电视台、应急指挥中心；银行总行；国家和区域电力调度中心等
B级	以下部门的数据机房、通信机房、控制室、电信接入间等为B级机房： 科研院校所；高等院校；三级医院；大中城市的气象台、信息中心、疾病预防与控制中心、电力调度中心、交通(铁路、公路、水运)指挥调度中心；国际会议中心；大型博物馆、档案馆、会展中心、国际体育比赛场馆；省部级以上政府办公楼；大型工矿企业等
C级	一般企业、学校、设计院等单位的机房、控制室、弱电间等。 除A、B级机房外，民用建筑工程中为智能化和信息化系统服务的机房、弱电间、控制室的建设标准不宜低于C级

注：其他企业、事业单位、国际公司、国内公司应按照机房分级与性能要求，结合自身需求与投资能力确定本单位机房的建设等级和技术要求。

六、各级电子信息系统机房技术要求（表1-28）

各级电子信息系统机房技术要求 表1-28

项　目	技 术 要 求			备　注
	A 级	B 级	C 级	
机房位置选择				
距离停车场	不宜小于20m	不宜小于10m	—	—
距离铁路或高速公路的距离	不宜小于800m	不宜小于100m	—	不包括各场所自身使用的机房
距离飞机场	不宜小于8000m	不宜小于1600m	—	不包括机场自身使用的机房
距离化学工厂中的危险区域、垃圾填埋场	不应小于400m		—	不包括化学工厂自身使用的机房
距离军火库	不应小于1600m		不宜小于1600m	不包括军火库自身使用的机房
距离核电站的危险区域	不应小于1600m		不宜小于1600m	不包括核电站自身使用的机房
有可能发生洪水的地区	不应设置机房		不宜设置机房	—
地震断层附近或有滑坡危险区域	不应设置机房		不宜设置机房	—
高犯罪率的地区	不应设置机房	不宜设置机房		—
环境要求				
主机房温度（开机时）	23℃±1℃		18～28℃	不得结露
主机房相对湿度（开机时）	40%～55%		35%～75%	

续表

项　目	技　术　要　求			备　注
	A 级	B 级	C 级	
环境要求				
主机房温度（停机时）	5～35℃			不得结露
主机房相对湿度（停机时）	40%～70%		20%～80%	
主机房和辅助区温度变化率（开、停机时）	<5℃/h		<10℃/h	
辅助区温度、相对湿度（开机时）	18～28℃、35%～75%			
辅助区温度、相对湿度（停机时）	5～35℃、20%～80%			
不间断电源系统电池室温度	15～25℃			
建筑与结构				
抗震设防分类	不应低于乙类	不应低于丙类	不宜低于丙类	—
主机房活荷载标准值（kN/m²）	8～10	组合值系数 Ψ_c=0.9 频遇值系数 Ψ_f=0.9 准永久值系数 Ψ_q=0.8		根据机柜的摆放密度确定荷载值
主机房吊挂荷载（kN/m²）	1.2			—
不间断电源系统室活荷载标准值（kN/m²）	8～10			—
电池室活荷载标准值（kN/m²）	16			蓄电池组双列 4 层摆放
监控中心活荷载标准值（kN/m²）	6			—
钢瓶间活荷载标准值（kN/m²）	8			—
电磁屏蔽室活荷载标准值（kN/m²）	8～10			—
主机房外墙设采光窗	不宜		—	—
防静电活动地板的高度	不宜小于 400mm			作为空调静压箱时

项 目	技术要求			备 注
	A 级	B 级	C 级	
建筑与结构				
防静电活动地板的高度	不宜小于 250mm			仅作为电缆布线使用时
屋面的防水等级	Ⅰ	Ⅰ	Ⅱ	—
空气调节				
主机房和辅助区设置空气调节系统	应		可	—
不间断电源系统电池室设置空调降温系统	宜		可	—
主机房保持正压	应		可	—
冷冻机组、冷冻和冷却水泵	N+X 冗余 (X＝1～N)	N+1 冗余	N	—
机房专用空调	N+X 冗余 (X＝1～N) 主机房中每个区域冗余 X 台	N+1 冗余 主机房中每个区域冗余一台	N	—
主机房设置采暖散热器	不应	不宜	允许,但不建议	—
电气技术				
供电电源	两个电源供电 两个电源不应同时受到损坏		两回线路供电	—
变压器	M(1+1)冗余 (M＝1、2、3……)		N	用电容量较大时设置专用电力变压器供电
后备柴油发电机系统	N 或(N+X) 冗余(X＝1～N)	N 供电电源不能满足要求时	不间断电源系统的供电时间满足信息存储要求时,可不设置柴油发电机	—
后备柴油发电机的基本容量	应包括不间断电源系统的基本容量、空调和制冷设备的基本容量、应急照明和消防等涉及生命安全的负荷容量		—	—
柴油发电机燃料存储量	72h	24h	—	—
不间断电源系统配置	2N 或 M(N+1) 冗余(M＝2、3、4……)	N+X 冗余 (X＝1～N)	N	—
不间断电源系统电池备用时间	15min 柴油发电机作为后备电源时		根据实际需要确定	—

项 目	技术要求			备 注
	A级	B级	C级	
电气技术				
空调系统配电	双路电源(其中至少一路为应急电源),末端切换。采用放射式配电系统	双路电源,末端切换。采用放射式配电系统	采用放射式配电系统	—
电子信息设备供电电源质量要求				
稳态电压偏移范围(%)	±3		±5	—
稳态频率偏移范围(Hz)	±0.5			电池逆变工作方式
输入电压波形失真度(%)	≤5			电子信息设备正常工作时
零地电压(V)	<2			应满足设备使用要求
允许断电持续时间(ms)	0~4	0~10	—	—
不间断电源系统输入端THDI含量(%)	<15			3~39次谐波
机房布线				
承担信息业务的传输介质	光缆或六类及以上对绞电缆采用1+1冗余	光缆或六类及以上对绞电缆采用3+1冗余	—	—
主机房信息点配置	不少于12个信息点,其中冗余信息点为总信息点的1/2	不少于8个信息点,其中冗余信息点不少于总信息点的1/4	不少于6个信息点	表中所列为一个工作区的信息点
支持区信息点配置	不少于4个信息点		不少于2个信息点	表中所列为一个工作区的信息点
采用实时智能管理系统	宜	可	—	—
线缆标识系统	应在线缆两端打上标签			配电电缆也应采用线缆标识系统
通信缆线防火等级	应采用CMP级电缆,OFNP或OFCP级光缆	宜采用CMP级电缆,OFNP或OFCP级光缆	—	也可采用同等级的其他电缆或光缆
公用电信配线网络接口	2个以上	2个	1个	—
环境和设备监控系统				
空气质量	含尘浓度			离线定期检测

项目	技术要求			备注
	A 级	B 级	C 级	
环境和设备监控系统				
空气质量	温度、相对湿度、压差		温度、相对湿度	在线检测或通过数据接口将参数接入机房环境和设备监控系统中
漏水检测报警	装设漏水感应器			
强制排水设备	设备的运行状态			
集中空调和新风系统、动力系统	设备运行状态、滤网压差			
机房专用空调	状态参数： 开关、制冷、加热、加湿、除湿 报警参数： 温度、相对湿度、传感器故障、压缩机压力、加湿器水位、风量		—	
供配电系统（电能质量）	开关状态、电流、电压、有功功率、功率因数、谐波含量		根据需要选择	
不间断电源系统	输入和输出功率、电压、频率、电流、功率因数、负荷率；电池输入电压、电流、容量；同步/不同步状态、不间断电源系统/旁路供电状态、市电故障、不间断电源系统故障		根据需要选择	
电池	监控每一个蓄电池的电压、阻抗和故障	监控每一组蓄电池的电压、阻抗和故障	—	
柴油发电机系统	油箱（罐）油位、柴油机转速、输出功率、频率、电压、功率因数		—	
主机集中控制和管理	采用 KVM 切换系统			—
安全防范系统				
发电机房、变配电室、不间断电源系统室、动力站房	出入控制（识读设备采用读卡器）、视频监视	入侵探测器	机械锁	—
紧急出口	推杆锁、视频监视监控中心连锁报警		推杆锁	—
监控中心	出入控制（识读设备采用读卡器）、视频监视		机械锁	—
安防设备间	出入控制（识读设备采用读卡器）	入侵探测器	机械锁	—
主机房出入口	出入控制（识读设备采用读卡器）或人体生物特征识别、视频监视	出入控制（识读设备采用读卡器）、视频监视	机械锁 入侵探测器	—
主机房内	视频监视		—	
建筑物周围和停车场	视频监视		—	适用于独立建筑的机房

续表

项 目	技 术 要 求			备 注
	A 级	B 级	C 级	
给水排水				
与主机房无关的给排水管道穿越主机房	不应		不宜	—
主机房地面设置排水系统	应			用于冷凝水排水、空调加湿器排水、消防喷洒排水、管道漏水
消防				
主机房设置洁净气体灭火系统	应	宜	—	采用洁净灭火剂
变配电、不间断电源系统和电池室设置洁净气体灭火系统	宜	宜	—	—
主机房设置高压细水雾灭火系统	—	可	可	—
变配电、不间断电源系统和电池室设置高压细水雾灭火系统	可	可	可	—
主机房、变配电、不间断电源系统和电池室设置自动喷水灭火系统	—	—	可	采用预作用系统
采用吸气式烟雾探测火灾报警系统	宜		—	作为早期报警

第三节 供电、防雷与接地

一、低压供电系统的接地方式

1. 低压配电系统的接地方式

按国际电工委员会（IEC）的规定，低压电网主要有 TN，TT 和 IT 三种接地方式。其中 TN 又分为 TN—S，TN—C 和 TN—C—S。

第一个字母（T 或 I）表示电源中性点的对地关系；第二个字母（N 或 T）表示装置的外露导电部分的对地关系；横线后面的字母（S，C 或 C—S）表示保护线与中性线的结合情况。

T—through（通过）表示电力网的中性点（发电机、变压器的星形接线的中间结点）

是直接接地系统；N—neutral（中性点）表示电气设备正常运行时不带电的金属外露部分与电力网的中性点采取直接的电气连接，即"保护接零"系统。

2. TN 系统

（1）TN—S 系统

TN—S 系统，即五线制系统，三根相线分别为 L_1、L_2、L_3，一根零线 N，一根保护线 PE，仅电力系统中性点一点接地，用电设备的外露可导电部分直接连接到 PE 线上，如图 1-4 所示。

图 1-4　TN—S 系统的接地方式

TN—S 系统中的 PE 线在正常工作时无电流，设备的外露可导电部分无对地电压，以保证操作人员的人身安全；在事故发生时，PE 线中有电流通过，使保护装置迅速动作，切断故障。一般规定 PE 线不允许断线，也不允许进入开关。N 线（工作零线）在接有单相负载时，可能会产生不平衡电流。PE 线与 N 线的区别在于 PE 线平时无电流，而 N 线在三相负荷不平衡时有电流；PE 线是专用保护接地线，N 线是工作零线；PE 线不允许进入漏电开关，但 N 线可以。

TN—S 系统适用于工业与民用建筑等低压供电系统，是目前我国在低压系统中普遍采用的接地方式。

（2）TN—C 系统

TN—C 系统，即四线制系统，三根相线分别为 L_1、L_2、L_3，一根中性线与保护线合并的 PEN 线，将用电设备的外露可导电部分接到 PEN 线上，如图 1-5 所示。

在 TN—C 系统中接线，当存在三相负荷不平衡和有单相负荷时，PEN 线上出现不平衡电流，设备的外露可导电部分有对地电压的存在。由于 N 线不得断线，所以在进入建筑物之前，N 线或 PE 线应加做重复接地。

TN—C 系统适用于三相负荷基本平衡的情况，同时也适用于有单相 220V 的便携式、移动式的用电设备。

（3）TN—C—S 系统

TN—C—S 系统，即四线半系统，在 TN—C 系统的末端将 PEN 线分为 PE 线和 N 线，分开后不允许再合并，如图 1-6 所示。

图 1-5　TN—C 系统的接地方式

图 1-6　TN—C—S 系统的接地方式

在 TN—C—S 系统的前半部分具有 TN—C 系统的特点，在系统的后半部分却具有 TN—S 系统的特点。目前在一些民用建筑中，电源入户之后，就会将 PEN 线分为 N 线和 PE 线。

TN—C—S 系统适用于工业企业和一般民用建筑。当负荷端装有漏电开关，干线末端装有接零保护时，也可用于新建住宅小区。

3. TT 系统

在 TT 系统中，当电气设备的金属外壳带电（相线碰壳或漏电）时，接地保护可以降低触电的概率，但低压断路器不一定会跳闸，设备外壳的对地电压可能超过安全电压。当漏电电流较小时，需加设漏电保护器，如图 1-7 所示。

TT 系统是适用于供给小负荷的接地系统。该系统接地装置的接地电阻应满足单相接地发生故障时，在规定的时间内能够切断供电线路的要求，或将接地电压限制在 50V 以下。

图 1-7　TT 系统的接地方式

4. IT 系统

IT 系统是指电力系统不接地或经过高阻抗接地，为三线制系统。三根相线分别为 L_1、L_2、L_3，用电设备的外露部分采用各自的 PE 线接地，如图 1-8 所示。

图 1-8　IT 系统的接地方式

在 IT 系统中，当任何一相接地发生故障时，由于大地可作为相线继续工作，所以系统可以继续运行。因此在线路中需加单相接地检测装置，以便发生故障时报警。

IT 系统一般适用于矿井、游泳池等场地。

二、供配电系统的要求

1. 概述

机房用电负荷等级和供电要求应符合《供配电系统设计规范》GB 50052 标准之规定，其供配电系统采用 220V/380V，频率 50Hz 的 TN—S 系统。机房供配电系统应考虑系统扩展、升级，预留备用容量，配电柜应有充足的备用回路。机房照明、空调、UPS 采用独立供电。

（1）系统设计要求

机房是一个要害部位，按国家标准规定，应有自身防护措施。如应配置符合标准要求的防盗门、窗，配紧急报警按钮、报警探头和摄像机，还应有灭火器等设备。这些设备均放在报警系统中统一配置。

机房设置空调及新风系统，室温控制在16～25℃，室内湿度控制在60％～75％，地面敷设防静电地板，放 UPS 后备电池区域静电地板需加固，荷载不小于 800kN/m²。

机房的净高≥2.8m，地板采用 600mm×600mm 发泡水泥、钢质材料的防静电地板，安装高度不超过 300mm。屋顶及墙面采用无污染乳胶漆粉刷。接地均压环采用 40mm×4mm 的紫铜排与大楼的综合接地连接。

楼板荷载：符合原建筑设计要求。

机房满足保温、隔热、防潮等要求，窗户和出入口建议采用双层密封窗，使用能吸收紫外线的玻璃。机房室有对外出入口，宽≥1.2m，高≥2.0m，出入门应采用保温、隔热的封闭门，对内开启，重点机房应设门禁系统。机房室内吊顶，墙面贴壁纸或表面乳胶漆。

（2）环境要求

温度要求：温度 16～25℃；温度变化率应≤5℃/h。

相对湿度要求：60％～75％，在此温度和湿度下，要求不得结霜。

尘埃要求：在静态条件下，粒度不小于 0.5 的尘粒数应少于 18000 粒。

（3）供电要求

用电量：满足设备运行要求。机房配电量应不小于 60kW，最好是双路市电供电，能自动切换并配备 UPS 电源，不小于 60kVAh。重点机房应设发电机组。

用电质量：稳态电压波形失真率≤5％，属一类供电方式。

机房室对外的门应采用硬质木材，表面为防火饰面板，保证在 3 年内门不变形，门关闭时上边、活动边间隙不大于 5mm，门内侧加装闭门器，保证自动关门。

（4）照明要求

平均照度 500lx，最低照度为 50lx，照明灯光为白炽灯，其他用房照明参照国家建委标准。

主要通道事故照明，离地面 0.8m 处，不应低于 5lx。

（5）接地要求

交流工件地：其接地电阻小于 4Ω。

安全保护地：其接地电阻小于 4Ω。

直流工件地：其接地电阻小于 1Ω。

利用建筑物的接地装置，如果控制室内没有接地线路，应另外安装接地线路。

整个系统的接地采用就近直接接地方式。

（6）防火要求

控制中心是重点消防对象，由消防系统给予重点特别设计保护。防火要求应尽量避免水管通过，各种管道必须采取严格的防漏措施，不得采用消防喷淋头，应使用干粉灭火器。

控制室地面采用防静电地板，要求有效防止静电，除了必须保证主机房内的相对湿度和接地良好外，单元活动地板的系统电阻应在 $1\sim10\Omega$ 之内。

（7）配电要求

在机房内安装配电箱，监控室的全部配电引入此配电箱，以漏电保护器作为输入，输出加装空气开关，提供一路不受控输出，三路输出给监控室设备供电。

在控制室设备安放处至少应配 10 个 220V 三孔强电插座，距地 30cm 安装，并在同一高度安装。具体实施应由装修施工单位完成。

为保证系统在异常情况下的安全性，所有进出机房的通信线路、控制线、电源线、视频线等，应全部采用过流过压保护器，防止布线遭受过流、过压和雷击破坏。

机房内应配专用空调。

机房中的设备和引线均应采取防电磁干扰的措施。

进出机房的电源线、网络信号线、控制线、视频线等均接防雷保护器。对于高出地面 3m 的部件要设计防雷装置。

2. 弱电机房供电要求

（1）电子信息设备供电电源质量要求见表 1-29。

电子信息设备供电电源质量要求　　　　　表 1-29

电源质量	A 级	B 级	C 级	备　注
稳态电压偏移范围（%）	±3		±5	—
稳态频率偏移范围（Hz）	±0.5			电池逆变工作方式
输入电压波形失真度（%）	≤5			设备正常工作时
电源中性线 N 与 PE 线之间的电压(V)	<2			应满足设备使用要求
允许断电持续时间（ms）	0~4	0~10	—	—

（2）A 级机房的供电电源应按一级负荷中特别重要的负荷考虑，除应由两个电源供电（一个电源发生故障时，另一个电源不应同时受到损坏）外，还应配置柴油发电机作为应急电源。B 级机房的供电电源按一级负荷考虑，当不能满足两个电源供电时，应配置应急柴油发电机系统。C 级机房的供电电源应按二级负荷考虑。当机房末配置应急柴油发电机系统时，应为消防和安防等涉及生命安全的系统配置其他应急电源。

（3）由户外引入机房的供电线路宜采用直接埋地、排管埋地或电缆沟敷设，以防止供电线路受到自然因素（如台风、雷电、洪水等）和人为因素的破坏而导致供电中断。

（4）机房低压配电系统不应采用 TN—C 系统，可采用 TN—S、TN—C—S、TT、IT 系统。

（5）当机房用电容量较大时，应设置专用配电变压器供电。变压器宜采用干式变压器。机房用电容量较小时，可由专用低压馈电线路供电。

（6）电子信息设备应由 UPS 供电。确定 UPS 的基本容量时应留有余量，UPS 的基本容量可按下式计算：

$$E \geqslant 1.2P$$

式中：E——UPS 的基本容量（不包含备份 UPS 设备）(kW/kVA)；

　　　P——电子信息设备的计算负荷（kW/kVA）。

（7）敷设在防静电活动地板下（作为空调压箱）及吊顶上（用于空调回风）的低压配电线路宜采用阻燃铜芯电缆；电缆沿线槽、桥架或局部穿管敷设。当配电电缆线槽（桥架）与通信缆线线槽（桥架）并列或交叉敷设时，配电电缆线槽（桥架）应敷设在通信缆线线槽（桥架）的下方。

（8）配电线路的中性线截面积不应小于相线截面积。

（9）机房内的主要照明光源应采用高效节能荧光灯。灯具应采用分区、分组的控制措施。

（10）机房应设置备用照明，其照度值不应低于一般照明照度值的 10%；有人值守的房间，备用照明的照度值不应低于一般照明照度值的 50%；备用照明可为一般照明的一部分。

（11）机房的地板或地面应有静电泄放措施和接地构造。防静电地板或地面的表面电阻或体积电阻值应为 $2.5 \times 10^4 \sim 1.0 \times 10^9 \Omega$。

（12）机房内所有设备的可导电金属外壳、各类金属管道、金属线槽、建筑物金属结构等均应作等电位联结并接地。

（13）保护性接地（防雷接地、防电击接地、防静电接地、屏蔽接地等）和功能性接地（交流工作接地、直流工作接地、信号接地等）宜共用一组接地装置。其接地电阻应按其中最小值确定。

（14）机房内的电子信息设备必须进行等电位联结，并根据设备易受干扰的频率及机房的等级和规模，确定采用 S 形、M 形或 SM 混合形的等电位联结方式。

三、智能建筑电源种类与安装

1. 电源种类

（1）双回路电源末端自动切换配电电源（图 1-9）

当其中一条线路断电后，另一条线路自动切换供电，大大降低了停电可能性。如果两条线路同时停电，那就启用下面的几种电源。

（2）不间断电源（UPS）装置（图 1-10）

图 1-9　带末端切换装置双回路电源　　　　图 1-10　不间断电源（UPS）

①　不间断电源由整流器、蓄电池组和逆变器组成。平时由整流器将交流电变成直流电给蓄电池组充电，当市电停电或出现故障时，蓄电池组释放出直流电由逆变器变成交流电给建筑智能化系统供电。

②　安装场地。2kVA以下的UPS，可直接放在办公室内；2kVA以上的UPS，需要一个专门场地；小于20kVA的UPS安装面积为10m²（如将蓄电池组放在同一房间内，可增加5~10m²）；20kVA~60kVA的UPS一般不小于20m²；100kVA~250kVA的UPS需要40m²。房间位置以选用较低的楼层为宜，房间应装有活动地板，以便引线。电池间应保证通风良好，防止阳光直射到电池上。

③　材料选型。UPS的引线最好选用多股软芯铜线，输入输出引线截面积一般可按4~6A/mm²计算，电池引线按2A/mm²计算。小于20kVA的接地线，一般取截面积为16mm²的铜线；大于20kVA的选用35~75mm²的铜线。

（3）柴油发电机组作为后备电源

为保证级负荷中特别重要的负荷用电，有必要安装柴油发电机组，作为后备电源。机组应靠近一级负荷或变配电所，也可以在地下。

（4）直流电源

建筑智能化系统中很多子系统都需要低压直流供电，一般情况下采用如下两种方式直流供电：

①　高频开关型整流器分布式直流供电系统。采用双交流电源经双电源切换箱和开关型整流器到用电负荷。根据负荷分布情况，按机房、设备就地配置机架式高频开关型整流器进行直流供电。

②　蓄电池浮充方式。蓄电池充电的同时，整流电路也向智能建筑系统提供直流电源。当整流器的交流电停电时，由蓄电池向智能建筑系统提供直流电源。

2. 电源的安装

电源安装主要指电源设备安装。施工项目分为配电和整流设备、蓄电池、蓄电池切换器、电源线安装和施工验收。

（1）配电和整流设备的安装

配电和整流设备的安装与建筑电气成套配电柜（盘）及电力开关柜安装相同。

（2）蓄电池安装（图1-11）

（3）电源线安装

①　蓄电池的引出电缆，宜采用塑料外护套电缆。当其采用裸铠装电缆时，室内部分应剥掉铠装。电缆的引出线应用塑料色带标明正负极的极性。正极为赭色，负极为蓝色。电缆穿出蓄电池室的孔洞及保护管的管口处，应用耐酸材料密封。蓄电池室内裸硬母线的安装应采取防腐措施。

②　电线穿墙、穿顶棚、穿楼板的孔洞，应避开房屋中的梁和柱。

③　电源由智能建筑设备机房的地槽引上机架时，要求引上处的正线排列在靠近机房主要通道的一边，以防止电线在排列电缆走线架上方增加一处交叉。

④　裸馈电线间距：裸馈电线之间及裸馈电线与建筑物之间，一般要求间距为80~100mm，绝缘线的间距不受限制。

⑤　直流电线由蓄电池到直流配电屏的一段，一般采用塑料线穿管敷设，大型的智能

图 1-11 蓄电池的安装及注意事项

建筑站房一般采用架空敷设方式。

⑥ 由直流配电屏到机房一段，一般采用线卡、列电源线夹、胶木夹板、绝缘子等固定导线，也可敷设专用的电缆单边走线架固定电源线。

⑦ 馈电线进入智能建筑设备站房后，安装在主要通道侧上梁端的电力线支架上，用胶木块夹紧固定。

（4）工程交接验收

验收时应进行下列检查：

① 蓄电池室及其通风、采暖、照明等装置应符合设计的要求。

② 敷线应排列整齐，极性标志应清晰、正确。

③ 电池编号应正确，外壳清洁，液面正常。

④ 极板应无严重弯曲、变形及活性物质剥落。

⑤ 初充电、放电容量及倍率校验的结果应符合要求。

⑥ 蓄电池组的绝缘应良好，绝缘电阻应不小于 0.5MΩ。

四、静电防护与等电位连接接地

1. 主机房地面设计应满足使用功能要求，当铺设防静电活动地板（图 1-12）时，活动地板的高度应根据电缆布线和空调送风要求确定，并应符合下列规定：

（1）活动地板下的空间只作为电缆布线使用时，地板高度不宜小于 250mm；活动地板下的地面和四壁装饰，可采用水泥砂浆抹灰；地面材料应平整、耐磨。

（2）活动地板下的空间既作为电缆布线，又作为空调静压箱时，地板高度不宜小于 400mm；活动地板下的地面和四壁装饰应采用不起尘、不易积灰、易于清洁的材料；楼板或地面应采取保温、防潮措施，地面垫层宜配筋，维护结构宜采取防结露措施。

2. 主机房和辅助区的地板或地面应有静电泄放措施和接地构造，防静电地板、地面的表面电阻或体积电阻值应为 $2.5 \times 10^4 \sim 1.0 \times 10^9 \Omega$，且应具有防火、环保、耐污耐磨性能。

3. 主机房和辅助区中不使用防静电活动地板的房间，可铺设防静电地面，其静电耗散性能应长期稳定，且不应起尘。

4. 主机房和辅助区内的工作台面宜采用导静电或静电耗散材料，其静电性能指标应符合上述第 2 条电阻值的规定。

5. 电子信息系统机房内所有设备的金属外壳、各类金属管道、金属线槽、建筑物金属结构等必须进行等电位联结并接地。

6. 静电接地的连接线应有足够的机械强度和化学稳定性，宜采用焊接或压接。当采用导电胶与接地导体粘接时，其接触面积不宜小于 $2.0 \mathrm{cm}^2$。

静电易发生在干燥环境，因此，GB 2887 标准规定，机房温度应控制在 $18 \sim 28 \mathrm{℃}$，相对湿度应控制在 $40\% \sim 70\%$ 范围内。

静电荷的积聚和放电会对网络设备造成很大的影响和破坏。机房是静电控制的重点部位，机房的桌椅垫套、工作台面应采用防静电材料制成，并正确接地。在机房防静电工作区，可通过人员佩带防静电腕带、穿防静电工作服、防静电工作鞋等来防止人体带电。机房地板或地面应选择导静电或静电耗散材料，并做好接地。机房防静电和电磁干扰，国家标准规定采用等电位连接网格接地形式，如图 1-13 所示。直流网格地就是用一定截面积的铜带（建议用 $0.6 \sim 1.5 \mathrm{mm}$ 厚、$25 \sim 60 \mathrm{mm}$ 宽）在活动地板下面交叉排成 $600 \mathrm{mm} \times 600 \mathrm{mm}$ 的方格，其交叉点与活动地板支撑的位置交错排列。交点处用锡焊焊接或压接在一起。

图 1-12

图 1-13　机房等电位连接网格接地形式

五、电子信息系统机房接地

1. 电子信息系统机房内的电子信息设备一般具有的几种接地

（1）信号接地——为保证信号具有稳定的基准电位而设置的接地；

（2）电源接地——除电子设备系统以外的其他交、直流电路的工作接地；

（3）保护接地——为保证人身及设备安全的接地。

2. 机房内的电子信息设备接地系统应符合的规定

（1）电子信息设备应同时具有信号电路接地（信号地）、电源接地和保护接地等三种接地系统。

（2）电子信息设备信号电路接地系统的形式，可根据接地导体长度和电子设备的工作频率进行确定，并应符合下列规定：

① 当接地导体长度小于或等于 0.02λ（λ 为波长），频率为 30kHz 及以下时，宜采用单点接地形式；信号电路可以一点作电位参考点，再将该点连接至接地系统。

采用单点接地形式时，宜先将电子信息设备的信号电路接地、电源接地和保护接地分开敷设的接地导体接至电源室的接地总端子板，再将端子板上的信号电路接地、电源接地和保护接地接在一起，采用一点式（S形）接地。

② 当接地导体长度大于 0.02λ，频率大于 300kHz 时，宜采用多点接地形式；信号电路应采用多条导电通路与接地网或等电位面连接；多点接地形式宜将信号电路接地、电源接地和保护接地接在一个公用的环状接地母线上，采用多点式（M形）接地。

③ 混合式接地是单点接地和多点接地的组合。频率为 30～300kHz 时，宜设置一个等电位接地平面，以满足高频信号多点接地的要求；再以单点接地形式连接到同一接地网，以满足低频信号的接地要求。

④ 接地系统的接地导体长度不得等于 $\lambda/4$ 或 $\lambda/4$ 的奇数倍。

（3）除另有规定外，电子信息设备接地电阻值不宜大于 4Ω。电子信息设备接地宜与防雷接地系统共用接地网，接地电阻不应大于 1Ω，参见图 1-14。

当电子信息设备接地与防雷接地系统分开时，两接地网的距离不宜小于 10m。

（4）电子信息设备可根据需要采取屏蔽措施。

3. 大、中型电子信息系统接地应符合的规定

（1）电子信息系统接地包括直流接地（包括逻辑及其他模拟量信号系统的接地）、交流工作接地、安全保护接地及防雷接地等接地系统。

（2）电子信息系统的各种接地系统宜共用接地网。

当采用共用接地方式时，其接地电阻应以各种接地系统中要求接地电阻最小的接地电阻值为依据。当与防雷接地系统共用时，接地电阻值不应大于 1Ω。

（3）电子信息系统接地导体的处理应满足下列要求：

① 电子信息系统信号电路接地不应与交流工作接地导体相短接或混接；

② 交流线路配线不应与信号电路接地导体紧贴或近距离地平行敷设。

（4）电子信息系统机房可根据需要采取防静电措施。

4. 电子信息系统机房等电位联结导体的材料及最小截面积要求

图 1-14 直流工作接地连接图

其应符合表 1-30 的规定。

电子信息系统机房等电位联结导体的材料及最小截面积　　　　表 1-30

名　　称	材　料	最小截面积（mm²）
垂直接地干线	多股铜芯导线或铜带	50
楼层端子板与机房局部端子板之间的连接导体	多股铜芯导线或铜带	25
机房局部端子板之间的连接导体	多股铜芯导线	16
设备与机房等电位连接网络之间的连接导体	多股铜芯导线	6
机房网络	铜箔或多股铜芯导线	25

5. 电子信息系统等电位接地端子板的材料及最小截面积要求

其应符合表 1-31 的规定。

电子信息系统等电位接地端子板的材料及最小截面积　　　　表 1-31

名　　称	材　料	最小截面积（mm²）
总等电位接地端子板	铜带	150
楼层等电位接地端子板	铜带	100
机房局部等电位接地端子板（排）	铜带	50

6. 各类电子信息系统专用接地装置要求

其应符合表 1-32 的规定。

电子信息系统专用接地装置要求　　　　表 1-32

系统名称	专用接地引下线规格（最小值）	接地电阻值（Ω）（最大值）
数据机房	25mm² 铜导体	1
火灾自动报警系统	25mm² 铜导体	1（共用）4（专用）
视频安防系统	32mm² 铜导体	4
通信及有线电视系统	40mm×4mm 热镀锌扁钢	1
公共广播系统	25mm² 铜导体	4
建筑设备监控系统	25mm² 铜导体	4

续表

系统名称	专用接地引下线规格(最小值)	接地电阻值(Ω)(最大值)
综合布线系统	—	4
综合机房工程	25mm² 铜导体	1

注：综合机房工程包含信息中心设备机房、数字程控交换机系统设备机房、通信系统总配线设备机房、消防监控中心机房、安防监控中心机房、智能化系统设备总控室、通信接入系统设备机房、有线电视前端设备机房、弱电间（电信间）和应急指挥中心机房及其他智能化系统的设备机房。

对于容易产生静电的活动地板、饰面金属塑板墙、不锈钢玻璃隔墙均应采用导线布成泄漏网，并用干线引至动力配电柜中的交流接地端子。活动地板静电泄漏干线采用 BV—10mm² 导线，静电泄漏支线采用 ZRBVR—4mm² 导线。支线导体与地板支腿螺栓紧密连接；支线做成网格状，间隔 1.8m×1.8m。不锈钢玻璃隔墙的金属框架同样用静电泄漏支线连接，并且每一连续金属框架的静电泄漏支线连接点不少于两处。机房的接地如图 1-15 所示。

图 1-15　弱电机房接地示意图（集中连接）

7. 大楼弱电系统防雷接地

在接地处理过程中，一定要有一个良好的接地系统，因为所有防雷系统都需要通过接地系统把雷电流泄入大地，从而保护设备和人身安全。如果接地系统做得不好，不但会引起设备故障，烧坏元器件，严重的还将危害工作人员的生命安全。图 1-16 是大楼弱电系统的防雷接地示意图。图 1-17 为建筑物防雷区等电位连接及共用接地系统示意图。图 1-18 是智能化系统接地网组成。图 1-19 是室内接地线与室外接地体的连接图。图 1-20 是弱电接地各部件的安装方法。

图 1-16　大楼弱电系统防雷接地示意图

S1：进出电缆金属护套
PE：保护接地线
SE：弱电系统工作接地线

图 1-17 建筑物防雷区等电位连接及共用接地系统示意图

附注：
1.均压网可利用结构主筋。
2.环形接地体与均压网之间每隔5～10m连接一次。
3.如建筑物本身结构基础接地能满足智能化系统接地要求，环形接地体可不做。

图1-18 智能化系统接地网组成（单位：mm）

室内接地体安装所需材料及规格　　　　　　　　　　　　表 1-33

编　　　号	名　　　称	型号及规格
1	接地体	见工程设计
2	接地线	见工程设计
3	塑料套管	$\phi 50 L = B$
4	沥青麻丝（或建筑密封膏）	
5	固定钩	—
6	断接卡子	—

图 1-19　室内接地线与室外接地体的连接（单位：mm）

图中：

1——接地极间距 L 由设计决定，一般宜为 5m。

2——接地线除设计另有要求外，均采用 40m×4m 镀锌扁钢或 $\phi 16$ 圆钢。

3——接地极与接地线连接处，均需电焊或气焊焊接。

4——凡焊接处均刷沥青油防腐。

5——为了便于测量，当接地线引入室内后，必须用镀锌螺栓与室内接地线连接。

6——穿墙套管的内、外管口用沥青麻丝或建筑密封膏封堵。

图 1-20 弱电接地各部件的安装方法（单位：mm）

（a）弱电接地安装示例；（b）铜带卡安装方法；（c）弱电接地端子板（一）

（d）弱电接地端子板（二）；（e）弱电接地端子板（三）；（f）弱电接地端子板（四）

第二章　电话通信与计算机网络系统

第一节　信息传输网络和接入网

一、智能建筑信息传输网络的分类

智能楼宇的信息传输网络是一个通信网络集成系统，目前还是多网并存的格局。从网络技术的角度，可以分为电话（信）网和计算机网两大类。从互联的角度可分为内部专用网、保密网和公用网，从应用功能方面又可以分为现场控制网、集中管理网、消防网、安防网、公用信息网、保密网、音视频网等。从传输信号的角度可分为模拟传输网和数字传输网。任何一个智能楼宇的信息传输网络都是多个网络的集成系统，如图 2-1 表示智能建筑信息传输。网络的分类。

图 2-1　智能建筑信息传输网络的分类

1. 电话（信）网

智能楼宇内的电话网是公用电信网的延伸，公用电信网是全球最大的网络，因此通过电话网可以与世界各地的人们联系。不仅如此，我们通过调制与解调技术可以在模拟电话网上进行数据传输（计算机通信）。智能楼宇的电话网一般是以程控用户交换机 PABX（Private Automatic Branch eXchange）为中心构成的一个星形网，它既可以连接电话机为用户提供话音通信，也可以连接计算机、传真机、传感器等数字设备提供低速率的数据传输服务。

2. 计算机网

智能楼宇内的计算机网是信息传输网络系统的核心，是大量的信息传输、交换的主干通道。智能楼宇内的计算机网络是应用局域网（LAN）技术构建的，传输速率达 10Gbit/s，目前的技术主流可保证到端点的传输速率为 100Mbit/s。因此，智能建筑内的计算机网络是一个宽带 IP 网络。还可以通过多种接入网技术与互联网技术实现与互联网和各种广域网的连接。

计算机网络是利用通信设备、通信线路和通信协议，将分布在不同地点，功能独立的多台计算机互联起来，通过功能完善的网络软件，实现网络资源共享和信息传输的系统。

根据 IEEE 802 系列标准规定，计算机网络按照地理范围可以分为局域网（LAN）、城域网（MAN）和广域网（WAN），这是最常见的分类方法。网络的其他分类方法如表 2-1 所示。

常见的通信网络分类方法 表 2-1

分类方法	通信网络类型
按地理范围分类	局域网、城域网、广域网
按拓扑结构分类	点对点形、链路形、总线形、星形、树形、环形、网状形、蜂窝形、混合形等
按业务类型分类	计算机网、电信网、电视网、视频监控网、广播网等
按全球大网分类	互联网、因特网、物联网
按信号传输方式分类	广播式网络、点对点网络
按网络协议分类	以太网、SDH、DWDM、RPR、令牌环、Apple Talk、Novell Netware、FDDI、ATM
按交换技术分类	分组交换网、电路交换网
按信号复用分类	时分复用、频分复用、波分复用、码分复用
按接入技术分类	有线：如 Ethernet、ADSL、HFC、PSTN、ISDN、X. 25、FR、DDN 等 无线：如 LMDS、MMDS、WLAN、GPRS、3G、VSAT、DBS 等
按通信功能分类	用户驻地网（CPN）、接入网（AN）、交换网（如 IP 网）、传输网（如 SDH、DWDM）
按通信性质分类	业务网：如 PSTN、X. 25、ISDN、DDN、PLMN、ChinaNet 等 支撑网：如 7 号公共信令网、电信管理网、数字时钟网等

二、接入网

如图 2-1 所示，接入网是市话局电话网与智能大楼电话用户之间的连接部分，通常由用户线传输系统、复用设备、交叉连接设备等组成。常用的接入技术如表 2-2 所示。

常用的接入技术应用特性表 表 2-2

连接类型	传输速率	使用价格	特性描述
PSTN	最高为 56Kbit/s	最便宜	使用电话线通过 MODEM 拨号连接
ISDN	基本速率（BRI）：128Kbit/s，群速率（PRI）：2Mbit/s	BRI 比 ADSL 贵，比帧中继便宜	使用电话线通过 ISDN 终端适配器拨号连接，拨号后始终处于链接状态。合语音和数据的可靠数字连接。是一种临时性连接，按需使用带宽，按时、按实际使用带宽付费
ADSL	下行：1.544～8.448Mbit/s，上行：640Kbit/s～1.544Mbit/s	便宜	使用电话线通过 ADSL MODEM 拨号连接。供始终处于链接状态。语音和数据可以通过同一根线路同时传输，只能在有限的地方（离 ISP 约 5km 距离内）获得接入服务。上行速率慢，不适合上传密集型任务，传输速率不能得到保证

续表

连接类型	传输速率	使用价格	特性描述
CE1	64Kbit/s	较便宜	是 CE1 的单个信道。CE1，就是把 E1(2M)的传输分成了 30 个 64Kbit/s 的时隙，一般写成 N×64
DDN	2.048Mbit/s	是 ADSL 的 10～20 倍，比 ISDN 贵，比帧中继便宜	在用户端使用信道服务设备(CSU)/数据服务设备(DSU)通过铜缆或光缆与 ISP 线路连接，是专用的数字电路，通过点对点连接提供高速数据、语音、音频、视频通信。可获得保证的带宽(比 ADSL 贵的理由)
帧中继	56Kbit/s～44.736Mbit/s	较贵	1)使用帧中继访问设备(FRAD)，通过 T1 线路动态连接。2)是比较新的快速分组技术，是 X.25 技术的变体和改良，是最流行的 WAN 技术之一。3)实现使用永久虚拟线路(PVC)或交换型虚拟线路(SVC)提供始终在线的连接。4)可获得保证的带宽，并在信息突发(burst)超过租用带宽时，不需承担额外的费用
光纤	25.6Mbit/s～2.46Gbit/s	昂贵	1)使用 ATM 交换机，通过租用线路与 ISP 的 ATM 交换机进行信元交换。2)点对点通信，支持使用 SVC 高速传输语音和视频、图像等多媒体信息，是最完美的 WAN 技术。3)网络上所有的硬件都必须支持 ATM，造价昂贵
以太网接入	10Mbit/s～10Gbit/s	较贵	1)使用网络交换机，通过租用线路与 ISP 相连，有时使用协议转换器。2)依照用户需要可提供广泛的带宽，以满足多种需要。3)网络设备的额外投资不太大，线路费用稍高

第二节 电话通信系统

一、程控用户交换机

1. 电话通信系统的组成

构成电话通信系统有三个组成部分：一是电话交换设备；二是传输系统；三是用户终端设备。交换设备主要就是电话交换机，是接通电话用户之间通信线路的专用设备。正是借助于交换机，一台用户电话机能拨打其他任意一台用户电话机，使人们的信息交流能在很短的时间内完成。

电话交换机的发展经历了四大阶段，即人工制交换机、步进制交换机、纵横制交换机和存储程序控制交换机（简称程控交换机）。目前普遍采用程控交换机。

传输系统按传输媒介分为有线传输（明线、电缆、光纤等）和无线传输（短波、微波中继、卫星通信等）。本节着重讲述有线传输。有线传输按传输信息工作方式又分为模拟传输和数字传输两种。模拟传输是将信息转换成为与之相应大小的电流模拟量进行传输，例如普通电话就是采用模拟语言信息传输。数字传输则是将信息按数字编码（PCM）方式转换成数字信号进行传输，具有抗干扰能力强、保密性强、电路便于集成化（设备体积小）、适于开展新业务等许多优点，现在的程控电话交换就是采用数字传输各种信息。

用户终端设备，主要指电话机，现在又增加了许多新设备，如传真机、计算机终端等。

2. 程控用户交换机的组成

程控交换机是指用计算机来控制的交换系统，它由硬件和软件两大部分组成。这里所说的基本组成只是它的硬件结构。图 2-2 是程控交换系统硬件的基本组成框图。

图 2-2　程控交换系统硬件基本组成框图（PABX 的结构）

（1）控制设备。控制设备主要由处理器和存储器组成。处理器执行交换机软件，指示硬件、软件协调操作。存储器用来存放软件程序及有关永久和中间数据。控制设备有单机配置和多机配置，其控制方式可分为集中控制和分散控制两种。

（2）交换网络。交换网络的基本功能是根据用户的呼叫请求，通过控制部分的接续命令，建立主叫与被叫用户之间的连接通路。目前主要采用由电子开并阵列构成的空分交换网络和由存储器等电路构成的时分接续网络。

（3）外围接口。外围接口是交换系统中的交换网络与用户设备、其他交换机或通信网络之间的接口。根据所连设备及其信号方式的不同，外围接口电路有多种形式。

① 模拟用户接口电路：模拟用户接口电路所连接的设备是传统的模拟话机。它是一

个 2 线接口，线路上传送的是模拟信号。

② 模拟中继电路：数字交换机和其他交换机（步进、纵横、程控模拟、数字交换机等）之间可以使用模拟中继线相连。模拟接口（包括中继和用户电路）的主要功能是对信号进行 A/D（或 D/A）转换、编码、解码及时分复用。

③ 数字用户电路：数字用户电路是数字交换机和数字话机、数据终端等设备的接口电路。其线路上传输的是数字信号，它可以是 2 线或 4 线接口，使用 2B＋D 信道传送信息。

④ 数字中继电路：数字中继电路是两台数字交换机之间的接口电路。其线路上传送的是 PCM 基群或者高次群数字信号，基群接口通常使用双绞线或同轴电缆传输信号，而高次群接口则正在逐步采用光缆传输方式。

我国采用 PCM30，即 2.048Mbps 作为一次群（基群）的数据速率，它同时传输 30 个话路，又称一个 E1 中继接口。其传输介质有三种：同轴电缆、电话线路和光纤。

在使用同轴电缆时，其传输距离一般不超出 500m。当距离较远时可采用光纤。这时需要两端配置光端机，也可用 HDSL 设备在两对普通电话线路上传输 E1 数字中继信号。

（4）信号设备。信号设备主要有回铃音、忙音、拨号音等各种信号音发生器，双音多频信号接收器、发送器等。

由于现在的 PABX 功能非常多，参数设置/校验/通话计费等操作一般通过配置一台专用的系统维护管理计算机来完成，所有的参数设置/功能配置均可在 Windows 图形化操作界面下进行。许多产品具有多 PC 终端维护与控制功能。用户可以通过本地 LAN 进行终端维护、话费查询等各种操作，也可以通过 Internet 联网，进行远程维护与话费查询等操作。

图 2-3 是程控数字用户交换机的系统构成示例。

二、智能建筑电话网组成方式

目前，智能建筑内的电话网有两种组成方式，如图 2-4 所示。一种是以程控用户交换机（PABX）为核心构成一个星形网；另一种是以当地公网电信交换机的远端模块（或端局级交换机）为核心构成星形网。

以 PABX 为核心组成以语音为主兼有数据通信的建筑内通信网，可以连接各类办公设备。它还可以提供一种"虚拟用户交换机（Centrex）"新业务，亦即将用户交换机的功能集中到局用交换机中，用局用交换机来替代用户小交换机。它不仅具备所有用户小交换机的基本功能，还可享用公网提供的电话服务功能。从而使用户节省设备投资、机房用地及维护人员的费用，且可靠性高，技术与公网同步发展。

远端模块方式是指把程控交换机的用户模块（用户线路）通过光缆放在远端（远离电话局的电话用户集中点），好像在远端设了一个"电话分局"（又称为模块局）一样，从而节省线路的投资，扩大了程控交换机覆盖范围。通常模块局没有交换功能，但也有些模块增设了交换功能。远端模块方式与接入网之区别在于远端模块与交换机采用厂家的内部协议，不同厂家的产品不能混用。而用户接入网设备是通过标准 V₅ 接口与交换机相连，可以采用不同厂家的设备。

图 2-3 程控数字用户交换机的系统构成示例

三、建筑内的 VoIP 系统

VoIP（Voice Over IP，IP 网络电话）是利用计算机网络进行语音（电话）通信的技术。它不同于一般的数据通信，对传输有实时性的要求，是一种建立在 IP 技术上的分组化、数字化语音传输技术。

其基本原理如图 2-5 所示，通过语音压缩算法对语音数据进行压缩编码处理，然后把这些语音数据按 IP 等相关协议进行打包，经过 IP 网络把数据包传输到接收地，再把这些语音数据包串起来，经过解码解压处理后，恢复成原来的语音信号，从而达到由计算机网络传送语音（电话）的目的。

一开始的 IP 网络电话是以软件的形式呈现，同时仅限于 PC to PC 间的通话，换句话说，人们只要分别在两端不同的 PC 上安装网络电话软件，即可经由 IP 网络进行对话。随着宽频普及与相关网络技术的演进，网络电话也由单纯 PC to PC 的通话形式，发展出 IP to PSTN（Public Switched Telephone Network，公共交换电话网）、PSTN to IP、PSTN to PSTN 及 IP to IP 等各种形式。当然它们的共同点，就是以 IP 网络为传输媒介。如此一来，电信业长久以 PSTN 电路交换网络为传输媒介的惯例及独占性也逐渐被打破。人们从此不但可以享受到更便宜、甚至完全免费的通话及多媒体增值服务，电信业的服务内容及面貌也为之剧变。

虽然 VoIP 拥有许多优点，但绝不可能在短期内完全取代已有悠久历史并发展成熟的 PSTN 电路交换网，所以现阶段两者势必会共存一段时间。

51

图 2-4　智能化建筑内的电话网两种组成方式

图 2-5　VoIP 基本原理

目前 IP 语音的应用领域主要有三种协议分支的语音产品，包括 H.323、SIP、MGCP（H.248）。H.323 是 ITU 组织标准化的一个协议簇，主要给出 IP 语音及视频的应用协议规范。H.323 相对全面，对于运营、维护、管理等电信应用有着较好的体现。

智能化建筑内的 VoIP 电话网根据功能的区别有两类系统方案，其一是建筑内不设PABX，完全通过 VoIP 网络实现话音通信功能，方案如图 2-6 所示；其二是在建筑内已设有 PABX 网络的前提下，再构建一个 VoIP 网络作为 PABX 网的补充和改进，达到大幅降低通信费用的目的，方案如图 2-7 所示。

四、程控用户交换机的选择

1. 容量的确定

按信息产业部规定，将程控用户交换机的容量分成三类：

（1）小容量：250 门以下；

图 2-6　建筑内 VoIP 网络实现话音通信功能

图 2-7　建筑内 PABX＋VoIP 网络实现话音通信功能

（2）中容量：250～1000 门；

（3）大容量：1000 门以上。

程控用户交换机一般在 2000 门以下为宜。

具体选择时，应考虑所需的电话容量。要确定电话容量，首先需要进行用户分布调查。目前我国对于住宅楼，每户最少应设一对电话线，建议按两对电话线考虑；对于办公楼和业务楼，可按每 15～20m² 房间设两对电话线，每开间按 2～4 对电话线，或者按用户要求设置。

用户电话交换系统依据工程项目规划需求，选用程控数字用户交换机（PBX 或 PABX），或 ISDN 用户交换机（ISPBX），或基于 IP 协议的 IP 用户交换机（IPPBX），或虚拟用户交换机（Centrex）等。宜选用具有 ISDN 功能的用户交换机（ISPBX）。

（1）用户交换机容量的确定宜满足下列要求：

① 初期装机容量＝1.3[目前所需门数＋(3～5) 年内近期增容数]；

② 终期装机容量＝1.2[目前所需门数＋(10～20) 年内远期发展增容数]；

③ 用户板的备用量可按实装电话机数量的 20% 考虑。

（2）用户交换机中继线可按下列规定配置（表 2-3）：

中继线数的确定方法 表 2-3

可以和市话局互相呼叫的分机数(线)	接口中继线配发数目(话路)	
	呼出至端局中继	端局来话呼入中继
50 线以内	采用双向中继 1～5 条	
50	3	4
100	6	7
200	10	11
300	13	14
400	15	16
500	18	19

① 当用户交换机容量小于 50 门时，宜采用 2～5 条双向出入中继线方式；

② 当用户交换机容量为 50～500 门、中继线大于 5 条时，宜采用单向出入或部分单向出入、部分双向出入中继线方式；

③ 当用户交换机容量大于 500 门时，可按实际话务量计算出入中继线，宜采用单向出入中继线方式。

（3）中继线数量的配置，应根据用户交换机实际容量大小和出入局话务量大小等因素，可按用户交换机容量的 10%～15% 确定。

2. 公用电话交换系统在建筑电话通信与计算机网络设施中实现的方式

（1）对不设置用户交换机的建筑物，采用虚拟网技术（Centrex）委托代理交换业务软交换直接用户线接入；

（2）由运营商在建筑物内设置市话端局，或支局，或远端模块局等交换设备；

（3）设置程控数字用户交换机（PBX）、ISDN 用户交换机（ISPBX）、IP 用户交换机（IPPBX）等。

3. 程控用户交换机选型应满足的要求

（1）应符合信息产业部《程控用户交换机接入市话网技术要求的暂行规定》和国家标准《专用电话网进入公用电话网的进网条件》GB 433—90。

（2）应选用符合国家有关技术标准的定型产品，并执行有关通信设备国产化政策。

（3）同一城市或本地网内宜采用相同型号和国家推荐的某些型号的程控交换机，以简化接口，便于维修和管理。

（4）程控交换机应满足近期容量和功能的需要，还应考虑远期发展和逐步发展综合业务数字网（ISDN）的需要。

（5）程控交换机宜选用程控数字交换机，以数字链路进行传输，减少接口设备。数字接口参数应符合国家标准《脉冲编码调制通信系统网络数字接口标准》GB 7611—87。

信息产业部规定，凡接入国家通信网使用的程控用户交换机，必须有信息产业部颁发的进网许可证。因此用户在选型购机时，一定要购买有信息产业部颁发进网许可证的程控交换机。

第三节　电话线路与机房的设计

一、电话通信线路的组成与线路敷设

1. 系统组成

从市电话局经室外人孔和引入电缆进入建筑物地下电缆室的线路敷设方式，如图 2-8 所示。

图 2-8　从市电话局经室外人孔和引入电缆进入建筑物地下电缆室的线路敷设方式

电话通信线路从进屋管线一直到用户出线盒，一般由以下几部分组成（图 2-9）：

图 2-9　电话通信线路的组成

（1）引入（进户）电缆管路：又分地下进户和外墙进户两种方式。

（2）交接设备或总配线设备：它是引入电缆进屋后的终端设备，有设置与不设置用户交换机两种情况，如设置用户交换机，采用总配线箱或总配线架；如不设用户交换机，常用交接箱或交接间。交接设备宜装在房屋的一二层，如有地下室，且较干燥、通风，才可考虑设置在地下室。

（3）上升电缆管路：有上升管路、上升房和竖井三种建筑类型。

（4）楼层电缆管路。有放射式、分支式、格子式等分布方式。

（5）配线设备：如电缆接头箱、过路箱、分线盒、用户出线盒，是通信线路分支、中间检查、终端用设备。

建筑物内的电话线应一次分线到位，根据建筑物的功能要求确定其数量。城市住宅区内的配线电缆，应采用地下通信管道敷设方式。住宅建筑室内通信线路安装应采用暗配线敷设及由暗配线管网组成。多层建筑物宜采用暗管敷设方式，高层建筑物宜采用电缆竖井与暗管敷设相结合的方式。

2. 进线交接间设计应符合的规定

（1）引入主干电缆在 100 对以上或采用光缆入户的用户应设电缆交接间，宜设在建筑物的首层或地下一层。

（2）当建筑物内设用户交换机时，电缆交接间应与总配线架结合设置。

（3）交接箱（柜）的容量可根据终期所需的用户线线对总数，并结合主干电缆规格确定，主干电缆线对数一般分为 100 对、200 对、300 对、400 对、600 对、800 对、1000 对、1200 对等几档，电缆芯线使用率应在 85％～90％。

（4）容量在 600 对以上应采用落地式交接箱（柜）。

（5）交接箱（柜）内成端电缆接线模块或接线端子应具有阻燃性能，进线和配线应按规定标记；应设置避雷器或电涌保护器和熔线管的接线柱。

（6）交接间的面积取决于交接箱（柜）的容量及安装尺寸。光缆入户还应考虑光电转换设备。室内梁下净高不宜低于配线架及设备机柜上沿安装高度 0.6m。

（7）进出交接间的线路敷设方式应满足防水、防火、抗电磁干扰等要求。

（8）交接间应设置有源设备配电箱、应急备用照明，通风换气次数不小于 5 次。

（9）交接间（箱、柜）内应设置专用接地端子。接地电阻值宜小于 1Ω，并应符合建筑整体防雷及安全保护接地设计要求。

3. 电话用户线分配网络的设计规定

（1）干线电缆在建筑物内应设置水平及垂直专用的电缆敷设通道，竖向干线宜敷设在通信间或专用电缆井道内。

（2）用户线分配网络宜采用交接配线为主，辅以直通配线、复接配线等的配线方式。

（3）分线箱的容量一般分为 10 对、20 对、30 对及 50 对；分线盒的容量一般分为 5 对、10 对、15 对、20 对、30 对及 50 对。

（4）水平及垂直干线电缆应尽量采用大对数电缆，基本线径采用 0.5mm（铜），电缆芯线使用率应在 50％～70％。

（5）干线光缆垂直敷设考虑自重，宜选用金属铠装护套；弯曲半径应不小于光缆外径的 15 倍。

（6）光纤分光器、光纤连接、盘纤架等应固定安装，宜采用机箱（柜）固定安装。

（7）宜采用综合布线系统。综合布线内容详见第三章。

4. 用户驻地光缆敷设与成端应符合的规定

（1）光缆路由中不应采用活动光纤连接器的连接方式。

（2）光缆宜采用熔接方式接续；在用户接入点配线设备及驻地配线箱内宜采用熔接尾纤方式成端；不具备熔接条件时，可采用现场组装预埋光纤连接器成端。

（3）每一光纤链路中宜采用相同类型的光纤连接器。

（4）光缆金属加强芯应接地。

（5）室内光缆预留长度应符合下列规定：

① 光缆在配线柜（架）处预留长度应为 3m～5m。

② 光缆在楼层配线箱处光纤预留长度应为 1m～1.5m。

③ 光缆在驻地配线箱成端时预留长度不应小于 0.5m。

④ 光缆纤芯不做成端时，应保留光缆施工预留长度。

（6）光缆敷设安装的最小曲率半径应符合表 2-4 的规定。室内光缆穿管敷设时，各类管材的内径不宜小于光缆外径的 1.5 倍。光缆敷设安装后管口均应封堵严密。

光缆敷设安装的最小曲率半径　　　　　　　　　　　　　　　　表 2-4

光 缆 类 型		静态弯曲
室内外光缆		$15D/15H$
微型自承式通信用室外光缆		$10D/10H$ 且不小于 30mm
管道入户光缆 蝶形引入光缆 室内布线光缆	G.652D 光纤	$10D/10H$ 且不小于 30mm
	G.657A 光纤	$5D/5H$ 且不小于 15mm
	G.657B 光纤	$5D/5H$ 且不小于 10mm

注：D 为缆芯处圆型护套外径，H 为缆芯处扁型护套短轴的高度。

二、电话缆线（传统）

市内电话配线（传统）的型号如表 2-5 所示，表中说明其用途和规格。表 2-6 是常用传统市内电话电缆规格。

市内电话配线（传统）型号规格　　　　　　　　　　　　　　　　表 2-5

型号	名　　　称	芯线直径 （mm）	芯线截面 （根数×mm）	导线外径 （mm）
HPV	铜芯聚氯乙烯电话配线（用于跳线）	0.5 0.6 0.7 0.8 0.9		1.3 1.5 1.7 1.9 2.1
HVR	铜芯聚氯乙烯及护套电话软线（用于电话机与接线盒之间连接）	6×2/1.0		二芯圆形 4.3 二芯扁形 3×4.3 三芯 4.5 四芯 5.1

续表

型号	名　　称	芯线直径（mm）	芯线截面（根数×mm）	导线外径（mm）
RVB	铜芯聚氯乙烯绝缘平行软线（用于明敷或穿管）		2×0.2 2×0.28 2×0.35 2×0.4 2×0.5 2×0.6	
RVS	铜芯聚氯乙烯绝缘绞合软线（用于穿管）		2×0.7 2×0.75 2×1 2×1.5 2×2 2×2.5	

常用的传统市内电话电缆规格　　　　　　　　　　表 2-6

序号	型号及规格	电缆外径(mm)	重量(kg/km)
1	HYA10×2×0.5	10	119
2	HYA20×2×0.5	13	179
3	HYA30×2×0.5	14	238
4	HYA50×2×0.5	17	357
5	HYA100×2×0.5	22	640
6	HYA200×2×0.5	30	1176
7	HYA300×2×0.5	36	1667
8	HYA400×2×0.5	41	2217
9	HYA600×2×0.5	48	3229
10	HYA1200×2×0.5	66	6190
11	HYA10×2×0.4	11	91
12	HYA20×2×0.4	12	134
13	HYA30×2×0.4	12	179
14	HYA50×2×0.4	14	253
15	HYA100×2×0.4	18	417
16	HYA200×2×0.4	24	774
17	HYA300×2×0.4	28	1131
18	HYA400×2×0.4	33	1458
19	HYA600×2×0.4	41	2143
20	HYA1200×2×0.4	56	4077
21	HYA1800×2×0.4	66	5967
22	HYA2400×2×0.4	76	8000

三、电话配线系统与综合布线系统的关系

因为结构化综合布线（详见第三章）完全可以替代电话配线，所以电话配线在智能建筑中并不重要。但由于综合布线的造价比电话配线高出许多，在楼内电话配线设计时，如果能确定电话的位置和数量，不妨用电话配线，这样能节约投资。但如果电话数量不确定，那么，楼内可全部采用综合布线替代电话配线。此外，在某些场合，电话配线和综合布线可共用一个弱电间、竖井和配线架。如果某楼层的水平子系统有一个综合布线配线架，那么该楼层的电话壁龛完全可以取消。

四、用户交换机机房

1. 用户交换机机房的位置及环境选择应符合下列要求：

（1）应设置在用户负荷中心进出线方便的地方。

（2）宜设置在与计算机网络中心机房邻近。

（3）不宜设置在变压器室、变配电室等较高电磁干扰源的附近，并应有防静电措施。

（4）不宜设置在热交换站、水箱间、浴室、卫生间、开水房等易积水房间及其他潮湿性场所的附近，机房温、湿度条件应符合表 2-7 的要求。

机房温、湿度条件　　　　　　　　　　　表 2-7

房间名称	温度（℃）		相对湿度（%）	
	长期工作条件	短期工作条件	长期工作条件	短期工作条件
交换机室	18～28	10～35	30～75	10～90
话务员室	16～30		40～80	
休息维修办公室	16～30		40～80	

注：环境正常工作条件（即长期工作条件）的温、湿度应是在地板上 1.5m 和在设备前方 0.4m 处测量的数值；短期工作为连续不超过 48 小时和每年积累不超过 15 天。

（5）不宜设置在发电机房、水泵房、空调机房及通风机房等其他有较大震动场所附近。话务员室静态噪声测量值应小于 65dB（A）。

（6）不宜设置在汽车库、锅炉房、洗衣房以及空气中粉尘含量过高或有腐蚀性气体、腐蚀性排泄物等场所附近。

（7）有人值班的机房附近应设卫生间。

（8）机房内主要房间或通道，不应被其他公用通道、走廊或房间隔开。

2. 用户交换机机房可仅设交换机室、话务员室及维修办公室。其交换机室应能容纳用户交换机、总配线设备、配电设备、免维护蓄电池组以及为机房服务的空调机柜等。机房土建设计可参照表 2-8 的要求。

机房土建设计要求　　　　　　　　　　　表 2-8

房间名称	房屋净高（m）（梁下或风管下）	均布活荷载（kN/m²）	地面面层材料
交换机室	≥3.0	≥6.0	活动地板或塑料地面
话务员室	≥2.5	≥4.5	活动地板或塑料地面
休息维修办公室	≥2.5	≥3.0	无特殊要求

注：活动地板或塑料地面应能防静电并阻燃。

3. 机房最低平均照度应符合表 2-9 要求。其中交换机室及话务员室需设应急照明（备用照明），平均照度不应低于正常照明的照度。

机房照明要求　　　　　　　　　　　表 2-9

房间名称	最低平均照度标准（lx）	规定照度的被照面
交换机室	150* 50	垂直面，距地 1.4m
话务员室	150	水平面，0.75m
休息维修办公室	100	水平面，0.75m

注：* 为无机柜（架）照明时的最低照度要求。

4. 机房通风应符合表 2-10 要求。

表 2-10

机房通风要求

房间名称	最小新风量(m³/小时,每人)	换气次数
交换机室	10	6
话务员室	30	10
休息维修办公室	30	10

5. 设备布置应符合安全适宜、维护方便、便于扩充发展、整齐美观的要求。

(1) 在尚未得到具体技术数据资料时,可按表 2-11 估算机房面积;

表 2-11

机房面积估算

用户交换机容量(门)	交换机室面积(m²)	话务员室(m²/席)	辅助用房面积(m²)
2000 以下	20~30		
3000~5000	40~60	4.5	15~30
5000~8000	60~80		
8000~10000	80~100		

注:1. 大于 10000 门时,交换机室面积按每增加 10000 门增加 40m² 估算。

2. 远端模块局面积可参考交换机室面积预留。

(2) 设备的布置应按生产厂的规定,也可参照下列要求进行排列:

① 机柜(架)列间净距为 0.8m,如机柜(架)面对面排列时,净距为 1~1.2m;

② 机柜(架)或其他设备与墙间作为主要走道时,净距为 1.2~1.5m;

③ 机柜(架)背面或侧面与墙或其他设备的净距不宜小于 0.8m;

④ 当机柜(架)及设备背面不需要维护时可靠墙安装。

(3) 配线柜(架)位置应考虑线缆的进出方便;

(4) 采用免维护蓄电池组,小容量宜机柜安装;

(5) 大容量的蓄电池组宜单设蓄电池室,布置应符合下列规定:

① 蓄电池台(架)之间的走道宽度不应小于 0.8m;

② 蓄电池台(架)的一端应留有主要走道,其宽度一般为 1.2~1.5m;另一端与墙的净距应为 0.1~0.3m;

③ 同一组蓄电池分双列平行安装于同一电池台(架)时,列间的净距一般为 0.15m;

④ 双列式蓄电池组与墙间的平行走道宽度不应小于 0.8m;单列式蓄电池组可靠墙安装,蓄电池与墙间净距为 0.1~0.2m;

⑤ 蓄电池与采暖散热器的净距一般不小于 0.8m,暖气沟上面不得安装蓄电池组;

⑥ 蓄电池台的高度为 0.3~0.5m。

6. 机房内机柜(架)、总配线架、整流器和蓄电池等通信设备的安装应采取加固措施,其抗震要求不应低于当地规定的抗震烈度等级。

7. 用户交换机机房电源宜符合下列规定:

(1) 在无确切技术数据资料时,用户交换机电源容量可按下列指标估算:

① 1000 门以下时,按每门 2.5W 计;

② 1000 门以上时,大于 1000 门的部分按每门 2.0W 计。

(2) 机房电源的负荷等级应与该建筑工程中最高供电负荷等级相同。当机房内的设备需要有交流不间断和无瞬变供电要求时,应采用 UPS 不间断电源供电。当两路交流电源供电时,应采用末端自动互投;当仅一路交流电源供电时,应采用不间断电源设备 UPS 或与计算机机房合用 UPS 向用电设备供电。

(3) 当交流电源的电压波动超过交流用电设备正常工作范围时,应采用交流稳压设备。

(4) 用户交换机直流供电电源应采用在线充电方式,并以全浮充制运行。当交流电源供电负荷等级在二级以上时,可备用一组蓄电池组;当交流电源供电负荷等级为三级或用户交换机容量较大时,宜备用二组蓄电池组。

(5) 直流电源输出端的全程压降应符合系统需要,杂音计脉动电压值不宜大于2.4mV,如超过限值时,需装滤波设备。

(6) 蓄电池一般不采用尾电池,只有当用户交换机容量较大且交流电源供电负荷等级在二级以下时,可考虑采用尾电池。

(7) 每组蓄电池的个数应根据通信设备允许的电压波动范围、每个蓄电池放电终期的端电压、浮充电压以及馈电线总电压降等因素确定。若干规定如下:

① 酸性蓄电池放电终期端电压一般为 1.8~1.9V,浮充电压一般为 2.15~2.2V;

② 当不采用尾电池时,酸性蓄电池每组的电池数量可按表 2-12 确定;

蓄电池组的电池数量 表 2-12

电压(V)	电压波动范围(V)	浮充制蓄电池数量(个)	直供方式蓄电池数量(个)
48	43.2~52.8	24	26

注:当设备规定的电压波动范围不同于表列的范围时,蓄电池个数应另行计算确定。

③ 每组蓄电池的供电小时数可按表 2-13 确定;

蓄电池组供电小时数 (h) 表 2-13

交流电源供电级别	直流供电方式	
	浮充制	直供方式
一二级负荷	4~6	10~15
三级负荷	10	20

注:如有特殊要求时,蓄电池组的供电小时数可适当调整。

④ 蓄电池容量一般按下式计算:

$$Q = KI$$

式中 Q——蓄电池容量(A·h);

I——近期通信设备的忙时平均耗电电流(A);

K——蓄电池容量计算系数,应根据已确定的供电小时数按表 2-14 确定。

蓄电池容量计算系数表 表 2-14

	小时(h)	4	5	6	7	8	9	10
K	15℃	5.50	6.52	7.33	8.29	9.35	10.09	10.87
	5℃	6.03	7.15	8.03	9.08	10.24	11.05	11.90
	小时(h)	10	11	12	13	14	15	20
K	15℃	10.87	11.88	12.97	14.05	15.14	16.30	21.74
	5℃	11.90	13.10	14.29	15.48	16.67	17.86	23.81

注:电池室内有暖气设备时用 15℃ 的 K 值,无暖气设备时用 5℃ 的 K 值。

8. 交换机及其他辅助设备的接地宜符合下列规定：

（1）交换机接地电阻宜符合表 2-15 中的规定，在交换机设备型号选定后，应根据设备的技术标准要求确定；

交换机接地电阻　　　　　　　　　　　表 2-15

交换机容量	1000 门以下	1000～10000 门
接地电阻（Ω）	4	1

（2）交换机房内应设置专用接地端子箱，用独立的接地干线直接接至主接地装置，接地导体宜采用截面不小于 $35mm^2$ 的铜导体；

（3）若无特殊要求，机房内设备做 S 形等电位联结，交换机采用单点接地方式，为避免干扰接地导体宜选用一长一短；

（4）若交换机工作接地要求与等电位联结接地分开时，宜采用等电位均衡器；

（5）当建筑物内各系统接地保护和安全保护均采用联合接地方式时，专用接地端子接地电阻值应小于 1Ω。

【例】　下面以上海新光电讯厂引进生产的 Hicom 程控数字用户交换机说明其电话站房的要求。Hicom 程控交换机包括四个容量系列：Hicom340（320 端口）、Hicom370（960 端口）、Hicom390（5120 端口）、Hicom391（10000 端口）。

1. 机房建筑要求

（1）机房使用面积、净高及地面负荷见表 2-16。交换机房高度要求如图 2-10 所示。Hicom370 型和 Hicom390 型机房的面积要求如图 2-11 所示。Hicom 系统除有交换机的主机柜外，还有与之配套的电源柜、配线柜等辅助机柜，它们的尺寸均为 1885mm（高）×770mm（宽）×500mm（深）。图 2-11 只画交换机房，话务员室视用户情况而定。

机房使用面积、净高及地面负荷表　　　　　表 2-16

机　房		使用面积（m^3）	净　高（m）	地面荷载（kg/m^2）	机　柜　数	备　注
Hicom—340	交换机房	9.68	3	450	1(≤200 门)	
	话务员室	7.24	3	450		
Hicom—370	交换机房	13.50	3	450	2(600 门)	话务台数由用户根据中继线数量确定
	话务员室	10.82	3	450		
Hicom—390	交换机房	31.31	3	450	5(2000 门)	
	话务员室	10.82	3	450		

（2）电缆可以在机柜上面走，也可以在机柜下面（地板下）走，但以后者为佳。无论上走或下走都应有敷设电缆的走线槽。

（3）地面要铺设防护静电感应的半导电活动地板。

（4）如果程控机房与原有机电制机房距离比较近，相互间应有屏蔽网，以免受电磁及电火花的干扰。

（5）机房内要防止有腐蚀的气体进入，特别要防止电池室的酸气进入，以免腐蚀机器设备。

图 2-10　交换机房高度要求

图 2-11　交换机房面积要求

（6）配线架应有良好的接地，所有中继线都要加避雷器（保安器）。用户线如是在机房所在的同一楼内，可不带保安器；如在其他楼内，一般也要带保安器（以防雷雨天损坏交换机电路板）；但如相距很近，又是地下电缆连接，也可不带保安器。配线架分为系统端和外线端，系统端用电缆与交换机相连，外线端用电缆与用户相连。系统端的电缆对数大致与交换机容量相等，外线端的电缆对数要略多于容量数，一般可按 1.2 至 1.8 比 1 配置。

（7）蓄电池的容量（安培·小时）可由公式算得，或由程控交换机的容量与市电断电后需要维护的时间来确定。一般可配供维持 4h 用电，或者根据用户需要和当地情况（如停电概率和停电时间长短等）而定。以上例为 1800 线（用户线＋中继线），按照 Hicom 程控交换机的耗电参数：平均每线为 2.1VA，故上例的蓄电池总耗电量为（1800×2.1）÷48(蓄电池电压)＝78.75A。如要维持 4h，则蓄电池的容量应选为 4×78.75＝315 安培·小时（A·h）。再由蓄电池容量和电压（48V）来确定所需蓄电池的个数。

图 2-12 是一种程控交换机电话站房的平面布置。图 2-13 为程控交换机星形接地方式的示意图。

图 2-12　程控交换机电话站房平面布置之一

图 2-13　程控交换机星形接地方式（工作接地）示意图

第四节　局　域　网

一、局域网（LAN）的组成与分类

（一）计算机网络的基本构成

计算机网络是一个复杂的系统。不同的网络组成不尽相同。但不论是简单的网络还是复杂的网络，基本上都是由计算机与外部设备、网络连接设备、传输介质以及网络协议和网络软件等组成。

1.计算机与外部设备

计算机网络中的计算机包括主机、服务器、工作站和客户机等。计算机在网络中的作用主要是用来处理数据。计算机外部设备包括终端、打印机、大容量存储系统、电话等。

2.网络连接设备

网络连接设备是用来进行计算机之间的互联并完成计算机之间的数据通信的。它负责控制数据的发送、接收或转发，包括信号转换、格式变换、路径选择、差错检测与恢复、通信管理与控制等。计算机网络中的网络连接设备有很多种，主要包括网络接口卡（NIC）、集线器（HUB）、路由器（Router）、集中器（Concentrator）、中继器（Repeater）、网桥（Bridge）等。此外，为了实现通信，调制解调器、多路复用器等也经常在网络中使用。

3.传输介质

计算机之间要实现通信必须先用传输介质将它们连接起来。传输介质构成网络中两台设备之间的物理通信线路，用于传输数据信号。网络中的传输介质一般分为有线和无线两种。有线传输介质是指利用电缆或光缆等来充当传输通路的传输介质，包括同轴电缆、双绞线、光缆等。无线传输介质是指利用电波或光波等充当传输通路的传输介质，包括微波、红外线、激光等。

4. 网络协议

在计算机网络技术中，一般把通信规程称作协议（Protocol）。所谓协议，就是在设计网络系统时预先作出的一系列约定（规则和标准）。数据通信必须完全遵照约定来进行。网络协议是通信双方共同遵守的一组通信规则，是计算机工作的基础。正如谈话的两个人要相互交流必须使用共同的语言一样，两个系统之间要相互通信，交换数据，也必须遵守共同的规则和约定。例如，应按什么格式组织和传输数据，如何区分不同性质的数据，传输过程中出现差错时应如何处理等。现代网络系统的协议大都采用层次型结构，这样就把一个复杂的网络协议和通信过程分解为几个简单的协议和过程，同时也极大地促进了网络协议的标准化。要了解网络的工作就必须了解网络协议。一般来说，网络协议一部分由软件实现，另一部分由硬件实现；一部分在主机中实现，另一部分在网络连接设备中实现。

5. 网络软件

同计算机一样，网络的工作也需要网络软件的控制。网络软件一方面控制网络的工作，控制、分配、管理网络资源，协调用户对网络资源的访问；另一方面则帮助用户更容易地使用网络。网络软件要完成网络协议规定的功能。在网络软件中，最重要的是网络操作系统，网络操作系统的性能往往决定了一个网络的性能和功能。

（二）局域网（LAN）的组成与分类

局域网的组成包括硬件和软件两大部分，如表 2-17 所示。图 2-14 是基本局域网示例，表 2-18 是其设备清单。

局域网的组成　　　　　　　　　　　　　　　　　　　　　　　　　表 2-17

分类	主要部件	具体组成	实　　例
硬件	计算机	服务器	文件服务器、打印服务器、数据库服务器、Web 服务器
		工作站	PC 机、工作站、终端等
	外部设备	高性能打印机、大容量磁盘等	
硬件	通信设备	网络接口卡（NIC）	10Mb/s 网卡、100Mb/s 网卡等
		通信介质	电缆（同轴、双绞线）、光纤、无线等
		交换设备	交换机、集中器、集线器、复用器等
		互联设备	网桥、中继器、路由器等
软件	网络系统软件	网络操作系统	Windows、NT、UNIX、NetWare 等
		实用程序	
		其他	
	网络应用软件	数据库	数据库软件
		Web 服务器	Web 服务器软件
		Email 服务器	电子邮件服务器软件
		防火墙和网络管理	安全防范软件
		其他	各类开发工具软件

作为示例，图 2-14 是办公室的一个最简单局域网的构成。表 2-18 列出了构建一个简单网络所需的设备及用途的简单说明。

图 2-14　基本局域网组成示例

网络硬件清单　　　　　　　　　　　　　　　　　　　　　　　　　　表 2-18

种　类	设备名称	型号规格	用　途	数　量	备　注
计算机	各类 PC 兼容机	CPU586 以上、有足够的内存(64MB)，能运行 Windows 9x 或 2000 操作系统等	供普通用户使用	2 至 3 台或以上	如果有高的可靠性，应购买一台服务器级的高档计算机
网络设备	集线器（Hub）或交换机（Switch）	分别有 8、16、24 等端口的网络设备	连接各台计算机的网络设备，一个端口可连接一台计算机	1 台	集线器与交换机区别见注
网卡	网络适配器，又称网卡	分 10Mb/s、100Mb/s 和 10/100Mb/s 自适应三种类型	插在计算机内的 PCI 扩展槽中，负责将计算机的信息转换成到连线上的电信号	每台计算机中插一块，数量同计算机个数	建议选用 10/100Mb/s 自适应及 PCI 总线网卡
网络连线（简称网线）	非屏蔽双绞线	两端带 RJ45 插头、8 芯的五类（或更高）双绞线	连接计算机网卡与网络设备的连线	每台计算机一根，一端接计算机，一端接网络设备	目前多数场合用非屏蔽双绞线。接头可在购买网线处代做或自制
调制解调器（MODEM）	MODEM 和电话线	56KB 的 MODEM 外置或内置均可	将局域网通过电话线连接到 Internet 上	一台调制解调器、一条电话线	另外还可用 ISDN 来获得更快上网速度
其他	可选或利用原有设备	打印机等		可选	
软件	Windows 操作系统	Windows 9x、Windows 2000 或以上		安装在每台计算机上	本例为一个简单的网络环境，用 Windows 9x 即可

　　注：集线器与交换机都是连接计算机的一种网络设备。不过交换机性能更好，而且近来二者价格差别不大，故常用交换机。此外，要注意每根网线的长度不得超过 100m。

　　由于图中的计算机相互间均为平等关系，不存在特殊地位计算机，因此它是对等网。当用户少于 10 个节点时，宜用对等网络。如果在网络中，为了集中统一地管理网络中所有的用户，专门设置一台（或几台）具有管理作用的特殊计算机，则称其为服务器，而其他的计算机听命于该服务器。网络中的用户资料或资源的访问控制等数据都保存在该服务器上，其他计算机需先登录到服务器上，只有经过服务器验证和允许后，才能获得网络中的功能（网络所提供的服务），即成为服务器的客户，这些计算机称其为客户机。这样结构的网络称为客户/服务器网络（Client/Server），简写为 C/S。

此外，还有一种基于服务器的网络结构。例如，在 Internet 中，用户用浏览器访问（或近或远的）Web 站点服务器，其关系也类似于客户/服务器结构，称为 B/S。只是服务器所管理的对象的要求要简单些，服务器（Server）只需向网页浏览者（Browse 用户）提供网页（一种文件格式的内容）即可，不需要对用户开放服务器的其他资源，如打印机、文件夹或为访问的用户而建立数据库等。在用户端对一般用户也不进行身份认证，只要安装浏览器访问。这种结构称为"Web 浏览"方式（B/S）。要构建这类网络结构，可以用 UNIX（Linux）或 Windows 服务器等作为网站服务器，普通用户只要安装如微软公司的 IE 再加上接入到 Internet 的通信线路即可，且使用起来更为简单。

二、以太网

以太网是目前全球使用最广泛的局域网技术，成功的关键在于以太网标准一直随着网络需求而不断改进。从 10Mbit/s/100Mbit/s 到 1Gbit/s 以及目前正在走向成熟的 10Gbit/s，以太网的传输速率不断提高；在从共享式、半双工、利用 CSMA/CD 机制到交换式、点对点、全双工以及流量控制、生成树、VLAN、QoS 等机制的采用，以太网的功能和性能逐步改善；从电接口 UTP 传输到光接口光纤传输，以太网的覆盖范围大大增加；从企业和部门的内部网络，到公用电信网的接入网、城域网，以太网的应用领域不断扩展。以太网标准的最新发展是 100Gbit/s 以太网，目前在实验室已经实现了 100Gbit/s 以太网1000km 的无纠错传输试验。

以太网技术有如下优势：扩充性能好、灵活的部署距离（支持从 100m 短程局域网应用到 40km 城域网的各种网络应用）、低成本、易于使用和管理。智能建筑内构建计算机网络优先采用以太网技术和相应的网络结构方式，局域网如表 2-19 所示，常用以太网性能表如表 2-20 所示。

目前使用的局域网种类　　　　　　　　　　　　　　　　　　　　表 2-19

名称	使用情况	标准化组织	传输速度	使用线缆	网络拓扑
以太网（CSMA/CD）	○	IEEE802.3	10Mbps	双绞线 同轴电缆 光缆	星形 总线形
令牌环	×	IEEE802.5	4/16Mbps	双绞线	环形
FDDI	×	ANSI NCITS T12	100Mbps	光缆	环形
ATM-LAN	×	ATM Forum	2～622Mbps 1.2/2.4Gbps	双绞线 光缆	星形
100BASE-X	○	IEEE802.3	100Mbps	双绞线 光缆	星形
100VG-AnyLAN	×	IEEE802.12	100Mbps	双绞线 光缆	星形
1000BASE-X	○	IEEE802.3z	1000Mbps（1Gbps）	双绞线 光缆 同轴电缆	星形
10GBASE-X	○（今后将普及）	IEEE802.3an IEEE802.3ae	10Gbps	双绞线 光缆	星形

注：表中○表示使用，×表示少用或被淘汰。

常用以太网性能表　　　　　　　　　　　　　表 2-20

名　称	标　准	传输介质类型	最大网段 长度/m	传输速率 /bit·s^{-1}	使 用 情 况
以太网	10Base-T	2 对 3、4、5 类 UTP 或 FTP	100	10M	不常用
快速以太网	100Base-TX	2 对 5 类 UTP 或 FTP	100	100M	十分常用
	100Base-T4	4 对 3/4/5 类 UTP 或 FTP	100	100M	升级用
	100Base-FX	62.5/125μm 多模光缆	2000	100M	不常用
千兆以太网	1000Base-CX	150ΩSTP	25	1000M	设备连接
	1000Base-T	4 对 5 类 UTP 或 FTP	100	1000M	常用
	1000Base-TX	4 对 6 类 UTP 或 FTP	100	1000M	常用
	1000Base-LX	62.5/125μm 多模光缆或 9μm 单模光缆,使用长波长激光	多模光缆:550 单模光缆:5000	1000M	长距离骨干网段 常用
	1000Base-SX	62.5/125μm 多模光缆,使用 短波长激光	220	1000M	骨干网段十分常用
万兆以太网	10GBase-S	50/62.5μm 多模光缆,使用 850nm 波长激光	300	10G	可用于汇聚层和骨 干层网段
	10GBase-L	9μm 单模光缆,使用 1310/ 1550nm 波长激光	10km	10G	可用于长距离骨干 层网段
	10GBase-E	9μm 单模光缆,使用 1550nm 波长激光	40km	10G	可用于长距离骨干 层网段和 WAN

1. 10Mbps 以太网

在 10Mbps 中,有 10BASE-5 (粗缆以太网)、10BASE-2 (细缆以太网)、10BASE-T (双绞线以太网) 和 10BASE-F (光纤以太网) 四种。10BASE-5 和 10BASE-2 已被淘汰。10BASE-T 和 10BASE-F 因速度过低,使用也在减少。

2. 快速以太网 (IEEE802.3U)

具有 100Mbit/s 的以太网。以太网交换机端口上的 10Mbit/s/100Mbit/s 其适用技术可保证该端口上 10Mbit/s 传输速率能够平滑地过渡到 100Mbit/s。快速以太网主要有三种类型以满足不同布线环境。

100Base-TX:网络可基于传输介质 100Ω 平衡结构的 5/5e 类非屏蔽或屏蔽 4 对对绞电缆,传输时仅使用 2 对线 (其中 1 对发送,1 对接收),最长传输距离 100m,采用 RJ45 型连接器件。

100Base-T4:网络可基于传输介质 100Ω 平衡结构的 3/5/5e 类非屏蔽 4 对对绞电缆,适用于从 10Mbit/s 以太网升级到 100Mbit/s 以太网。

100Base-FX:网络可基于传输介质 62.5/125μm 光纤的多模光缆或 9/125μm 光纤的单模光缆,在全双工模式下,最长传输距离多模光纤可达 2km,单模光纤达 3~5km。适用于建筑物或建筑群、住宅小区等的局域网络。

3. 千兆位以太网

千兆位以太网有两个标准 (IEEE802.3z,802.3ab),以满足不同布线环境。

千兆位以太网可采用 4 类介质：1000BASE-SX（短波长光纤）、1000BASE-LX（长波长光纤）、1000BASE-CX（短距离铜缆）、1000BASE-T（100m，4 对 6 类 UTP）。

其中，1000Base-SX 使用短波长 850nm 激光的多模光纤，1000Base-LX 使用长波长 1300nm 激光的单模和多模光纤。使用长波长和短波长的主要区别是传输距离和费用。不同波长传输时信号衰减程度不同，短波长传输衰减大，距离短，但节省费用。长波长可传输更长的距离，但费用昂贵。1000Base-CX 为 150Ω、平衡屏蔽的特殊电缆集合，传输速率为 1.25Gbit/s，使用 8B/10B 编码方式。1000BASE-T 是 100Base-T 的自然扩展，与 10Base-T、100Base-T 完全兼容。1000Base-T 规定可以在 5 类 4 对平衡双绞线上传送数据，传输距离最远可达 100m。1000Base-T 的重要性在于：可以直接在 100BASE-TX 快速以太网络中通过升级交换机和网卡实现千兆到桌面，而不需要重铺电缆线。

千兆以太网的光纤连接方式，解决了楼层干线的高速连接，1000Base-T 千兆以太网技术，就是用来解决桌面之间的高速连接。千兆位以太网可用于高速服务器之间的连接、建筑物内的高速主干网、内部交换机的高速链路以及高速工作组网络。

表 2-21 为千兆传以太网技术比较；表 2-22 为千兆以太网与以太网、快速以太网的比较；表 2-23 为使用光缆的局域网。

千兆位以太网技术比较　　　　　　　　　　　　　　　　　　表 2-21

	1000BASEX			1000BASE-T
	1000BASE-CX	1000BASE-LX	1000BASE-SX	
信号源	电信号	长波激光	短波激光	电信号
传输媒体	TW 型屏蔽铜缆	多模/单模光纤	多模光纤	5 类非屏蔽双绞线
连接器	9 芯 D 型连接器	SC 型光纤连接器	SC 型光纤连接器	RJ-45
最大跨距	25m	多模光纤：550m 单模光纤：3km	62.5μm 多模：300m 50μm 多模：525m	100m
编码/译码	8B/10B 编码/译码方案			专门的编码/译码方案
技术标准	IEEE802.3z			IEEE802.3ab

千兆以太网与以太网、快速以太网的比较　　　　　　　　表 2-22

	以太网	快速以太网	千兆以太网
速率	10Mbit/s	100Mbit/s	1000Mbit/s
5 类 UTP 线缆	100m(最小)	100m	100m
屏蔽铜线	500m	100m	25m
多模光纤	2000m	412m(半双工) 2000m(全双工)	220～550m
单模光纤	25km	20km	3km

4. 万兆位以太网（包括 IEEE802.3ae、802.3an 两个标准）

2002 年 IEEE802 委员会通过了万兆以太网（10Gigabit Etherenet）标准 IEEE802.3ae 定义了 3 种物理层标准：10GBASE-X、10GBASE-R、10GBASE-W。

① 10GBASE-X，并行的 LAN 物理层，采用 8B/10B 编码技术，只包含一个规范：

10GBASE-LX4。为了达到 10Gbps 的传输速率，使用稀疏波分复用 CWDM 技术，在 1310nm 波长附近以 25nm 为间隔，并列配置了 4 对激光发送器/接收器组成的 4 条通道，每条通道的 10B 码的码元速率为 3.125Gbps。10GBASE-LX4 使用多模光纤和单模光纤的传输距离分别为 300m 和 10km。

使用光缆的局域网　　　　　　　　　　　　　　　　　表 2-23

传输速度·规格	名　称	使用光缆	光缆要求波长	最长距离
10Mbps IEEE802.3	10BASE-FL	多模	短波长带 850nm(200MHz·km)	2km
100Mbps IEEE802.3u	100BASE-FX	多模	长波长带 1300nm(500MHz·km)	
1000Mbps IEEE802.3z	1000BAXE-LX	单模	长波长带 1310nm	5km
		多模(62.5μm)	长波长带 1300nm(500MHz·km)	550m
		多模(50μm)	长波长带 1300nm(400MHz·km)	
		多模(50μm)	长波长带 1300nm(500MHz·km)	
	1000BASE-SX	多模(62.5μm)	短波长带 850nm(160MHz·km)	220m
		多模(62.5μm)	短波长带 850nm(200MHz·km)	275m
		多模(50μm)	短波长带 850nm(400MHz·km)	500m
		多模(50μm)	短波长带 850nm(500MHz·km)	550m
10Gbps IEEE802.3ae	10GBASE-SR	多模(62.5μm)	短波长带 850nm(160/200MHz·km)	26/33m
		多模(50μm)	短波长带 850nm(400/500MHz·km)	66/82m
		多模(新50μm)	短波长带 850nm (1500MHz·km/限定模式 2000MHz·km)	300m
	10GBASE-LR	单模(长波长)	长波长带 1310nm	10km
	10GBASE-ER	单模(超长波长)	超长波长带 1550nm	40km
	10GBASE-LX4 (4波长多工)	多模(62.5μm)	长波长带 1300nm(160/200MHz·km)	300km
		多模(50μm)	长波长带 1300nm(400/500MHz·km)	240/300m
		单模	长波长带 1310nm	10km

　　② 10GBASE-R，串行的 LAN 类型的物理层，使用 64B/66B 编码格式，包含三个规范：10GBASE-SR、10GBASE-LR、10GBASE-ER，分别使用 850nm，短波长、1310nm 长波长和 1550nm 超长波长。10GBASE-SR 使用多模光纤，传输距离一般为几十米，10GBASE-LR 和 10GBASE-ER 使用单模光纤，传输距离分别为 10km 和 40km。

　　③ 10GBASE-W，串行的 WAN 类型的物理层，采用 64B/66B 编码格式，包含三个规范：10GBASE-SW、10GBASE-LW 和 10GBASE-EW，分别使用 850nm 短波长、1310nm 长波长和 1550nm 超长波长。10GBASE-SW 使用多模光纤，传输距离一般为几十米，10GBASE-LW 和 10GBASE-EW 使用单模光纤，传输距离分别为 10km 和 40km。

　　除上述三种物理层标准外，IEEE 还制定了一项使用铜缆的称为 10GBASE-CX4 的万兆位以太网标准 IEEE802.3ak，可以在双芯同轴电缆上实现 10Gbps 的信息传输速率，提供数据中心的以太网交换机和服务器群的短距离（15m 之内）10Gbps 连接的经济方式。10GBASE-T 是另一种万兆位以太网物理层，通过 6/7 类双绞线提供 100m 内的 10Gbps 的以太网传输链路。

万兆以太网的介质标准见表 2-24 所示。

万兆以太网介质标准 表 2-24

接口类型	应用范围	传送距离	波长/nm	介质类型
10GBase-LX4	局域网	300m	1310	多模光纤
10GBase-LX4	局域网	10km	1310	单模光纤
10GBase-SR	局域网	300m	850	多模光纤
10GBase-LR	局域网	10km	1310	单模光纤
10GBase-ER	局域网	40km	1550	单模光纤
10GBase-SW	广域网	300m	850	多模光纤
10GBase-LW	广域网	10km	1310	单模光纤
10GBase-EW	广域网	40km	1550	单模光纤
10GBase-CX4	局域网	15m	—	4 根 Twinax 线缆
10GBase-T	局域网	25～100m	—	双绞铜线

万兆位以太网仍采用 IEEE802.3 数据帧格式，维持其最大、最小帧长度。由于万兆位以太网只定义了全双工方式，所以不再支持半双工的 CSMA/CD 的介质访问控制方式，也意味着万兆位以太网的传输不受 CSMA/CD 冲突域的限制，从而突破了局域网的概念，进入广域网范畴。

5. 40Gbit/s/100Gbit/s 以太网标准

40Gbit/s/100Gbit/s 以太网标准叫 IEEE 802.3ba，将包含这两个速度的规范。每种速度将提供一组物理接口；40Gbit/s 将有 1m 交换机背板链路、10m 铜缆链路和 100m 多模光纤链路标准。100Gbit/s 将有 10m 铜缆链路、100m 多模光纤链路和 10km、40km 单模光纤链路标准。

6. 400Gbit/s 带宽的下一代以太网传输标准

2013 年 4 月 2 日，IEEE 宣布组建新的 802.3 Standard for Ethernet 工作组，探讨制定 400Gbit/s 带宽的下一代以太网传输标准，400Gbit/s 以太网标准叫 IEEE P802.3bs，尚未获批发布。工作组近期主要围绕制定 100m 多模光纤、500m 单模光纤、2km 单模光纤、10km 单模光纤的相关标准。

三、OSI 网络体系结构

网络的功能分层与各层通信协议的集合称为网络体系结构，主要的网络体系结构有 OSI/RM（开放式系统互联/参考模型）、TCP/IP（传输控制协议）、IEEE 802.3 局域网模型等。1983 年 ISO（国际标准化组织）创建了一个有助于开发和理解计算机的通信模型 OSI/RM。对 ISO/OSI 开放系统互联的七个层次描述如表 2-25 和图 2-15 所示。

OSI 参考模型　　　　　　　　　　　　　　　　　　　　　表 2-25

OSI 分层结构	各层主要功能与网络活动
7　应用层	应用层是 OSI 模型的最高层。该层的服务是直接支持用户应用程序,如用于文件传输、数据库访问和电子邮件的软件
6　表示层	表示层定义了在联网计算机之间交换信息的格式,可将其看作是网络的翻译器。表示层负责协议转换、数据格式翻译、数据加密、字符集的改变或转换;表示层还管理数据压缩
5　会话层	会话层负责管理不同的计算机之间的对话,它完成名称识别及其他两个应用程序网络通信所必需的功能,如安全性。会话层通过在数据流中设置检查点来提供用户间的同步服务
4　传输层	传输层确保在发送方与接收方计算机之间正确无误、按顺序、无丢失或无重复地传输数据包,并提供流量控制和错误处理功能
3　网络层	网络层负责处理消息并将逻辑地址翻译成物理地址,网络层还根据网络状况、服务优先级和其他条件决定数据的传输路径。它还管理网络中的数据流问题,如分组交换及路由和数据拥塞控制
2　数据链路层	1　负责将数据帧从网络层发送到物理层,它控制进出网络传输介质的电脉冲; 　2　负责将数据帧通过物理层从一台计算机无差错地传输到另一台计算机
1　物理层	物理层是 OSI 模型的最底层,又称"硬件层"。其上各层的功能相对第一层也可被看作软件活动。 　1　负责网络中计算机之间物理链路的建立,还负责运载其上各层产生的数据信号; 　2　定义了传输介质与 NIC 如何连接,如定义了连接器有多少针以及每个针的作用,还定义了通过网络传输介质发送数据时所用的传输技术; 　3　提供数据编码和位同步功能,因为不同的介质以不同的物理方式传输位,物理层定义每个脉冲周期以及每一位是如何转换成网络传输介质的电或光脉冲的

图 2-15　ISO/OSI 开放系统互联七层参考模型

四、虚拟局域网（VLAN）

　　虚拟网技术（VLAN）是 OSI 第二层的技术。该技术的实质是将连接到交换机上的用户进行逻辑分组,每个逻辑分组相当于一个独立的网段。这里的网段仅仅是逻辑上的概念,而不是真正的物理网段。每个 VLAN 等效于一个广播域,广播信息仅发送到同一个虚拟网的所有端口,虚拟网之间可隔离广播信息。虚拟网也是一个独立的逻辑网络,每个虚拟网都有唯一的子网号。因此，虚拟网之间通信也必须通过路由器完成。

1. VLAN 的功能

使用 VLAN 技术后，可以大大减少当网络中的站点发生移动、增加和修改时的管理开销，可以抑制广播数据的传播，可以提高网络的安全性。这些优点都源于交换机根据管理员对 VLAN 的划分，即从逻辑上区分各网络工作站，实现虚拟网间的隔离，这种隔离可以不受工作站位置变化的影响。图 2-16 显示了 3 个 VLAN 的示意图。

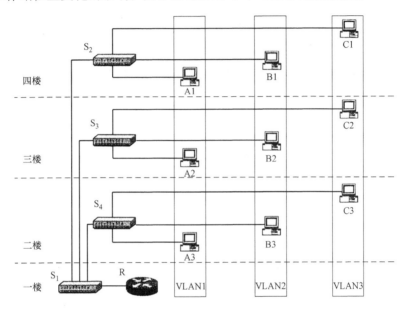

图 2-16 VLAN 组成示意图

图 2-16 中，使用位于 4 个楼层的 4 个交换机 S1、S2、S3、S4 和一个路由器 R 将位于 3 个 LAN 上的 9 个工作站组成 3 个 VLAN。每个 VLAN 可以看成是一组工作站的集合，例如 VLAN1 由 A1、A2、A3 组成，它们可以不受地理位置的限制，就像处于同一 LAN 上那样进行通信。当 A1 向 VLAN1 中的成员发送数据时，A2、A3 都能收到广播信息，尽管它们与 A1 没有连接在同一交换机上；而 B1、C1 则不会收到 A1 发出的广播信息，尽管 A1、B1、C1 连在同一个交换机 S2 上。交换机不向虚拟局域网以外的工作站传送 A1 的广播信息，从而限制了接收广播信息的工作站数，避免因"广播风暴"引起的网络性能下降。图 2-16 中的路由器是必要的，因为 VLAN 间的数据传输必须借助路由手段来实现。

总之，VLAN 的主要功能是：提高管理效率，控制广播数据，增强网络安全性以及实现虚拟工作组。目前，VLAN 以其高速、灵活、简便和易扩展等特点而成为未来网络发展的潮流。

2. 划分 VLAN 的方法

划分虚拟网的方法主要有三种：

（1）基于交换机端口划分

基于端口划分虚拟网，就是按交换机端口定义虚拟网成员，每个端口只能属于一个虚拟网，这是一种最通用也是简单的方法。在配置完成后，再为交换机端口分配一个虚拟网，使交换机的端口成为某个虚拟网的成员。

（2）基于 MAC 地址划分

这种方法是按每个连接到交换机设备的物理地址（即 MAC 地址）定义虚拟网成员。当一个交换机端口上连接一台集线器，在集线器上又连接了多台设备，而这些设备需要划入不同的虚拟网时，就可以使用这种方法定义虚拟网成员。因为它可以按用户划分，所以也把这种方法称为基于用户的虚拟网划分。在使用基于 MAC 地址划分时，一个交换机端口有可能属于多个虚拟网，这样端口就能接收多个虚拟网的广播信息。

（3）基于第三层协议类型或地址划分

这种方法允许按照网络层协议类型组成 VLAN，也可以按网络地址（如 TCP/IP 的 IP 地址）定义虚拟网成员。这种方法的优点是有利于组成基于应用的虚拟网。

五、常见计算机网络的硬件

计算机网络的硬件是由传输媒体（连接电缆、连接器等）、网络设备（网卡、中继器、收发器、集线器、交换机、路由器、网桥等）和资源设备（服务器、工作站、外部设备等）构成。了解这些设备的作用和用途，对认识计算机网络大有帮助。

1. 服务器（server）

服务器就是指局域网或因特网中为其他节点提供管理和处理文件的计算机。而人们通常会以服务器提供的服务来对其命名。如数据库服务器、打印服务器、Web 服务器、VOD（视频点播）服务器、邮件服务器等。由于网络用户均依靠不同的服务器提供不同的网络服务，所以网络服务器是网络资源管理和共享的核心。网络服务器的性能对整个网络的共享性能有着决定性的影响。

服务器按外观可分为塔式服务器和机架式服务器以及刀片服务器。塔式服务器与普通 PC 的外形类似，只是比常规 PC 外型尺寸大，无固定外型尺寸，主要分为单塔式和双塔式。机架式服务器的外形像交换机，通常有 1U、2U、3U、4U、5U、7U 等几种规格，安装在标准的 19 英寸机柜里面。刀片服务器在结构上比机架式服务器更紧凑，像刀片一样非常薄，可以根据需要选择是否插入设置在刀片服务器机柜内，机柜尺寸一般为 7U，主要应用集群服务。

（1）当规模较小或网络功能单一时，宜选用塔式服务器。

（2）中等规模的网络，需要以密集部署服务器或服务器配置经常变动时，宜采用机架式服务器。

（3）在大型数据中心或密集型计算需求时，宜采用刀片式服务器。

（4）有高性能计算和快速响应需求时，宜采用小型机作为网络服务器。

2. 工作站

连接到计算机网络上的用户端计算机，都称为网络工作站或客户机。工作站一般通过网卡连接到网络。网卡插在每台工作站和服务器主机板的扩展槽里。工作站通过网卡向服务器发出请求，当服务器向工作站传送文件时，工作站通过网卡接收响应。这些请求及响应的传送对应在局域网上就是在计算机硬盘上进行读、写文件的操作。

根据数据位宽度的不同，网卡分为 8 位、16 位和 32 位。目前 8 位网卡已经淘汰，一般来说，工作站上常采用 16 位网卡，服务器上采用 32 位网卡。根据网卡采用的总线接口，又可分为 ISA、EISA、VL-BUS、PCI 等接口。目前，市面上流行的只有 ISA 和 PCI 网卡，前者为 16 位的，后者为 32 位的。在工作站上常采用 ISA16 位网卡，服务器上采用 PCI32 位网卡居多。随着 100Mbps 网络的流行和 PCI 总线的普及，PCI 接口的 32 位网卡将会得到广泛的采用。

3. 集线器（HUB）

集线器又称为集中器或 HUB（中心的意思）。集线器的主要功能是对接收到的信号进行再生整形放大，以扩大网络的传输距离，同时把所有节点集中在以它为中心的节点上。

4. 交换机（Switch）

交换机又称为交换式集线器，有 10Mbps、100Mbps 等多种规格。

交换机与 HUB 不同之处在于每个端口都可以获得同样的带宽。如 10Mbps 交换机，每个端口都可以获得 10Mbps 的带宽，而 10Mbps 的 HUB 则是多个端口共享 10Mbps 带宽。10Mbps 的交换机一般都有两个 100Mbps 的高速端口，用于连接高速主干网或直接连到高性能服务器上，这样可以有效地克服网络瓶颈。交换机的端口数宜以 24 口为基本计数模数。

（1）小型网络可采用独立式网络交换机。独立式交换机价格较便宜，但其端口数量固定。

（2）大、中型网络宜采用堆叠式或模块化网络交换机。堆叠式或模块化交换机便于网络的扩展。

5. 中继器（Repeater）

电信号在电缆中传送时其幅度随电缆长度增加而递减，这种现象叫衰减。中继器用于局域网络的互联，常用来将几个网络连接起来，起信号放大续传的功能。中继器只是一种附加设备，一般并不改变数据信息。

6. 路由器（Router）

路由器是一种网络互联设备，工作于网络层，用于局域网之间、局域网与广域网之间以及广域网之间的连接，它可提供路由选择、流量控制、数据过滤和子网隔离等功能；可连接不同类型的局域网，并完成它们之间的协议转换。局域网与广域网相连时，宜采用支持多协议的路由器。

7. 网关（Gateway）

网关又称高层协议转发器，工作在传输层及其以上的层次。用于连接不同类型且差别较大的网络系统；也可用于同一物理网而在逻辑上不同的网络间的互联；还可用于网络和大型主机系统的互联或者不同网络应用系统间的互联。

8. 网卡（NIC）在网络传输介质与计算机之间作为物理连接接口

其作用是：

（1）为网络传输介质准备来自计算机的数据；

（2）向另一台计算机发送数据；

（3）控制计算机与传输介质之间的数据流量；

（4）接收来自传输介质的数据，并将其解释为计算机 CPU 能够理解的字节形式。

由于网卡是计算机与传输介质之间数据传输的桥梁，因此其性能对整个网络的性能会产生巨大的影响。因此网卡的选择必须与计算机接口类型相匹配，并与网络总体结构相适应。

目前在计算机和服务器上，内部绝大部分已配置以太网接口和无线局域网接口。在桌面计算机和笔记本电脑中，通常内嵌了 10M/100Mbit/s 以太网接口，在服务器中通常预配了 100M/1000Mbit/s 以太网接口。

9. 所有网络设备宜安装在 600mm 或 800mm 宽的标准 19" 机柜内（表 2-26）

标准 19" 是指机柜里安装的设备标准宽度 482.6mm（设备两边有"耳朵"，而耳朵的安装孔距是 465mm），对设备深度没有规定。

常用设备占用单元参考高度 表 2-26

序号	设备名称		占用单元数	备注
1	常规 24 口接入交换机		1U	
2	常规 24 口汇聚交换机		1U	
3	路由器		3U	
4	防火墙		1U	
5	无线控制器		1U	
6	服务器	塔式服务器	见备注	与普通 PC 外形类似，无固定尺寸，较大，每面机柜 2～4 台
		机架式服务器	见备注	有 1U、2U、3U、4U、5U、7U 几种标准，1U 和 2U 最常用
		刀片服务器	7U	放置在刀片服务器机柜内
7	磁盘整列卡		3U	
8	核心交换机		见备注	每个厂家尺寸标准不一致，有 11U、17U、22U、36U 等不同
9	DDF 配线架	12 口	1U	
		16 口		
		18 口		
		24 口	2U	
		48 口	4U	
10	ODF 配线架	12 芯	1U	
		24 芯	2U	
		36 芯	3U	
		48 芯	3U	
		72 芯	4U	
11	110 配线架	25 对	1U	
		50 对	1U	
		100 对	2U	
		300 对	3U	

六、无线局域网

1. 无线局域网类型

图 2-17 为三种基本类型的无线局域网。此外，还有两种组网模式，如图 2-18、图 2-19所示。

图 2-17　三种基本类型的无线局域网

（a）对等无线网络；（b）AP 无线网络；（c）多中心模式（扩展服务区，ESS）

（1）无线网桥模式　利用一对 AP 连接两个有线或者无线局域网网段，无线网桥模式的组网如图 2-18 所示。

图 2-18　无线网桥模式的组网

77

（2）无线中继器模式　无线中继器用来在通信路径的中间转发数据，从而延伸系统的覆盖范围。无线中继器模式的组网如图 2-19 所示。

图 2-19　无线中继器模式

应用上述 5 种不同的工作模式，可以灵活方便地组建各种无线网络结构，以满足各种需求。

2. 应用示例

图 2-20～图 2-23 是无线局域网（WLAN）应用示例。

图 2-20　单独 AP 式无线局域网系统

一般普通办公环境，要求中低密度连续覆盖或者用户只要求对若干独立房间实现信吃覆盖时，AP 的规划较为简单。比如小型会议室、小餐厅、独立办公室等区域，通常面积不大于 $100m^2$ 时，每个场所设置一个 AP 即可满足覆盖要求，也称单独 AP 方式，不与其他无线信号合用。AP 设置的最佳点位有如走道拐弯处、电梯前室、小型休息厅等场所。在大型会议室等高密度连续覆盖场所，建议使用较多的 AP，通过交叉覆盖以获得较大的网络流量，如图 2-20 和图 2-22 所示。

图 2-21　某酒店会议中心无线局域网结构图

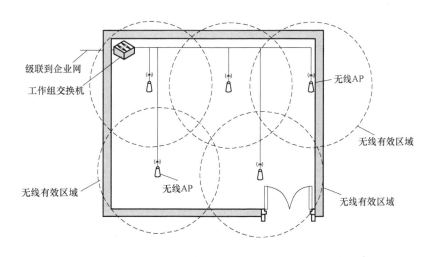

图 2-22　某报告厅无线漫游拓扑图

多中心结构解决了单点故障问题。但是多中心容易引起 AP 之间的同频干扰问题，因此在布置 AP 时，应当选择支持多信道的 AP，同时 AP 的信道必须交叉布置（IEEE802.11 定义了 14 个信道，每个信道间隔 5MHz，占 22MHz 带宽），并且调整天线角度，或采用定向天线，以加强某个方向的无线覆盖。如图 2-23 所示，为相隔两间房间进行交叉布置。

图 2-23　商务办公楼层平面 WLAN 设计

第五节　计算机网络的分层设计

一、各种规模局域网的分层构成方式

图 2-24 表示各种规模的局域网构成方式。

二、计算机网络层次化设计方法

网络层次设计模型将一个较大规模的网络系统分为几个较小的层次，这些层次之间既相对独立又相互关联。局域网、城域网、广域网都可以按核心层、汇聚层和接入层三个层次的三层网络模型进行表示，它们之间可以看作是一个层次叠加的关系。

（一）网络总体结构的层次：

建筑物和建筑群的网络一般包括主干（核心）层、汇聚层和终端接入层三个层次，规模较小的网络只包括主干层和终端接入层两个层次。

（1）主干（核心）层：承担网络中心的主机（或主服务器）与网络主干交换设备的联结，或者实现网络多台主干交换设备的光纤联结。其传输速率一般达到 1000Mbit/s，甚至万兆；要留有一定的冗余，根据需要可方便扩展新业务。主干网应能支持多种网络协议。

（2）汇聚层：一般以基于 100M/1000Mbit/s 传输率的局域网交换机组成，在建筑物中汇聚每个楼层或几个楼层的交换机，上链主干层，下链终端接入层。

（3）终端接入层：一般以 10M/1000Mbit/s 传输率的局域网交换机组成，连接用户

图 2-24 各种规模的局域网（LAN）

终端及桌面设备。

层次化（结构）分为交换型和路由型两种：

交换型层次结构如图 2-25 所示，基于交换技术的层次模型主要由 2 层和 3 层交换机组成，这种网络由于统一采用交换机构建，因此结构简单。近年来，交换机性能提高得很快，而且价格越来越低廉，因此目前局域网主要的网络设计模式大多采用交换型层次结构。

图 2-25　交换型层次化模型

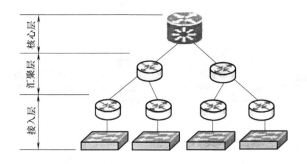

图 2-26　路由型层次化模型

路由型层次结构如图 2-26 所示，早期的局域网大多是基于路由技术的层次模型，它主要由路由器和交换机组成。这种网络的优点是路由功能强大，便于不同网络之间的相互通信。但是这种网络结构较为复杂，路由器的性能也大大低于交换机，因此很容易在路由器端口形成性能瓶颈。另外，由于路由器价格高于交换机，而且路由器配置管理复杂，因此，路由型层次结构目前主要用于城域网和广域网设计。

（二）层次化设计优缺点

1. 层次化设计模型的优点

（1）通过层次化设计，可以将网络分解成许多小单元，降低了网络设计的复杂性。

（2）使网络更容易处理广播风暴、信号循环等问题。

（3）网络容易升级到最新技术，升级任意层次的网络不会对其他层次造成影响。

（4）层次结构降低了设备配置的复杂性，网络故障也易于定位，使网络容易管理。

2. 层次化设计模型的缺点

（1）层次化设计不适用于结构非常简单的小型局域网。

（2）在核心层的某个设备或某个链路失效时，会导致整个网络遭到严重破坏。

（3）层次化设计中往往采用设备冗余、路由冗余等方法，这将导致网络复杂性的增加。

（三）层次化设计方法

1. 接入层设计

接入层主要为最终用户提供访问网络的能力。接入层负责将用户主机连接到网络中，提供近用户的服务。接入层网络结构设计如下：

（1）在局域网设计中，接入层网络一般采用通用的星形网络结构。

（2）为了降低网络成本，接入层一般不采用冗余链路。

（3）为了简化网络和降低成本，接入层一般不提供路由功能。

（4）由于接入层处于网络末端，用户业务变化快，扩容频繁，所以要求设备具有良好的扩展性，如交换机应当留有冗余端口，方便用户的扩展。

（5）用户集中的环境（如机房），由于接入用户较多，因此交换机应当提供堆叠功能。

（6）当接入层交换机采用菊花链连接时（如交换机堆叠），网络拓扑可能会形成循环回路。因此应当选择支持 IEEE 802.1d 生成树协议的交换机，以防止网络信号循环。

接入层功能设计如下：接入层主要有交换机等网络设备，在网络设计中应当考虑：交换机端口密度（如 24/48 口）是否满足用户需求，交换机上行链路采用光纤模块（光口）还是采用光电转换端口（电口），交换机端口是否为今后的扩展保留了冗余端口，交换机是否支持链路聚合等问题。

由于用户接入类型复杂，接入层交换机应当提供交换机端口速率自动适应功能。如 10/100/1000M 自适应、半/全双工自适应等。

以太网中，接入层设备往往采用固定式 2 层交换机或集线器，因为 2 层交换机价格便宜。但是 2 层交换也存在很多缺点，如不能有效解决广播风暴问题、异种网络互联问题、网络安全控制问题。在一些高性能与高成本网络设计中，接入层可以采用 3 层交换机。

接入层性能设计如下：在接入网中，应当利用 VLAN 划分等技术隔离网络广播风暴，提高网络效率。

接入层交换机的下行端口与用户计算机相连，上行端口与汇聚层交换机相连，为了避免网络阻塞，交换机上行端口的传输速率应当比下行端口高出 1 个数量级。如下行端口为 100M 时，就应提供 1000M 的上行链路端口。

接入层交换机与汇聚层交换机距离小于 100m 时，可以采用双绞线相连；如果接入层交换机与汇聚层交换机相距较远，可以采用光电收发器进行信号转换和传输。

接入层安全设计如下：接入层交换机可以将每个端口划分为一个独立的 VLAN 分组，这样就可以控制各个用户终端之间的互访，从而保证每个用户数据的安全。

接入层交换机应能提供端口 MAC 地址绑定、端口静态 MAC 地址过滤、任意端口屏蔽等功能，以确保网络运行安全。

2. 汇聚层设计

汇聚层的主要功能是汇聚网络流量，屏蔽接入层变化对核心层的影响。汇聚层是核心层与接入层之间的接口，在局域网环境中，汇聚层包括以下功能：

（1）链路聚合。减少接入层与核心层之间的链路数，当汇聚层与核心层有多条链路时，通过链路聚合实现链路上的负载均衡。

（2）流量聚合。将接入层的大量低速链路转发到核心层，实现通信流量的聚合。

（3）路由聚合。在汇聚层进行路由聚合可以减少核心层路由器中路由表的大小。

（4）主干带宽管理。对网络主干链路进行流量控制、负载均衡和 QoS 保证。

（5）信号中继。对跨交换机划分的 VLAN，进行信号中继（Trunk）。

（6）VLAN 路由。不同 VLAN 之间的计算机需要通信时，应当在汇聚层进行路由处理。

（7）隔离变化。网络接入层经常处于变化之中，为了避免接入层的变化对核心层的影响，可利用汇聚层隔离接入层网络结构的变化。

汇聚层将大量的低速流量汇聚后，再发送到核心层，以实现链路的收敛，提高网络传输效率。

汇聚层交换机选择如下：汇聚层大多选用 3 层交换机，也有少部分选择 2 层交换机，这要视网络工程投资和核心层交换能力而定。同时，最终用户发流量需求也将影响汇聚层交换机的选择。

如果在汇聚层采用 3 层交换机，则在网络设计中体现了分布式路由的思想，可以大大减轻核心层交换机的路由压力，有效地进行路由流量的均衡。

对于突发流量大，控制要求高，需要对 Qos 有良好支持的应用。如多媒体数据流、语音、视频等应用（如多媒体教室和教学），可以选择高性能的多层交换机。

大部分没有特殊需求的子网（如办公子网），最常用的业务是数据传输。它们对汇聚层设备要求并不高，可以考虑使用性能中等的 2 层交换机设备。

如果汇聚层选择 2 层交换机，则核心层交换机的路由压力会增加，需要在核心层交换机上加大投资。

在园区网设计中，为了降低网络工程成本，一般采用电口的交换机设备。在城域网汇聚层，由于网络流量大，传输距离远，一般采用全光口交换机。

3. 核心层设计

核心层的主要功能是实现数据包高速交换。核心层是所有流量的最终汇聚点和处理点，从网络工程设计来看，它的结构相对简单，但是对核心层设备的性能要求十分严格。

核心层网络结构设计如下：单中心星形网络结构常用于小规模局域网设计（图 2-27 (a)），它的优点是结构简单，网络工程投资少，适用于网络流量不大，可靠性要求不高

图 2-27 （a） 核心层单中心网络结构

图 2-27 （b） 核心层双中心网络结构

的局域网。在这种结构中，往往将服务子网集中在核心层，这会导致核心层负载重，可靠性差。当核心层出现故障时，容易导致网络瘫痪。

核心层双中心星形网络常用于园区网设计（图 2-27 (b)）。它的优点是网络结构较为简单，实现了设备冗余和链路冗余，提高了网络可靠性，也可以很好地进行网络负载均衡。

核心层通常采用高带宽网络技术，如 1G 或 10G 以太网技术。核心层一般采用高性能的多层模块化交换机。

三、局域网的三层结构设计及其示例

每个局域网宜按核心层、汇聚层和接入层三层结构设计。当规模较小时宜采用紧缩核心和接入 2 层结构。各层应符合下列要求：

（1）核心层交换机应采用高速、高带宽、支持不同网络协议和容错结构的机箱式交换机；宜选用多层交换机，大型局域网宜采用机箱式可扩展的多功能主干交换机。网络安全控制策略应在核心层设置。

（2）汇聚层应采用第 2 层或第 3 层交换机，支持链路聚合、VLAN 路由等功能和具有高速上连端口，与核心层、接入层交换机之间间距应符合连接介质传输距离的规定。

（3）接入层宜采用第 2 层交换机，支持 VLAN 划分等功能。当采用铜缆接入时，交换机与终端设备的信道传输距离应小于 90m；当采用无线接入时，覆盖半径应符合所采用无线网技术的要求。

图 2-28 是采用分层设计的局域网 3 层典型网络结构图。对于稳定性和安全性要求特

图 2-28 局域网的 3 层典型网络结构图

图 2-29　以太网的三层冗余网络结构图

别高的大型楼内计算机网络场合，可以采用如图 2-29 所示的 3 层冗余结构，汇聚层和核心层交换机冗余配置。

　　在一些大楼里可简化设计为无汇聚层的 2 层结构，例如在园区网设计中，接入点一般在不同的建筑物之中，而核心层一般设置在中心机房，它们之间的距离往往大于100mm，因此需要采用光纤连接。如果接入层的信息点较多，可以将汇聚层网络设备（主要是交换机）设置在接入点楼栋内，然后将接入层交换机汇聚到汇聚层交换机，这样就大大减少了主干光纤链路建设，同时也减少了核心层路由器的数量，减轻了核心交换机的负载。

　　大部分的楼内计算机网络系统采用 2 层结构的以太网就能满足应用需求，如图 2-30所示，由核心层和接入层组成。接入层通过带 3 层路由功能的核心交换机实现互联。网络系统以1000Mbit/s/10Gbit/s以太网作为主干网络，用户终端速率 10/100Mbit/s。核心层的主要目的是进行高速的数据交换、安全策略的实施以及网络服务器的接入。接入层用于用户终端的接入。对于稳定性和安全性要求特别高的场合，核心层交换机宜冗余配置，接入层和核心层交换机之间宜采用冗余链路连接，可以采用如图 2-30（b）所示的双冗余 2层结构。

(a) 常用 2 层结构

(b) 核心层及干线双冗余的 2 层结构

图 2-30 以太网的 2 层典型网络结构图

作为示例，图 2-31 是某学校的万兆校园网解决方案，它是采用图 2-29 3 层典型网络结构的局域网。图 2-32 是 2 层典型网络结构局域网在综合布线系统中的组网构成示例。

图 2-31 万兆校园网解决方案

图 2-32 智能建筑计算机网络构成示意图

第六节 网络工程设计举例

【**例1**】 有一个3层建筑的办公大楼,拟配置的局域网(LAN)的终端和服务器,如图2-33所示,各部门所需终端和服务器的数量和速率汇总如表2-27所示。图2-33表示设计后的网络系统连接图。(说明:本例也是采用3层网络结构方式,为较早期设计,网速较低,但仍可作为设计方法和设计详细步骤参考)

LAN 终端和服务器汇总表　　　　　　　　　　　　　　表 2-27

楼层	部　门	终　端			服务器		
		台　数	10Mbit/s	100Mbit/s	台数	10Mbit/s	100Mbit/s
3	设计部	12	12	0	0	0	0
2	营业部	12	12	0	0	0	0
	电算室	0	0	0	4	0	4
1	经理部	6	6	0	0	0	0
	总务部	12	12	0	0	0	0
合计		42	42	0	4	0	4

下面着重说明一下该网络(LAN)的配线设计,具体步骤如下:

1. 信息插座的设置位置和数目的决定

图 2-33　LAN 网络设备的确定

注:图中 L3SW:第3层交换机,SW-HUB:交换机,HUB:集线器或交换机

首先，图 2-34 标出信息插座的位置。本例是活动地板，在其上设置露出型信息插座，并对各信息插座分配管理号码如表 2-28 所示。管理号码的编制要易懂，便于管理。

信息插座一览表

表 2-28

楼层	部 门	信息插座数量	管理号码
3	设计部	12	3-01～3-12
2	营业部	12	2-01～2-12
	电算室	4	2-49～2-52
1	经理部	6	1-01～1-06
	业务部	12	1-49～1-60

2. 网络设备设置位置的决定

对表 2-27 确定的网络设备配置，这时要考虑设置环境、电源、空间大小等，并根据规范确定设备与插座间的距离以及设备之间的距离，从而决定网络设备的设置位置。

如前所述，本例中网络设备有 3 层交换机 1 台（机器高度设定为 5U，设在第 2 层电算室内），交换式集线器 3 台（设备高度为 1U，1U＝44.45mm），集线器 10 台（设备高度为 1U），它们分别设在第 1 层和第 3 层的配线间（EPS）以及第 2 层的电算室内。

3. 网络设备的安装方法的决定

网络设备安装有两种方法：

（1）安装在 19 英寸的机架上；

（2）安装在墙壁上的箱盒上。

通常以（1）方法为主，它可以容纳从大型背板网络设备到集线器的各种设备。当没有空间安装 19 英寸机架时，可采用第（2）种方法。但是大型 LAN 设备等无法在箱盒内安装，最多只能安装 2U 左右的集线器。本例 1～3 楼层的网络设备全都安装在 19 英寸的机架上，见图 2-34。这时应考虑 19 英寸机架高度、厚度以及网络设备、光缆、线缆的配线架和布线间距等，以确定 19 英寸机架的大小。

例如试求一楼 19 英寸机架的高度如下：

交换式集线器(1U)＋集线器(4×1U＝4U)＋光缆配线架(1U)＋铜线配线架(1U)＝7U。

考虑到将来扩容和布线（接线）预留空间，取 19 英寸机架高约 7U×2＝14U，故机架高度取为 H＝700mm。考虑到网络设备的散热等因素，所以一般希望高度是实际安装的 2 倍以上（EIA 规格14U＝700mm）。

4. 线缆布线的考虑

考虑线缆布线路径时应根据如下几点布线：

（1）配线长度在规范值内；

（2）走线原则上应取电源线干扰少的路径；

（3）布线的弯曲半径应适当；

（4）布线还应考虑线缆的拉伸张力。

设计时，在图 2-33 的平面图上画上网络配线，这时如前所述，主干线采用光缆接入配线间 EPS 的配线架上，支线用 UTP 双绞线则在各楼层的活动地板内布线，于是得到如图 2-34 所示的网络配线平面图。

图 2-34　LAN 配线平面图

5. 网络配线材料的整理

确定所用的网络配线材料及数量（详细器材给出最好在系统图完成后进行）。

（1）线缆类：明确所用的光缆、UTP（STP）铜缆、同轴电缆等，分别确定其详细规格，并给出它们的数量。

（2）其他网络部件：明确所用的信息插座、光缆和铜缆的配线架、跳线以及 19 英寸机架等，分别确定其型号，特别是对于 19 英寸（in）机架，还要确定相应的排气扇、电源插座、配管和板架等的选型。本例的配线材料整理如表 2-29 所示。

配线材料一览表　　　　　　　　　表 2-29

	品　名	规　格	数　量	备　注
线缆类	光缆	GI 4C(50/125μm)	40m	
	光缆跳线	GI 2C(50/125μm)	5 根	两端 SC(2m)
	UTP 线缆	超 5 类	2000m	
	UTP 跳线	超 5 类	46 根	(2m)
其他网络部件	信息插座	超 5 类	46 个	单口,露出型
	光缆配线架	24 芯型(1U)	3 个	
	铜缆配线架	24P 型(1U)	3 个	
	19 英寸机架	W700×D700×H700	2 个	13U
	19 英寸机架	W700×D700×H1500	1 个	30U

图 2-35　LAN 设备接线系统图

6. 确定各终端设备的 IP 地址（详况略）

7. 网络配线系统图的绘制

配线系统图的绘制大致考虑以下两种：

（1）网络设备接线系统图；

（2）网络布线系统图。

其中（1）的接线图应详细标明光缆或铜缆的端点接续及数量，使网络构建一目了然；（2）侧重于与建筑体有关的布线系统图。对于本例，根据图 2-34 的平面图，绘出如图 2-35所示的接线系统图，由图可明确各线缆芯线与网络设备的接续状态。绘出的布线系统图如图 2-36 所示，各 19 英寸机架上的设备安装图如图 2-37 所示。

图 2-36　LAN 布线系统图

【例 2】　教学楼组网方案设计

有一幢 4 层教学楼，其中第 4 层为网络中心，分布有 6 台各种类型的服务器；第 3 层有 8 个教研室，每个教研室有 5 台 PC；第 2 层楼有 6 个专业机房，每个机房有 10 台 PC；第 1 层有 4 个公共机房，每个机房有 20 台 PC。楼内任何两个房间的距离都不超过 90m。

组网要求：教学楼内所有的计算机都能互联到一起，并且都能方便快捷地访问服务器资源。要求采用快速以太网技术，并请选择适当的网络设备、传输介质，画出网络结构图中说明：
PP 配线架；
HUB 集线器；
SW-HUB 交换式集线器；
L3-SW 第三层交换器。

1 楼 19 英寸机架
($W700×D700×H700$)

2 楼 19 英寸机架
($W700×D700×H1500$)

3 楼 19 英寸机架
($W700×D700×H700$)

图 2-37　19 英寸机架的设备安装图

图，注明网络设备和传输介质的名称、规格（速率、端口数）。

设计如下：对用户的组网要求进行分析可知，到第 4 层网络中心的通信链路是数据流量最大的主干，因为其他楼层的 PC 都要访问网络中心的服务器。根据快速以太网的组网原则，以第 4 层网络中心为中心，以第 4 层到其他楼层的通信链路为主干，其他通信链路为支干构建整个教学网络。网络结构图如图 2-38 所示。

设备规格：S1、S2、S3 为 8 口 100Mbit/s 快速以太网交换机，S4 为 12 口 100Mbit/s 快速以太网交换机；H11～H14 为 24 口 100Mbit/s 共享型快速以太网集线器，H21～H26 为 12 口 100Mbit/s 共享型快速以太网集线器，H31～H38 为 8 口 100Mbit/s 共享型快速以太网集线器。

传输介质：鉴于楼内任何两个房间的距离不超过 90m，因此所有的连接都采用 5 类非屏蔽双绞线是经济实惠的选择。

连接方式：采用层次方式的树形拓扑结构。所有的服务器都连接到交换机 S4 的普通端口，所有的 PC 都连接到所在房间的集线器的普通端口；集线器的级联端口连接所在楼层的交换机普通端口；交换机 S1、S2、S3 的级联端口连接 S4 的普通端口。

网卡选择：所有的服务器均配置 100BASE-TX 网卡。PC 可有选择地配置 10BASE-TX 网卡或者 100BASE-TX 网卡，比如说教研室和专业机房的 PC 使用 100BASE-TX 网卡而公共机房使用 10BASE-T 网卡。注意如果选择 10BASE-T 网卡，则相应的集线器应支持 10M/100Mbit/s 自适应或者直接使用 10BASE-T 集线器。

本方案特点是采用层次方式的树形拓扑结构，便于管理和扩充；服务器直接连接主干快速以太网交换机，保证了对服务器资源快捷方便地访问；网络设备留有一定的扩充能力；方案配置比较灵活，经济可行。

图 2-38 四层教学楼组网方案

第七节 内网、外网与物理隔离

一、物理隔离技术概况

美国早在 1999 年就强制规定军方涉密网络必须与 Internet 断开。我国政府在 2000 年也在不断强调保密问题，要求秘密信息要与网络物理隔离。作为物理隔离技术，一般是客户端选择设备和网络选择器，用户通过开关设备或键盘链控制选择不同的存储介质体，管理端设立内、外网存储介质，通过防火墙、路由器与外界相连。

物理隔离技术从出现到现在，目前基本上可划分为四代产品。

1. 第一代产品

第一代产品采用的是双网机技术。其工作原理是：在一个机箱内，设有两块主机板、两套内存、两块硬盘和两个 CPU，相当于两台计算机共用一个显示器。用户通过客户端开关，分别选择两套计算机系统，这样使用单位不可避免地造成重复投资和浪费。第一代产品的特点是客户端的成本很高，并要求网络布线为双网线结构，技术水平相对简单。

2．第二代产品

第二代产品主要采用双网线的安全隔离卡技术。其表现为：客户端需要增加一块 PCI 卡，客户端硬盘或其他存储设备首先连接到该卡，然后再转接到主板，这样通过该卡用户就能控制客户端的硬盘或其他存储设备。用户在选择硬盘的时候，同时也选择了该卡上所对应的网络接口，从而连接到不同的网络。

第二代产品与第一代产品相比，技术水平提高了，成本也降低了，但是这一代产品仍然要求网络布线采用双网线结构。如果用户在客户端交换两个网络的网线连接，那么内外网的存储介质也同时被交换了，这时信息安全就存在着隐患。

3．第三代产品

第三代产品采用基于单网线的安全隔离卡加上网络选择器的技术。客户端仍然采用类似于第二代双网线安全隔离卡的技术，所不同的是第三代产品只利用一个网络接口，通过网线将不同的电平信息传递到网络选择端，在网络选择端安装网络选择器，并根据不同的电平信号，选择不同的网络连接。这类产品能够有效利用用户现有的单网线网络环境，实现成本较低。由于选择网络的选择器不在客户端，系统的安全性有了很大的提高。

4．第四代产品

第四代产品可分为网闸和双网隔离。

（1）网闸

网闸由软件和硬件组成。网闸的硬件设备由三部分组成：外部处理单元、内部处理单元、隔离硬件。网闸带有多种控制功能，在专用硬件电路上切断网络之间的链路层连接，并能够在网络间进行安全、适度的应用数据交换的网络安全设备。

（2）双网隔离

双网隔离采用了"整机隔离"技术，突破了传统隔离只能实现硬盘、网络隔离的局限，创造性地实现了内存隔离。它通过内外网络绝对的物理隔离方式，在两个网络间实施在线地、自由地切换，保证计算机的数据在网络之间不被重用。这就解决了传统隔离技术在双网切换时，由于内存数据不能有效刷新而可能导致的数据泄露等安全隐患，相当于用一台 PC 实现了两台物理隔离 PC 的安全效果。

目前在网络综合布线行业中，第一代、第二代产品已被淘汰，物理隔离以第三代和第四代产品为主。

二、网络隔离技术

为了加强信息安全性，一般要构建内网、外网两个网络。内网和外网的隔离技术主要为物理隔离，（物理隔离卡或物理隔离交换机）和协议隔离（安全网闸），用以确保外网信息不会通过网络连接侵入内网，同时防止内网信息通过网络连接泄露到外网。

人们由开始采用网络物理隔离卡和双硬盘技术，从物理上断开两套网络系统。网络物理隔离卡确保了计算机在同一时间只能访问一个网络，两个网络（如内网与外网）在同一时间内不会有任何连接。因此网络物理隔离卡解决了网络的攻击问题，缺点是信息交流不便。

随着技术的发展，又推出了安全隔离网闸（GAP）技术，它在两个网络之间使用一条物理线路，通过纯数据交换对两个网络进行逻辑连接，有效地杜绝了网络攻击行为。然而，GAP 毕竟是一种逻辑隔离技术，也存在一些不足。

如图 2-39 所示，GAP 可以部署在外网与内网之间。有些局域网，特别是政府办公网络，涉及政府敏感信息。由于政府办公信息与政府机要数据的敏感程度不同，因此在网络设计中，对政府内网（如办公网）与外网（如公开信息网站）之间采用安全隔离网闸进行分离。将外网放在 DMZ（隔离区），而政府内网（如机要数据库）与外网之间采用 GAP 实现网络的安全隔离。

图 2-39　利用 GAP 构建网络结构

使用物理隔离卡时，内网和外网最好分别使用两个 IP 地址，也可以根据企业自身的安全要求，将网关、DNS 和其他设置分开。当然，客户端主机也可以使用一个 IP 地址。

采用物理隔离技术后仍然需要使用防火墙设备，因为防火墙可以保护内网输出的信息和外网数据的安全，达到网络资源的全面保护。

（1）双网线物理隔离网络结构

双网线物理隔离卡的网络结构适用于一些小规模政府部门。例如，一个政府部门的信息中心向分布在城市各处的分支机构查询数据，或分支机构向信息中心汇总数据时，需要有非常安全的措施，保障内部网络不受非法侵犯。由于这类网络功能比较单一，没有必要划分成几个网络。同时，为了节约网络建设成本，往往只设置了一台有物理隔离卡的安全主机，这台主机实际上充当了内网与外网转换的网关。其他工作站都通过内网交换机连接到物理隔离主机上。网络结构如图 2-40 所示。

图 2-40　双网线物理隔离网结构

（2）单网线物理隔离网络结构

【例】　单网线双硬盘三网络（涉密网络、专用网络、公共网络）隔离设计如图 2-41 所示，内部涉密网络客户端装有两块硬盘和单网线物理隔离卡一块，采用三网物理隔离交换机，两块硬盘分别用于内外网环境。进入内网时，断开外网连接，启动内网操作系统，使用内网硬盘；进入外网时，断开内网连接，启动外网操作系统，使用外网硬盘。

图 2-41　单网线双硬盘三网络物理隔离网络结构

三、内网、外网设计要点

（1）内网可采用千兆以太网交换技术、TCP/IP 通信协议，由主干、汇聚和终端接入层（或由主干和终端接入层）构成。主干一般支持 1G 传输速率，传输介质可采用 6 类对绞线或多模光纤，在大范围建筑群中，主干可能支持 10G 传输速率，并考虑采用单模光纤。

网络主干通常为 1000Mbit/s 传输速率，连接服务器机群与主干交换机；主干与汇聚层通常以 100Mbit/s/1000Mbit/s 连接；汇聚层交换机到桌面一般为 10/100Mbit/s 或 100Mbit/s 连接。

（2）内网仅限于内部用户使用，内部的远程用户要通过公网方式接入网络中心，必须经过身份认证后才能访问内部网。

（3）在某些机要部门，内网中还包括具有特殊网络安全要求的专网。专网必须在内网中独立构建。

（4）外网与 Internet 相连，应考虑防止外部入侵对外网信息的非法获取，通常以防火墙为代表的被动防卫型安全保障技术已被证明是一种较有效的措施。同时也有采取实时监测网络的非法访问的主动防护。外网与 Internet 网络互联一般由上级部门提供接入。

（5）作为网络运行的关键设备，交换机应采用高可靠、易扩充和有较好管理工具的产品。

（6）国家机关等部门的网络结构通常由网络中心，内部网络与外部网络构成。网络中心与上级部门连接，实现 Internet 接入，并具有担负全网的运营管理及监控能力；外部网络承担对外公告及访问 Internet 服务；内部网络作为办公、生产业务处理和信息管理的平台。

（7）若物理隔离内网与外网，则其配线及线路敷设必须是彼此独立的，不得共管、共槽敷设。可选择采取以下物理防护措施：采用光缆；采用良好接地的屏蔽电缆。采用非屏蔽电缆时，内外网的隔离要求参见表 2-30。当与其他平行线平行长度大于等于 30m 时，应保持 3m 以上的隔离距离。否则，信息应加密传输。

内外网隔离要求（m）　　　　　　　　　　　　表 2-30

设备类型	外网设备	外网信号线	外网电源线	外网信号地线	偶然导体	屏蔽外网信号线	屏蔽外网电源线
内网设备	1	1	1	1	1	0.05	0.05
内网信号线	1	1	1	1	1	0.15	0.15
内网电源线	1	1	1	1	1	0.15	0.05
内网信号地线	1	1	1	1	1	0.15	0.15
屏蔽内网信号线	0.15	0.15	0.15	0.15	0.05	0.05	0.05
屏蔽内网电源线	0.15	0.15	0.15	0.15	0.15	0.05	0.05

注：1. 内网设备是指处理涉密信息的设备。

2. 外网设备是指处理非涉密信息或已加密涉密信息的设备。

3. 内网电源是指连接有内网设备及内网系统的电源。

4. 外网电源是指连接有外网设备及外网系统的电源。

5. 内网信号线是指携带涉密信号的信号线。

6. 外网信号线是指携带非涉密信息或已加密涉密信息的信号线。

7. 内网信号地是指内网设备、内网屏蔽电缆及内网电源滤波群的信号地。

8. 外网信号地是指外网屏蔽电缆及外网信号线滤波器的信号地。

9. 偶然导体是指与信息设备和系统无直接关系的金属物体，如暖气管、通风管、上下水管、气管、有线报警系统等。

第八节　计算机的机房设计

一、计算机机房的位置与布置

1. 机房位置选择

（1）机房的供给电力应稳定可靠，交通通信方便，自然环境清洁；

（2）远离产生粉尘、油烟、有害气体以及生产或储存具有腐蚀性、易燃、易爆的场所；

（3）应远离水灾和火灾隐患区域；

（4）应远离强振源和强噪声源；

（5）应避开强电磁场干扰。

2. 机房的组成

（1）电子信息系统机房组成应按计算机运行特点及设备具体要求确定。宜由主机房、辅助区、支持区、行政管理等功能区组成；

（2）电子信息系统机房使用面积应根据计算机设备的外形尺寸布置确定。在计算机设备外形尺寸不完全掌握的情况下主机房面积可按下式方法确定：

① 当电子信息设备已确定规格时，可按下式计算：

$$A=K\sum S$$

式中：A——主机房使用面积（m^2）；

　　K——系数，取值为 5～7；

　　$\sum S$——电子信息设备的投影面积（m^2）之和。

② 当电子信息设备尚未确定规格时，可按下式计算：

$$A=FN$$

式中：F——单台设备占用面积，可取 3.5～5.5（m^2/台）；

　　N——主机房内所有设备（机柜）的总台数。

（3）辅助区的面积宜为主机房面积的 0.2～1 倍。

（4）用户工作室的面积可按 3.5～4m^2/人计算；硬件及软件人员办公室等有人长期工作的房间面积，可按 5～7m^2/人计算。

3. 设备布置要求

（1）电子信息系统机房的设备布置应满足机房管理、人员操作和安全、设备和物料运输、设备散热、安装和维护的要求。

（2）产生尘埃及废物的设备应远离对尘埃敏感的设备，并宜布置在有隔断的单独区域内。

（3）当机柜内或机架上的设备为前进风/后出风方式冷却时，机柜或机架的布置宜采用面对面、背对背方式。

（4）主机房内通道与设备间的距离应符合下列规定：

① 用于搬运设备的通道净宽不应小于 1.5m；

② 面对面布置的机柜或机架正面之间的距离不宜小于 1.2m；

③ 背对背布置的机柜或机架背面之间的距离不宜小于 1m；

④ 当需要在机柜侧面维修测试时，机柜与机柜、机柜与墙之间的距离不宜小于 1.2m；

（5）成行排列的机柜，其长度超过 6m 时，两端应设有出口通道；当两个出口通道之间的距离超过 15m 时，在两个出口通道之间还应增加出口通道。出口通道的宽度不宜小于 1m，局部可为 0.8m。参见表 2-31。

4. 机房的平面布局

从平面布局来看机房建设的发展

（1）早期：1990 年之前的机房是围绕一个计算机系统而建设的，虽然引入精密空调、UPS 配电柜，但机房在平面布局上仍是一个混合的状态、没有清晰的分区概念的、有人值守的机房环境，如图 2-42 所示。

（2）近期：随后计算机技术有了长久的发展，机架式服务器大量出现，呈现以机架式服务器为主的场地环境。平面布局上围绕机架式服务器布置精密空调、UPS 电源、操作台等设备及家具。并且采用铝合金吊顶、防火乳胶漆、抗静电地板等功能性的装饰材料。但此时期的灯具布置和服务器机柜摆放没有直接关系，外窗也不做封堵，设备布置也没有冷热通道的概念，如图 2-43 所示。

图 2-42 早期机房典型平面布局图   图 2-43 近期机房的典型平面布局图

（3）现代：21世纪伊始，计算机技术飞速发展，引入了数据中心概念，并注重节能设计。

图 2-44 为现代机房的典型平面布局。现代机房内的设备通常按冷/热通道布置。合理的布置机柜设备对确保机柜拥有适当温度和足够的冷源至关重要。"面对面、背靠背"的机柜摆放方式可以解决这个问题。冷/热通道封闭系统是基于冷热空气分离有序流动的原理，冷空气由高架地板下送出，进入密闭的冷池通道，机柜前端的设备吸入冷气，通过给设备降温后，形成热空气由机柜后端排出至热通道。热通道的气体迅速返回到空调回风口。

图 2-44 现代机房的典型平面布局一

现代机房的特点是：机房标准化、模块化及更易于灵活扩展、维护和管理。随着刀片式服务器和虚拟化技术的出现，机房产生了多样化的趋势，包括高热密度的计算型机房、规模综合性机房和大型 IDC 数据中心。

图 2-45 的这种布局形式是基于现代机房的典型形式进行的优化。将精密空调间和机

101

房进行物理隔离，既可以实现空调正常的送回风，又有利于合理规划人员的流线，避免空调维护人员靠近核心设备区。现代机房已经严格区分了机房区、支持区、辅助区的概念，一般情况下，机柜设备不会和配电设备、监控桌椅摆放在同一房间。现代机房大多数为无人值守的物理环境。

图 2-45　现代机房的典型平面布局二

图 2-46 的这种布局形式是基于行间空调的制冷形式，以微模块的方式来布置的现代化机房。列间空调是专为现代模块化数据中心设计的，采用前送风后回风的工作模式，24×365 全天候连续运行，可以自由选配以适用大、中、小各种机房，具有高效节能、操作简便、维护方便等特点，特别适用于高密度机房。

图 2-46　现代机房的典型平面布局三

对于前进风/后出风方式冷却的设备，要求设备的前面为冷区，后面为热区，这样有利于设备散热和节能。当机柜或机架成行布置时，要求机柜或机架采用面对面、背对背的方式。机柜或机架面对面布置形成冷风通道，背对背布置形成热风通道。如采用其他布置方式，有可能造成气流短路，不利于设备散热。机柜或机架的布置间距见表 2-31。

（1）机房采用防静电地板，一般为 600mm×600mm×30（40）mm 为宜。

（2）考虑到电子计算机、服务器的散热量较大，通信机房需设置空调，如果为重要数据机房，则应设置恒温恒湿的空调机组，可按 250kcal/（m² · h · ℃）设计风量。

机柜或机架的布置方式与间距 表 2-31

序号	机柜或机架布置方式	距离（m）
1	面对面布置时，正面之间的距离	≥1.2
2	背对背布置时，背面之间的距离	≥1.0
3	需要维修时，相邻机柜或机柜与墙之间的距离	≥1.2
4	用于运输设备的通道宽度	≥1.5
5	机柜排列长度 6m 时，两端应设有出口通道；当两个出口通道之间的距离超过 15m 时，还应增加出口通道；出口通道的宽度不宜小于 1m，局部可为 0.8m	

5. 机房布置示例

机房布置示例如图 2-47、图 2-48 所示。

图 2-47 通信数据机房平面布置

大型机房布置示例如图 2-49 所示，主机房一般属于无人操作区，辅助区一般含有测试机房、监控中心、备件库、打印室、工作室等，属于有人操作区。规划时，应当将有人操作区和无人操工作区分开布置，减少人员将灰尘带入无人操作区的机会。

图 2-48　某数据中心综合布线设计方案

图 2-49　B 级中心机房平面布置设计图

中心机房常见设备的连接如图 2-50 所示。

图 2-50　中心机房机柜设备连接示意图

《电子信息系统机房设计规范》GB 50174—2008 提出，机房应满足以下要求：

（1）承担信息业务的传输介质应采用光缆或 6 类及以上等级的双缆线电缆，传输介质的组成部分和等级应保持一致，并应采用冗余配置。

（2）A 级机房应当采用电子配线设备，对布线系统进行实时智能管理。

（3）机房有安全保密要求，若场地不能满足布线系统要求时，机房应采用光缆布线系统，或屏蔽布线系统等其他防护措施。有关机房事宜，还可参阅第一章的机房工程。

二、机房电源与 UPS

1. UPS

大型 IDC（互联网数据中心）的运转要消耗大量的电能，电力成本已经占到 IDC 运营成本 50% 以上。而电网存在以下问题：断电、尖峰电压、浪涌电流、频率振荡、电压突变、电压波动、频率漂移、电压跌落、脉冲干扰等。因此，为了改善电源质量，网络机房必须配备 UPS（不间断电源系统）。目前市场上出售的各种 UPS 电源，在市电供电正常时，基本运行特性如表 2-32 所示。

各种 UPS 在市电供电正常时（占总供电时间的 99% 以上）的运行特点　　表 2-32

UPS 类型	市电电压	向用户所提供的电源	逆变器的工作状态	能解决的电源问题
后备式 UPS	170～255V（220V，－23%、＋15%）	稳压精度：220V±（4～7）%（100% 来自市电电源）	处于停机状态	市电停电，电压瞬态下陷，电压瞬态上涌
在线互动式 UPS	150～276V（220V，－31%、＋25%）	稳压精度：220V－11%，＋15%（100% 来自市电电源）	"逆变器/充电器"型的变换器向电池充电	市电停电，电压下陷，电压上涌，持续过压，持续欠压

续表

UPS类型	市电电压	向用户所提供的电源	逆变器的工作状态	能解决的电源问题
Delta 变换式 UPS	187～253V（220V，±15%）	稳压精度：220V±1%（当市电电压为 220V±15%时，其中85%来自市电电源，15%来自 Delta 变换器的逆变器电源，当市电电压为 220V 时，100%来自市电电源）	"逆变器/充电器"型的主变换器向电池充电，"Delta 变换器"负责补偿市电电压的波动	市电停电、电压下陷，电压上涌，持续过压，持续欠压，可适当抑制 15～16kHz 的传导性干扰
双变换在线式 UPS	①220V，−15%，+10%（采用可控硅整流器的 UPS）②220V±15%（采用脉冲调制型整流器的 UPS）	稳压精度：220V±1%的高质量逆变器电源	专用充电器向电池组充电，逆变器连续不断地向负载提供电流	市电停电、电压下陷，电压上涌，持续过压，持续欠压，频率波动，电源干扰，切换瞬变，波形失真

机房供电可参阅第一章，机房常用电源和其他设备的技术参数如表 2-33 所示。

机房常用电源和其他设备技术参数　　　　　　　　表 2-33

设备名称	技术说明
净化电源	产品型号：全力 JJW-20kVA；额定负载：20kVA；稳压范围：180～260V±3%；输出电压：220V±0.5%；体积：600×280×520mm；重量：90kg
在线式 UPS	产品型号：APC SURT10000UXICH；UPS 类型：在线式；额定容量：10kVA；后备时间：依外接电池容量而定；直流输入电压：48V；交流输出电压：230V；交流输入电压：160～280V
后备式 UPS	产品型号：APC BR1000-CH；UPS 类型：后备式；额定容量：1kVA；转换时间：5ms；满载备用时间：6min（1980W），半载备用时间：26min（990W）；工作噪音：53dB；充电时间：3h
UPS 电池	产品型号：山特 12V100AH；额定电压：12V；电池容量：100AH
防雷器	网络设备防雷器 Canvy CS-RJ45-8S（最大放电 10kA，连接方式 RJ45）；电话线路防雷器 Canvy CS-RJ11-TELE/2S（最大放电 10kA，连接方式 RJ11）；网络交换机防雷器 Canvy CS-RJ45-24E（最大放电 10kA，24 个 RJ45 接口）；电源防雷器 Canvy CS-D4-220（最大放电 10kA，终端用，3 插口电源插座）；电源防雷器 OBO V20-C/2（最大放电 20kA）；电源防雷器 OBO V25-B/3＋NPE（最大放电 100kA）
精密空调	艾默生-力博特 DataMate3000（制冷量：7kW；室外环境：−34～＋49℃）

UPS 的功能是确保负载供电的不间断，并将市电中各种干扰与负载彻底隔离，保证在任何情况下都能供给负载稳定可靠的交流电源。

2. UPS 电池容量的计算

UPS 一般规定了单个电池的标称电压和 1 组电池的直流输入电压。例如，10kVA 的 UPS，APC 公司某产品规定采用 12V 电池，电池组直流输入电压为 48V（4 个电池串联为 1 组）；山特公司某产品规定采用 12V 电池，电池组直流输入电压为 240V（20 个电池串联为 1 组）。主流 UPS 电池的标称电压为 12V，电池容量有不同的"安时（Ah）"数，一般根据 UPS 后备供电（市电中断后的供电）时间选择。UPS 的后备供电时间受负载大小、电池容量、环境温度、电池放电截止电压等因素影响，其中电池容量是主要决定因素。精确计算电池容量没有太大的工程意义，UPS 电池容量的简单估算方法如下。

$$电池容量(Ah)=\frac{UPS\,最大负载功率(VA)\times 电池后备时间(h)}{UPS\,电池组直流输入电压(V)\times 电池组数}$$

【例】 一台 20kVA 的 UPS，直流输入电压为 240V，如果采用 2 组 12V 的电池并联连接，电池后备供电时间要求为 60min，估算 UPS 最大负载时需要的电池容量和数量。

$$电池容量=(20000\times 1)/(240\times 2)=41.6(Ah)$$

通过产品检索，没有 41Ah 的电池，选择相近规格的 12V65Ah 的 UPS 电池。

$$电池数量=(UPS\,直流输入电压/电池电压)\times 电池组数=(240/12)\times 2=40\,个$$

3. UPS 应用注意事项

UPS 不要无负载或满载使用，UPS 电源最好的负载功率是标准负载的 70%～80%。UPS 的设计以计算机设备供电为主，并非所有负载都适用。尤其是感性负载，如电风扇、空调等家电均不适用。因为这些感性负载会产生反电动势，对 UPS 造成伤害。此外如复印机、激光打印机等激活电流较大的设备，也不宜采用 UPS，因为这些设备的瞬间启动电流过大，UPS 容量不足时，容易造成瞬间超载。UPS 长期处于超载状态时，将缩短 UPS 的使用寿命。

等电位连接网格的尺寸取决于电子设备的摆放密度，机柜等设备布置密集时（如成行布置），网格尺寸取小值（600mm×600mm）；设备布置宽松时，网格尺寸可视具体情况加大，目的是为节省铜材。

机房的保护性接地有：防雷接地、防电击接地、防静电接地、电磁屏蔽接地等；功能性接地有：交流工作接地、直流工作接地、信号接地等。

除特殊情况外，一个建筑物的电气装设备内，只允许存在一个共用接地装置，并实施等电位连接，这样才能消除电位差。安全保护接地和信号接地只能共用一个接地装置，不能分接不同的接地装置。设备外壳的保护接地和信号接地通过连接 PE 线实现接地。

三、机房的防雷保护

机房防雷保护的基本原则是：防雷器安装位置与被保护的设备越近越好。低压浪涌保护器（SPD）可以对网络设备提供最大的保护。电源线路中 SPD 防雷保护如图 2-51 所示，信号线路中 SPD 防雷保护如图 2-52 所示。

对于中等雷区的网络机房，出入建筑物的线缆采用光缆传输时，无需采用 SPD 保护；但为两端设备供电的电源芯线，应对地加装标称工作电压大于供电电压最大值 20%、标称放电电流为 10kA 的限压型 SPD。对于高暴露性（室外）线缆，采用 SPD 的标称放电电流为 70kA 以上，对于标准安装选择 40kA，对于设备选择 10kA。

在城市或地处多雷区的各类金属数据线路，如果长度大于 50m、小于 100m，则数据线一侧的终端设备输入口应安装 SPD；如果长度大于 100m，数据线两侧的终端设备输入口均应安装 SPD。为发挥 SPD 的最好保护效果，连接防雷器的导线越短越好。SPD 的输入/输出接口有严格规定，不可接反，并且 PE 线必须接地。

图 2-51　三相电源线路中防雷浪涌保护器的安装与连接

图 2-52　信号线路中低压浪涌保护器（SPD）的安装与连接

第三章　综合布线系统

第一节　综合布线系统（PDS）的组成

建筑物综合布线系统（PDS，Premises Distribution System）又称结构化布线系统（Structured Cabling System）。它是一种模块化的、高度灵活性的智能建筑布线网络，是用于建筑物和建筑群进行话音、数据、图像信号传输的综合的布线系统。

智能建筑的综合布线系统（PDS）与传统的电话、计算机网络布线的不同主要表现在如下方面：

（1）在智能大厦系统中，除计算机网络线以外，还有众多的电话线、闭路电视线、用于大厦内空调等设备的控制线、用于火警的安全控制线和安全监视系统线等，这些线需要统一规划，一次性布好。

（2）在智能大厦系统中，许多线应可交换使用。

（3）在智能大厦系统中，同样的布线系统可适应由于用户变化而造成的某些局部网络的变化。

（4）传统的网络布线是设备在哪里，线就在哪里；而智能大厦的综合布线系统与它所连接的设备相对无关，先将布线系统铺设好，然后根据所安装设备情况调整内部跳接及相互连接机制，使之适应设备的需要。因此，同一个接口可以连接不同的设备，譬如电话、计算机、控制设备等。目前，综合布线系统主要用于电话和计算机网络。

一、系统组成

1. 综合布线系统设计宜包括工作区、配线子系统、干线子系统、建筑群子系统、设备间、进线间管理。综合布线系统的组成，应符合图3-1的要求。

图 3-1　综合布线系统的组成

图中：CD为建筑群配线架；BD为建筑物配线架；FD为楼层配线架；CP为集合点（选用）；TO为信息插座。

2. 综合布线系统宜按下列七个部分（图3-2、表3-1）进行设计：

（1）工作区：一个独立的需要设置终端设备（TE）的区域宜划分为一个工作区。工作区应由配线子系统的信息插座模块（TO）延伸到终端设备处的连接缆线及适配器组成。

（2）配线子系统：配线子系统应由工作区的信息插座模块、信息插座模块至电信间配线设备（FD）的配线电缆和光缆、电信间的配线设备及设备缆线和跳线等组成。

（3）干线子系统：干线子系统应由设备间至电信间的干线电缆和光缆、安装在设备间的建筑物配线设备（BD）及设备缆线和跳线组成。

（4）设备间：设备间是在每栋建筑物的适当地点进行网络管理和信息交换的房间。对于综合布线系统工程设计，设备间主要安装建筑物配线设备。电话交换机、计算机主机设备及入口设施也可与配线设备安装在一起。

（5）建筑群子系统：由连接多个建筑物的主干电缆和光缆、配线设备（CD）及设备缆线和跳线组成。

（6）进线间：进线间是建筑物或多个建筑物外部通信（语音和数据）管线的入口用房，可与设备间合用一个房间。

（7）管理：管理是对工作区、电信间、进线间的配线设备、缆线、信息插座模块等设施按一定的模式进行标识和记录。

图 3-2 结构化布线系统总体图

综合布线系统的类型级别 表 3-1

序号	类型级别	设 备 配 置	特 点	适 用 场 合
1	基本型（相当于最低配置）	（1）每个工作区有一个信息插座； （2）每个工作区为一个水平布线系统，其配线电缆是一条 4 对非屏蔽双绞线（UTP）； （3）接续设备全部采用夹接式交接硬件； （4）每个工作区的干线电缆至少有 2 对双绞线	（1）能支持话音、数据或高速数据系统使用； （2）能支持 IBM 多种计算机系统的信号传输； （3）价格较低，基本采用铜心导线电缆组网； （4）目前使用广泛的布线方案，且可适应将来发展，逐步走向综合布线系统； （5）便于技术人员管理； （6）采用气体放电管式过压保护和能自复的过流保护	这种类型适用于目前大多数的场合，因为它经济有效，并能逐步过渡到综合型布线系统。目前一般用于配置标准较低的场合

续表

序号	类型级别	设备配置	特点	适用场合
2	增强型（相当于基本配置）	(1)每个工作区有两个以上信息插座； (2)每个工作区的信息插座均有独立的水平布线系统，其配线电缆是一条4对非屏蔽双绞线（UTP）； (3)接续设备全部采用夹接式交接硬件或插接式硬件； (4)每个工作区的干线电缆至少有3对双绞线	(1)每个工作区有两个信息插座不仅灵活非凡，且功能齐全； (2)任何一个信息插座都可提供话音和高速数据系统使用； (3)采用铜心电缆和光缆混合组网； (4)可统一色标，按需要利用端子板进行管理，简单方便； (5)能适应多种产品的要求，具有经济有效的特点； (6)采用气体放电管式过压保护和能自复的过流保护	这种类型能支持话音和数据系统使用，具有增强功能，且有适应今后发展余地，适用于配置标准较高（中等）的场合
3	综合型（相当于综合配置）	(1)在基本型和增强型综合布线系统的基础上增设光缆系统，一般在建筑群间干线和水平布线子系统上配置62.5μm光缆； (2)在每个基本型工作区的干线电缆至少配有2对双绞线； (3)在每个增强型工作区的干线电缆至少有3对双绞线	(1)每个工作区有两个信息插座不仅灵活非凡，且功能齐全； (2)任何一个信息插座都可提供话音和高速数据系统使用； (3)采用以光缆为主与铜心电缆混合组网； (4)利用端子板管理，因统一色标用户使用简单方便； (5)能适应产品变化，具有经济有效的特点	这种类型具有功能齐全，满足各方面通信要求，是适用于配置标准很高的场合（如规模较大的智能化大厦、办公大楼等）

注：1. 表中非屏蔽双绞线是指具有特殊扭绞方式及材料结构，能够传输高速率数字信号的双绞线，不是一般市话通信电缆的双绞线。
  2. 夹接式交接硬件是指采用夹接、绕接的固定连接方式的交接设备。
  3. 插接式交接硬件是指采用插头和插座连接方式的交接设备。

二、综合布线系统分级与缆线长度

1. 综合布线铜缆系统的分级与对应的产品类别划分（表3-2）。

铜缆布线系统的分级与类别　　　　　　　　　　　　表3-2

系统分级	支持带宽（Hz）	支持应用器件		系统分级	支持带宽（Hz）	支持应用器件	
		电缆	连接硬件			电缆	连接硬件
A	100k	—	—	D	100M	5/5e类	5/5e类
B	1M			E	250M/500M	6/6A类	6/6A类
C	16M	3类	3类	F	1000M	7类	7类

2. 光纤信道的分级和其支持的应用长度（表3-3）。

光纤信道的分级和其支持的应用长度　　　　　　表3-3

分级	支持的应用长度(m)	分级	支持的应用长度(m)	分级	支持的应用长度(m)
OF-300	≥300	OF-500	≥500	OF-2000	≥2000

光纤信道构成方式应符合以下形式：

（1）水平光缆和主干光缆在楼层电信间的光纤配线设备经光纤跳线连接构成。

（2）水平光缆和主干光缆在楼层电信间将光纤端接（熔接或机械连接）构成。

（3）水平光缆布放路由经过电信间直接连至大楼设备间光纤配线设备。

（4）当工作区用户终端设备或某区域网络设备需直接与公用电信网进行互通时，宜采用单模光缆从工作区直接布放至电信入口设施的光纤配线设备。

3. 综合布线系统缆线长度的划分（图 3-3）。

A＋B＋E≤10m—水平子系统中工作区电缆、工作区光缆、设备电缆、设备光缆和接插软线或跳线的总长度；

C 和 D≤20m—在建筑物配线架或建筑群配线架中的接插软线或跳线长度；

F 和 G≤30m—在建筑物配线架或建筑群配线架中的设备电缆、设备光缆长度。

图 3-3 综合布线的系统结构及其电缆、光缆最大长度

（1）综合布线系统水平缆线与建筑物主干缆线及建筑群主干缆线之和所构成信道的总长度不应大于 2000m。

（2）建筑物或建筑群配线设备之间（FD 与 BD、FD 与 CD、BD 与 BD、BD 与 CD 之间）组成的信道出现 4 个连接器件时，主干缆线的长度不应小于 15m。

（3）配线子系统相关缆线长度应符合下列要求：

① 信道的缆线不应大于 100m（包括 90m 水平缆线，最长 10m 的跳线和设备缆线）。

② 永久链路的水平缆线不应大于 90m。

③ 工作区设备缆线、电信间配线设备的跳线和设备缆线之和不应大于 10m。当大于 10m 时，水平缆线长度（90m）应适当减少。

④ 楼层配线设备（FD）跳线、设备缆线及工作区设备缆线各自的长度不应大于 5m。

⑤ 配线电缆或光缆长度不应超过 90m，在能保证链路传输性能时，水平光缆距离可适当加长。

（4）配线设备（BD）和（CD），跳线不应大于 20m，设备缆线不应大于 30m。

4. 干线子系统的缆线长度

干线子系统由设备间的建筑物配线设备（BD）和跳线以及设备间至各楼层配线设备（FD）的干线电缆组成，以提供设备间总（主）配线架与楼层配线间的楼层配线架（箱）之间的干线路由。干线子系统所需要的电缆总对数和光纤总芯数，应满足工程的实际需求，并留有适当的备份容量。主干缆线宜设置电缆与光缆，并互相作为备份路由。综合布

线主干线线缆组成，如图 3-4 所示。表 3-4 为综合布线系统主干缆线长度限值。

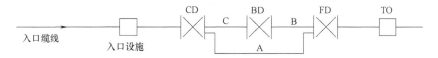

图 3-4　综合布线系统主干缆线组成

综合布线系统主干缆线长度限值　　　　表 3-4

缆线类型	各线段长度限值(m)			缆线类型	各线段长度限值(m)		
	A	B	C		A	B	C
100Ω 对绞电缆	800	300	500	50m 多模光缆	2000	300	1700
62.5m 多模光缆	2000	300	1700	单模光缆	3000	300	2700

（1）如 B 距离小于最大值时，C 为对绞电缆的距离可相应增加，但 A 的总长度不能大于 800m。

（2）表中 100Ω 对绞电缆作为语音的传输介质。

（3）单模光纤的传输距离在主干链路时允许达 60km，但被认可至本规定以外范围的内容。

（4）对于电信业务经营者在主干链路中接入电信设施能满足的传输距离不在本规定之内。

（5）在总距离中可以包括入口设施至 CD 之间的缆线长度。

（6）建筑群与建筑物配线设备所设置的跳线长度不应大于 20m。如超过 20m 时主干长度应相应减少。

（7）建筑群与建筑物配线设备连至设备的缆线不应大于 30m。如超过 30m 时主干长度应相应减少。

（8）采用单模光缆作主干布线时，建筑群配线架到楼层配线架的最大距离可以延伸到 3000m。

采用对称电缆作主干布线时，对于高速率系统的应用，长度不宜超过 90m。否则宜选用单模或多模光缆。

在建筑群配线架和建筑物配线架中，接插软线和跳线长度不宜超过 20m，超过 20m 的长度应从允许的主干布线最大长度中扣除。

把电信设备（如用户交换机）直接连接到建筑群配线架或建筑物配线架的设备电缆、设备光缆长度不宜超过 30m。如果使用的设备电缆、设备光缆超过 30m 时，主干电缆、主干光缆的长度宜相应减少。

5. 开放型办公室综合布线系统

办公楼，综合楼等商用建筑物或公共区域的大开间及数据中心机房等场所，由于使用对象的不确定和流动性等因素，宜按开放式办公室综合布线系统要求进行设计，并应符合下列规定：

（1）采用多用户信息插座时，每一个多用户插座应适当考虑备用量，宜选择能支持 12 个工作区的 8 位模块通用插座，各段缆线长度可按表 3-5 选用，也可按下式计算：

$$C=(102-H)/1.2(\text{或}1.5)$$
$$W=C-5$$

式中：$C=W+D$——工作区电缆、电信间跳线和设备电缆的长度之和；

D——电信间跳线和设备电缆的总长度；

W——工作区电缆的最大长度，应小于或等于 22m；

H——水平电缆的长度。

各段缆线长度限值 表 3-5

电缆总长度(m)	水平布线电缆 H(m)	工作区电缆 W(m)	电信间跳线和设备电缆 D(m)
100	90	5	5
99	85	9	5
98	80	13	5
97	75	17	5
96	70	22	5

（2）采用集合点时，集合点配线设备与 FD 之间水平线缆的长度应大于 15m，集合点配线设备容量宜按满足 12 个工作区信息点需要设置。同一个水平电缆路由中不允许超过一个集合点（CP），从集合点引出的 CP 线缆应终接到工作区的信息插座或多用户信息插座上。

（3）多用户信息插座和集合点的配线设备应安装在建筑物的承重墙体或柱子上。

三、光纤信道构成的三种方式

（1）水平光缆和主干光缆至楼层电信间的光配线设备经光纤跳线连接构成，如图 3-5 所示。

图 3-5　光缆经电信间 FD 光跳线连接的光纤信道

（2）水平光缆和主干光缆在楼层电信间经端接（熔接或机械连接）构成，如图 3-6 所示。

图 3-6　光缆在电信间 FD 作端接的光纤信道
注：FD 只设光纤之间的连接点。

（3）水平光缆经过电信间直接连至大楼设备间光配线设备构成，如图 3-7 所示。

另外，当工作区用户终端设备或某区域网络设备需直接与公用数据网进行互通时，应将光缆从工作区直接布放至电信入口设施的光配线设备。

图 3-7 光缆经过电信间 FD 直接连接至设备间 BD 的光纤信道

注：FD 安装于电信间，只作为光缆路径的场合。

综合布线系统工程的产品类别及链路、信道等级确定应综合考虑建筑物的功能、应用网络、业务终端类型、业务的需求及发展、性能价格、现场安装条件等因素，并应符合表 3-6 的要求。

布线系统等级与类别的选用 表 3-6

业务种类	配线子系统		干线子系统		建筑群子系统	
	等级	类别	等级	类别	等级	类别
语音	D/E	5e/6	C	3（大对数）	C	3（室外大对数）
数据	D/E/F	5e/6/7	D/E/F	5e/6/7（4 对）		
	光纤（多模或单模）	62.5μm 多模/50μm 多模/<10μm 单模	光纤	62.5μm 多模/50μm 多模/<10μm 单模	光纤	62.5μm 多模/50μm 多模/<10μm 单模
其他应用	可采用 5e/6 类 4 对对绞电缆和 62.5μm 多模/50μm 多模/<10μm 单模光缆					

四、综合布线系统的应用

综合布线系统的拓扑结构如图 3-8 所示。它主要解决两类网络应用：模拟电话网和数字数据网（计算机网）。

图 3-8 综合布线系统拓扑结构

1. 模拟电话网（语音）应用

针对模拟电话网的需求，综合布线系统采用铜缆布线，建筑群子系统及干线子系统采用3类大对数电缆布线，配线子系统采用5/5e/6类铜缆布线。FD、BD、CD节点采用直联设备。从交换机到电话机的链路是一条透明的铜缆电路，信道的总长度不大于2000m，最终组成的是一个星形模拟电话网，如图3-9（a）所示。

图 3-9（a） 综合布线系统的模拟电话网应用

图 3-9（b） 综合布线系统的计算机网应用

2. 计算机网（数据）应用

针对计算机网的需求，综合布线系统采用光缆/铜缆混合布线的方案。到桌面的配线子系统通常采用 5e/6 类铜缆布线，支持 100Mbit/s/1000Mbit/s 以太网。建筑群子系统及干线子系统通常采用光缆布线，支持 1GMbit/s/10Gbit/s 以太网。FD、BD、CD 节点放置网络交换机及服务器等设备。最终组成的是一个宽带 IP 网，如图 3-9（b）所示。

第二节 综合布线系统的设计

一、设计原则与步骤

综合布线系统应根据各建筑物的使用功能、环境安全条件、信息通信网络的构成以及按用户近期的实际使用和中远期发展的需求，进行合理的系统配置和管线设计。

综合布线系统的设计应具有开放性、灵活性、可扩展性、实用性、安全可靠性和经济性的要求。综合布线系统工程设计应遵循以下主要原则：

1. 系统应采用星形拓扑结构，力求使每个分支子系统都是相对独立的单元，对每个分支单元系统改动都不影响其他子系统。

2. 系统应是开放式结构，应能支持电话交换网络及计算机网络系统，并应充分考虑多媒体业务、楼宇智能化相关业务等对高速数据通信的需求。

3. 系统应与公用配线网、通信业务网配线设备之间实现互通，接口的配线模块可安装在建筑群配线设备（CD）或建筑物配线设备（BD）。

4. 布线系统的永久链路及信道中采用的电、光缆及连接器件应保持系统等级与类别的一致性。

5. 布线系统大对数电缆应选用 3 类、5 类；4 对对绞电缆应为 5e 类或以上，特性阻抗为 100Ω 的对绞电缆及相应的连接硬件。

6. 布线系统光缆应选用光纤直径为 62.5μm 与 50μm，标称波长为 850nm 和 1300nm 的多模光缆，也可采用标称波长为 1310nm 和 1550nm 的单模光缆及相应的连接硬件。

设计步骤见图 3-10。

二、工作区子系统设计

1. 工作区的面积与插座数量

一个独立的需要设置终端设备的区域划分为一个工作区。工作区由配线（水平）布线系统的信息插座延伸到工作站终端设备处的连接电缆及适配器组成。对工作区面积的划分应根据应用的场合做具体的分析后确定，工作区面积需求可参照表 3-7 所示内容。

工作区面积需求 表 3-7

建筑物类型及功能	工作区面积（m²）	建筑物类型及功能	工作区面积（m²）
网管中心、呼叫中心、信息中心等终端设备较为密集的场地	3～5	商场、生产机房、娱乐场所	20～60
办公区	5～10	体育场馆、候机室、公共设施区	20～100
会议、会展	10～60	工业生产区	60～200

图 3-10　综合布线系统的设计流程

工作区布线系统由工作区内的终端设备连接到信息插座的连接线缆（3m 左右）和连接器组成，起到工作区的终端设备与信息插座插入孔之间的连接匹配作用，如图 3-11 所示。

工作区子系统设计的主要任务就是确定每个工作区信息点的数量。每个工作区信息点数量可按用户的性质、网络构成和需求来确定。当网络使用要求尚未明确时，可参照表3-8 所示配置。

信息点数量配置　　　　　　　　　　　　　　　　　表 3-8

建筑物功能区	信息点数量(每一工作区)			备　　注
	电话	数据	光纤(双工端口)	
办公区(一般)	1个	1个		
办公区(重要)	1个	2个	1个	对数据信息有较大的需求
出租或大客户区域	2个或2个以上	2个或2个以上	1个或1个以上	指整个区域的配置量
办公区(政务工程)	2~5个	2~5个	1个或1个以上	涉及内、外网络时

注：大客户区域也可以为公共实施的场地，如商场、会议中心、会展中心等。

工作区信息插座的数量并不只是根据当前的网络使用需求来确定，综合布线系统是通过冗余布信息插座（点），来达到设备重新搬迁或新增设备时不需重新布置线缆及插座、

图 3-11　工作区布线设计

（*a*）工作区布线示意图；（*b*）信息插座安装示意图

不会破坏装修环境的目标。这样做也是最经济的。

2. 工作区信息插座的安装宜符合的规定

（1）安装在地面上的接线盒应防水和抗压；

（2）安装在柱子上的信息插座、多用户信息插座盒及集合点配线箱体的底部离地面的高度宜为 300mm。

3. 工作区的电源应符合的规定

（1）每一个工作区（或每个数据信息点）至少应配置一个 220V、10A 交流电源插座；

（2）工作区电源插座应选用带保护接地的单相电源插座，保护接地线与零线应严格分开。

三、配线子系统设计

1. 配线子系统工作区信息插座，应符合的要求

（1）根据建筑各功能区提出近期和远期的信息点数量；

（2）确定每层需安装信息插座的数量及其位置；

（3）终端可能因业务变更，产生位置移动，数量增减的详细情况；

（4）一次性建设和分期建设方案比较。

2. 水平配线子系统宜采用 4 对对绞电缆。

在网络需求高、带宽或水平电缆长度大于 90m 时的应用场合，宜采用光缆。

3. 水平布线的长度要求

水平电缆或水平光缆最大长度为 90m，如图 3-12 所示，另有 10m 分配给电缆、光缆和楼层配线架上的接插软线或跳线。其中，接插软线或跳线的长度不应超过 5m，且在整个建筑物内应一致。

(a)

(b)

图 3-12　对称电缆与光缆的水平布线

(a) 对称电缆水平布线；(b) 光缆水平布线

注：在能保证链路性能时，水平光缆距离允许适当加长。

4. 楼层配线设备（FD）类型及数量确定

楼层配线设备分为 IDC 卡接式交连硬件和 RJ45 或 IDC 插接式交连硬件。如果用户不需经常对楼层上的线路进行修改、移位或重组，可选用卡接式交连硬件。如果用户今后需要重组或经常对楼层的线路进行修改、移动或重组，则应选用插接式交连硬件。

确定楼层配线设备数量时，应按端接水平配线系统和端接干线系统两部分来考虑。

确定端接水平配线的设备以每层的信息点数为依据，如果计算机网络的配线设备选用 RJ45 插接式模块，则所选插接式模块 RJ45 插孔总数应大于或等于该楼层的数据点数。如果电话或计算机网络的配线设备选用 IDC 交连模块，则 IDC 交连模块数量取决于该楼层的（语音或数据）信息点数以及每个配线设备上可端接的（4 对线）的线路数。其计算方法如下：

$$配线架数目 = \frac{I/O_{总数}}{每个配线架可端接（4对线）的线路数}$$

例如，一个 100 对的配线架上可端接 24 条（4 对线）线路，若该层有 235 个信息点，则端接水平配线子系统的配线架数目应为：

235/24＝9.8，取 10 个（100 对）配线架（或用 3 个 300 对和 1 个 100 对的配线架）。

确定端接干线的配线设备数量以干线的配置为依据，如果干线选用光纤，则每个楼层接线间应至少设一个光缆配线箱。若干线选用对绞电缆，则 IDC 交连模块数量取决于该楼层的信息点总数以及每个信息点配置的干线线对数。比如，按信息插座所需线对的 25％（1 对线）配置干线系统，则端接干线的 IDC 配线设备数量为：

5. 当水平子系统采用光纤时，应遵循的原则

（1）光纤插座宜采用双工方式，可以使用一个双工适配器或由两个单工适配器组合而成；

（2）光纤插座应具备极性标记；

（3）水平配线的光缆，宜采用光纤芯数不大于 4 芯的光缆，一般至桌面采用 2 芯光缆。包括所延伸的水平光缆光纤的容量在内；

（4）各类设备缆线和跳线宜按计算机网络设备的使用端口容量和电话交换机的实装容量、业务的实际需求或信息点总数的比例进行配置，比例范围为 25％～50％。

6. 楼层配线和跳接

楼层配线和跳接相当于一个信道接通或拆线的作用，其原理如图 3-13 所示。综合布线工程一般不包括通信交换设备，当然更不包括终端设备。所以，楼层配线间的跳接工作并不是在综合布线工程中完成的，而是最终用户根据实际的通信业务、终端设备的位置、通信交换设备来进行跳接的。这个步骤也就是网络的管理工作。

楼层配线间的配线架可分为面向水平子系统的配线架和面向干线子系统的配线架。面向水平子系统的配线架主要有超 5 类 UTP 配线架、6 类 UTP 配线架和光纤配线架。面向干线子系统的配线架除上述之外，还有针对电话网应用的 110 系列配线架。楼层配线间的配线架通常称为 IDF（Intermediate Distribution Frame，又称中间配线架）。

图 3-13　楼层配线和跳接原理

7. FD 的规划

在进行综合布线系统设计时，如何合理规划 FD 是一个关键。一个 FD 所能容纳的水平布线数量并没有限制，主要是满足任一工作区的信息点至 FD 的布线距离不能超出 90m 的限制条件。如果出现某些信息点至 FD 的布线距离超出 90m，解决方法有两种：其一是在那些信息点附近增加一个新的 FD 使其重新满足布线距离限制条件；其二是使用光缆。

一般情况下，在建筑物的每一层相对中心位置设置一个 FD。对大型的建筑，每一层可在 4 个方位设置多个 FD。对小型的建筑，每 2～3 层可共设一个 FD。也有一些小型建筑不设 FD，而将 FD 和 BD 合二为一。总之需要针对实际的应用灵活处理。

四、干线子系统设计

（1）干线子系统所需要的电缆总对数和光纤总芯数，满足工程的实际需求，并留有适当的备份容量。主干缆线宜设置电缆与光缆，以互相作为备份路由。

（2）当电话交换机和计算机主机设置在建筑物内不同的设备间，宜采用不同的主干电缆分别满足语音和数据的需要。

（3）干线子系统主干缆线应选择较短的安全的路由。主干缆线中间不应有转接点和接头，宜采用点对点终接，也可采用分支递减终接。点对点端接是简单、直接的连接方法，每根干线电缆直接延伸到指定的楼层电信间。分支递减端接是用 1 根大容量干线电缆支持若干个电信间或若干楼层的通信容量，经过电缆接头保护箱分出若干根小电缆，它们分别延伸到每个电信间或每个楼层，并端接到目的地的连接硬件。

（4）在同一层若干电信间之间宜设置干线路由。

（5）主干电缆和光缆所需的容量及配置应符合以下规定：

① 语音业务，大对数主干电缆的对数应按每一个电话 8 位模块通用插座配置 1 对线，并在总需求线对的基础上至少预留约 10% 的备用线对。

② 数据业务应以集线器（HUB）或交换机（SW）群（按 4 个 HUB 或 SW 组成 1 群）；或以每个 HUB 或 SW 设备设置 1 个主干端口配置。每 1 群网络设备或每 4 个网络设备宜考虑 1 个备份端口。主干端口为电端口时，应按 4 对线容量，为光端口时则按 2 芯光纤容量配置。

③ 当工作区至电信间的水平光缆延伸至设备间的光纤配线设备（BD/CD）时，主干光缆的容量应包括所延伸的水平光缆光纤的容量在内。

④ 各类设备缆线和跳线宜按计算机网络设备的使用端口容量和电话交换机的实装容量、业务的实际需求或信息点总数的比例进行配置，比例范围为 25%～50%。

（6）干线电缆应选择最短，最安全和最经济的路由，宜选择带门的金属竖井敷设干线电缆。

五、电信间、设备间、进线间的设计

1. 电信间

（1）电信间的数目，应按所服务的范围来考虑。如果配线电缆长度都在 90m 范围以内时，宜设置一个电信间，当超出这一范围时，应设两个或多个电信间。

（2）电信间的面积不应小于 5m^2。如覆盖的信息插座超过 400 个时，应适当增加面积。

（3）设备间的位置及大小应根据安装设备所包括的种类、容量及要求等因素综合考虑确定，应尽可能靠近建筑物电缆引入区和网络接口处。

（4）进线间的位置应尽可能靠近建筑物外部线缆引入区；面积大小应根据安装的入口设施或建筑群配线设备所包括的种类、容量及要求等因素综合考虑确定。

（5）进线间内所有进出建筑物的电缆端接处的配线模块应设置适配的信号线路浪涌保护器。

（6）在进线间缆线入口处的管孔数量应满足建筑物之间、外部接入业务及 2～3 家电信业务经营者缆线接入的需求，并应留有 2～4 孔的余量。

（7）电信间应采用外开丙级防火门，门宽大于 0.7m，电信间内温度应为 10～35℃，相对湿度宜为 20%～80%，如果安装信息网络设备时，应符合相应的设计要求。

2. 设备间的位置

设备间的位置应符合下列规定：

（1）应处于干线子系统的中间位置，并考虑主干缆线的传输距离与数量；

（2）设备间宜尽可能靠近建筑物缆线竖井位置，有利于主干缆线的引入；

（3）设备间的位置宜便于设备接地；

（4）设备间应尽量远离高低压变配电、电动机、X 射线、无线电发射等有干扰源存在的场地；

（5）设备间温度应为 10～35℃，相对湿度应为 20%～80%，并应有良好的通风；

（6）设备间梁下净高不应小于 2.5m，采用外开双扇门，门宽不应小于 1.5m；

（7）在地震区的区域内，设备安装应按规定进行抗震加固；

（8）设备安装宜符合下列规定：

① 机架或机柜前面的净空不应小于 800mm，后面的净空不应小于 600mm；

② 壁挂式配线设备底部离地面的高度不宜小于 300mm；

③ 设备间应提供不少于两个 220V 带保护接地的单相电源插座，但此不作为设备供电电源；

④ 设备间如果安装电信设备或其他信息网络设备时，设备供电电源应符合相应的设计要求。

3. 进线间

（1）进线间应设置线缆防水套管。

（2）进线间的大小应按进线间的最终容量及入口设施的最终容量设计，同时应考虑满足多家电信业务经营者安装入口设施等设备的面积。

（3）进线间宜靠近外墙和在地下设置，以便于缆线引入，进线间设计应符合下列规定：

① 进线间应采用相应防火级别的防火门，门向外开，宽度不小于 1m；

② 进线间应设置防有害气体措施和通风装置，排风量按每小时不小于 5 次容量计算；

③ 与进线间无关的管道不宜通过。

4. 电信间 FD 与电话交换配线及计算机网络设备间的连接方式与要求

电信间 FD 与电话交换配线及计算机网络设备之间的连接方式和要求如图 3-14、图

3-15 和图 3-16 所示。

图 3-14　电话系统连接方式

图 3-15　数据系统连接方式（经跳线连接）

图 3-16　数据系统连接方式（经设备缆线连接）

电信间和设备间安装的配线设备的选用应与所连接的缆线相适应。

当集合点（CP）配线设备为 8 位模块通用插座时，CP 电缆宜采用带有单端 RJ45 插头的产业化产品，以保证布线链路的传输性能。

六、管理的设计

（1）管理应对设备间、电信间、进线间和工作区的配线设备、缆线、信息插座等设施，按一定的模式进行标识和记录，并宜符合下列规定：

① 规模较大的综合布线系统宜采用电子配线设备进行管理。简单的综合布线系统宜按图纸资料进行管理，并应做到记录准确，及时更新，便于查阅。

② 综合布线的每条电缆、光缆、配线设备、端接点、安装通道和安装空间均应给定相应的标识符；标识符中可包括名称、颜色、编号、字符串或其他组合。

③ 配线设备、缆线、信息插座等硬件均应设置不易脱落和磨损的标签。

④ 电缆和光缆的两端均应标明相同的标识符。

⑤ 设备间、电信间、进线间的配线设备宜采用统一的色标区别各类用途的配线区。

（2）配线机柜应留出适当的理线空间。

七、建筑群子系统设计

（1）建筑物间的干线宜使用多模、单模光缆或大对数对绞电缆，但均应为室外型的缆线。

（2）建筑群子系统宜采用地下管道敷设方式。管道内敷设的铜缆和光缆应遵循通信管道的各项设计规定。此外，至少应予留 1～2 个备用管孔，以供扩充之用。

（3）建筑群和建筑物间的干线电缆、光缆布线的交接不应多于两次。从楼层配线架（FD）到建筑群配线架（CD）之间只应通过一个建筑物配线架（BD）。

第三节 综合布线系统的传输线

一、双绞线缆

综合布线使用的传输线主要有两类：电缆和光缆。电缆有双绞线缆和同轴电缆，常用双绞线缆。双绞电缆按其包缠是否有金属层，可分为非屏蔽双绞（UTP）电缆和屏蔽双绞电缆。光缆是光导纤维线缆，按其光波传输模式可分为多模光缆和单模光缆两类。综合布线系统常用传输线如表3-9所示。

常用传输介质的性能比较 表3-9

名称	分 类	常用标准	主 要 特 点	主 要 用 途	连接距离
双绞线	非屏蔽双绞线（可分为3类、4类、5类、超5类及6类几种）	①5类、超5类4对 ②5类、超5类4对 AWG软线	①易弯曲，易安装 ②具有阻燃性 ③布线灵活 ④将干扰减到最小	①3类线用于语音传输及最高数据传输速率为10Mbit/s的数据传输 ②4类线用于令牌网的语音传输和最高数据传输速率为16Mbit/s的数据传输。在以太网中没有使用 ③5类用于语音传输和最高数据传输速率为100Mbit/s的数据传输 ④超5类用于语音传输和最高数据传输速率为155Mbit/s的数据传输 ⑤6类用于语音传输和最高传输率为200Mbit/s的数据传输	每网段标准长度为100m，接4个中继器后最大可达到500m
	屏蔽双绞线（可分为3类、5类两种）	①5类4对24AWG 100Ω ②5类4对26AWG软线	①价格高 ②安装较为复杂 ③需专用连接器		
光纤	单模光纤	8.3μm/125μm	①传输频带宽，通信容量大，短距离时达几千兆的传输率 ②线路损耗低、传输距离远 ③抗干扰能力强，安全可靠 ④抗化学腐蚀能力强 ⑤制造资源丰富	①用于高速度、长距离连接 ②成本高 ③窄芯线，需要激光源 ④耗散极小，高效	可达到几千米至十千米
	多模光纤	62.5μm/125μm；50μm/125μm；100μm/140μm		①用于低速度、短距离布线 ②成本低 ③宽芯线，聚光好 ④耗散大，低效	一般在2000m左右

非屏蔽双绞电缆（UTP）由多对双绞线外包缠一层绝缘塑料护套构成。4对非屏蔽双绞线缆如图3-17（a）所示。

屏蔽双绞电缆与非屏蔽双绞电缆一样，电缆芯是铜双绞线，护套层是绝缘塑橡皮，只不过在护套层内增加了金属层。按增加的金属屏蔽层数量和金属屏蔽层绕包方式，又可分为铝箔屏蔽双绞电缆（FIP）、铝箔/金属网双层屏蔽双绞电缆（SFTP）和独立双层屏蔽双绞电缆（STP）三种。

　　FTP 是由多对双绞线外纵包铝箔构成，在屏蔽层外是电缆护套层。4 对双绞电缆结构如图3-17（b）所示。

　　SFTP 是由多对双绞线外纵包铝箔后，再加铜编织网构成。4 对双绞电缆结构如图3-17（c）所示。SFTP 提供了比 FTP 更好的电磁屏蔽特性。

图 3-17　双绞电缆
（a）UTP；（b）FTP；（c）SFTP；（d）STP

　　STP 是由每对双绞线外纵包铝箔后，再将纵包铝箔的多对双绞线加铜编织网构成。4 对双绞电缆结构如图 3-17（d）所示。根据电磁理论可知，这种结构不仅可以减少电磁干扰，也使线对之间的综合串扰得到有效控制。

　　从图 3-17 中可以看出，非屏蔽双绞电缆和屏蔽双绞电缆都有一根用来撕开电缆保护套的拉绳，屏蔽双绞电缆在铝箔屏蔽层和内层聚酯包皮之间还有一根漏电线，把它连接到接地装置上，可泄放金属屏蔽层的电荷，解除线对间的干扰。双绞电缆的分级与类别如表3-10 所示。

双绞线系统的分级与类别　　　　　　　　　　　　　　　　　表 3-10

系统分级	系统产品类别	支持带宽（Hz）和传输速率（bps）	传输距离（m）	应用
A	—	100k/—		语音和报警、门禁等低速数据
B	—	1M/4M	100m	语音和 4Mbit/s 令牌环网络等数据
C	3 类（大对数）	16M/10M	100m	语音和 10Mbit/s 以太网、4Mbit/s 令牌环网络等数据
D	5 类（屏蔽和非屏蔽）	100M/100M	100m	语音和最高传输速率 100Mbps 的数据
E	6 类（屏蔽和非屏蔽）	250M/1G	100m	千兆以太网和语音
E_A	6_A 类（屏蔽和非屏蔽）	500M/10G	100m	千兆、万兆以太网
F	7 类（屏蔽）	600M/10G	100m	万兆以太网
F_A	7_A 类（屏蔽）	1000M/10G	100m	万兆以太网

二、双绞线连接件

（一）双绞线连接件

双绞电缆连接件主要有配线架和信息插座等。它是用于端接和管理线缆用的连接件。配线架的类型有 110 系列和模块化系列。110 系列又分夹接式（110A）和插接式（110P），如图 3-18 所示。连接件的产品型号很多，并且不断有新产品推出。

图 3-18 对绞电缆连接硬件的种类和组成

（二）信息插座

双绞线在信息插座（包括插头）上进行终端连接时，其色标和线对组成及排列顺序应按 EIA/TIA T568A 或 T568B 的规定办理，如图 3-19 所示。其接线关系如图 3-20 所示。

图 3-19 信息插座前视及颜色编码指定

图 3-20　工作区 I/O 信息插座接线关系

三、光缆

根据光纤传输点模数的不同，光缆分为单模光缆和多模光缆两种。所谓"模"，是指以一定角速度进入光缆的一束光。多模光缆的中心玻璃芯较粗（芯径一般为 $50\mu m$ 或 $62.5\mu m$），可传多种模式的光。但其模间色散较大，这就限制了传输数字信号的频率，而且随距离的增加会更加严重。例如，$600Mb/km$ 的光缆在 2km 时则只有 300Mb 的带宽了。因此，多模光缆传输的距离就比较近了，一般只有几千米。多模光缆传输速度低，距离短，整体的传输性能差，但成本低，一般用于建筑物内或地理位置相邻的环境中。

单模光缆的中心玻璃芯较细（芯径一般为 $9\mu m$ 或 $10\mu m$），只能传一种模式的光。因此，其模间色散很小，适用于远程通信，但其色度色散影响较大，这样单模光缆对光源的谱宽和稳定性的要求较高，即谱宽要窄，稳定性要好。单模光缆的传输频带宽，容量大，传输距离长，但需激光作为光源；另外纤芯较细不容易制作，因此成本较高，通常用于建筑物之间或地域分散的环境中，是未来光缆通信与光波技术发展的必然趋势。

多模光缆采用发光二极管 LED 作为光源，而单模光缆采用激光二极管 LD 作为光源。单模光缆的波长范围为 $1310\sim1550nm$，而多模光缆的波长范围为 $850\sim1300nm$。光缆损耗一般是随波长加长而减小，$0.85\mu m$ 的损耗为 $2.5dB/km$，$1.31\mu m$ 的损耗为 $0.35dB/km$，$1.55\mu m$ 的损耗为 $0.20dB/km$。这是光缆的最低损耗，波长 $1.65\mu m$ 以上的损耗趋向加大。损耗越小，光缆支持的传输距离也就越长。

常见的单模光缆规格为 $8/152\mu m$、$9/125\mu m$ 和 $10/125\mu m$，常见的多模光纤规格为 $50/125\mu m$（欧洲标准）和 $62.5/125\mu m$（美国标准），$62.5/125\mu m$ 光缆得到了大量应用。表 3-11 和表 3-12，表示光缆在 100M、1G、10G 以太网的传输距离。

100M、1G 以太网中光纤的应用传输距离　　　　表 3-11

光纤类型	应用网络	光纤直径(μm)	波长(nm)	带宽(MHz)	应用距离(m)
—	100BASE-FX	—	—	—	2000
多模	100BASE-SX	62.5	850	160	220
	1000BASE-LX			200	275
				500	550

续表

光纤类型	应用网络	光纤直径(μm)	波长(nm)	带宽(MHz)	应用距离(m)
多模	1000BASE-SX	50	850	400	500
				500	550
	1000BASE-LX		1300	400	550
				500	550
单模	1000BASE-LX	＜10	1310	—	5000

注：上述数据可见 IEEE 802.3—2002。

10G 以太网中光纤的应用传输距离　　　　表 3-12

光纤类型	应用网络	光纤直径(μm)	波长(nm)	模式带宽(MHz·km)	应用范围(m)
多模	10GBASE-S	62.5	850	160/150	26
				200/500	33
				400/400	66
		50		500/500	82
				2000/—	300
	10GBASE-LX4	62.5	1300	500/500	300
		50		400/400	240
				500/500	300
单模	10GBASE-L	＜10	1310	—	1000
	10GBASE-E		1550	—	30000～40000
	10GBASE-LX4		1000	—	1000

注：上述数据可见 IEEE 802.3ac—2002。

四、光缆连接件

（一）光缆连接器

光缆活动连接器，俗称活接头，一般称为光缆连接器，是用于连接两根光缆或形成连续光通路的可以重复使用的无源器件，已经广泛用在光缆传输线路、光缆配线架和光缆测试仪器、仪表中，是目前使用数量最多的光缆器件。

按照不同的分类方法，光缆连接器可以为分不同的种类，按传输媒介的不同可分为单模光缆连接器和多模光缆连接器；按结构的不同可分为 FC、SC、ST、D4、DIN、Biconic、MU、LC、MT 等各种形式；按连接器的插针端面不同可分为 FC、PC（UPC）和 APC；按光缆芯数分还有单芯、多芯之分。在实际应用过程中，一般按照光缆连接器结构的不同来加以区分。多模光缆连接器接头类型有 FC、SC、ST、FDDI、SMA、LC、MT-RJ、MU 及 VF45 等。单模光缆连接器接头类型有 FC、SC、ST、FDDI、SMA、LC、MT-RJ 等。光缆连接器根据端面接触方式分为 PC、UPC 和 APC 型。

在综合布线系统中，用于光导纤维的连接器有 ST Ⅱ 连接器、SC 连接器，还有 FDDI 介质界面连接器（MIC）和 ESCON 连接器。各种光缆连接器如图 3-21 所示。

ST

SC

FDDI

FC

BICONIC

ESCON

SMA905

SMA906

MINI
BNC

MTRJ

D4

VF-45

OPTI-
JACK

图 3-21 光缆连接器

ST Ⅱ 连接插头用于光导纤维的端点，此时光缆中只有单根光导纤维（而非多股的带状结构），并且光缆以交叉连接或互联的方式至光电设备上，如图 3-22 所示。在所有的单工终端应用中，综合布线系统均使用 ST Ⅱ 连接器。当该连接器用于光缆的交叉连接方式时，连接器置于 ST 连接耦合器中，而耦合器则平装在光缆互连单元（LTU）或光缆交叉连接分布系统中。

（二）光缆连接件

光纤互联装置（LIU）是综合布线系统中常用的标准光纤交连硬件，用来实现交叉连接和光纤互联，还支持带状光缆和束管式光缆的跨接线。图 3-23 是光纤连接盒。

1. 光纤交叉连接

交叉连接方式是利用光纤跳线（两头有端接好的连接器）实现两根光纤的连接来重新安排链路，而不需改动在交叉连接模块上已端接好的永久性光缆（如干线光缆），如图 3-24 所示。

2. 光纤互联

光纤互联是直接将来自不同地点的光纤互联起来而不必通过光纤跳线，如图 3-25 所示，有时也用于链路的管理。

两种连接方式相比较，交叉连接方式灵活，便于重新安排线路。互联的光能量损耗比交叉连接要小。这是由于在互联中光信号只通过一次连接，而在交叉连接中光信号要通过两次连接。

光纤连接器面板

黑光纤放在这些托架上

光纤耦合器
插入此孔

连接器

连接器

光纤耦合器

单线光缆

ST Ⅱ连接器

单光纤跨接线

图 3-22 光纤连接

图 3-23　光纤连接盒

图 3-24　光纤交叉连接模块

图 3-25　光纤互联模块

131

五、综合布线系统主要设备材料

（一）配线设备

配线设备有 IDC 配线架、RJ 45 配线架和光纤配线架。

1. IDC 配线架

IDC 配线架又称 110 配线架，它有卡接式和插接式两种模块。IDC 卡接式模块通常用于支持电话（语音）配线，IDC 插接式模块通常用于支持计算机（数据）配线。IDC 配线架的基本单元规格为 100 对，由 4 个 25 对模块组成。1 个基本单元的 IDC 配线架在至水平电缆侧可接 20 根 4 对双绞电缆；在干线侧可接 100 对双绞电缆（即可连接 4 根 25 对的大对数电缆，或连接 24 根 4 对双绞电缆）。对于集合点 CP 盒，则采用 IDC 配线架。

2. RJ 45 配线架

RJ 45 配线架的基本单元规格为 16 口。RJ 45 为插接式模块，其配线架通常用于支持计算机（数据）配线。

3. 光纤配线架

光纤配线架的基本单元规格为 24 口。

光缆的规格可分为 2 芯、4 芯、6 芯、8 芯、12 芯等。1 个 HUB 群（或交换机群）或 1 台 HUB（或交换机）用 2 芯光纤。

（二）集线器和交换机

（1）在建筑物配线架 FD（又称主配线架 MDF）和楼层配线架 DF（又称分配线架 IDF）处的集线器和交换机的规格可分为 8 口、12 口、24 口、48 口等。

（2）在网络控制室内的网络交换机的种类很多，其端口数量规格要求不小于所连接集线器 HUB（或交换机）的电缆端口数或光纤端口（1 个光纤端口为 2 芯）数。

（3）集线器 HUB 群（或交换机群）是通过多台 HUB（或多台交换机）堆叠组成，常用于综合布线系统。但其台数不能超过 4 台，1 个 HUB 群（或交换机群）的端口数不能超过 96 口。

（三）双绞电缆的穿管敷设

以外径为 6mm 的 4 对双绞电缆为例进行设计。SC15 钢管可穿 1 根 4 对双绞电缆；SC20 钢管可穿 3 根；SC25 钢管可穿 6 根；1 根大对数电缆规格为 25 对。

（四）机柜、机箱、配线箱

（1）19in（48cm）机柜的规格：15U、20U、25U、30U、35U、40U。

（2）19in（48cm）机箱的规格：6U、8U、10U、12U。

（3）IDC 明装配线箱规格：200 对、400 对、600 对、800 对。

（4）IDC 暗装配线箱规格：125 对、250 对。

（五）设备高度

（1）1 个规格为 100 对 IDC 配线架基本单元的高度为 2U；19in（48cm）机柜 2U 可并排安装 2 个规格为 100 对 IDC 配线架基本单元；2 个 IDC 配线架基本单元为 1 组，称之为 1 组 IDC 配线架。

（2）1 个规格为 16 口 RJ 45 配线架基本单元为 1U。

（3）1 个 24 口光纤配线架基本单元高度为 1U。

（4）1个规格为 8 口或 12 口集线器 HUB（或交换机）的高度为 1U。

（5）1个规格为 24 口集线器 HUB（或交换机）的高度为 2U；48 口的高度为 4U。

（6）1个光纤互连装置的高度为 1U。

（7）1个管理线架的高度为 1U。

（8）1个电源装置的高度为 2U～3U。

表 3-13 列出综合布线系统使用的主要材料。

综合布线系统使用的主要材料表　　　　　　　　　　　　　　　　表 3-13

序号	子系统	布线材料种类			按不同方式分类	
1	工作区子系统	信息模块			按性能区分:CAT5E/CAT6/FTTP/语音模块等 按屏蔽区分:UTP/FTP	
		面板			单口/双口/4 口/… 英标/美标/国标 斜口/平口	
		跳线			按性能区分:CAT5/CAT6/FIBER/语音 按长度区分:	
		安装底盒			86mm×86mm(国标),70mm×120mm(美标)	
		表面安装盒				
2	水平子系统	铜缆			按性能区分:CAT3/CAT5E/CAT6-4 对和普通语音 2 对 按屏蔽区分:UTP/FTP 按阻燃等级区分:LSZH/CM/CMX/CMR/CMP	
		光缆			按芯数分类:2 芯/4 芯… 按传输模式分类:多模/单模,9μm、50μm、62.5μm/125μm	
3	垂直子系统	铜缆			语音应用:3 类/5 类/普通 UTP/FTP 数据应用:5 类/6 类	
		光缆			按芯数分类:2 芯/4 芯… 按传输模式分类:多模/单模,9μm、50μm、62.5μm/125μm 按应用环境:室内/室外	
4	管理区子系统	铜缆部分	语音应用	铜缆	3 类/5 类/6 类/普通、UTP/FTP	
				100 系列配线架	快接式配线架	24 口/48 口
					跳线	110/RJ-45、110—110、RJ-45—RJ-45
			数据应用	铜缆	5 类/6 类、FTP/UTP	
				110 系列配线架	快接式配线架	24 口/48/口
					跳线	110/RJ-45、110—110、RJ 45—RJ-45
		光缆部分		光纤配线架	按安装方式分:墙装/机装 墙装:12 口/24 口 机装:24 口/48 口/72 口 按配置分: 面板/6 口/12 口/24 口/48 口	
				耦合器	单/多模,ST/SC/LC/MT-RJ…	
				连接头	(同上)	
				尾纤	(同上)	
				跳线	单芯/双芯、单/多模,ST/SC/LC/MT-RJ…	

续表

序号	子系统	布线材料种类	按不同方式分类		
5	设备间子系统	铜缆部分	语音应用	铜缆	3类/5类/6类普通、UTP/FTP
				110系列配线架（较多使用）	快接式配线架　24口/48口
					跳线　110/RJ-45、110—110、RJ-45—RJ-45
			数据应用	铜缆	5类/6类、FTP/UTP
				110系列配线架（较少使用）	快接式配线架　24口/48口
					跳线　110/RJ-45、110—110、RJ-45—RJ-45
		光缆部分	数据应用	光纤配线架	按安装方式区分:墙装/机装 墙装:12口/24口 机装:24口/48口/72口 按配置区分: 面板/6口/12口/24口/48口
				耦合器	单/多模,ST/SC/LC/MT-RJ…
				连接头	（同上）
				尾纤	（同上）
				跳线	单芯/双芯、单/多模,ST/SC/LC/MT-RJ…
6	建筑群子系统	铜缆部分	语音应用	3类/5类/普通大对数电缆(25/50/125对,4对较少使用) UTP/FTP 室外型	
			数据应用	5类/6类	
		光缆部分	数据应用	4芯/6芯… 多模/单模,9μm、50μm、62.5μm/125μm 室外轻型无金属/轻铠/重铠型(适用于架空/管道/直埋等安装方式)	

第四节　PDS各子系统的安装设计

一、工作区子系统

工作区子系统又称为服务区（Corerage area）子系统，它是由跳线与信息插座所连接设备（中断或工作站）组成，其中信息插座包括墙上型、地面型、桌上型等。

在工作区子系统的设计方面，必须要注意以下几点：

（1）从RJ-45插座到设备间的连线用双绞线，且不要超过5m；

（2）RJ-45插座必须安装在墙壁上或不易被触碰到的地方，插座距地面30cm以上；

（3）RJ-45信息插座与电源插座等应尽量保持20cm以上的距离；

（4）对于墙上型信息插座和电源插座，其底边沿线距地板水平面一般应为30cm。

建筑物内各种缆线的敷设方式和部位如图3-26所示。

图 3-26　建筑物内各种缆线敷设方式及部位

1—竖井内电缆桥架；2—竖井内配线设备；3—竖井电缆引出（人）孔洞及其封堵；4—竖井（上升房）防火门；

5—上升孔洞及封堵；6—电缆桥架；7—线缆束；8—暗配管路；9—顶棚上明配管路；10—顶棚上布线槽道；

11—窗台布线通道；12—明配线槽（管）；13—暗配线槽；14—桥架托臂；15—接线盒

二、水平子系统

水平子系统是同一楼层的布线系统，与工作区的信息插座及管理间子系统相连接。它一般采用 4 对双绞线，必要时可采用光缆。水平子系统的安装布线要求是：

（1）确定介质布线方法和线缆的走向；

（2）双绞线长度一般不超过 90m；

（3）尽量避免水平线路长距离与供电线路平行走线，应保持一定距离（非屏蔽线缆一般为 30cm，屏蔽线缆一般为 7cm）；

（4）用线必须走线槽或在吊顶内布线，尽量不走地面线槽；

（5）如在特定环境中布线要对传输介质进行保护，使用线槽或金属管道等；

（6）确定距服务器接线间距离最近的 I/O 位置；

（7）确定距服务器接线间距离最远的 I/O 位置。

（一）水平布线的长度要求

水平电缆或水平光缆最大长度为 90m，另有 10m 分配给电缆、光缆和楼层配线架上的接插软线或跳线。其中，接插软线或跳线的长度不应超过 5m。

双绞线水平布线链路包括 90m 水平电缆、5m 软电缆（电气长度相当于 7.5m）和 3 个与电缆类别相同或类别更高的接头。可以在楼层配线架与通信引出端之间设转接点（图中未画出），最多转接一次，但整个水平电缆最长 90m 的传输特性应保持不变。

采用交叉连接管理和互联的水平布线参见图 3-27、图 3-28。图 3-28 后墙配线架为 100P 跳线架。

（二）布线方式

水平布线可采用各种方式，根据建筑的结构与其他工种的配合及用户的不同需要灵活

图 3-27　采用交叉连接管理的水平布线

图 3-28　采用互联（HUB直接连接）的水平布线

掌握。一般采用走廊布金属线槽，各工作区用金属管沿墙暗敷引下的方式。对于大开间办公区可采用顶棚内敷设方式或在混凝土层下敷设金属线槽，采用地面出线的方式，如图 3-29 和图 3-30 所示。

图 3-29　内部布线法　　　图 3-30　水平线敷设（先走线槽后分支管布线）

三、管理间子系统

管理间子系统（Administration Subsystem）主要是放置配线架的各配线间，由交叉连接、互联和 I/O 组成。管理间子系统为连接其他子系统提供工具，它是连接垂直干线子系统和水平干线子系统的设备，其主要设备是配线架、HUB、机柜和电源。当需要多个配线间时，可以指定一个为主配线间，所有其他配线间为层配线架或中间配线间，从属于主配线间。

管理间子系统的布线设计要点：

（1）配线架的配线对数由管理的信息点数决定；

（2）配线间的进出线路以及跳线应采用色表或者标签等进行明确标识；

（3）交换区应有良好的标记系统，如建筑物名称、位置、功能、起始点等；

（4）配线架一般由光配线盒和铜配线架组成；

（5）供电、接地、通风良好，机械承重合适，保持合理的温度、湿度和亮度；

（6）有 HUB、交换器的地方要配有专用稳压电源；

（7）采取防尘、防静电、防火和防雷击措施。

管理间的面积不应小于 $5m^2$，当覆盖的信息插座超过 200 个时，应适当增加面积。

配线间的进出线路以及跳线应采用色表或者标签等进行明确标识。色标表示如表 3-14 和图 3-31 所示。图 3-32 表示管理间标准机架的连接分布。

统一色标规定　　　　　　　　　　　　　　　　　表 3-14

序号	色别	设备间	配线间	二级交接间
1	绿	网络接口的进线侧。即来自电信局的输入中继线或网络接口的设备侧		
2	紫	来自系统公用设备(如分组交换机或网络设备)的连接线路	来自系统公用设备(如分组交换集线器)的线路	来自系统公用设备(如分组交换集线器)的线路
3	蓝	设备间至工作区(IO)或用户终端线路	连接配线间至工作区的线路	自交换间连至工作区的线路

续表

序号	色别	设备间	配线间	二级交接间
4	黄	交换机的用户引出线或辅助装置的连接线路		
5	白	干线电缆和建筑群电缆	来自设备间的干线电缆端接点	来自设备间的干线电缆的点对点端接
6	橙	网络接口、多路复用器引来的线路	来自配线间多路复用器的输出线路	来处配线间多路复用器的输出线路
7	灰	至二级交换间的连接电缆	来自配线间的连接电缆端接	

图 3-31　色标应用位置示意图

四、垂直干线子系统

在智能化建筑中的建筑物主干垂直布线都是从房屋底层直到顶层垂直（或称上升）电气竖井内敷设的通信线路，如图 3-33 所示。

建筑物垂直干线布线可采用电缆孔和电缆竖井两种方法。电缆孔在楼层交接间浇注混凝土时预留，并嵌入直径为 100mm，楼板两侧分别高出 25～100mm 的钢管；电缆竖井是预留的长方孔。各楼层交接间的电缆孔或电缆竖井应上下对齐。缆线应分类捆箍在梯架、线槽或其他支架上。电缆孔布线法也适合于旧建筑物的改造。

电缆桥架内线缆垂直敷设时，在缆线的上端和每间隔 1.5m 处缆线应固定在桥架的支

图 3-32　标准机柜连接分布

图 3-33　垂直干线的安装

(a) 电缆孔垂直布线；(b) 电缆竖井垂直布线

1—电缆孔；2—扎带；3—电缆支架；4—对绞电缆；5—光缆；6—大对数电缆；
7—电缆竖井；8—电缆卡箍；9—电缆桥架；10—梯形支架

架上；水平敷设时，在缆线的首、尾、转弯及每间隔 3～5m 处进行固定。电缆桥架与地面保持垂直，不应有倾斜现象，其垂直度的偏差应不超过 3mm。

竖井中缆线穿过每层楼板孔洞宜为矩形或圆形。矩形孔洞尺寸不宜小于 300mm×100mm，圆形孔洞处至少安装三根圆形钢管，管径不宜小于 100mm。水平安装的桥架和线槽穿越墙壁的洞孔，要求其互相位置适应，规格尺寸合适。

干线子系统竖向配线区的划分，如表 3-15 所示。

I/O数量(个)	竖向配线区(个)	分干线数量(个)	干线接线间		卫星接线间		点对点的配线图示	备　注
			间数	面积(m²)	间数	面积(m²)		
1～200	1	1		1.2×1.5	0	0	干线接线间 干线1 (a)	1. 一个干线接线间只能负担600个I/O,大于600个时应另增设干线接线间。 2. 任何一个干线接线间只能负担2个卫星接线间,每个卫星接线间只能负担200个I/O。 3. 卫星接线间设置条件: (1)当I/O距干线间大于75m; (2)所在楼层I/O数量大于200个; (3)当I/O数量不确定时,可参考1800m²设一个卫星间。 4. 每个接线间要预留交流电源,2块20A插座板,其中一块负担12个终端供电,另一块作其他设备用电。 5. 图中点划线部分参见干线子系统配线方式
201～400		2	1	1.2×2.0	1	1.2×1.5	干线接线间　卫星间 分干线1　分干线2 (b)	
401～600		3	2	1.2×2.8	2	1.2×1.5	干线接线间 卫星间　卫星间 分干线1　分干线3 分干线2 (c)	

竖向配线区的划分　　　　表 3-15

布线方式:

选择干线电缆路由的原则,应是最短、最安全、最经济。垂直干线通道有可用电缆管道法或电缆井法,如图 3-34 所示,每一层都应有加固。

水平干线有管道法和托架法两种敷设方法可供选择,托架法如图 3-35 所示。

图 3-34　垂直干线的安装(电缆井法)

图 3-35　托架法

五、设备间子系统

（一）设备间的功能

设备间是一个装有进出线设备和主配线架，并进行布线系统管理和维护的场所。设备间子系统应由综合布线系统的建筑物进线设备，如语音、数据、图像等各种设备，及其保安配线设备和主配线架等组成。

设备间的主要设备，如电话主机（数字程控交换机）、数据处理机（计算机主机），可放在一起，也可分别设置。在较大型的综合布线子系统中，一般将计算机主机、数字程控交换机、楼宇自动化控制设备分别设置机房；把与综合布线系统密切相关的硬件设备放在设备间，如计算机网络系统中的路由器、主交换机等。

计算机主机、数字程控交换机用的机房可按《计算站场地技术条件》GB 2887—89 设计。楼宇自动化控制设备机房也可参照执行。

确定设备间的位置应按以下原则进行：应尽量建在建筑物平面及其综合布线系统干线综合体的中间位置；应尽量靠近服务电梯，以便装运笨重设备；应尽量避免设在建筑物的高层或地下室，以及用水设备的下层；应尽量远离强振动源、强噪声源及强电磁场的干扰源；应尽量远离有害气体源及存放腐蚀、易燃、易爆物。

设备间的位置及大小应根据设备的数量、网络的规格、多媒体信号传输共享的原则等综合考虑确定，应尽可能靠近建筑物电缆引入区和网络接口。电缆引入区和网络接口的相互间隔宜小于 15m。设备间内设备的工艺设计一般由专业部门或专业公司设计。其面积宜按以下原则确定：当系统少于 1000 个信息点时为 $12m^2$；当系统较大时，每 1500 点为 $15m^2$。设备间内的所有进出线终端设备应按规范使用色标表示：

绿色表示网络接口的进线侧，即电话局线路；

紫色表示网络接口的设备侧，即中继/辅助场总机中继线；

黄色表示交换机的用户引出线；

白色表示干线电缆和建筑群电缆；

蓝色表示设备间至工作站或用户终端的线路；

橙色表示来自多路复用器的线路。

（二）设备间的建筑要求

（1）设备间应处于建筑物的中心位置，便于干线线缆的上下布置。当电话局引入大楼中继线缆采用光缆后，设备间通常宜设置在建筑物大楼总高的（离地）1/4～1/3 楼层处。当系统采用建筑楼群布线时，设备间应处于建筑楼群的中心处，并位于主建筑楼的底层或二层楼层中。

（2）设备间室温应保持在 18～27℃之间，相对湿度应保持在 60%～80%。

（3）设备间应安装符合国家法规要求的消防系统，应采用防火防盗门以及采用至少能耐火 1 小时的防火墙。

（4）设备间应对房内所有通信设备按照《民用建筑电气设计规范》JGJ/T 16—92，持有足够的安装操作空间。

（5）设备间的内部装修、空调设备系统和电气照明等安装应满足工艺要求，并在装机前施工完毕。

（6）设备间应洁净、干燥、通风良好。防止有害气体（如 SO_2、H_2S、NH_3、NO_2）等侵入，并应有良好的防尘措施，允许尘埃含量限值见表 3-16 所示

设备间允许尘埃含量限值　　　　　　　　　　　　　　　　　　表 3-16

灰尘颗粒的最大直径(μm)	0.5	1	3	5
灰尘颗粒的最大浓度(粒子数/m^3)	1.4×10^7	7×10^5	2.4×10^5	1.3×10^5

（7）设备间应采用防静电的活动地板，并架空 0.2～0.5m 高度，便于通信设备大量线缆的安放走线。活动地板平均荷载不应小于 $500kg/m^2$。

（8）设备间室内净高不应小于 2.5m，大门的净高度不应小于 2.1m（当用活动地板时，大门的高度不应小于 2.4m），大门净宽不应小于 0.9m。凡要安装综合布线硬件的部位，墙壁和顶棚处应涂阻燃油漆。

（9）设备间的水平面照度应大于 300lx，照明分路控制要灵活，操作要方便。

（10）设备间的位置应避免电磁源的干扰，并安装小于或等于 1Ω 阻值的接地装置。

（11）设备间内安放计算机通信设备时，使用电源应按照计算机设备电源要求进行工程设计。

（三）设备间的布线

设备间的进线和机房的布线如图 3-36 和图 3-37 所示，其布线方式有多种。

图 3-36　建筑物线缆入口区

图 3-37 机房子系统示意图

在设备间内如设有多条平行的桥架和线槽时，相邻的桥架和线槽之间应有一定间距，平行的线槽或桥架其安装的水平度偏差应不超过 2mm。所有桥架和线槽的表面涂料层应完整无损，如需补涂油漆时，其颜色应与原漆色基本一致。

机柜、机架、设备和缆线屏蔽层以及钢管和线槽应就近接地，保持良好的连接。当利用桥架和线槽构成接地回路时，桥架和线槽应有可靠的接地装置。

在机房内的布线可以采用地板或墙面内沟槽内敷设、预埋管路敷设、机架走线架敷设和活动地板下的敷设方式，活动地板下的敷设方式在房屋建筑建成后装设。正常活动地板高度为 300~500mm，简易活动地板高度为 60~200mm。

六、建筑群子系统

（一）概述

建筑群子系统是指两幢及两幢以上建筑物之间的通信电（光）缆和相连接的所有设备组成的通信线路。如果是多幢建筑组成的群体，各幢建筑之间的通信线路一般采用多模或单模光缆，（其敷设长度应不大于 1500m），或采用多线对的双绞线电缆。电（光）缆敷设方式采取架空电缆、直埋电缆或地下管道（沟渠）电缆等。连接多处大楼中的网络，干线一般包含一个备用二级环，副环在主环出现故障时代替主环工作。为了防止电缆的浪涌电压，常采用电保护设备。

（二）建筑群子系统缆线的建筑方式

建筑群子系统的缆线设计基本与本地网通信线路设计相似，可按照有关标准执行。目前，通信线路的建筑方式有架空和地下两种类型。架空类型又分为架空电缆和墙壁电缆两种。根据架空电缆与吊线的固定方式又可分为自承式和非自承式两种。地下类型分为管道电缆、直埋电缆、电缆沟道和隧道敷设电缆几种，如图 3-38 所示。

为了保证缆线敷设后安全运行，管材和其附件必须使用耐腐和防腐材料。地下电缆管道穿过房屋建筑的基础或墙壁时，如采用钢管，应将钢管延伸到土壤未扰动的地段。引入管道应尽量采用直线路由，在缆线牵引点之间不得有两处以上的 90°拐弯。管道进入房屋建筑地下室处，应采取防水措施，以免水分或潮气进入屋内。管道应有向屋外倾斜的坡

图 3-38 建筑群子系统布线

(a) 直埋管道布线；(b) 直埋电缆布线；(c) 电缆沟通道布线；(d) 架空布线

1—多孔硬 PVC 管；2—铰接盒；3—人孔；4—电缆；5—直埋电缆；6—电缆孔；

7—盖板；8—电缆托架；9—U 形电缆护套；10—架空电缆；11—电杆

度，坡度应不小于 0.3%～0.5%。在屋内从引入缆线的进口处敷设到设备间配线接续设备之间的缆线长度，应尽量缩短，一般应不超过 15m，设置明显标志。引入缆线与其他管线之间的平行或交叉的最小净距必须符合标准要求。

（三）光缆的引入

建筑物光缆从室外引入设备间如图 3-39 所示。

图 3-39 光缆从室外引入设备间（一）

(a) 在进线室将室外光缆引入设备间；(b) 在进线室将室外光缆转为室内光缆

144

图 3-39 光缆从室外引入设备间（二）

（c）进线室与设备间合用时室外光缆的引入

1—进缆管孔；2—24 芯室外引入光缆；3—托架；4—预留光缆；5—托架；6—绑扎；7—爬梯；8—引至设备间；
9—光分接箱；10—分成 2 根 12 芯阻燃光缆；11—室外引入光缆；12—室内阻燃光缆；13—至各楼层交接间

第五节　布　线　工　艺

一、缆线的敷设

（1）缆线敷设一般应符合下列要求：

① 缆线布放前应核对规格、形式、路由及位置与设计规定相符。

② 缆线的布放应自然、平直，不得产生扭绞、打圈等现象，不应受到外力的挤压和损伤。

③ 所有线缆在敷设过程中必须一根线缆放到位，中间不能有断点。

（2）缆线两端应贴有标签，应标明编号，标签书写应清晰、端正和正确。标签应选用不易损坏的材料。

（3）缆线终接后，应有余量。交接间、设备间对绞电缆预留长度宜为 0.5～1.0m，工作区为 10～30mm；光缆布放宜盘留，预留长度宜为 3～5m，有特殊要求的应按设计要求预留长度。

（4）缆线的弯曲半径应符合下列规定：

① 非屏蔽 4 对对绞电缆的弯曲半径应至少为电缆外径的 4 倍；

② 屏蔽 4 对对绞电缆的弯曲半径应至少为电缆外径的 6～10 倍；

③ 主干对绞电缆的弯曲半径应至少为电缆外径的 10 倍；

④ 光缆的弯曲半径应至少为光缆外径的 15 倍。

⑤ 缆线布放，在牵引过程中，吊挂缆线的支点相隔间距不应大于 1.5m。

⑥ 布放缆线的牵引力，应小于缆线允许张力的 80%，对光缆瞬间最大牵引力不应超过光缆允许的张力。在以牵引方式敷设光缆时，主要牵引力应加在光缆的加强芯上。

拉线缆的速度，从理论上讲，线的直径越小，则拉的速度愈快。但是，有经验的安装者采取慢速而又平稳的拉线，而不是快速的拉线。原因是：快速拉线会造成线的缠绕或被绊住。

拉力过大，线缆变形，会引起线缆传输性能下降。线缆最大允许拉力为：

一根 4 对双绞电缆，拉力为 100N（10kg）；

二根 4 对双绞电缆，拉力为 150N（15kg）；

三根 4 对双绞电缆，拉力为 200N（20kg）；

n 根 4 对对绞电缆，拉力为 $n\times5+50$（N）。

图 3-40　5 类双绞电缆开绞长度

不管多少根线对电缆，最大拉力不能超过 40kg，速度不宜超过 15m/min。

为了端接线缆"对"，施工人员要剥去一段线缆的护套（外皮），不要单独地拉和弯曲线缆"对"，而应对剥去外皮的线缆"对"一起紧紧地拉伸和弯曲。去掉电缆的外皮长度够端接用即可。对于终接在连接件上的线对应尽量保持扭绞状态，非扭绞长度，3 类线必须小于 25mm；5 类线必须小于 13mm，最大暴露双绞长度为 4～5cm，最大线间距为 14cm，如图 3-40 所示。

⑦ 布放光缆时，光缆盘转动应与光缆布放同步，光缆牵引的速度一般为 15m/min。光缆出盘处要保持松弛的弧度，并留有缓冲的余量，又不宜过多，避免光缆出现背扣。

（5）电源线、综合布线系统缆线应分隔布放。缆线间的最小净距应符合设计要求，并应符合表3-17的规定。

（6）建筑物内电、光缆暗管敷设与其他管线最小净距见表 3-18 的规定。

（7）在暗管或线槽中缆线敷设完毕后，宜在通道两端出口处用填充材料进行封堵。

对绞电缆与电力线最小净距　　表 3-17

敷设方式	最小净距(mm)		
	380V <2kV·A	380V 2.5～5kV·A	380V >5kV·A
对绞电缆与电力电缆平行敷设	130	300	600
有一方在接地的金属槽道或钢管中	70	150	300
双方均在接地的金属槽道或钢管中	注	80	150

注：双方都在接地的金属槽道或钢管中，且平行长度小于 10m 时，最小间距可为 10mm。表中对绞电缆如采用屏蔽电缆时，最小净距可适当减小，并符合设计要求。

电、光缆暗管敷设与其他管线最小净距　　表 3-18

管线种类	平行净距(mm)	垂直交叉净距(mm)	管线种类	平行净距(mm)	垂直交叉净距(mm)
避雷引下线	1000	300	给水管	150	20
保护地线	50	20	煤气管	300	20
热力管(不包封)	500	500	压缩空气管	150	20
热力管(包封)	300	300			

二、线槽和暗管敷设

（1）敷设线槽的两端宜用标志表示出编号和长度等内容。

（2）敷设暗管宜采用钢管或阻燃硬质 PVC 管。布放多层屏蔽电缆、扁平缆线和大对数主干电缆或主干光缆时，直线管道的管径利用率应为 50％～60％，弯管道应为 40％～50％。暗管布放 4 对对绞电缆或 4 芯以下光缆时，管道的截面利用率应为 25％～30％，如表 3-19 所示。管材的种类和选用如表3-20所示。表 3-21～表 3-27 分别表示双绞线和光缆穿管和线槽敷设时的管径选择。

管径选用参考 表 3-19

序号	缆线敷设部位	最大管径限制(mm)	管径利用率(%)		管截面利用率(%)
			直线管路	弯曲管路	对绞线
1	暗敷于底层地坪	一般≤100	50～60	40～50	25～30
2	暗敷于楼地面垫层	≤25			
3	暗敷于墙壁内	一般≤50			
4	暗敷于顶棚吊顶内	不作限制			

注：1. 电缆管径利用率＝电缆外径/管子管孔内径；
2. 管截面利用率＝管内导线总截面积（含绝缘层及护套）/管子管孔内径截面积。

暗敷管材的选用 表 3-20

管材代号		管材名称	别 名	特 点	适 用 场 合
新	旧				
TC	DG	电线管	薄壁钢管	有一定机械强度、耐压力和耐腐蚀性较差，有屏蔽性能	一般建筑内暗敷设管路中均可采用，尤其是电磁干扰影响大的场所，但不宜用在有腐蚀或承受压力的场合
SC	G	焊接钢管	厚壁钢管	机械强度较高、耐压力高、耐腐蚀性较好，有屏蔽性能	可在建筑底层和承受压力的地方使用，在有腐蚀的地段使用时应作防腐处理，尤其适用于电磁干扰影响较大的场合
RC		水煤气钢管			
PC	VG	硬塑料管	PVC 管	易弯曲、加工方便、绝缘性好、耐腐蚀性好、抗压力差、屏蔽性能差	适用于有腐蚀或需绝缘隔离的场合使用，不宜在有压力和电磁干扰较强的场所使用
FPC	ZVG	半硬塑料管			

金属管（水煤气管）能容纳的最大导线根数 表 3-21

缆线类型		4 对 UTP				4 对 FTP	25 类 3 类 UTP	50 对 3 类 UTP	100 对 3 类 UTP	25 对 5 类 UTP
		3 类	5 类	e5 类	6 类	5 类				
钢管规格	内径(mm)	缆线外径(mm)								
		4.7	5.6	6.2	6.35	6.1	9.7	13.4	18.2	12.45
SC15	15.8	1	0	0	0	0	0	0	0	0
SC20	21.3	5	4	2	2	3	1	0	0	0

续表

缆线类型		4 对 UTP				4 对 FTP	25 类 3 类 UTP	50 对 3 类 UTP	100 对 3 类 UTP	25 对 5 类 UTP
		3 类	5 类	e5 类	6 类	5 类				
钢管规格	内径(mm)	缆线外径(mm)								
		4.7	5.6	6.2	6.35	6.1	9.7	13.4	18.2	12.45
SC25	27.0	8	6	4	4	5	2	1	0	1
SC32	35.8	14	10	8	8	9	3	1	1	1
SC40	41.0	18	15	12	12	13	4	2	1	2
SC50	53.0	26	22	19	19	20	6	3	2	3
SC65 (SC70)	68.0	55	40	32	32	32	12	6	3	6
SC80	85.5	80	60	50	50	50	18	10	5	10
SC100	106.0	—	—	—	—	—	30	14	6	14
SC125	131.0	—	—	—	—	—	40	20	12	20

注：1. 表中钢管规格系指公称直径（近似内径的名义尺寸，它不等于公称外径减去两个公称壁厚所得的内径）；低压流体输送用焊接钢管依据《低压流体输送用镀锌焊接钢管标准》CB 3091—87。

2. 线管超过下列长度时，其中间应加装接线盒：

(1) 线管全长超过 30m，且无曲折时；

(2) 线管全长超过 20m，有 1 个曲折时；

(3) 线管全长超过 15m，有 2 个曲折时；

(4) 线管全长超过 8m，有 3 个曲折时。

3. 若采用硬质塑料管，同样的缆线根数宜增大一级管径。

综合布线 4 对对绞电缆穿管最小管径   表 3-22

注：1. 表中的数据是以电缆的参考外径计算得出的。

2. 管道的截面利用率为 27.5%。（截面利用率的范围为 25%～30%）。

3. 综合布线 4 对对绞电缆穿管至 86 面板系列信息插座底盒时，电缆根数不应超过 4 根。

综合布线大对数电缆穿管最小管径 表 3-23

大对数电缆规格	管道走向	保护管最小管径(mm)			
		低压流体输送用焊接钢管(SC)	普通碳素钢电线套管(MT)	聚氯乙烯硬质电线管(PC)和聚氯乙烯半硬质电线管(FPC)	套接紧定式钢管(JDG)和套接扣压式薄壁钢管(KBG)
25 对(三类)	直线管道	20	25	32	25
	弯管道	25	32	32	32
50 对(三类)	直线管道	25	32	32	32
	弯管道	32	38	40	40
100 对(三类)	直线管道	40	51	50	40
	弯管道	50	51	65	—
25 对(五类)	直线管道	25	32	40	—
	弯管道	32	38	40	—

注：1. 表中的数据是以电缆的参考外径计算得出的。

2. 布放椭圆形或扁平形缆线和大对数主干电缆时，直线管道的管径利用率为50%，弯管道为40%。

4 芯及以下光缆穿保护管最小管径 表 3-24

光缆规格	保护管种类	光缆穿保护管根数													
		1	2	3	4	5	6	7	8	9	10	11	12	13	14
		保护管最小管径(mm)													
2芯	SC	15													
4芯				20		25			32					40	
2芯	MT	16	19		25			32			38				51
4芯															
2芯	PC FPC	15	20												
4芯				25		32				40			50		
2芯	JDG KBG	15	20												
4芯				25		32				40					

4 芯以上光缆穿保护管最小管径 表 3-25

光缆规格	管道走向	保护管最小管径(mm)			
		低压流体输送用焊接钢管(SC)	普通碳素钢电线套管(MT)	聚氯乙烯硬质电线管(PC)和聚氯乙烯半硬质电线管(FPC)	套接紧定式钢管(JDG)和套接扣压式薄壁钢管(KBG)
6 芯	直线管道	15	16	15	15
	弯管道	15	19	20	15
8 芯	直线管道	15	16	15	15
	弯管道	15	19	20	20
12 芯	直线管道	15	19	20	15
	弯管道	20	25	25	20
16 芯	直线管道	15	19	20	15
	弯管道	20	25	25	20
18 芯	直线管道	20	25	25	20
	弯管道	20	25	25	25
24 芯	直线管道	25	32	32	32
	弯管道	32	38	40	40

注：1. 表中的数据是以光缆的参考外径计算得出的。

2. 4 芯及以下光缆所穿保护管最小管径的截面利用率为27.5%（截面利用率的范围为25%～30%）。

　　4 芯以上主干光缆所穿保护管最小管径上时，直线管道的管径利用率为50%，弯管道为40%。

线槽内允许容纳综合布线电缆根数 表 3-26

线槽规格 宽×高	4 对对绞电缆					大对数电缆(非屏蔽)			
	超五类(非屏蔽)	超五类(屏蔽)	六类(非屏蔽)	六类(屏蔽)	七类	25对(三类)	50对(三类)	100对(三类)	25对(五类)
	各系列线槽容纳电缆根数								
50×50	50(30)	33(19)	41(24)	24(14)	19(11)	12(7)	8(4)	4(2)	7(4)
100×50	104(62)	68(41)	85(51)	50(30)	40(24)	25(15)	16(9)	8(5)	15(9)
100×70	148(89)	97(58)	121(72)	71(43)	57(34)	36(21)	23(14)	12(7)	22(13)
200×70	301(180)	198(119)	246(147)	145(87)	116(69)	73(44)	48(28)	25(15)	45(27)
200×100	436(261)	288(172)	356(214)	210(126)	168(101)	106(63)	69(41)	36(21)	65(39)
300×100	658(394)	434(260)	538(322)	317(190)	253(152)	160(96)	104(62)	54(32)	99(59)
300×150	997(598)	658(522)	815(489)	481(288)	384(230)	242(145)	159(95)	83(49)	150(90)
400×150	1320(792)	871(702)	1079(647)	637(382)	509(305)	321(192)	210(126)	109(65)	199(119)
400×200	1773(1063)	1773(787)	1449(869)	855(513)	684(410)	431(259)	282(169)	147(88)	267(160)

线槽内允许容纳综合布线光缆根数 表 3-27

线槽规格 宽×高	2芯光缆	4芯光缆	6芯光缆	8芯光缆	12芯光缆	16芯光缆	18芯光缆	24芯光缆
	各系列线槽容纳电缆根数							
50×50	63(38)	54(32)	45(27)	37(22)	28(17)	28(17)	20(12)	8(5)
100×50	131(78)	112(67)	92(55)	76(46)	59(35)	59(35)	42(25)	18(10)
100×70	187(112)	160(96)	132(79)	109(65)	84(50)	84(50)	60(36)	26(15)
200×70	380(228)	325(195)	269(161)	222(133)	171(102)	171(102)	122(73)	52(31)
200×100	550(330)	471(282)	389(233)	321(193)	248(149)	248(149)	176(106)	76(45)
300×100	830(498)	711(426)	587(352)	485(291)	374(224)	374(224)	266(159)	115(69)
300×150	1258(755)	1077(646)	889(533)	735(441)	567(340)	567(340)	403(242)	175(105)
400×150	1667(1000)	1426(856)	1178(707)	973(584)	751(450)	751(450)	534(320)	231(139)
400×200	22371(1342)	1915(1149)	1582(949)	1307(784)	1008(605)	1008(605)	717(430)	311(186)

注：表中括号外（内）的数字为线槽截面利用率为 50%（30%）时所穿缆线的根数。
　　表中的数据是以缆线的参考外径计算得出的。

三、线槽的安装

1. 线槽的安装

有槽盖的封闭式金属线槽具有耐火性，用于建筑物顶棚吊顶或沿墙敷设时，往往与金属桥架连在一起安装，所以又被称为有盖无孔型槽式桥架，习惯也被称为线槽。这种线槽安装方式与桥架安装类同。图 3-41 为轻型金属线槽组合安装示意图。图 3-42 为塑料线槽安装形式。

2. 暗装金属线槽安装

地面内暗装金属线槽布线是一种新的布线方式，尤其在智能建筑中使用更普遍。它是将光缆或电缆穿在经过特制的壁厚为 2mm 的封闭式矩形金属线槽内，直接敷设在混凝土地面、现浇钢筋混凝土楼板或预制混凝土楼板的垫层内。地面内暗装金属线槽的组合安装见图 3-43。图 3-44 为桥架与配电柜的连接。

图 3-41　轻型金属线槽组合安装

图 3-42　塑料线槽敷设法

暗装金属线槽为矩形断面，制造长度一般为 3m，每 0.6m 设一出线口。当遇有线路交叉和转弯时，要装分线盒。当线槽长度超过 6m 时，为便于槽内穿线，也宜加装分线盒。

四、桥架的安装

桥架安装分水平安装和垂直安装。水平安装又分吊装和壁装两种形式。电缆桥架吊装如图 3-45 所示。该图还表示出了桥架与墙壁穿孔采用金属软管或 PVC 管的连接。

桥架垂直安装主要在电缆竖井中沿墙采用壁装方式。用于固定线槽或电缆垂直敷设。用做垂直干线电缆的支撑。桥架垂直安装方法如图 3-46 所示。图 3-47 为桥架和机架的整体安装形式。

图 3-43　地面内暗装金属线槽的组合安装

（a）地面内暗装金属线槽组装示意图；（b）单线槽支架安装；（c）双线槽支架安装

1—线槽；2—支架单压板；3—支架双压板；4—卧脚螺栓

图 3-44　桥架与配线柜的连接

图 3-45　电缆桥架吊装示意图

五、布线的工艺要求

1. 设置电缆桥架和线槽敷设缆线应符合的规定

（1）电缆线槽、桥架宜高出地面 2.2m 以上，线槽和桥架顶部距楼板不宜小于 300mm；在过梁或其他障碍物处，不宜小于 50mm。

（2）槽内缆线布放应顺直，尽量不交叉，在缆线进出线槽部位、转弯处应绑扎固定，其水平部分缆线可以不绑扎。垂直线槽布放缆线应每间隔 1.5m 固定在缆线支架上。

（3）电缆桥架内缆线垂直敷设时，在缆线的上端和每间隔 1.5m 处应固定在桥架的支架上；水平敷设时，在缆线的首、尾、转弯及每间隔 5～10m 处进行固定。

图 3-46 桥架垂直安装方法

（4）在水平、垂直桥架和垂直线槽中敷设缆线时，应对缆线进行绑扎。对绞电缆、光缆及其他信号电缆应根据缆线的类别、数量、缆径、缆线芯数分束绑扎。绑扎间距不宜大于 1.5m，间距应均匀，松紧适度。电缆桥架或线槽与预埋钢管结合的安装方式如图 3-48 所示。

（5）楼内光缆宜在金属线槽中敷设，在桥架敷设时应在绑扎固定段加装垫套。

（6）采用吊顶支撑柱作为线槽在顶棚内敷设缆线时，每根支撑柱所辖范围内的缆线可以不设置线槽进行布放，但应分束绑扎。缆线护套应阻燃，缆线选用应符合设计要求。

2. 水平子系统缆线敷设保护应符合的要求

（1）预埋金属线槽保护要求如下：

① 在建筑物中预埋线槽，宜按单层设置，每一路由预埋线槽不应超过 3 根，线槽截面高度不宜超过 25mm，总宽度不宜超过 300mm。

② 线槽直埋长度超过 30m 或在线槽路由交叉、转弯时，宜设置过线盒，以便于布放缆线和维修。

③ 过线盒盖应能开启，并与地面齐平，盒盖处应具有防水功能。

④ 过线盒和接线盒盒盖应能抗压。

⑤ 从金属线槽至信息插座接线盒间的缆线宜采用金属软管敷设。

（2）预埋暗管保护要求如下：

① 预埋在墙体中间暗管的最大管径不宜超过 50mm，楼板中暗管的最大管径不宜超过 25mm。

② 直线布管每 30m 处应设置过线盒装置。

③ 暗管的转弯角度应大于 90°，在路径上每根暗管的转弯角不得多于 2 个，并不应有 S 弯出现，有弯头的管段长度超过 20m 时，应设置管线过线盒装置；在有 2 个弯时，不超过 15m 应设置过线盒。

图 3-47 桥架与机架

图 3-48 电缆桥架或线槽和预埋钢管结合进行的安装

④ 暗管转弯的曲率半径不应小于该管外径的 6 倍，如暗管外径大于 50mm 时，不应小于 10 倍。

⑤ 暗管管口应光滑，并加有护口保护，管口伸出部位宜为 25～50mm。

（3）网络地板缆线敷设保护要求如下：

① 线槽之间应沟通。

② 线槽盖板应可开启，并采用金属材料。

③ 主线槽的宽度由网络地板盖板的宽度而定，一般宜在 200mm 左右，支线槽宽度不宜小于 70mm。

④ 地板块应抗压、抗冲击和阻燃。

（4）设置缆线桥架和缆线线槽保护要求如下：

① 桥架水平敷设时，支撑间距一般为 1.5～3m，垂直敷设时固定在建筑物构体上的间距宜小于 2m，距地 1.8m 以下部分应加金属盖板保护。

② 金属线槽敷设时，在下列情况下设置支架或吊架。

——线槽接头处；

——每间距 3m 处；

——离开线槽两端出口 0.5m 处；

——转弯处。

③ 塑料线槽槽底固定点间距一般宜为 1m。

（5）铺设活动地板敷设缆线时，活动地板内净空应为 150～300mm。

（6）采用公用立柱作为顶棚支撑柱时，可在立柱中布放缆线，立柱支撑点宜避开沟槽和线槽位置，支撑应牢固。立柱中电力线和综合布线缆线合一布放时，中间应有金属板隔开，间距应符合设计要求。

（7）金属线槽接地应符合设计要求。

（8）金属线槽、缆线桥架穿过墙体或楼板时，应有防火措施。

3. 干线子系统缆线敷设保护方式应符合的要求

（1）缆线不得布放在电梯或供水、供汽、供暖管道竖井中，亦不应布放在强电竖井中。

（2）干线通道间应沟通。

4. 建筑群子系统采用架空、管道、直埋、墙壁及暗管敷设电、光缆的施工技术要求应按照本地网通信线路工程验收的相关规定执行。

六、设备的安装

这里所谓设备是指配线架（柜）和相应配线设备，包括各种接线模块和接插件。配线柜的线缆布线连接如图 3-49 所示。

1. 设备安装宜符合的要求

（1）机架或机柜前面的净空不应小于 800mm，后面的净空不应小于 600mm；

（2）壁挂式配线设备底部离地面的高度不宜小于 300mm；

（3）在设备间安装其他设备时，设备周围的净空要求，按该设备的相关规范执行。

2. 设备间安装要求

应提供不少于两个 220V、10A 带保护接地的单相电源插座。

3. 机柜、机架安装

（1）安装完毕后，垂直偏差应不大于 3mm。机柜、机架安装位置应符合设计要求。

（2）机柜、机架上的各种零件不得脱落或碰坏，漆面如有脱落应予以补漆，各种标志应完整、清晰。

（3）机柜、机架的安装应牢固，如有抗震要求时，应按施工图的抗震设计进行加固。

图 3-49　19 英寸机架连接布线电缆

4. 配线柜（架）的安装方式

下面介绍通用的 19 英寸（48.26cm）标准机柜的安装，如图 3-50 所示。该机柜产品，是以 U（0.625 英寸＋0.625 英寸＋0.5 英寸通用孔距）为一个机架（柜）安装单位，可适用于所有 19 英寸设备的安装。在配线架（柜）内，可安装 19 英寸的各种接线盘（如 RJ45 插座接线盘、高频接线模块接线盘和光纤分线接线盘）和用户有源设备（如集线器等）。配线架（柜）结构为组合式，具有多功能机柜的特点，形式灵活，组装方便，能适应各种变化的需要。例如将配线柜两侧的侧板和前后门拆去即成配线架；拆去两侧板左右并架成排（分别在左或右侧单侧并架或两侧同时并架），以适应各种安装环境的变化或容量扩大成为大型配线架时的需要。

（1）插座排与管理线盘的安装

安装插座排或电缆管理线盘前，首先应在配线柜相应的位置上安装四个浮动螺母（浮动螺母的安装方法参见图 3-50（d））。然后将所安装设备用附件 M4 螺钉固定在机架上，每安装在一个插座排（至多两个 16 位或 24 位插座，或一个高频接线背装架）均应在相邻位置安装一个管理线盘，以使线缆整齐有序。应注意电缆的施工最小曲率半径应大于电缆外径的 8 倍，长期使用的最小曲率半径应大于电缆外径的 6 倍，如图 3-50（a）所示。

图 3-50　19 英寸配线柜（架）的安装

（a）插座盘与电缆管理线盘的安装；（b）用户有源设备的安装；（c）空面板安装；

（d）浮动螺母的安装；（e）进线电缆管理安装；（f）跳线电缆管理安装

（2）用户有源设备的安装

用户有源设备的安装通过使用 8.038.263 托架实现或直接安装在立柱上，如图 3-50（b）所示。

（3）空面板安装和机架接地

配线柜中未装设备的空余部分，为了整齐美观，可安装空面板，如图 3-50（c）所示，以后扩容时，将空面板再换成需安装的设备。为保证运行安全，架柜应有可靠的接地，如从大楼联合接地体引入其接地电阻应小于或等于 1Ω。

（4）进线电缆管理安装

进线电缆可从架、柜顶部或底座引入，将电缆平直安排、合理布置，并用尼龙扣带捆扎在 L 形穿线环上，电缆应敷设到所连接的模块或插座接线排附近的缆线固定支架处，也用尼龙扣带将电缆固定在缆线固定支架上，如图 3-50（e）所示。

（5）跳线电缆管理安装

跳线电缆的长度应根据两端需要连接的接线端子间的距离来决定，跳线电缆必须整齐合理布置，并安装在 U 形立柱上的走线环和管理线盘上的穿线环上，以使走线整齐有序，便于维护检修，如图 3-50（f）所示。

5. 配线架的安装要求

（1）所有楼层管理间设备，宜采用 19″标准机架安装。

（2）水平部分 5 类配线，宜采用快接标准模块式配线架。

（3）快接式配线架，应采用背后接线的方式，跳线连接操作在配线架正面进行。

（4）语音主干部分宜采用卡接式配线架。

（5）配线架应有标识线号的明显位置，以便于管理和维修。

（6）连接水平部分的配线架，应明显区分语音和数据两个部分，放置于机架的不同位置，并采用不同色标作为指示。

同一个配线架不得同时用作连接语音和数据的水平布线。

（7）配线架应为网络中继设备留有足够的空间余量。

（8）配线架上的语音和数据应布置在不同的区域。应能通过接插件方式接线，在水平部分达到语音和数据系统的互换。

（9）配线架的摆放及线缆走线应合理；接插件、模块及跳线的标志应齐全；线缆终端必须有编号和标签颜色，以标明线号、线位、区号和房号。

（10）机架外壳及屏蔽层应可靠接地。接地线线径及连接方式应按有关规范的规定执行。所有桥架和穿线金属应可靠连通，并应良好接地。

（11）各类配线部件安装要求：

① 各部件应完整，安装就位，标志齐全；

② 安装螺丝必须拧紧，面板应保持在一个平面上。

6. 信息插座的安装要求

（1）安装在活动地板或地面上，应固定在接线盒内，插座面板采用直立和水平等种形式；接线盒盖可开启，并具有防水、防尘、抗压功能。接线盒盖面板应与地面齐平；安装在墙体上，宜高出地面 300mm；如地面采用活动地板时，应加上活动地板内的净高尺寸。

（2）8 位模块式通用插座、多用户信息插座或集合点配线模块，安装位置应符合设计要求。

（3）8 位模块式通用插座底座盒的固定方法按施工现场条件而定，宜采用预置扩张螺钉固定等方式。

（4）固定螺丝需拧紧，不应产生松动现象。

（5）各种插座面板应有标识，以颜色、图形、文字表示所接终端设备的类型。

7. 工作区的电源要求

（1）每 1 个工作区至少应配置 1 个 220V 交流电源插座；

（2）工作区的电源插座应选用带保护接地的单相电源插座，保护接地与零线应严格分开。

七、电源与接地的要求

（1）综合布线系统采用屏蔽措施时，必须有良好的接地系统，并应符合下列规定：

① 保护接地的接地电阻值，单独设置接地体时，不应大于4Ω；采用联合接地体时，不应大于1Ω。

② 采用屏蔽布线系统时，所有屏蔽层应保持连续性。

③ 采用屏蔽布线系统时，屏蔽层的配线设备（FD或BD）端必须良好接地，用户（终端设备）端视具体情况宜接地，两端的接地应连接至同一接地体。若接地系统中存在两个不同的接地体时，其接地电位差不应大于1Vr.m.s。

（2）采用屏蔽布线系统时，每一楼层的配线柜都应采用适当截面的铜导线单独布线至接地体，也可采用竖井内集中用铜排或粗铜线引到接地体，导线或铜导体的截面应符合标准。接地导线应接成树状结构的接地网，避免构成直流环路。

（3）综合布线的电缆采用金属槽道或钢管敷设时，槽道或钢管应保持连续的电气连接，并在两端应有良好的接地。

（4）干线电缆的位置应尽可能位于建筑物的中心位置。

（5）当电缆从建筑物外面进入建筑物时，电缆的金属护套或光缆的金属件均应有良好的接地。

（6）当电缆从建筑物外面进入建筑物时，应采用过压、过流保护措施，并符合相关规定。

（7）综合布线系统有源设备的正极或外壳，与配线设备的机架应绝缘，并用单独导线引至接地汇流排，与配线设备、电缆屏蔽层等接地，宜采用联合接地方式。

（8）根据建筑物的防火等级和对材料的耐火要求，综合布线应采取相应的措施。在易燃的区域和大楼竖井内布放电缆或光缆，应采用阻燃的电缆和光缆；在大型公共场所宜采用阻燃、低烟、低毒的电缆或光缆；相邻的设备间或交接间应采用阻燃型配线设备。

综合布线系统对电源、接地的要求如表3-28所示。表3-29为综合布线系统工程安装设计一览表。

综合布线系统对电源、接地的要求　　　　　　　　表3-28

等级　　项目	甲 级 标 准	乙 级 标 准	丙 级 标 准
供电电源	(1)应设两路独立电源 (2)设自备发电机组	(1)同左 (2)宜设自备发电机组	可以单回路供电,但须留备用电源进线路径
供电质量	电压波动≤±10%	同左	满足产品要求
接地	(1)单独接地时 $R \leqslant 4\Omega$ (2)联合接地网时 $R \leqslant 1\Omega$ (3)各层管理间设接地端子排	同左	同左
电源插座	(1)容量:一般办公室≥60VA/m² (2)数量:一般办公室≥20个/100m² (3)插座必须带接地极	(1)容量:一般办公室≥40VA/m² (2)数量:一般办公室≥15个/100m² 同左	(1)容量:一般办公室≥30VA/m² (2)数量:一般办公室≥10个/100m² 同左
设备间、层管理间	设置可靠的交流220V50Hz电源可设置一个插座箱	同左	同左

综合布线系统工程安装设计一览表　　　　　　　　　表 3-29

建筑物内部配线	总配线架(进线与出线分开,语音与数据分开) 楼层配线架(进线与出线分开,语音与数据分开)
线路	水平配线:2×4 对线电缆,无屏蔽、屏蔽及无毒 垂直配线:25、100 对线电缆,无屏蔽、屏蔽、无毒或光纤电缆 电话主干线 电脑主干线 建筑物之间线路——光缆
电缆弯曲半径	铜缆:铜缆直径的 8 倍 光缆:光缆直径的 15 倍
主干线大小计算	电话:所有配线对线数的 50%(建议) 电脑:最大配线架上的所有配线对线数的 25%(建议)
接地线	接地网络阻抗尽可能低 高压电源场地:电阻≤1Ω 高压电源场地:电阻<5Ω
采用屏蔽系统的主要性能	所有金属接地编织网形式的等电位 强电和弱电电缆分开 减少金属回环面积 使用屏蔽和编织网电缆 电源供应进口的保护(电源过滤) 在进入建筑物的所有不同导体上安装过压防护器
电缆通道	弱电电缆通道:语音——数据——图像 强电电缆通道
弱电电缆通道在走廊里的通过	如果是与强电并行的,至少相距 30cm 与荧光灯管相距至少 30cm 直角相交 将电缆通道用金属编织网连接到接地网络上去
配线架工作室	远离电动机至少 2m 面积 4~6m² 电源供应至少 1kVA 通风系统 "独立"电话 与垂直系统相接 照明至少 200lx 50~60 个接入点 与工作站相距最远 60~80m(特殊情况除外)
办公室里电缆的设计	如果强电和弱电之间是并行的: 少于 2.5m 并行时,至少相距 2cm 大于 2.5 少于 10m 并行时,至少相距 4cm
办公室设计	如果强电和弱电之间是并行的: 用金属骨架做一个 2m×2m 的编织网
信息点数量	2 个八针插座 2 个 220V/16A 电源供应插座 2 个备用插座(如果投资允许)
信息点密度	每 9~10m² 一个信息 主墙每 1.35m 一个信息点

第六节 设 计 举 例

智能大楼的综合布线系统典型构成如图 3-51 示。如前所述，目前综合布线系统主要用来传输语音和数据，实际上综合布线系统是电话通信线路和计算机网络线路的组合。从图 3-52 中也很明显看出它是两套线路的组合（综合）。电话通信系统是以程控电话交换为中心，经主配线架—主配线架—3 类大对数电缆—楼层配线架（在交接间内）—信息插座—电话机。计算机局域网系统是以计算机机房内的主交换机为中心，经光纤主配线架—多模光缆—光纤配线架—集线器—楼层配线架—信息插座—PC 终端。如果是千兆位以太网，水平子系统可配置超 5 类双绞线。

图 3-51 典型综合布线系统构成图

对于智能大楼，现在广泛采用局域网系统，因此可在交接间配线架内，考虑安装相应的网络设备 HUB（集线器）。在交接间插入 HUB 设备以后，可以采用两种方式连接：交叉连接方式和互连方式。其中互连方式可以利用 HUB 的设备电缆取代配线架上模块间的跳线，利用 HUB 的输出端口替代配线架上干线侧的模块，这既可节省投资，又可提高链路性能。综合配置也是以基本配置的信息插座量作为基础配置。在此我们也按照基本配置方法，为每个式作区配置 1 个双信息插座，其中一个用于电话，一个用于计算机终端，即用于电话和计算机终端的信息插座各 1000 个。假定分布于 20 个楼层，每层楼用于计算机终端的信息插座是 50 个。如果用于千兆以太网 1000BASE-T，按每 24 个信息插座配置 4

对双绞线考虑，则为每个层楼布放 3 条 4 对芯 5 类线缆就完全可以，富富有余，并且性能有保证。如果按 4 个 HUB 组合成为一个 HUB 群考虑，则只需要为每个层楼布放 1 条 4 对芯 5 类线缆。

由此可见，楼层水平子系统的开放式办公室或区域布线不要使用大对数 5 类或超 5 类线缆，对于垂直干线子系统也不要使用大对数 5 类或超 5 类线缆，这是因为：

（1）和上面提到的情况相同，网络设备通常是分级连接，在交接间要插入 HUB 设备，主干线用量并不大，所以不必安装大对数线缆；

（2）5 类的大对数电缆在应用中常常是多对芯线在同时传输信号，容易引入线对之间

图 3-52　某大厦综合布线系统图

的近端串扰（NEXT）以及它们之间的 NEXT 的叠加问题，这对高速数据传输十分不利；

（3）大对数线缆在配线架上的安装较为复杂，对安装工艺要求比较高。

由上可知，计算机网络的铜缆干线最好不用大对数电缆（图 3-52 采用光纤线缆），话音系统的主干则不同，在交接间不要插入什么共享的复用或交换设备，为每个用于话音的信息插座至少要配置 1 对双绞线，主干线用量比较大，所以需要安装大对数线缆。

但是，话音系统的主干，无须采用价格昂贵的 5 类、"超 5 类"、6 类大对数线缆（例如：5 类 25 对线缆与 3 类 100 对线缆的价格相当），应该采用 3 类大对数电缆，甚至也可以采用市话大对数电缆。

【例 1】 某大厦综合布线系统的安装设计

（一）工程概况

某大厦的建筑群由三部分组成：办公楼、培训中心、学员宿舍楼；其中办公楼 15 层，培训中心 2 层，宿舍 7 层，办公楼、学校建筑整体地下 1 层。办公楼的设备间在办公楼主楼 7 层，学校及宿舍的设备间设在学校 2 层。整个工程建筑面积为 $20173m^2$。

（二）产品选择

1. 传输信号种类

要求在综合布线上的传输：数据、语音、视频图像。

2. 产品选择及设计功能

采用国际标准的 LUCENT 的 SYSTIMAX 结构化布线系统，其产品全面、技术成熟、性能优越。

（1）信息插座采用五类信息模块，达到 100Mbps 的数据传输速率。

（2）水平线缆全部采用五类非屏蔽双绞线，可传输 100Mbps 的数据信号，并支持 ATM。

（3）干线数据传输选用四芯多模光纤，使主干速度可以达到 1000Mbps；语音传输采用三类大对数电缆，充分满足语音传输要求，并支持 ISDN；采用四芯单模光纤作为视频会议系统数据干线。

（4）对于语音类信息点，配线架采用 300 对 110 型配线架（110PB2-300FT）；对于数据信息点，采用 PACHMAX 模块化配线架（PM2150B-48）。

（三）设计说明

设计的 PDS 系统图如图 3-52 所示。

1. 工作区

整个建筑的语音点 413 个，数据点 539 个，视频会议点 2 个。在本项目中，所有模块全部采用超五类模块（MPS100BH-262）。数字信息插座采用倾斜 45°角的面板；语音信息插座采用单孔插座和双孔插座，内线电话模块与外线电话模块进行颜色上的区分，具体色号可由客户在订货前指定，两者之间除了在颜色上的不同外，其性能完全一样，均为超五类模块。

2. 水平子系统

水平布线是用于将干线线缆延伸到用户工作区。设计采用 1061004C＋超五类非屏蔽双绞线（UTP）。这样可以达到 100Mbps 的数据传输速率，并支持 155/622MbpsATM。全部采用超五类双绞线的另一个原因是数据点和语音点可以通过跳线相互转换。

3. 干线子系统

选用三类 100 对大对数电缆（1010100AGY）及四芯多模光纤（LGBC-004D-LRX）分别作为语音系统和数据系统的干线。多模光纤使用 2 芯，2 芯备用。

4. 管理区

对于话音类信息点：配线架采用 300 对 110 型配线架（110PB2-300FT）。110PB2-300FT 配线架是一种防火型塑模装置。该配线架装有带标记的横条，每条均可以固定 25 对电缆，此种横条用五种醒目的颜色标出。这处配线架可容纳 22-AWG 至 26-AWG 电缆。

对于数据信息点，采用 PACHMAX 模块化配线架（PM2150B-48）。PACHMAX 模块化配线架是一个模块式连接硬件系统，它与 SYSTIMAX SCS 五类、24AWG 高品质 UTP 线缆、SYSTIMAX SCC 五类 D8AU 跳线相匹配。该配线架采用推入式布线模块，每个可以提供 6 个模块化插座。PACHMAX 配线模块可以从支架的前端或后端进行端接。

对于光纤主干连接，采用 600B2 光纤配线架，它可以用于光纤端接或熔接，并使光纤有组织的对接。

5. 设备间

主配线架采用多组 900 对配线架，端接垂直大对数电缆，管理语音通信。光纤配线架端接各层汇集的光纤，并通过光纤跳线与主干交换机相连。

6. 建筑群子系统

采用一根四芯多模光纤连接办公楼和学校机房。

此外，图 3-53 是某大楼的综合布线系统的九层平面图（例）。

图 3-53　某大厦综合布线系统九层平面布置图

【例2】 主干铜缆加光纤类型系统设计

1. 主干铜缆加光纤类型系统是目前最常用的设计方式，整个布线系统选用星形结构，见图 3-51 和图 3-52。

（1）设备间子系统

1）语音及数据干线由外线引入至网络机房内，入户侧设置避雷器，防护雷电流的入侵。

2）入户数据网络设置路由器，进行建筑物内外网络的数据交换。

3）在路由器后设置网络防火墙，阻止网络病毒或非法信息的入侵。

4）电话进线的音频信号进入程控交换机进行本地交换，网络进线的数据信号入核心交换机进行本地交换，交换后信号经跳线分别配入数据总配线架和语音总配线架。

（2）垂直子系统

1）垂直干线子系统数据部分采用多模光纤设计，主干速度最高可达 10G，根据其应用及传输距离等因素，采用 2×6 或 8 芯多模光缆。

2）垂直干线子系统语音部分采用大对数 UTP 线缆，一般采用三类 25 对、50 对、100 对等大对数铜缆。

（3）管理子系统

即楼层配线设备，设于各层弱电竖井内，楼层光纤配线架进线如为 6 芯或 8 芯光纤则采用 12 口光纤配线架，如果考虑允余的情况，进线为 2×6 芯或 2×8 芯光纤时采用 24 口光纤配线架，其他情况以此类推即可。

（4）水平子系统

水平布线子系统采用超五类以上的 4 对 UTP 非屏蔽铜芯双绞线，当传输距离不超过 250m 时建议采用超五类非屏蔽线，不超过 600m 时建议采用六类非屏蔽双绞线，由信息插座引至楼层弱电竖井处的楼层配线架（IDF）的配线，为达到语音与数据点的灵活互换的功能，建议语音及数据点均采用同种介质进行布线。

（5）建筑群子系统

由于单模光纤与多模光纤的主要区别在于单模光纤传输过程中不产生折射，所以传输的距离更远，造价也更高，所以各建筑物间传输网络信号一般建议采用 6 或 8 芯的室外单模光缆传输，既可以支持未来 10G 以上的网络应用，也与楼内传输速度保持一致，如图 3-54 所示。图 3-55 是另一实例。

【例3】 设备网络（又称专网）系统设计

它为综合布线系统一种表现形式，大型公共建筑项目尤其是商业写字楼等由于内部的系统众多，一般将综合布线系统划分为两个独立的网络：信息网络、设备网络。将电话网络和安防楼控等分别组网，设置两套综合布线系统，信息网部分一般由通信运营商实施，施工图设计时预留管线和设备位置，由运营商进行深化设计及安装即可，而将数字视频监控、数字广播、信息发布、楼宇自控等物业自己控制的综合布线内容单独组成设备网，更便于系统的管理和维护。电话及网络部分的综合布线同前面所述，不再另行介绍。设备网的综合布线系统需独立设置交换机及配线架，系统图构架如图 3-55 所示。

【例4】 无源光网络（PON）系统设计

一种新兴的布线系统，主要特点是全光纤系统及光纤用户，如图 3-56 所示。

图例： TO 互联网及电话插座　TD 信息发布插座　CP CP网络集合点

图 3-54　光纤及大对数电缆综合布线系统图

1. 系统组成

主要由 OLT（光纤线路终端）局端设备、ODN（光分配网络）交接设备和 ONU（光纤网络单元）用户端设备等组成。

2. 组网形式

一般设备采用上层环形网络，下层设备采用树形网络，即主干节点（OLT）之间采用环形的组网模式，主干节点（OLT）至纤网络单元（OUN）之间宜采用树形结构的组网模式。有关 PON 还可参阅第 11 章图 11.25 的内容。

3. 系统设计思路

① 光分配网络（ODN）不设置有源电子设备，分为光缆终端子系统、引入光缆子系统、配线光缆子系统、主干光缆子系统和中心机房子系统等五部分组成。

② 建议使用单模光纤将语音、数据、电视等入户信号传输到 OLT，然后 OLT 通过 POS（光分路器）将光信号输入到 ONU，POS 是一个双向宽带的无源器件，有一个输入

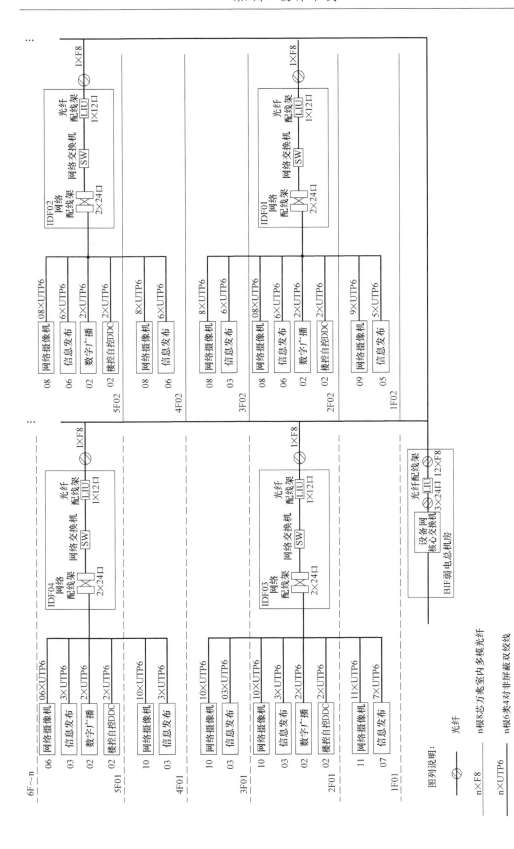

图 3-55 设备网综合布线系统图

端和多个输出端口，实现多个用户同时共享一根单模光纤，ONU 提供数据、语音等多种多媒体业务，在用户端用来接入最终的使用设备，如目前住宅的光纤入户就是 PON 的典型应用，其中光猫即为 ONU。

③ 一般一个 OLT 可接 32 个 POS，一个 POS 分光器有从 1：2、4、8、16、32、64 等多种，而 ONU 最大可接 32 个用户，因此，一个 OLT 最大可负载 2048 个 ONU，如图 3-56 所示。

图 3-56　无源光网络（PON）系统

第四章 厅堂扩声与公共广播系统

第一节 广播音响系统的类型与基本组成

一、广播音响系统的类型与特点

建筑物的广播音响系统可分成三类：厅堂扩声系统、公共广播（PA）系统和音频会议系统。表 4-1 列出广播音响系统的类型与特点。

广播音响系统的类型与特点　　　　　　表 4-1

系 统 类 型	使 用 场 所	系 统 特 点
厅堂扩声系统	（1）礼堂、影剧院、体育场馆、多功能厅等； （2）歌舞厅、宴会厅、卡拉 OK 厅等	（1）服务区域在一个场馆内，传输距离一般较短，故功放与扬声器配接多采用低阻直接输出方式； （2）传声器与扬声器在同一厅堂内，应注意声反馈和啸叫问题； （3）对音质要求高，分音乐扩声和语言扩声等； （4）系统多采用以调音台为控制中心的音响系统
公共广播系统(PA)	（1）商场、餐厅、走廊、教室等； （2）广场、车站、码头、停车库等； （3）宾馆客房(床头柜)	（1）服务区域大、传输距离远，故功放多采用定压式输出方式； （2）传声器与扬声器不在同一房间内，故无声反馈问题； （3）公共广播常与背景音乐广播合用，并常兼有火灾应急广播功能； （4）系统一般采用以前置放大器为中心的广播音响系统
音频会议系统	会议室、报告厅等	（1）为一特殊音响系统，分会议讨论系统、会议表决系统、同声传译系统等几种； （2）常与厅堂扩声系统联用

对于所有的厅堂、场馆的音响系统，基本上都可以分成如下三种类型的音响系统。考虑视频显示，则称之为音像系统。

1. 以前置放大器（或 AV 放大器）为中心的音响系统

图 4-1（a）所示是以前置放大器为控制中心的音响系统基本框图，图 4-1（b）所示是以 AV 放大器为控制中心的系统基本框图。这些系统主要应用于家用音像系统、家庭影院系统、KTV 包房音像系统、宾馆等公共广播和背景音乐系统以及一些小型歌舞厅、俱乐部的音像系统中。比较图 4-1（a）和（b）可以看出，两者基本相似，区别仅在于视频接线不同。亦即，前者音频信号线（A）与视频信号线（V）（若使用电视机）是分开走线的；后者则是音频、视频信号线均汇接入 AV 放大器，并都从 AV 放大器输出。

169

图 4-1　以前置放大器（或 AV 放大器）为中心的音响系统

（a）以前置放大器为中心；（b）以 AV 放大器为中心

2. 以调音台为中心的音响系统

图 4-2 所示是其典型系统图，图中设备可增可减，调音台是系统的控制中心。这种系统广泛应用于剧场、会堂、电影院、体育场馆等大、中型厅堂扩声系统。本书着重介绍这种类型的扩声系统。

通常，我们将图 4-2 中调音台左边的传声器、卡座、调谐器、激光唱片等称为音源输入设备；将调音台右边的压限器、均衡器、效果器（有的还有噪声门、反馈抑制器、延迟器等）统称为周边设备，或称数字信号处理设备。这是第一代音响系统。

图 4-2　以调音台为中心的音响系统

3. 采用数字信号处理器（DSP）的音响系统

图 4-3 是采用集成数字信号处理器（DSP）的音响系统。现代音响系统已经广泛使用数字式调音台，并朝网络化方向发展。关于音响系统更详细内容将在后面几节阐述（图 4-3）。

图 4-3　采用数字信号处理器（DSP）的音响系统

二、厅堂扩声系统的种类

厅堂亦称大厅，包括音乐厅、影剧院、会场、礼堂、体育馆、多功能厅和大型歌舞厅等。依使用对象大体可将厅堂分为以下几种：

① 语言厅堂——主要供演讲、会议使用。

② 音乐厅堂——主要供演奏交响乐、轻音乐等使用。

③ 多功能厅堂——供歌舞、戏曲、音乐演出，并供会议和放映电影等使用。

扩声系统有几种分类方法。

（1）按工作环境分类

可分为室外扩声系统和室内扩声系统两大类。室外扩声系统的特点是反射声少，有回声干扰，扩声区域大，条件复杂，干扰声强，音质受气候条件影响比较严重等。室内扩声系统的特点是对音质要求高，有混响干扰，扩声质量受房间的建筑声学条件影响较大。

（2）按声源性质和使用要求分类

① 语言扩声系统，亦称会议类扩声系统。

② 音乐扩声系统，亦称文艺演出类扩声系统。

③ 语言和音乐兼用的扩声系统，亦称多用途类扩声系统。

（3）按系统的声道数目分类

可分为单声道系统、双声道立体声系统、三声道系统、多声道系统等。

（4）按扬声器的布置方式分类

扬声器的布置是厅堂扩声的重要内容之一，对厅堂扩声扬声器布置的要求如下：

① 使全部观众席上的声压分布均匀。

② 多数观众席上的声源方向感良好，即观众听到的扬声器的声音与看到的讲演者、演员在方向上一致，即视听一致性（声像一致性）好。

③ 控制声反馈和避免产生回声干扰。

扬声器的布置方式一般可分为集中式、分散式以及将这两个方式混合并用的三种方式。三种方式的特点如表4-2所示。图4-4表示集中式和分散式的两种布置扬声器方式的示意图。至于在观众厅中，采用集中与分散混合并用方式有以下几种情况。

扬声器各种布置方式的特点和设计考虑 表4-2

布置方式	扬声器的指向性	优 缺 点	适宜使用场合	设计注意点
集中布置	较宽	①声音清晰度好；②声音方向感好，且自然；③有引起啸叫的可能性	①设置舞台并要求视听效果一致者；②受建筑体形限制不宜分散布置者	应使听众区的直达声较均匀，并尽量减少声反馈
分散布置	较尖锐	①易使声压分布均匀；②容易防止啸叫；③声音清晰度容易变坏；④声音从旁边或后面传来，有不自然的感觉	①大厅净高较低、纵向距离长或大厅可能被分隔成几部分使用时；②厅内混响时间长，不宜集中布置者	应控制靠近讲台第一排扬声器的功率，尽量减少声反馈；应防止听众区产生双重声现象，必要时采取延时措施

续表

布置方式	扬声器的指向性	优 缺 点	适宜使用场合	设计注意点
混合布置	主扬声器应较宽,辅助扬声器应较尖锐	①大部分座位的声音清晰度好; ②声压分布较均匀,没有低声压级的地方; ③有的座位会同时听到主、辅扬声器两方向来的声音	①眺台过深或设楼座的剧场等; ②对大型或纵向距离较长的大厅堂; ③各方向均有观众的视听大厅	应解决控制声程差和限制声级的问题,必要时应加延时措施,以避免双重声现象

(a)扬声器的集中式布置示意图

(b)扬声器的分散式布置示意图

图 4-4 两种扬声器布置方式

① 集中式布置时,扬声器在台口上部,由于台口较高,靠近舞台的观众感到声音是来自头顶,方向感不佳。在这种情况下,常在舞台两侧低处或舞台的台唇处布置扬声器,叫做"拉声像扬声器"。

② 厅的规模较大,前面的扬声器不能使厅的后部有足够的音量。特别是由于有较深的挑台遮挡,下部得不到台口上部扬声器的直达声。在这种情况下,常在挑台下的顶篷分散布置辅助扬声器。为了维持正常的方向感,应在辅助扬声器前加延迟器。

③ 在集中式布置之外,在观众厅顶篷、侧墙以至地面上分散布置扬声器。这些扬声器用于提供电影、戏剧演出时的效果声,或接混响器,以增加厅内的混响感。

第二节　剧场、会堂扩声系统的设计

剧场、会堂都是大型音视频系统。我国剧场大多数为多功能剧场,通常不仅有文艺演出的功能,还有举行大型会议的要求;会堂是以举办会议为主,往往兼有文艺演出的功能。因此,剧场、会堂的大型音视频系统对技术性能和音质都有相似且很高的要求,特别是重要会议和综艺演出不允许出现啸叫、噪声干扰以及因系统设备故障而出现短暂中断等的现象。为此对系统的稳定性和安全可靠性提出了非常严格的要求,在电源和系统设备往往采用热备份的措施。因此，本章先从剧场说起，阐述剧场舞台音响的特性和系统设计。

一、剧场扩声系统的设计步骤

剧场舞台设计时，着重考虑的内容如表 4-3 所示。

剧场舞台设计中要着重考虑内容 表 4-3

选定舞台类型	在设计前要与建设方研究剧场使用功能、性质，是综合性剧场还是专业性剧场，然后还要和演出部门的导演、演员、舞美、灯光设计师等合作确定舞台类型、功能组成和大小
确定舞台机械系统	现代舞台机械一般由舞台机械工程师配合完成。建筑师要与机械师共同研究确定舞台机械系统和舞台技术所需的空间；确定制造和安装舞台机械的专业厂家，并协同厂方一起研究机械化舞台的系统问题和对建筑设计的要求
选定舞台照明及控制系统	建筑师要配合电气工程师及舞台照明专家选择舞台照明系统及布置灯光控制系统，确定灯控室的位置
考虑空调系统	通风采暖降温是表演环境基本的设备要求，冷暖气管道的布置会与舞台工艺布置产生矛盾，要协调解决好
处理好电声和建声系统	要根据电气设计的工艺要求，选用性能优质的电声器材，布置位置恰当的声控室。由于舞台空间大，要注意建声设计，校验舞台混响时间，不要超过耦合空间的观众厅
注意舞台防火排烟设计	舞台消防设施包括防火幕、防火门、水幕、消火栓、自动喷淋系统、报警系统及消防控制室、防烟及排烟系统等都应与消防部门协商解决

我国常用的舞台形式多为镜框式台口的箱型舞台，由台口、主台、侧台、台唇、乐池、天桥、栅顶、台仓、后舞台和面光桥、耳光室、灯控室和声控室等演出技术用房组成。

图 4-5 所示是镜框式剧场的主要组成图。

图 4-5　剧场主要组成示意图

1—舞台地板；2—幻灯槽；3—台唇；4—观察孔；5—舞台声桥；6—乐池；7—假台口；8—灯光渡桥；9—吊杆；
10—天幕吊杆；11—防护网；12—天桥；13—栅顶；14—爬梯；15—台仓；16—出烟孔；17—侧台；18—面光；
19—耳光；20—观众厅顶棚；21—观众厅墙面；22—楼座；23—座栏板；24—太平门；25—声控室

剧场扩声系统的设计步骤如图 4-6 所示。

图 4-6　扩声系统的设计步骤和内容

二、厅堂扩声系统的组成

（一）基本构成

厅堂声系统的音频信号流程见图 4-7（a）。扩声系统的基本构成见图 4-7（b）。若采用数字调音台，则信号处理器可含在数字调音台内部。

（二）音源输入设备

音源输入设备的构成见图 4-8，图中实线框设备设在舞台和观众厅中，虚线框设备设

(a) 厅堂扩声系统信号流程图

(b) 剧场、会堂等扩声系统基本构成图

图 4-7　厅堂扩声系统的声频信号流程及基本构成图

在声控室中。

传声器分为有线传声器和无线传声器。当无线传声器的接收机自带天线不能很好地接收信号时，应在舞台附近设置专用的接收天线，将信号传送到声控室中的接收机上。接收天线一般设置在舞台附近。此外，还要注意如下设备的设置。

图 4-8　音源输入设备

1. 观众厅监听传声器

设置于观众席中声音条件最佳的位置，一般安装在一层楼座挑台前或观众席台墙，宜设置于观众席中舞台全景摄像机的两侧。根据安装位置的声音条件，不同指向性的传声器，应使用两只同样特性的传声器进行拾音。

2. 传声器接线盒

（1）必须在整个舞台区内尽可能多的位置上设置传声器接线盒，传声器插座盒四周应有隔震措施。

（2）传声器接线盒和扬声器系统接线盒必须分别设置，不得与其他插座混装。

（3）舞台台板传声器回路和扬声器回路专用接线盒，除了设置于舞台前部中央、上场、下场、报幕、主持人经常使用的位置以外，在上场、下场两侧，边幕和二道幕、三道幕附近也应设置。根据需要设置乐池接线盒。

（4）舞台表演区内、演员通道上不准设置接线盒。

（5）接线盒盖开口必须向着舞台方向，以便于出线。

3. 舞台综合接线箱

台口两侧必须设置综合接线箱。舞台后侧的综合接线箱依据剧场规模和使用情况确定，有乐池时一般在乐池的后墙上也宜设置类似的综合接线箱。

每个综合接线箱内的接口数量由扩声系统设计确定，一般不少于 16 个传声器回路和 4 个扬声器回路，同时设置 2 个以上 27 芯或 37 芯多功能插座。如果观众席中设有流动调音工位，还应再增加必要的回路数。

4. 观众厅综合接线盘

大、中型规模的剧场等演出场所必须在现场调音位的座席下设置综合接线盘，并与舞台上场台口处的综合接线箱或声控室内跳线盘相连，构成信号传送回路。同时必须在该综合接线盘的附近设置扩声系统专用电源，一般为单相 220V，不小于 5kVA。

（三）声控室及其操作设备

一般声控室最小净面积应大于 $15m^2$，高度和宽度的最小尺寸要大于 2.5m。

观察窗要足够大，使控制人员能看到主席台和 2/3 以上的表演区。观察窗应能开启，以便能直接听到厅内的声音。为了敷线方便，控制室一般采用架空防静电地板。控制室顶、墙宜做吸声结构，以改善监听条件。控制室应有良好的通风，设置独立空调等。图 4-9 所示为声控室一例。

图 4-9　声控室设置布置及尺寸

声控室内的音响设备即图 4-9 中的虚线框的设备。它包括调音台、周边设备、录放音的音源设备、无线传声器接收机及监听音箱等。按照剧场的规模和使用要求，剧场用的调音台有如下几种：

（1）主扩声调音台——剧场扩声系统的控制操作中心。在声控室中必须至少设置一台固定安装的专用调音台。根据剧场规模和使用目的，宜使用 16～48 个输入通道、4～8 个编组通道、4～8 个辅助通道、4～8 个矩阵输出通道。目前越来越多采用数字式调音台。

（2）辅助调音台——为补充主扩声调音台通道数的不足，有时也临时设置在舞台附近进行简单的调音操作。另外，还用于监听返送、录音等。宜配置 16～24 个输入通道、4 个辅助通道、4～8 个编组输出通道等性能的调音台，有时也专用于舞台返送的调音台。

（3）流动调音台——不使用主扩声调音台时，在舞台附近或观众厅中临时设置使用的调音台。新建剧场时宜设置，一般根据投资情况确定。对于通常中、小型会议室往往只用一台调音台。

放置在声控室的录放音用的音源设备如下：

（1）硬盘录音机——扩声系统中最重要的音源设备。其通常使用计算机硬盘存储，可在计算机上编辑处理，为多种格式信号输出，选曲方便快捷；即时播放。宜配置两台互相兼容的设备，一主一备。

（2）CD 播放机——扩声系统中主要的音乐重放方式。其应选择可靠性高、具有变调和即时播放功能的专业设备。宜配置两台，一主一备，也可配置 CD-R 刻录机。

（3）盒式磁带录音机——扩声系统中主要的音源设备之一，必须使用坚固耐用和绝对可靠的专业设备。一般录音和重放分开使用，宜配置两台同样的设备互为备份。

（4）MD 播放机——应选择音质优良、即时播放的设备。

放置在声控室的设备还有以下几个：

（1）输入/输出跳线盘——把来自舞台上的综合接线箱和各种传声器装置，以及效果器、录音机等的声音信号，通过输入跳线盘接入调音台，并进行输入通路的交换。同时，将调音台的输出传送到功放的输入并进行通路交换。

（2）接线端子盘——音频信号和控制信号必须分别设置。

（3）功放工作状态监视设备——在声控室中可以确认功放输出及扬声器系统工作状态的监控设备。

（4）监听扬声器——设置在声控室中调音台正前上方，音响师用来确认最终场内播放声音效果的扬声器系统。可以在观众厅内监听传声器收集的场内最终声音与演员正在使用的传声器声音之间进行任意切换。

（5）呼叫设备——声控室中设置的对讲和呼叫装置，舞台工作者与化妆室、舞台、观众厅等地进行通信联络用的扩声播入设备。也可以进行实况录音，主要内容是将演职人员之间的工作语言记录在存储器中，以便于检查工作中的失误。

（四）功放机房内的设备

作为示例，列举某以演出为主的剧场所使用的传声器和节目输入音源如下：

1. 传声器

（1）有线传声器。

① 用于人声拾音的 4 支 Shure SM58-LC 动圈传声器。

② 用于乐器拾音的 10 支 Shure BETA27 动圈传声器。

③ 用于弦乐拾音的 4 支 AKG C411 PP 电容传声器。

④ 用于演唱拾音的 4 支 AKG C414-XLS 电容传声器。

⑤ Hirosys 16PMSa 16 通道无源传声器分配系统，2 台。

用户可轻易地更改及转换输入/输出传声顺的位置安排。每一通道均分别设有三组输出：3 路变压器隔离输出，输出端可同时连接幻像供电，标准 2U 机箱设计。

⑥ 如果剧场兼有开会功能，还需配置会议话筒若干；特别有重大会议用时，最好配置一只高档演讲话筒，供领导使用。

（2）无线传声器。本系统共配置了 12 通道 Sennheiser 2000 系列无线传声器系统。Sennheiser 2000 系列无线传声器可设置 3000 个无线通信频率点，以 25kHz 为步级，自动锁定频率功能；具有降低干扰的导频静噪电路，实施远程管理。

Sennheiser 2000 系列无线传声器系统包含：6 台 Sennheiser EM 2050 无线传声器双接收机，4 支 Sennheiser SKM 2000/MMD 945BK 手持无线传声器，8 台 Sennheiser SK 2000 腰包无线发射机，2 支 Sennheiser MKE2 领夹传声器头，6 支 Sennheiser HSP2 头戴传声器头，2 只 Sennheiser AD 3700 有源全向天线，2 台 Sennheiser ASA 1/NT 天线分配器。

2. 节目播放音源

（1）Denon DN-D4500 机架式双 CD 专业播放机，1 台。可播 CD、MP3 音乐，支持热启动，双机可分开播放，也可以连续播放。

（2）Tascarm MD-02B 机架式专业 MD 播放机，1 台。XLR 平衡和 RCA 不平衡模拟输入/输出，录音模式可选择立体声、单声道、LP2 和 LP4 模式；具备单曲播放功能。

（3）Philips BDP3400/93 蓝光 DVD 播放机，1 台。支持蓝光高清数据 1920×1080 分辨率的全高清画面。播放媒介：BD 视频，BD-ROM、DVD、DVD-Video、Video CD/SVCD、CD、USB 闪存盘。

（4）360 Systems lnstant Replay2 50 键数字硬盘录音播放机，1 台。随时可以编排播放清单，声时一按即现。支持 16 和 24bit，44.1 及 48kHz 数字录音格式，内置硬盘可存储杜比 AC-224h16bit 线性录音资料，24～56kHz 输入频率自动转换为 48/44.1kHz。

（五）功率放大器和功放室

功率放大器：将音频信号进行功率放大，驱动相应的扬声器组，满足各类建筑空间达到足够的声音能量。功率放大器分有数字和模拟，目前功率放大器还具备 DSP 处理和远程监控功能。可监视功放的工作状态，包括功放的发热情况、失真情况、负载情况、动态余量、输入电平、实时输出功率等。其同时可设定报警信号；可控制功放的输入信号哑音；功放进入睡眠状态等。

由于剧场面积大，扬声器系统又设在舞台一侧，距离声控室较远，因此剧场往往在靠近舞台附近设置功放机房。功放机房内除功率大而数量多的功效之外，还配有扬声器处理器（或称扬声器控制器）和输出跳线盘等。扬声器处理器作为扬声器系统的一部分，它含有均衡、限幅、分频、延时等功能，用来调整扬声器系统，使之达到最佳工作状态。输出跳线盘是功放输出和扬声器系统之间连线用的接线盘。

功放室应远离调光柜室。功放室可分为两个，宜设在耳光室最高楼层的位置；两边耳光室楼层一边一个，每个面积不小于 7～8m²；功放室与声控室之间应敷设相应的控制管线。功放室应设有排风装置，中央空调在功放机柜上部预留送风口。

（六）剧场扬声器系统的配置

剧场扬声器系统通常设置在如下几个位置，具体在工程项目中的取舍在扩声系统设计时确定。

1. 台口上方音箱

它是扩声中最主要的扬声器系统。为了有效地覆盖全部观众席，通常设置在舞台外台口上方、观众席吊顶内最前部位。一般根据台口的宽度、高度和观众席的宽度不同，常采用三种方式：中间一组，左、右各一组，左、中、右各一组。

2. 台口两侧音箱

设置在观众厅内台口两侧。主要用于前区补声，同时具有使台口上方扬声器系统声像"下移"，即拉声像的作用。应与台口上方主扩声音箱同时使用，宜使用同型号产品，避免产生不同音质。

3. 台唇补声音箱

设置在舞台台唇前沿或乐池栏杆上。主要用于前区补声并有拉声像的作用。由于该位置狭小，不易安装，一般选用尺寸小的扬声器系统，间隔为 $2\sim3m$。根据工程具体情况有时也可不设置。

4. 舞台流动音箱

它是临时设置在舞台上台口两侧，根据演出需要流动设置使用的音箱。使用时由台口内综合接线箱上引线，在舞台台板上或综合接线箱上设置有必要的音箱接口。

5. 侧墙、顶棚效果声音箱

它是在观众厅内侧墙、后墙以及顶棚上设置的效果声音箱。多用于戏剧演出中的雷鸣、狂风和车船移动等声音效果。专业戏剧场使用大型设备，一般多功能剧场多使用小型扬声器系统。另外，放映电影时也把这些扬声器系统作为环绕声扬声器系统使用。

6. 挑台下补声音箱

它是设置于挑台下的音箱。用于弥补观众厅台区眺台下声音的不足，多采用吸顶扬声器安装方式，且功率较小。

7. 舞台固定返送音箱

通常在舞台内的上场台口和下场台口的侧墙或假台口中设置固定的返送音箱，向着舞台方向播放。

8. 流动返送音箱

演唱会等演出活动时，在舞台上设置的流动返送音箱，或在边幕条中间用音箱支架设置的流动返送音箱等，在舞台台板上或综合接线箱上设置有必要的音箱接口。

三、厅堂音质设计的一般要求

厅堂音质的评价包括主观、客观两个方面，但最终要看是否满足使用者的听音要求。这种要求对语言和音乐是不尽相同的，各有侧重点。现在一般认为，良好的音质感受主要有以下几个方面：

1. 合适的响度

响度是厅堂听音的最基本要求。语言和音乐都要求有足够的响度，它们应高于环境噪声，使听众既不费力，又不感到过响而吵闹。对于音乐，比语言的响度要求要高些。

与响度密切相关的客观指标是声压级。对于语言声，一般要求 60～70dB，信噪比≥10dB，如房间大部分座位处的声压级达不到此要求，就要考虑用扩声系统来弥补声压级的不足或提高信噪比。对于音乐声，一般要求声压级在 75～96dB 之间。

2. 视听一致性

亦称声像一致性。就是要求舞台上的演讲者或演员的视觉方向与从扬声器听到的声音方向一致，保持着自然状态。

3. 在混响感（丰满度）和清晰度之间有适当的平衡

语言和音乐都要求声音清晰，但语言要求更高些，音乐则要求有足够的丰满度，而丰满度对于语言则是次要的。

与此密切相关的物理指标是混响时间。如果房间的混响时间过长，则会导致清晰度下降；但混响时间过短，就会影响丰满度。因此，以音乐演出为主的厅堂，丰满度占有重要地位；而会议、报告用的厅堂则以语言清晰度为主。一般来说，对以听语言声为主的房间，如教室、演讲厅、话剧院，混响时间不可过长，以 1s 左右为宜；对听音乐为主的房间，如音乐厅，则希望混响时间长些，如 1.5～2s。最佳混响时间还与音乐的类型和题材有关。

4. 具有一定的空间感

与此有关的物理参量主要是早期侧向声能对早期总声能之比以及双耳听闻的相干性指标。对于音乐厅就是要求观众厅的侧墙距离不要过大，侧墙宜修建成坚硬的声反射面或布置专用反射板。最好使反射声在垂直于听众两耳连线的中间成 $55°±20°$ 的角度范围到达听众。对于室内聆听立体声，由于这时立体声的空间感是由扬声器组经立体声效果处理后提供的，故对室内声学的要求有所不同。

5. 具有良好的音色

具有良好的音色，即低、中、高音适度平衡，不失真。

与此有关的物理参量主要是混响时间的频率特性。一般用于语言清晰度为主的厅堂应用较短的混响时间，并采用平（或接近平直）的混响时间频率特性；用于歌剧和音乐演出的厅堂，混响时间应选用较长的值，混响时间频率特性曲线应中、高频平直，而低频高于中频 15%～20%，这样可使演唱和音乐富有低音感，起到美化音色的作用。

6. 低噪声

是指室外侵入的噪声和建筑内的设备噪声，其中特别是空调制冷设备的噪声，都对听音有妨碍。连续的噪声，尤其是低频噪声会掩蔽语言和音乐；不连续出现的噪声会破坏室内的宁静气氛。因此，必须尽量消除其干扰，并将其控制在允许的范围内。

四、扩声系统特性指标

1. 电气系统特性指标

（1）在扩声系统额定带宽及电平工作条件下，从传声器输出端口至功放输出端口通路间的频响应不劣于 $-1～0dB$。

（2）在扩声系统额定带宽及电平工作条件下，从传声器输出端口至功放输出端口通路间的总谐波失真不小于 0.1%。

（3）在扩声系统额定带宽及电平工作条件下，从传声器输出端口至功放输出端口间通路的信噪比应不劣于通路中最差的单机设备信噪比 3dB。

2. 声学特性指标

国家标准《厅堂扩声系统设计规范》GB 50371—2006 将厅堂扩声系统分为三类：文艺演出类、多用途类和会议类，其声学特性指标和传输频率特性曲线分别如表 4-4 和图 4-10 所示。

文艺演出类扩声系统声学特性指标

表 4-4 (a)

等级	最大声压级 (dB)	传输频率特性	传声增益 (dB)	稳态声场不均匀度 (dB)	早后期声能比 (可选项)(dB)	系统总噪声级
一级	额定通带*内：大于或等于 106dB	以 80~8000Hz 的平均声压级为 0dB,在此频带内允许范围：−4dB~＋4dB；40~80Hz 和 8000~16000Hz 的允许范围见图 4-10(a)	100~8000Hz 的平均值大于或等于−8dB	100Hz 时小于或等于 10dB；1000Hz 时小于或等于 6dB；8000Hz 时小于或等于＋8dB	500~2000Hz 内 1/1 倍频带分析的平均值大于或等于＋3dB	NR-20
二级	额定通带内：大于或等于 103dB	以 100~6300Hz 的平均声压级为 0dB；在此频带内允许范围：−4dB~＋4dB；50~100Hz 和 6300~12500Hz 的允许范围见图 4-10(b)	125~6300Hz 的平均值大于或等于−8dB	1000Hz、4000Hz 小于或等于＋8dB	500~2000Hz 内 1/1 倍频带分析的平均值大于或等于＋3dB	NB-20

多用途类扩声系统声学特性指标

表 4-4 (b)

等级	最大声压级 (dB)	传输频率特性	传声增益 (dB)	稳态声场不均匀度 (dB)	早后期声能比 (可选项)(dB)	系统总噪声级
一级	额定通带内：大于或等于 103dB	以 100~6300Hz 的平均声压级为 0dB,在此频带内允许范围：−4dB~＋4dB；50~100Hz 和 6300~12500Hz 的允许范围见图 4-10(c)	125~6300Hz 的平均值大于或等于−8dB	1000Hz 时小于或等于 6dB；4000Hz 时小于或等于＋8dB	500~2000Hz 内 1/1 倍频带分析的平均值大于或等于＋3dB	NR-20
二级	额定通带内：大于或等于 98dB	以 125~4000Hz 的平均声压级为 0dB；在此频带内允许范围：−6dB~＋4dB；63~125Hz 和 4000~8000Hz 的允许范围见图 4-10(d)	125~4000Hz 的平均值大于或等于−10dB	1000Hz、4000Hz 时小于或等于＋8dB	500~2000Hz 内 1/1 倍频带分析的平均值大于或等于＋3dB	NR-25

会议类扩声系统声学特性指标　　　　　　　　　　　　　　　　　表 4-4（c）

等级	最大声压级（dB）	传输频率特性	传声增益（dB）	稳态声场不均匀度（dB）	早后期声能比（可选项）(dB)	系统总噪声级
一级	额定通带内：大于或等于98dB	以 125～4000Hz 的平均声压级为 0dB；在此频带内允许范围：－6dB～＋4dB；63～125Hz 和 4000～8000Hz 的允许范围见图 4-10(e)	125～4000Hz 的平均值大于或等于－10dB	1000Hz、4000Hz 时小于或等于＋8dB	500～2000Hz 内 1/1 倍频带分析的平均值大于或等于＋3dB	NR-20
二级	额定通带内：大于或等于95dB	以 125～4000Hz 的平均声压级为 0dB；在此频带内允许范围：－6dB～＋4dB；63～125Hz 和 4000～8000Hz 的允许范围见图 4-10(f)	125～4000Hz 的平均值大于或等于－12dB	1000Hz、4000Hz 时小于或等于＋10dB	500～2000Hz 内 1/1 倍频带分析的平均值大于或等于＋3dB	NR-25

注：＊额定通带是指优于表 4-4（a）、（b）、（c）中传输频率特性所规定的通带。

图 4-10（a）　文艺演出类一级传输频率特性范围

图 4-10（b）　文艺演出类二级传输频率特性范围

图 4-10（c）　多用途类一级传输频率特性范围

图 4-10（d）　多用途类二级传输频率特性范围

图 4-10（e）　会议类一级传输频率特性范围

五、常用声场计算公式

1. 室内声场的声压级计算与分析

室内声音与室外声音有所不同，即必须考虑混响声的存在。在离声源足够远时，混响

图 4-10 （f）　会议类二级传输频率特性范围

声的作用增强。当一点声源在室内发声时，假定声场充分扩散，室内的稳态声压级可由下式计算：

$$L_p = L_W + 10\lg\left(\frac{Q}{4\pi r^2} + \frac{4}{R}\right) \quad (\text{dB}) \tag{4-1}$$

式中，L_W 为声源声功率级（dB），$L_W = 10\lg\dfrac{W}{10^{-12}} = 10\lg W + 120$，$W$ 为声源声功率（W）；r 为离开声源的距离（m）；R 为房间常数（m^2），$R\dfrac{S\bar{\alpha}}{1-\bar{\alpha}}$，其中 S 为室内总表面积（m^2），$\bar{\alpha}$ 为室内平均吸声系数；Q 为指向性因数。

指向性因数 Q 是考虑到声源所处的位置时需加的修正值。当声源在房间中间或舞台上时，$Q=1$；在一面墙或地面上时，$Q=2$；在二墙的交线处时，$Q=4$；在三界面交角处时，$Q=8$。图 4-11 画出相对声压级差（$L_p - L_W$）与 r 的关系曲线。

图 4-11　室内声压级的计算图表

应该指出，由于式（4-1）中的 L_W 为声功率，不便直接取得，故该式多用于声场分析，很少用于直接计算。

2. 扬声器最远供声距离

$$r_m \leqslant (3 \sim 4)r_c \tag{4-2}$$

式中：r_m——扬声器最远供声距离（m）；

　　　r_c——临界距离，即该点声达声强与混响声强相等。

3. 临界距离 r_c 计算

由式（4-1）中使 $\dfrac{Q}{4\pi r_c} = \dfrac{4}{R}$，可求得：

$$r_c = 0.14\sqrt{QR} \tag{4-3}$$

$$Q = \frac{180}{\sin^{-1}\left(\sin\dfrac{\alpha}{2} \cdot \sin\dfrac{\beta}{2}\right)} \tag{4-4}$$

式中：α——扬声器水平方向指向性角度（°）；

　　　β——扬声器垂直方向指向性角度（°）；

　　　R——房间常数；

　　　Q——扬声器指向性因数。

说明：扬声器最大服务距离为 $\gamma_m = 4\gamma_c$。通常取 $r_m = 3r_c$，亦即扬声器组服务区的最大距离为 3 倍的临界距离时，则可保证比距离内语言清晰度。

4. 声压级的计算

为了计算听者在某处听到的声压级大小，可以有几种方法。在扩声系统中常用如下公式进行计算。

将扬声器或音箱看作声源（点声源），其直达声压级 L_p 可表示为

$$L_p = L_o + 10\lg P_L - 20\lg\gamma \tag{4-5}$$

式中，P_L 为加到扬声器的电功率（W）；γ 为扬声器与被测点的听音距离（m）；L_o 为扬声器的灵敏度（dB），即在扬声器加上 1W 电功率时在轴向 1m 处测得的声压级。

由式（4-5）可以得出如下重要结论：

（1）若扬声器的电功率加倍，即 $10\lg(2P_L) = 3 + 10\lg P_L$，则声压级 L_p 增加 3dB；若电功率增至 10 倍，则声压级 L_p 增加 10dB。

（2）若听音距离加倍，即声压级 L_p 减少 6dB。

【例】　设在轴向灵敏度为 92dB 的扬声器上加入 200W 电功率，试求距离扬声器 8m 处的声压级。

由式（4-5）可以求得

$$L_p = 92 + 10\lg 200 - 20\lg 8 = 97\text{dB}$$

上述的重要结论，在工程中很有用。例如，根据前述的会议类扩声系统一级要求最大声压级为 98dB，若某会议厅的观众厅长度为 16m，试问应选用合适的主扩声音箱的最大声压级为多少？根据上述的结论（2）可得：音箱的最大声压级 $= 98 + 20\lg r = 98 + 20\lg 16 = 122\text{dB}$。或者利用 $16 = 2^4$，即四次距离加倍，需要补偿声压级 $4 \times 6\text{dB} = 24\text{dB}$，故得 $(98 + 24)\text{dB} = 122\text{dB}$。同理，若会议厅长度为 32m $= 2^5$m，则要求音箱最大声压

级＝(98＋5×6)dB＝128dB。

5. 辅音清晰度损失率百分比理论

辅音清晰度损失率百分比理论是荷兰声学家 Peutz 于 1971 年在美国声学杂声上发表的，其概念是人们讲话发声时，母音如 a、i、u、e、o 比辅音 b、p、m、f 等辅音能量大 6dB 左右（即 16 倍），而辅音是比较短促的声音，一般是 20ms 左右，母音则为 90ms 左右，所以，人们在语言讲话时往往辅音听不清楚，而影响语言清晰度，辅音损失率越少，清晰度越高，则

$$STIPA＝0.9482－0.1845\ln AL_{CONS}\%\tag{4-6}$$

$$AL_{CONS}\%＝\frac{200D_2^2 T_{60}^2 N}{Q\overline{V}M}\tag{4-7}$$

式中：$STIPA$——语言传输指数，可评价会场的语言清晰度；

$AL_{CONS}\%$——辅音清晰度损失率百分比；

D_2——扬声器至最远观众度席距离；

T_{60}——会场建筑声学混响时间；

Q——扬声器的指向性因数；

N——扬声器数量；

$\overline{V}$——会场体积；

M——临界距离修正系数；一般取 1。

从式（4-6）和式（4-7）可以得出：式（4-6）是清晰度和辅音清晰度损失率百分比换算公式，用于测量。真正实用于建声和电声设计的是式（4-7）

（1）$STIPA$。语言清晰度越高，$AL_{CONS}\%$ 越小，一般取 $STIPA \geqslant 0.45$，即 $AL_{CONS}\%＝15\%$ 是语言清晰度的临界值，即 $AL_{CONS}\% \geqslant 15\%$ 会场语言清晰度难以保证；会议系统语言清晰度的基本要求是 $STIPA \geqslant 0.5$，即 $AL\% \leqslant 11.4\%$。例如，2008 年北京奥运会场馆要求 $STIPA \geqslant 0.5$，是较高的语言清晰度。

（2）从辅音清晰度公式 $AL_{CONS}\%$ 来看，是由两个专业进行设计的。①建声，在 V 不变的情况下，建筑声学 T_{60}^2 越小越好；②电声，扬声器至观众度距离 D_2 不变的情况下，扬声器数量 N 越少，扬声器 Q 越高越好。

这样，电声和建声可综合互补设计。在长混响时间 T_{60} 条件环境下，可采用高 Q 值扬声器和数量 N 少的扬声器进行补偿，减小 $AL_{CONS}\%$，保证会场语言清晰度。

应该指出⑥辅音损失率（清晰度）与⑦语言可懂度（$RASTI$）之间有一定的关系，语言清晰度如表 4-5 所示，其优劣等级如图 4-12 所示。

AL_{CONS} 和 $RASTI$　　　　　　　　　　　　　　　　表 4-5

等级	AL_{CONS} 值	$RASTI$ 值
优秀	0%～7%	0.6～1.0
良好	7%～11%	0.45～0.6
一般	11%～15%	0.3～0.45
劣质	15%～18%	0.25～0.3
极差	18%以上	0～0.25

6. 多个声压级的叠加

n 个声压级 L_{pi}（$i＝1$、2、…、n）的叠加为：

图 4-12 STI 取值与语言可懂度的关系

$$L_p = 10\lg(10^{\frac{L_{p1}}{10}} + 10^{\frac{L_{p2}}{10}} + \cdots + 10^{\frac{L_{pi}}{10}}) \tag{4-8}$$

【例】 在录音棚当中，有暖气、通风、空调（HVAC）系统以及落地风扇。如果 HVAC 和风扇都被关掉，噪声会非常低，这种噪声可以在计算中忽略。如果仅仅有 HVAC 运行，在固定点的声压级为 55dB。如果仅仅风扇运行，其声压级为 60dB。那么如果这两个噪声源同时运行，将会有多大声压级的噪声？答案不是（55＋60）dB＝115dB，而是根据式（4-8）计算如下：

$$叠加的分贝 = 10\lg(10^{\frac{50}{10}} + 10^{\frac{60}{10}}) = 61.19\text{dB}$$

可以看到，55dB 的声音与 60dB 的声音叠加，整体声压级仅仅有较小的增加。在另一个例子当中，如果两个噪声源叠加之后的声压级为 80dB，其中一个声源的声压级为 75dB，当把它关闭之后另外一个声源的声压级是多少？

$$分贝差 = 10\lg(10^{\frac{80}{10}} - 10^{\frac{75}{10}}) = 78.3\text{dB}$$

换句话说，78.3dB 与 75dB 声压级相加，将会产生 80dB 的声压级，我们假设 HVAC 系统与风扇都产生宽带噪声。要记住仅仅当声源有着相同或者类似的频谱特征时，它们之间的声压级才能够比较，这一点是非常重要的。

第三节 扬声器选型与布置

扬声器选型与布置是扩声系统十分重要的设计环节。特别是对于剧场、会堂等大型的音响系统，笔者认为在扬声器的选型中主要考虑三项技术参数或指标：音质（或音色）、最大声压级和指向性。

音质（或音色）主要与品牌有关，也涉及频率特性。现在剧场、会堂的知名音箱品牌在 Meyer Sound（美国）、L-Acoustis（法国）、d&b（德国）以及很多品牌，许多国产音箱虽频率特性指标也很好，但音色还有差距。

最大声压级指标主要决定能辐射的最远距离，这对于剧场、会堂等大型场所尤为重要，因此国家标准也有规定。而音箱指向性则决定声音覆盖范围，以确定需要多少只音箱使听音区中声音听得清楚，因此也决定着听音清晰度和声场均匀度。

一、剧场、会堂的三声道扬声器布置方式

剧场、会堂等的扩声系统，按其声道数分类，可分为单声道系统、双声道系统、三声道系统等。

1. 单声道系统

如图 4-13（a）所示，一般将主扩声扬声器布置在舞台口上方的中央位置（c）。这种布置方式，语言清晰度高，视听方向感比较一致（又称声像一致性），适用于以语言扩声为主的厅堂。图中舞台两侧的拉声像音箱，是利用哈斯效应，将中央声道的声像下拉。台

唇音箱也起下位声像和补声的作用。

2. 双声道系统

如图 4-13 (b) 所示，主扬声器布置在舞台两侧上方或舞台口上方两侧。此种布置声音立体感较单声道系统强，但当舞台很宽时，前排两侧距扬声器较近的座位可能会出现回声。因此，它适用于以文艺演出为主且体形较窄或中、小型场所的扩声。

3. 三声道系统

如图 4-13 (c) 所示，一般将左 (L)、中 (C)、右 (R) 三路主扬声器布置在舞台口上方的左、中、右位置上，三声道系统大大增强了声音的空间立体感，因此适用于以文艺演出为主的大、中型厅堂的扩声。三声道系统又分为两种：一种是空间成像系统 (SIS)，它通常使用具有左、中、右三路主输出的调音台，而且左、中、右三路主扬声器声可分别独立地覆盖全场；另一种是 C/(L+R) 方式，即中置 (C) 扬声器单独覆盖全场，左 (L) 和右 (R) 两路扬声器加起来共同覆盖全场。

三声道系统，尤其是空间成像系统 (SIS) 既可实现声像在左、中、右方向移动的效果，也可实现声像在左、右之间移动，左、中之间移动和右、中之间移动的效果，所以它进一步改善了声像的空间感。它还利用了人的心理学的作用，使人们获得更高的主观听觉感受。因此，SIS 扩声系统具有如下优点。

(1) 根据需要，可以选择单声道、双声道、三声道三种模式工作。通常，单声道模式适于演讲或会议使用，双声道模式适于立体声音乐放送，三声道模式适于演出。

(2) 较好地解决了音乐和人声兼容扩声的问题。可按不同频率均衡，适应音乐和人声的不同要求。而且观众可以根据自己的需要，利用人的心理声学效应——鸡尾酒会效应（即选听效应），从演出中选听人声和音乐声，人声和音乐声兼容放音的问题也就得到了很好的解决。

(3) 提高了再现声音的立体感。SIS 可以将声音图像在左、中、右不同方向进行群落分布，加强了立体声效果，使得再现声音立体感有所提高，主要表现在以下两个方面：

① 声像具有更好的多声源分布感，听音者听到的早期反射声和混响声更加接近实际情况，临场感、声包围感和声像定位感也得以提高。

② 可以比较好地突出某个独立的声音。由于各个声源的声像具有多方向、多方位的分布感，某些需要得到突出的声源声音能够较好地显示出来，这对于再现如独唱、独奏领唱等声音大有益处。

(4) 使声音更加逼真清晰。SIS 的噪声感受比纯单声道或普通双声道系统相对要小些。这是因为 SIS 改善了声音的空间感，使得背景噪声在多个方向分布，即噪声分布更加分散。而声源声音是集中在一个方向上，与噪声相比优势明显，亦即声源声音受噪声影响更小，因此听觉信噪比有所提高，声音听起来会更加清晰。

图 4-14 所示是某剧场的扬声器布置实例。它采用三声道系统方式。每路主音箱由四箱体组成的线阵列音箱组成，安装在声桥内；舞台两侧安装两个全频音箱，起拉低声像作用；台唇安装 4 个小音箱，起前排拉声像和补声作用；台上有两个舞台监听（返听）音箱；因有文艺演出，故在台唇两边安装两个超低音音箱，以增强低音震撼效果。图 4-15 是日本某剧场扬声器布置实例，也是三声道系统方式。图 4-15 (b) 平面图的上半部为二楼，下半部为一楼。下面说明剧场扬声器的布置方式。

(a) 单声道

(b) 双声道

(c) 三声道

图 4-13 扬声器布局图

图 4-14　剧场扬声器的布置实例

(a) 剖面图

(b) 平面图

图 4-15　日本某剧场的扬声器布置实例

二、剧场扬声器的布置

剧场三声道扩声系统的典型扬声器台口布置如图 4-16 所示，图 4-17 是剧场剖面图，其中央声道采用线阵列扬声器系统。在图 4-16 和图 4-17 中有：

图 4-16　剧院典型扬声器台口布置图（舞台正面图）

（1）台口上方音箱

它是扩声中最主要的扬声器系统。为了有效地覆盖全部观众席，它通常设置在舞台外台口上方的声桥内。这样可使声音覆盖全场，且声音到达观众席前、后区的声程差小，有利于声场均匀度。缺点是池座前区会感到声音从舞台上方传来，声像不一致。为此在舞台两侧加拉声像音箱。另外，把超低音音箱装在声桥上，也是为了超低音声场的均匀度。如果把它放在舞台地上，就会使池座前区太响，后区低音不足。

（2）台口两侧音箱

设置在观众厅内台口两侧。主要用于前区补声，同时具有使台口上方扬声器系统声像"下移"，即拉声像的作用。应与台口上方主扩声音箱同时使用，宜使用同型号产品，避免产生不同音质。

（3）台唇补声音箱

它设置在舞台台唇前沿或乐池栏杆上。主要用于前区补声，并有拉声像的作用。由于该位置狭小，不易安装，一般选用尺寸小的扬声器系统，间隔为2～3m。根据工程具体情况有时也可不设置。

（4）舞台流动音箱

它临时设置在舞台上台口两侧。根据演出需要流动设置使用的音箱，为舞台演员提供实况收听。使用时由台口内综合接线箱上引线，在舞台台板上或综合接线箱上设置有必要的音箱接口。

191

图 4-17 典型剧院剧院扬声器布置图（剖面图）

（5）侧墙、顶棚效果声音箱

它是在观众厅内侧墙、后墙以及顶棚上设置的效果声音箱，多用于戏剧演出中的雷鸣、狂风和车船移动等声音效果。专业戏剧场使用大型设备，一般多功能剧场多使用小型扬声器系统。另外，放映电影时也把这些扬声器系统作为环绕声扬声器系统使用。

（6）挑台下补声音箱

它是设置于挑台下的音箱。用于挑台比较深，可弥补挑台下声音的不足；多采用吸顶扬声器安装方式，且功率较小。

（7）舞台固定返送音箱

通常在舞台内的上场台口和下场台口的侧墙或假台口中设置固定的返送音箱，向着舞台方向播放。

除了扬声器的摆位之外，还要注意扬声器的指向。对于主声道扬声器，如图 4-18 所示，主扬声器的中轴线很多人以为指向观众厅的 2/3 处，应该要将中轴线指向观众厅最后一排 1.1～1.2m（人耳）处，这样声场比较均匀。而两侧和后墙的效果声扬声器则中轴线应指向其对面侧边座席人耳（约 1.1～1.2m）处，如图 4-18（b）所示。侧墙和后墙的效果声扬声器之间的距离宜取 3m 左右。

图 4-18　主扬声器和效果声（环绕声）扬声器的布置

（a）观众厅内扬声器布置方式；（b）环绕声扬声器安装高度与倾斜角

在剧场三声道主扩声音箱类型的选用上，有如下几种：

（1）三声道都采用全频音箱，而且采用点声源方式。有两种常见布置方式：一种三个声道主扩声音箱均放在声桥内，如图 4-16 所示。另一种中央声道放在声桥中央，左右声道音箱则稍降低高度放在镜框式舞台两侧酌八字墙内，据称可增强立体感，而前一种有利于增强声场均匀度。全频音箱采用三分频或四分频音箱。

（2）三声道的中央声道使用垂直吊装的线阵列音箱，左右两声道则采用全频音箱。中央声道线阵列音箱，水平指向性很宽，可达 100°～120°，这样可保证语言清晰度和声场均匀度。

（3）三个声道都采用线阵列音箱，这种方式演出效果好，但要注意左右两侧线阵列音箱的取向水平指向性较小的，以减少对墙壁的反射，适于比较宽大的剧场，如图 4-14 所示。

作为实例，以上海大剧院为例进行说明。

【例】　上海大剧院音响系统

上海大剧院（大剧场）有 1800 个座位，以芭蕾、歌剧和交响乐演出为主，观众厅共分三层，舞台总面积为 1700m²，由主舞台、后舞台和左右侧台组成。1998 年 4 月竣工。2014 年进行包括音响系统的大规模改造和升级。

1. 音响工程升级改造主要要求

（1）供声方案：采用左、中、右三声道分别覆盖全场的扬声器系统。特点是声场覆盖更均匀，立体声听感区域更大。

（2）中央声道采用垂直线阵列扬声器系统。广大观众区不同座位的观众都可获得均匀一致的好声音。

（3）左右声道采用有源点声源扬声器系统。

（4）主控调音台采用功能更强大、扩展更方便、控制更精细、音质更悦耳的 5.1 声道立体声数字调音台。

该调音台的音频通道数量和总线数量可以自由设置，系统最多可处理 300 路音频通道和 128 路音频总线。单声道、立体声和 5.1 立体声关联的输入通道都可以自由设置。辅助总线最多可定义为 96 路。在现场演出时，可混出多达 96 路独立的返送信号。

（5）精心设计的信号采集、分配系统。高品质扩声系统离不开分布合理、无电磁干扰、信噪比高的信号采集、分配、传输、交换系统。

（6）简洁、可靠的数字传输网络及监控系统。本扩声系统的优点之一是可以用光纤线缆组成数字的传输网络替代由很多屏蔽电缆组成的模拟信号传输网络。在网络环境下实施远程监（视）控（制）全部有源扩声扬声器、数字处理器、数字调音台的工作状态。先进的网络拓扑结构可允许采用简单的双绞线连接 50 个监控节点构成监控网络，还可用网络交换机实现扩展。

2. 扩声系统组成

上海大剧院扩声系统由信号采集、分配、传输、交换和调音台系统、扬声器系统、远程监控系统等组成，如图 4-19 所示。可以看出采用一数一模双备份方案。

分布在舞台和乐池内众多的有线传声器、电声乐器接口和无线传声器接收机的音频输出，通过舞台上的传声器/线路分配器进行信号分配，再送至舞台接口箱进行数字编码，然后通过光纤网络传输到音控室内的本地接口箱进行解码和分路，变换为与舞台上各路传

图 4-19　大剧场扩声系统原理图

声器或电声乐器接口相对应的单路数字音频信号，再送到数字调音台的单通道输入口。数字调音台把各通道的输入信号进行均衡、放大、DSP 处理、混音、编组和路由处理，分别送到各应用系统。其中观众厅扩声系统的左、中、右三个声道的数字音频信号经由光纤网络送到功放机房内的接口箱，并经 DSP 解调为数字音频信号后传送给相应声道的音频功率放大器，备份模拟调音台输出的模拟音频信号经数字处理后同时传送给相应声道的音频功率放大器。

3. 扬声器的选型与布置

（1）扬声器系统选型。扬声器系统既要高保真还原声音，又要考虑国内外演出团体对扬声器品牌的认同度，还要考虑扬声器的电声指标和音色音质等主观评价指标。为此选用了 Meyer Sound 有源扬声器系统。Meyer Sound 有源扬声器系统还可通过监控软件和传输网络远程监控各扬声器箱的工作状态和它们的音质，确保系统始终工作在最佳状态。

（2）左、中、右主扩扬声器系统。中央声道主扩音箱采用覆盖全场的垂直线阵列扬声器系统，利用线阵列精确的垂直指向性控制，可使声能集中投射到观众区，对减少声波干涉、提高声音清晰度极为有益。

主扩音箱暗装在舞台台口上方的第三层声桥内，由于安装空间非常有限，高度不足 2m，深度不足 1m，选用结构非常紧凑的 8 只 Meyer Sound Melodie 全频垂直线阵列扬声器，全覆盖楼座、挑台和池座后区的观众席；在第二层声桥中央安装 3 只 Melodie 全频垂直线阵列扬声器全覆盖前、中区池座观众席。

左右声道采用四只水平覆盖角为 40°、垂直覆盖角为 35° 的 Meyer Sound MSL-4 全频高 Q 号筒扬声器组成的全频扬声器阵列，分上、下两层暗装在第三层声桥的左、右两边，分别覆盖全部楼座和挑台区域。在舞台口两侧，还设有由 2 只 Meyer Sound MSL-4 全频扬声器和 2 只 CQ-1 宽覆盖全频扬声器组成的全频扬声器阵列，覆盖池座全部观众区域。

为使声音更加丰满柔和，提升低频和超低频能量，在舞台两侧各设置两只双

195

18in700HP 超低频扬声器。

（3）辅助扬声器系统。

① 补声扬声器系统。为补偿挑台和楼层对主扩扬声器直达声的阻挡，确保挑台下和楼层下观众区声音的清晰度，需要在池座后区顶部、每层挑台下面适当增加补声扬声器，共使用了 16 只嵌入安装的 Tannoy CMS401Dec 吸顶扬声器，实现对挑台及楼层下面池座深处观众席的直达声覆盖。

② 拉声像扬声器系统。为消除池座前区 1～3 排观众的头顶声像听感，获得声像一致的效果，在舞台台唇处设有 8 只 Tannoy iW62TDC 台唇补声扬声器，固定镶嵌在台唇墙面内，起到下拉声像的作用。

由于乐池盖升起后台唇扬声器会被乐池阻隔，因此另外配置了 8 只 Meyer Sound MI-NA 三分频全频小型扬声器安装于乐池盖前沿，当乐池升起作为扩展舞台的时候仍旧可以保证前排观众能够获得很好的补充声像覆盖。MINA 具有双 6.5in 低音单元和一个 3in 高音单元，以三分频的形式工作，在水平方向上有 100° 的水平覆盖宽度，垂直方向上的精确指向也能够准确地覆盖池座观众席前排，并在主扩声覆盖的左右声道有效区域内迅速衰减，避免相互间出现声像覆盖重叠造成梳状滤波干涉。MINA 扬声器体积小巧，高度仅为 21.3cm，配合其自然的 15° 倾角不会对前排观众有任何视觉上的影响。

（4）效果扬声器系统。为配合歌剧、戏剧、芭蕾演出需要播放环境立体效果声，结合主扩系统的左、中、右三声道和增加的左后环绕、右后环绕两个扬声器系统组成了 5.1 声道立体声环绕效果声系统。左后环绕和右后环绕扬声器系统共配置了 30 只全频扬声器。考虑到尽量不影响剧场侧墙和后墙的原有装饰面，采用厚度仅为 10cm，可以完全嵌入装饰墙面内的 Tannoy iW6D 全频扬声器。

4. 舞台返送扩声系统

在大中型剧场中，舞台返送系统通常以固定安装返送扬声器系统为主、流动返送扬声器为辅的设计方案，更为适合多功能剧场舞台扩声需要。本设计方案在舞台两侧的前区、中区和后区的适当高度位置各吊挂 1 只 UPA-1P 宽角度扬声器，舞台两侧 6 只固定安装扬声器系统可均匀覆盖全部表演区。

除了固定安装的扬声器系统之外，还采用 2 只流动音乐监听扬声器（MJP-212A 双12in 三分频全频监听扬声器）、2 只 USM-1P 窄角度返送扬声器、4 只 USM-100P 宽角度返听扬声器组成流动返送扬声器系统。这样的配置可以满足古典音乐或电声音乐等节目的返送扩声需要。

三、中型会议厅、多功能厅的扬声器布置

中等规模的会议厅、多功能厅等的扬声器布置一般采用二声道扩声系统。扬声器系统的选型：①全频音箱；②线阵列音箱；③音柱。现代音柱在中型会议系统中应用很多，特别是在建声条件不良、混响时间较长的房间环境中，很适合使用。

现代音柱不同于以往的传统音柱，大多数采用线阵列技术，可以做到水平波束很宽（100°～140°）、垂直波束很窄的声辐射特性，有的厂家还能实现波束指向改变波束倾角（这样不必倾斜音柱）、分裂波束（以分别射向楼上和楼下），还可以移动音柱声中心等的优异特性。由于音柱采用线阵列技术，故呈线声源柱面波辐射，故具有大型线阵列音箱的

辐射距离远、声压级大的特点。所以，音柱很适合中型乃至大型音视频会议系统使用。

通常，扬声器系统说明书上所标的指向性，是指从扬声器发出的声压级下降－6dB（声强一半）以内的范围，用水平指向角和垂直指向角表示。如果扬声器的布置如图 4-20 所示的位置布置，则因墙壁和顶棚的反射声增多，使听众区的直达声与反射声的声能比减小，而且扬声器位于传声器的背后，使传声器附近的声压级提高，甚至使传声器附近的声压级比听众区还高，因此声反馈很强，容易引起啸叫，扩声效果不好。

如果将扬声器与传声器的位置关系改为如图 4-21 所示的形式，则可改善扩声效果。它将扬声器向前靠近听众区，增强了直达声，而且扬声器的指向性方向朝向听众而背向传声器，这样有利于减少声反馈。同时，选用心形指向性传声器，这样都有利于增强扩声系统的稳定性。对于讲演者，与传声器的距离也不要太远或太近，一般以 10～20cm 为宜。不过，这种布置方式会使讲演者听不到扩声出来的声音而心里不安定，为此可另设一个返听扬声器加以弥补。

图 4-20　扬声器的不合理布置

至于中型会议厅、多功能厅等的扬声器布置，常见将全频音箱、音柱或线阵列音箱布置在舞台（主席台）台口两侧，如图 2-22 中的 L、R 两处。如果全频音箱功率不大或者房间较长，则可在后区布置若干吸顶音箱。但为了消除声音从头顶来的问题，可利用数字处理器的延迟功能将声像拉向舞台。应该指出，这种利用延迟功能在后述的小型会议室以及大型宴会厅也有应用。

顺便指出，对于图 4-22，它的灯光系统和幕布吊挂系统设计也说明如下：

1. 舞台灯具配置

舞台灯具的配置是参照剧场演出舞台灯光的规范要求，可作适当简化。现设置面光灯、顶光灯、天幕灯、PAR 灯（束光灯）和会议三基色柔光灯（12 套）。多个艺术效果灯（包括 6 支电脑灯），配以 12 路电脑调光台，能充分满足会议和小型演出要求，效果良

图 4-21　较合理的扬声器布置

图 4-22　中型会议厅（252 座位）示例

好且性价比高。

2. 舞台幕布

舞台幕布包括枣红色（加衬里）大幕、橙黄色二道幕和白色天幕各一套，材质全部选用加密金丝绒，并作经政府消防部门认可的阻燃处理。

　　3. 舞台吊挂系统

　　舞台吊挂系统包括固定吊杆 6 套，用于吊挂灯具，开会时也可吊挂图案、LOGO 或文字。会标杆在大幕前面，专用来吊挂会标横幅。沿幕杆在灯杆之前，作吊挂沿幕（横条和垂条）之用。电动开闭的大幕机和二道幕机各一套。

　　上述配置可满足一般会议和小型演出的需求。

　　观众席照明的设计和施工通常由装修部门负责。需注意要求可分区渐亮渐暗平滑调光，在开会时既能看清文件资料，做好记录，又能做到大屏幕投影的最佳视觉效果。

　　灯光系统设备清单见表 4-6，幕布与吊挂系统设备清单见表 4-7，多功能厅舞台灯光系统平面布局如图 4-22 所示。

灯光系统设备清单　　　　　　　　　　　　　　　　表 4-6

序号	名　称	规格/型号	数量	单位	产地	备　注
1	电脑调光台	12 路电脑调光台	1	套	中国	DMX-512 数字信号
2	硅箱	6 回路固定硅箱	1	套	中国	每路 6kW
3	三基色会议柔光灯	RFB-36×4	12	台	中国	
4	束光灯	PA64-A	12	个	中国	
5	换色器	ND-A3	12	台	中国	
6	换色器控制台	ND-8	1	台	中国	DMX-512 信号
7	电脑灯控制台	电脑灯控台	1	台	中国	DMX-512 数字信号
8	电脑效果灯	电脑灯	6	台	中国	DMX-512 数字信号
9	烟雾效果	遥控烟机	2	台	中国	
10	追光灯	LD-HMI 1200	2	台	中国	含三脚架
11	灯具挂钩	灯钩大号	8	套	中国	
12	灯具挂钩	灯钩中号	50	套	中国	
13	三基色柔光管	36W	50	个	荷兰	PHILIPS
14	束光灯泡	1000W	15	个	美国	GE

幕布与吊挂系统设备清单　　　　　　　　　　　　　　表 4-7

序号	项目名称、内容	单位	数量	备注
1	恒速大幕机安装（大幕）	台	1	国产
2	拉幕机安装（背景幕）	台	1	国产
3	枣红丝光绒阻燃大幕布	m²	66	国产
4	丝光绒阻燃二道幕布	m²	66	国产
5	丝光绒阻燃垂幅幕布（3 幅）	m²	46.2	国产
6	丝光绒阻燃垂幅幕布（2 套）	m²	30	国产
7	CT 布背景幕	m²	96	国产
8	会标横幅	m²	17	国产
9	舞台设备配电柜	组	1	国产

　　附带指出，对以会议为主，兼有小型文艺演出功能的中、小型多功能会议厅，灯光设计考虑如下：

　　按《智能建筑工程施工规范》GB/T 50606—2010，会场视频信号的采集区照明条件应满足下列规定：①光源色温 3200K；②主席台区域的平均照度宜为 500～800lx，一般区域的平均照度宜为 500lx，投影电视屏幕区域的平均照度宜小于 80lx。

　　1. 足够的照度且可分区调光

　　（1）若主席台上照度过低，会造成发言者看不清讲稿，面目灰暗无光，影响领导形象，摄像和视像会议效果更差。

　　（2）若主席台上照度过高，则台上人员极不舒服，且影响投影时的影像效果（灯光干扰投影）。

　　（3）观众席太暗，与会者看不清文件、不能做笔记，会场气氛昏沉，催人欲睡。

　　（4）观众席太亮，缺乏舒适感，且影响投影时的影像效果。

　　为此，采用足够多数量的灯具，在保证舞台（主席台）足够亮度（1000lx 左右）的前提下，观众席采取分区调光，亮度稍暗，但起码满足阅读文件。主席台则采取局部重点照明（如重点突出发言者、书写白板、电子白板会徽、会标等），并加上调光等处理手法，以满足不同会议内容对灯光的不同需要。

　　2. 合适的色温和显色性

　　要求舞台照明的色温为 3050±150K，显色指数大于 85。

　　（1）灯光的色温过高，照相机或摄像机拍摄出来的图像色彩偏蓝。

　　（2）灯光的色温偏低，拍摄出来的图像色彩偏红。

　　（3）灯光的显色指数偏低，拍摄的图像色泽效果与实物真实效果不符，人的面色灰暗，这个问题对艺术等领域更具有特殊的重要性。为此，选用合适的色温和高显色性的光源。

　　3. 合理的布光和正确的光束投射角度

　　在灯具的配置方面突出会议厅的特点，同时又具备文艺演出的功能。灯具配置分为基础照明和艺术照明两大类。

　　（1）基础照明灯。根据剧场的演出舞台灯光标准规范，应设置面光、顶光、耳光、逆光、侧光、柱光、天幕光、地幕光和会议照明光等。多功能厅一般以会议为主，可依据实际情况作适当简化，但起码要设置足够的面光、顶光、天幕光和会议照明光。

　　① 面光。由聚光灯组成的面光，光束按要求以 45°角自舞台正前方顶部投向舞台，能突出演绎舞台和讲台上人物造型和演员的艺术形象。无面光或面光不足，台上的领导者、发言者和演员会显得面目无光；面光投射角度太大，台上人员面部会出现阴影；投射角度太小则眩光刺眼，很不舒适。

　　② 顶光。顶光设置由舞台口向后延伸布置，用于突出舞台人物的造型，并补充舞台中、后部的艺术效果。

　　③ 天排光。在天幕前舞台上部设多个天排灯，俯射天幕，对天空、布景或会徽、会标起重点照明作用。

　　④ 会议照明。如果按照一般剧场的舞台，大量使用大功率卤钨灯作照明，其温度很高，使得开会时坐在主席台上的领导人和发言者十分难受（长时间受灯光灼烤影响与会）。

近年来开发的新型三基色柔光灯（荧光灯）与顶光灯混装于舞台上方。由于是气体放电发光，热量很小，称为冷光源，而照度、色温、显色性等指标都能达到会议照明和拍电视的要求。色温 3200K 左右，显色指数 $Ra>90$，功率为 36W 或 55W，4 支或 6 支装，适于 4m 以下的多功能会议厅。

（2）特殊艺术效果灯。

① 电脑灯。为满足各种现代表演的不同艺术效果，在传统灯具照明的基础上，宜配数个电脑灯，使娱乐活动时的气氛更加活跃和更具现代感。电脑灯有多个可更换的旋转图案片，配有三面棱镜、雾化滤片、色温滤色片和频闪等功能，可获得七色＋白光及单色、混色和双向彩虹效果。

② 强化灯光效果设备的选用。为强化舞台灯光效果，可选配强化灯光效果的辅助设备——烟机。

（3）灯光控制设备的选用。以多路调光台作为调光控制中心，配以多路硅柜。这些高质量多路数的灯光设备既充分满足各类群众自娱和文艺演出活动的调光要求，也为将来的发展需要留下一定的余量。

四、会议室的扬声器布置

（1）对于大型会议厅或会堂，特别舞台口较宽时，一般也采用如前述剧场的三声道扬声器布置方式，故此不赘述。

（2）对于中型或舞台口不太宽的会议厅或多功能厅则通常采用二声道扩声系统。

（3）对于小型会议室或小型会议系统则采用二声道扬声器布置方式，而且音箱的功率不必很大。

1. 中型会议厅或多功能厅的扬声器布置

中等规模的中型会议厅或多功能厅，一般以开会为主，有时也兼有中、小型文艺演出。这类会议厅的扬声器布置一般为二声道系统。通常有两种方法，一种是简单地使用功率较大的扬声器或组合扬声器组，也可以采用线阵列式音柱，布置在台口两侧，如图 4-22 中的 L、R 两处。使用音柱很适于建声条件不佳的会议厅。

第二种扬声器布置方式是在图 4-22 中的后半部的顶棚上，布置若干个吸顶音箱。这时对台口的两只音箱的功率要求不一定很高，而且这种布置方法尤其适于高度不高，且长度较长的房间，其突出特点是声场均匀度好。但由于吸顶音箱会感觉声音从头顶上来而不自然。为此，应使用延迟器（或处理器）的延迟功能对吸顶音箱加以延时，通过调节延迟时间使声像拉到主席台方向。

2. 小型会议室的扬声器布置

小型会议室一般采用长方形或椭圆形会议桌方式，如参会人员或旁听人员再多些，可以在会议桌的左、右侧或后方加椅子扩大。图 4-23 画出了六种常见的优劣不同的扬声器布置方式。

（1）会议室扬声器布置如图 4-23（a）所示，其基本布置方式是在投影幕或 LCD 拼接屏的左右两侧布置两只音箱，如果嫌音量不足或声场不均匀，可如图 4-23（a）所示在会议桌中央顶棚上布置若干只吸顶音箱。由于会议话筒一般为心形指向性，音箱指向话筒背后，故不会产生声音啸叫，是比较好的扬声器布置方式。

图 4-23　六种优劣不同的扬声器布置方式

（2）图 4-23（b）是采用四只（或三只）较小音箱呈中心向四周方向组合在一起（组合体），吊装在会议桌中央，也可以放在中空圆桌的会议桌中央地上，圆形扬声器组合体高于会议桌面，对四周会议代表辐射。这也是一种很好的扬声器布置方式，而且声像方向感好，不会产生啸叫。但缺点是一般会议室的顶棚受装饰影响，不允许顶棚中央安装。

（3）图 4-23（c）是在会议桌边缘或会议代表座位上方安装四只吸顶音箱，由于吸顶音箱不是朝向话筒心形指向性最大值，但也是较大值，故还是有啸叫可能。此外，对于图 4-23（a）和图 4-23（c），吸顶音箱加适当延迟（可通过系统中的数字信号处理器），将声像拉到前方显示屏两侧音箱上，可增强声像一致性。

（4）图 4-23（d）是为了在左右两侧或后方的旁听人员较多时，而在左、右两侧墙壁上加装两只音箱，但音箱朝向后方，这样布置还是可以的。但音箱不能正面朝向会议桌，否则很容易产生啸叫。

（5）图 4-23（e）也是为了扩展听音区域，而在走道上方布置四只吸顶音箱，看似扩大听音范围，提高声场均匀度，但也是不好的扬声器布置方式。因为例如在靠近吸顶音箱的会议代表座席，音箱对着会议话筒容易引起啸叫，而且音箱声音是从代表后方来的，声像不自然。

（6）图 4-23（f）是将四只音箱布置在房间四角，并朝房间中间，这也是不好的扬声器布置方式。这种方式看似声场很均匀，各处的人都能听到，但会引起两个问题，一是容易引起啸叫，二是声像一致性差。因为在会议桌四角附近的代表，由于座位的侧面或后面靠近四个角音箱很近，声音会感到从侧面或后方来的，故声像不一致。

第四节　厅堂扩声系统方式的设计

一、厅堂扩声系统的构成方式

1. 模拟式扩声系统

如图 4-24 所示，它与图 4-2 一样。是典型的第一代模拟式扩声系统。

2. 采用数字处理器的扩声系统

如图 4-25 所示，它与图 4-3 一样，是第二代扩声系统方式。它将图 4-24 主声道中的延迟器、均衡器、压限器、分频器等功能能集成在数字处理器（DSP）中，加接均衡器主要为调试方便。但调音台还是模拟式。左、中、右扬声器组安装在声桥内，左、右扬声器组由全音音箱和超低扬声器组成。由于多功能厅净空高度小，声桥的高度低，中置扬声器选用宽度小的扬声器横放在声桥内。两组经延时扬声器组也是选用宽度小的扬声器，放置在舞台两侧和台唇，用以降低声像（拉声像）。舞台监听扬声器服务于会议时的主席台成员或文艺演出时演员的监听。调音台则选用 24 路调音台。音频处理器采用 3 台数码处理器，它具有滤波、压缩限幅、相位调整、延时、分频、参数均衡、频率补偿、电平控制等功能。

图 4-24　典型模拟式扩声系统图

图 4-25　多功能厅扩声系统原理图

3. 数字式扩声系统

如果将图 4-25 中的模拟式调音台改用数字调音台，则性能和功能都大为改善。但若数字调音台还是以模拟方式输出，则整个系统作了二次 A/D、D/A 转换，给音质造成损害。因此，数字调音台还是以数码方式输出到数字处理器（DSP），这就成了图 4-26 的数字扩声系统方式。

二、数字式扩声系统

目前，对于大多数中、大型剧场的音响系统，已经实现数字化，亦即除了传声器和扬声器之外，从调音台到数字信号处理设备（DSP），包括从声控室到舞台的信号传输，实现了全数字化。这大大地降低外界噪声干扰的影响，提高了系统的信噪比，并且整个音响系统过程只作一次 A/D、D/A 转换，使音质大为提高。此外，数字的传输线缆也简单化，布线、安装施工也大为方便。

图 4-26 是采用模拟调音台和数字调音台的两种剧场舞台音响系统的比较。从图 4-26（a）可见，模拟调音台方式使用较多的周边设备［如均衡器（EQ）、压限器、分频器、延迟器等］和输入、输出接续盘等，输入和输出的信号传输线（如多传声器输入线、多路主输出线、返听辅助输出线等）繁多而冗长；而从采用数字调音台的图 4-26（b）可见，数字调音台系统方式的结构和配线要简捷得多，这不但提高了系统的音质和性能指标，也简化了布线和施工的复杂性。显然，这代表着现代剧场舞台音响系统和技术的发展方向。目前存在的问题是，数字调音台的价格还较贵，国产数字调音台还在开发中。

图 4-26（b）中从声控室到舞台的数字音频传输线可采用数字网线（如 5 类双绞线）、

(a) 剧场模拟调音系统

(b) 剧场数字调音系统

图 4-26　剧场音响系统两种组成方式的对比

同轴电缆、光缆等。例如，AES/EBU（美国音频工程协会/欧洲广播联盟）制定的数字音频接口标准，使用的传输线可以是同轴电缆或双绞线，其允许的传输距离可达 100m。超过 100m 的数字传输宜采用数字光纤传输系统。采用光纤传输有以下优点。

① 光纤信号传输比数字传输的距离更远（距离 2km 也没有衰减问题）。

② 光纤是完全绝缘的，抗射频干扰（RFI）和电磁干扰（EMI），还消除了接地环路的干扰问题。

③ 安装简便，它可方便地在顶棚布线，绕过障碍物、穿过墙壁或在地下布线。

图 4-27 所示是德国 OPTOCORE 公司为剧场提供的光纤数字网络传输系统。它采用主辅环双环连接方式和双电源供电冗余（备份）设计技术，因此系统有很高的稳定可靠性。OPTOCORE 光纤传输网络标准配置为 192 路音频信号、4 路视频信号和 16 路控制信号，包括 DMX512、RS-232 或 RS-485 数据通道等，可扩展到 512 路音频信号，传输延时小于 200ms，包括 A/D 和 D/A 转换时间的总延时小于 1.4ms。

图 4-27　剧场舞台光纤数字网络传输系统（双环）

图 4-27 中的 LX4A 为光纤传输基站（舞台单元），有 48 路传声输入、16 路线路输出、1 路视频输入、2 路串行数据接口等。LX4B 为光纤传输基站（控制室单元），则具有 48 路音频输出、16 路音频输入、1 路视频输出、2 路串行数据接口等。两种基站还都含有 1 路 RS-232 计算机控制接口和 1 路耳机监听接口。

图 4-28 所示是一种使用数字调音台的剧场音响系统的组成方式。图中数字调音台系统主要包括音台控制界面、调音位基站和舞台基站三部分，并使用主备同轴电缆进行传输。

系统满足48路传声器输入

舞台区

传声器输入
最多48路

线路输出
最多48路

返送音箱

返送音箱

舞台基站

主扩声音箱

主扩声音箱

调音台系统配置：
1.调音台控制界面 1套
  1.1调音台主控界面 1张
  1.2调音台分控界面 1张
  1.3液晶显示器 1个
  1.4USB键盘 1个
2.舞台基站 1个
  2.1传声器输入模块 6块
  2.2线路输出模块 2块
3.调音位基站 1个
  3.1基本输入模块 1块
  3.2DSP模块 2块
  3.3连接模块 1块
4.音频工作站 1套
  4.1HDx录音/重放模块 1块
  4.2Pro Tools高品质计算机工作站 1套
5.同轴电缆 1批

观众区

DigiLink

主同轴电缆

备份同轴电缆

调音位基站

音源设备

调音台控制界面

Pro Tools HD
音频工作站

声控室

图 4-28 数字调音台的剧场音响系统

第五节 扩声控制室（机房）

一、扩声控制室的设置

扩声控制室的设置应根据工程实际情况具体确定。一般说来，剧院礼堂类建筑宜设在观众厅的后部。过去往往将声控室设在舞台上台侧的耳光室位置，但总觉得不理想。这是因为它不能全面观察到舞台，对调音控制不利；对观众区的观察受限制，控制室的灯光及人员活动都会对观众有影响；不能听到场内的扩声实际效果，而且还往往与灯光位置矛盾，控制室面积受限制等。控制室面积一般应大于 $15m^2$，且室内作吸声处理。当控制室设在观众厅后面时，观察用的玻璃窗宜为 $1.5\sim2m$（宽）$\times1m$（高），且窗底边应比最后一排地面高 1.7m 以上，以免被观众遮挡视线。

二、机房设备布置

扩声机房内布置的设备主要有调音台、周边设备，例如均衡器、延时器、混响器、压缩限幅器，以及末级功率放大器和监听音箱等，所有设备均可置于同一房间内。

机房内须设置输入转换插口装置，以连接厅堂内所有传声器馈线，设置输出控制盘，以分路控制所有供声扬声器。扬声器连接馈线也由控制盘输出端引出。输入转换插口装置与输出控制盘均须暗设，嵌装在机房相应位置平面内，距地为 $0.5\sim1m$。

设备在机房内的布置可根据信号传输规律，由低至高依次排列。调音台应尽量靠近输入转换插口装置，功率放大器机柜应尽量靠近输出控制盘。功率放大器机柜可稍远离调音台，机房内所配备的稳定电源更要远离弱信号处理设备。

落地安装的设备或设备机柜，机面与墙的距离不应小于 1.5m，机背与墙、机侧与墙的净距不应小于 1m。并列布置时，若设备两侧需检修，其间距不应小于 0.8m。

调音系统中调音台的位置应靠近观察窗台，便于调音师观察与监听。

由于机房的面积，机房的体形不完全一致，因此机房内设备的布置只要符合上述布置要求，可因地制宜，灵活变动。第二节图 4-8 是剧场典型机房平面图。图 4-29 为另两种机房设备布置实例。

三、机房设备线路敷设

机房内各设备间的线路连接，可采用地下电缆槽形式。地下电缆槽可在机房地板下部设置，其上部采用可拆下的活动地板，如图 4-29 和前述图 4-9 所示。

交流电源线在地槽中须远离低电平信号线敷设，否则需单独敷设在专用铁管内，以隔离其对低电平信号线的干扰。

传声器输入线，低电平信号传输线与功率放大器的输出线应分开敷设，不得将这些线同位置敷设，或同线捆扎与穿管，消除高电平信号对低电平信号的干扰。

所有低电平信号传输线都应采用金属屏蔽线，其传输馈接方式可视信号强弱，采用平衡式或非平衡式。

四、音响设备的供电要求

电声系统要与灯光系统供电电源分开。电源干扰包括因灯光照明大电流的变化致使220V 电压变化，以及可控硅产生的脉冲干扰。

音响设备为了避免因供电而引起的干扰，通常采用两种供电方式：

1. 变压器分别供电方式

大型会堂、剧场等采用两台变压器分别供电方式。其中，一台变压器专门给灯光系统

图 4-29　另两种控制室布置示例

（a）中型扩声机房设备布置示例；（b）大型扩声机房设备布置示例

供电，另一台变压器专门给音响系统供电。

2. 分相供电方式

对于规模较小的音视频会议系统等，采用分相供电方式。

此种方式是将三相电源中的一相电源供给音响系统，另一相供给灯光系统，还剩下一相作为备用电源。因为灯光系统用电量往往远大于音响系统用电量，所以，也可以将一相电源供给音响系统，另外两相电源供给灯光系统。

对于带有可控硅调光设备时，应根据情况采取下列防干扰措施：

（1）可控硅调光设备自身具备抵制干扰波的输出措施，使干扰程度限制在音响设备允许范围内。

（2）引至音响控制室的供电电源干线不应穿越可控硅调光设备的辐射干扰区。

（3）引至调音台或前级控制台的电源应插接单相隔离变压器（$N=1 : 1$），将音频设备与其他用电设备隔离。注意变压器的屏蔽层须良好接地，以杜绝此类干扰的产生，如图4-30所示。

图 4-30　采用隔离变压器供电示意图

3. 稳压供电

引至调音台（或前级信号处理机柜），功放设备等交流电源的电压波动超过设备规定时，应加装交流稳压装置，如图4-31所示。

图 4-31　采用交流自动稳压器供电示意图

五、卡侬插头插座

如图4-32所示，多用在调音台及其周边设备、功放的输入输出连接。通常卡侬插头插座用于平衡接法，其各管脚的接法是：1端为屏蔽接地；2端为信号（＋）端；3端为信号（一）端。而且公插和母插的管脚序号方向正好相反。如果将卡侬插头接成不平衡接法，则可将3端与1端用导线接通。

图 4-32　卡侬插头插座
1—接地；2—信号（＋）；3—信号（一）

六、机柜

1. 标准机架

国际上最通用的专业音响器材的尺寸力 19 英寸宽，高度不统一。用占几个"U"（基本单位为 1 个"U"）来表示，深度不等。由此 19 英寸的机架称为安装电声设备的标准机架，机架两边按统一的规格（以 1 个 U 为基准）攻成若干丝孔，可直接用螺钉将设备固定在机架上，可以随意调整上下位置。机架设有专门的接地螺栓，应用 $4mm^2$ 截面的铜线将该点与音控室的接地处连接，并与调音台的音频信号参考电位（地）相连。供音频信号参考电位（地）的接地端子位置不能与电源 220V 的接地端共用，应分为一定距离的两点。

2. 设备排列

设备在机柜中排列，有条件情况下，应使低电平的信号处理设备与高电平输出的功率放大器分机柜放置，两类设备完全分开，可消除对低电平信号的干扰。如果放置在同一个机柜内，原则上应做到低电平信号处理设备在机柜上部，高电平信号输出设备在机柜下部。

图 4-33 示出了扩声音响声频设备在机柜上放置方式实例。由图可以看出，设备在机柜上的排列是按照设备工作电平的高低，即设备的用电梯度，由低至高，从上往下排列。

图 4-33　扩声用声频设备排列

3. 接线捆扎

机柜上各种接线必须分类捆扎，通过导线槽通向所要连接的设备端子。同类线可捆扎在一道，不同类线要分开排列。输入信号线（例如光电池信号输入线）与输出信号线或电源线，一定要分开捆扎，而且不能平行走向，最好相交成某一角度（通常在 $45°\sim90°$），功率输出线要单独引出。所有接线要捆扎整齐，在机柜内位置明确，并做出相应标志，便于维修时查找。

七、线缆的捆扎与处理

在直线走线的电缆上，电缆捆扎带的间隔应如图 4-34 中 a 所示。为了维持捆孔电缆形状，要使用最少捆扎带数目，要在导线的所有分支处安放电缆捆扎带，如图中 b 所示。遇到转弯和 T 字形连接，则要在弯角的两边均放置电缆捆扎带，如图中 c 所示。而对 T 字形连接则要在三个位置放置电缆捆扎带，如图中 d 的情况。固定 T 字形接点的另外一种方法是使用如图中 e 所示的 X 形电缆捆扎带。在有些情形下，尤其是大型的电缆，可能需要在转弯和 T 字形接点处采用电缆捆扎带来提高强度。

八、音箱的安装

舞台处设置扬声器，无论组合扬声器（音箱）或是低音（音箱）都应安置在舞台面

图 4-34　利用导线束捆带捆孔线束

上，或安置在坚固的支架上；悬挂扬声器的悬挂支架和支点应牢固，防止强功率下产生振动，以带来音质变坏。吊架不牢产生的 $40\sim80\mathrm{Hz}$ 低频共振，会在房间均衡器的调试时，频谱产生高峰假象。此峰随声音而变化，但不成线性关系，所以很难均衡。

当把喇叭系统安装在舞台前拱形台口时，必须注意的要点是，在喇叭和拱形台口间，不得有间隙，贴上毛毡垫圈（图 4-35）另外，必须注意喇叭的振动不得传给拱形台口。

当喇叭系统容易横向振动时，为了安全，防止振动，可在横向拉辅助缆绳。舞台侧面喇叭，当设置在地板上或放在地面上时，为防止喇叭振动影响，放置防振橡胶，用吸声材料围住，如图 4-36 所示。图 4-37 是扬声器箱呈角度安装的方法。

图 4-35　舞台用扬声器的安装例

图 4-36　舞台侧面喇叭的安装例

图 4-37　扬声器系统障板平面与房间内部装修表面不一致而形成角度时，箱体的安装方法

(a) 箱体突出壁面（最好）；(b) 箱体凹进壁面（坏的例子）；

(c) 箱体凹进壁面，但加大开口部分，并粘贴吸声材料（好的例子）

第六节　厅堂建筑声学设计

剧场、会堂多功能厅等的扩声系统设计包括建筑声学设计和电声设计两部分，而且是两者的统一体。本节着重阐述建声设计。

一、厅堂建筑声学设计步骤

厅堂建筑声学的设计流程如图 4-38 所示。

二、厅堂的体形设计

1. 厅堂体形设计原则

剧场的建筑声学设计主要体现在观众厅的体形设计和混响设计。体形设计包括平面和剖面的形式，它关系到大厅的音量、声强分布，声扩散、早期反射声的分布和消除音质缺陷等一系列的声学问题。因此，体形设计对大厅的音质起到重要作用。体形设计主要由建筑师负责，建声设计必须从方案阶段就介入，目的是把声学要求渗入到体形设计中去，才能为大厅获得良好的音质奠定基础。

对于一个体积一定的大厅，大厅体形直接决定反射声的时间和空间分布，甚至影响直达声的传播。因此，体形设计是音质设计的重要内容。大厅体形设计原则如下：

① 充分利用声源的直达声。

② 争取和控制早期反射声，使其具有合理的时间和空间分布。

③ 适当的扩散处理，使声场达到一定的扩散程度。

④ 防止出现声学缺陷，如回声、多重回声、声聚集、声影以及在小房间中可能出现的低频染色现象等。

图 4-39 所示为常用的几种观众厅平面形式，并分析了其对室内音质可能产生的影响。

2. 扩散设计

观众厅的声场要求有一定的扩散性。声场扩散对录音室尤其重要。观众厅中的包厢、挑台、各种装饰等，对声音都有扩散作用。必要时，还可将墙面和顶棚设计成扩期面，尤

图 4-38　厅堂建筑声学设计流程图

体形分析

扇形平面　　　　六边形平面　　　　椭圆形平面　　　　窄长形平面

改善方法

改变侧墙角度　　改变侧墙角度　　侧墙做扩散反射面

图 4-39　平面形式与反射声分布

其在可能产生声聚集及回声等的表面需要做扩散处理，图 4-40 所示为几种扩散体的尺寸要求。欲取得良好的扩散效果，它们的尺寸应满足如下关系：

$$a \geqslant \frac{2}{\pi}\lambda \tag{4-9}$$

$$b \geqslant 0.15a \tag{4-10}$$

式中：a 为扩散体宽度（m）；b 为扩散体凸出高度（m）；λ 为能有效扩散的最低频率声波波长（m）。

图 4-40 几种扩散体尺寸要求

如果对下限为 125Hz 的声波起有效扩散作用，a 必须在 1.8m 以上，b 须大于 0.27m。扩散体尺寸与声波波长相当时扩散效果最好，太大又会引起定向反射。

3. 声学缺陷的防止

体形设计不当，会出现聚集、回声、颤动回声、声影等音质缺陷。图 4-41 所示为音质设计有问题的厅堂存在的声学缺陷。

图 4-41 厅堂存在的声学缺陷

后墙形成回声　　　用吸声性后墙消除回声

用扩散性后墙消除回声　后墙部分倾斜以消除回声

图 4-42　消除后墙回声的方法

当反射声延迟时间过长，一般是直达声过后 50ms，强度又很大，这时就可能形成回声。观众厅中最容易产生回声的部位是后墙和后墙相接的顶棚，以及挑台栏板等，这些部位把声波反射到观众席前区和舞台，因此延迟时间很长。如果后墙、挑台栏板为弧形，更会对反射声产生聚集作用，从而加强回声的强度。为此，可采取如图 4-42 所示的方法消除回声。另外，在电影院，环绕声扬声器在侧墙如布置不当，容易引起平行侧墙之间的多重反射而形成多重回声。

三、混响设计

混响时间与音质清晰度密切相关。混响时间短，声音清晰但不丰满；混响时间长，声音丰满但不清晰。对于一般要求不高的大厅，控制好混响时间，保证良好的语言清晰度，就可以在使用时获得很好的满意度。

混响设计具体内容如下：

（1）最佳混响时间及其频率特性的确定。

（2）混响时间计算。

（3）吸声材料选择，吸声结构的确定及布置。

不同用途的大厅有不同的最佳混响时间值。图 4-43 所示是国家标准《剧场、电影院和多用途厅堂建筑声学设计规范》GB/T 50356—2005 推荐的歌剧院、戏曲/话剧院、电影院、会堂、礼堂、多功能厅等的中频混响时间值范围。丰满度要求较高的大厅（如音乐厅）需要较长的混响时间，清晰度要求较高的房间（如会堂等）的混响时间要短一些，录音、放音用房间（如录音室、电影院）应有更短的混响时间。最佳混响时间根据房间容积大小可适当调整。房间容积大，混响时间可适当延长；房间容积小，混响时间可适当缩短。对多功能厅，可以做可调混响。

在得到中频最佳混响时间值以后，还要以此为基础，根据房间使用性质确定各倍频程中心频率的混响时间，即混响时间频率特性。图 4-44 所示是推荐的混响时间频率特性曲线。

图中横坐标是频率，纵坐标是与中频混响时间的比率。表 4-8 给出了各种厅堂的混响时间频率特性的比值，即高频混响时间尽可能与中频一致，而中频以下可以保持与中频一致，或者随着频率的降低而适当延长，这取决于房间用途。音乐厅低频混响时间需要比中频长，以获得温暖感，在 125Hz 附近宜为中频的 1.3～1.6 倍。用于语言的大厅，应有较平直的混响时间频率特性。

图 4-43　各种厅堂对不同容积 V 的观众厅在频率 $500\sim1000\text{Hz}$ 时满场的合适混响时间 T 的范围

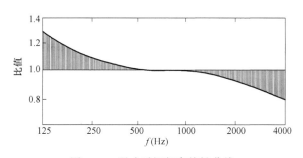

图 4-44　混响时间频率特性曲线

混响时间频率特性比值（R）　　　　　　　　　　　　　　　　　表 4-8

频率（Hz）	歌剧院	戏曲、话剧院	电影院	会场、礼堂、多用途厅堂
125	1.00～1.30	1.00～1.10	1.10～1.20	1.00～1.20
250	1.00～11.15	1.00～1.10	1.10～1.10	1.00～1.10
2000	0.90～1.00	0.9～1.00	0.9～1.00	0.90～1.00
4000	0.80～1.00	0.8～1.00	0.8～1.00	0.80～1.00

空气对高频声有较强的吸收，特别是房间容积很大时，高频混响时间通常会比中频短。但由于人们已经习惯，故允许高频混响时间稍短些。

四、吸声材料和吸声结构

在室内音质设计中，吸声材料和吸声结构用途广泛，主要用途有：用于控制房间的混响时间，使房间具有良好的音质；消除回声、颤动回声、声聚焦等声学缺陷；室内吸声降噪；管道消声。材料和结构吸声能力的大小通常用吸声系数 α 表示，一般把吸声材料 $\alpha \geqslant$

0.2 的材料称为吸声材料，表 4-9 所示为吸声材料和结构的种类及特性。虽然吸声材料和结构的种类很多，但按照吸声机理，常用吸声材料和结构可分为两大类，即多孔性吸声材料和共振声结构。依其吸声机理可分为三大类，即多孔吸声材料、共振型吸声结构和兼有两者特点的复合吸声结构，如矿棉板吊顶结构等。

主要吸声材料种类及其吸声特性　　　　　　　　　　　　　　　　　　　　表 4-9

类　型	基本构造	吸声特性	材料举例	备　注
多孔吸声材料			超细玻璃棉、岩棉、珍珠岩、陶粒、聚氨酯泡沫塑料	背后附加空腔，可吸低频
穿孔板结构			穿孔石膏板、穿孔FC板、穿孔胶合板、穿孔钢板、铝合金板	板后加多孔材料，使吸声范围展宽，吸声系数增大
薄板吸声结构			胶合板、石膏板、FC板、铝合金板等	
薄膜吸声结构			塑料薄膜、帆布、人造革等	
多孔材料吊顶板			矿棉板、珍珠岩板、软质纤维板	
特殊吸声结构			空间吸声体、吸声屏障、吸声尖劈	一般吸声系数大，不同结构形式吸声特性不同

　　注：吸声特性栏中，纵坐标为吸声系数 α，横坐标为倍频程中心频率（单位 Hz）。

218

1. 多孔吸声材料

（1）吸声机理及吸声特性

多孔吸声材料的构造特点是具有大量内外连通的孔隙和气泡，当声波入射其中时，可引起空隙中的空气振动。由于空气的黏滞阻力，空气与孔壁的摩擦。相当一部分声能转化成热能而被损耗。此外，当空气绝热压缩时，空气与孔壁之间不断发生热交换，由于热传导作用，也会使一部分声能转化为热能。

某些保温材料，如聚苯和部分聚氯乙烯泡沫塑料，内部也有大量气泡，但大部分为单个闭合，互不连通，因此，吸声效果不好。使墙体表面粗糙，如水泥拉毛的做法，并没有改善其透气性，因此并不能提高其吸声系数。

影响多孔吸声材料吸声性能的因素主要有材料的空气流阻、孔隙率、表观密度和结构因子。其中结构因子是由多孔材料结构特性所决定的物理量。此外，材料厚度、背后条件、面层情况以及环境条件等因素也会影响其吸声特性。

（2）多孔吸声材料特性

多孔吸声材料包括纤维材料和颗粒材料。纤维材料有：玻璃棉、超细玻璃棉、矿棉等无机纤维及其毡、板制品，棉、毛、麻等有机纤维织物。颗粒材料有膨胀珍珠岩、微孔砖等板块制品。

多孔吸声材料一般有良好的中高频吸声性能，其吸声机理不是因为表面的粗糙，而是因为多孔材料具有大量内外连通的微小空隙或气泡。通常，多孔材料的吸声能力与其厚度、密度有关。如图 4-45 所示，随着厚度增加，中低频吸声系数显著增加，高频变化不大。厚度不变，增加密度也可以提高中低频吸声系数，不过比增加厚度的效果小。在同样用料的情况下，当厚度不受限制时，多孔材料以松散为宜。

（a）密度为27kg/m³超细玻璃棉　　　　（b）5cm 厚超细玻璃棉密
厚度变化对吸声系数的影响　　　　　　度变化对吸声系数的影响

图 4-45　不同厚度和密度的超细玻璃棉的吸声系数

多孔材料背后有无空气层，对吸声性能有重要影响。一般说来，其吸声性能随着空气层厚度的增加而提高，如图 4-46 所示。因此，大部分纤维板状多孔材料都是周边固定在木龙骨上，离墙 5～15cm 安装。

多孔材料如超细玻璃棉、矿棉等使用时需加防护面层，以满足施工和装饰的要求。如

图 4-46　背后空气层厚度对吸声性能影响的实例

面层采用钢板网、织物等完全透气材料时，吸声性能基本不受影响。用穿孔薄板作面层，穿孔率大至 30% 以上时，吸声性能也基本不受影响；穿孔率降低，中高频尤其是高频吸声性能将降低；穿孔率更小时就成为共振型吸声材料。在多孔吸声材料表面喷刷油漆或涂料，将使材料表面气孔受堵，降低中高频吸声性能。

帘幕也是一种很好的多孔吸声材料。就吸声效果而言，丝绒最好，平绒次之，棉麻织品再次之，化纤类帘幕吸声系数较低。用帘幕调节吸声效果：一是控制它与墙面或玻璃的间距（即空气层厚度），如图 4-47 所示；二是调节帘幕的褶裥（打褶程度），如图 4-48 所示。由图 4-48 可见，使帘幕与墙面或玻璃距离 10cm 以上和利用较深的褶裥（相当于增加帘幕有效厚度），有利于提高吸声性能。

帘幕面密度:0.25kg/m³
空气厚度：①30mm；②100mm；③250mm

图 4-47　帘幕的吸声性能

图 4-48　帘幕吸声性能与打褶程度的关系
（图中数字越大表示打褶越多，吸声越强）

地毯也是一种很好的多孔吸声材料，而且它还有隔绝撞击声的效果。剪切绒毛地毯的绒毛越长、越密，吸声性能越好。纤维形的地毯吸声效果较差。

2. 共振吸声结构

穿孔板吸声结构和薄板、薄膜吸声结构都可看作利用共振吸声原理的吸声结构。

穿孔板吸声结构具有适合于中频的吸声特性。它是由金属板、薄木板、石膏板等穿以一定密度的小孔或缝后，周边固定在龙骨上，背后留有空气层而构成的共振吸声系统。因此它可视为由许多并联的亥姆霍兹共振器组成。穿孔板共振吸声结构的共振频率可用下式计算：

$$f_0 = \frac{c}{2\pi} \sqrt{p(\delta + 0.8d)D}\,(\text{Hz})$$

(4-11)

式中：c 为声速，一般取 34000cm/s；p 为穿孔率，即穿孔面积与总面积之比；D 为板后空气层厚度（cm）；δ 为板厚（cm）；d 为穿孔直径（cm）。

穿孔板的吸声特性如图 4-49 所示，在共振频率附近有最大的吸声系数。为了在较宽的频率范围内有较高的吸声系数，一种办法是在穿孔板后铺设多孔吸声材料，如图 4-49 中③所示。多孔吸声材料离开穿孔板放置，吸声效果要差一些，如图 4-49 中②所示。另一种办法是穿孔的孔径很小，小于 1mm（穿孔率为 1%～3%），称为微穿孔板。微穿孔板常用薄金属板制成，一般不再铺设多孔吸声材料，可在较宽频带内获得较好的吸声效果，做成双层微穿孔结构，吸声性能更好。

（穿孔板穿孔率 $p=9\%$）

图 4-49　穿孔板的吸声特性

吸声结构可根据建筑要求做成各种形式。图 4-50 所示是吸声结构的基本做法。吸声结构龙骨间距一般为 $400\sim600\text{mm}$。多孔吸声材料可固定于龙骨之间，并靠近面层（或面板）。表 4-10 列出了部分最常用的吸声材料、吸声结构等的吸声系数值，供参考选用。

图 4-50　吸声结构基本做法

3. 吸声材料的选择与布置

吸声材料的作用是控制混响时间，消除音质缺陷。吸声材料从性能上可划分为以下三类：

常用吸声材料和吸声结构的吸声系数　　　　　　　表 4-10

序号	吸声材料及其安装情况	吸声系数 α					
		125Hz	250Hz	500Hz	1000Hz	2000Hz	4000Hz
1	50mm 厚超细玻璃棉,表观密度 20kg/m³,实贴	0.20	0.65	0.80	0.92	0.80	0.85
2	50mm 厚超细玻璃棉,表观密度 20kg/m³,离墙 50mm	0.28	0.80	0.85	0.95	0.82	0.84
3	50mm 厚尿醛泡沫塑料,表观密度 14kg/m³,实贴	0.11	0.30	0.52	0.86	0.91	0.96
4	矿棉吸声板;厚 12mm,离墙 100mm	0.54	0.51	0.38	0.41	0.51	0.60
5	4mm 厚穿孔 FC 板,穿孔率 20%,后空 100mm,填 50mm 厚超细玻璃棉	0.36	0.78	0.90	0.83	0.79	0.64
6	其他同上,穿孔率改为 4.5%	0.50	0.37	0.34	0.25	0.14	0.07
7	穿孔钢板,孔径 2.5mm,穿孔率 15%,后空 30mm,填 30mm 厚超细玻璃棉	0.18	0.57	0.76	0.88	0.87	0.71
8	9.5mm 厚穿孔石膏板,穿孔率 8%,板后贴桑皮纸,后空 50mm	0.17	0.48	0.92	0.75	0.31	0.13
9	其他同上,后空改为 360mm	0.58	0.91	0.75	0.64	0.52	0.46
10	三夹板,后空 50mm,龙骨间距 450mm×450mm	0.21	0.73	0.21	0.19	0.08	0.12
11	其他同上,后空改为 100mm	0.60	0.38	0.18	0.05	0.05	0.08
12	五夹板,后空 50mm,龙骨间距 450mm×450mm	0.09	0.52	0.17	0.06	0.10	0.12
13	其他同上,后空改为 100mm	0.41	0.30	0.14	0.05	0.10	0.16
14	12.5mm 厚石膏板,后空 400mm	0.29	0.10	0.05	0.04	0.07	0.09
15	4mm 厚 FC 板,后空 100mm	0.25	0.10	0.05	0.05	0.06	0.07
16	3mm 厚玻璃窗,分格 125mm×350mm	0.35	0.25	0.18	0.12	0.07	0.04
17	坚实表面,如水泥地面、大理石面、砖墙水泥砂浆抹灰等	0.02	0.02	0.02	0.03	0.03	0.04
18	木格栅地板	0.15	0.10	0.10	0.07	0.06	0.07
19	10mm 厚毛地毯实铺	0.10	0.10	0.20	0.25	0.30	0.35
20	纺织品丝绒密度 0.13kg/m³,直接挂墙上	0.03	0.04	0.11	0.17	0.24	0.35
21	木门	0.16	0.15	0.10	0.10	0.10	0.10
22	舞台口	0.30	0.35	0.40	0.45	0.50	0.50
23	通风口(送、回风口)	0.80	0.80	0.80	0.80	0.80	0.80
24	人造革沙发椅(剧场用),每个座椅吸声量	0.10	0.15	0.24	0.32	0.28	0.29
25	观众坐在人造革沙发椅上,人与座椅单个吸声量	0.19	0.23	0.32	0.35	0.44	0.42
26	观众坐在织物沙发椅上,单个吸声量	0.15	0.16	0.30	0.43	0.50	0.48

（1）多孔吸声材料——对高频声吸声效果较好。

（2）薄膜或薄板共振吸声结构——用于中低频声的吸收。

（3）穿孔板共振吸声结构——吸音频率随需要调节。

吸声材料选择，吸声结构构造确定，应注意低频、中频、高频吸声的平衡，保证所需的音色，同时兼顾建筑装饰效果。

布置的原则如下：

（1）要使吸声材料充分发挥作用，应将其布置在最容易接触声波和反射次数最多的表面上，通常顶棚和地面反射次数要比侧墙多1倍，因此许多厅堂把吸声材料布置在顶棚上。如果要利用顶棚反射，就要把吸声材料放在其他易于声波接触的表面上。

（2）舞台附近的顶棚及侧墙均采用吸声系数小的材料来布置，以便把有用的前几次反射声（35～50ms）反射到观众厅的后部。

（3）为了不使后墙反射回来的声音（超过50ms的）影响观众听觉，常需在护墙板以上部分布置较高吸声值的材料（α 在 0.7 以上），减弱回声强度，使它不被发觉。过高的顶棚、过大的跨度有可能产生回声时，也应布置吸声材料来解决。

一般而言，舞台口周围的墙面、顶棚、侧墙下部应当布置反射性能好的材料，以便向观众席提供早期反射声。观众厅的后墙宜布置吸声材料或结构，以消除回声干扰。如所需要吸声量较多时，可以在大厅中后部顶棚、侧墙上部布置吸声材料和结构。

对于有高大舞台空间的演出大厅来说，观众厅和舞台空间通过舞台开口成为"耦合空间"。当舞台空间吸声较少时，它就会将较多的混响声返回给观众厅，使大厅清晰度降低。因此，应该注意舞台上应有适当的吸声。吸声材料的用量应以舞台空间的混响时间与观众厅基本相同为宜。至于耳光、面光室，内部也应适当布置一些吸声结构，使耳光口、面光口成为一个吸声口。

室内音质设计中，并不是所有的声环境都要增加吸声材料。有时为了获得较长的混响时间，必须控制吸声总量，尤其对音乐厅和歌剧院更是如此。而且，除建筑装修中应减小吸声外，对座椅的吸声也必须加以控制，如沙发椅软面靠背不宜过高过宽，以减小吸声。

五、混响时间设计计算

混响时间 T_{60} 计算可按如下步骤进行：

（1）根据观众厅设计图，计算房间的体积 V 和总内表面积 S。

（2）根据房间的体积（容积）V 和国家规范图4-43确定混响时间的设计值，并允许加±10%。

（3）根据混响时间设计值，采用伊林修正公式计算，求出房间平均吸声系数 $\bar{\alpha}$。

伊林修正公式如下：

$$T_{60} = \frac{0.16V}{[-S\ln(1-\bar{\alpha})+4mV]} \tag{4-12}$$

式中：V 为房间容积（m²）；S 为室内总表面积（m²）；4m 为室气吸声系数，见表4-11。

求出的平均吸声系数乘以总内表面积 S，即为房间所需总吸声量。一般计算频率取125～4000Hz，共6个倍频程中心频率。

（4）计算房间内固有吸声量，包括室内家具、观众、舞台口、耳面光口等吸声量。房间所需总吸声量减去固有吸声量即为需要增加的吸声量。

空气吸声系数 4m 值（室温 20℃）　　表 4-11

频率（Hz）	室内相对湿度				
	30％	40％	50％	60％	70％
1000	0.005	0.004	0.004	0.004	0.003
2000	0.012	0.010	0.010	0.009	0.009
4000	0.038	0.029	0.024	0.022	0.021
6300	0.084	0.062	0.050	0.43	0.040
8000	0.120	0.095	0.077	0.065	0.057

（5）查阅材料及结构的吸声系数（表 4-10 中列有部分吸声材料和吸声结构和吸声系数），从中选择适当的材料及结构，确定各自的面积，以满足所需增加的吸收量及频率特征。一般常需反复选择、调整，才能达到要求。

混响设计也可在确定房间混响时间设计值及体积后，先根据声学设计的经验及建筑装修效果要求确定一个初步方案，然后验算其混响时间。通过反复修改、调整设计方案，直到混响时间满足设计要求为止。通常是各频带混响时间计算值应在设计值的 ±10％ 范围内。表 4-12 为某剧院观众厅混响时间计算实例。由表可得该剧场观众厅的混响时间（500－1000Hz）为 1.31s＋1.26s 的平均值为 1.29s，即为（1.3±10％）s。一般混响时间取值偏大，有利于增强音乐丰满感，取值偏小则可提高语言清晰度。

某剧场混响时间设计计算表　　表 4-12

湿度＝60％　　　体积＝6298m³　　0.161V＝1013.98m³　　　　表面积＝2679.7m²

项　目	面积（m²）	125		250		500		1000		2000		4000	
		α	A	α	A	α	A	α	A	α	A	α	A
吊顶	619.6	0.1		0.06		0.05		0.04		0.04		0.02	
（20mm 厚 GRC）			64.96		38.98		32.18		25.98		25.98		12.99
吊顶	23.8	0.30		0.35		0.10		0.45		0.50		0.55	
面光口			7.14		8.33		9.52		10.71		11.90		13.09
吊顶	5.3	0.25		0.30		0.40		0.45		0.50		0.55	
主扩声音箱孔			1.33		1.59		2.12		2.39		2.65		2.92
一层观众厅吊顶	120	0.1		0.06		0.05		0.01		0.04		0.02	
（20mm 厚 GRG）			12.00		7.20		6.00		4.80		4.80		2.10
一层地面	220.2	0.12		0.08		0.06		0.05		0.04		0.04	
（走道:木地板）			26.42		17.62		13.21		11.01		8.81		8.81
一层地面	59.1	0.08		0.07		0.05		0.05		0.04		0.04	
（舞台空铺双层木地板）			1.73		4.14		2.96		2.96		2.36		2.36
一层地面	314.2	0.25		0.30		0.45		0.50		0.45		0.40	
座椅（定制软椅）			78.55		94.26		141.39		157.10		141.39		125.68
二层地面	134.2	0.12		0.08		0.06		0.05		0.04		0.04	
（走道:木地板）			16.10		1074		8.05		6.71		5.37		5.37
二层地面	82.8	0.25		0.30		0.45		0.50		0.45		0.40	
座椅（定制软椅）			20.70		24.84		37.26		41.40		37.26		33.12

续表

项　目	面积(m²)	125		250		500		1000		2000		4000	
		α	A	α	A	α	A	α	A	α	A	α	A
侧墙（12%PT板＋50mm厚48K棉＋50mm空腔）	195.4	0.42	82.07	0.8	15632	0.85	166.09	0.82	160.23	0.8	156.32	0.81	158.27
侧墙（弧形反射板）	146.1	0.01	1.46	0.01	1.46	0.01	1.46	0.01	1.46	0.02	2.93	0.02	2.93
侧墙实木拼门	8.6	0.1	0.86	0.08	0.69	0.06	0.52	0.05	0.43	0.04	0.34	0.03	0.26
侧墙:耳光厚木石反射板(后留50mm空腔,内墙48K棉)	325	0.08	26.00	0.06	19.50	0.04	13.00	0.03	9.75	0.02	6.50	0.02	6.50
侧墙:耳光灯光口	4.2	0.030	1.26	0.35	1.47	0.40	1.68	0.45	1.89	0.50	2.10	0.55	2.31
侧墙:耳光耳光洞	13	0.30	3.90	0.35	4.55	1.40	5.20	0.45	5.85	0.50	6.50	0.55	7.15
挑台栏板（CRG-MLS扩散体）	53.7	0.01	0.54	0.01	0.54	0.01	0.54	0.01	0.54	0.01	0.54	0.01	0.54
后墙（12%PT板＋50mm厚48k棉＋200mm空腔）	113.4	0.76	86.18	0.82	92.99	0.81	91.85	0.85	96.39	0.80	90.72	0.81	91.85
后墙玻璃窗	0.6	0.25	0.15	0.15	0.09	0.10	0.06	0.08	0.05	0.06	0.04	0.05	0.03
后墙实木拼门	7.2	0.1	0.72	0.08	0.58	0.06	0.43	0.05	0.36	0.04	0.29	0.03	0.22
前墙舞台口	166.5	0.30	49.95	0.35	58.28	0.40	66.60	0.45	74.93	0.50	83.25	0.55	91.58
前墙口周边:石材实贴	12.6	0.01	0.13	0.01	0.13	0.01	0.13	0.01	0.13	0.01	0.13	0.01	0.13
前墙（五合板＋50mm厚48K棉）	23.9	0.1	2.39	0.25	5.98	0.15	3.59	0.04	0.9	0.05	1.20	0.08	1.91
满场混响时间 $\sum S\alpha$	2679.7	559		625		672		681		641		612	
$\bar{\alpha}$		0.209		0.233		0.251		0.254		0.239		0.228	
$-\ln(1-\bar{\alpha})$		0.234		0.266		0.289		0.293		0.274		0.259	
$S[-\ln(1-\bar{\alpha})]$		627		712		774		786		733		695	
$4mV$								18.894		56.682		138.556	
$S[-\ln(1-\bar{\alpha})]$		627		712		771		805		7890		833	
T_{60}(s)		1.62		1.42		1.31		1.26		1.28		1.22	

225

由表 4-12 可见，剧场的混响时间：500Hz 为 1.31s，1000Hz 为 1.26s，故中频平均混响时间为 1.29s。

第七节　网络技术在音响系统中的应用

如今，大型剧场舞台音响系统不仅实现了数字化，而且正在向网络化方向发展。数字调音台和数字信号处理技术的广泛使用，使系统不仅具备原来模拟设备的性能和功能，而且通过数字化技术与网络的结合，使音响系统发生了质的变化，系统的处理能力和管理能力大为增强。

一、音频网络的典型拓扑形式

目前，用于音频网络的典型拓扑形式主要有如下几种：

1. 点对点网络

(a)　　　　　　　(b)

(c)　　　　　　　(d)

图 4-51　音频网络拓扑类型

如图 4-51（a）所示，这种网络只有两个网络设备，并通过简单网络连接。这种网络是最简单的网络形式。

2. 星形网络

如图 4-51（b）所示，目前常用的 Cobra-Net 等就是采用星形网络结构。现在计算机网络广泛利用这种形式的网络。它的优点是，网络设备呈分布式配置，且便于添加设备和去掉设备。它的缺点是，处于网络中心的以太网交换机一旦出现故障，将影响所有设备。

3. 环形网络

如图 4-51（c）所示，前述的 OPTOCORE 和 EtherSound 等就采用这种形式的网络。环形网络的优点在于，网络中的信息流可以在环中顺时针方向传送，也可以逆时针方向传送，因此环中的某个设备出现故障，不会影响整个网络。它的缺点是，添加设备或去掉设备比较麻烦，必须重新接线。

4. 菊花链形（级联式）网络

如图 4-51（d）所示，EthreSound 也可采用这种网络形式，还有 AVIOM 等采用这种网络。这种网络形式的优点是，设备之间就是简单的级联（串接），网络容易连接。它的缺点是，除了两端设备之外，任一设备发生故障，都将使级联式网络一分为二。

二、数字音频网络传输技术

网络音频系统的核心技术是能满足声频信号在网络中传输和分配的专用音频网络。该网络应该由一个为业内厂商公认的音频网络协议、支持该协议的硬件和软件所组成。发展至今已先后出现了十几种数字音频网络传输技术。主要有如下几种成熟的技术：

1. 点对点音频传输技术

主要有音频工程师协会 AES 研发的双通道数字传输协议 AES3、AES10（MADI）传输协议，各模拟音频一样，AES3、MADI 已成为工业标准音频格式。

2. 基于网络的音频传输技术

（1）基于一层网络 Layer-1；（物理层）的技术：包括法国 Digigram 的 EtherSound、美国 AVIOM 的 A-Net、德国 RIEDEL 的 Rocknet、英国 Midas Klarkteknik 的 AES50（Super MAC）、Cibson 的 MaGIC、日本 Fostex 的 NetCIRA 和日本 Roland 的 REAC 等。

（2）基于二层网络 Layer-2（数据链路层）的技术：使用标准的以太网数据包；包括能够使 ATM 通过 AES3 音频实现在线服务的 AES51、美国 Peak Audio 的 Cobra Net、美国 QSC 的 RAVE、英国 Calrec 的 Hydra、Harman 集团的 HiOnel、以太网协议 IEEE802.1、AVB 技术等。

（3）基于三层网络 Layer-3（网络层）的技术：使用标准的 IP 数据包；包括澳大利亚 Audinate 的 Dante、美国 QSC 的 Q-LAN 等。

3. 基于 FDDI（光纤分布式数据接口）的音频传输技术

使用 TDM（时分多路复用）技术；包括德国的 OPTOCORE 光纤传输系统、德国 StageTec 的 Nexus 光纤传输系统、德国 Lawo 的 Dallis 光纤传输系统。

在这些技术中，CobraNet、EtherSound 和 Dante 是独立的第三方厂家开发的，授权给设备生产厂商使用，支持厂家相对较多，应用最为广泛；而 AVB 技术是开放标准，最具发展前景，被视为音视频行业未来的标准；而其余大部分技术则基本上属于制造商的专有系统。

表 4-13 列出了几个主要音频网络传输技术。下面叙述几种常用的音频网络技术：

主要音频网络传输技术对比 表 4-13

技术	CobraNet	EtherSound	Dante	AVB	QSC Q-LAN	Stagetec Nexus Star	Optocore
网络结构	星形、环形	菊花链、环形	星形	星形	星形	双星形全冗余结构	以环网
单链路音频传输通道	单向 64	单向 512 @1000BaseT	单向 48	单向 64	单向 512	256	单向 512
最大音频传输通道	视网络规模而定	512×512	视网络规模而定	视网络规模而定	2048×2048	4096×4096	512×512
延时	最小 1.33ms	最小 125μs	最小 25μs @100BaseT	最小 80μs @1000BaseT	1ms	125μs	0.72ms
同步方式	同步数据	自同步	IEEE1588	IEEE1588	IEEE1588	支持多种外部时钟和内部时钟	—
视频	—	—	—	支持	—	—	支持
DMX512 灯光控制信号	—	—	—	—	—	支持	支持
RS-232/422/485Z 信号传输	支持	支持	支持	支持	支持	支持	支持
主要应用场合	固定安装、公共广播	现场扩声/录音	固定安装、现场扩声、电视台、录音和后期制作				

（一）CobraNet

网络音频系统的核心技术是能满足声频信号在网络中传输和分配的专用音频网络。该网络应该由一个为业内厂商公认的音频网络协议、支持该协议的硬件和软件所组成。

在网络音频系统中，各种音频设备，如音源设备、音频处理器、调音台、功放等均应能适用上述专业音频网络。

美国 Peak Audio 公司的 CobraNet 正是为满足上述要求而开发的专用音频网络技术。由于它具有良好的支持音频传输的能力，所以被越来越多的音频设备厂商和机构认可，正在上升为新的、公认的国际标准之一。CobraNet 完全兼容以太网，网络音频的数据流可以通过双绞线按以太网 100Base-T 标准格式的方式入网传输。

（1）CobraNct 数据是不压缩的音频数据流，CobraNet 在音频取样速率上支持 48kHz 和 96kHz，分辨率支持 16bit、20bit 和 24bit 三种，默认是 48kHz、20bit，音质可以达到广播级。CobraNet 把音频信号打成数据包，以便在以太网上传输，这种数据包称为 Bundle。一个 Bundle 的数据量可以包含八路 20bit 的数字音频数据，还包括通信数据和非同步 IP 数据。一个 Bundle 的数据流达到 8Mbit/s 左右。

（2）在 100Mbit/s 快速以太网上，CobraNet 可以支持 64 路音频信号。也就是说，在 100MB 以太网上能传输 8 个 Bundle，如果需要传输更多音频信号，只需要提高网络带宽。如果工作在千兆以太网上，CobraNet 可搭载 640 路音频数据。

（3）许多 CobraNet 设备具有两个以太网接口。尽管这些接口不能同时工作来增加有效带宽，但却是提高系统冗余和容错性的好方法。如果主用的以太网接口出现问题，比如网线故障，或者是交换机上的相应端口出了故障，备用的以太网接口就能自动启用，保证网络传输不会中断。

（4）所有遵循 CobraNet 协议制造的设备都能接入 CobraNet，它们之间可以互联传递信息，具有很好的互操作性。因此，工程设计人员可以自由地选择各个厂家生产的 CobraNet 设备，组成一个完整的系统。但生产这些设备必须首先取得美国 PeakAudio 公司认证。目前有多家公司能提供多种 CobraNet 声频设备，如美国的 QSC、CROWN、PEAVEY、RANE、EAW、SYMETRIX、IVIE、EV 和日本的 YAMAHA 和 TOA 等。

（5）CorraNet 数据包并不遵循以太网 CSMA/CD 机制，所以不宜与计算机网络混合使用。

（6）CobraNet 采用的是将数据封装在帧中进行传输，每一次的封装、解封装都会产生延时问题。这一问题主要是由以太网的特性所决定的。

为了解决延时问题，Peak Audio 公司制定了三个不同延迟时间的封装传输、解封装过程，分别是 1.33ms、3.66ms、5.33ms。延时问题是由于数据同步而产生的。延迟的时间在 CobraNet 中是固定的，也就是说，当从一个发送设备开始，中间不管经过多少个接收端，它的延时都是在这三个数值之间。默认状态下，CobraNet 给出的延迟时间是 5.33ms。对于大部分的音频系统而言，5.33ms 的延时用人耳是听不出来的，在这一延时状态下的 CobraNet 是最为稳定的，数据的误码率可以降到最低。受环境及网络内其他数据的影响，误码是必然存在的，而一旦采用另外两种延时的话，对网络数据的要求就会提高，在一些大型网络中相对的误码产生概率也会增大。

（7）CobraNet 允许数据从一个端口通过 5 类双绞线/100Base-Tx 网络传输到另一台设

备上的传输距离达 100m，若通过光纤传输达 2km。CobraNet 支持各类以太网设备，它可以与一般常见又不昂贵的控制器、交换机、开关、布线等兼容。CobraNet 可以提供清晰的数字音频传输，不会降低音频信号的质量，在传输过程中不会发生数字失真。当传输 24bit 的音频时，动态范围是 146.24dB，失真度是 0.000049％，频响是 0～24kHz±0dB。所以，CobraNet 的性能远远好于如今的 A/D 和 D/A 转换技术。

总之，CobraNet 技术以其优良的性能、良好的互通性、低成本的造价、可靠稳定的测试等，已被越来越多的音响设备厂商和机构认可，正在成为音响业界公认的国际标准之一。

作为示例，图 4-52 表示由 YAMAHA 数字调音台（M7CL、LS9、01V96）、数字系统处理器 DME（DME64N、DME24N）、音频 I/O（DME4io-C、DME8i-C、DME8o-C）、网络功放（TX6n）构成的 CobraNet 星形网络，它们都接至网络交换机上。其中数字调音台和网络功放必须插装上 CobraNet I/O 网卡 MY16-CⅡ才能接入 CobraNet，而数字系统处理 DME、DME 音频 I/O 则可直接接入网络。在 DME 音频 I/O 上接上传声器、音源设备，在功放上接上扬声器，那就成为完整的音响系统了。

图 4-52 CobraNet

（二）EtherSound

EtherSound 是由法国 Digigram 公司开发的同样基于以太网传输音频信号的技术，传输能力为单方向 64 个 24bit、48kHz（或 44.1kHz）取样频率的音频通道，不支持传递串口信号以及其他 IP 数据。相比较而言，EtherSound 虽然在功能性上无法满足多种应用的需求，但它最为突出的特点是延时极短，因此目前 EtherSound 的主要应用领域是现场演出行业。

EtherSound 也是架构在以太网标准下的音频信号传输协议，能够采用菊花链的形式进行网络组建，也可以采用环形网络的方式进行组建。与 CobraNet 不同的是，EtherSound 中不允许存在其他非 EtherSound 设备，整个网络环境中除了交换机就不能再添加其他任何设备了。如此一来网络的多功能性相对就受到了制约。

EtherSound 网络技术更适于带有直接连接相对简单的音频系统，可以实现多通道数字音频以极低的延迟时间通过标准以太网布线传输。这种高级的、易于管理的协议设计可以处理高达 64 个通道的数字音频，可以轻松在 100m 的距离内用高性能的恰当电缆双向传输 48 通道 24bit、48kHz 的音频，对于 EtherSound，用户可以使用标准以太网交换机和路由器创建适合自己要求的任何网络配置。

YAMAHA 公司不仅支持 CobraNet 的协议，也支持 EtherSound 协议。若要接入 EtherSound，只要在 YAMAHA 的数字调音台和 DME 等设备的扩展槽上插装 MY16-ES64 网卡即可。

表 4-14 所示为 CobraNet 与 EtherSound 两种网络的对比。

CobraNet 与 EtherSound 的对比

表 4-14

网络 项目	EtherSound	CobraNet	网络 项目	EtherSound	CobraNet
拓扑类型	菊花链、环形	星形、环形	设备数量	无限制	一个 VLAN 下<120 个传送器
路由方式	总线访问	MAC 地址访问	传送长度	无限制	同步范围内
同步方式	自同步（不精确）	同步数据（精确）	音频通道	128~1024	交换网络中无上限
传送方式	总线+广播	点对点+广播+多播	网络带宽	固定带宽	依据通道带宽可变
网络延时	最小 125μs	最小 1.33ms（固定延时）	适用范围	现场演出/录音	工程应用
网络冗余	环形冗余（ES100/Giga）	环形冗余/多交换机			

CobraNet 和 EtherSound 技术经过多年应用改进已经相当成熟和稳定，授权价格也是相当便宜，因此普及很广，不过随着发展，二者的局限性也逐渐凸显。如 CobraNet 和 EtherSound 二者都工作在数据链路层（OSI 二层）的低层传输协议，无法穿过路由器，只能在局域网中传递，实际应用中能够传输的通道数量受限，配置连接复杂，不能适应大型项目的需要等。于是 Audinate 公司在 2006 年推出了 Dante，Dante 继承了 CobarNet 与 EtherSound 几乎所有的优点，并大大提升了性能。Dante 跨越了二层网络通信协议，采用更先进的 IP 三层通信协议，替代了点对点连接和矩阵开关，在一条以太网线上可以同时发送和接收数百上千个高质量的音频通道，并且可以从现有的网络设备中进行控制、监听。Dante 将设备的安装和管理通过一个特殊的即插即用技术被大大地简化了，节省了大量的安装步骤和长期的维护经费。所有连接到网络端口上的音频输入源都可以用软件控制路由分配，在网络的任意端口取用，省去了物理线路连接的麻烦。Dante 的低延迟和严格的同步播放，可以满足苛刻的音响系统的要求，并且与现有的 IT 设备的兼容性更好。

从上可以看出，与 CobraNet 和 EtherSound 相比，Dante 是一个建立在包括以太网和互联网在内的全球网络标准协议，没有拓扑的限制和安装的复杂性，流程大为简化，可实现即插即用。Dante 采样率最高支持 192kHz，单一链路上最多支持 1024 个通道的双向传输，最低延迟可以达到 34μs，同时 Dante 还可以提供故障备份。这些都大大优于 CobraNet 和 EtherSound，使其可广泛应用于专业音响行业、广播系统、电话会议系统、楼宇智能音频系统等领域。因此近些年越来越多的厂商和大中型项目采用 Dante 方案，反之 CobraNet 和 EtherSound 正在走下坡路。

（三）Dante

Dante 数字音频传输技术是一种可以在以太互联网上使用的高性能数字媒体传输协议。

Dante 数字音频传输技术是澳大利亚 Audinate 公司于 2003 年提出，2006 年研发成功并发布的。首先与 Audinate 合作的是杜比实验室，其杜比 Lake 处理器成为第一个使用该技术的音频设备，并在 2008 年华盛顿芭芭拉史翠珊秀上首次使用，这也推动了 Dante 技术的迅速商业化。经过十年多的发展，凭借其直观、简单配置和易用、超低网络延迟等特点，现已被雅马哈（Yamaha）、博世通信系统（Bosch）、哈曼（Harman）、舒尔（Shure）、百威（Peavey）、思美（Symetrix）、爱思创（Extron）、瑞典立高（Lab. Gruppen）、Allen&Heath、森海塞尔（Sennheiser）和 Powersoft 等许多知名音响设备生产厂商作为音频设备支持的标准音频传输协议。2010～2011 年的温哥华冬奥会、悉尼世界青年节、伦敦银禧音乐会、悉尼歌剧院音响系统等音频应用解决方案中均采用 Dante 技术。现 Audinate 公司与世界上 140 多个制造商合作，将 Dante 技术广泛应用在现场音响扩声、智能广播、专业录音、智能电视会议系统等多个领域。2014 年在北京 PALM 展览会上，Audinate 公司使用支持 Dante 技术的不同品牌的设备轻易成功搭建起了一个以千兆以太互联网交换系统为基础的智能多媒体音频系统，引起参展和业内各方厂商的高度关注，成为展览会上的亮点。

Dante 数字音频传输技术的特点如表 4-15 所示。Dante 继承了 CobraNet 和 EtherSound 两种音频传输技术的优点，与工作在 OSI 第二层（数据链路层）的 CobraNet 和 EtherSound 等音频传输技术不同，Dante 技术工作在以太互联网络的 OSI 第三层即网络层，在实现了数据交换的同时，可以进行路由、通信流量控制、分组传输、差错控制、QoS 服务等更高级的任务，使得 Dante 传输技术在单一链路的千兆以太网线上可以同时处理发送和接收数 1024 个通道，最高采样 192kHz 的高质量音频数据；可以与其他设备共享网络资源；还采用了 IEEE 1588 精密时钟协议进行同步和自动延时与带宽调整技术，使其网络音频信号最低延迟可达 $34\mu s$。其还采用了 Zercconf 协议（zero configure protocol 零配置协议）、QoS 服务（Quality of Service）自动网络延时和带宽匹配等技术，大大简化了安装配置的复杂性，实现了真正的即插即用和自配置，提高了管理的易用性。同时，也提供了故障备份和网络设备工作状态控制、监听、网络故障自愈恢复等功能，可远程监视管理系统设备工作状态。

CobraNet、EtherSound、Dante 三种技术有关参数对比　　　　表 4-15

功　　能	CobraNet	EtherSound	Dante
完全支持以太网	支持	只能广播	支持
支持标准 TCP/IP	不支持	不支持	支持
多重多播模式	不支持	不支持	支持
高效单播模式	部分	不支持	支持
音频延时	1.33ms	$125\mu s$	$34\mu s$
自动优化音频延时	不支持	不支持	支持
同一网络使用网速设备	不支持	不支持	支持
同一网络使用不同采样频率	不支持	不支持	支持
零配置协议（Zeroconf）	不支持	不支持	支持
工作网络层	第二层（链路层）	第二层（链路层）	第三层（网络层）

传统的模拟音频布线一旦完成后，在不更改现有布线的情况下，改变路由必须通过音频矩阵。而 Dante 的音频传输由于是基于 IP 网络的（传输层使用 UDP），无需音频矩阵，通过一个软件 Dante Controller 即可轻松改变音频的路由。

由此可见，使用 Dante 技术组建全网络化扩声系统的优势较其他多，如音频信号网络传输延时时间更短，符合现代扩声需求；设计和组网实现简单，布线简单且成本较低、兼容 AVB、升级容易，管理和调试软件配置简单和易用性强，有众多音频领域知名厂商支持等。

（四）AVB

在 Dante 大步前进的同时，AVB 也开始浮出水面，关注度与日俱增。AVB 的出现是源于市场上包括 Dante、CobraNet、EtherSound 在内的通信协议都是各个厂家独立建立的协议标准，并不是真正的国际标准，这可能会对日后的通用性和兼容性存在一定障碍。在这种情况下，电气与电子工程师学会（IEEE）802.1 委员会组建了专门工作组提出并出台了 AVB 技术标准，于 2006 年首次以 ISO 的标准规格发布，并提供给厂家使用，随后不断修订升级。

AVB 是 Audio Video Bridging 的缩写，翻译为中文就是音视频桥接技术。它是一个架构在以太网三层网络基础上传输专业非压缩音视频信号的协议技术，它能够支持目前大多数的专业音视频信号格式，支持多达 512 通道无压缩或多路压缩数据格式音频信号，支持在以太网上传输压缩的 1080i/p 高清视频信号，而它的带宽占用率只有 130Mbit/s。AVB 消除了网络的缓冲延迟，允许多通道的不同采样率的音频流和视频流在不同的网络、不同的距离之间传输，并且支持标准的时序和时钟信号，所有的 AV 设备参照统一的时间基础，协同播放。AVB 在通路能力大大增强的同时，还极大程度上缩短了传输及处理时间。网络交换机可全面地识别当前的音视频信息量，并智能化地设置优先级，保证其传输，同时开箱即用，无需任何设置。此外，AVB 数据还可以同电子邮件、控制系统、网络通信系统及 VoIP 使用相同的网络。当使用标准的 IT 基础设施时，AVB 技术能够十分便捷地应用成熟的 IT 行业协议以充分地节省时间。当前 AVB 标准均为开放使用，即不收取版税。拥有单一标准后，制造商还可集中精力开发符合标准的产品，而由此带来的规模经济效益意味着更低的开销、更高的效率以及更出色的产品兼容性，同时进一步提高产品同步率并减少延迟。

AVB 既是 IEEE 标准，在音频上又有着 Dante 般的强大优势，同时还能传输视频和控制信号。此外，还有 AVun Alliance 的强力推进（AVnu Alliance 是思科、英特尔、三星、博通、Harman International、赛灵思联手在 2009 的 8 月创立的一个行业联盟，其使命是推广 AVB 标准的使用和认证，并确保 AVB 设备之间的兼容性。近些年不少的音响制造商们也纷纷加入这个行业，以确保他们的研发工作都能够严格地遵循这些标准），还没有专利费用，一时间人们纷纷对此寄予厚望，认为 AVB 的出现将创造音视频行业的新时代。不过，AVB 的实际工程案例目前还很少，这主要是 AVB 的视频部分标准尚未确定。此外，当前 AVB 交换机的端口固定，不如 Dante 方便，Dante 端口可以任意设定，即插即用零配置；同时 AVB 还需要硬件方面的投资，AVB 技术最重要的核心就在于 AVB 交换机，但它与现在的以太网交换机不同且不能兼容，这对于用户来说是一笔不小的开销。Dante 协议虽然是自成体系的传输协议，但由于 Dante 的协议架构完全符合 AVB 规范，都是架构在以太网三层网络基础上，所以在系统升级时，Dante 只需要更新所有网卡版本即可以自动升级到 AVB 系统，而无需要改任何硬件设备。

法国 L-Acoustis 公司就采用 AVB 网络标准。上海迪士尼就是用 AVB 网络进行组网的。

三、音频网络技术的应用示例

图 4-53 所示是 Dante 网络在剧场中的应用。它利用一根超 5 类（Cat5e）或 6 类线将舞台侧的 I/O 接口箱（Tio 1608 三台）与声控室的 TF5 数字调音台相连。还可以通过 Cat5e 网络实现 HA 远程控制，并应用软件 stageMix 进行无线远程控制，用户可以在观众席、舞台返听音箱前或任何听音位置对 TF 数字调音台进行远程控制。

图 4-53　Dante 在剧场调音系统中的应用

图 4-54 所示是 CobraNet 网络技术在剧场中的应用示例。图中使用 PM5D 数字调音台，通过 MY16-C 扩展卡将音频信号通过 5 类线和 CobraNet 传送到远在舞台侧的功放室内的数字系统处理器 DME64N 进行扬声器处理，并将各 ACU16-C 功放控制单元的 D/A 转换信号送往功放及扬声器。PM5D 经 CobraNet 直接控制 DME64N，控制室内的计算机可对功放室内功放的运行状态进行监控。

图 4-55（a）所示是 Dante 网络在影院中的应用。图 4-55（b）是 5 个影厅的数字影院音响系统配置图，各影厅音响系统是通过以太网交换机以及计算机进行连接（星形连接）和

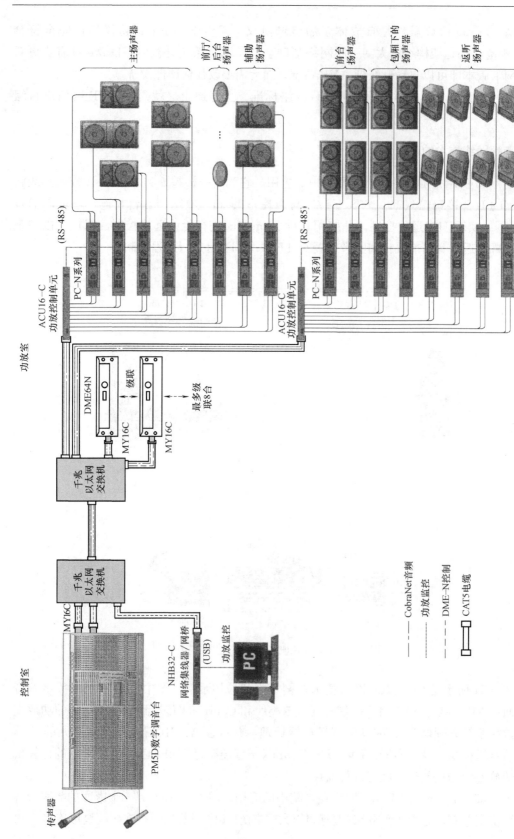

图 4-54　CobraNet 网络在 YAMAHA 数字扩声系统中的应用

图 4-55（a） Dante 网络技术在影院音响系统中的应用

图 4-55（b） QSC 多厅数字影院音响网络系统

管理的。图中利用 Dante 网络技术，以交换机为数据交换中心，将各音频设备（其中，功放等设备接上 Dante 网卡）进行物理连接，信号分配与链路由管理电脑进行路由设置与分配，还可以通过管理软件对相关设备进行管理与控制。图 4-55（b）所示是利用网络和交换机进行多影厅的管理和控制的示例。

在第五章还有数字网络技术在剧场、会堂和会议中心中更多的应用。

第八节　公共广播系统

一、公共广播系统的种类

公共建筑公众区的有线广播和旅馆的客房广播等公共广播系统，与剧场、会堂、歌舞厅的厅堂扩声系统不同，后者因服务区域较小，传输距离较短，通常采用直接输出（低阻输出）和传输的方式，而公共广播系统则有如下特点：

（1）服务区域广，传输距离长，故为了减少功率传输损耗，采取与厅堂扩声系统不同的传输方式。

（2）播音室与服务区一般是分开的，即传声器与扬声器不在同一房间内，故没有声反馈的问题。

公共广播又称有线广播，亦称 PA（Public Address）广播，按照使用性质和功能分，可分为三种：

1. 业务性广播系统

这是以业务及行政管理为主的语言广播，用于办公楼、商业楼、学校、车站、客运码头及航空港等建筑物。业务性广播宜由主管部门管理。

2. 服务性广播系统

这是以欣赏性音乐或背景音乐为主的广播，对于一至三级的旅馆、大型公共活动场所，应设服务性广播。旅馆的服务性广播节目不宜超过五套。

背景音乐简称 BGM，是 Back Ground Music 的缩写。它的主要作用是掩盖噪声并创造一种轻松和谐的气氛。听的人若不专心听，就不能辨别其声源位置，它的音量较小，是一种能创造轻松愉快环境气氛的音乐。背景音乐通常是把记录在磁带、唱片上的 BGM 节目，经过 BGM 重放设备（磁盘录音机、激光唱机等）使其输出分配到各个走廊、门厅和房间内的扬声器，变成重放音乐。

3. 火灾事故广播系统

它是用来满足火灾时引导人员疏散的要求。背景音乐广播等可与火灾事故广播合并使用。当合并时，应按火灾事故广播的要求确定系统。

另一方面，公共广播系统按传输方式又可分为音频传输方式和载波传输方式两种。而音频传输方式常见的有两种：定压式和终端带功放的有源方式。

1. 定压式

它的原理与强电的高压传输原理相类似，即在远距离传输时，为了减少大电流传输引起的传输损耗增加，采用变压器升压，以高压小电流传输，然后在接收端再用变压器降压相匹配，从而减少功率传输损耗。同样，在定压式宾馆广播系统中，用高电压

（例如 70V、100V 或 120V）传输，馈送给散布在各处的终端，每个终端由线间变压器（进行降压和阻抗匹配）和扬声器组成。其系统构成如图 4-56 所示，定压式亦称高阻输出方式。

图 4-56　定压式音频传输广播系统

采用定压式设计时应该注意：

（1）为施工方便，各处的终端一般采取并联接法，而接于同一个功率放大器上的各终端（线间变压器和扬声器）的总阻抗应大于或等于功率放大器的额定负载阻抗值，即

$$Z_0 \leqslant \frac{Z_L}{n} \qquad (4\text{-}13)$$

式中：Z_0——功放额定负载阻抗 Ω；

　　　　Z_L——各终端扬声器的阻抗 Ω；

　　　　n——终端个数。

若功率放大器的额定输出功率为 W_0，定压输出的额定电压为 V_0，则 Z_0 可由下式求得：

$$Z_0 = \frac{V_0^2}{W_0} \qquad (4\text{-}14)$$

（2）每个终端（扬声器）的额定输出功率应大于所需声压级的电功率的 3 倍以上。设扬声器的额定功率为 W_L，达到所需声压级的电功率为 W_S，则有

$$W_L \geqslant 3W_S \qquad (4\text{-}15)$$

事实上，由于满足定压条件，故有

$$V_0 = \sqrt{W_L Z_L} \qquad (4\text{-}16)$$

因此只要将相应定压端子的扬声器终端并接到功率放大器的输出端，而保证 $nW_L \leqslant W_0$ 即可。

定压式的音频传输方式，适于远距离有线广播。由于技术成熟，布线简单，设备器材配套容易，造价费用较低，广播音质也较好。因此获得广泛的应用。

2. 终端带功放的方式

这种方式又称为有源终端方式，或称低阻输出式音频传输方式。这种方式的基本思路

是将控制中心的大功率放大器分解成小功率放大器，分散到各个终端去，这样既可解除控制中心的能量负担，又避免了大功率音频电能的远距离传送。其系统组成如图 4-57 所示。这种方式的主要特点是：

图 4-57　终端带功放音频传输方式

（1）每一个终端扬声器均由紧靠自己的小功率放大器（又称终端放大器）驱动。终端仅向传输线路索取 0dB 信号，终端放大器的功率不受限制，视扬声器而定。

（2）控制中心只负责小信号处理，包括信号控制、音色修饰和适当放大。输出放大器采用低阻、无变压器输出（如 OTL 或 OCL），功率不必很大，几瓦以上即可。

（3）传输线路是低阻抗小电流线路，理论上输出信号为毫瓦级信号就够了，传输电流比定压式小；适当提高传输电平有利于提高信噪比。

由上述特点可以看出这种系统有如下优点：

第一，由于解除了控制中心的能量负担，故大大地提高了运行的可靠性和配置的灵活性。

第二，由于传输线仅传输小信号，而且是低阻抗输出，所以传输距离可以很远；不存在终端匹配问题，终端的规模和数量均可任意设计；对传输线的要求很低，用普通双绞线即可，不需大截面导线，因线路呈低阻抗，故一般也不需屏蔽；而且由于传输信号电平低，故也不会对邻近系统造成干扰。

第三，由于取消了定压式输出的大功率音频变压器，可改善音质，节约投资，当然终端部分的投资要增大。

在实际工程中，终端放大器的供电电源原则上就近由电力网引入。当需要对终端进行分别控制时，电源线可从控制中心引出，电源线同信号传输线可用同一线管敷设，不会引入工频干扰，但要做好安全绝缘。

这种方式既可用于宾馆客房等广播系统，也可用于大范围的体育场馆、会场的扩声系统。实际上，由带功放的有源音箱构成的扩声系统即是此方式。

3. 载波传输方式

载波传输方式是将音频信号经过调制器转换成被调制的高频载波，经同轴电缆传送至各个用户终端，并在终端经解调还原成声音信号。由于宾馆都设有 CATV（共用天线电视）系统，所以这种方式一般都利用 CATV 传输线路进行传送。为了便于和 VHF

频段混合，又考虑调频广播同时进入系统，故目前一般采用调频制，采用我国规定的调频广播波段（87～108MHz）在此频段内开通数路自办节目，一般可设置1～2套广播节目和3～4套自办音乐节目（背景音乐等）。这些节目源信号被调制成VHF频段的载波信号，再与电视频道信号混合后接到CATV电缆线路中去，在接收终端（例如客房床头柜）设有一台调频接收机，即可解调和重放出声音信号。这种方式的系统组成如图4-58所示。

图4-58 载波传输广播系统

表4-16列出三种公共广播系统方式的比较。

三种公共广播系统　　　　　　　　　　　　表 4-16

类　型	原　理	特　点
定压式 （图4-56）	功放用升压（定压）小电流传输，每个终端由线间变压器降压并与扬声器匹配	(1)技术成熟、布线简单、应用广泛； (2)传输损耗小，音质较好； (3)设备器材配套容易，造价较低
有源终端式 （终端带功放式） （图4-57）	将控制中心的功放分解或多个小功放，分散到各个终端去，以低阻小电流传输	(1)控制中心功耗小，传输电流也较小； (2)终端放大器的功率不受限制； (3)终端较复杂
载波传输式 （图4-58）	音频信号经调制器变成被调制的高频载波，通过CATV同轴电缆传送至用户终端，并调解成声音信号	(1)可与CATV系统共用； (2)终端需有解调器（调频接收设备）； (3)最初工程造价较高，维修要求高

4. 数字网络方式

随着计算机网络和综合布线系统的发展，产生了一种数字式传输的公共广播系统。它与前述三种模拟式传输方式不同，而是通过共用汇聚层和接入层交换机以及网络传输，实现数字音频信号传输。在智能建筑已设计的综合布线系统中另行布设干线系统。干线采用光纤传输，适于远距离传输；支线采用超五类非屏蔽双绞线传输，不仅大大地节省了安装和布线成本,而且有利于系统维护和更好的传输效果。

图 4-59 是这种方式的实例。图 4-60 则是采用 CobraNet 网络技术在公共广播中应用示例。

图 4-59 数字式网络传输方式广播系统

二、公共广播系统的类型

(1) 公共广播系统的基本结构(图 4-61)。

图 4-61 与图 4-1 相比主要增加分区选择、定时控制、警报环节等。当要求同时在不同分区广播不同节目时,分区选择器则选用矩阵分区器。

(2) 公共广播系统的标准结构(图 4-62)

图 4-62 与图 4-61 相比,主要增加报警矩阵切换、分区强插、分区寻呼、市话接口及主/备功放切换、应急电源等。

(3) 典型的分区广播系统(图 4-63)

与前述图 4-62 相比,主要是增加了分区管理功能(增设分压选择器或分区功放),对于室外广播分区,则增设避雷器,如图 4-63 所示。图 4-64 是一种多功能广播系统。

图 4-60 CobraNet 网络技术在公共广播中的应用示例

图 4-61 广播最小系统

图 4-62 典型广播系统

图 4-63 典型的分区广播系统

三、公共广播系统的应备功能

（1）公共广播系统应能实时发布语声广播，且应有一个广播传声器处于最高广播优先级。

（2）当有多个信号源对同一个广播分区进行广播时，优先级别高的信号应能自动覆盖优先级别低的信号。

（3）业务广播系统的应备功能除应符合前述第（1）条的规定外，尚应符合表 4-17 的规定。

业务广播系统的其他应备功能　　　　　　　　　　　表 4-17

级　别	其他应备功能	级　别	其他应备功能
一级	编程管理,自动定时运行(允许手动干预)且定时误差不应大于 10s;矩阵分区;分区强插;广播优先级排序;主/备功率放大器自动切换;支持寻呼台站;支持远程监控	二级	自动定时运行(允许手动干预);分区管理;可强插;功率放大器故障告警
		三级	—

（4）背景广播系统的应备功能除应符合前述第（1）条的规定外，尚应符合表 4-18 的规定。

243

图 4-64　多功能广播系统

背景广播系统的其他应备功能　　　　　　　　　　　　表 4-18

级　别	其他应备功能	级　别	其他应备功能
一级	编程管理,自动定时运行(允许手动干预);具有音调调节环节;矩阵分区;分区强插;广播优先级排序;主支持远程监控	二级	自动定时运行(允许手动干预);具有音调调节环节;分区管理;可强插
		三级	—

（5）紧急广播系统的应备功能除应符合前述第（1）条的规定外，尚应符合下列规定：

① 当公共广播系统有多种用途时，紧急广播应具有最高级别的优先权。公共广播系统应能在手动或警报信号触发的 10s 内，向相关广播区播放警示信号（含警笛）、警报语声文件或实时指挥语声。

② 以现场环境噪声为基准，紧急广播的信噪比应等于或大于 12dB。

③ 紧急广播系统设备应处于热备用状态，或具有定时自检和故障自动告警功能。

④ 紧急广播系统应具有应急备用的电源，主电源与备用电源切换时间不应大于 1s；应急备用电源应能满足 20min 以上的紧急广播。以电池为备用电源时，系统应设置电池自动充电装置。

⑤ 紧急广播音量应能自动调节至不小于应备声压级界定的音量。

⑥ 当需要手动发布紧急广播时，应设置一键到位功能。

⑦ 单台广播功率放大器失效不应导致整个广播系统失效。

⑧ 单个广播扬声器失效不应导致整个广播分区失效。

⑨ 紧急广播系统的其他应备功能尚应符合表 4-19 的规定。

紧急广播系统的其他应备功能
表 4-19

级　别	其他应备功能	级　别	其他应备功能
一级	具有与事故处理中心（消防中心）联动的接口；与消防分区相容的分区警报强插；主/备电源自动切换；主/备功率放大器自动切换；支持有广播优先级排序的寻呼台站；支持远程监控；支持备份主机；自动生成运行记录	二级	与事故处理系统（消防系统或手动告警系统）相容的分区警报强拭插；主/备功率放大器自动切换
		三级	可强插紧急广播和警笛；功率放大器故障告警

四、电声性能指标

（1）公共广播系统在各广播报务区内的电声性能指标应符合表 4-20 的规定。

公共广播系统电声性能指标
表 4-20

指标分类＼性能	应备声压级	声场不均匀度（室内）	漏出声衰减	系统设备信噪比	扩声系统语言传输指数	传输频率特性（室内）
一级业务广播系统	≥83dB	≤10dB	≥15dB	≥70dB	≥0.55	图 4-65
二级业务广播系统		≤12dB	≥12dB	≥65dB	≥0.45	图 4-66
三级业务广播系统		—	—	—	≥0.40	图 4-67
一级背景广播系统	≥80dB	≤10dB	≥15dB	≥70dB	—	图 4-65
二级背景广播系统		≤12dB	≥12dB	≥65dB	—	图 4-66
三级背景广播系统		—	—	—	—	—
一级紧急广播系统	≥86dB*	—	≥15dB	≥70dB	≥0.55	—
二级紧急广播系统		—	≥12dB	≥65dB	≥0.45	—
三级紧急广播系统		—	—	—	≥0.40	—

注＊：紧急广播的应备声压级尚应符合前述第 5 条第（2）款的规定。

图 4-65　一级业务广播、一级背景广播室内传输频率特性容差域
（以实测传输频率特性曲线的最大值为 0dB）

图 4-66　二级业务广播、二级背景广播室内传输频率特性容差域
（以实测传输频率特性曲线的最大值为 0dB）

图 4-67　三级业务广播室内传输频率特性容差域
（以实测传输频率特性曲线的最大值为 0dB）

（2）公共广播系统配置在室内时，相应的建筑声学特性宜符合国家现行标准《剧场、电影院和多用途厅堂建筑声学设计规范》GB/T 50356 和《体育馆声学设计及测量规程》JGJ/T 131 有关规定。

五、系统构建

（1）公共广播系统的用途和等级应根据用户需要、系统规模及投资等因素确定。

（2）公共广播系统可根据实际情况选用无源终端方式、有源终端方式、载波传输方式以及数字网络方式等构建。

（3）广播分区的设置应符合下列规定：

① 紧急广播系统的分区应与消防分区相容。

② 大厦可按楼层分区，场馆可按部门或功能块分区，走廊通道可按结构分区。

③ 管理部门与公众场所宜分别设区。

④ 重要部门或广播扬声器音量需要由现场人员调节的场所，宜单独设区。

⑤ 每一个分区内广播扬声器的总功率不宜太大，并应同分区器的容量相适应。

（4）分区广播的设计考虑：

为了适应各个分区对广播信号的声级有近似相等声级大小的要求，在广播系统设计上可采用如下方法：

① 每一分区配置一台独立的功率放大器，该放大器上有音量大小的控制功能。

② 在满足扬声器与功率放大器匹配的情况下，某几个分区也可以共用一台功率放大器，并在功率放大器和各分区扬声器之间安装扬声器分区选择器，以便选择和控制这些分区扬声器的接通或断开。

③ 由于功率放大器输出功率目前最大为 240W 或 300W，例如日本 TOA 公司最大一种功率放大器为 240W。当一个分区扬声器的功率超过 240W 时，可采用两台或更多的功率放大器。这些功率放大器的输入端可以并联在一起，接至同一节目信号，但应注意这些功率放大器的输出端不能直接并联在一起，而是按扬声器与功率放大器匹配的原则将该分区扬声器分成几组，分别接至各功率放大器的输出端上。

④ 在某些分区的部分扬声器加装扬声器音量控制器，用来控制某些扬声器的音量大小或关断。有些扬声器产品带有衰减器，也可用来调整声级的大小。

六、扬声器和功率放大器的确定

（1）对以背景音乐广播为主的公共广播，常用顶棚吸顶扬声器布置方式。图 4-68 和图 4-69 列出菱形排列利方形排列两种方式及其电平差。显然，扬声器的间距越小，听音的电平差（起伏）越小。但扬声器数量越多。

（2）如前所述，用作背景音乐广播的顶棚扬声器，在确定扬声器数量时必须考虑到扬声器放声能覆盖所有广播服务区。以宾馆走廊为例，一个安装在吊顶上的顶棚扬声器（例如 2W，覆盖角 90°）大约能覆盖 6～8m 长的走廊。对于门厅或较大房间也可以此估算和设计，扬声器安排的方式可以是正方形或六角形等，视建筑情况而定。

（3）在确定功率放大器的数量时，如果经费允许，建议每个分区根据该区扬声器的总功率选用一种型号适宜的功率放大器。这样，功率放大器的数量就等于各分区数量的总和。

（4）扬声器与功率放大器的配接已在上一节叙述。对于定压式功率放大器，要求接到某一功率放大器输出端上的所有扬声器并联总阻抗应大于或等于该功率放大器的额定负载阻抗值，否则将会造成功率放大器的损坏。

（5）功率放大器的容量一般按下式计算：

$$P = K_1 K_2 \sum P_0 \tag{4-17}$$

图 4-68　吸顶扬声器菱形排列

（a）边-边；（b）最小重叠；（c）中心-中心

菱形排列	
图号	电平差
图（a）	5.4dB
图（b）	2.6dB
图（c）	1.2dB

图 4-69　吸顶扬声器方形排列

（a）边-边；（b）最小重叠；（c）中心-中心

方形排列	
图号	电平差
图（a）	4.35dB
图（b）	2.0dB
图（c）	1.4dB

式中：P——功放设备输出总电功率（W）。

P_0——$K_i \cdot P_i$，每分路同时广播时最大电功率（W）。

P_i——第 i 支路的用户设备额定容量（W）。

K_i——第 i 分路的同时需要系数：

服务性广播时，客房节目每套 K_i 取 0.2～0.4；

背景音乐系统 K_i 取 0.5～0.6；

业务性广播时，K_i 取 0.7～0.8；

火灾事故广播时，K_i 取 1.0。

K_1——线路衰耗补偿系数：

线路衰耗 1dB 时取 1.26；

线路衰耗 2dB 时取 1.58。

K_2——老化系数，一般取 1.2～1.4。

（6）非紧急广播用的广播功率放大器，额定输出功率不应小于其所驱动的广播扬声器额定功率总和的 1.3 倍。

（7）用于紧急广播的广播功率放大器，额定输出功率不应小于其所驱动的广播扬声器额定功率总和的 1.5 倍；全部紧急广播功率放大器的功率总容量，应满足所有广播分区同时发布紧急广播的要求。

（8）有线广播系统中，从功放设备的输出端至线路上最远的用户扬声器箱间的线路衰耗宜满足以下要求：

① 业务性广播不应大于 2dB（1000Hz 时）；

② 服务性广播不应大于 1dB（1000Hz 时）。

（9）根据国际标准，功放的定压输出分为 70V、100V 和 120V 三档。由于公共建筑一般规模不大，并考虑到安全，故一般输出电压宜采用 70V 或 100V。

七、紧急广播功能

目前，公共广播系统往往与火灾事故广播合用，平时为各广播区域提供背景音乐广播或寻呼广播服务，火灾发生时则提供消防报警紧急广播。这种背景音乐广播和紧急广播功能的结合，有利于设备的充分利用和节约投资。我国有关部门制定的《火灾自动报警系统设计规范》GB 50116—2013 指出："火灾时应能在消防控制室将火灾疏散层的扬声器和公共广播音响扩音机强制转入火灾事故广播状态"；对宾馆客房内"床头控制柜内设有服务性音乐广播的扬声器时，应有火灾应急广播功能"。可见紧急广播功能是必不可少的。

对于具有紧急广播功能的公共广播系统，需要注意：

（1）消防报警信号应在系统中具有最高优先权，可对背景音乐和呼叫找人等状态具备切断功能。

（2）应便于消防报警值班人员进行操作。

（3）传输电缆和扬声器应具有防火特性。例如日本 TOA 公司的几种防火扬声器列出了可在 380℃ 空气气流中支持 15min 的指标。

（4）最好设置独立的电源设备，在交流电断电的情况下要保证报警广播的实施。例如 TOA 公司采用 24V 的镍镉蓄电池（可充电）能在断电时工作。一般按坚持 10min 工作进行设备配套。

八、工程举例

【例】 某宾馆为 10 层，每层有 30 套客房，每套客房有音响控制板一套，每层走廊安装顶棚扬声器 20 只，每层为一个广播分区。

要求广播系统功能为：每层客房和走廊可从 AM/FM 调谐器、磁带放音机和激光唱机中任选一套作为背景音乐广播，在发生火灾事故等紧急情况下，在消防控制中心室可遥控强制广播系统进入消防报警广播。因此，该宾馆广播系统可以广播如下节目信号：可接收广播 AM/FM 无线电广播信号；可连续播放盒式磁带节目信号；可提供激光唱片的节目信号；用传声器播送语言信号，利用播叫传声器可在广播控制室进行寻呼广播，利用遥控传声器可在消防控制室对特定楼层进行消防报警广播。

根据上述要求，所设计的宾馆广播音响系统的方框图如图 4-70 所示。该系统采用日本 TOA 公司的产品（我国天津神瞳视听技术公司有生产与之相当的产品）。关于系统设计要求考虑如下：

图 4-70　某宾馆广播音响系统方框图

1. 扬声器负载功率及功率放大器

由于该系统广播分区是按层划分的，每层客房床头柜控制板为 30 套，采用 1W∮165mm 的纸盆扬声器，所需电功率为 $1 \times 30W = 30W$。客房走廊设置 20 只国产 TYZ3-1 型 3W 顶棚扬声器，所需电功率为 $3 \times 20W = 60W$。这样每层共需电功率为 90W，故可选用 VP-1120A 型 120W 功率放大器供给。

2. 节目电源信号

根据系统功能需要，采则 AM/FM 数字调谐式的调谐器来播放广播信号；采用 BA-400 型四盒带式磁带放音机可保证 4h 连续播放盒式磁带节目信号；采用激光唱机播放高保真的音乐信号。各套节目之间的切换由 V-1061 型节目选择器实现。

播叫传声器选用国产 CD1-3 型传声器设置在广播控制室，可进行通知或找人；遥控传声器选用 TOA 公司配套的 VR-1012 型遥控传声器，设置在消防控制室供作火灾报警分层紧急广播之用。

3. 其他设备的配套

为了使系统中各单元之间达到阻抗和电平匹配状态以及满足其他功能的需要，在传声器输出插入 V-1015 型钟声单元，其作用是在讲话广播的开始送出一个钟声信号，提醒听众注意，并具有传声器信号与钟声信号自动切换和状态指示。此外，还接入 V-1051 型传声器前置放大器单元，它可将传声器输出的电信号予以放大，并且输出电平可调，具有优先权选择等七种可选功能。在激光唱机输出还接入 V-1054 型辅助前置放大器单元，以对 CD 唱机（或其他设备）的输出信号进行接入与放大，并 H 输出电平可调，具有哑音功能。为了实现电平和阻抗匹配，还在主线路上接入 V-1071 型线路放大器单元，它可将节目信号由 -20dB 放大至 0dB，并具有高、低音调节，以及输出电平调整和指示。

为实现主机整体功能，需配齐 CR-411N 型机架（宽 566mm × 高 2000mm × 厚 435mm）、JP-028G 型电源控制器（通过它实现对整个机架的集中供电）、V-1082 型直流电源单元（为主机各前级提供直流电源），以及 BU-411AN 型风扇单元（为机架通风散热），设"自动"档工作时机架内温度达到 40℃ 风扇自动启动工作。此外还应配置 ZDS-027 型紧急电源，每台紧急电源可为两台 VP-1120 型功率放大器供电。除此之外，还应配齐必要的安装件、散热通风板、空面板等。

4. 系统消防报警广播功能的实现

在消防控制室设置的 VR-1012 型遥控传声器，可对该系统进行消防报警紧急广播。根据消防规范中有关规定，当火灾发生时，通过遥控传声器的分区可以对失火层及其上、下相邻两层进行消防报警广播。对该广播分区各种扬声器，无论原来把音量控制开关放在"开"，还是放在"关"的位置，此时一律自动强制接通报警广播信号，使报警信号发挥最大效能。

通常，消防报警广播系统应有两套电源：交流 220V 和直流 24V 蓄电池组。当交流电一旦发现断电情况下，则由 VR-1012 遥控传声器通过紧急电源控制开关，将 ZDS-027 型紧急电源内的镍镉电池组直流 24V 电压直接加至功率放大器 24V 直流电压输入端，从而实现了消防报警广播功能。

5. 传输线考虑

影响线路传输损耗的因素有线路终端扬声器负载阻抗、线路的长度及安装线铜芯截面积。为减小馈至扬声器负载的音频功率信号的传输损耗，须对线路的型号和截面积进行合理选择。例如，一个中等规模的宾馆，可选择 RV1.5 型安装线。通常线路上损耗的音频功率要控制在 5% 以内。

第五章　音频与视频会议系统

会议系统大致可分为音频会议系统和视频会议系统两类。前者是以语音为主的会议系统，有时也辅以视频设备；后者是以图像通信为主的会议系统，也常辅以声音作为伴音。

下面先从音频会议系统讲起。音频会议系统有三种：会议讨论系统、会议表决会议、同声传译系统。

作为会议室的排列，通常有两种形式：

（1）圆桌会议形式——代表们围着一张桌子或一组桌子就座，全体代表都能参加会议。

（2）讲台讲演形式——演讲者在房间前面的一个讲台或桌子前讲话，那里通常还有一张为主席而设的桌子或操纵台，代表或听众面向讲台就座。发言者与在座的主席、委员及代表能连续地参加讨论，听众能在一定限度内提问和讨论。

第一节　会议讨论系统

一、会议讨论系统的分类与组成

会议讨论系统是一个可供主席和代表分散自动或集中手动控制传声器的单通路声系统。在这个系统中，所有参加讨论的人，都能在其座位上方便地使用传声器。通常是分散扩声的，由一些发出低声级的扬声器组成，置于距代表不大于1m处，也可以使用集中的扩声，同时应为旁听者提供扩声。

1. 会议讨论系统分类

会议讨论系统根据设备的连接方式可分为有线会议讨论系统和无线会议讨论系统，其中有线会议讨论系统又可分为手拉手式会议讨论系统和点对点式会议讨论系统。根据音频传输方式的不同，会议讨论系统可分为模拟会议讨论系统和数字会议讨论系统。会议讨论系统的分类见表5-1。

会议讨论系统的分类　　　　　　　　　　　　　　　　　　　表 5-1

设备连接方式		有线（手拉手式/点对点式）	无线（红外线式/射频式）
音频传输方式	模拟	模拟有线会议讨论系统	模拟无线会议讨论系统
	数字	数字有线会议讨论系统	数字无线会议讨论系统

2. 手拉手式会议讨论系统组成

手拉手式会议讨论系统可由会议系统控制主机、有线会议单元、连接线缆和会议管理软件系统组成，见图 5-1。图 5-2 是台电手拉手会议讨论系统示例。表 5-2 是其设备配置示例。

3. 点对点式会议系统组成

点对点式会议系统可由传声器控制装置（混音台/调音台）、会议传声器和连接线缆组成。

图 5-1　有线会议讨论系统的组成

有线会议讨论系统有两种：

（1）手拉手式：发言话筒串接一起并受主席机控制，话筒音质明晰而稍差，但线路简单，功能多（可配表决等功能），适于会议室用（图 5-2）。

图 5-2　基本会议讨论系统（手拉手式）

（2）点对点式：通常发言话筒一对一接自动混音台（或调音台）的输入端，因此，发言自由度高，音质好（可用优质话筒）。但线路复杂，功能单一，适于礼堂、多功能厅用，见图 5-3 的上半部所示。

手拉手式会议讨论系统实际上就是话筒发言控制系统，通常它具有如下功能：

（1）系统进入发言状态，参会者可通过自己面前的代表机上的按键申请发言或关闭发言。

（2）主席台的显示器上显示申请发言人姓名，经由执行主席同意后，由主席机或系统操作员打开话筒，并可在大屏幕上实时显示其发言人的姓名及相关信息。

（3）发言时间可根据情况先行设定，当话筒打开时，大屏幕和主席台显示屏上同时显示规定的发言时间，并进行倒计时。当时间递减至 0s 时，控制系统可自动将话筒关闭。如中途申请增减发言时间，经主席同意后可增减发言时间。

（4）会议执行主席（即主席机）具有最高优先权，其话筒可随时进入发言状态，并能

图 5-3　点对点式会议系统实例

切断其他代表的发言。执行主席退出发言后，自动扣除中断发言的时间，并不改变原先发言顺序。

（5）除执行主席话筒外，系统可根据情况再打开 1～4 个话筒。

（6）在与会者按下话筒座上的发言按键发言时，本机的扬声器自动关闭，而且相邻的左右两位与会者的扬声器的电平也同时自动衰减，有效地防止了声反馈导致的令人讨厌的啸叫声的发生。

关于发言控制方式有如下几种：

（1）中心控制发言方式：由操作人员根据会前预定的议程安排，先行设定发言人顺序，发言时间。

（2）指定控制发言方式：系统根据申请发言人名单，由执行主席指定申请人发言。

（3）自由发言方式：系统根据情况可打开 1～4 个话筒，一种方式为按申请顺序排序发言，另一种方式为主抢答式发言。

系统根据会场大小和参加人数规模进行设计。如果会议人数有数十人之多，必要时还需要装有会议扩声系统，以便使全体与会者都能听清楚每位代表的发言。图中每位会议代表都有一个带有传声器和扬声器的代表使用装置（代表机），可以进行双向通信。会议代表可以利用传声器在座位上发言，便于讨论。

图 5-4 是国产台电的手拉手式会议系统实例，其设备配置见表 5-2。

4. 无线会议讨论系统组成

无线会议讨论系统可由会议系统控制主机、无线会议单元、信号收发器、连接主机与信号收发器的线缆和会议管理软件系统组成，见图 5-5。

图 5-4　会议讨论系统（台电）

设备配置表　　　　　　　　　　　　　　　　　　　　表 5-2

台面式单元			嵌入式单元		
型　　号	设备名称	数量	型　　号	设备名称	数量
HCS-4100MC/20	控制主机	1	HCS-4100MC/20	控制主机	1
HCS-4333CB/20	主席单元	1	HCS-4360C/20	主席单元	1
HCS-4333DB/20	代表单元	71	HCS-4363D/20	代表单元	71
HCS-4210/20	基础设置软件模块	1	HCS-4210/20	基础设置软件模块	1
HCS-4213/20	话筒控制软件模块	1	HCS-4213/20	话筒控制软件模块	1
*CBL6PS-05/10/ 20/30/40/50	6 芯延长电缆	6	*CBL6PS-05/10/ 20/30/40/50	6 芯延长电缆	6
公共部分					
型　　号	设备名称	数量	型　　号	设备名称	数量
	操作电脑	1	♯	会场扩声系统	1
♯	投影仪或其他显示设备	2	♯	无线话筒	1

注：♯——根据用户需要而定，*——根据会场布局而定。

图 5-5　无线会议讨论系统的组成

255

无线会议系统以其易于安装和移动，便于使用和维护，不会对建筑物有影响等优点而逐渐成为会议系统技术的一个重要发展方向。目前，无线会议系统主要有两种，一是基于射频（无线电）技术的无线会议系统，另一个是红外无线会议系统。基于射频技术采用模拟音频传输的无线会议系统易受外来恶意干扰及窃听，并且需要无线电频率使用许可；而模拟红外无线会议系统则在音质表现上不尽如人意，其频率响应一般为 $100Hz\sim4kHz$，只相当于普通电话机的音质水平。为此，最近还发展出数字红外无线会议系统。

具有会议讨论功能的红外会议单元通常包括一个麦克风、一个话筒开关按键，及扬声器、电池等部件。红外会议讨论单元接收来自红外会议系统主机以红外光形式广播的音频信号和控制信号，并以红外光形式向红外会议系统主机发送控制信号。话筒打开时，红外会议讨论单元同时以红外光形式向红外会议系统主机发送数字音频信号。整个系统可以使用任意数量的红外会议讨论单元，但是在同一时刻最多只有 4 支红外会议讨论单元的话筒能打开。图 5-6 为红外无线数字会议讨论系统示例（台电）。图中 HCS-5300MC 为数字红外会议主机，4311M 为视频切换器（可实现摄像自动跟踪），5300TA 为红外收发器（吸顶式），5302 为主席机或代表机。图 5-7 表示红外收发器的安装及覆盖范围。

图 5-6　红外无线数字会议讨论系统示例（台电）

二、会议讨论系统性能要求

（1）在会议讨论系统中从会议单元传声器输入到会议系统控制主机或传声器控制装

型号	安装高度 (H)	覆盖范围 (R)
HCS-5300TA-W (150°)	2.5m	覆盖半径约10m
	3.0m	
	3.5m	覆盖半径约9m
	4.0m	
	4.5m	
HCS-5300TA-N (90°)	5.0m	覆盖半径约8m
	5.5m	
	6.0m	
	6.5m	
	7.0m	

HCS-5300TA-N数字红外收发器信号覆盖区

图 5-7 吸顶式红外收发器

置，输出端口的系统传输电性能要求应符合表 5-3 中的规定。

（2）传声器数量大于 100 只时不宜用模拟会议讨论系统。

（3）当会议单元到会议系统控制主机的最远距离大于 50m 时，不宜用模拟有线会议讨论系统。

（4）会议单元和会议传声器应具有抗射频干扰能力。采用射频无线会议讨论系统时，需确保会场附近没有与本系统相同或相近频段的射频设备工作。

（5）对会议有保密性和防恶意干扰要求时，宜采用有线会议讨论系统，或采用红外无线会议讨论系统。一般地说，有线会议讨论系统具有较好的保密性，并能防止恶意干扰。

会议讨论系统电性能要求　　　　　　　　　　　　　　　　　表 5-3

特 性	模拟有线会议 讨论系统	数字有线会议 讨论系统	模拟无线会议 讨论系统	数字无线会议 讨论系统
频率响应	125Hz~12.5kHz （±3dB）	80Hz~15.0kHz （±3dB）	125Hz~12.5kHz （±3dB）	80Hz~15.0kHz （±3dB）
总谐波失真 （正常工作状态下）	≤1% （125Hz~12.50kHz）	≤0.5% （80Hz~15.0kHz）	≤1% （125Hz~12.5kHz）	≤0.5% （80Hz~15.0kHz）
串音衰减	≥60dB （250Hz~4.0kHz）	≥70dB （250Hz~4.0kHz）	≥60dB （250Hz~4.0kHz）	≥70dB （250Hz~4.0kHz）
计权信号噪声比	≥60dB（A 计权）	≥80dB（A 计权）	≥60dB（A 计权）	≥80dB（A 计权）

注：频率响应、总谐波失真、串音衰减、计权信号噪声比的测量方法应按《声频放大器测量方法》GB 9001 中相关条款执行。

在红外无线会议讨论系统中，信号是通过红外光进行传输的，在开会时采取关闭门窗和在透明的门窗上加挂遮光窗帘等措施，将会场的光线与外界隔离，即可起到会议保密和防止恶意干扰的效果。

对于射频无线会议讨论系统，信号可以穿透墙壁。因此，为防止有人用与本系统相同的设备在会场外窃听，需要对设备和相关技术人员严格管理。其次要避免在会场附近有与本系统相同或相近频段的射频设备工作，或用与本系统相同或相近频段的射频设备进行恶意干扰。

（6）设计无线会议讨论系统时，应考虑信号收发器和会议单元的接收距离。信号收发器可采用吊装、壁装或流动方式安装。

（7）设计红外线会议讨论系统时，会场不宜使用等离子显示器。若必须使用等离子显示器，应避免在距离等离子显示器 3m 范围内使用红外线会议单元和安装信号红外线收发器，或在等离子显示器屏幕上加装红外线过滤装置。

三、会议讨论系统主要设备要求

（1）固定座席的场所，可采用有线会议讨论系统或无线会议讨论系统；临时搭建的场所或对会场安装布线有限制的场所，宜采用无线会议讨论系统；也可有线/无线两者混合使用。

（2）进行会议讨论系统设备选择，应考虑不同类型会议讨论系统能够支持的最大传声器数量。

（3）手拉手式会议讨论系统中，会议系统控制主机的选择应符合下列规定：

① 应能支持所需的会议单元传声器控制方式。

② 对于有线会议讨论系统，会议系统控制主机宜支持会议单元的带电热插拔。

③ 应具备发言单元检测功能。

④ 必须具备消防报警联动触发接口。

（4）会议系统控制主机提供消防报警联动触发接口，一旦消防中心有联动信号发送过来，系统立即自动终止会议，同时会议讨论系统的会议单元及翻译单元显示报警提示，并自动切换到报警信号，让与会人员通过耳机、会议单元扬声器或会场扩声系统聆听紧急广播；或者立即自动终止会议，同时会议讨论系统的会议单元及翻译单元显示报警提示，让与会人员通过会场扩声系统聆听紧急广播。

（5）可具有连接视像跟踪系统的接口和通信协议。

（6）可具有实现同步录音录像功能的接口，可提供传声器独立输出。

（7）大型会议和重要会议，宜备份 1 台会议系统控制主机。会议系统控制主机宜只有主机双机"热备份"功能。主机双机"热备份"功能是指，当主控的会议系统控制主机出现故障时，备份的会议系统控制主机可自动进行工作，而不中断会议进程。如果需要由人工来启用备份主机，即称为"冷备份"方式。

（8）有线会议讨论系统应满足会议单元的供电要求。当系统中会议单元的数量超过单台会议系统控制主机的负载能力时，需要配置适当数量的扩展主机（供电单元）来为会议单元供电。

（9）宜具有网络控制接口，实现远端集中控制。

（10）可具备主/从工作模式，实现多会议室扩展功能。亦即，可以将多台会议系统控制主机通过电缆连接起来，将其中一台设置为主工作模式，其余控制主机设置为从工作模式（此时，这些控制主机相当于供电单元），从而组成一个更大的会议系统。主要用于多房间配置、会议设备租赁，以及会议规模经常变化的场合。

第二节 会议表决系统

许多会议，特别是各级政府和企业董事局等会议，迫切需要对会议讨论的议程进行管理，并对议项进行投票表决。因此，各种类型和不同结构的表决系统被整合到会议系统中。

表决系统显然要求与会代表必须用手按动表决器的按键进行投票，既可秘密投票也可公开投票。经表决系统精确计算和统计后，将投票结果显示在屏幕上，并使代表们清晰地看到投票结果。快捷、简便、精确性和实时性是对表决系统的根本要求。

一、会议表决系统分类与组成

（1）会议表决系统宜由表决系统主机、表决器、表决管理软件及配套计算机组成，见图 5-8。

图 5-8 会议表决系统的组成

（2）会议表决系统根据设备的连接方式可分为有线会议表决系统和无线会议表决系统。其中有线会议表决系统根据表决速度的不同可分为普通有线会议表决系统和高速（表决速度＜1ms/单元）有线会议表决系统两类。图 5-9 是台电数字有线会议表决系统示例。无线会议表决系统可分为射频式无线会议表决系统和红外线式无线会议表决系统两类。

图 5-9 台电数字有线会议表决系统示例

图中 HCS-4100MA/20 会议控制主机（带表决功能，64 通道），4365 为带表决功能的发言单元（面板有 IC 卡签到插口），4345A 为 IC 卡发卡器。

259

无线表决系统由主机、代表单元、投票表决软件、电脑和显示屏（如有需要可辅以视频矩阵——执行与会议系统的视频之间的切换）构成。分立于会议系统之外的无线表决系统可以在任何会议系统中独立使用。表决设备安装简便，表决器单元可在会议室中任意摆放，只需要主机和电脑连接一根 RS-232 电缆。

无线表决系统由于采用了诸如载波检测、寻址检测和双主机冗余等技术，从而保证了计算结果的高准确性和可靠性。同时，系统具有动态在线巡检功能，故而确保了系统运行的稳定性，再加上在无线通信中采用数据编解码、数据校验、寻址定向通信、频率拦截以及数据 12 位五重加密技术，使系统具有高安全性、高保密性，同时还具有强大的抗干扰能力。系统具有定时投票功能。定时范围可设为 10s 至 1h，可根据需要设置适当的时间，允许在设定的投票时间内改变投票意向，并以最后一投作为计算的基准依据。

无线表决的工作频率多为 400～600MHz，GFSK 调制方式；通信速率 20bit/s；取样频率 9600bit/s；表决器和主机的通信距离 30～45m，可选 60～90m；目前的模拟系统最多可使用 250 个表决器单元。由于系统有 200 多个工作频道，在超大型会议或多个会议系统中可同时使用多个表决系统进行拓展。

二、会议表决系统的性能要求

（1）会议表决系统的表决速度应符合表 5-4 中的规定：

会议表决系统的主要分类 表 5-4

	有线会议表决系统	高速有线会议表决系统	红外线式无线会议表决系统	射频式无线会议表决系统
连接和通信方式	RS-485	100M 以太网	红外线	射频电磁波
表决速度	<10ms/单元	<1ms/单元	<100ms/单元	<50ms/单元

（2）表决器数量大于 500 台时宜采用高速有线会议表决系统。高速有线会议表决系统的表决系统主机与表决器之间通常采用以太网或 CAN 总线等协议，并采用"主动报告"方式进行表决结果统计，代表按键表决后，表决器立即将表决结果主动传输给表决系统主机。

而普通有线会议表决系统的表决系统主机与表决器之间通常采用 RS-485、RS-422 等协议连接方式，并采用"轮询"方式进行表决结果统计，其表决程序如下：

① 代表在各自的表决器上进行按键表决，表决结果暂存在表决器中；

② 由表决系统主机对各表决器进行逐个查询，并统计结果；

③ 表决结束时，表决系统主机需要对系统的全部表决器再重新查询一次。

（3）表决器宜采用防水设计，以防止因代表不小心将水洒入会议单元，造成整个系统失效。

三、会议表决系统功能设计要求

1. 表决器的投票表决形式

（1）"赞成"/"反对"；

（2）"赞成"/"反对"/"弃权"；

（3）多选式：1/2/3/4/5（从多个候选议案/候选人中选一个）；

（4）评分式：－－/－/0/＋/＋＋。即为候选议案/候选人进行评分（打分）。

2. 会议表决系统的功能

（1）可以选择秘密表决或公开表决方式。

（2）可选择第一次按键有效或最后一次按键有效的表决方式。

（3）可选择由主席或操作人员启动表决程序。

（4）可预先选定表决的持续时间，或者由主席决定表决的终止。

（5）表决结果的显示可以选择直接显示或延时显示。

（6）在表决结束时，最后的统计结果可以直方图/饼状图/数字文本显示等方式显示给主席、操作人员和代表。

（7）可满足会场大屏幕显示和主席显示屏显示内容不同的要求。

3. 电子签到的方式

在进行电子表决之前，应先进行电子签到。

（1）利用会议单元上的签到按键进行签到；

（2）利用会议单元上的 IC 卡读卡器进行签到；

（3）与会代表佩带内置有非接触式 IC 卡的代表证通过签到门便可自动签到；

（4）可实时显示代表签到情况；

（5）表决器可配置显示屏，在线显示表决结果、签到信息等。

4. 会议表决系统的控制方式

系统按安装方式有三种形式，根据会场大小、功能、系统构成形式和管理要求酌情确定。

（1）固定式：设备和电缆的敷设是固定的，系统的单机是组合成整体的。

（2）半固定式：设备是可移动的或固定的，电缆是固定安装的，系统中的某些设备可固定安装或放在桌子上。

（3）移动式：系统所有设备，包括电缆的敷设都是可插接的和可移动的，这种方式在实践中很少应用。

第三节　同声传译系统

一、同声传译系统的组成与分类

同声传译系统是在使用不同国家语言的会议等场合，将发言者的语言（原语）同时由译员翻译，并传送给听众的设备系统。

1. 会议同声传译系统的组成

会议同声传译系统由翻译单元、语言分配系统、耳机，以及同声传译室组成，如图5-10 所示。

2. 语言分配系统的分类

语言分配系统根据设备的连接方式可分为有线语言分配系统和无线语言分配系统；根据音频传输方式的不同，语言分配系统可分为模拟语言分配系统和数字语言分配系统。

有线语言分配系统可由会议系统控制主机和通道选择器组成（图 5-10）。无线语言分配系统可由发射主机、辐射单元和接收单元组成，见图 5-11。而无线式又可分为感应天线式和红外线式两种，其中以红外线式较为先进。各种类型的特点如表 5-5 所示。

译语收发方式及其特点 表 5-5

方　式	特　点
有线式	(1) 由通道选择放大器将译语信号放大，然后每路分别通过管线送至各接收点(耳机)； (2) 根据通道数需配有多芯电缆线； (3) 音质好； (4) 可避免信息外部泄漏，保密度高
无线式	(1) 分为使用电磁波的感应环形天线方式和使用红外线的红外无线方式两种； (2) 通过设置环形天线或红外辐射器发送，施工方便； (3) 红外无线式的音质较好，感应天线式的音质稍差； (4) 感应天线式有信息泄漏到外部的可能，但红外无线式保密度高

图 5-10　有线会议同声传译系统的组成

图 5-11　无线会议同声传译系统的组成

3. 同声传译系统

按翻译过程来分，同声传译系统又分直接翻译和二次翻译两种形式。图 5-10 和图 5-11 实际上就是直接翻译系统，在使用多种语言的会议系统中，直接翻译要求译音员懂多种语言。例如，在会议使用汉语、英语、法语、俄语四种语言时，要求译员能听懂四国语言，这对译员要求太严格了。

二次翻译的同声传译系统如图 5-12 所示。会议发言人的讲话先经第一译音员翻译成各个译音员（二次译音员）都熟悉的一种语言，然后由二次译音员再转译成一种语言。由此可见，二次翻译系统对译音员要求低一些，仅需要懂两种语言即可，而且二次翻译系统所需的译员室的数量比会议使用语言少一个。但是，它与直接翻译相比，译出时间稍迟，并且翻译质量会有所降低。

在使用很多种语言（例如 8 种以上）的多通路同声传译系统时，采用混合方式较为合理，即一部分语言直接翻译，另一部分语言作二次翻译。

图 5-12 二次翻译的同声传译系统

4. 同声传译系统示例

（1）图 5-13 是台电有线同声传译系统。这是一个可进行多语言会议的工程配置，可实现以下功能：

① 会议讨论发言功能；

② 同声传译功能，最多可实现 63+1 种语言的同声传译；

③ 与会代表可以调节通道选择器，采用监听耳机可以收听多种语种，单元具有通道号 LCD 显示屏；

④ 摄像机自动跟踪功能。

增加扩展主机，系统最多可连接 4096 台会议单元。代表机有台式和座椅扶手式，本例采用扶手式嵌入单元还具有手持式麦克风可供选择。表 5-6 是图 5-13 设备清单示例。

有线同声传译系统清单　　　　　　　　　　　　　　　表 5-6

型　　号	设 备 名 称	数量	型　　号	设 备 名 称	数量
HCS-4100MA/20	控制主机	1	HCS-4213/20	话筒控制软件模块	1
HCS-4347C/20	主席单元	1	HCS-4215/20	视频控制软件模块	1
HCS-4347D/20	代表单元	66	HCS-4216/20	同声传译软件模块	1
HCS-4340CA/20	多功能连接器（连接主席单元）	1	＊CBL6PS-05/10/20/30/40/50	6 芯延长电缆	6
HCS-4340DA/20	多功能连接器（连接代表单元）	66		控制电脑	1
HCS-4385K2/20	翻译单元	5		以太网交换机	1
HCS-5100PA	头戴式立体声耳机	72	＃	投影仪若其他显示设备	2
HCS-4311M	会议专用混合矩阵	1	＃	会场扩声系统	1
HCS-3313C	高速云台摄像机	4	＃	无线话筒	1
HCS-4210/20	基础设置软件模块	1			

注：＃——根据用户需要而定。

　　＊——根据会场布局而定。

（2）感应天线式同声传译系统。这是一种无线式系统，如图 5-14 所示。它是利用电磁感应原理，先在地板上或围着四周墙壁，装设一个环形天线，通常使用长波（约 140kHz）作载波，听众使用位于环形天线圈定的工作区域内的接收机，接收发射机发送

图 5-13　有线同声传译系统（台电）

图 5-14　感应天线式同声传译系统

的载有译语的电磁波信号。例如，日本 SONY 公司的 SX-1310A/B 发射机，可以利用译员传声器的信号调制成三个单独频道的载波，因此可传译三种语言。

　　感应天线式同声传译系统的优点是不需要连接电缆，安装较简便，可以实现天线圈定区域内稳定、可靠的信号传输（接收）。而在圈定区域外，信号则随距离的加大而迅速衰减，但仍有泄漏到外部的可能，故有保密性差的缺点。近来，感应天线式已被后述的性能更优的红外线式所取代。

　　关于环形天线的装设，可采用如下方法：

　　① 铺在会场四周地毯下（无抗静电措施的地毯）；

② 在混凝土地上挖细沟槽布在其中；

③ 在混凝土地上埋设塑料管布在其中；

④ 与装修配合，沿吊顶四周敷设；

⑤ 在四周装修的墙中敷设。

二、红外同声传译系统的性能指标和设备要求

红外线式同声传译系统的基本组成原理图如图 5-15 所示，主要由调制器、辐射器、接收机、电源等组成。

图 5-15　红外同声传译系统的基本组成原理图

红外光的产生一般都采用砷化镓发光二极管，频谱接近红外光谱，其波长约为 880～1000nm。由于人眼能感受到的可见光波长范围约为 400～700nm，所以这类光人们看不到，且对人体健康无害。红外辐射光的强弱是由砷化镓二极管内流过的正向电流大小决定的，利用这一点就很容易达到对红外光的幅度调制。在红外同声传译设备中，为了抑制噪声，音频不直接调制光束，而是先让不同的音频调制不同的副载频，再让这些已调频波对光束进行幅度调制。

红外光的接收通常采用 PIN 硅二极管进行光电转换，从已调红外光中检出不同副载频的混合信号。为了增大红外接收面积，二极管的外形做成半球形，使各个方向来的光线向球心折射，并且在球面与管芯之间夹有黑色滤光片，以滤掉可见光。

图 5-15 的工作过程如下：会议代表的发言通过话筒传输到各个翻译室，由各翻译人员译成各种语言，用电缆送到调制器（又称发射主机）。调制器内设有多个通道，每个通道设有一个副载频，完成对一路语言（即一种语言）的调频。调制器内的合成器将这些多路已调频波合成，并放大到一定幅度，由电缆输送给辐射器，在辐射器里完成功率放大和对红外光进行光幅度调制，再由红外发光二极管阵列向室内辐射已被调制的红外光。电源用于辐射器的供电。

红外接收机位于听众席上，其作用是从接收到的已调红外光中解调出音频信号。它的组成除了前端的光电转换部分以外，红外接收机还设有波道选择，以选择各路语言，由光电转换器检出调频信号，再经混频、中放、鉴频还原成音频信号，由耳机传给听众。

（一）系统性能指标

（1）红外线同声传译系统从红外发射主机到红外接收单元输出端口的系统传输特性指标见表 5-7。

（2）翻译单元的特性指标如表 5-8 所示。

系统传输特性指标 表 5-7

特 性	模拟红外线同声传译系统	数字红外线同声传译系统
调制方式	FM	DQPSK
副载波频率范围（—3dB）	2MHz～6MHz	
频率响应	250Hz～4kHz 的允许范围 （图 5-14）	标准品质:125Hz～10kHz 的允许范围（图 5-15） 高品质:125Hz～20kHz 的允许范围（图 5-16）
总谐波失真（正常工作状态下）	≤4%（250Hz～4kHz）	≤1%（200Hz～8kHz）
串音衰减	≥40dB（250Hz～4kHz）	≥75dB（200Hz～8kHz）
计权信号噪声比（红外辐射 单元工作覆盖范围内）	≥40dB（A）	≥75dB（A）

注：频率响应、总谐波失真、串音衰减、计权信号噪声比的测量方法应按现行国家标准《声频放大器测量方法》GB 9001 的有关规定执行。

翻译单元的特性指标 表 5-8

特 性	要 求
频率响应	125Hz～12.5kHz
总谐波失真（正常工作状态下）	≤1%（200Hz～8kHz）
串音衰减	≥60dB（200Hz～8kHz）
计权信号噪声比	≥60dB（A）

注：频率响应、总谐波失真、串音衰减、计权信号噪声比的测量方法应按现行国家标准《声频放大器测量方法》GB 9001 的有关规定执行。

（二）红外同声传译系统的设备要求

1. 红外发射主机应符合的规定

（1）多组语音输入通道应满足同声传译语种数量的需要；

（2）应具有自动或手动电平控制；

（3）宜具有多路红外信号输出接口；

（4）宜能产生多种频率音频测试信号；

（5）应具有输入通道接入指示功能；

（6）必须具备消防报警联动触发接口；

（7）宜具有在会议休息期间向所有通道播放音乐的功能。

2. 红外辐射单元应符合的规定

（1）副载波通道数应满足同声传译语种数量的需要；

（2）应具有工作状态指示灯；

（3）在安装红外辐射单元的附近应配置电源插座，红外辐射单元与红外发射主机的电源宜共用一组接地装置；

（4）应具有与红外发射主机同步开关机功能；

（5）应具有自动增益控制功能，增益控制范围不宜小于 10dB；

（6）可串行连接多台，链路的最后一台红外辐射单元必须进行终端处理；

（7）红外辐射单元与红外发射主机之间、红外辐射单元与红外辐射单元之间应采用带有 BNC 接头的同轴电缆连接。连接电缆线路衰减不宜大于 10dB。当连接电缆线路衰减超过 10dB 时，红外辐射单元的工作覆盖面积会缩小到 1/3 以下。使用线路衰减常数为

0.057dB/m 的 RG-5 型同轴电缆，线路衰减 10dB 对应约 175m 的线缆长度。如红外辐射单元具有自动增益控制（AGC）功能，则可以将衰减的信号"提升"回来，从而保证其工作覆盖面积。将具有自动增益控制（AGC）功能的红外辐射单元串行连接，可以实现信号的远距离传输。常用的同轴电缆线路衰减常数见表 5-9。

同轴电缆线路衰减常数　　　　　　　　　　表 5-9

型　　号	衰减常数（dB/m）	型　　号	衰减常数（dB/m）
RG-3	≤0.086	RG-7	≤0.044
RG-5	≤0.057	RG-9	≤0.036

（8）红外辐射单元的空间覆盖范围为近似椭球形，实际工作覆盖范围为该椭球形与红外接收单元所在平面（收听平面）相切而成的近似椭圆形的面积。红外辐射单元安装位置过低时，会场中前排的人会遮挡后排人的收听。因此，实际工程中红外辐射单元需要有一定的安装高度和投射角度，不同的安装高度和投射角度以及频道数目对应不同的工作覆盖面积（图 5-16～图 5-18）。显然，红外辐射单元的安装高度应小于所选用红外辐射单元的最大辐射距离。

图 5-16　某红外辐射单元水平安装的工作覆盖范围

房间内物体、墙壁和顶棚的表面状况和颜色对红外辐射也会产生影响，平滑、光洁的表面对红外线反射性能良好，暗而粗糙的表面对红外线吸收较大。红外辐射单元也不宜正

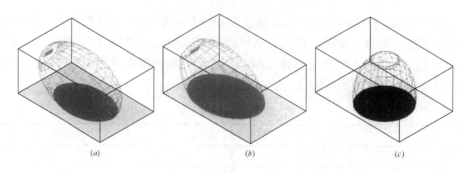

图 5-17

（a）16m 高，15°安装的工作覆盖范围（26dB）；（b）16m 高、30°安装的
工作覆盖范围（26dB）；（c）20m 高、垂直安装的工作覆盖范围（26dB）。

图 5-18　不同通道数的辐射覆盖范围

对窗户。

总之，通过图 5-16～图 5-18 的分析和比较，可以看出以下带有普遍意义的重要结论：

① 在一定安装高度下，安装的倾斜角度 θ 越大，覆盖区域 A 越大；

② 在一定安装角度下，安装高度 H 越高，则覆盖区域 A 越小；

③ 在一定条件下，辐射器的输出功率越大，覆盖区域 A 也越大；

④ 辐射器的使用通道数越多，则覆盖区域 A 越小，如图 5-18 所示。

⑤ 应该指出，辐射器辐射区域的大小还与信噪比 S/N 有关，以上辐射区域的大小一般指信噪比为 40dB（A），若信噪比减小，则辐射区域将增大。

（9）需要在会场红外服务区内安装多个红外辐射单元时，覆盖同一区域的各个红外辐射单元间的信号延时差不宜超过载波周期的 1/4。从红外发射主机到红外辐射单元经过同轴线缆进行传输，线缆传输会产生延时（延时常数为 5.6ns/m）。由于多个红外辐射单元与红外发射主机之间的线缆长度不等，导致红外辐射单元之间的信号相位会产生差别，从而导致信号重叠区的接收信号变差，甚至出现红外信号接收盲区。实际工程中，覆盖同一区域的两个红外辐射单元间的信号延时差不超过载波周期的 1/4 时，信号重叠区的接收信号变差状况不明显，两个红外辐射单元到红外发射主机的连接线缆总长度差允许的最大值可通过以下公式计算：

$$L = 1/(4 \cdot f \cdot t)$$

式中：f——载波频率；

　　　t——线缆传输延时常数，为 5.6ns/m。

例：对于调频副载波频率为 2MHz 的信号通道，两个红外辐射单元到红外发射主机的连接线缆总长度差不宜超过 $1/(4 \times 2 \times 10^6 \times 5.6 \times 10^{-9}) \approx 22$m。

解决信号干涉问题有两种途径：一是尽可能使各红外辐射单元到红外发射主机的连接线缆总长度接近等长。二是调节各个红外辐射单元的延迟时间，使各红外辐射单元的信号相位接近一致。当用串行连接方式连接红外发射主机和各红外辐射单元时，应尽可能使从红外发射主机引出的线路对称。为使各红外辐射单元到红外发射主机的连接线缆总长度等长，也可以将各红外辐射单元与红外发射主机采用等长的线缆进行星形连接。这种方式通常会造成连接线缆很大的浪费，因此一般不推荐采用。如红外辐射单元具有延时补偿功能，可以在系统安装调试时，调节各个红外辐射单元的延迟时间，使各红外辐射单元的信号相位接近一致。

（10）宜具有对传输线缆信号延时补偿功能。

3. 红外接收单元应符合的规定

（1）红外接收单元（见图 5-19）的重量不应大于 200g；

（2）一次充电或电池支持的连续工作时间不应小于 15h；

（3）应具有通道选择器、音量控制器和通道号的显示功能，并宜具有相应通道的语种名称、信号接收强度和内置电池电量的显示功能；

（4）室内使用红外接收单元时，应采取避免太阳光直射措施，在室外或在太阳光直射的环境下使用红外接收单元时，应选用可以在太阳光直射环境下工作的红外接收单元；

图 5-19　某接收机灵敏度的指向性

4. 翻译员和代表的耳机应符合的规定

（1）翻译员应使用由两个贴耳式耳机组成的头戴耳机。头戴耳机应具有隔离环境噪声的作用；

（2）代表的耳机可选择使用头戴耳机、听诊式耳机或耳挂式耳机等。

5. 翻译单元应符合的规定

（1）应为每个翻译员配备一个可单独控制听说的控制器及相关的指示器。两个翻译员共用一个翻译单元时，每个翻译员的控制器都应有完整的控制功能。指示器应能够立即显示正在使用的功能。

（2）输入通道选择器的通道选择动作应平滑，不应产生机械或电噪声；通道间不应短路。输入通道预选器应设置一个旋钮开关，在一般情况下应接入原声通道。当开关旋转在转译位置上时，输入通道应置于通道选择器上。

（3）音量控制器应使用对数式电位器。音调控制器应设置连续可调降低低音电平的控制器，125Hz 的电平比 1kHz 的电平应至少降低 12dB，也可设置连续可调提升高音电平的控制器，8kHz 的电平比 1kHz 的电平提升不应小于 12dB。

（4）应为每个翻译员配备一个头戴耳机或带传声器的头戴耳机的连接器插口，翻译单元耳机输出端应有防短路保护。

（5）监听扬声器应设有音量控制器。当同一同声传译室内的任一个传声器工作时，监听扬声器应立即静音。

（6）每个翻译单元的输出通道选择器应有不少于两个输出通道可供选择，并应具有输出通道占用指示功能和互锁功能，语种的符号应紧靠通道选择键。应设置用于翻译员提示会议主持、演讲人和操作员的专用音频通道。

（7）传声器接通键应具有把接入一个通道的所有翻译员传声器都断开时，原声自动进入该通道的功能。供两位翻译员使用的翻译单元上的传声器控制器可由一个开关控制。

（8）暂停键应能切断翻译员的传声器信号，而不接回到原声通道。在切断传声器信号时必须同时关闭传声器状态指示器。

（9）每一个传声器应设置一个"接通"状态指示器。

三、同声传译室

1. 一般要求

（1）同声传译室应位于会议厅的后部或侧面。

（2）同声传译室与同声传译室、同声传译室与控制室之间应有良好的可视性，翻译员宜能清楚地观察到会议厅内所有参会人员、演讲者、主席以及相关的辅助设施等。不能满足时，应在同声传译室设置显示发言者影像的显示屏。

（3）在同声传译室内，应为每个工作的翻译员配置独自的收听和发言控制器，并联动相应的指示器。

（4）红外线同声传译系统与扩声系统的音量控制应相互独立，宜布置在同一房间，并由同一个操作员监控。

2. 固定式同声传译室（图 5-20、图 5-21）

图 5-20 译员室规格（ISO 2603）

图 5-21 译员室平面图

注：译员室的室内面积宜并坐两个译员；为减少房间共振，房间的三个尺寸要互不相同；
其最小尺寸不宜小于 2.5m×2.4m×2.3m（长×宽×高）。

270

（1）同声传译室内装修材料应采用防静电、无反射、无味和难燃的吸声材料。

（2）同声传译室的内部三维尺寸应互不相同，墙不宜完全平行，并应符合下列规定：

① 两个翻译员室的宽度应大于或等于 2.50m，三个翻译员室的宽度应大于或等于 3.20m。

② 深度应大于或等于 2.40m。

③ 高度应大于或等于 2.30m。

（3）倍频程带宽为 125Hz～4000Hz 时，同声传译室的混响时间宜为 0.3s～0.5s。

（4）同声传译室墙壁的计权隔声量宜大于 40dB。

（5）同声传译室的门应隔声，隔声量宜大于 38dB。门上宜留不小于 0.20m×0.22m 的观察口，也可在门外配指示灯。

（6）同声传译室的前面和侧面应设有观察窗。前面观察窗应与同声传译室等宽，观察窗中间不应有垂直支撑物。侧面观察窗由前面观察窗向侧墙延伸不应小于 1.10m。观察窗的高度应大于 1.20m，观察窗下沿应与翻译员工作台面平齐或稍低。

（7）同声传译室的温度应保持在 18℃～22℃，相对湿度应在 45%～60%，通风系统每小时换气不应少于 7 次。通风系统应选用低噪声产品，室内背景噪声不宜大于35dB（A）。

（8）翻译员工作台长度应与同声传译室等宽，宽度不宜小于 0.66m，高度宜为 0.74m±0.01m；腿部放置空间高度不宜小于 0.45m。工作台面宜铺放减振材料。

（9）同声传译室照明应配置冷光源的定向灯，灯光应覆盖整个工作面。灯具亮度可为高低两档调节；低档亮度应为 100～200lx，高档亮度不应小于 300lx；也可为 100～300lx 连续可调。

3. 移动式同声传译室

（1）移动式同声传译室应采用防静电、无味和难燃的材料，内表面应吸声。

（2）移动式同声传译室空间应满足规定数量的翻译员并坐、进出不互相干扰的要求，并应符合下列规定：

① 空间宽敞时宜采用标准尺寸。一个或两个翻译员时的宽度应大于或等于 1.60m，三个翻译员时的宽度应大于或等于 2.40m，深度应大于或等于 1.60m，高度应大于或等于 2.00m。

② 因空间限制不能应用标准尺寸时，一个或两个翻译员使用的移动式同声传译室的宽度应大于或等于 1.50m，深度应大于或等于 1.50m，高度应大于或等于 1.90m。

（3）移动式同声传译室的混响时间应符合前述的固定式的规定。

（4）移动式同声传译室墙壁计权隔声量宜大于 18dB（1kHz）。

（5）移动式同声传译室的门应朝外开，带铰链，不得用推拉门或门帘；开关时应无噪声，并且门上不应有上锁装置。

（6）移动式同声传译室的前面和侧面应设有观察窗。前面观察窗应与同声传译室等宽；中间垂直支撑宽度宜小，并不应位于翻译员的视野中间。侧面观察窗由前面观察窗向侧面延伸不应小于 0.60m，并超出翻译员工作台宽度 0.10m 以上。观察窗的高度应大于 0.80m，观察窗下沿距翻译员工作台面不应大于 0.10m。

（7）移动式同声传译室的通风系统每小时换气不应少于 7 次。通风系统应选用低噪声产品，室内背景噪声不宜大于 40dB（A）。

（8）翻译员工作台的长度应与移动式同声传译室等宽，宽度不宜小于 0.50m，高度宜为 0.73m±0.01m；腿部放置空间高度不宜小于 0.45m。工作台面宜铺放减振材料。

（9）移动式同声传译室照明应符合前述的固定式规定。

第四节 数字会议系统设计及其举例

一、BOSCH 数字网络会议（DCN）系统

BOSCH（博世）的数字会议网络（DCN）系统（顺便指出，本系统原为 Philips 公司产品，现已被博世 BOSCH 公司收购）是在我国广泛应用的一种会议系统，是全数字化的会议系统。其中央控制器（主机）LBB 3500 系列集会议讨论、表决和同声传译于一体，配以相应的主席机、代表机和译员机等，即可满足各种功能的会议要求。图 5-22 是其典型系统组成。

【例 1】 数字会议系统工程实例

某会议厅要求具有发言讨论、表决和同声传译的会议功能，其中要求有表决、发言权的代表机为 45 个，同声传译要求 6 种语言，即包括母语为 1+6 同声传译，并要求对代表具有身份卡认证功能。旁听席约 100 个。此外，还要求对与会代表发言进行摄像自动跟踪。

设计如下：系统的组成如图 5-22 所示，只是要确定所用设备的型号和数量。设计如

图 5-22 博世 DCN 会议系统图

表 5-10 所示。由于要求代表机和主席机具备发言讨论、表决和同声传译等功能，故选用具有这些功能的代表机为 LBB 3546/00（配 LBB 3549/00 标准话筒）和主席机为 LBB 3547/00（配以 LBB 3540/50 长颈话筒）。所用的主席机和代表机型号是高档的多功能机，除具备一般的主席机和代表机的发言讨论、表决和同声传译功能（其中带通道选择器用于同声传译，机内平板扬声器的声音清晰，当话筒发言时自动静音，避免啸叫等）外，还增设身份认证卡读卡器和带背景照明的图形 LCD 显示屏。读卡器可用以识别代表身份和情况，并可在 LCD 显示屏上显示出个人情况、表决结果等信息。

系统示例的设备清单　　　　　　　　　　　　　　　　表 5-10

设备型号	数量	说　　明
会议控制主机		
(1)LBB 3500/15	1	增强型中央控制器(180 PCF)
会议发言/表决单元		
(2)LBB 3547/00 LB 3549/50	1 1	主席机带 LCD 屏幕 长话筒
(3)LBB 3546/00 LBB 3549/00	45 45	代表机带 LCD 屏幕 标准话筒
(4)LBB 3516/00		100km DCN 安装电缆
同声翻译单元		
(5)LBB 3520/10 LBB 3015/04	6 6	译员台　带背照光 动圈式耳机
(6)LBB 3420/00 LBB 3421/00 LBB 3423/00 LBB 3424/00	1 2 1 1	红外线发射机箱 频道模块(4 通道/模块) 接门器模块(DCN 用) 基本模块
(7)LBB 3433/00 LBB 3440/00	50 50	七路红外线接收机 轻型耳机
(8)LBB 3412/00	2	红外辐射板,25W
(9)RG58U		50Ω 同轴电缆(200m,辐射板用)
(10)LBB 3404/0	1	接收机储存箱(可装 100 个接收器)
摄像联动系统		
(11)LTC 8100/50	1	ALLEGIANT 8100 系统,8 路视频输入/2 路视频输出
(12)LTC 8555/00	1	视频控制矩阵键盘
(13)G3ACS5C	2	G3 室内天花式彩色摄像机模块,数码遥控,室内吊顶用,透明球罩,$24V_{ac}$,50Hz
身份卡认证		
(14)LBB 3557/00	1	晶片型身份编码器
(15)LBB 3559/05	100	晶片型身份认证卡(100 张)

注：表中尚未包括相应软件和附件。

至于主席机、代表机和译员机的安装，如图 5-22 所示的那样呈串接形式即可。

二、红外辐射器特性及其布置

在同声传译会议系统的工程设计中，一个重要问题是红外辐射器的布置。辐射器是辐射红外光的装置，做成扁平矩形结构，其辐射面是由数百只红外发光二极管排列成矩阵形式，从而产生如图5-17所示的具有椭球体形的辐射特性。

（1）首先，应保证会议厅全部处于红外信号的覆盖区域内，并有足够强度的红外信号。图5-23～图5-25是红外辐射器布置的三个示例。图5-24中若用两只辐射器即可覆盖全场，则这两只辐射器以对角相对布置比安装同一边两角为好。

图 5-23　红外辐射器布置示例之一　　　　图 5-24　红外辐射器布置示例之二

图 5-25　红外辐射器布置示例之三

（2）红外光的辐射类似可见光，大的和不透明的障碍物会产生阴影，使得信号的接收有所减弱，而且移动的人和物体也会产生类似问题。为此，辐射器要安装在足够高的高度，使得移动的人也无法遮挡红外光。此外，红外光也会被淡色光滑表面所反射，被暗色粗糙表面所吸收。因此，在布置辐射器时，首先要保证对准听众区的直射红外光畅通无阻，其次要尽量多地利用漫反射光（主要是早期反射光），以使室内有充足的红外光强。

（3）会议厅要尽可能避免太阳光照射，否则日光将导致红外信号接收的信噪比下降。为此，可用不透光的浅窗帘遮挡。同样，白炽灯和暖气加热器也会辐射高强度的红外光，因此在这些环境中就必须安装多一些红外辐射器。同理，若会议在室外明亮的日光下举行，则也要增加辐射器数量。

（4）安装红外辐射器的数量，除了上述与会议厅面积大小、形式以及环境照明有关系，还与同声传译的语种数有关。当语种数增多时，由于每个语种占用功率减少，故也应增加辐射器数量。通常应适当增加1～2只。

（5）辐射器安装时不宜面对大玻璃门或窗，因为透明的玻璃表面不能反射红外光，而且还有可能因红外光泄漏室外而产生泄密。当然，此时也可用厚窗帘等不透光物体进行遮挡。

（6）若室内使用如电子镇流器等的节能型荧光灯，其会产生振荡频率约为 28kHz 的谐波干扰，这要影响低频道（即 0～3 频道）的信号接收。同样，在这种背景干扰电平较高的会议厅中，也有必要增设辐射器。

（7）红外接收机也有一定指向性，即接收灵敏度随方向而改变。通常，接收机竖放时其最大灵敏方向在正面斜上方 45°方向上。在此轴上下左右 45°范围内，灵敏度变化不大，其余方向的接收效果则明显降低。

（8）在接线上，尤其要注意译员控制盒与调制器（发送机）的配接，通常宜采用平衡输入形式。辐射器往往采用有线遥控，遥控电源由发送机供给。此外，应考虑输出线的配接问题，防止接地不当造成自激。

（9）延时差引起的干涉效应。当两个辐射器的落地面积部分重叠时，总的覆盖面积可能大于两个分区的辐射落地面积之和。如图 5-25（a）所示，因接线长度相等，延时相同，故在重叠区中的两个辐射器的信号同相相加，使得辐射覆盖面积加大。但是，接收机从两个或多个辐射器接收到的信号，由于延时差异，也可能形成互相抵消（干涉效应）。在最坏的情况下，某些点可能完全收不到信号（盲点），如图 5-26（b）所示。载波频率越低，易受延时差影响的机会越少。

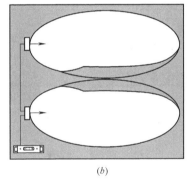

（a）　　　　　　　　　　　　　（b）

图 5-26　延时差引起的干涉效应

（a）辐射能量相加造成覆盖面积加大；（b）信号延时不同造成覆盖面积变小

信号延时可以用辐射器的延时补偿开关补偿。信号延时差是由发射机到各个辐射器的距离不同或电缆接线长度不同引起的，为了最大限度地避免产生"盲点"，尽可能使用同样长的电缆连接发射机和各辐射器（图 5-27）。

当用串接的方式连接发射机和各辐射器时，线路应该尽量对称图 5-28（b）而不用图 5-28（a），电缆信号延时也可以用辐射器内部的信号延时开关补偿。

【例 2】　辐射器布置的工程实例

图 5-29 是上海某艺术中心具有 300 座位的豪华型电影与会议两用厅，面积约为 370m²，要求有四种语言的同声传译系统。该厅使用两个辐射器，安装在前方左右两侧高约 8m 的顶

图 5-27　等长电缆连接的辐射器

图 5-28 (a)　辐射器线路的不对称连接（应避免）　　图 5-28 (b)　辐射器线路的对称连接（推荐）

棚板上，朝向观众席。另外，还设有备用出线盒。顺便指出，图 5-29 的译员室设在后面，这主要是建筑上的考虑，但从同声传译角度来看并不理想。因为译员距离主席台较远，看不清发言者的口形变化，亦即翻译时不能跟着发言者节奏变化。所以，译员室最好设在主席台附近的两侧。此外，若考虑主席台上坐着多位代表，则如图 5-28 (b) 所示，宜在厅中央吊顶再配一个辐射器。

图 5-29　红外同声传译设计示例

三、红外语言分配系统

红外线语言分配系统又称红外旁听系统，它是红外同声传译系统的一个组成部分。图 5-30 是同声传译系统与红外语言分配系统结合的系统图。图中上半部就是红外线语言分配系统（旁听系统），它是由红外发射机、红外辐射器、红外接收机（含耳机）三部分组成。

276

图 5-30　有线同传与红外线旁听系统相结合的应用配置

应该指出，红外同传旁听系统（即语言分配系统）与前述红外会议讨论系统（图5-6）是不同的。主要不同之处在于有无译员单元，此外在信号传输与系统连接、发射与接收以及辐射功率等方面也有一定的区别，参见表 5-11。

<table>
<tr><td colspan="3">红外线同传旁听系统与红外线会议讨论系统的对比</td><td>表 5-11</td></tr>
</table>

设备单元	红外线旁听系统	红外线会议系统
辐射器(板)	仅发射不接收；LED 数量达数百只	发射器/接收器集成为一个独立单元,收/发器内置于发言单元,既能发射又能接收,双向通信
红外接收机	仅接收不发射；单向通信	
辐射功率	较大,覆盖范围大	较小,覆盖范围较小
信号传输与系统连接	信号通过发射机传输到辐射器,辐射器可多台级连	信号经主控机或内置发言单元经分配器中继与辐射器连接,不能直接相连
尺寸	更大	较小

四、台电（TAIDEN）数字会议系统

1. 概述

2004 年，深圳台电公司自主开发出 MCA-STREAM 多通道音频数字传输技术，将数字音频技术和综合网络技术全面地引入到会议系统中，推出一套 64 通道的全数字会议系统。基于 MCA-STREAM 技术的 HCS-4100 全数字会议系统可实现：

（1）一条专用的六芯电缆（兼容通用的带屏蔽超五类线）可传输多达 64 路的原声和译音信号，避免采用复杂的多芯电缆，大大方便了施工布线，增强了系统的可靠性。

（2）在传输过程中信号的质量和幅度都不会衰减，彻底地解决了音响工程中地线带来的噪声和其他设备（如舞台灯光、电视录像设备等）引起的干扰。信号的信噪比达到

96dB，串音小于 85dB，频响达到 40～16kHz，音质接近 CD 品质。

（3）长距离传输同样能提供接近 CD 的高保真完美音质，适用于从中小型会议室到大型会议场馆、体育场等多种场合。

（4）利用全数字技术平台实现了双机热备份、发言者独立录音、集成的内部通话等多项创新功能。

HCS-4100 全数字会议系统由会议控制主机、会议单元和应用软件组成，并采用模块化的系统结构。只需把 HCS-4100 全数字会议系统的会议单元手拉手连接起来，就可以组成各种形式的会议系统。

图 5-31 是使用台电 HCS-4100 主机构成具有发言管理、投票表决、同声传译及摄像自动跟踪功能的全数字会议系统示例，它可实现如下功能：

（1）会议发言管理功能（会议讨论功能）；

（2）有线及无线投票表决功能；

（3）同声传译功能，最多可实现 63＋1 种语种的有线同声传译；

（4）摄像机自动跟踪功能；

（5）大屏幕投影显示功能；

（6）IC 卡签到功能。

此外，会议最多可连接 4096 台会议单元及 10000 台无线表决单元。配置数字红外线语言分配系统可实现更多的代表加入会议（数量不受限制）。

【例 3】 数字会议系统

假设会议代表有 3500 人，会场面积 4000m²，其中需要发言的人数为 100 人，其余代表都要求具有投票表决及同声传译功能，参与会议的代表分别来自 12 个不同语种的国家，设备配置如表 5-12 所示。

系统设备清单　　　　　　　　　　表 5-12

型　　号	设 备 名 称	数量	型　　号	设 备 名 称	数量
HCS-4100MA/20	控制主机	1	HCS-3922	接触式 IC 卡	3500
HCS-4386C/20	主席单元	1	HCS-5100M/16	16 通道红外线发射主机	1
HCS-4386D/20	代表单元	99	HCS-5100T/35	红外线发射单元	30
HCS-4100ME/20	扩展主机	1	HCS-5100R/16	16 通道红外线接收单元	3400
HCS-4100MTB/00	投票表决系统主机	6	HCS-5100PA	头戴式立体声耳机	3524
HCS-4390BK	无线表决单元	3400	HCS-5100KS	红外线接收单元运输箱	34
HCS-4391	RF 收发器	1	HCS-4311M	会议专用混合矩阵	1
HCS-4385K2/20	翻译单元	24	＊HCS-3313C	高速云台摄像机	5
HCS-4110M/20	8 通道模拟音频输出器	2	HCS-4215/20	视频控制软件模块	1
HCS-4210/20	基础设置软件模块	1	＊CBL6PS-05/10/20/30/40/50	6 芯延长电缆	9
HCS-4213/20	话筒控制软件模块	1	＃	控制电脑	5
HCS-4214/20	表决管理软件模块	1	＃	投影仪或其他显示设备	2
HCS-4216/20	同声传译软件模块	1	＃	会场扩声系统	1
HCS-4345B	发卡器	1			

注：＃——根据用户需要而定，＊——根据会场布局而定。

2. 系统设备

（1）HCS-4100MA/20 会议控制主机

会议控制主机是数字会议系统的核心设备，它为所有会议单元供电，也是系统硬件与系统应用软件间的连接及控制的桥梁。

图 5-31 具有发言管理、投票表决、同声传译、投影显示和自动跟踪摄像等功能的智能会议系统

279

① 与控制计算机通过局域网连接，可实现会议系统远程控制、远程诊断和系统升级。

② 可实现双机热备份，备份机自动切换。

③ 多个独立会议系统扩展成为更大的会议系统。

④ 可设置 IP 地址，在一条 6 芯网线上最多可双向传送 64 个语种或计算机信息。

⑤ 实施会议发言管理功能、投票表决功能（有线）和同声传译（有线）功能。

⑥ 6 路会议单元输出端口，每路最多可连接 30 台会议单元（代表机和主席机），每台控制主机最多可支持 6×30 台＝180 台会议单元（HCS-4386D）。

（2）HCS-4110M 8 通道模拟音频输出器

D/A 转换，8 通道模拟音频输出，供扩声系统、模拟录音、无线同声传译和监听耳机使用。

（3）HCS-4100MTB/00 无线投票表决控制机

① 与主控计算机通过 TCP/IP 网络协议连接控制，内设 IP 地址。

② 与 HCS-4391 表决发射机和 HCS-4390AK 无线投票表决单元连用，最多可使用 10000 个无线投票表决单元。

（4）HCS-5100M/16　16 通道红外发射主机

① 有 4 通道/8 通道/16 通道模拟音频输入。两台发射机级联，最多可传送 32 种语言。

② 采用 2～6MHz 频分（FDM）多路副载频调制技术。

③ 与 HCS-5100T 红外线发射板连接，产生 15W/25W/35W 多种红外线发射功率。

④ 15W 的最大有效作用距离为 30m；25W 的最大有效作用距离为 50m；35W 的最大有效作用距离为 97m。（发射角水平±40°，垂直±22°）。

⑤ 与 HCS-5100R（4～32 通道）红外线接收机配套使用。

（5）摄像机自动跟踪拍摄系统

自动拍摄系统由摄像机（HCS-3313C）、HCS-4311M 音视频/VGA 混合矩阵切换台组成。

① HCS-4310M：16×8 视频切换矩阵，可与计算机及智能中央集中控制系统连接，实现摄像机自动跟踪。

② HCS-4311M：8×4 视频矩阵、4×1VGA 矩阵和 6×1 音频矩阵，可与计算机及智能中央集中控制系统连接，实现摄像机自动跟踪拍摄。

（6）HCS-4100ME 会议扩展主控机

每台 HCS-4100MA 会议控制主机最多可连接 180 台会议单元，需连接更多会议单元时可采用 HCS-4100ME 扩展主控机。每台扩展主控机最多可连接 180 台会议单元。

3. 台电全数字会议系统若干创新功能

（1）高速大型会议表决系统

目前，国际上大型会议表决系统的普遍做法是表决系统主机与表决器间通过 RS-485（半双工传输协议）接口连接，表决系统主机与电脑通过 RS-232 串口连接。RS-485 接口的数据传输速率较低，一般小于 20kb/s，表决系统主机对一个表决器查询的时间一般在 10ms 以上。对于一个 1000 席的大型会议表决系统，进行一轮表决结果查询就需要近 10s 时间，显得太长。

台电表决系统的 TAIDEN 高速有线表决器内置高性能 CPU，并与表决系统主机通过专用 6 芯线进行连接，数据传输速率达到全双工 100Mb/s，表决系统主机与电脑也通过高速以太网连接。代表按键表决后，TAIDEN 表决器立即将表决结果以 100Mb/s 的速率主动传输给表决系统主机，传输时间仅需不到 1ms。对于 1000 席的大型会议表决系统，其表决结果的统计时间不到 1ms，表决统计速度提高了约 1 万倍！在这个系统中，任何位置的代表按三个表决键的任何一个时，都可以实时地看到对应按键的表决结果自动加 1，这种实时响应的速度是其他大型表决系统难以做到的，避免了以往等待表决结果的尴尬，也令代表非常容易地感受到系统的准确性而毫无悬念。

（2）会议系统主机双机热备份

会议系统主机双机备份是重大会议场合必备的功能，在会议系统中，会议系统主机起着给会议单元供电和控制整个会议系统过程的作用。当会议系统主机的 CPU 死机或者出现故障就会导致整个会议系统的瘫痪。以往的做法是另行配备一套一样的主机，一旦出现意外，就换主机。采用这种方式，会议发言、同声传译等工作都难免要中断，影响了会议的顺利进行。

TAIDEN 全数字会议系统，可以实现会议系统主机的双机热备份。TAIDEN 全数字会议系统主机有主/从两种工作模式。对于重大会议场合，可以将一台备用的会议系统主机设置为从模式，连接到工作于主模式下的系统主机，当工作于主模式下系统主机出现"死机"等意外时，工作于从模式下系统主机会自动检测到这一意外情况，并自动启动，接替原主模式系统主机的工作，这一过程完全不会影响到与会者的发言和同声传译等工作，从而保证整个会议没有间断地顺利进行。

（3）发言者独立录音功能

在手拉手会议系统中，有多支会议话筒可以同时开启。目前国际上的会议系统主机都仅有混音输出，即输出由多支开启的会议话筒的音频信号的混音信号（有时还包括外部音频输入信号）。然而会议发言人的声音有大有小，音调有高有低，目前这种仅有混音输出的会议系统主机不能对各支开启的麦克风的音频特性进行单独修饰，对各支开启的会议话筒单独录音的功能也无法实现。

TAIDEN 全数字会议系统在混音器的输入端给每一输入增设带音频输出的旁路音频输出电路，使含该音频输出装置的会议系统主机不仅可以输出所有开启的会议话筒混音后的音频信号，还可以对各支开启的麦克风的音频特性进行单独修饰或单独录音，适合各发言人以及组织者着重处理的需要。

（4）集成的内部通话功能

在大型会议系统工程，特别是有同声传译功能的系统需要具有内部通话功能，即必须有一个从翻译员到主席、发言者到操作员处，或从操作员到主席或发言者处传输信息的音频通路。在会议过程中出现异常时（例如代表不用话筒就开始发言或其他紧急情况），翻译员就能通过内部通话功能，小心地通知主席和/或发言人。

TAIDEN 全数字会议系统采用独创 MCA-STREAM 多通道数字音频传输技术，可以在一根六芯线缆上同时传输 64 路音频数据及控制数据。当同声传译用不了 64 通道时，就可以把多余的通道用做内部通话的音频通道，而 TAIDEN 的一些会议单元也配备 LCD 菜单和相应的按键，配合操作员机和 TAIDEN 内部通信软件模块，即可为主席、与会代表、翻译员和操作员之间提供双向通话功能。这样集成的内部通话功能，无需另配设备。而早先的会议系统为实现内部通信功能需要另行配置内部通信电话，增加了成本，安装和使用也不方便。

图 5-32 是又一种大型会议系统的系统图示例。

图 5-32　大型会议系统系统图

第五节　会议签到系统

一、会议签到系统的类型与组成

1. 类型

会议签到系统是数字会议系统的重要组成部分，它有如下几种类型：

（1）按键签到：与会代表按下具有表决功能的会议单元上的签到键进行签到。

（2）接触式 IC 卡签到：与会代表在入场就座后将（接触式）IC 卡插入会议单元内置的 IC 卡读卡器，即可进行接触式的 IC 卡签到，适于中小型会议使用。

（3）1.2m 远距离会议签到系统（通常设在出入口）。

代表只需佩戴签到证依次通过签到门便可自动签到，大大提高了签到速度。代表经过签到门时，显示屏立即显示代表的相关信息，包括代表姓名、照片、所属代表团和代表座位安排等信息。签到门口的摄像机拍摄代表相片并与代表信息中的相片进行自动比对，获得认可后闸机自动放行。它适合大型的、重要的国际会议签到。

（4）10cm 近距离感应式 IC 卡会议签到系统（通常设在出入口）。

会议代表只要把代表证（IC 卡）靠近签到机，即可完成签到程序。该系统组成简单，造价不高，易于维护，适用于各种会场签到。

2. 会场出入口签到管理系统

会场出入口签到管理系统宜由会议签到机（含签到主机及门禁天线）、非接触式 IC 卡发卡器、非接触式 IC 卡、会议签到管理软件（包括服务器端模块和客户端模块）、计算机及双屏显卡组成，见图 5-33。

图 5-33　会场出入口签到管理系统的组成

会场出入口签到管理系统可分为远距离会场出入口签到管理系统和近距离会场出入口签到管理系统，如图 5-34 和图 5-35 所示。

二、会议签到系统的功能要求

（1）应为会议提供可靠、高效、便捷的会议签到解决方案；会议的组织者应能够方便地实时统计出席大会的人员情况，包括应到会议人数、实到人数及与会代表的座位位置。

图 5-34　远距离会议签到管理系统

HCS-4393A近距离会议签到系统连接图

图 5-35　台电近距离会议签到系统

（2）宜具有对与会人员的进出授权、记录、查询及统计等多种功能，在代表进入会场的同时完成签到工作。

（3）非接触式 IC 卡应符合以下要求：

① IC 卡宜采用数码技术，密钥算法，授权发行。

② 宜由会务管理中心统一进行 IC 卡的发卡、取消、挂失、授权等操作。

③ IC 卡宜进行密码保护。

（4）宜配置签到人员信息显示屏，显示签到人员的头像、姓名、职务、座位等信息。

（5）应能够设置报到开始/结束时间，并应具有手动补签到的功能。

（6）可自行生成各种报表，并提供友好、人性化的全中文视窗界面，支持打印功能。

（7）可生成多种符合大会要求的实时签到状态显示图，并可由会议显示系统显示。

（8）可分别为会议签到机、会场内大屏幕、操作人员、主席等提供不同形式和内容的签到信息显示。

（9）代表签到时，可自动开启其席位的表决器，未签到的代表其席位的表决器应不能使用。

（10）应具备中途退场统计功能。

（11）各会议签到机宜采用以太网连接方式，并应保证与其他网络系统设备进行连接和扩展的安全性。

（12）某个会议签到机发生故障时，不应影响系统内其他会议签到机和设备的正常使用。若网络出现故障，应保证数据能即时备份，网络故障恢复后应能自动上传数据。

第六节　无纸化多媒体会议系统

"无纸化会议"于 2003 年由联合国非政府组织委员会提出，它是用全电子模式运作和管理会议，以减少纸张消耗、提高会议效率。联合国于 2010 年 1 月 1 日对会议文件的使用、管理全面推行无纸化。2011 年我国深圳台电公司开发的一体化的无纸化多媒体会议系统在联合国总部获得成功应用。近年来，我国许多公司（如广东 itc、迪士普、海天电子、上海童格等）对无纸化会议系统作了新的开拓和发展，形成以液晶升降屏和会议话筒为主体形式的无纸化多媒体会议系统。

一、系统组成

图 5-36 是这种液晶升降屏和会议话筒为主体形式的无纸化多媒体会议系统的示意图。它采用圆桌式会议方式。其中，液晶显示器采用电动升降方式，平时液晶显示器藏于桌面下面，开会时，可通过电动升至桌面。这种升降显示屏的安装结构图如图 5-37 所示。液晶显示屏有 15.3in、17in 等几种规格。例如，某机型（SHJ-15B）额定电压为 AC220V，保险丝管电流为 1A，液晶显示屏尺寸为 15in，分辨率为 1024×768，外形尺寸为 440mm×180mm×560mm。该系统可广泛用于视频会议系统、指挥调度系统、生产分析系统、金融分析系统、各种会议系统等。

图 5-36　采用液晶升降屏的音视频会议系统示意图

图 5-37　液晶显示屏升降结构图
(a) 侧视图；(b) 三维图

无纸化多媒体会议系统由控制主机（服务器）、无纸化编码器、液晶电动升降屏（有带会议话筒和不带会议话筒两种）、显示设备和控制电脑以及交换机等组成，如图 5-38 所示。图 5-38（b）是带会议话筒的无纸化会议系统的系统图，可以看出它加接会议发言主机，并将接口连线接至各个液晶升降屏中去。

图 5-39 是一个较为大型的无纸化会议系统图，它的液晶升降屏与会议话筒一体化，并在显示屏前加装电子桌牌（电子铭牌），另配置调音台、音频处理器、功放、音箱及录播系统等。

无纸化多媒体会议系统是采用电子文档传送方式把会议资料分发到所有会议终端，会议代表可以通过多媒体会议显示终端阅读，还可将其发言稿发送给其他代表的会议终端和发送到大屏显示投影机上。参加远程视频会议时，可将远方的高清视频图像完美地呈现在每位代表面前的会议终端上，远方的代表也可以观看发言者的视频图像。

无纸化会议系统是一种专为政府党政机关、企事业单位、大型集团企业量身定制的会议系统，提供强大的会议应用功能，包括：会议信息上传、文件分发、阅读查看、文件批注、会议签到、投票表决、电子白板、文件交互传送、视频交互传送、会议交流、信息通知、会议服务、信息记录等；具有功能丰富、界面简洁直观、操作便捷、稳定可靠等特点；能够极大地降低会议组织者的工作压力，轻松进行会议现场管控，提高与会者的开会效率，同时节省大量资料印刷费用和投影设备，完全符合国家低碳、环保理念。

图 5-38 无纸化会议系统的组成（a）

287

图 5-38　带会议话筒无纸化会议系统的组成（*b*）

图 5-39　液晶升降屏与会议话筒一体化的无纸化会议系统

二、无纸化会议系统的功能

1. 会前准备

（1）具备会议类型管理。能够配置不同种类的会议（如：党组会议、检委会议、办公会议等）。

（2）具备会议室设备管理功能。可快速设置所有会议室终端参数及特性，包括终端座位号绑定、主席终端、代表终端、显示设备名称等。

（3）具备会议角色设置。可对参会人员的权限进行快速设置，如：会议主持人、会议秘书、参会人员以及各种会议角色所能操作的会议功能模块等。

（4）具备会议管理功能。可快速设置会议开始时间、结束时间、会议类型、会议室、会议密码、签到准备时间、签到时间、最少签到人数等会议参数。

（5）具备快速座位分配功能。通过拖拉方式设置参会人员的座席，具备座位分配导览图。

（6）具备批量上传会议文稿资料功能。具备设置参会人员对会议文档的操作权限，可设置任一参会人员对会议文稿的阅读和下载权限。

（7）提供会议议程管理功能。支持会议主持人或会议秘书对会议议程进行管理控制（如开始议程、结束议程），可以控制终端是否显示该议程下的文稿及其他相关信息，不属于该议程下的文稿与会议信息不显示，确保与本会议议程无关的其他人员无权查看该会议议程的相关资料，有效杜绝泄密现象的发生。

2. 会中交互及控制

（1）支持会议信息显示。四画面分割显示当前会议议题名称、议题介绍、参会人员一览表及该会议议题下的所有会议文稿。

（2）提供主屏人名导位功能。实现会议终端自动显示参会人员姓名等信息，方便参会人员快速找到会议席位，人名导位界面可自定义（背景图片、字体颜色、字号等）。

（3）提供背屏电子桌牌功能。实现会议终端自动显示参会人员姓名等信息，电子桌牌界面可自定义（背景图片、字体颜色、字号等）。

（4）支持人员签到。会议秘书或主持人点击"开始签到"后，进入签到准备倒计时。准备倒计时结束之后自动切换为签到倒计时，并在大屏幕上自动提示参会人员。

（5）支持议程文稿。具备超大文件的会议资料的处理能力，系统支持常用的办公文件格式（如 doc、docx、xls、xlsx、ppt、pptx、pdf、tif、jpg、png 等）。采用独有格式编码方式处理与存储，而非简单的第三方办公软件插件嵌套来实现文稿阅读及批注。简化操作，参会人员无需办公软件基础也可轻松阅读文稿，布局合理，方便的"页码"、"批注"快捷键一目了然，文稿阅读区自适应屏幕尺寸，字体大小适合远距离阅读，不会因为字体太小而导致视觉疲劳，界面简洁美观。

（6）支持在会议进程中通过会议升降终端的 USB 口插入 U 盘，临时导入所需会议资料。

（7）支持同步演示。实现文档画面或者其他操作画面同步到所有终端或者部分终端，可以实现强制演示、邀请演示，支持外部笔记本电脑所有操作过程同步演示到所有会议终端。同屏演示延时不超过 500ms，不出现卡顿现象。

（8）支持文稿批注功能。可以对会议文稿进行内容批注，参会人员可在触摸屏上进行批注，与用户体验和在纸质文件进行批注一样；系统可以保留所作的批注痕迹。

（9）支持选举、表决、评议等多种形式的投票表决功能。投票功能简便易用，可以随时设置、增添投票内容与投票方式，并以图形形式实时统计；会议投票支持自定义单选、多选，支持有权限的参会人员在会议进行过程中发起投票，支持投票结果的导出；投票表决采用倒计时方式。

（10）支持视频点播。支持多种格式的媒体视频文件播放，可以点播会议前上传在服务器上的视频文件，支持 1080P 高清格式视频播放，图像清晰，播放流畅，支持 mp4、mov、rmvb、wmv、flv、rm、avi 等常用视频格式。

（11）支持讲稿导读功能，实现阅读位置提醒功能，可以自定义讲稿文字大小及语速调整。

（12）提供会议发言管理功能模块，具备主席模式、自由模式和指定发言等多种发言模式，可实现发言模式转换，发言人可通过触摸展开关话筒，会议主持人可关闭所有参会人员的话筒，也可指定与会者发言，具备发言计时功能。

（13）提供会议纪要功能，支持会议纪要模板导入功能。方便会议秘书快速调用模板，并在模板上快速修改实现对会议进行快速记录。支持会议纪要共享功能，方便会议秘书在完成会议记录后分发给所有参会人员或部分参会人员核对校验，以确保会议纪要的真实性、准确性。支持会议纪要的保存功能，方便会议秘书在会议结束后分发和打印。

（14）提供会议现场交流模块。可预设、自定义多种呼叫内容，实现与会议服务人员之间的信息交流；支持一对一、一对多的多模式会议终端消息发送方式，支持全体参会人员广播功能。

（15）提供视频直播功能。支持外部视频信号（比如：摄像机、视频会议终端等设备的视频信号）在会议升降终端上显示。

（16）提供大屏投放功能。当前会议的"人员签到"、"会议标语"、"选举、表决、评议"、"摄像机"、"外部电脑"等画面可以自由切换到当前会议室的多台大屏幕上，采用触摸拖拉方式进行画面切换，方便直观，操作简单。也可按照会议流程进行设置，如会议开启后自动显示会议标语；会议过程中，系统自动将签到结果、投票结果、议程等信息切换上大屏幕进行显示；字体颜色、大小、背景图片可进行自定义设置。

3. 会后归档

（1）进行会议归档。将会议过程文件打包备案保存/会议痕迹清空。

（2）系统支持一键关机功能。可以一键关闭所有会议室设备的自动关闭。

三、无纸化会议系统的设备与特性

图 5-38 和图 5-39 系统的无纸化会议系统的设备与特性见表 5-13。

无纸化多媒体会议系统设备与特性 表 5-13

	产品特点
控制主机(服务器)TS-8300 内置软件：无纸化会议系统内嵌软件 V2.12 	1. 处理会议功能模块、会议主题、参会人员信息、会议议题、投票内容等会前信息预设，具有会议各类文件资料的上传共享、人员的权限管理设置、会议信息的实时记录等应用功能。 2. 运行 Windows7 操作系统，系统可靠稳定，可为无纸化多媒体会议系统提供管理、控制、数据交互、服务等功能。 3. 支持远程登录 web 管理。 4. CPU：i5-4460；内存：8G DDR 3 1600；硬盘：2T；操作系统：Windows7

多媒体会议终端主机　TS-8304 内置软件:无纸化会议终端客户端内嵌软件　V2.0 	产品特点 1. 可对多种文件格式进行阅览,包括常见格式 doc/docx/xts/xlsx/ppt/pptx/pdf/html/htm 等。支持权限功能,参会人只可看到有权限的文件。 2. 通过 U 盘,阅览文件或上传其他参会人员,文件同时可保存在服务器和本地。 3. 支持与一人或多人进行实时会议交流。 4. 可对任意页面进行手写批注,并将批注保存上传至服务器,方便会后进行归档。 5. 支持屏幕自由共享——任何参会人员可以在会议中进行屏幕广播将本地画面共享至其他参会人员。 6. 支持对服务器中的视频进行任意点播,支持实时观看视频流直播,可全屏显示视频。 7. 可对会议签到进行开始或统一签到控制,并查看当前状态情况,可对签到情况进行投屏
流媒体服务器　TS-8308 内置软件:无纸化流媒体服务器入软件 V1.0 	产品特点 1. 标准机柜式设计(2U),内嵌高清、标清视频信号处理模块,同步、异步处理视频信号输入、输出。 2. 支持信号格式自动转换功能——网络数据信号转换成数字信号,数字信号自动转换成网络信息传输。 3. 支持与会场同步信号跟踪功能——当会场有同步信号时保持实时跟踪并同步输出到输出接口,当会场无同步信号时,输出接口无任何画面输出。 4. 支持通过远程登录 web 管理
无纸化升降器　TS-8202 内置软件:无纸化会议终端客户端内嵌软件　V2.0 	产品特点 1. 触控超薄高清显示屏与超薄圆轴式升降器一体化设计,无外露连接线,无连接背板,无外露螺栓,保证升降显示触控屏整体美观大方。 2. 触控超薄高清显示屏外壳铝合金材料,表面处理为喷砂阳极氧化,超薄液晶屏设计,外壳边缘厚度仅为 6.8mm。 3. 采用 15.6in 多点电容触控高清液晶屏,分辨率达到 1920×1080dpi,屏幕视角为 IPS 全视角液晶屏,显示效果清晰亮丽。 4. 外壳内嵌 10.1in 电子铭牌,分辨率达到 1288×800dpi,可显示与会者的姓名、职务、单位名称、LOGO、会徽、会标等,背景可自定义联网编辑,支持定时刷新。 5. 升降器面板具备:上升、暂停、下降、多媒体会议终端开关接口,升降器支持自动仰角15,保证显示器最佳观看视角与触控角度。 6. 具有电源保护功能,升降器桌面面板预设 USB 信息接口,支持文档资料导入导出。 7. 触摸屏类型:电容式,10 点触控;接口:1×HDMI、1×USB2.0
无纸化升降器　TS-F713MT 内置软件:无纸化会议终端客户端内嵌软件　V2.0(带会议话筒) 	产品特点 1. 触控超薄高清显示屏与升降器一体化设计,无外露连接线,无连接背板,无外露螺栓,保证升降显示触控屏整体美观大方。 2. 话筒升降具有自动扶直功能——当麦杆弯曲时,机器关闭可自动扶直麦杆,不会损坏麦杆。 3. 设备面板厚度仅为 3mm,宽度仅 70mm,占用空间小。 4. 采用进口钢丝与高精密度的导轨和直线轴承配合,交流减速电机做驱动动力,噪声降到最低;内部结构采用防水方式处理,一般的会议茶水渗漏不会影响机器的使用。 5. 17.3in 超薄液晶触屏显示器,分辨率达 1920×1080dpi,显示效果清晰亮丽,可调节背光设计,防止过亮或过暗引发疲劳感。 6. 支持 HDMI 和 VGA 两路信号输入,当只有一路信号输入时,屏幕会自动识别信号;当两路信号同时输入时,可通过面板按键手动切换;当无信号输入时,屏幕自动进入省电模式。 7. 设备可通过中控软件进行集中控制,可通过主机进行控制,一键可让室内所有的设备都上升或下降

续表

	产品特点
电子桌牌 TS-8209	1. 双屏 7in 高分辨率 1024×768dpi 液晶触摸显示屏,集成 10 点电容触控技术。 2. 内置 4 核 1.4G 高性能中央处理器进行数据处理。 3. 集成有线与无线双重组网功能,支持有线与无线组网方式。 4. 支持桌牌自带触控的软键盘修改与添加参会者信息。 5. 支持桌牌自带 USB 接口自动导入功能,不需要专用的编辑软件便可以一次触控双面自动显示与会者信息,支持 Excel 表格内人名清单自动对号显示。 6. 支持后台统一推送人名信息并瞬间显示,支持参会人员名单批量导入。 7. 支持多议题预置功能,满足不同议题下不同参会者瞬间显示的要求

第七节 会议系统的配套设备

一、显示器与投影显示

(一)显示器件分类

近年来,显示技术获得迅速的发展,当前显示技术主要为两大类型,如图 5-40 所示。第一类是直视式的屏幕显示技术;第二类是投影式的显示技术。目前,作为大屏幕电视机大量应用的主要是直视式的 CRT(阴极射线管)、PDP(等离子体显示器)、LCD(液晶显示器)、LED(发光二极管)等。投影式的有 CRT 投影、液晶(LCD、LCoS)投影、DLP(数字微镜)投影等。

图 5-40 显示技术分类

表 5-14 列出了各种显示器的特性比较。

各种显示器特性比较　　　　　　　　　　　　　　　表 5-14

性　能	CRT	LCD	PDP	VFD	OLED	LED
画面尺寸	中	中	大	小	中	很大
显示容量	很好	很好	好	差	好	好
清晰度	好	很好	普通	差	普通	差
亮度	很好	好	好	很好	好	很好
对比度	好	很好	普通	普通	普通	普通
灰度	好	好	好	差	普通	普通
显示色数	好	好	好	差	色不纯	好
响应速度	快	慢	较快	较快	较快	较快
视角	好	较好	好	好	好	好
功耗	普通	小	较大	大	小	较大
体积/质量	差	好	好	好	最好	—
寿命	长	长	长	长	较短	很长
性价比	好	较好	可接受	很好	差	很好

一般说来，屏幕尺寸大于 102cm（40 英寸）的彩色电视机宜采用投影电视机（简称投影机，亦称投影电视）。投影电视是采用投影方式在屏幕上形成彩色图像。目前，投影机大体可分为三种类型，分别为 CRT 投影机、LCD 投影机、DLP 投影机。

1. CRT 投影机

CRT 是英文 Cathode Ray Tube 的缩写，一般译为阴极射线管。CRT 技术是应用最早、最广的一种投影成像技术，它作为最成熟的投影技术，具有显示色彩丰富、色彩还原好、分辨率高、几何失真调解能力强等特点。但同时，该技术导致分辨率与亮度相互制约，所有 CRT 投影机的亮度普遍较低，到目前为止，其亮度始终在 2300ANSI lm 左右。另外，CRT 投影机还具有焦汇聚调整复杂、长时间显示静止画面 CRT 易受灼伤、体积庞大、价格昂贵等缺点，目前很少应用。

2. LCD 液晶投影机

LCD 是英文 Liquid Crystal Display 的英文缩写，译为液晶显示。LCD 技术是利用液晶的光电效应，通过电路控制液晶单元的透光率及投影机反射率，从而产生不同灰度层次及多达 1670 百万种色彩的靓丽图像。

液晶光阀式投影机的光学系统因为只用一个投影透镜，所以可用变焦距透镜，画面大小调节和投影调整都很方便，没有 CRT 式投影机那样的麻烦。液晶光阀式投影机种类很多，按照所用液晶片数量分为单片式和三片式两类；按光源的光束是否透过液晶光阀，又分为透射式和反射式。通常三片式的亮度比单片式要高，但价格也较贵，同样反射式的亮度也高于透射式。

按照液晶片的图像信号写入方法来分，液晶光阀式投影机又可分为电写入和光写入两种。

电写入型透射式液晶光阀投影机就是通常所谓的液晶显示投影机。它是用电写入方法在三块液晶片或一块液晶片上分别产生 R、G、B 电视图像，以此作为光的阀门，在相应的三基色强光源照射下，液晶片对光强度进行调制，并通过光学放大投影到屏幕，产生大屏幕彩色图像。它与 CRT 式投影机相比，具有体积小、结构简单、质量轻和调整方便等优点。图 5-41 所示是顺序反射镜方式的液晶显示彩色投影机原理图。

图 5-41 顺序反射镜方式的三板式液晶显示彩色投影机原理图

由图 5-41 可见，从光源发出的白光经过分色镜分解成红（R）、绿（G）、蓝（B）三基色光。其中 DM1 能反射绿光而通过红光和蓝光，DM2 能反射蓝光而通过红光。M1、M2、M3 均为反光镜。M1 将光源的白光全部反射，UV/IR 滤光镜为紫外线/红外线滤光镜，可滤除不可见光的干扰。经 DM1 反射的绿光再经 M2 反射通过聚光镜和液晶板（G），受液晶板（G）调制的绿光通过 DM3、DM4 和投射镜头将绿色图像投射到屏幕上。DM2 反射的蓝光通过聚光镜和液晶板（B）形成受蓝光液晶板调制的蓝光。经 DM3 反射通过 DM4 和投射镜头将蓝色图像投射到屏幕上。被液晶板（R）调制的红光则由 M3 和 DM4 反射后通过投射镜头将红色图像投射到屏幕上。三基色图像合成后就成为全彩色图像。

图 5-42 CRT 光写入型 ILA 液晶光阀投影机原理图

光写入型液晶光阀投影机又称图像光放大（Image Light Amplifler，ILA）型光寻址液晶光阀投影机，简称 ILA 型液晶投影机。这是美国休斯公司和日本 JVC 公司合作开发的产品。如图 5-42 所示，它是利用光写入方法，亦即液晶片的图像光源写入，采用光驱动的光/光变换型的液晶光阀，来产生投影图像显示的。而且，与传统的采用透射光的液晶显示投影机不同，ILA 液晶投影机采用反射光形式，因此具有高亮度、高清晰度和大屏幕等的优点。其理论亮度值可达 12000ANSI 流明，像素可做到 HDTV 水平（1920×1080），最高甚至可达 10000×4000，对比度可达 1000∶1。而透射式液晶光阀的对比度难以做到 400∶1 以上。近来兴起的硅基液晶（LCoS）投影机也是反射式，对比度可达 1300∶1 以上。

3. 数字光学处理（DLP）投影机

数字光学处理（Digit Light Procession，DLP）投影机是美国德州仪器公司发明的一种全新的投影显示方式。它以数字式微型反射镜器件（Digital Micromirror Device，DMD，简称微镜）作为光阀成像器件，采用 DLP 技术调制视频信号，驱动 DMD 光路系统，并通过投影透镜获得大屏幕图像显示。

DLP 投影机的技术核心是 DMD（微镜）。这是一种基于机电半导体技术的微型铝质反射镜矩阵芯片，矩阵中每一个 DMD 相当于一个像素，面积仅有 $16\mu m \times 16\mu m$，共计数十万个以上，并可通过静电控制使 DMD 作 $\pm 10°$ 转动。当对芯片某 DMD 输入数字"1"时，DMD 被转动 $+10°$。此时 DMD 将入射光反射到成像透镜，并投射到屏幕上，呈"开"的亮状态；当输入数字"0"时，DMD 被转动 $-10°$，从而把入射光反射到透镜以外的地方，呈"关"的暗状态。这种数字式的投影机还可以通过控制 DMD 开关的时间比来改变像素的灰度等级。DLP 投影机见图 5-43 所示。

DLP 投影机的主要特点如下。

① 由于 DMD 是利用 DMD 反射光线的，所以它具有反射式投影系统的共同优点，即光效率很高，光通量也由外光源的功率决定，可达到数千流明，最高可达 30000ANSI 流明。再则，由于 DMD 在有光照射和无反射之间亮度值相差极大，所以可以显示很高的对比度，达到 800：1 或 1000：1 以上。

图 5-43　采用 DLP（DMD 芯片）数字
影院投影机结构原理图

② 依靠半导体存储器件的成熟制造技术，可以在一块很小的芯片上制作出许多像素（DMD）单元；通常在不到一平方英寸面积上可做到 1028×768 或 1600×1200，甚至高达 2048×1680，因而可制造出小体积的高清晰度投影机，满足 SVGA、XGA 和 HDTV 显示是不成问题的。因为半导体存储器可做到单片 16MB 以上。

③ 运用技术成熟，控制灵活方便。DMD 采用成熟的存储器寻址操纵方式，可以方便地用在计算机显示上，因而运用普及、发展迅猛。

④ 成品率不高，价格贵。

（二）投影方式的分类

按投影方式分，可分为前投式和背投式两种。前投式是指投影机与屏幕分离，投影机从屏幕前方进行投影的方式。前投式的优点是屏幕尺寸大，通常在 254cm（100 英寸）以上，是常用的方式。

背投式有两种：一种是投影机与屏幕分离，它的屏幕可以很大，但要求背后空间较大；另一种背投式是将投影机与屏幕装在一个较大的机箱内，投影管的图像经反射后投向屏幕。这种一体化背投式投影机的缺点是屏幕大小有限，而且屏幕中心容易出现比较显眼的明亮区域（称为"热点"），影响视觉效果。

前投式和背投式的投影管投影机各有优、缺点。前投式的优点在于光路可以加长，因此屏幕尺寸能做得较大，能容许上百名观众同时观看；缺点是由于屏幕尺寸的增大，图像质量有不同程度的下降。它要求有较好的观看环境，外界杂散光会影响对比度（必须遮光），因此一般适合于娱乐场所和专业场合使用。背投式投影机的优点是可在明亮的环境下观看，常在会堂、舞台两侧使用，其缺点是对背后空间大小有较为严格的要求，见图 5-44。

图 5-44　BG6500 投影机分离背投式安装图
（使用透镜焦距为 1.27 的镜头）

二、投影屏幕

屏幕也是投影机的重要组成部分，它的质量优劣对投影图像质量有很大影响。屏幕是一种复杂的光学部件，它将投影先聚合起来，通过反射或透射的方式传送。屏幕的性能与屏幕增益、材料、尺寸和悬挂方式有关。

不同的投影屏幕有不同的光增益，这种光增益又称屏幕增益，它是指屏幕的材质与同样体积的全漫射纯白样板的亮度比。屏幕增益的大小主要取决于屏幕的材质和形式。目前，前投式屏幕主要有弧形金属幕、平面珠光幕、奶白玻璃幕。其中金属幕的光增益最高，但因屏幕呈弧形，故可视角小；平面珠光幕的光增益较低，但可视角大；奶白玻璃幕的光增益居中，可视角也较大。背投式屏幕有硬质透射幕和软质透射幕两种。硬质透射幕的光增益较高，观看效果也好。

要想取得良好的视觉效果，不仅要选取合适的投影机，也需要适合的屏幕。

（1）屏幕类型

① 正投屏幕。有手动挂幕和电动挂幕两种类型，还有双腿支架幕、三角支架幕、金属平面幕、弧面幕等。

② 背投屏幕。多种规格的硬质背投屏幕（分双曲线幕和弥散幕）和软质背投屏幕（弥散幕）。硬质幕的画面效果要优于软质幕。

（2）屏幕尺寸　要选择最佳的屏幕尺寸主要取决于使用空间的面积和观众座位的多少及位置的安排。选择屏幕尺寸主要参考以下几点：

① 屏幕高度要让每一排的观众都能清楚地看到投影画面的内容。

② 屏幕到第一排座位的距离应小于 2 倍屏幕的高度。

③ 投影机可供收看的有效视区，如表 5-15 所示。

投影机收看的有效视区　　　　　　　　　　　　　　　　　　表 5-15

投影机画面尺寸		投影机有效观看视区		画面尺寸（宽×高,mm）
cm	英寸	画面与第一排座位的最小距离（m）	画面与最后一排座位的最大距离（m）	
129	50	2	15	1016×762
152	60			1219×914
183	72	3	20	1468×1101

续表

投影机画面尺寸		投影机有效观看视区		画面尺寸
cm	英寸	画面与第一排座位的最小距离(m)	画面与最后一排座位的最大距离(m)	(宽×高,mm)
254	100	4	25	2050×1500
310	120	5	30	2400×1800
510	200			4000×3000

④ 正投屏幕材料及其参数，如表5-16所示。

几种常见正投屏幕技术参数对比一览表　　　　表5-16

幕料参数	光学正投银幕	白塑幕	灰幕	玻珠幕	金属幕
抗环境光	抗AG层	一般	较好	较差	最差
色彩还原性	最好	一般	较好	较差	最差
抗腐蚀性	最佳	一般	较好	最差	一般
幕布基色	无基色	白色	灰色	亮白色	深灰色或灰色
幕面材料	聚碳酸酯	PVC	灰布/油漆	微粒珠粉	金属涂层
幕底材料	刚性保护层	PVC	PVC	PVC	PVC
增益	6.0	1~1.5	0.8	2.5~3	3~7
视角	160°	55°	45°	35°	45°

屏幕尺寸大小与投影距离还有一定关系，例如图5-45所示。虽可调焦，但有一定范围，如屏幕大或距离短，还可通过另配短焦镜头。

表5-17表示屏幕大小与视距及顶棚高度的关系。从表中还可以看出屏幕宽度约为屏幕大小（对角线，以英寸为单位）的2倍，这对现场设计很有用。

图5-45　LCD投影机的投影尺寸与距离的关系（可变焦）

屏幕大小与视距及顶棚高度的关系　　　　　　　　　　表 5-17

屏幕大小(英寸)	屏幕(高×宽)(mm)	最近视距(m)	最远视距(m)		顶棚必要高度(m)
			静止图像	动画	
70	1067×1422	2.2	6.4	9.6	2.60
80	1219×1626	2.5	7.3	11.0	2.75
100	1524×2032	3.1	9.1	13.7	3.07
120	1830×2440	3.7	11.0	16.5	3.38
150	2286×3048	4.5	13.7	20.6	3.85
200	3048×4064	6.1	18.3	27.4	4.64
300	4572×6096	9.2	27.4	41.1	6.30

（3）投影屏幕的安装使用

使用投影屏幕时，必须明确如下一些关系：

① 屏幕增益与视角的关系

一般说来，投影屏幕的增益与视角是一对矛盾，在某些条件不变的情况下，增益越高，视角越小；反之，视角越大，增益越低。所以，在增益不变的情况下增大视角或在视角不变的情况下提高增益，是投影屏幕研发人员不断研究和需要解决的问题。

金属软幕的研发专家通过不断调整金属反射涂层的配方和幕基的制作工艺，努力在不降低亮度增益的情况下增大视角。目前有些金属软幕的视角最大已达到110°，但是，人眼的视角毕竟是局限的，当在40°外观看时，图像已开始变形；在80°外观看时，图像已变形得毫无意义。

② 距离与亮度的关系

距离光源越近就越亮，越远就越暗，这是人人皆知的基本常识。同理，在投影显示领域，相同的投影机及相同的画面打在相同的屏幕上，距离不同，屏幕的亮度就不同。换句话说，相同的投影机及画面要打满不同尺寸的屏幕，因其距离不同，屏幕的亮度也就不同。

③ 屏幕大小与视距及顶棚高度的关系

通常可按下列公式确定：

$$观众最近处视距 L = 1.5 \sim 2W$$
$$观众最远处视距 L = 5 \sim 6W$$

式中：W——屏幕有效宽度（m）。

根据上述最远视距公式也可推算出观众厅最长距离（最远视距）要求多大的屏幕。

三、投影机的技术选型

1. 投影机技术选型应遵循的规定

（1）投影机物理分辨率不应低于主流显示信号的显示分辨率。显示文字信息的物理分辨率应不小于800×600；显示图像、图形、文字信息的物理分辨率应不小于1024×768；显示高清电视信号的分辨率应不小于1920×1080。

（2）投影机按亮度划分为低亮度、中等亮度、高亮度和超高亮度四个等级，与使用环境空间面积、屏幕尺寸和屏幕最低亮度的对应关系应参照表5-18规定执行。

投影机与环境空间面积等的对应关系　　　　　　　　表 5-18

亮度范围	亮度范围 (lm)	应用环境面积 (m²)	屏幕尺寸 (in)	屏幕最低亮度 (cd/m²)
低亮度	2000～3000	40～80	72～100	80～100
中等亮度	3000～5000	90～400	120～250	100～120
高亮度	6000～10000	450～800	280～400	120～150
超高亮度	12000～30000	800～3000	400～600	150～200

注：屏前垂直照度为 80～150lx。

2. 投影距离与投射画面设计应遵循的规定

（1）投影尺寸越大，投影距离越远，相应的光路损耗越大。亮度损耗与投影距离的平方成正比。

（2）最小投射距离（m）＝最小焦距（m）×画面尺寸（in）÷液晶片尺寸（in）。

（3）最大投射距离（m）＝最大焦距（m）×画面尺寸（in）÷液晶片尺寸（in）。

（4）最大投射画面（m）＝投射距离（m）×液晶片尺寸（in）÷最小焦距（in）。

（5）最小投射画面（m）＝投射距离（m）×液晶片尺寸（in）÷最大焦距（in）。

3. 投影机的 I/O（输入/输出）界面设计应符合的规定

（1）应至少具有一路（RCA）音频输入。

（2）复合视频输入接口（RCA）或 S 视频输入接口（S Video）应不少于一路。

（3）VGA（15 针 D-sub）或 RGB（RGBHV）输入接口应不少于两路。

（4）显示高清电视信号的投影机除具有复合视频输入接口或 SVideo 视频输入接口、VGA 或 RGB 输入接口外，DP（Display Port）或 DVI、HDMI 输入接口应不少于两路。

（5）教学环境使用的投影机除具备红外遥控功能外，还必须至少有一路 RS-232 或 RS-422、RS-485 串口控制接口。

（6）投影机的电源供电应是标准的 AC 220-250V，系统应具备热插拔功能。

（7）投影机的额定灯泡寿命应不低于 2000h，有效使用寿命（光通量衰减至额定亮度 70％时）不应低于 1500h。

4. 投影机质量性能及指标

投影机按质量性能可分为一级、二级、三级，性能指标应符合表 5-19 的规定。三级指标为必须满足的最低标准，二级及二级以上指标为推荐标准。

投影机的质量与性能等级划分　　　　　　　　表 5-19

性能指标	一级	二级	三级
不间断运行时间(h)	≥10	≥8	≥6
平均无故障时间(h)	≥10000	≥8000	≥5000
亮度均匀度(%)	≥90	≥85	≥80
色彩还原度(%)	≥90	≥85	≥80
PC信号刷新频率(f/s)	≥25	≥25	≥15
视频信号刷新频率(f/s)	≥24	≥24	≥24
输入模式切换时间(s)	≤1	≤2	≤3

续表

性能指标	一级	二级	三级
红外遥控装置	有	有	有
串口控制界面	有	有	有
图像质量	>4 级	≥4 级	≤4 级
噪声控制(dB)	≤30	≤35	≤40

四、大屏拼接墙显示

（一）大屏拼接墙显示的特点

1. 显示面积大

采用积木式拼接，可达几十、几百平方米，甚至更大，例如深圳地铁调度中心的拼接墙由 3×27 共 81 个 67 英寸的"箱体"拼接而成。北京奥运交通指挥中心的拼接墙则由 7×14 共 98 个 80 英寸的箱体拼接而成，高度 10m，总宽 28m，面积达 194m²。

2. 分辨率高，清晰度高

理论上讲，分辨率和清晰度可以随着拼接规模增大而不断累加。箱体拼接墙的物理分辨率等于多套一体化投影单元分辨率的总和，例如投影显示单元的分辨率为 1024×768 像素，则 6×4 拼接墙的分辨率为（1024×6）×（768×4）像素，即 6144×3072 像素。在这一点上其他大屏幕显示技术目前尚难与之竞争。

3. 各类信号混合显示

多屏处理器具有处理计算机图形信号、视频信号及红绿蓝信号，以进行跨屏显示和不同类型信号叠加显示。其中任一路信号均可任意缩小、放大、跨屏或全屏显示。

4. 网络信号的显示

通过网络方式连接的计算机工作站数量无限制，可同时在大屏幕上的任意位置以任意比例显示，且具备快速响应速度。

（二）大屏拼接墙的系统组成

在公共信息展示及监控显示等系统中需要大尺寸、高分辨率图像信息显示，而标准的显示设备不能满足这个需求时，在显示系统工程上有了这样的解决方式：把多个显示单元整齐地堆叠拼接起采，构成一个类似墙体的显示结构就产生了大屏幕墙。大屏幕墙的组成结构看似非常复杂，其实系统组成非常简单，图 5-46 为大屏幕拼接墙基本构造。它主要包括三大部分：子屏（单个画面）显示单元、大屏幕墙拼接控制器、信号接入设备（AV 矩阵、RGB/VGA 矩阵）等。拼接控制系统包括多屏处理器和拼接控制器，或者是它们两者组合而成。

1. 多屏处理器

多屏处理器是整个拼接显示系统的核心组件，它是一种基于某一操作系统平台并且具有多屏显示功能的；可用不同方式对各种类型的外部输入信号（包含 RGB 信号、视频信号、网络信号）进行远程显示处理及控制的专用图形处理设备。多屏处理器的所有显示通道输出组合成一个单一逻辑屏，或把一个完整的输入信号（RGB 信号、视频信号、网络信号等）经过图像处理（分割、放大）输出为 $m×n$ 个标准的显示画面。整屏清晰度目前

图 5-46　大屏拼接墙系统

最高超过 100M 像素。其外部的所有信号（包括计算机信号、视频信号和网络信号）都可以通过它进行相应处理后在拼接显示系统中显示出来，并且这些信号窗口可以在拼接系统中以任意大小、在任意位置相互叠加显示。

2. 大屏幕拼接控制器

大屏幕拼接控制器又称电视拼接墙控制器、大屏幕墙处理器、数码拼接处理器。其实质上是一台图像处理器或视频服务器，主要功能是将一个完整的图像信号划分成 N 块后分配给 N 个视频显示单元（如背投单元），用多个普通视频单元组成一个超大屏幕动态图像显示屏。它可以支持多种视频设备的同时接入，如 DVD、摄像机、卫星接收机、电视或机顶盒和计算机信号。屏幕拼接控制器可以实现多路输出组合成一个分辨率叠加后的超高分辨率显示输出，使屏幕墙构成一个超高分辨率、超高亮度、超大显示尺寸的逻辑显示屏。

因此拼接屏显示技术被大量应用于大型指挥、控制以及监控调度系统。

由于是多屏拼接，因此存在拼接缝大小的问题。目前多单元拼接的电视墙一般均采用无缝的拼接技术，即拼接单元之间的物理接缝小于 1mm，而各单元的图像拼接精度（水平、竖直方向）要求为 ±1 个像素。换句话，各单元之间的图像拼缝小于 ±1 个像素。这样可以保证拼接屏在显示各种图像，如单屏、局部多屏、交叉多屏、全屏图像时显示信息不会丢失。

【例】 某多功能厅 DLP 拼接墙多媒体显示系统

该多功能厅面积 $380m^2$，设置了 DLP 拼接多媒体显示系统。DLP 多屏背投显示系统选用威创（VTRON）设备。显示屏为 3×3，50″DLP 显示单元，多屏处理器选用 Digi-com 3008plus，设置了 9 路 VGA 输出，安装了大屏幕控制计算机 PC，直接控制矩阵、多屏处理器和显示屏，它们的接口均采用 RS-232。其视频部分的组成如图 5-47 所示。系统通过网络交换机与 LAN 相连，同时可由 PC1～PC6 进行调控；多种视频信号、各路计算机信号，分别由 Video 矩阵和 RGB 矩阵输入。DLP 背投影机的显示受 PC-COM1 通过

RS-232 控制和管理。

五、多投影机单屏拼接显示（边缘融合技术）

与前述的多屏拼接显示不同，这是单个大屏幕由多台投影机进行背投影显示方式，其原理如图 5-48 所示。

图 5-47 DLP 拼接显示系统实例

多投影机单屏拼接显示的关键是解决好相邻投影机的边缘融合问题。要解决边缘融合，首先是选择合适的投影机。边缘融合的核心就是融合带的处理。投影机有一个叫黑电平的参数，也就是投影机输出全黑图像时有一个基础亮度，这个亮度是无法通过信号处理予以调节的。在融合带，两台投影机的黑电平叠加，产生了一个比其他部分高一倍的黑电平，在图像较暗时会很明显，所以用于边缘融合的投影机，黑电平越低越好，通常 DLP 投影机就比 LCD 更合适。另外，由于不同投影机的色彩有偏差，所以用一致性好的投影机效果会更理想。不过，新近设计的硬件边缘融合器具备颜色调整功能，可以较好地弥补这一点。目前新型的三片高端 DLP 投影机已具备黑电平局部调整功能，运用边缘融合系统，将各个部分的黑电平调整到一致，提升了边缘融合的效果。

另一种处理方式是软边化。这是应用设置光学孔阑的方法，强制性地使每台投影机交叠区域的图像亮度降低，保证两台投影机叠加亮度与非交叠区域相近，为下一步的软拼接算法图像处理奠定基础。而采用软拼接算法，即图像处理的方法，就能使得交叠区域的图像完美融合，真正实现无缝拼接。

边缘融合式拼接投影机的调整包括水平融合区调整、图像对齐和缩放比调整、倾角调整、梯形失真调整、亮度和色温调整以及融合区阴影的调整等。通常采用 DLP 投影机比LCD 更合适。水平融合区的面积应调整在 10%～20% 范围最合适，融合区过大或过小都会影响融合图像的视觉效果。图 5-48 是常用的 15％融合区。

边缘融合拼接投影显示的优点有：

（1）增加画面尺寸和画面完整性。

（2）增加图像亮度，即画面增大，亮度不减少，但保持了每台原有投影机的亮度。

（3）提高分辨率，增加画面层次感。

图 5-48　多图像拼接系统

（a）边缘融合原理；（b）系统图

例如，一台投影机的物理分辨率是 800×600 像素，三台投影机融合 25％后，图像的分辨率就变成了 2000×600 像素。即合成后的分辨率是减去交叠区域像素后的总和。

（4）缩短投影机投射距离。比如，原来 200 英寸（4000mm×3000mm）的屏幕，采用一台投影机，投影距离＝镜头焦距×屏幕宽度，即使采用 12：1 的广角镜头，投影距离也要 4.8m。现在采用边缘融合技术后，用四台投影机投射同样大小的画面，投射距离只需要 2.4m。

（5）特殊形状屏幕上的投射成像（如弧形幕/球形幕）。

对于弧形或球形屏幕应用，见图 5-49，作为示例，图中利用四台投影机通过边缘融合技术，实现弧形或环形巨幕显示。而且使用边缘融合技术后图像分辨率、明亮度和聚焦效果会得到明显提高。

（6）避免由于屏幕缝隙和光学缝隙造成观察误差。

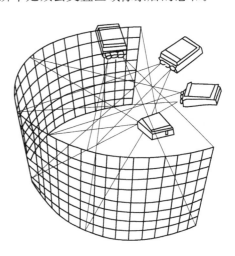

图 5-49　利用边缘融合技术实现巨幕显示

在传统的拼接方式中无论是箱体的拼接还是多张屏幕的拼接，都无法消除画面本身存在的物理缝隙，而在新的边缘融合技术中，采用整幅屏幕，所以消除了传统拼接存在的屏幕间的物理缝隙，从而使得屏幕显示的整幅图像保持完整。而采用边缘融合处理技术后，更消除了光学缝隙，从而使显示的图像完全一致，保证了显示图像的完整性和美观性。这在边缘融合显示地图、图纸等图像信息时更为重要。因为在图纸、地图上存在大量的线条或路线等，而屏幕缝隙和光学缝隙会造成图像显示污染，容易使观察人员把显示的图像线条和拼接系统本身的线条误认为是一体，从而导致决策和研究失误。而通过边缘融合处理，就可以避免出现这种情况。

六、LED 显示屏

LED 是发光二极管的英文缩写，LED 显示屏是由 LED 排列组成的一个显示器件。

（一）LED 显示屏的分类

1. 按显示屏的基色划分

（1）单色显示屏：采用标准 8×8 单色 LED 矩阵模块标准组件，一般为红色，可显示各种文字、数据、两维图形。室内单色显示屏经济实用，只是色彩有些单调。

（2）双基色显示屏：顾名思义，LED 双基色显示屏就是可同时显示两种颜色的显示屏。常用的有室外双基色大型 LED 屏和室内 LED 双色单面显示屏两大类。

（3）三基色显示屏（全彩）：采用标准 8×8 双基 LED 矩阵模块，每一像素点有红、黄、绿三种颜色，每种基色有 16×16 级灰度＝256 或 256×256 级灰度≈64000 种颜色，甚至更多。

一般来说，显示文字信息宜选用单色或双色 LED 屏，显示图形、图像信息宜选用双色或全彩色（三基色）显示屏。

2. 按点阵密度划分

按点阵密度分主要有普通密度和高密度显示屏。

显示屏的密度与像素直径相关，像素直径越小，显示屏的密度就越高。对于具体选型来说，观看距离越近，显示屏的密度就应越高；观看距离越远，显示屏的密度就可越低。室内 LED 显示屏按采用的 LED 单点直径可分为 $\phi3mm$、$\phi3.75mm$、$\phi5mm$、$\phi8mm$、$\phi10mm$ 等显示屏，以 $\phi5mm$ 和 $\phi3.7mm$ 最为常见。室外 LED 显示屏按采用的像素直径可分为 $\phi9mm$、$\phi22mm$ 和 $\phi26mm$ 等显示屏。表 5-20 表示 LED 显示屏的技术参数对比表。

3. 按工作方式划分

按工作方式划分主要有两大类：一类称全功能型显示屏，另一类称智能型显示屏。两者均采用国际标准 8×8 LED 矩阵模块拼装而成，屏体表面完全相同，基本显示功能相同。智能型显示屏平时无须连接上位机，显示屏有内置 CPU，能掉电保存多幅画面，可脱离上位机独立运行；需要修改显示内容时，通过 RS-232 连接微机修改。全功能型显示屏则必须连接一台微机才能工作。但智能型显示屏的显示方式通常较少，全功能型显示屏则显示方式多样。此外，智能型显示屏的操作简单；全功能型显示屏则需有专人操作、维护，如果要制作动画节目，还需专业知识。

4. 按使用环境划分

LED 显示屏按使用环境可分为室内 LED 显示屏和室外 LED 显示屏。室内显示屏：发光点较小，一般 $\phi3\sim\phi8mm$，显示面积一般几平方米至十几平方米；室外显示屏：面积一般几十平方米至几百平方米，亮度高，可在阳光下工作，具有防风、防雨、防水功能。

（二）LED 显示屏的特点

LED 显示屏的优点如下：

（1）亮度高，屏幕视角大。LED 属于自发光器件，亮度高，可在室外阳光下显现出清晰的图像，这是 LED 显示屏的最大优势。室外屏亮度大于 $8000mcd/m^2$，室内屏大于 $2000mcd/m^2$。LED 室内屏视角大于 160°，室外屏视角达 110°，视角大小取决于 LED 的形状。

（2）薄型，轻量，高像素密度。LED 显示屏具有轻量，薄型，可显示弯曲面和安装成本低等优点，而且可在建筑物墙面完工后再安装，适合安装的场所较多。LED 显示屏能够实现高像素密度。室外使用的直径不到 4mm 的炮弹形 LED，像素间距为 8mm，近年发展到 6mm 和 3mm 的间距，清晰度大大提高，但价格也相对提高。室内使用的 LED 显示屏是将三种颜色的边长 0.3mm 的四方形半导体芯片封装在一起（称为表面贴装器件，Surface Mount Device，SMD）构成的，像素间距为 3mm。显示屏的点间距越小，则显示的画面越细腻，越清晰；而点间距越大，单位面积的发光点越小，单位面积价格越低，而显示效果则越差。

（3）寿命长。LED 显示屏结构牢固，耐冲击，寿命长，维护成本低。它采用低电压（DC 5V）驱动，安全性和可靠性高。LED 显示系统不需要日常维护，由于 LED 显示屏是模块化结构，个别 LED 损坏时更换起来非常简便。LED 显示屏的寿命长达 10 万小时，使用时不要让 LED 显示屏过热。显示屏的通风和冷却装置可以保证其内部元件和 LED 的长期连续安全运行。

（4）发光效率，对比度高，耗电少。

（5）色彩表现能力强，绿色、红色的色度好，色再现范围广，理论上它可显示 16384 级灰度和 1 万亿种色彩。

（6）动态响应速度快（ns 级），能实现视频级的显示刷新速度，全屏刷新速度 72 帧/秒以上。

目前，LED 显示屏还存在如下缺点：

① 分辨率较低。

② 可能存在亮斑和色斑。由于 LED 器件亮度的分散性较大，整个屏幕可能出现不均匀的亮斑。另外，由于用于室外的 LED 显示屏的配光视角较狭窄而且光轴的分散大，加上绿、蓝与红的配向特性不同，所以从偏离正面的位置看可能出现不均匀的色斑。

③ 局部更换后，亮度不均。LED 显示屏是模块化的，几乎可以做成任意大小。但是，一旦某模块出故障后，就要更换，新的模块比较高（因为 LED 是新的），换上去之后很突出。

④ 价格较贵。

（三）LED 显示屏系统组成

　　LED 显示屏系统一般由显示屏本体、显示屏控制系统、外围设备等组成，其中，显示屏本体包括 LED 发光显示单元和电源，显示屏控制系统包括主控器、分配卡、HUB 卡、专用显卡、编辑卡、播放软件等，外围设备包括计算机、功放、音响、摄像机、打印机、防雷器和其他相关软件。LED 显示屏系统如图 5-50 所示。具体说来，它一般由以下几个部分组成：

图 5-50　LED 显示屏系统原理图

　　1. 金属结构框架

　　室内屏一般由铝合金（角铝或铝方管）构成内框架，搭载显示板等各种面板以及开关电源，外边框采用茶色铝合金方管，或铝合金包不锈钢，或钣金一体化制成。室外屏框架根据屏体大小及承重能力一般由角钢或工字钢构成，外框可采用铝塑板进行装饰。

　　2. 显示单元

　　由发光材料及驱动电路构成。室内屏就是各种规格的单元显示板，室外屏就是单元箱体。显示单元一般由带有灰度级控制功能的移位寄存器、锁存器构成，只是视频 LED 显示屏的规模往往更大，通常使用超大规模的集成电路。

　　显示单元是 LED 显示屏的主体部分，应用于显示屏的 LED 发光材料有以下三种形式：

　　（1）LED 发光灯（或称单灯）——一般由单个 LED 晶片、反光碗、金属阳极和金属阴极构成，外包具有透光、聚光能力的环氧树脂外壳。可用一个或多个（不同颜色的）单灯构成一个基本像素，由于亮度高，多用于室外显示屏。

（2）LED点阵模块——由若干晶片构成发光矩阵，用环氧树脂封装于塑料壳内。它适合行、列扫描驱动，容易构成高密度的显示屏，多用于室内显示屏。

（3）贴片式LED发光灯（或称SMD LED）——就是LED发光灯的贴焊形式的封装，可用于室内全彩色显示屏，可实现单点维护，有效克服马赛克现象。

3. 扫描板

扫描板所起的作用正所谓承上启下，一方面它接收主控制器的视频信号，另一方面把属于本级的数据传送给自己的各个显示控制单元，同时还要把不属于本级的数据向下一个级联的扫描板传输。

4. 开关电源

将220V交流电变为各种直流电提供给各种电路。

5. 双绞线传输电缆

主控制仪产生的显示数据及各种控制信号由双绞线电缆传输至屏体。

6. 屏幕控制器

从计算机显示配卡获取显示屏各像素的各色亮度数据，然后分配给若干块扫描板，每块扫描板负责控制LED显示屏上的若干行（列），而每一行（列）上的LED显示信号则用串行方式通过本行的各个显示控制单元级联传输，每个显示控制单元直接面向LED显示屏体。屏幕控制器所做的工作，是把计算机显示配卡的信号转换成LED显示屏所需的数据和控制信号格式。

7. 专用显示卡及多媒体卡

除具有计算机显示配卡的基本功能外，还同时输出数字RGB信号及行、场、消隐等信号给屏幕控制器。多媒体除以上功能外，还可将输入的模拟视频信号变为数字RGB信号（即视频采集）。

8. 计算机及其外围设备

如电视机、DVD/VCD机、摄/录像机及切换矩阵等。

（四）LED显示屏主要技术指标

LED显示屏主要技术性能指标有：像素、点间距、平整度、分辨率、灰度、换帧频率、刷新频率、亮度和视角等。

LED显示屏中的每一个可被单独控制的发光单元称为像素。像素直径ϕ是指每一个LED发光像素点的直径，单位为mm。对于室内屏，较常见的有$\phi3$、$\phi3.7$、$\phi5$、$\phi8$、$\phi10$等，其中又以$\phi5$最多。对于室外屏，有$\phi10$、$\phi12$、$\phi16$、$\phi18$、$\phi21$、$\phi26$、$\phi48$等。通常室外屏的一像素内有多个LED。

相邻像素中心之间的距离，称为像素中心距，也称点间距，单位为mm。单位面积上像素点的数量叫做密度（点/m²），它等于（1000÷点间距）。密度越高，图像越清晰，最佳观看距离就越小。例如，密度为44100，则点间距为4.75mm，最佳视距为最近2m，最远26m；密度为17200，点间距为7.625，则最近最佳视距为4m，最远为42m。

表 5-20 所示为室内全彩色（三基色）LED 显示屏的技术参数，供参考。

室内全彩色（三基色）LED 显示屏技术参数 表 5-20

	规格	φ5mm	φ8mm	φ10mm	φ12mm
模块组成	单点直径(mm)	5	8	10	12
	单点间距(mm)	7.62	10	12.5	14
	LED组成	红、绿、蓝			
	结构	单元板			
	尺寸(mm)	横24.5,竖24.5	横32,竖16	横38.4,竖19.2	横44.8,竖22.4
	点数(点)	横32,竖32	横32,竖16	横32,竖16	横32,竖16
技术指标	显示颜色	全彩色、红、绿、蓝各256级灰色,16777216种色阶变化			
	视频输入	VGA、NTSC、PAL、RGB、YC、YUV			
	显示能力	支持VGA标准模式(1024×768)			
	像素密度(点/m²)	17200	10000	6400	5120
	可视角度(°)	水平:±60;上:10～15;下:40～50			
	工作温度(℃)	-20～+60			
	工作电压(V)	220±10%			
	峰值功耗(W/m²)	800	1000	1000	1000
	平均功耗(W/m²)	350～400	500～700	400～600	400～600
	视频纠偏功能	每色逐点实现非线性视频纠偏功能			
	显示方式	硬件直接实现与控制机监视器的点点对应			
	数据传输方式	全数字式串行数据传输			
	通信距离(m)	200			
	显示接口	VGA特征卡直接连接			
	寿命(h)	100000			

（五）使用显示屏的注意事项

（1）开关机顺序：开屏时，先开机，后开屏；关屏时，先关屏，后关机。首先关计算机而不关显示屏，会造成屏体出现高亮点，烧毁行管，后果严重。

（2）开、关屏时，间隔时间要大于 5min。

（3）计算机进入工程控制软件后，方可开屏通电。

（4）避免在全黄状态下开屏，因为此时系统的冲击电流最大。

（5）避免在以下 3 种失控状态下开屏，因为此时系统的冲击电流最大。

① 计算机没有进入工程控制软件等程序；

② 计算机未通电；

③ 控制部分电源未打开。

（6）计算机系统外壳带电，不能开屏。

（7）环境温度过高或散热条件不好时，应注意不要长时间开屏。

（8）显示屏体一部分出现一行非常亮时，应注意及时关屏；在此状态下不宜长时间开屏。

（9）经常出现显示屏的电源开关跳闸确认时，应及时检查屏体或更换电源开关。

（10）定期检查屏体挂接处的牢固情况；如有松动现象，应注意及时调整，必要时可重新加固或更换吊件。

（11）观察显示屏体、控制部分所处环境情况，应避免屏体被虫咬，必要时应放置防鼠药。

七、会议摄像及自动跟踪

1. 分类与组成

会议摄像系统分为会场摄像和跟踪摄像，通常由图像采集、图像传输、图像处理和图像显示部分组成，如图 5-51 所示。

图 5-51

图像采集部分一般由摄像机、摄像机云台、解码器、支架等组成。图像传输部分由传输线缆组成。图像处理部分由视频分配器、视频切换器、控制主机（含软件）、控制键盘等组成。图像显示部分由各种显示设备组成。

2. 会议摄像跟踪摄像机的要求

（1）跟踪摄像机应具有预置位功能，预置位数量应大于发言者数量。

预置位少于发言者数时，可以由外部控制器进行扩展；如操作键盘、摄像联动控制器。一般每一个具有发言功能的会议单元都需要一个预置位，即预存的云台摄像机定位信息，也可以只对部分会议单元，譬如主席台上的会议单元设立预置位。如果是无人发言或多个人发言者一起发言，会议摄像机应给全景图像。

（2）摄像机镜头应根据摄像机监视区域大小设计使用定焦镜头或变焦镜头。

（3）摄像机镜头应具有光圈自动调节功能。

（4）模拟黑白摄像机水平清晰度不应低于 570 线，彩色摄像机水平清晰度不应低于 480 线。

（5）标准清晰度数字摄像机水平和垂直清晰度不应低于 450 线，高清晰度数字摄像机水平和垂直清晰度不应低于 720 线。

用于会议跟踪摄像机云台水平最高旋转速度不宜低于 260 度/s，垂直最高旋转速度不宜低于 100 度/s。

(6) 摄像机云台应选择低噪声产品。

(7) 摄像机云台信噪比不应小于 50dB。

(8) 摄像机最低照度不宜大于 1.0lx。

(9) 云台摄像机调用预置位偏差不应大于 0.1°。

(10) 当发言者开启传声器时，会议摄像跟踪摄像机应自动跟踪发言者，并自动对焦放大、联动视频显示设备，显示发言者图像。

(11) 系统应具有断电自动记忆功能。

(12) 会议摄像系统使用视频控制软件可对摄像机预置位与会议单元之间的对应关系进行设置。

3. 系统对设备的要求

(1) 视频切换器的选择应符合以下规定：

① 视频输入/输出通道数量应满足系统需要，应预留 20% 的冗余，并可实现逻辑矩阵功能；

② 应支持通用通信协议，以连接控制高速云台摄像机；

③ 宜具有视频信号倍线功能，可将复合视频、S-VIDEO 信号转换成高质量的 VGA 信号。

④ 宜具有画面静止，冻结和同步切换功能。

⑤ 宜具有屏幕字符显示功能，可在预置位显示代表姓名等信息。

⑥ 视频切换器的幅频特性、随机信噪比、微分增益和微分相位应符合《电子会议系统工程设计规范》GB 50799—2012 的第 8.4.8 条中的相关规定。

(2) 云台摄像机的选择应符合以下规定：

① 摄像机分辨率应高于系统要求显示分辨率。

② 宜具有预置位功能。

③ 宜具有光学变焦和电子变焦。

④ 应具有光圈自动调节功能。

⑤ 应支持 PAL 制和 NTSC 制视频信号。

八、会议录播系统

(一) 会议录播系统的组成

会议录播系统是会议录制及播放系统的简称，它是将会议信息或教学课堂信息以音视频的形式记录与发布的系统。录播系统主要有三部分组成：

(1) 信源部分：摄像机、传声器、计算机视频等；

(2) 控制部分：摄像机控制系统、自动信号切换控制系统等；

(3) 录播部分：视频切换器、音频处理器、录播编码主机、录播服务器、录播软件等。

会议录制及播放系统由信号采集设备和信号处理设备组成，如图 5-52 所示。会议录制及播放系统可分为分布式录播系统和一体机录播系统。

分布式录播系统中信号采集设备通常为各种信号编码器，如音视频编码器、VGA 编码器等。信号处理模块通常为录播服务器。信号采集模块和信号处理模块之间通过 IP 网

图 5-52 会议录播系统

络进行通信。一体机录播系统集成信号采集设备和信号处理设备于一体。

（二）一体机录播系统

简易型会议室在中小企业事业单位比较常见，往往简易型会议室一般只具备简单的会议桌椅，能满足 10 人左右开会使用，墙壁也只布置简单的强电插座和网络接口，不具备音视频设备。简易型会议室在开会需要使用音视频设备时，一般都采用移动接入的方式完成；一台投影机、一台电脑、一个摄像头、一个麦克风即可完成整个会议使用要求。针对该类型会议室会议录制需求，例如可采用操作简单，体积小巧的锐取公司（桌面）多媒体录播一体机（CL210/CL1210 系列）。该一体机能完成实现对一路标清/高清视频信号和一路计算机 VGA 信号的录制，同时可进行小容量的直播，如图 5-53 所示。

图 5-53 一体机录播系统

一体机录播系统的特点是：携带方便，操作简单，经济实用。一体机也可以通过网络进行传输和录播，如图 5-54 所示。

（三）分布式录播系统

对多间会议室可以采用分布式录播系统进行录制，如图 5-55 所示。在每间会议室，根据信号的类型和数量，配置不同类型的编码器，在控制机房布置多媒体录播服务器。编码器对视频信号进行编码，通过网络把数据码流发送到录播服务器上；录播服务器完成对数据的录制保存。整个系统分工明确，各司其职，维护简单。同时，在中心机房安装多媒体录播系统综合管理平台。该平台为用户管理和访问分散设备及资源提供了统一的入口，

图 5-54　一体机通过网络进行录播

方便了管理人员对多台录播服务器的集中管理以及大容量直播、点播业务的开展。

分布式录播系统具有如下特点：

① 分布式架构，扩展灵活；

② 便于录制内容的集中管理；

③ 大规模应用时更具性价比。

（四）大型多媒体会议室系统

此类会议室设备及功能都比较新颖，会议室装修和软硬件配套设施档次高，面积都在 100m^2 以上，集中控制程度高，能容纳更多的与会人员。大多数为专用会议室，如报告厅、多功能厅、指挥调度中心、展示中心等。由于大型多媒体会议室的面积较大，与会人员众多，展示手段丰富，需要记录与传播的可视信号种类和数量较多。

例如，在图 5-55 左上角，采用锐取公司的分布式多媒体录播系统最多可对会议室中的任意 6 路可视信号及声音进行采集。分布式系统采用编码器和服务器架构方式进行会议录制并通过网络进行现场直播，6 路信号的画面在同一界面中显示，每个画面均可根据原始分辨率全屏显示，每个画面窗口可根据客户需要随意拖拉组合。这种系统的特点是：分布式架构，功能强大，扩展灵活，适用于各类大型多媒体会议室。

图 5-55 多同会议的分布式录播系统

313

（五）会议录播系统的功能与性能要求

1. 会议录制及播放系统的功能要求

（1）系统应具有对音频、视频和计算机信号录制、直播、点播的功能；

（2）系统应具有对会议室内的各种信号（AV、RGB、VGA 等）进行采集、编码、传输、混合、存储的能力；

（3）系统应具有多种控制方式及人机访问界面，方便管理者及用户的管理和使用；

（4）播放系统宜具有可视、交互、协同功能。

2. 会议录制及播放系统的性能要求

（1）设计 AV、VGA 等信号切换控制系统及 IP 网络通信系统时，应为会议录制播放系统的接入预留适当的接口；

（2）系统宜支持 2 路音视频信号和 1 路 VGA 信号的同步录制，并宜具备扩展能力；

（3）系统宜能配合远程视频会议功能使用，并不宜占用任何视频会议系统资源；

（4）系统应支持集中控制系统对设备进行管理和操作；

（5）系统应具有监控功能，可以在控制室内对所有会议室的 AV、VGA、RGB 信号进行监听监看功能；

（6）系统应支持视频字幕添加功能，即可在视频窗口的任意指定位置添加文字作为会议或备注；

（7）系统宜支持摄像机远程遥控功能，即在后台通过网络即可远程控制摄像机的动作；

（8）视频图像采集编码能力应与前端摄像机采集能力相匹配，清晰度至少应能达到 CIF 或 4CIF 标准，支持 720P、1080i 或 1080P 格式；

（9）VGA 信号采集编码能力应支持 1280×1024、1280×960、1280×768、1280×720、1024×768、800×600、640×480 等显示格式，帧率宜为 1-30 帧可调；

（10）局域网环境下直播延时应小于 500ms；

（11）系统的连续录制时间应大于 24h，并宜支持更长时间的录制；

（12）单套系统可扩展支持多组并发会议的同步录制直播；

（13）系统具备在线用户的管理功能，如点名、统计等；

（14）系统具备文件编辑功能，可对录制好的文件进行编辑剪辑、删减合并等操作。

3. 录播系统对设备的要求

（1）系统设备宜采用基于 IP 网络的分布式架构，在不具备网络通信条件的场所，可考虑一体机架构；

（2）系统中的信号采集和信号处理等硬件设备应采用非 PC 架构的专用硬件设备或嵌入式操作系统，应具备抗网络病毒攻击能力；

（3）信号采集设备宜安装在控制室内；

（4）信号处理设备宜安装在能够保障连续和可靠供电的（网络）机房内；

（5）系统宜具备液晶屏控制面板等控制方式。

录播系统除了在会议、医疗等应用之外，在教育、培训等领域也有广泛应用。

九、智能集中控制系统

（一）系统组成与功能要求

1. 组成

集中控制系统可由中央控制主机、触摸屏、电源控制器、灯光控制器、挂墙控制开关等设备组成，如图 5-56 所示。根据控制及信号传输方式的不同，集中控制系统可分为无线单向控制、无线双向控制、有线控制等形式。

图 5-56　集中控制系统的组成

2. 功能要求

（1）集中控制系统宜具有开放式的可编程控制平台和控制逻辑，以及人性化的中文控制界面；

（2）宜具有音量控制功能；

（3）可具有混音控制功能；

（4）宜能够与会议讨论系统进行连接通信；

（5）可控制音视频切换和分配；

（6）可控制 RS-232 协议设备；

（7）可控制 RS-485 协议设备；

（8）可控制 RS-422 协议设备；

（9）可对需要通过红外线遥控方式进行控制和操作的设备进行集中控制；

（10）可集中控制电动投影幕、电动窗帘、投影机升降台等会场电动设备；

（11）可对安防感应信号联动反应；

（12）可扩展连接多台电源控制器、灯光控制器、无线收发器、挂墙控制开关等外围控制设备；

（13）宜具有场景存贮及场景调用功能；

（14）宜能够配合各种有线和/或无线触摸屏，实现遥控功能。

（二）集中控制系统的设计

1. 快思聪（CRESTRON）集中控制系统

智能集中控制系统，就是对会议室或视听室的所有电子电气设备进行集中控制和管理，包括音响设备、视频投影设备、环境设备、计算机系统等。它可以控制信号源的切换、具体设备的操作、环境的变化等。控制方式可以采用：触摸屏式、手持无线或红外线式、有线键盘式以及计算机平台。目前，最有名的智能集中控制系统有两家：CRESTRON（快思聪）和 AMX。下面以 CRESTRON（快思聪）遥控系统为主进行说明。

（1）控制主机

图 5-57 是快思聪（CRESTRON）控制系统的组成。它由控制主机、控制器（用户界面）、控制卡、接口和软件等组成。控制主机是 CRESTRON 控制系统的核心，按档次依次有 CNRACKX、CNMSX-PRO、CNMSX-AV、STS（STS-CP）等型号。

图 5-57 集中控制系统示意图

（2）触摸屏

作为用户的控制器（用户界面）有：有线和无线的触摸屏、按键式控制面板和计算机

316

等，其中最常用、直观方便的控制器是触摸屏。触摸屏分有线式和无线式，按颜色又分为彩色和黑白两种。

此外，快思聪（CRESTRON）控制系统还配有一些控制键盘，接口和管理软件等。

2. 设计步骤

智能集中控制系统的设计步骤大致如下：

① 确定系统中哪些设备需要控制；

② 确定控制这些设备的控制方式；

③ 确定受控设备每一部分所需的控制功能；

④ 确定所需的 CRESTRON 控制设备；

⑤ 根据用户要求和系统的复杂性来选择控制器（用户界面）；

⑥ 画出控制系统图，明确布线和接口方式；

⑦ 控制系统的设备安装、编程和调试。

3. 设计举例

【例 1】 某大厦会议室集控系统。

图 5-58 表示利用快思聪（CRESIRON）进行集控的会议室系统。该会议室具有会议发言和讨论管理功能，根据需要，要求设置 2 台主席机和 60 个代表机，并具有录音功能。采用 Philips 公司的产品。还要求设置投影机（正投）和视频展示台（实物投影仪）。根据用户要求和会议功能需要，要求受控的设备有：投影机、电动投影幕、实物投影仪、录像机、矩阵切换器、室内灯光、电动窗帘以及会议讨论扩声系统的扩声音量。这些受控设备及其控制方式如表 5-21 所示。

图 5-58　会议室集控系统

受控设备与控制方式　　　　　　　　　　　　　　　表 5-21

设　　备	型　　号	控　制　方　式
投影机	LP920	红外或 RS-232
电动屏幕	帝屏 150in	继电器
实物投影仪	JVC AV-P1000	红外或 RS232
矩阵切换器	RGB-1604	红外或 RS232
录像机	JVC S7600	红外
灯光		RS232
电动窗帘		继电器
音量控制模块		音量（RVVP 线传输）

【例 2】 某大型多功能会议厅集控系统

该多功能厅具有会议演讲、讨论、家庭影院式播放和一般开会扩声等功能。根据会议厅的功能要求：利用快思聪（CRESTRON）集控系统能对会议讨论系统、节目源设备（DVD、录像机、录放式 MD）、功放、投影机、实物投影仪（视频展示台）、电动投影屏幕、自动跟踪用球形摄像机、音视频矩阵以及电动窗帘和灯光照明等众多设备进行智能集控。

整个会议厅的系统构成如图 5-59 所示。图中虚线为控制线，集控主机采用快思聪的

图 5-59　多功能会议厅集控系统

CNMS-AV，配以无线触摸屏（STC-1550C）进行无线遥控。系统主要受控设备及功能如下：

1. 多媒体声卡选择器（PCA-3）

它用以接驳笔记本电脑，可每个代一台，进行地址编码，并受集控主机控制。当选择某代表发言时，该代表的笔记本电脑声卡输出信号通过扩声系统放音，而其他未被选中的笔记本电脑可自由工作，不受影响。

2. 远程电话控制器（DHYK-02）

它可在任何地方利用手机或电话，对会议厅的设备进行控制，并可通过扩声设备进行遥控发言。

3. 音视频矩阵（AVS-804）

可以利用手动和集控两种方法进行控制，选择音视频节目源设备，由 RS232 和红外控制。该矩阵具有 8 路视频、音频输入，4 路视频、音频输出，并可全矩阵同步联动，任意切换。

4. VGA 矩阵（VGAS-1804）

该矩阵具有多达 18 个笔记本电脑的接口，可通过无线触摸屏，任意选择一个笔记本电脑信号进行投影显示。该机切换快捷，一次接入，提高了会议效率。

上述四种设备系台湾鼎电公司生产，其性能介绍如表 5-22 所示。

台湾鼎电公司智能产品的性能介绍　　　　　　　　　　　　　表 5-22

设备名称	型　号	主要性能、功能
多媒体声卡选择器	PCA-3	每个单元可设置地址码。2 路音频输入，1 路音频输出，通过 RS-485 接口控制切换
远程电话控制器	DHYK-01	用电话键控制，含 8 路继电器触点，1 路语音输出
	DHYK-02	同上功能，另带有语音提示，便于操作
音视频矩阵切换器	AVS-804	可集控或手动控制，8 路立体声输入，8 路视频输入，4 路立体声输出，4 路视频输出，含 RS-485 接口，可同步切换
	AVS-808	同上功能，不同是立体声、视频输出均 8 路
VGA 矩阵切换器	VGAS-1804	18 路 VGA 信号输入，4 路 VGA 信号输出，含标准 D 型 15 芯接口，并带有液晶状态显示
	RGBS-1804	18 路 RGBHV 信号输入，4 路 RGBHV 信号输出，BNC 接口，并带液晶状态显示，具有长线补偿

5. 球形摄像机（SMD-12）

可用作自动跟踪发言者摄像使用，具有 64 个预置点。当代表发言时，摄像机能自动高速定位在该代表方位上，将发言图像及时播出。

6. 实物投影仪（视频展示台）

这里采用日本 JVC AV-P850CE，它具有 460 线清晰度，具有 RS-232C 接口，15 芯数字接口，12 倍变焦功能，拍摄镜头可灵活转动，并具有 5 方位臂杆，能实现多角度拍摄，另外还备有 35mm 幻灯片夹具。

图 5-59 系统中的主要设备清单如表 5-23 所示。

主要设备清单　　　　　　　　　　　　　　　　　　表 5-23

序号	名　　称	品牌	型号	产地	单位	数量
	音视频部分					
1	DCN 会议主机	飞利浦	LBB 3500/05	荷兰	台	1
2	代表机(含主席机一台)	飞利浦		荷兰	台	18
3	无线话筒(双收双发含主机)	思雅	LX88-Ⅱ	美国	套	1
4	DVD	松下	RV-660	日本	台	1
5	SVHS 录像机	JVC	S7600	日本	台	1
6	MD 录音机	SONY	MDS JE640	日本	台	1
7	远程电话控制器	鼎电	DHYK-02	中国台湾	台	1
8	输入切换器	鼎电	ASW-02	中国台湾	台	1
9	调音台	YAMAHA	MX200	日本	台	1
10	AV 音视频矩阵	鼎电	AVS-804	中国台湾	台	1
11	VGA 矩阵	鼎电	VGAS-1804	中国台湾	台	1
12	数字效果器	YAMAHA	REV100	日本	台	1
13	均衡器	DOD	DOD231	美国	台	1
14	AV 功效	YAMAHA	YAMAHA A1	日本	台	1
15	主音箱	BOSE	BOSE 402	美国	只	2
16	环绕音箱	JVC	SP-T325	日本	只	2
17	中置音箱	BOSE	BOSE VCS-10	美国	只	1
18	多媒体声卡选择器	鼎电	PCA-3	中国台湾	台	18

第八节　会议中心的会议系统

一、多会议室系统的管理与控制方式

会议中心通常由若干个大会议厅(有时包括剧场、会堂)和多个或十多个小会议室组成,既可召开大中小各种规模的会议,也可将小会议室作为大会议室的配套使用,召开远程电话电视会议或作为中大型会议后的小组讨论室。

(一)操作控制方式

大会议厅的会议系统专业性强,系统组成类似于多功能厅,设有专业人员操作控制;小会议室的会议系统专业性相对弱,数量多。本文着重讨论多会议室扩声系统的设计。

会议中心的小型会议室有三种模式的操作控制方式。

1. 模式一：独立控制

即各会议室独立控制,互不关联。其优点是相互之间没有关联的故障风险,造价低;缺点是投入操作人员的数量多,维修维护工作量大,故障干预不及时,会议室之间没有通信联络。

2. 模式二：集中控制,集中管理

即在控制中心内对所有会议室实施集中管理控制。其优点是会议室之间共享资源（包括信号资源和设备资源），投入操作人员数量大幅度减少，故障干预及时性强，维修维护效率高；缺点是故障风险大（某一会议室发生故障，波及其他会议室），系统投资成本明显增长，要求操作人员的专业素质高。

3. 模式三：集中管理，二级控制

即各会议室既可独立控制，又可受控于控制中心集中管理控制。与集中控制、集中管理模式相比，避免了故障在会议室之间的连带风险。但由于设备资源不能共享，系统成本也会适当提升。

上述三种模式，模式一的技术设计要求低，通过模拟技术平台即可实现；其他两种模式的技术设计要求高，必须使用数字平台后才有可能实现。同时，还需取决于集中控制系统的信号传输流量和网络拓扑结构等因素。

综观国内外会议中心建设，国外小型会议中心采用模式二居多，大型会议中心采用模式三居多；国内以往以模式一为主，但是为了便于集中管理，已开始广泛应用模式二和模式三，分别如图 5-60 和图 5-61 所示。

（二）系统配置

1. 模式一：独立控制

在这种控制模式下，每间会议室扩声系统由传声器、音源、控制装置、音频处理器、功率放大器、扬声器等组成。控制装置有多种设备可选，可以是集话放、自动混音器、音频处理器和混音等功能于一体的数字音频处理器，也可以是调音台。若控制核心选用调音台，则传声器和母线输出音量的调节、音源选择、场景切换等操作控制比较专业，一般服务人员难以胜任；若采用控制面板控制的数字音频处理器，则上述功能通过控制面板上直观简洁的按键或旋钮即可实现，更加贴近实际的使用需求。

图 5-60 模式二集中控制、集中管理的大型会议中心的原理图

图 5-61　模式三集中管理、二级控制的大型会议系统的原理图

2. 模式二：集中控制，集中管理

这种控制模式设有实施集中管理的控制中心用房。在模式一的系统组成基础上，还需增加用于构建集中控制管理网络的设备和附件，同时设备布局也不同于模式一，有些布置于会议室本地，有些放置于控制中心内。每间会议室本地放置传声器、音源、与控制中心交换信号的物理输入接口设备、功率放大器、扬声器等设备。控制中心内有集控制、信号处理、信号转发等多重功能于一体的控制设备，有构建管理控制网络的交换机等。控制设备可以选用目前应用最为普遍的网络型数字音频处理器，具有系统组建灵活、功能强大、造价低等优势；也可以选用可连接多个接口箱的数字调音台，但造价昂贵。

信号流程：每间会议室的传声器和音源先送进输入接口设备，将信号转成数字信号，通过网络或光纤送至总控室，集中处理后，再将信号通过网络或光纤送回各会议室的 I/O 接口设备，连接至功率放大器和扬声器。

使用数字网络音频处理器作为控制核心的会议系统，会议室本地通过控制面板调整音量、改变场景使用模式；控制中心通过软件监控界面实现上述功能的操作控制，支持出错报警等功能。

3. 模式三：集中管理、二级控制

模式三与模式二的区别在于控制设备的摆放位置，前者放置于每一个会议室，后者集中放置于控制中心。两者相比，前者每一会议室控制资源独立，可完全独立于其他会议室工作，安全可靠性高，但投资稍大；而后者可共享设备资源，故需要的控制设备规模小，相对造价低，但由于设备资源共享，会议室之间存在连带的故障风险。会议室可实现的操作控制方式相同于模式二。

二、设计举例

下面列举几个模式二和模式三的实例。

【例1】 某会议中心的多会议室会议系统

图 5-62 会议中心的典型扩声系统

如图 5-62 所示，有四个会议室，采用模式三方式，总控中心设在会议中心的控制室内。其内设有两台数字网络音频处理器，一主一备，互为备份。作为控制核心，各会议室设有自动混音器和多个话筒和音箱，通过会议室可调整音量。控制中心则可通过软件监控界面实行对音量、音色和场景等的控制。

【例2】 上海某国际会议中心会议系统

会议中心有 1 个可以分割成 5 间独立小宴会厅的多功能大宴会厅。1 间大型报告厅同时兼有影院扩声功能、文艺演出功能、演讲报告功能和同声翻译功能。在会议中心设置有 7 间小型会议室。

宴会厅整体是一个 1800m² 的大厅，通过活动隔板可以将大厅分割成 5 个不同的小厅，每个小厅有 300m²、600m² 和 1200m² 的不同组合方式。

宴会厅和报告厅采用图 5-61 所示的模式三方式进行控制和管理。

报告厅是一个 400 人的多功能厅，可举办报告会议、文艺演出和影视放映等，需要大量现场调音活动，因此配置了调音台，经调音台初步处理后再由 NION N3 主机进行各类信号后级处理，再输往功放和音箱。同时，还可以接受会议中央控制电脑的控制。

图 5-63 表示该会议中心总系统图。该中心还有 7 间会议室。从图 5-63 左上方可以看出，它采用图 5-60 的模式二方式进行控制和管理。CAB8i 和 CAB16o 分别为网络型输入接口和输出接口。通过 CobraNet 接至总控制室的交换机。图 5-64 是 7 间会议室详图。

会议系统管理主机分别安装在大报告厅和宴会厅的音响控制室内。大报告厅和 7 间会

图 5-63 某国际会议中心会议系统

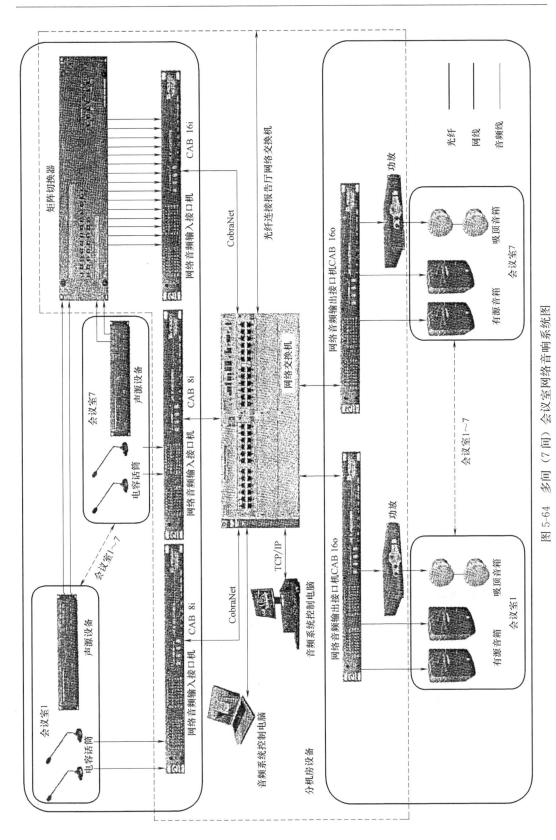

图 5-64 多间（7 间）会议室网络音响系统图

议室公共的音频控制主机 NION N3 可以通过网络和宴会厅的 NION N3 主机进行信号交换，也就是可以实现将任何会议室和大报告厅的信号通过网络把信号传输给宴会厅，实现了整个会议扩声系统的信号互通。这样，有利于在进行紧急广播时所有会议室都进行自动报警。

【例3】　某大型酒店宴会厅音响系统

如图 5-65 所示，该酒店有大小宴会厅两间。大宴会厅通过活动墙板，可分隔成 A、B、C 三间（相当于三间会议厅），也可组合使用。大、小两个宴会厅通过网络连接方式，达到音频与功能之间的整合，实现所有厅堂的音频信号关联、互通、互传、远程控制及会议内容的录制功能。在控制中心配置一台功能强大的 NION n6 数字网络音频主机，大宴会厅还配置一台输入接口机 CAB 16i，一台输出接口机 CAB 16o，采用模式二接法，实现大宴会厅 1、2、3 的集中管理和集中控制。小宴会厅也采用模式二接法构成音响系统使用。

图 5-65　北京威斯汀酒店宴会厅扩声系统图

在控制方面，大、小宴会厅机房，都配有单独的快思聪中控主机，大宴会厅通过中控主机直接发送 RS-485 控制代码给百威媒体矩阵主机 NION n6，实现音频智能控制。由于 NION 主机的强大处理能力，因此小宴会厅的音频处理也是通过中控设备将 RS-485 代码传递给大宴会厅的 NION n6 主机来实现统一控制管理。

第九节　会议电视系统

一、概述

会议电视系统，又称视频会议系统，或称远程视频会议系统。它是一种使用专门的音频/视频设备，通过传输网络系统，实现远距离点与点、点与多点间的现代会议系统。也就是说，利用相关的通信网络建立链路实现在两地（或多个地点之间）进行会议的一种多媒体通信方式。它可以实时地传送声音、图像和文件，与会人员可以通过电视发表意见、观察对方表情和有关信息，并能展示实物、图纸、文件和实拍的电视图像，增加临场感。还可以通过传真、电子白板等现代化的办公手段传递文件、图表，用以讨论问题。在效果上可以替代现场会议，图像、语言和数据等信息可以通过一条信道进行传递。除此之外，还应用于远程教育、远程医疗等实时传送音频、视频和数据业务。支持远程电视会议的通信网络，一般有 IAN、DDN 专线、ISDN、ADSL、ATM、INTERNET、INTRANET等，并遵循各自的通信协议。

1. 会议电视系统根据使用者的实际需求，可采用的系统

（1）大中型会议电视系统（宜用在各分会场会议电视内，供各方多人开会者使用）；

（2）小型会议电视系统（宜用在办公室或家庭会议电视场合使用）；

（3）桌面型会议电视系统（宜用在个人与个人的通信上）。

2. 会议电视系统应支持 H.320、H.323、H.324、SIP 标准协议

它们的支持传输速率应符合下列规定：

（1）H.320 标准协议的大中型视频会议系统，应支持传输速率 64kbit/s～2Mbit/s（图 5-66）；

图 5-66　H.320 会议系统

（2）H.323 标准协议的桌面型视频会议系统，应支持传输速率不小于 64kbit/s；

（3）H.320 和 H.323 小型会议视频系统，应支持传输速率 128kbit/s；

（4）H.324 标准协议的可视电话系统，应支持小于 64kbit/s 的传输速率；

（5）SIP 标准协议的会议视频系统应符合支持传输速率小于 128kbit/s。

3. 会议电视系统的标准

视频会议系统的国际标准主要有 H.320 和 H.323 两个标准。H.320 标准以基于电路交换的方式开放视频会议业务，传输方式、速率要求与网络本身的构成有关。而 H.323 标准是专门为分组交换网络设计的，与传输网络无关联性。因此，H.323 会议系统可以建立在局域网内、局域网间及 INTERNET 上。H.320、H.323 两种标准的特点和应用见表 5-24。

H.320、H.323 两种标准的特点、优势和应用比较表　　　　表 5-24

标准项目	H.320	H.323
应用场所	需设置专用会议室的会议电视系统	不需设置专用会议室的 IP 视讯会议系统
传输网络	电路交换网络，如 VSAT, DDN, ISDN, 帧中继, ATM 等	IP 分组交换网络，如 LAN, INTERNET 等
系统稳定性	由于采用专用线路，一旦建立连接，带宽资源是独享的，稳定性有保证	分组交换网中的带宽是统计复用的，因此容易出现网络拥塞等现象
语音、图像质量	清晰、实时性好	有时会出现抖动、延时
安全性	电路交换网络的连接是物理连接，安全性高	公网上运营会议电视采用用户认证和加密方式来保证会议内容的安全性
操作维护难易度	需要对专用网络进行维护	操作维护简单方便
系统扩容能力	规模相对固定	扩容能力强
设备费用	建设、租用网络和购买多点交互视频会议所需的会议终端与 MCU 设备资金投入较大	充分利用公网资源，用户只需使用 PC 作为会议终端即可
应用领域	1. 通常是政府、军队、金融等安全敏感的行业； 2. 适合图像语音质量和稳定性要求较高的场合	企业用户和个人用户，更多的应用在远程办公、远程教育等领域
发展前景	需要租用专用电路，投入较高，但技术成熟、保密性高，仍受用户青睐	随着分组交换网的日益普及、普通用户的需求增长，优势明显

二、基于 H.320 标准的会议电视系统

会议电视系统由多点控制单元 MCU、会议终端、网关等主要部件构成（图 5-67）。在多点会议情况下，会议终端之间的交互通过 MCU 来进行控制与切换；会议终端由摄像机及麦克风等设备组成，可对视、音频媒体信号进行数字编解码，终端之间可实现双向媒体互动；通过模拟互接和 H.320 视频终端（或 MPEG 视频终端）进行视频互通。

（一）会议电视系统的组网

（1）多点会议电视系统主要由通信链路、会议电视终端设备、多点控制设备 MCU 或音、视频切换矩阵实现组网，两种组网方式可由用户根据不同的需求选择使用；

（2）涉及地域较广，用户终端较多的会议电视专网采用 MCU 组网方式时，根据需要可设置中央多点管理系统（CMMS）和监控管理工作站；

（3）MCU 组网方式是各会场会议电视系统终端设备通过传输信道连接到 MCU，通过 MCU 实现切换；

（4）音、视频切换矩阵组网方式是会场会议电视系统终端设备通过传输信道连接到

图 5-67 多点会议电视通信系统

音、视频切换矩阵，通过音、视频切换矩阵进行切换；

基于 MCU 组网可采用级联方式，MCU 级联数通常为 3 级以下，当为 3 级以上时可采用模拟转接方式。

（二）会议电视系统设备组成

1. 专用终端设备

专用终端设备是组成会议电视系统的基本部件，如图 5-68 所示，它包括提供视频/音频的输入/输出、会议管理功能等的外围设备，其配置应结合会议的规模合理的设置。

图 5-68 会议电视终端系统

每一会场应配置一台会议电视终端设备（CODEC 编码解码器），特别重要会场应备用一台，并满足下列基本要求：

（1）视频编解码器宜以全公共中间格式（CIF）或 1/4 公共中间格式（QCIF）的方式处理图像；根据需要也可以采用 4CIF 或其他格式的编解码方式；

（2）音频编解码器应具备对音频信号进行 PCM、ADPCM 或 LDCELP 编解码的能力；

（3）视频、音频输入、输出设备应满足多路输入和输出以及分画面和消除回声等功能要求；

（4）多路复用和信号分离设备，应能将视频、音频、数据、信令等各种数字信号组合到 64～1920kbit/s 或更高比特率的数字码流内，或从码流中分离出相应的各种信号，成为与用户和网路接门兼容的信号格式。该格式应符合相关规定；

（5）用户和网路的接口应符合 V.35、G.703、ISDN 等接口标准，并应符合国家相关标准；

（6）会场的操作控制和显示应采用菜单式操作界面和汉化显示终端；全部会场的终端设备，MCU 和级联端口的状态信息，应在工作站的显示屏幕上一次全部显出；菜单操作界面的会场地址表格中，应只对完好的会场信息做出操作响应，用以保证播送的画面质量；

2. 多点控制设备

多点控制设备（MCU）的配置数量和容量应根据组网方式确定，并符合下列基本要求：

（1）在三个或三个以上的会议电视终端进行会议通信时，必须设置一台或多台 MCU；在点对点的会议电视系统中只涉及两个会议终端系统，可不经过 MCU 或音、视频切换矩阵；

（2）多点控制设备应能组织多个终端设备的全体或分组会议，对某一终端设备送来的视频、音频、数据、信令等多种数字信号，广播或转送至相关的终端设备的混合和切换（分配）而不得影响音频/视频等信号的质量；

（3）多点控制设备与传输信道的接口，应能进行 2～3 级级联组网和控制；

（4）多点控制设备的传输信道端口数量，在 2048kbit/s 的速率时，一般不应少于 12 个；

（5）同一个多点控制设备应能同时召开不同传输速率的电视会议；

（6）在一个 MCU 的系统中，可采取单个星形组网，同时组织互相独立的几组会议室（终端）；在多个 MCU 的系统中，可采取多个 MCU 连接的星形、星形树状或线形结构；

（7）多点控制设备支持会议召集和支持主席控制、会议主持人控制、语音控制和支持 Web 界面远程控制等多种控制功能。

（三）摄像机和传声器的配置原则

（1）会议电视的每一会场应配备带云台的受控摄像机，面积较大的会议室，还宜按照需要增加辅助摄像机和一台图文摄像机，以满足功能需求和保证从各个角度摄取会场全景或局部特写镜头；

（2）会议电视会场应根据参与发言的人数确定传声器的配置数量，其数量不宜超过 10 个；

（3）根据会议室的大小和照度，选择适宜的显示、扩声设备和投影机。

（四）编辑导演、调音台等设备的配置原则

（1）由多个摄像机组成的会场，应采用编辑导演设备对数个画面进行预处理，该设备应能与摄像机操作人员进行电话联系，以便及时调整所摄取的画面；

（2）单一摄像机的会场可不设编辑导演设备，由会议操作人员直接操作控制摄取所需的画面；

（3）声音系统的质量取决于参与电视会议的全部会场的声音质量，每一会场必须按规定的声音电平进行调整，由多个传声器组成的会场应采用多路调音台对发言传声器进行音质和音量控制，保证话音清晰，防止回声干扰；设置单个传声器的会场不设调音台；

（五）时钟同步

（1）在一个会议电视系统中，必须设立一个（唯一）主 MCU，以 MCU 上的时钟为主（为基准），其他各从 MCU 和终端设备中提取时钟同步信号，即全网采用主从同步方式；

（2）外接时钟接口可采用 2048kHz 模拟接口或 2048kbit/s 数字接口。

（六）会议电视系统主要功能

（1）系统内任意节点都可设置为主会场，便于用户召开现场会议，全部会场应可以显示同一画面，亦可显示本地画面。

（2）主会场可遥控操作参加会议的全部受控摄像机的动作。全部会场的画面可依次显示或任选其主会场以下几种切换控制方式：

① 声控模式：是一种全自动工作模式，按照谁发言显示谁的原则，由声音信号控制图像的自动切换。当无人发言时，输出会场全景或其他图像。

② 发言者控制模式：通常与声控模式混合使用，仅适合于参加会议的会场较少的情况。要发言的人通过编码译码器向主会场 MCU 请求，如果被认可便自动将图像、声音信号播放到所有与 MCU 相连的终端，并告知发言者他的图像和声音已被其他会场收到。

③ 主席控制模式：由主会场主席（或组织者）行使控制权，会议主席根据会议进行情况和分会场发言情况，决定在某个时刻人们应看到哪个会场，由主席点名谁发言（申请发言者需经主席认可）。

④ 广播/自动扫描模式：按照预先设定好的扫描间隔自动切换广播机构的画面，可将画面设置在某个特定会场（这个会场被称为广播机构），而这个会场中的代表则可定时、轮流地看到其他各个分会场。

⑤ 连续模式：将大屏幕分割成若干窗口，使与会者可同时看到多个分会场。

控制模式都是应用程序驱动器工作的，当有新的需求时，可用新的控制模式。

（七）会议电视音频、视频质量定性评定指标（表5-25）。

会议电视效果的质量评定指标　　　　　　　　　　　　　　　　　表 5-25

视频质量定性评定	音频质量定性评定
1. 图像质量：近似 VCD 图像质量。 2. 图像清晰度：送至本端的固定物体的图像清晰可辨。 3. 图像连续性：送至本端的运动图像连续性良好，尤无严重拖尾现象。 4. 图像色调及色饱和度：本端观察到的图像与被摄实体对照，色调及色饱和度良好	1. 回声抑制：主观评定由本地和对方传输造成的回声值量，应无明显回声。 2. 唇音同步：动作和声音无明显时间间隔。 3. 声音质量：主观评定系统音质，应清晰可辨、自然圆润

三、基于 H. 323 标准的会议电视系统

（1）基于 H. 323 的 IP 视讯会议系统涵盖了音频/视频及数据在以 IP 包为基础的信息互通，并基于≤10/100Mbit/s 的 LAN 网络，实现不同厂商的产品能够互联互操作。其网络拓扑结构如图 5-69 所示。

（2）H. 323 的终端设备。图 5-70 给出了 H. 323 终端设备的结构框图。H. 323 标准规定了终端采用的编码标准、包格式、流量控制等内容，包含了视频、音频、数据控制等模块。

图 5-69　H. 323 的网络拓扑结构

视频模块负责对视频源（如摄像机）获取的视频信号进行编码，以便于传输，同时对接收到的数据进行解码，将其还原成视频信号以便显示。视频通道至少应支持 H. 261、QCIF 标准，它可以提供分辨率为 176×144 的画面。该通道还可以支持其他质量更高的编码标准（如 H. 263）和画面尺寸（如 CIF 为 352×288）。

音频模块负责对音频源（如话筒）获取的音频信号进行编码，以便于传输，同时对接收到的数据进行解码，将其还原成音频信号以便播放。

数据通道支持的服务有电子白板、文件交换、数据库访问等。

控制模块为终端设备的操作提供信令和流量控制。用 H. 245 标准来完成终端设备的功能交换、通道协商等。

H. 225 层将编码生成的视频、音频、数据、控制流组成标准格式的 IP 包发送出去，同时从接收的信包中检出视频、音频、数据和控制数据转给相应模块。收发 IP 包均使用标准的

图 5-70　H. 323 终端设备及接口

实时传输协议 RTP（Real Time Protocol）和 RTCP（Real Time Control Protocol）来进行。

（3）H. 323 的多点控制单元 MCU 与会议模式。H. 323 建议规定 MCU 由多点控制（Multipoint Control，MC）和多点处理（Multipoint Processing，MP）两个部分组成。

所谓的会议模式规定了根据参加会议的终端数目而确定的会议开始方式以及信息的收发方式。H. 323 规定了三种会议模式：

① 点到点模式。这是一种两点之间的会议模式。两个端点可以都在 LAN 上，也可以

一个在 LAN 上，另一个在电路交换网上。会议开始时为点到点模式，会议开始后可以随时加入多个点，从而实现多点会议。

②多点模式。这是三个或三个以上端点之间的会议模式。在这种模式中，必须要有 MC 设备对各端点的通信能力进行协商，以便选择公共的参数启动会议。

③广播模式。这是一种一点对多点的会议模式。在会议过程中，一个端点向其他端点发送信息，而其他端点只能接收，不能发送。

此外，H.323 还规定了三种不同的会议类型：

①集中型。所有参加会议的端点均以点对点模式与一个 MCU 通信。各个端点向 MCU 传送其数据流（控制、音频、视频和数据）。MC 通过 H.245 集中管理会议，而 MP 负责处理和分配来自各端点的音频、视频和数据流。若 MCU 中的 MP 具有强大的变换功能，那么不同的端点可以用不同的音频、视频和数据格式及比特率参加会议。

②分散型。在分散型会议中，参加会议的端点将其音频和视频信号以多点传送方式传送到所有其他的端点，而无需使用 MCU。此时 MC 位于参加会议的某个端点之中，其他端点通过其 H.245 信道与 MC 进行功能交换，MC 也提供会议管理功能，例如主席控制、视频广播及视频选择。由于会议中没有 MP 设备，所以各端点必须自己完成音频流的混合工作，并需要选择一种或多种收到的视频流，以便显示。

③混合型。顾名思义，在混合型会议中，一些端点参加集中型会议，而另一些端点则参加分散型会议。一个端点仅知道它自己所参加的会议类型，而不了解整个会议的混合性质。一个混合的多点会议可包括：集中式音频端点将音频信号单地址广播给 MP，以便进行混频和输出（并将视频信号以单地址广播给其他端点）；集中式视频端点将视频信号单地址广播给 MP，以便进行混频、选择和输出（并将音频信号以单地址广播给其他端点）。

从 H.323 规定的会议模式和会议类型来看，只有集中型的会议才需要 MP，而一个 MCU 可以包含一个 MC 和一个或多个 MP，当然也可以没有 MP。

（4）H.320 标准与 H.323 标准互联混合的组网模式如图 5-71 所示。

图 5-71　H.320 与 H.323 互连混合组网模式

①该图利用所配置 MCU 支持集中式会议，终端可与 MCU 在同一个 LAN 上，或终

端在 INTERNET 上，经路由器访问 MCU，构建混合式视频会议系统。对于接口类型，如 H.320 终端可为 E1、ISDN、V35 等方式，H.323 终端以太网等方式均可接入 MCU。

②　所配 MCU 可将网关模块化，使不同系统（H.320，H.323，H.324 等）的终端与 MCU 之间的连接透明，灵活，方便组网。

（5）桌面交互式会议电视系统。桌面型视频会议系统将视频会议与个人计算机融为一体，一般由一台个人计算机配备相应的软硬件构成（摄像头、麦克风、用于编解码的硬件或软件），在多个地点进行多方会议时还应设置一台多点控制设备，进行对图像语音的切换、控制。这样的系统可在公共交换电话网（PSTN）、综合业务数字网（ISDN）、局域网（LAN）上实现其功能。与会者在办公室桌前或家中就可以通过自己的终端设备或计算机参与电视会议，他们可以发表意见，观察对方的形象和有关信息，同时双方（多方）还可以共享应用程序，利用电子白板（软件）进行书面交流。

基于 H.323 标准的桌面会议系统，将多媒体计算机与通信网络技术相结合，使用灵活、广泛，在局域网上运行非常方便。系统构成如图 5-72 所示。桌面终端如图 5-73 所示。

图 5-72　基于局域网桌面会议系统框图

图 5-73　桌面型会议电视终端

第十节　会议电视系统的安装

一、会议电视的建筑要求

会议室面积按参会人数确定，可按每人平均 $2.2m^2$ 计算。会议电视的建筑要求如表 5-26 所示。

建筑要求表　　　　　　　　　　　　　　　　　　　　表 5-26

序号	房间名称	室内最低净高（m）	楼、地面等效均布活荷载（N/m²）	地面类型	室内墙面处理	室内顶棚处理	门	外窗	温度（℃）	湿度（%）
1	会议室	3.5（注）	3000	水泥地，加防静电地毯	结合吸音材料选用和布置	同左	双扇外开门，宽度不小于1.5m，满足隔音要求	隔声遮光	18～26	45～70
2	控制室	3.0	6000	防静电地板	吸声、防尘	同左	单扇外开门，宽度不小于1m	隔声	同上	同上
3	机房	3.0	6000	同上	隔声、防尘	同上	同上	防尘	15～30	小于60

注：会议室最低净高一般为 3.5m，当会议室较大时，应按最佳的容积比来确定。

二、会议电视系统对会议室的要求

1. 会议室的布局与照度

（1）会议电视系统会议室的大小与参加人数有关，在扣除第一排到监视器的距离外，按每人 $2～2.5m^2$ 的占用空间来考虑，顶棚板高度应大于 3m。

（2）会议室的桌椅布置应保证每位与会者有适当的空间，一般应不小于 $150cm×70cm$，主席台还要适当加宽到 $150cm×90cm$。

（3）从观看效果来看，监视器常放置在相对于与会者中心的位置，距地高度 1m 左右。人与监视器的距离为 4～6 倍屏幕高度，约 2～3m。各与会者到监视器的水平视角不大于 60°。最好将电视机置于会议室最前面正对人的地方。

（4）摄像机的布置应使被摄入人物都收入视角范围内，并宜从几个方位摄取画面，方便获得会场全景或局部特写镜头。

（5）麦克风和扬声器的布置应尽量使麦克风置于各扬声器的辐射角之外，扬声器宜分散布置。扩声系统的功率放大器应采用数个小容量功率放大器集中设置在同一机房的方式，用合理的布线和切换系统，保证会议室在损坏一台功放时，不造成会场声音中断。声音信号输入功率放大器之前，应采用均衡器和反馈抑制器进行处理，以提高声音信号的质量。

（6）影响画面质量的一个重要因素，是会场四周的景物和颜色，以及桌椅的色调。一般忌用"白色""黑色"之类的色调。这两种颜色对人物摄像将产生反光及"夺光"的不良效应。所以墙壁四周、桌椅均采用米黄色、浅绿、浅咖啡色等；南方宜用冷色；北方宜用暖色，建议用米黄色。摄像背景（被摄人物背后的墙）不适挂有山水等景物画，否则将增加摄像对象的信息量，不利于图像质量的提高。可以考虑在室内摆放花卉盆景等清雅物品，增加会议室整体高雅、活泼、融洽气氛，对促进会议效果很有帮助。

（7）为了保证声绝缘与吸声效果，室内应铺有地毯；顶棚板最好采用泡沫或纤维材料；四周墙壁内应装有隔声毯；墙面应装有吸声毯；窗帘外层：纱帘；中间层：银灰色隔光窗帘；内层：浅米黄色装饰窗帘；门采用木门并软包。

（8）灯光照度是会议室的基本必要条件。从窗户射入的光比日光灯或三基色灯偏高，如室内有这两种光源（自然及人工光源），就会产生有蓝色投射和红色阴影区域的视频图像；另一方面是召开会议的时间是随机的，上午、下午的自然光源照度与色温均不一样。因此会议室应避免采用自然光源，而采用人工光源，所有窗户都应用深色窗帘遮挡。在使用人工光源时，应选择冷光源，以色温为3200K的"三基色灯"（RGB）效果最佳。避免使用热光源，如高照度的碘钨灯等。图5-74为会议室的剖面图。

图5-74　会议室剖面图

（9）会议室的照度。主席区平均照度不应低于800lx，一般区的平均照度不应低于500lx，水平工作面计算距地高度为0.8m。为防止脸部光线不均匀（眼部鼻子和全面下阴影），三基色灯应旋转适当的位置，这在会议电视安装时调试确定。对于监视器及投影电视机，它们周围的照度不能高于80lx，应在50～80lx之间，否则将影响观看效果。为了确保文件、图表的字迹清晰，对文件图表区域的照度应不大于700lx。

2. 会议室的布线

会议电视应采用暗敷方式布放缆线，会议室距机房应预先埋设地槽或管子，布设时，在不影响美观的情况下尽可能走最短路线。为保证电视会议室供电系统的安全可靠，减省通过电源的接触而带来的串扰，会议室音视频及计算机控制系统的设备供电应与照明、空调及其他相关设施的供电电缆应分别进行铺设，并分别配置专用的配电箱，如照明、空调等配电箱及音视频配电箱，用以对相应的设备分别进行开关控制。会议室供电系统所需线缆均应走金属电线管，如改造工程不具备铺设金属管时应走金属线槽或金属环绕管（蛇皮管）。

三、会议电视系统的机房布置

对于采用大型会议室型的高清晰会议电视系统，一般都配有专用的会议电视设备机房（也称会议控制室），用于放置会议设备、视音频设备、传输接口设备、控制设备等。为便于实时观察会议室情况，会议机房最好建在会议室隔壁，并在与会议室之间的墙壁上设置观察窗。

（1）机房的大小随设备多少和会场的重要性而定。

① 非主会场单位，一般在 20m² 左右，顶棚板高度 3m 以上即可；

② 主会场单位，会议机房应有 30～40m² 大小；一般主会场机房都设有监视各分会场图像的多画面电视墙，所以顶棚板高度要在 4m 以上。

（2）作为主会场机房，一般要放置 4 类设备：

① 第一类是会议设备、传输接口设备及不需控制的视音频设备，放在 19 英寸标准机柜或机架上；

② 第二类是用于显示各分会场图像和主会场各视频源的电视墙，一般靠一面墙放置；

③ 第三类是用于放置会议控制设备和视音频设备控制器的操作台，放在电视墙的前方，便于观察电视墙画面；

④ 第四类则是 UPS 电源部分。

（3）非主会场单位由于设备较少，则只有第三部分和第四部分。而第一部分的会议设备等就放在操作台下方，用于监视远端图像和本地视频源的监视器则可放在操作台上前方的位置。

（4）机房设备的布置应保证适当的维护距离，机面与墙的净距离不应小于 150cm，机背和机侧（需维护时）与墙的净距离不应小于 80cm。

（5）机房应铺设防火防静电地板，下设走线槽，走传输线、视音频线、控制线及电源线等。电源线要和其他信号线分开走，避免电源信号干扰。

（6）在集中放置设备的机柜内要做好通风、散热措施，机房温度要求 18～25℃，相对湿度 60%～80%。

（7）保持机房内的空气新鲜，每人每小时的换气量不小于 18m³，室内空调气体的流速不宜大于 1.5m/s。设备和操作台区域光线要良好，宜采用日光灯。安全消防方面要配备通信设备专用的灭火器。

（8）控制室的机架设备区平均照度不低于 100lx，垂直工作面计算距地高度为 1.2m。

四、会议电视系统的供电与接地

（1）系统采用的交流电源应按一级负荷供电，其电压允许变化范围为 220V＋20% 至 220V－15%，电压波动超过范围的，应采用交流稳压或调压设备。电源系统要按三相五线制设计，即系统的交流电源的零线与交流电源的保护地线不共用且应严格分开。

（2）为保证会议室供电系统的安全可靠，以减少经电源途径带来的电气串扰，应采用三套供电系统。一套供电系统作为会议室照明供电；第二套供电系统作为整个机房设备的供电，并采用不间断电源系统（UPS）；第三套供电系统用于空调等设备的供电。

（3）摄像机、监视器、编辑导演设备等视频设备应采用同相电源，确保这些设备间传送的视频信号，不因电源相位的差异而影响质量。功放、混音器、调音台及其他音频转接设备应与会议终端设备采用同相电源，并且采用同一套地线接地屏蔽，确保音频信号在转接的过程中不会因屏蔽接地不良或电源相位的差异产生杂音，交流电源的杂音干扰电压不应大于 100mV。

（4）会议室周围墙上每隔 3～5m 装一个 220V 的三芯电源插座。每个插座容量不低于 2kW，并地线接触可靠。供电系统总容量应大于实际容量的 1～1.5 倍。

（5）供电系统线缆截面积应符合用电容量要求。供电电缆主会场用线为 16mm²、分会场用线为 10mm² 的多股聚氯乙烯绝缘阻燃软导线。

（6）接地是电源系统中比较重要的问题。控制室或机房、会议室所需的地线，宜在控制室或机房设置的接地汇流排上引接。如果是单独设置接地体，接地电阻不应大于 4Ω。设置单独接地体有困难时，也可与其他接地系统合用接地体。接地电阻不应大于 0.5Ω。必须强调的是，采用联合接地的方式，保护地线必须采用三相五线制中的第五根线，与交流电源的零线必须严格分开，否则零线不平衡电源将会对图像产生严重的干扰。

（7）电视会议室、控制室、传输室等房间的周围墙上或地面上应每隔 3～5m 安装一个 220V 三芯电源插座。

五、会议室的声学要求与系统检查

为保证隔声和吸声效果，室内铺有地毯，窗户宜采用双层玻璃，进出门应考虑隔声装

图 5-75　会议室混响时间曲线

置。会议室的混响时间要求如图 5-75 所示，即会议室容积＜200m³ 时，混响时间取 0.3～0.5s；200～500m³ 时取 0.5～0.6s；500～1000m³ 时取 0.6～0.8s。

会议室的环境噪声级要求不应大于 40dB（A），护围结构的隔声量不应低于 50dB，以形成良好的开会环境。若室内噪声大，如空调机的噪声过大，就会大大影响音频系统的性能，其他会场就很难听清该会场的发言，甚至在多点会议采用"语音控制模式"时，MCU 将会发生持续切换到该会场的现象。

下面将会议电视系统的会场条件汇总于表 5-27，以便检查和做好设备安装前的准备。

会议电视系统会场环境条件检查表　表 5-27

项　　目	技　术　要　求		完成情况及备注
会议室基本条件	温度条件	18～25℃	
	湿度条件	60%～80%	
	环境噪声	小于 40dB	
	清洁度	优良	
会议室照明情况	灯光效果良好	使用三基色灯，每排灯开关单独控制	
	第一排前上方安装射灯，增加主席区照度		
	平均照度	大于 500lx	
	主席区照度	大于 800lx	
	电视屏幕周围	小于 80lx	
会议室装修情况	窗帘要求	能有效隔绝自然光	
	门窗要求	能有效隔声	

续表

项　目	技　术　要　求		完成情况及备注
会议室装修情况	墙壁装修	有吸音材料	
	顶棚板装修	增加吸音面积	
	地板装修	有防静电、防火地毯	
	桌椅色调	浅色为主,忌用白色	
	摄像背景	浅色为主,柔和不花哨,背景不复杂	
机房基本条件	与会议室走线距离	小于 40m	
	温度条件	18～25℃	
	湿度条件	60%～80%	
	空余面积	大于 10m²	
	清洁度	优良	
机房装修情况	走线槽位已经预留		
	室内走线槽位已经预留		
	地板装修	有防静电、防火地板	
会议室及机房电源供电情况	照明、系统设备、空调分别是三套供电系统		
	电源电压及波动范围	220V(±10%)	
	会议室第一排或前两排灯采用 UPS 供电		
	UPS 电源	2000W 以上	
会议室及机房设备接地情况	设备放置处墙上或地插配备足够的三相插座,每隔 1～2m 一个,分布合理		
	保护地与交流零线严格分开		
	□单独接地	保护地电阻小于 4Ω	
	□联合接地	保护地电阻小于 0.5Ω	
	UPS 输出接保护地线		
	三相电源插座接地良好		
传输情况	传输机房与会议室走线距离小于 150m		
	传输机房与会议室走线距离介于 150m 与 5000m 之间		
	传输机房是否有−48V 电源		
	走线槽位已经预留		
	传输类型传输 2M		
	电缆传输线规格型号	75Ω 单股同轴电缆(或 120Ω 的对称电缆),主备用各一对	
	传输线进入会议室或控制间		
	电缆传输线实际长度不超过 150m		
其他建议	墙面为米黄色,墙群线咖啡色,地毯驼色		
	桌子米黄色,椅子咖啡色,墙面不挂画幅		

六、电视会议室举例

电视会议室的平面布置示例参见图 5-76,图上设备名称参见表 5-28。

图 5-76 电视会议室的图像显示设备平面布置模式

电视会议设备一览表　　　　　　　　　　　　　　　表 5-28

编号	名　　称	单位	数量	编号	名　　称	单位	数量
1	会议终端处理器	套	1	8	终端管理系统	套	1
2	主摄像机	台	1	9	打印机	台	1
3	辅助摄像机	台	1	10	录像机	台	1
4	图文摄像机	台	1	11	多点控制单元	台	1
5	音箱	台	1	12	监视器	台	1
6	会议控制盒	台	1	13	会议桌	个	3
7	传声器(桌式)	个	6	14	转椅、工作台	个	按需要

对于以讲座形式的电视会议（视频会议）室的布置参考如下：

会议电视有主会场与分会场之分，作为主会场时领导坐在主席台上，而作为分会场时领导通常坐在会场第一排座席。这两种会场对灯光使用要求差别很大，对区域的照度要求也不相同。如作为主会场与分会场兼用的会场，就要设计出满足于两种会场使用要求的布光方案，如图 5-77 和图 5-78 所示。

图 5-77　主会场会议灯光与摄像机布置图

340

作为会场时，由于会议代表已不在主席台上了，原来对准主席台的灯光已经无用武之地，出现（台下）会议代表灯光照明欠缺，结果会议（图像）效果大打折扣，再好的设备也发挥不出优秀的会议质量。

会场布光的基本因素包括面光、侧光、顶光、逆光和背景光等，以便满足摄像画面效果。当会议室作主会场时，为了满足垂直照度要求，在主席台前上方应布置一定数量的面光灯具，照明角度宜大于 $45°$，且小于 $50°$，如图 5-77 所示。如果作为分会场使用时，会场第一排座席区一般坐分会场的领导，所以前上方同样要布置一定数量的面光灯具，以及顶光、侧光，创造一个好的光环境，如图 5-78 所示。

图 5-78　分会场会议灯光与摄像机布置图

图 5-77 还画出了摄像机的布置图，图 5-77 背后摄像机（变焦）正对着主会场主席台上的主席，以便作为各分会议的主画面；而主席台后面的摄像机则摄取观众席的场面。图 5-78 的主席台后面则用来摄取第一排参加分会场的领导画面。

对光源、灯具的设计应符合的规定：

（1）光源的显色指数 R_a 应大于等于 85；

（2）光源的色温应为 3200K、4000K 或 5600K，并应使所有的光源色温一致；

（3）光源应采用发光效能高、寿命长的产品；

（4）灯具应配置效率高的产品，亮度宜具有连续可调功能；

（5）在主席台座席区和会场第一排座席区宜设置面光灯。

灯光照度是会议室的基本必要条件，故室内要用人工冷光源，避免自然光，灯具选择三基色灯较为适宜。会议室的门窗需用深色窗帘遮挡，最好是电动隔声遮光厚窗帘，免受外界噪声和室外光线的污染。《会议电视会场系统工程设计规范》GB 50635 对会场照度的要求见表 5-29。

会场照明平均照度　　　　　　　　　　　　　　　　表 5-29

照明区域	垂直照度(lx)	垂直参考平面	水平照度(lx)	水平参考平面
主席台座席区	≥400	1.40m 垂直面	≥600	0.75m 水平面
听众摄像区	≥300	1.40m 垂直面	≥500	0.75m 垂直面

对于摄像机的设置应符合下列规定：

（1）会场应设置至少 2 台摄像机，并应分别用于摄取发言者图像和会场全景，摄像机用清晰度高的产品；

（2）摄像机应根据会场的大小和安装位置配置变焦镜头；

（3）摄像机宜配置云台及摄像机控制设备。云台支承装置应牢固、平衡；

（4）摄像机传输电缆在 5.50MHz 衰减大于 3dB 时，应配置电缆补偿器。

第六章　有线电视和卫星电视接收系统

第一节　有线电视系统与电视频道

图 6-1　CATV 系统的组成

一、CATV 系统的组成

CATV 系统一般由两端、干线传输和用户分配三个部分组成，如图 6-1 所示。前端部分主要包括电视接收天线、频道放大器、频率变换器、自播节目设备、卫星电视接收设备、导频信号发生器、调制器、混合器以及连接线缆等部件。前端信号的来源一般有三种：①接收无线电视台的信号；②卫星地面接收的信号；③各种自办节目信号。CATV 系统的前端主要作用是：

（1）将天线接收的各频道电视信号分别调整到一定电平，然后经混合器混合后送入干线；

（2）必要时将电视信号变换成另一频道的信号，然后按这一频道信号进行处理；

（3）将卫星电视接收设备输出的信号通过调制器变换成某一频道的电视信号送入混合器；

（4）自办节目信号通过调制器变换成某一频道的电视信号送入混合器；

（5）若干线传输距离长（如大型系统），由于电缆对不同频道信号衰减不同等原因，故加入导频信号发生器，用以进行自动增益控制（AGC）和自动斜率控制。

干线传输系统是把前端接收处理、混合后的电视信号，传输给用户分配系统的一系列传输设备。一般在较大型的 CATV 系统中才有干线部分。例如一个小区许多建筑物共用一个前端，自前端至各建筑物的传输部分称为干线。干线距离较长，为了保证末端信号有足够高的电平，需加入干线放大器，以补偿电缆的衰减。电缆对信号的衰减基本上与信号的频率的平方根成正比，故有时需加入均衡器以补偿干线部分的频谱特性，保证干线末端的各频道信号电平基本相同。对于单幢大楼或小型 CATV 系统，可以不包括干线部分，而直接由前端和用户分配网络组成。

用户分配部分是 CATV 系统的最后部分，主要包括放大器（宽带放大器等）、分配器、分支器、系统输出端以及电缆线路等。它的最终目的是向所有用户提供电平大致相等的优质电视信号。

应该指出，CATV 原为共用天线（Community Antenna TV）系统的英文缩写，现一般指通过同轴电缆、光缆或其组合来传输、分配和交换声音与图像信号的电缆电视（Cable TV，缩写也是 CATV）系统，如图 6-2 所示。图 6-2（a）是传统的共用天线电视系统，是单向广播电视系统；图 6-2（b）是现今的有线电视（CATV）系统，是双向电视接收系统。图（b）与图（a）主要不同是电视信号由左侧的城市 CATV引入，经放大至大楼用户分配网络。其中放大器为双向放大器，而分配器、分支器因是无源网络，因此也是双向器件。双向传输是有线电视传输网络的发展趋势，如图 6-3 所示。

图 6-2 两种 CATV 系统

图 6-4 是综合型有线电视系统，其前端包括模拟前端、数字电视前端和数据前端。数据前端的主要任务是完成数据的交互任务。数据前端系统主要有 CMTS 头端系统、服务器、路由器、交换机等设备构成。

二、无线电视的频率分配

1. 我国关于电视频道的划分（表 6-1）

（1）目前我国电视广播采用 I、III、IV、V 四个波段，I、III 波段为 VHF 频段（1～12 频道），IV、V 波段为 UHF 频段（13～68 频道）。

（2）I 与 III 波段之间和 III 与 IV 波段之间为增补频道 A、B 波段，这是因为 CATV 节目不断增加和服务范围不断扩大而开辟的新频道。

（3）每个频道之间的间隔为 8MHz。

图 6-3　双向传输电视系统基本组成

图 6-4　综合型有线电视系统

（4）在 I 波段与 A 波段（增补频道）之间空出的 88～171MHz 频道划归调频（FM）

广播、通信等使用，有时称Ⅱ波段。其中 87～108MHz 为 FM 广播频段。

电视频道的划分

表 6-1

波段	电视频道	频率范围 （MHz）	中心频率 （MHz）	图像载波 （MHz）	伴音载波 （MHz）
Ⅰ波段	DS—1	48.5～56.5	52.5	49.75	56.25
	DS—2	56.5～64.5	60.5	57.75	64.25
	DS—3	64.5～72.5	68.5	65.75	72.25
	DS—4	76～84	80	77.25	83.75
	DS—5	84～92	80	85.25	91.75
Ⅱ波段 （增补频 道 A$_1$）	Z—1	111～119	115	112.25	118.75
	Z—2	119～127	123	120.25	126.75
	Z—3	127～135	131	128.25	134.75
	Z—4	135～143	139	136.25	142.75
	Z—5	143～151	147	144.25	150.75
	Z—6	151～159	155	152.25	158.75
	Z—7	159～167	163	160.25	166.75
Ⅲ波段	DS—6	167～175	171	168.25	174.75
	DS—7	175～183	179	176.25	182.75
	DS—8	183～191	187	184.25	190.75
	DS—9	191～199	195	192.25	198.75
	DS—10	199～207	203	200.25	206.75
	DS—11	207～215	211	208.25	214.75
	DS—12	215～223	219	216.25	222.75
A$_2$波段 （增补频道）	Z—8	223～231	227	224.25	230.75
	Z—9	231～239	235	232.25	238.75
	Z—10	239～247	243	240.25	246.75
	Z—12	247～255	251	248.25	254.75
	Z—13	255～263	259	256.25	262.75
	Z—14	263～271	267	264.25	270.75
	Z—15	271～279	275	272.25	278.75
	Z—16	279～287	283	280.25	286.75
	Z—16	287～295	291	280.25	294.75
B波段 （增补 频道）	Z—17	295～303	299	296.25	302.75
	Z—18	303～311	307	304.25	310.75
	Z—19	311～319	315	312.25	318.75
	Z—20	319～327	323	320.25	326.75
	Z—21	327～335	331	328.25	334.75
	Z—22	335～343	339	336.25	342.75
	Z—23	343～351	347	344.25	350.75
	Z—24	351～359	355	352.25	358.75
	Z—25	359～367	363	360.25	366.75
	Z—26	367～375	371	368.25	374.75
	Z—27	375～383	379	376.25	382.75
	Z—28	383～391	387	384.25	390.75
	Z—29	391～399	395	392.25	398.75
	Z—30	399～407	403	400.25	406.75
	Z—31	407～415	411	408.25	414.75
	Z—32	415～423	419	416.25	422.75
	Z—33	423～431	427	424.25	430.75
	Z—34	431～439	435	432.25	438.75
	Z—35	439～447	443	440.25	446.75
	Z—36	447～455	451	448.25	454.75
	Z—37	455～463	459	456.25	462.75

波段	电视频道	频率范围 （MHz）	中心频率 （MHz）	图像载波 （MHz）	伴音载波 （MHz）
Ⅳ波段	DS—13	470～478	474	471.25	477.75
	DS—14	478～486	482	479.25	485.75
	DS—15	486～494	490	487.25	493.75
	DS—16	494～502	498	495.25	501.75
	DS—17	502～510	506	503.25	509.75
	DS—18	510～518	514	511.25	517.75
	DS—19	518～526	522	519.25	525.75
	DS—20	526～534	530	527.25	533.75
	DS—21	534～542	538	535.25	541.75
	DS—22	542～550	546	543.25	549.75
	DS—23	550～558	554	561.25	557.75
	DS—24	558～566	562	559.25	565.75
Ⅴ波段	DS—25	604～612	608	605.25	611.75
	DS—26	612～620	616	613.25	619.75
	DS—27	620～628	624	621.25	627.75
	DS—28	628～636	632	629.25	635.75
	DS—29	636～644	640	637.25	643.75
	DS—30	644～652	648	645.25	651.75
	DS—31	652～660	656	653.25	659.75
	DS—32	660～668	664	661.25	667.75
	DS—33	668～676	672	669.25	675.75
	DS—34	676～684	680	677.25	683.75
	DS—35	684～692	688	685.25	691.75
	DS—36	692～700	696	693.25	699.75
	DS—37	700～708	704	701.25	707.75
	DS—38	708～716	712	709.25	715.75

关于上行信道频率配置，如表 6-2 所示。

上行信道频率配置 表 6-2

波段	上行信道	频率范围 （MHz）	中心频率 （MHz）	备注
Ra	R1	5.0～7.4	6.2	上行窄带数据信道区，实际配置时可细分。尽可能避开窄带强干扰（如短波电台干扰等）。 在 5MHz～8MHz 左右，群延时可能较大。 若本频段干扰较低，也可选择作为宽带数据信道使用。 实际配置时也可将每个信道划分为 2～16 个子信道
	R2	7.4～10.6	9	
	R3	10.6～13.8	12.2	
	R4	13.8～17.0	15.4	
	R5	17.0～20.2	18.6	
Rb	R6	20.2～23.4	21.8	上行宽带数据区，也可将每个信息划分为 2～16 个子信道供较低数据调制率时使用
	R7	23.4～26.6	25	
	R8	26.6～29.8	28.2	
	R9	29.8～33.0	31.4	
	R10	33.0～36.2	34.6	
	R11	36.2～39.4	37.8	
	R12	39.4～42.6	41	
	R13	42.6～45.8	44.2	
	R14	45.8～49.0	47.4	
	R15	49.0～52.2	50.6	
	R16	52.2～55.4	53.8	
	R17	55.4～58.6	57	

波段	上行信道	频率范围 （MHz）	中心频率 （MHz）	备注
Rc	R18	58.6～61.8	60.2	上行窄带数据区，该区在实际配置时可细分。
	R19	61.8～65.0	63.4	62MHz～65MHz 群延时可能较大

双向传输一般采用频分法，根据上下行传输信息的多少，其频率分割范围可分为三类，如表 6-3。

双向传输系统频段划分　　　　　表 6-3

频率范围 （MHz）	调制方式	现行名称	用途	
			模拟为主兼传数字	全数字信号
5～65	QPSK、m-QAM	低端上行	上行数字业务	
65～87	—	低端隔离带	在低端隔离上下行通带	
87～108	FM	调频广播	调频广播	数字图像、声音、数据及网管、控制
108～111	FSK	系统业务	网管、控制	
111～550	AM-VSB	模拟电视	模拟电视	
550～862	m-QAM	数字业务	数字图像、声音、数据	
862～900	—	高端隔离带	在高端隔离上下行通带	
900～1000	m-QAM	高端上行	预留	

三、有线电视系统的分类

（1）有线电视系统规模宜按用户终端数量分为下列四类：

A 类：10000 户以上；

B 类：2001～10000 户；

C 类：301～2000 户；

D 类：300 户以下。

（2）在城市中设计有线电视系统时，其信号源应从城市有线电视网接入，可根据需要设备自设分前端。A 类、B 类及 C 类系统传输上限频率宜采用 862MHz 系统，D 类系统可根据需要和有线电视网发展规划选择上限频率。按工作频率分类的 CATV 系统如表 6-4 所示。

按工作频率分类的 CATV 系统　　　　　表 6-4

名　　称	工作频率	可用频道数	特　　点
全频道系统	48.5～958 MHz	VHF 有 DS1～12 频道 UHF 有 DS13～68 频道 理论上可容纳 68 个频道	① 只能采用隔频道传输方式； ② 受全频道器件性能指标限制； ③ 实际上可传输约 12 个频道左右； ④ 适于小型系统。传输距离小于 1km
300MHz 邻频 传输系统	48.5～ 300MHz	考虑增补频道最多 28 个频道； DS1～12，Z1～Z16 （其中 DS5 一般不采用）	① 因利用增补频道，故用户需增设一台机上变换器； ② 适于中、小型系统

续表

名　称	工作频率	可用频道数	特　点
550MHz 邻频传输系统	上限频率 550MHz	可用频道数 60 个	适于中、大型系统
750MHz 邻频传输系统	上限频率 750MHz	除 60 个模拟频道外，550MHz～750MHz 带宽可传送 25 个数字频道	适于中、大型系统
862MHz 邻频传输系统	上限频率 862MHz	除 60 个模拟频道外 550MHz～862MHz 带宽可传送 39 个数字频道	适于中、大型系统

当小型城镇不具备有线电视网，采用自设接收天线及前端设备系统时，C 类及以下的小系统或干线长度不超过 1.5km 的系统，可保持原接收频道的直播。B 类及以上的较大系统、干线长度超过 1.5km 的系统或传输频道超过 20 套节目的系统，宜采用 550MHz 及以上传输方式。

（3）在新建和扩建小区的组网设计中，宜以自设前端或子分前端、光纤同轴电缆混合网（HFC）方式组网如图 6-5 所示；或光纤直接入户（FTTH）。网络宜具备宽带、双向、高速及三网融合功能。

图 6-5　典型的网络拓扑结构图

在 HFC 的有线电视中，通常干线传输部分采用光纤传输，用户分配部分仍然采用同轴电缆传输，如图 6-5 所示。HFC 网络分为单向 HFC 网络和双向 HFC 网络。单向 HFC 网与传统的 CATV 类似。这里着重介绍双向 HFC 网，即双向有线电视网。

双向 HFC 系统由前端、光缆传输、光节点、电缆分配和用户终端设备等组成。前端与光节点是通过光缆连接的，光节点与用户之间是由电缆分配网络连接的。

双向光缆（干线）系统的组成有以下 3 种形式：即环形、星形和树形。在大中型干线传输系统中常采用环形结构，一般城域网常采用星形结构。在光缆传输电缆分配系统（HFC）中的电缆分配系统一般为树形结构。在 HFC 双向传输系统中，光缆传输部分为空间分割，即用 1 芯光纤传输下行信号，用另 1 芯光纤传输上行信号；电缆分配系统为频率分割。在双向 HFC 系统中的光节点，既是光下行信号的光/电（O/E）转换之处，又是上行信号的电/光（E/O）转换之处，也是频分和空分的交汇处。

（4）使用星形分光器的分支系统（图 6-6、图 6-7）：

在较大的住宅小区（或建筑群），可以将全小区分成若干片，每片有 500～2000 个用户，输出端每个片为一个光节点，每个光节点设一台接收机。根据小区规模情况，可算出每个光发射机能够提供的光节点数，以及中心前端需要的光发射机台数。分光器通常不应多于 10 路为宜。星形分光器的分支系统结构图如图 6-6 所示。在距离光发射端较短时，可不加光放大器。距离光发射端较远时，一般应增设光中继站或光放大器。采取如

图 6-6、图 6-7 所示传输模式。图 6-8 是光纤到节点的典型传输系统。

图 6-6　CATV 光纤传输系统采用光放大器

图 6-7　CATV 光纤传输系统采用光中继器

图 6-8　光纤到节点的典型传输系统

（5）有线电视系统光缆—电缆混合（HFC）网络双向传输网络设计的原则如下：
① 光纤节点 FTTF 到小区

349

分配节点后放大器的级连 3～5 级，覆盖用户 500～2000 户。

② 光纤节点到路边 FTTC

分配节点后放大器的级连 1～2 级，覆盖用户 500 户以下，是有线电视传输宽带综合业务网的主要形式。

③ 光纤节点到楼 FTTB

直接用光接收机输出 RF 信号电平，直带几十个用户，为无放大器系统。

第二节　有线电视系统的性能参数与主观评价

一、有线电视系统性能参数

1. 有线电视系统应满足的性能指标

（1）载噪比（C/N）≥44dB；

（2）交扰调制比（CM）≥47dB；

（3）载波互调比（IM）≥58dB；

（4）载波复合二次差拍比（C/CSO）≥55dB；

（5）载波复合三次差拍比（C/CTB）≥55dB。

2. 有线电视子系统设计技术指标分配（表 6-5）

有线电视子系统设计技术指标分配

表 6-5

项目	类别	前端子系统		光纤系统子系统		电缆传输分配网子系统	
		分配值	设计值	分配值	设计值	分配值	设计值
A	CNR	1%	64	49%	47.1	50%	47
	GTBR	5%	82	55%	61.2	40%	64
	CSOR	10%	65	50%	58	40%	59
B	CNR	2.5%	60	50%	61.2	47.5%	47.2
	CTBR	10%	76	50%	62	40%	64
	CSOR	10%	65	50%	58	40%	59
C	CNR	6%	56	50%	47	44%	46.8
	CTBR	20%	70	40%	64	40%	64
	CSOR	20%	62	40%	59	40%	59
D	CNR	16%	52	50%	47	34%	48.7
	CTBR	20%	70	40%	64	40%	64
	CSOR	20%	62	40%	59	40%	59

注：表中 A、B、C、D 的分类：A—10000 户以上；B—2000 户以上；C—300 户以上；D—300 户以下。

3. 系统输出口电平设计值宜符合的要求

（1）非邻频系统可取（70±5）dBμV；

（2）采用邻频传输的系统可取（64±4）dBμV；

（3）系统输出口频道间的电平差的设计值不应大于表 6-6 的规定。

系统输出口频道间电平差（单位：dB）　　　　表 6-6

频道	频段	系统输出口电平差
任意频道	超高频段	13
	甚高频段	10
	甚高频段中任意 60MHz 内	6
	超高频段中任意 100MHz 内	7
相邻频道		2

4. 有线电视系统的前端技术指标（表 6-7）

有线电视系统的前端各项技术指标　　　　表 6-7

序号	项目	技术参数
1	载噪比 C/N(dB)	≥46
2	载波互调比 IM(频道内干扰)	≥54
3	回波值 E(%)	≤7
4	微分增益 DG(%)	≤10
	微分相位(度)	≤10
5	色/亮度时延差(ns)	≤100
6	频道内幅度/频率特性(dB)	任何频道内变化不大于 2dB，在任何 0.5MHz 频带内，幅度变化不大于 0.5dB

在系统设计时，主要考虑非线性失真和载噪比等主要的技术指标。

前端系统在设计时应依据技术指标要求来进行，同时考虑它的输入电平应在 60～90dBμV 之间，输出电平应在 120dBμV 以下，不能过高。邻频传输前端每个频道的频率特性应符合以下要求：相邻频道电平差应小于 2dB，任意频道间电平差应小于 10dB；相邻频道的抑制应大于 60dB，带外寄生输出抑制也应大于 60dB。

5. 双向有线电视上行通道的主要技术要求（见表 6-8）

上行传输通道主要技术要求　　　　表 6-8

序号	项目	技术指标	备注
1	标称系统特性阻抗(Ω)	75	—
2	上行通道频率范围(MHz)	5～65	基本信道
3	标称上行端口输入电平(dBμV)	100	此电平为设计标称值，并非设备实际工作电平
4	上行传输路由增益差(dB)	≤10	服务区内任意用户端口上行
5	上行通道频率响应(dB)	≤10	7.4MHz～61.8MHz
		≤1.5	7.4MHz～61.8MHz 任意 3.2MHz 范围内
6	上行最大过载电平(dBμV)	≥112	三路载波输入，当二次或三次非线性产物为 −40dB 时测量
7	载波/汇集噪声比(dB)	≥20(Ra 波段) ≥26(Rb、Rc 波段)	电磁环境最恶劣的时间段测量，一般为 18：00～22：00；注入上行载波电平为 100dBμV；波段划分见表 6-2。
8	上行通道传输延时(μs)	≤800	—

二、有线电视系统的图像质量主观评价（表6-9、表6-10）

图像质量主观评价五级损伤制标准　　　　　　　　　　表6-9

图像等级	图像质量损伤程度	信噪比(S/N)	电视信号强弱(dBμV/m)
5分(优)	图像上不觉察有损伤或干扰存在	45.5	大于60
4分(良)	图像上有稍可觉察损伤或干扰,但并不令人讨厌	34.5	45～60
3分(中)	图像上有明显觉察的损伤或干扰,令人感到讨厌	30	30～45
2分(差)	图像上损伤或干扰较严重,令人相当讨厌	25	20～30
1分(劣)	图像上损伤或干扰极严重,不能观看	23	小于20

图像和伴音（包括调频广播声音）质量损伤的主观评价项目见表8-23。

主观评价项目　　　　　　　　　　表6-10

项　　目	损伤的主观评价现象
载噪比	噪波,即"雪花干扰"
交扰调制比	图像中移动的垂直或倾斜图案,即"串台"
载波互调比	图像中垂直、倾斜纹或水平条纹,即"网纹"
载波交流声比	图像中上下移动的水平条纹,即"滚道"
回波值	图像中沿水平方向分布在右边一条或多条轮廓线,即"重影"
色/亮度时延差	色、光信号没有对齐,即"彩色鬼影"
伴音和调频广播的声音	背景噪声,如咝咝声、哼声、蜂声和串音等

第三节　电视接收天线与卫星天线

一、电视接收天线

1. 电视接收天线的种类

电视接收天线有电视接收天线（多采用八木天线，见图6-9）和卫星电视天线（多采用抛物面天线，见后述）。

表6-11列出 CATV 的八木天线特性要求。

CATV 共用天线的特性要求　　　　　　　　　　表6-11

种　　类	振子数	频　　道	增益(dB)	驻波比	半功率角(度)	前后比(dB)
VHF 宽频段	3	1～5 6～12	2.5～5	2.0以上	70以下	9以上
	5	1～5 6～12	3～7	2.0以下	65以下	10以上
	8	6～12	4～8	2.0以下	55以下	10以上
VHF 单频道专用	3	低频道	5以上	2.0以下	70以下	9.5以上
	5	低频道	6以上	2.0以下	65以下	10.5以上
	8	高频道	9.5以上	2.0以下	55以下	12以上
UHF 低频道	20以上	13～24	12以上	2.0以下	45以下	15
UHF 高频道	20以上	25～68	12以上	2.0以下	45以下	15

2. 接收天线的选择要求

（1）当接收 VHF 段信号时，应采用频道天线，其频带宽度为 8MHz。

（2）当接收 UHF 段信号时，应采用频段天线，其带宽应满足系统的设计要求。接收天线各频道信号的技术参数应满足系统前端对输入信号的质量要求。

（3）接收天线的最小输出电平可按公式（6-1）计算。当不满足公式（6-1）要求时，应采用高增益天线或加装低噪声天线放大器：

$$S_{\min} \geqslant (C/N)_h + F_h + 2.4 \qquad (6\text{-}1)$$

式中：$S_{\min}$——接收天线的最小输出电平（dB）；

$\quad\quad F_h$——前端的噪声系数（dB）；

$(C/N)_h$——天线输出端的载噪比（dB）；

$\quad\quad 2.4$—— PAL-D 制式的热噪声电平（dBμV）。

（4）当某频道的接收信号场强大于或等于 100dBμV/m 时，应加装频道转换器或解调器、调制器。

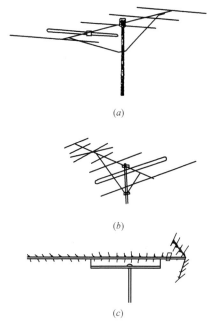

图 6-9　三种八木接收天线
（a）VHF 频道天线；（b）宽频带天线；
（c）UHF 频道天线

（5）接收信号的场强较弱或环境反射波复杂，使用普通天线无法保证前端对输入信号的质量要求时，可采用高增益天线、抗重影天线、组合天线（阵）等特殊形式的天线。

（6）当采用宽频带组合天线时，天线输出端或天线放大器输出端应设置分频器或接收的电视频道的带通滤波器。

3. 接收天线的设置应符合的规定

（1）宜避开或远离干扰源，接收地点场强宜大于 54dBμV/m。天线至前端的馈线应采用聚乙烯外护套、铝管或四屏蔽外导体的同轴电缆，其长度不宜大于 30m。

（2）天线与发射台之间，不应有遮挡物和可能的信号反射，并宜远离电气化铁路及高压电力线等。天线与机动车道的距离不宜小于 20m。

（3）天线宜架设在较高处。天线与铁塔平台、承载建筑物顶面等导电平面的垂直距离，不应小于天线的工作波长。

4. 电视接收天线的架设

（一）天线架设位置的选择

正确选择接收天线的架设位置，是使系统取得一定的信号电平及良好信噪比的关键。在实际工作过程中，首先应对当地接收情况有所了解，可用带图像的场强计如 APM-741FM（用 LFC 型或同类型场强计亦可）进行信号场强测量及图像信号分析，以信号电平及接收图像信号质量最佳处为接收天线安装位置，并将天线方向固定在最高场强方向上，完成初安装、调试工作。有时由于接收环境比较恶劣，要接收的某频道信号存在重影、干扰及场强较低的情况，此时应在一定范围内实际选点，以求最佳接收效果，选择该频道天线的最佳安装位置。在具体选择天线安装位置时，主要应注意如下几点：

（1）天线与发射台之间不要有高山、高楼等障碍物，以免造成绕射损失。

（2）天线可架设在山顶或高大建筑物上，以提高天线的实际高度，也有利于避开干扰源。

（3）要保证接收地点有足够的场强和良好的信噪比，要细致了解周围环境，避开干扰源。接收地点的场强应该大于 $46dB\mu V$，信噪比要大于 $40dB$。

（4）尽量缩小馈线长度，避免拐弯，以减少信号损失。

（5）天线位置（一般也就是机房位置）应尽量选在本 CATV 系统的中心位置，以方便信号的传输。

独立杆塔接收天线的最佳绝对高度 h_j 为

$$h_j = \frac{\lambda \cdot d}{4h_1} \quad \text{（m）} \tag{6-2}$$

式中　λ——天线接收频道中心频率的波长（m）；

d——天线杆塔至电视发射塔间的距离（m）；

h_1——电视发射塔的绝对高度（m）。

（二）天线基座和竖杆的安装

天线的固定底座有两种形式：一种由 12mm 和 6mm 厚钢板做肋板，同天线竖杆装配焊接而成；另一种是钢板和槽钢焊接成底座，天线竖杆与底座用螺栓紧固，如图 6-10 所示。

图 6-10　天线竖杆底座

天线竖杆底座是用地脚螺栓固定在底座下的混凝土基座上。在土建工程浇注混凝土屋面时，应在事先选好的天线位置浇注混凝土基座，在浇注基座的同时应在天线基座边沿适当位置上预埋几根电缆导入管（装几副天线就预埋几根），导入管上端应处理成防水弯或者使用防水弯头，并将暗设接地圆钢敷设好一同埋入基座内，如图 6-11 所示。

图 6-11 底座式天线基座安装图

在浇灌水泥底座的同时，应在距底座中心 2m 的半径上每隔 120°处预埋 3 个拉耳环（地锚），以便紧固钢线拉绳用。为避免钢丝拉绳对天线接收性能的影响，每隔小于 1/4 最高接收频道的波长处串入一个绝缘子（即拉绳瓷绝缘子）以绝缘。拉绳与拉耳环（地锚）之间用花篮螺丝连接，并用它来调节拉绳的松紧。拉绳与竖杆的角度一般在 30°~45°。此外，在水泥底座沿适当距离预埋若干防水型弯管，以便穿进接收天线的引入电缆，如图 6-12 所示。

当接收信号源多，且不在同一方向上时，则需采用多副接收天线。根据接收点环境条件等，接收天线可同杆安装或多杆安装。为了合理架设天线，应注意以下事项：

（1）竖杆选择与架设注意事项：

① 一般情况下，竖杆可选钢管。其机械强度应符合天线承重及负荷要求，以免遇强风时发生事故。

② 避雷针与金属竖杆之间用电焊焊牢。焊点应光滑、无孔、无毛刺，并做防锈处理。避雷针可选用 ϕ20mm 的镀锌圆钢，长度不少于 2.5m；竖杆的焊接长度为圆钢直径的 10 倍以上。

③ 竖杆全长不超过 15m 时，埋设深度取全长的 1/6；当其超过 15m 时，埋设深度取 2.5m。若遇土质松软时，可用混凝土墩加固。

④ 竖杆底部用 ϕ10mm 钢筋或 25mm×4mm 扁钢与防雷地线焊牢。

⑤ 在最低层天线位置下面约 30cm 处，焊装 3 个拉线耳环。拉线应采用直径大于 6mm 的多股钢绞线，并以绝缘子分段，最下面可用花篮螺栓与地锚连接并紧固。三根拉线互成 120°，与立杆之间的夹角在 30°~45°之间。天线较高需二层拉线时，上层拉线不应穿越天线的主接收面，不能位于接收信号的传播路径上，二层天线一般共有同一地锚。

图 6-12 同杆多副天线架设示意图

（2）天线与屋顶（或地面）表面平行安装，最低层天线与基础平面的最小垂直距离不小于天线的最长工作波长，一般为 3.5～4.5m。否则会因地面对电磁波的反射，使接收信号产生严重的重影等。

（3）多杆架设时，同一方向的两杆天线支架横向间距应在 5m 以上，或前后间距应在 10m 以上。

（4）接收不同信号的两副天线叠层架设，两天线间的垂直距离应大于或等于半个工作波长；在同一横杆上架设，两天线的横向间距也应大于或等于半个工作波长，如图 6-13 所示。

（5）多副天线同杆架设，一般将高频道天线架设在上层，低频道天线架设在下层。同杆多副天线架设的示例可参阅图 6-12。

二、卫星电视广播的频率分配

卫星电视广播系统由上行发射站、星体和接收站三大部分组成。上行发射站是将电视中心的节目送往广播电视卫星，同时接收卫星转发的广播电视信号，以监视节目质量。星体是卫星电视广播的核心，它对地面是相对静止的。卫星上的星载设备包括天线、太阳能电源、控制系统和转发器。转发器的作用是把上行信号经过频率变换及放大后，由定向天线向地面发射，以供地面的接收站接收卫星信号。然后接收到的卫星电视信号进入闭路电视（CATV），传输到用户的示意图见图 6-14 的（A）～（I）。

图 6-13　两种常用组合天线

图 6-14

我国目前卫星电视接收多在 C 波段，其频率覆盖为 3.7～4.2GHz。C 波段通信卫星传输电视频率分配如表 6-12 所示。

C 波段电视频道划分											表 6-12
频道	1	2	3	4	5	6	7	8	9	10	11	12
频率 (MHz)	3727.48	3746.66	3765.84	3785.04	3804.20	3823.38	3842.56	3861.74	3880.92	3900.10	3919.28	3938.46
频道	13	14	15	16	17	18	19	20	21	22	23	24
频率 (MHz)	3957.64	3976.82	3996.00	4015.18	4034.36	4053.54	4072.72	4091.90	4111.08	4130.26	4149.44	4168.62

根据 WARC1979 年规定，12GHz 即 Ku 波段为我国广播卫星主发射站的上行频率，欧洲为 10.7～11.7GHz。其他地区为 14.5～14.8GHz。另外还规定 7.3～18.1GHz 为全世界通用。表 6-13 为 Ku 波段电视频道分配表。

Ku 波段电视频道的划分　　　　　　　　　　　　　　　　　　　　表 6-13

频道	1	2	3	4	5	6	7	8	9	10	11	12
频率 (MHz)	11727.48	11746.46	11765.84	11789.02	11804.20	11823.38	11842.56	11861.74	11880.92	11900.10	11919.28	11938.46
频道	13	14	15	16	17	18	19	20	21	22	23	24
频率 (MHz)	11957.64	11976.82	11996.00	12015.18	12035.36	12053.54	12072.72	12091.90	12110.08	12130.26	12149.44	12186.62

三、卫星电视接收系统的组成

卫星电视接收系统通常由接收天线、高频头和卫星接收机三大部分组成，如图 6-15 所示。接收天线与天线馈源相连的高频头，通常放置在室外，所以又合称为室外单元设备。卫星接收机一般是放置在室内，与电视机相接，所以又称为室内单元设备。室外单元设备与室内单元设备之间通过一根同轴电缆相连，将接收的信号由室外单元送给室内单元设备，即接收机。

图 6-15　卫星电视直接接收系统的组成

卫星电视接收，首先是由接收天线收集广播卫星转发的电磁波信号，并由馈源送给高频头；高频头将天线接收的射频信号 f_{RF}（C 频段的频率范围是 3700～4200MHz，Ku 频段的频率范围是 11.7～12.5GHz）经低噪声放大后，变频到固定为 950～1450MHz 或 950～1750MHz 频率的第一中频信号 f_{1F1}；一中频信号由同轴电缆送给室内单元的接收机，接收机从宽带的一中频信号（$B=500$MHz 或 $B=800$MHz）中选出所需接收的某一固定的电视调频载波（带宽的通常为 27MHz），再变频至解调前的固定第二中频频率（通常为 400MHz）上，由门限扩展解调器解调出复合基带信号，最后经视频处理和伴音解调电路输出图像和伴音信号。

卫星电视的接收，按接收设备的组成形式分为家庭用的个体接收和 CATV 用的集体接收（图 6-16）两种方式。家用个体接收方式一般为一碟（天线）一机，比较简单。用户电视机与接收电视信号的制式相同，或者使用了多制式电视机，则不必加制式转换器；若用户电视机制式与接收电视节目制式不同，可在接收机解调出信号之后加上电视制式转换器进行收看。

图 6-16 卫星电视接收站设备组成

集体接收和个体接收在设备配置上是有区别的，其主要区别有：

（1）对卫星电视接收的载噪比 C/N 值要求不同

门限值代表卫星接收机的灵敏度，载噪比的门限电平越低，灵敏度越高。卫星接收机系统 C/N 值主要由天线口径和高频头噪声温度决定。

个体接收方式因传输电缆短，损耗小，只用一台卫星接收机，所以 C/N 值刚达到门限值即可用。最新卫星接收机采用锁相环门限扩展解调技术，门限电平已降为 60dB，故采用 1.5m 小天线，噪声温度为 25～28°K 的高频头，接收效果就很好了。

集体接收方式因其用户有数十至上百户，且必须把信号传输到远处，故要求将信号放大、分配和混合等处理，使信号的信噪比减低，因此要求信号源的载噪比 C/N 值高。为此，天线口径要采用 3m 以上，并选用 25°K 的高频头。

（2）设备使用条件不同

集体接收方式在接收同一颗卫星上的信号时，一套节目（即一个频道）配一台卫星接收机，调整好后不要轻易改变频道，以便用户的电视机固定预置频道。而且在接收不同卫星时要另外安装天线，几副天线能方便调准不同卫星，一般不再调整。

个体接收方式则希望用一副天线能方便调准不同卫星，所以对天线要求能电动驱动、电子跟踪，对馈源也要求极化可调；且室内要有电子控制调整极化器，使一副天线能达到最大使用效益。

四、卫星接收天线的种类与选用

天线是接收站的前端设备。它的作用是将反射面内收集到的经卫星转发的电磁波聚集到馈源口，形成适合于波导传输的电磁波，然后送给高频头进行处理。

用于卫星电视接收系统的接收站天线，其主要电性能要求宜符合表 6-14 的规定。

C 频段、Ku 频段天线主要电性能要求   表 6-14

技术参数	C 频段要求	Ku 频段要求	天线直径、仰角
接收频段	3.7～4.2GHz	10.9～12.8GHz	C 频段≥φ3m
天线增益	40dB	46dB	C 频段≥φ3m
天线效率	55%	58%	C、Ku≥φ3m
噪声温度	≤48K	≤55K	仰角 20°时
驻波系数	≤1.3	≤1.35	C 频段≥φ3m

接收天线，按其馈电方式不同分为三类：前馈式抛物面天线、后馈式卡塞格伦天线和

偏馈式抛物面天线。接收天线，按其反射面的构成材料来分，又可分为铝合金的、铸铝的、玻璃钢的、铁皮和铝合金网状四种。目前，铝合金板材加工成反射面的天线，其性能最好，使用寿命也长；铸铝反射面的天线，尽管成本有所降低，但反射面的光洁度不高，天线效率低，性能要低于铝合金反射面的天线；玻璃钢反射面的天线，成本也低，但反射面的镀层容易脱落，使用寿命不长；铁皮反射面天线，其成本最低，但容易生锈腐蚀，使用寿命最短；铝合金网状天线，其效率均不如前面的板状天线，但由于**重量轻**，价格低，风阻小及架设容易，较适合于多风、多雨雪等场所采用。

板状天线的反射面，是由合金铝板、玻璃钢喷涂特种涂料等以相同瓜瓣状的数块（如8块、12块、18块等）拼装起来，或是整块压铸而成的。网状天线的反射面，多采用铝丝编织材料，用密集的辐射梁及加强盘组成。网状天线虽不及板状天线的增益高（因漏场大），经久耐用，精密度高，但是它具有重量轻，价格低，风阻小及架设容易等优点，因而较多地作为楼顶架设的闭路电视系统，以及在多风、多雨雪等场所采用。各种接收天线的性能比较如表 6-15 和表 6-16 所示。

各种接收天线的性能比较

表 6-15

天线类型		优　点	缺　点
后馈板状		效率高,性能好	成本高,加工安装复杂
前馈板状	铝合金	性能较好,效率高,强度大	成本较高,重量较大
	铸铝	成本低,加工简单	面的光洁度不高,易碎
	玻璃钢	成本低,加工简单,耐酸、碱、盐雾	镀层易脱落,寿命不长
	铁皮	成本最低	易锈,寿命不长
前馈网状		抗风、雨、雪性能好,重量轻	效率低,增益不高

3 种材料的抛物面天线比较

表 6-16

结　构	制作工艺	优　点	缺　点
铝合金板状结构	采用硬铝板或易成型的 LF21-22 防锈铝板在模具中用气压、旋压成型(整体)或拉伸成型(多瓣)，然后铆接在支撑径向梁架上，形成抛物面主反射面	强度大,精度高,结实耐用,效率高,组装方便	重量较大,对基座要求高,价格较贵
网状结构	由铝网或不锈钢网在抛物线辐射筋上敷设而成,多用于前馈天线,精度由辐射筋保证。因辐射筋是有间距,加上网面凹凸不平,网面上有能量泄漏损失	重量轻,风阻小,运输安装方便,对基座要求低,价格便宜	效率等指标比实体天线差,耐用性差
玻璃钢结构	在玻璃表面覆盖金属网或喷涂一层 0.5mm 厚铝合金,构成整个抛物面结构形式,也可以做成多瓣式	造价低,适应温度范围大,耐酸碱,耐盐雾,耐潮湿,适用于沿海、岛屿地区	易变形老化

（一）反射面

1. 前馈抛物面天线（图 6-17）
2. 后馈式抛物面天线（图 6-18）

图 6-17　前馈式天线结构示意图

（a）结构图；（b）剖面图

图 6-18　卡氏接收天线结构示意图

（a）结构图（后馈线）；（b）剖面图

后馈式抛物面天线效率较高，在要求相同增益的条件下，其口径比前馈式抛物面天线小，对较大型的天线来说，可降低造价。但后馈式抛物面天线结构复杂，加工、安装和调试要求高，如主副反射面交角、同心度、焦距和相位中心至副反射面的距离等。因此在实际的工程中对天线的几何尺寸要做必要的修正。

3. 偏馈式抛物面天线

偏馈式抛物面天线适于小口径场合。口径小于 2m 的卫星电视接收天线，特别是 Ku 波段大功率卫星电视接收天线多用这种天线。这类天线也

图 6-19　偏馈天线

361

有单偏置和双偏置之分。以单偏置为例，其结构如图 6-19 所示。这种天线是由抛物面的一部分截面构成。

偏馈式抛物面天线与前、后馈抛物面天线相比有以下优点：

（1）它能有效地降低口面遮挡的影响，使旁瓣电平比前、后馈两者的都低得多，使天线噪声电平明显降低。

（2）从馈源发出的电波仅一小部分返回馈源，因而反射波不会影响偏置天线，尤其是其阻抗几乎不受反射波影响，因此可获得较佳的驻波系数。

（3）当采用较大的 f/D 设计时，不会影响天线结构的刚性。架设时，反射器与地面近乎垂直，积雪的影响较小。

（4）效率较前、后馈抛物面天线高。普通前馈式的效率只有 50%，后馈式的为 50%～60%，而偏馈式天线可达 70%。偏馈式天线的缺点是存在交叉极化，即与天线极化垂直的有害极化电平较高。另外，结构不对称会使加工成本提高。

4. 卫星天线的选用

（1）天线口径的选择：当天线直径小于 4.5m 时，宜采用前馈式抛物面天线。当天线直径大于或等于 4.5m，且对其效率及信噪比均有较高要求时，宜采用后馈式抛物面天线。当天线直径小于或等于 1.5m 时，特别是 Ku 频段电视接收天线宜采用偏馈式抛物面天线。当天线直径大于或等于 5m 时，宜采用电动跟踪天线。

目前我国 C 波段卫星电视的天线口径主要是 1.5～3m，对于收看大功率的卫星，可选用 1.8m 口径天线。在要求不高时，用户可选 2m 左右天线，Ku 波段为 0.6～1.2m。大家知道，如果高频头噪声温度减小时，相应的天线口径可减小；否则，天线口径将增大，用户可根据价格进行综合考虑。实际上，天线价格占整套系统的一半左右，天线口径尺寸 D 与价格的关系是：价格正比于 $D^{2.5}$ 左右，不同口径天线差价较大，而高频头的噪声温度对价格的影响就相对小得多，所以应尽可能用低噪声温度的高频头，以便减小天线口径，使系统价格下降。另外，还要考虑天线抗风能力、调整的灵活性、锁定装置的精密牢固、馈源的密封特性等问题。

（2）选购天线时，应按"Ku 或 C 波段卫星电视接收地球站天线通用技术条件"中的要求进行选择，还应考虑到生产厂家的产品是否通过技术鉴定和具有认定的专门天线测试机构的测试记录。天线的主要特性参量有以下几种：

① 天线增益（G）和品质因素（Q）：G 表示天线集中辐射的程度，其单位通常用"dB"表示。以 0.6m 口径天线为例，信息产业部标准为：优等 35.6dB，一等 35.2dB，合格 34.8dB。3m 天线增益要大于或等于 39.5dB，系统品质因素 Q 要大于 17.8dB。

我们从天线增益理论得知，天线口径增加 1 倍，增益 G 增加 4 倍。另外，G 与 f 成正比，所以 Ku 波段接收天线 G 比 C 波段高。天线增益是天线重要参数，所以我们在接收信号时，尽量增加天线口径，最好选用 Ku 波段接收。

② 天线的方向性与旁瓣特性：天线的方向性用半功率角表示。它是天线方向图中主瓣上功率值下降一半时所对应的角度。增益高，波束就窄，半功率角就小。标准要求：天线广角旁瓣峰值 90% 应满足给定的包络线；第一副瓣电平应不大于 −14dB（优等和一等值）。不同口径无线的技术参数如表 6-17。

③ 电压驻波比（$VSWR$）：标准要求：优等 1.25∶1，合格＜1.3∶1。

④ 天线效率（η）：天线效率为有效面积/抛物面天线外径所包含的面积之比。也可定义为开口面积中捕获电波能量的有效部分。标准要求：优等 65%，一等 60%，合格 55%。

实体天线的效率 η 比网状高 50%，天线的 η 与天线精度和材质有关，精度高，材质优良，η 也高。

⑤ 天线噪声温度（T）：要求：优等 > 35dB，一等 > 30dB，合格 > 25dB。

（3）应考虑安装调试是否方便，安装时应有能正确地指导用户使用俯仰座上的刻度对星。

（4）应考虑工艺水平和造型。一般采用模具成型技术生产的天线，可保证反射面的机械加工精度，手工作坊生产的天线则难以保证精度要求。

（5）应考虑结构设计是否合理。一个好的系统结构设计，能通过机械定位装置保证天线的焦点与馈源的相位中心相重合，并保证天线的指向精度，从而满足天线系统的总精度。此外，还应考虑结构是否坚实、牢固。

（6）由于天线都安装在室外，容易受到大气腐蚀，因此还应考虑天线的防腐性能处理。

表 6-17 为不同口径天线的技术参数。

不同口径天线的技术参数　　　　　　　　　　表 6-17

天线口径（m）	频率范围（GHz）	增益（dB）	驻波比	第一旁瓣（dB）	焦距（mm）	俯仰调整	方位调整	使用环境（℃）	抗风	重量（kg）
1.8	3.7～4.2	35.5	1.2	−12	720	0°～90°	360°	−30～50	8 级工作正常，10 级保精度，12 级不破坏	80
2.4	3.7～4.2	37.8	1.2	−12	960	0°～90°	360°	−30～50		95
3	3.7～4.2	40	1.2	≤−12	1125	0°～90°	360°	−30～50		180
3.2	3.7～4.2	40.5	1.2	≤−12	1125	0°～90°	360°	−30～50		195
3.5	3.7～4.2	41.5	1.16	−12	前 1130 后 1185	0°～90°	360°	−30～50		250
4.5	3.7～4.2	43.5	1.16	−13	前 1800 后 1630	0°～90	360°	−30～50		480
6	3.7～4.2	47	1.16	−13	前 2100 后 1906	0°～90°	360°	−30～50		1500
7.6	3.7～4.2	57	≤1.25	−14	后 2000	0°～90°	电动±80°	−30～50		2200

（7）天线种类的选用：网状天线增益比实体低 0.5～1dB，玻璃钢天线增益同实体差不多。这两种天线价格都较实体便宜，特别是网状天线，几乎较实体便宜一半。选择时，应根据各种天线特点和所在地环境等因素考虑，如要经济一些，可选用网状或玻璃钢天线；沿海和风力较大的山区，可选用结构强度较好的网状天线；沿海、岛屿和多雨地区可选用玻璃钢天线。而对要求收看质量高、经济条件又较好的可选用实体天线。在大中城市、工业区集中的地方，因空气污染严重，从延长寿命考虑可选用实体板状天线。

（二）馈源喇叭（馈源扬声器）

馈源是天馈系统的心脏。馈源的作用是将被天线拓射面收集聚集的电磁波转换为适合于波导传输的某种单一模式的电磁波。由于馈源形如喇叭，又称为馈源喇叭（馈源扬声器）。馈源喇叭本身具有辐射相位中心。当其相位中心与天线反射面焦点重合，方能使接收信号的功率全部转换到天线负载上去。

　　天线常用的馈源盘形式有角锥扬声器、圆锥扬声器、开口波导和波纹扬声器等。前馈馈源常采用波纹扬声器，又称波纹盘；后馈馈源常用介质加载型扬声器，它是在普通圆锥扬声器里面加上一段聚四氟乙烯衬套构成的。

　　现给出一体化三环型馈源的结构示意图（图 6-20）及一体化单环形槽馈源结构剖面图（图 6-21）。图中波导口应加装塑料密封盖（或密封套），这样可防止脏物、昆虫等进入波导内，否则会出现图像信号弱、噪点严重、伴音小、噪声大等现象。图中圆矩形波导变换器又称过渡波导。

图 6-20　　　　　　　　　　　　　　图 6-21

（三）极化器

　　现代卫星电视为了扩大传输容量，采用两个不同方式的极化波相互隔离的特性来传送不同的节目，即频率使用。在馈源系统中，采用极化器的目的就是为了实现双极化接收。极化器采用 90°移相器作为控制馈源系统的极化方向，选择与卫星电视信号一致的极化波，抑制其他形式的极化波，以获得极化匹配，实现最佳接收。

　　常用的双极化馈源有两种类型，一种是馈源的两个法兰盘位于同一个平面上，而另一种是馈源的两个法兰盘位于相互垂直的平面上。此外还有将 C、Ku 波段双极化馈源安装在一起的组合式馈源。

　　我国自己发射的卫星，均接收水平（H）或垂直（V）线极化波。收垂直极化波时，使接收天线的矩形波导的窄边垂直于水平面；当接收水平极化波时，使接收天线的矩形波导窄边平行于水平面。但在实际收视中还应微微转动矩形波导，即调节极化角 ρ，直至接收机电平指示最大，这时就达到极化匹配的目的。

（四）高频头的选购

　　高频头一定要选用噪声温度低、本振相位噪声小、本振频率稳定度高、动态增益大（约 65dB）的高频头，尤其在接收卫星数字信号时，高频头的本振相位噪声和本振频率稳定度大小对接收信号质量是至关重要的。用于数字压缩卫星接收系统的高频头要求本振相位噪声小于 −65dBc/Hz（在 1kHz 处），本振频率稳定度小于 ±500kHz。选购时应按我国标准的技术要求选用（表 6-18）。

　　此外，使用一体化馈源高频头最好选用双线极化馈源高频头，这样卫星下行的两种极化波可以在 IRD 上通过极化电控切换来选择所需的垂直或水平极化波。

（五）室内单元（卫星接收机）的选择

　　（1）室内单元和室外单元应注意配套购买，避免发生接口电平、阻抗、连接电缆、室外单元供电、第一中频覆盖范围和本振频率高低的要求不符等问题，并需注意主要指标，例如噪声温度 T_E，高、中频和视频带宽，DG、DP 失真等。

C 频段、Ku 频段高频头主要技术参数 表 6-18

技术参数	C 频段要求	Ku 频段要求	备 注
工作频段	3.7～4.2GHz	11.7～12.2GHz	可扩展
输出频率范围	950～2150MHz		—
功率增益	≥60dB	≥50dB	—
振幅/频率特性	≤3.5dB	±3dB	带宽 500MHz
噪声温度	≤18K	≤20K	−25～25℃
镜像干扰抑制比	≥50dB	≥40dB	—
输出口回波损耗	≥10dB	≥10dB	—

（2）购买进口卫星电视接收机时，必须注意频段、制式、接口电平、中频频率、电缆阻抗和电源供电等是否符合要求；如有不符，有的就不能使用，有的须对有关部分进行改机及检验，使其符合要求后才能使用。

（3）卫星电视接收宜采用两次变频方式，以便其用一副天线和一套室外单元，同时接收卫星下发同频段内多套电视节目。

（4）必须选购具有门限扩展解调器的接收机，以降低门限电平，在 C/N 值不高的情况下，使其具有一定的门限储备余量，以获得稳定和较高的图像质量。

（5）关于选购卫星数字电视接收机 IRD，其各项技术要求必须符合国家广电行业标准《卫星数字电视接收机技术要求》GY/T 148—2000。要求门限值越小越好。

第四节 卫星天线的安装

一、站址选择

卫星地面站站址选择关系到接收卫星电视信号的质量、基建投资以及维护管理是否方便等。站址的选择要考虑诸多因素，如地理位置、视野范围、电磁干扰、地质和气象条件等，有时还要进行实地勘察和收测，最后选定最佳站址。其主要考虑有：

（1）计算接收天线的仰角和方位角

根据站址的地理经度、纬度及欲收卫星轨道的经度，可采用图表法或计算公式计算出站址处接收天线的方位角和仰角，观察接收前方（正南方向东西范围）视野是否开阔，应无任何阻挡。

（2）要避开微波线路、高压输电线路、飞机场、雷达站等干扰源。

一般用微波干扰场强测试仪来测站址处有否微波杂波干扰。当接收机灵敏度为 −60dBm 时，如干扰电平小于 −35dBm，则不会对图像信号造成干扰。

（3）卫星电视接收站以尽可能与 CATV 前端合建在一起为宜。这样既节约基建费用，亦便于操作和管理。室内单元可置于机房内。接收天线的架设地点距室内单元一般以小于

30m、衰减不超过 12dB 为宜。但当采用 6m 天线、$G \geqslant 60dB$ 的高增益高频头时，可用小于 50m 长度的电缆；如采用 3m 天线、$G = 54dB$ 左右高频头，则电缆长度应小于 20m。如因场地、干扰等某种原因，需要把天线架设在离室内单元较远之处时，它们之间的连接应改用低耗同轴电缆，或增设一个能补偿电缆损耗（放大信号）的高频宽带线性放大器。

（4）其他因素考虑：如交通方便、地质结构坚实及气象条件等。

表 6-19 给出了我国部分主要城市卫星地面接收站接收某些中外卫星时的天线仰角和方位角，供天线安装调试时使用。

二、卫星天线的安装

抛物面天线的安装，一般按照厂家提供的结构安装图安装，抛物面天线的反射板有整体结构和分瓣结构两种，大口径天线多为分瓣结构。天线座架主要有立柱座架和三角脚座架两种（立柱座架较为常见），下面介绍安装步骤：

（1）安装天线座架

把脚座架安装在准备好的基座上，校正水平后，固紧座脚螺丝，然后装上俯仰角和方位角调节部件。安装天线座架要注意方向。

（2）拼装天线反射板

天线反射板的拼装要求按生产厂家说明进行安装，反射板和反射板相拼接时，螺丝暂不紧固，待拼装完后，在调整板面平整时再固紧。在安装过程中不要碰伤反射板，同时还注意安装馈源支杆的三瓣反射板的位置。

（3）安装馈源支架和馈源固定盘

（4）固定天线面

将拼装好的天线反射面装到天线座架上，并用螺钉固紧，使天线面大致对准所接收的卫星方向。

（5）馈源、高频头的安装

把高频头的矩形波导口对准馈源的矩形波导口，两波导口之间应对齐，并在凹槽内垫上防水橡皮圈，用螺钉紧固。将连接好的馈源、高频头装入固定盘内，对准抛物面天线中心焦点位置。理论和实践证明，由于矩形波导中的主模 TE_{10} 电场矢量平行于窄边，当馈源矩形波导口的窄边平行地面时，为水平极化，矩形波导口窄边垂直地面时，为垂直极化。对于圆极化波（如历旋圆极化波），应使矩形导波口的两窄边垂直线与移相器内的螺钉或介质片所在平面相交成 $45°$ 角。

（6）高频头的安装

高频头的安装较为简单，将高频头的输入波导口与馈源或极化器输出波导口对齐，中间加密封橡胶垫圈，并用螺钉固紧。高频头的输出端与中频电缆线的播送端相接拧紧，并敷上防水粘胶或橡皮防水套，加钢制防水保护管套效果更理想。

（7）接收机的安装

接收机放置于室内。应选择通风良好，能防尘、防震，不受风吹、雨淋、日晒，并靠近监视器或电视机的位置。将中频输入线、电源输出线、音视频输出线和射频输出线按说明书的要求进行连接。

我国31个省会城市、直辖市接收11颗重要电视卫星的天线仰角和方位角　单位（度）

表6-19

主要城市	东经(度)	北纬(度)	亚洲3S号 105.5		亚洲2号 100.5		亚太1号 138		亚太1A号 134		亚太2R号 76.5		泛美2号 169		泛美4号 68.5		泛美8号 166		中星1号 87.5		中新1号 88		鑫诺1号 110.5	
卫星名称 / 轨道位置			仰角(度)	方位角(度)	仰角(度)	方位角(度)	仰角(度)	方位角(度)	仰角(度)	方位角(度)	仰角(度)	方位角(度)	仰角	方位角	仰角	方位角	仰角	方位角	仰角	方位角	仰角	方位角	仰角	方位角
北京	116.45	39.92	42.45	196.77	40.96	204.00	38.74	148.39	40.38	153.76	28.37	232.54	19.62	116.17	22.91	239.93	21.77	118.68	35.05	220.76	35.32	220.17	43.41	189.22
天津	117.2	39.13	43.09	198.16	41.49	205.42	39.82	148.95	41.45	154.43	28.38	233.73	20.53	116.40	22.79	240.99	22.72	118.91	35.28	222.10	35.56	221.52	44.17	190.54
石家庄	114.48	38.03	44.94	194.38	43.56	202.00	39.55	144.76	41.43	150.08	30.93	231.72	18.99	113.70	25.34	239.23	21.25	116.09	37.72	219.56	37.99	218.95	45.74	186.44
太原	112.53	37.87	45.50	191.35	44.34	199.14	38.68	142.19	40.70	147.35	32.34	229.83	17.57	112.13	26.83	237.58	19.86	114.45	38.91	217.25	39.18	216.62	46.07	183.30
呼和浩特	111.63	40.82	42.39	189.33	41.44	196.74	35.64	142.85	37.53	147.80	30.78	227.10	15.72	112.71	25.70	235.09	17.89	115.10	36.72	214.42	36.96	213.79	42.80	181.72
沈阳	123.38	41.8	38.39	205.82	36.39	212.33	39.47	158.62	40.52	164.28	22.62	238.02	23.46	123.11	17.09	244.88	25.43	125.91	29.61	227.34	29.91	226.81	39.96	198.93
长春	125.35	43.88	35.63	207.51	33.62	213.74	37.84	162.05	38.67	167.62	20.16	238.79	23.47	126.00	14.81	245.64	25.30	128.91	26.95	228.26	27.24	227.75	37.26	200.93
哈尔滨	126.63	45.75	33.36	208.34	31.38	214.40	36.16	164.31	36.85	169.76	18.33	239.10	23.04	128.14	13.16	245.99	24.76	131.12	24.89	228.63	25.17	228.12	34.98	201.98
上海	121.48	31.22	49.69	208.92	47.08	216.49	49.43	150.22	51.16	156.80	29.68	242.58	27.58	115.39	23.00	248.65	30.06	117.79	38.36	232.43	38.73	231.91	51.72	195.76
南京	118.78	31.04	51.05	204.59	48.72	212.64	48.23	145.93	50.22	152.18	31.98	240.44	25.40	113.23	25.35	246.81	27.91	115.50	40.48	229.67	40.84	229.11	52.73	195.76
杭州	120.19	30.26	51.24	207.48	48.69	215.37	49.71	147.48	51.63	153.99	31.23	242.18	26.93	113.79	24.47	248.29	29.46	116.09	39.98	231.85	40.36	231.32	53.17	198.71
合肥	117.27	31.86	50.77	201.54	48.69	209.72	46.64	144.35	48.70	150.34	32.73	238.52	23.79	112.60	26.25	245.17	26.29	114.85	40.94	227.29	41.29	226.71	52.19	192.67
福州	119.30	26.08	55.86	209.19	53.02	217.75	53.09	142.40	55.39	149.17	34.03	244.60	27.84	110.44	26.84	250.27	30.55	112.50	43.46	234.66	43.87	234.13	57.98	199.39
南昌	115.89	28.68	54.63	200.90	52.48	209.83	48.64	139.75	51.04	145.72	35.64	239.69	23.83	109.80	28.83	246.18	26.46	111.85	44.31	228.39	44.67	227.79	56.01	191.12
济南	117.00	36.65	45.78	198.82	44.05	206.39	42.06	147.25	43.85	152.87	30.08	235.04	21.52	115.00	24.19	242.16	23.81	117.42	37.39	223.46	37.70	222.88	46.94	190.80
郑州	113.63	34.76	48.69	194.06	47.25	202.25	42.00	141.53	44.14	146.92	33.70	233.01	19.65	111.49	27.74	240.42	22.06	113.72	40.98	220.70	41.27	220.08	49.48	185.47
武汉	114.31	30.52	53.15	196.97	51.36	205.82	46.06	139.17	48.45	144.82	35.86	236.79	21.80	109.78	29.33	243.72	24.37	111.86	44.01	224.85	44.35	224.23	54.19	187.47

续表

卫星名称 主要城市	轨道位置(度)(东经) 东经(度)	北纬(度)	亚洲3S号 105.5 仰角(度)	方位角(度)	亚洲2号 100.5 仰角(度)	方位角(度)	亚太1号 138 仰角(度)	方位角(度)	亚太1A号 134 仰角(度)	方位角(度)	亚太2R号 76.5 仰角(度)	方位角(度)	泛美2号 169 仰角	方位角	泛美4号 68.5 仰角	方位角	泛美8号 166 仰角	方位角	中星1号 87.5 仰角	方位角	中新1号 88 仰角	方位角	鑫诺1号 110.5 仰角	方位角
长沙	113.00	28.21	56.05	195.56	54.29	205.12	47.10	135.39	49.75	140.92	38.29	237.42	21.44	107.68	31.54	244.31	24.10	109.60	46.75	225.25	47.10	224.60	56.96	185.27
广州	113.23	23.16	61.52	199.04	59.32	209.87	51.16	130.44	54.21	136.04	40.91	242.20	23.16	104.98	33.55	248.34	25.99	106.63	50.39	230.78	50.79	230.14	62.71	186.91
海口	110.35	20.02	65.88	193.92	63.97	206.89	50.86	123.16	54	128.01	45.17	242.96	21.16	101.78	37.54	249.08	24.09	103.16	55.01	230.90	55.42	230.21	66.53	179.56
南宁	108.33	22.84	63.07	187.25	61.83	119.50	47.32	124.26	50.67	128.92	45.45	237.98	18.60	102.30	38.23	245.04	21.44	103.80	54.43	224.42	54.79	223.66	63.15	174.42
成都	104.04	30.07	54.91	177.08	54.74	187.03	39.14	126.64	42.14	130.99	43.86	226.14	13.02	103.17	37.92	234.95	15.64	104.94	50.55	210.65	50.79	209.84	54.24	167.26
贵阳	106.71	26.57	58.93	182.70	58.20	193.67	43.56	126.35	46.69	130.92	44.42	232.46	16.23	103.22	37.79	240.39	18.96	104.87	52.33	217.91	52.64	217.13	58.67	171.57
昆明	102.73	25.04	60.56	173.47	60.61	185.25	41.18	120.89	44.57	124.87	48.63	229.33	12.91	100.53	42.07	238.11	15.68	102.03	56.12	212.75	56.39	211.84	59.45	162.13
拉萨	91.11	29.71	51.93	152.63	53.86	161.54	28.80	114.88	32.17	118.08	51.83	207.74	1.81	96.07	47.43	220.04	4.42	97.62	55.14	187.25	55.19	186.25	49.37	144.61
西安	108.95	34.27	50.00	186.11	49.19	194.77	39.57	135.39	42.03	140.30	37.31	228.47	16.02	107.97	31.57	236.55	18.47	110.05	44.04	214.90	44.30	214.21	50.14	177.24
兰州	103.73	36.03	48.15	176.99	48.05	185.48	34.81	130.80	37.41	135.22	39.26	221.18	11.25	105.15	34.16	230.20	13.66	107.18	44.78	206.33	44.96	205.58	47.57	168.58
西宁	101.74	36.56	47.40	173.70	47.57	182.08	33.09	129.07	35.74	133.34	39.95	218.35	9.52	104.01	35.11	227.73	11.91	106.02	44.99	203.07	45.17	202.31	46.59	165.49
银川	106.27	38.47	45.44	181.23	45.04	189.22	34.61	135.17	36.93	139.80	35.77	222.59	12.54	107.78	30.78	231.23	14.85	109.95	41.33	208.64	41.53	207.95	45.22	173.21
乌鲁木齐	87.68	43.77	36.45	155.07	37.91	161.79	19.26	119.85	21.85	123.44	38.30	195.94	-2.42	96.02	35.98	206.69	-0.27	98.13	39.54	180.26	39.54	179.53	34.58	148.68
重庆	106.50	29.58	55.56	182.04	54.89	192.10	41.36	128.64	44.04	133.27	42.45	229.68	15.72	104.30	36.28	237.90	17.90	106.12	50.58	209.90	50.40	213.96	55.07	171.86

下面以国产 3m 天线为例介绍安装过程：

在选定的接收地点按图 6-22 所示预制天线基座。基座下面的底层应是压强大于 $1kg/cm^2$ 的坚实土质组成。基座中采用 $\phi12mm$ 的螺纹钢筋，钢筋间相互扎紧固定。浇注混凝土前，将地脚螺栓按图 6-22 所示尺寸正确安放。在浇注过程中必须振动捣实，保养期 15 天，以达到 $210kg/cm^2$ 的压强。

天线安装时先清除基座上的水泥灰渣，并将地脚螺栓涂上黄油，参照图 6-23 和表 6-20，然后按如下步骤进行安装：

图 6-22　卫星天线基座结构图

3m 天线安装零部件明细表　　　　　　　　　　　　　　　　表 6-20

序　　号	零部件名称	规　　格	3m(件)	备　　注
1	立柱		1	
2	固定夹		1	厂方装配
3	固定螺栓	M20×60 M12×60	1 3	厂方装配 厂方装配
4	方位微调装置		1	厂方装配
5	俯仰调节装置		1	厂方装配
6	中心筒		1	厂方装配，按用户需要
7	辐射梁		12	无编号、任意安装
8	反射面（主面）		12	无编号、任意安装
9	馈源杆		1	
10	调节螺帽	M24	2	厂方装配
11	馈源座		1	

续表

序　号	零部件名称	规　格	3m(件)	备　注
12	馈源		1	
13	高频头		1	
14	地角螺栓	M20×410	4	厂方供
	螺母	M20	4	厂方供
15	撑杆		12	
16	夹紧螺栓		1	厂方装配
17	螺栓	M8×20	63	标准件袋装
18	螺栓	M8×20	60	标准件袋装
	平垫	Φ8	153	标准件袋装
	螺母	M8	28	标准件袋装
19	螺栓	M12×30	6	厂方装配
20	固定夹螺栓	M12×35	1	厂方装配
21	调节手轮		1	厂方装配
22	方位调节座螺帽	M12	2	厂方装配
	3米焦距　C波段	1065～1068mm		

图 6-23　3m卫星天线结构图

（1）安装立柱。用 4 个 M20 螺母（14）将立柱（1）固定在地脚螺栓上，注意保持中心和地面垂直。

（2）安装辐射梁。将 12 片辐射梁（7）用 M8×20 螺钉与中心筒（6）顺序连成整体，辐射梁无编号，可任意互换。

（3）反射面安装。将反射面（8）用 M8×20 螺钉依次（无编号）与辐射梁连接好，保证反射面边接平滑、圆整。

（4）馈源组安装。先将馈源（12）与高频头（13）连成整体；高频头不得错位，再将馈源组用哈夫夹固定在弓形架（10）上，然后再把弓形架安装到馈源杆（9）上。

（5）总装。将馈源支架用 M8×20 螺钉安装到反射面中间的中心筒上，按极化方式的要求调整好馈源的角度；将同轴电缆一端接在高频头上，另一端从馈源杆上端孔穿入，而从天线背后引出至前端；调整方位、俯仰两个角度的松紧，并固定在所需的工作位置上。

图 6-24 是一种 3.5m 网状卫星接收天线的装配图。

图 6-24 3.5m 网状卫星电视接收天线装配图

图 6-25 是偏馈天线的几种安装方式。其中图（a）是用三脚架的墙上安装法；图（b）是用支撑底座的墙上安装方式；图（c）则是立杆型安装方式。

三、卫星天线安装位置的选择

（1）卫星电视接收系统包括：抛物面天线、馈源、高频头、同轴电缆、卫星接收等，

图 6-25 偏馈天线安装方式

(a) ANT-1 墙上安装Ⅰ型；(b) ANT-2 墙上安装Ⅱ型；(c) 立杆型

最后与有线电视系统连接。

（2）当周围设有微波站、雷达站等微波干扰源时，特别应注意防止同频干扰。一般保证最大干扰信号比最小接收信号小 30dB 以上。

（3）卫星天线距 UHF、VHF、FM 天线不应小于 10m，以避免上述天线反射波干扰。

（4）应尽可能远离高压线、多雷区及飞机主航道等危险地段。

（5）卫星天线应具有足够的机械强度，且土建安装基座应满足卫星天线的风载要求。

（6）应考虑环境污染因素，（如风沙、尘埃及腐蚀性气体等）。

四、避雷针的安装

（1）避雷针的高度应满足天线在避雷针的 45°保护角之内，如图 6-26 所示。避雷针可装在天线竖杆上，也可安装独立的避雷针。独立避雷针与天线之间的最小水平间距应大于 3m。

（2）避雷针一般采用圆钢或紫铜制成，避雷针长度应按设计要求确定，并不应小于 2.5m，直径不应小于 20mm。接闪器与竖杆的连接宜采用焊接。焊接的搭接长度宜为圆

图 6-26 单根避雷针的保护区域

钢直径的 10 倍。当采用法兰连接时，应另加横截面不小于 $48mm^2$ 的镀锌圆钢电焊跨接。

（3）独立避雷针和接收天线的竖杆均应有可靠的接地。当建筑物已有防雷接地系统时，避雷针和天线竖杆的接地应与建筑物的防雷接地系统的地连接。当建筑物无专门的防雷接地可利用时，应设置专门的接地装置，从接闪器至接地端的引下线最好采用两根，从不同方位以最短的距离沿建筑物引下；其接地电阻不应大于 4Ω。

（4）避雷针引下线一般采用圆钢或扁钢，圆钢直径为 10mm，扁钢为 25×4（mm^2）；暗敷时，截面应加大一倍，可参见图 6-27 所示。

图 6-27 平面屋顶防雷装置做法图

（5）避雷带支撑件间的距离在水平直线部分一般为 1～1.5m，垂直部分为 1.5～2m，转弯部分为 0.5m。

第五节　前　　端

一、前端系统的组成与类型

前端是 CATV 系统的核心，它的主要作用是将天线接收的信号和各种自办节目信号（如摄像、录像、VCD、DVD 等）进行处理（包括频率变换、解调、调制、放大和混合等），并混合成一路宽带复合信号输往后续的传输系统。前端系统设备质量与调试效果的好坏，将直接影响整个 CATV 系统图像和伴音的传输质量和收视效果。CATV 前端设备从信号传输方式来说，基本上可划分为两大类，即全频道传输系统（包括隔频传输系统）的前端和邻频道传输系统的前端，见图 6-28。目前，新建的系统一般以采用邻频前端为宜。

对邻频前端的主要技术要求是：

（1）邻频抑制：为防止上、下邻频载波干扰及视频中频干扰，要求带外抑制达到 45dB 以上。

（2）寄生输出抑制：为防止频道寄生产物的干扰，寄生输出抑制应达到 60dB 以上。

（3）载频稳定性：邻频系统各频道的载频总偏差应不大于 20kHz，本频道图像伴音载波间距的误差不大于 10kHz，以防止因频率漂移产生图像和伴音失真。

（4）相邻频道间电平差：不大于 1dB，以防止高电平频道对低电平频道的干扰。

（5）各频道电平差：要求相距 9 个频道间的载波电平差不大于 2dB。

（6）A/V 功率比：为防止本频道的伴音信号对相邻频道的图像信号产生干扰，要求 A/V 比应达到 -17dB，而且在 -10～-20dB 间可调。

（7）通带特性：要求 -0.75～$+6$MHz 内的幅度变化不大于 ±1dB，以免造成图像清晰度的下降、镶边和轮廓不清等现象。

二、前端系统举例

【例 1】　PBI-2000 通用型邻频前端系统

下面介绍美国 PBI 集团公司生产的前端设备。美国 PBI 国际企业集团是著名的 CATV 产品生产企业。该企业先后推出 PBI-1000、PBI-2000、PBI-2500、PBI-3000 和 PBI-4000 等前端设备，可满足不同档次的需要。各系列 PBI 产品的特点如下：

1. PBI-2000 系列

（1）产品技术性能较好、性能价格比高、经济实用；

（2）采用锁相环（PLL）技术，性能稳定可靠；

（3）使用先进杂波抑制技术，能大幅度降低杂波影响；

（4）输出动态范围大，即使在输入信号较弱或较大起伏时，均能保证输出信号有满意的信噪比；

（5）采用标准 19 英寸机柜，安装容易，维护方便。

图 6-28　邻频前端系统的典型模式

注：1. 本图为邻频前端适应于 550MHz 或 750MHz 系统。

2. 有的厂家产品将上、下变频器两个部件合为一体，称为信号处理器或频道处理器。

3. 有的厂家产品将中频调制器，上变频器两个部分合为一体称为调制器。

2. PBI-2500 系列

（1）中频调制，适用于 750MHz 的邻频传输系统，可传输更多频道电视节目，是 PBI-2000 的升级产品；

（2）采用 PLL 锁相技术，使图像和伴音载波频率具有高度稳定性；

（3）采用高性能声表面波（SAW）滤波器，带外抑制能力强；

（4）视频具有 AGC 功能，确保输出电平的稳定；

（5）采用标准 19 英寸机柜，安装、维护方便，美观大方。

3. PBI-3000 系列

（1）是广播级 750MHz 中频处理的邻频前端系统，适用于十万户左右大中型新建系统或老系统的改造；

（2）采用双重频率合成方式 PLL 锁定技术，性能稳定可靠；

（3）采用中频调制处理方案，提高调制性能；

（4）内含高性能声表面波（SAW）滤波器，带外抑制强；

（5）采用优质单频道放大器，射频输出电平高达 120dBμV；

（6）具有优异的高频及视频线性度；

（7）采用标准 19 英寸机柜，安装、维护方便，美观大方。

4．PBI-4000M 捷变式邻频调制器

PBI-4000M 是可编程高性能电视调制器，适用于 870MHz 邻频有线电视系统。

下面先介绍适于中小型 CATV 系统的 PBI-2000 系列的应用。图 6-29 是其典型应用示例，它是用于接收北京地区 16 路邻频传输的 PBI-2000 通用型邻频前端系统。它可接收亚太 1A 和亚卫 2 号两颗卫星，计 8 个电视节目；还接收两路来自北京有线电视台发出的 MMDS 微波电视信号以及一路北京电视 2 台开路发射（通过八木天线接收）的电视信号。此外还有一路自办节目，共计 14 路电视节目信号。

图 6-29　中小型 CATV 系统的 PBI-2000 系列典型实例

Turbo-2200 是 C 波段工程专用双极性双输出馈源一体化高频头。由于双极化输出是由密封在高频头体内的两块电路独立完成，因此信号基本没有损耗，从而保证同时接收完美的双极化卫星电视信号。Turbo-4400 是 C/Ku 双波段双极性四输出的高频头。汇集 C、Ku 波段及水平、垂直极化的接收功能于一体，具有四个独立输出端口，并配有精巧的一体化馈源；C、Ku 高频头采用分体式设计，可独立调整极化方向，以保证最佳接收效果；具有超低的噪声温度和相位噪声，完全满足数字压缩节目的接收。其主要技术性能如下：输入频率为 3.4～4.2GHz（C 波段）、12.2～12.7GHz（Ku 波段）；对应本振频率为 5.15GHz、11.25GHz；增益为 65dB；镜频抑制度为 45dB（最小值）；输出端电压驻波比为 2.5∶1（最大值）；交叉极化隔离度为 30dB；电源为 DC12～24V。

【例 2】 某宾馆大楼要求接收无线电视信号 8、14、20、26、33 频道的五套节目；并接收亚洲一号（ASIASAT-1）的卫视体育台、中文台、音乐台、综合台（英语）、新闻台、云贵台的六套节目；接收亚太一号（APSTAR-1）的 CNN（英国有线广播网）和华娱台的二套节目；此外自办录像节目一套，共计 14 套节目。所设计的系统前端方框图如图 6-30 所示。

由于节目较多，质量要求高，并考虑到将来的发展，本系统采用 550MHz 邻频传输方式，传输频道可达 30 个以上，为今后增加频道留有余地。

图 6-30　［例 2］的前端系统方框图

图 6-31 是另一前端系统的示例。图 6-32 是该前端系统的机柜安装图。

图 6-31　CATV 系统示例 3

图 6-32　CATV 系统前端机械安装示意图

图 6-33 是某酒店卫星电视系统图。

图 6-33　卫星电视系统图

图 6-34 所示是又一高级宾馆的 CATV 系统实例。

三、前端设备的布线与安装

1. 前端设备的布置

前端设备的布置应根据实际情况合理布局，要求既整洁、美观、实用，又便于管理和维护。前端设备根据使用情况可分开放置，经常使用（操作）的设备如录像机、字幕添加器等应放置在专门的操作台上，与之相对应的设备就近放在操作台内或背面。而其他设备如卫星电视接收机、调制器、放大器等应放在立柜内，较小的部件如功分器、电源插座等可放置在立柜后面或侧面并用螺钉固定好。卫星电视接收机与调制器可以统一放置也可以分开放置在立柜内。前端设备的装置立柜如图 6-35 所示，其规格按设备规模而定；如设备过多，可以用多个立柜。注意柜内堆放设备的上、下层之间应有一定距离，以利设备的放置和散热。

2. 前端设备的布线

前端设备布置完毕，就可以连接相关线路。把卫星接收天线高频头的输出电缆接入功分器（或接收机），用适当长度的电缆线连接功分器与接收机；把接收机和录像机等设备的视频、音频输出接入相应的调制器输入端，然后用电缆把调制器的射频输出和电视接收天线输出接入混合器相对应的输入频道上；最后用电缆连接混合器的输出端与主放大器的输入端。

由于前端设备在低电压、大电流和高频率的状况下工作，因此布线工作十分重要，如布线不当，会产生不必要的干扰和信号衰减，影响信号的传输质量，同时又不便于对线路的识别。在布线时，要注意以下几个方面：

（1）电源、射频、视频、音频线绝不能相互缠绕在一起，应分开敷设；

图 6-34　某高级宾馆 CATV 系统图

①	紫铜排25mm×2mm	⑤	控制桌
②	紫铜排25mm×3mm	⑥	立柜
③	接地铜线 φ3	⑦	避雷器箱
④	接地铜线 φ6		

图 6-35　机房接地图

（2）射频电缆线的长度越短越好，走线不宜迂回，射频输入、输出电缆尽量减少交叉；

（3）视频、音频线不宜过长，不能与电源线平行敷设；

（4）各设备之间接地线要良好接地，射频电缆的屏蔽层要与设备的机壳接触良好；

（5）电缆与电源线穿入室内处要留防水弯头，以防雨水流入室内；

（6）电源线与传输电缆要有避雷装置。

3. 前端机房和自办节目站

（1）确定前端机房和自办节目站的面积宜符合以下要求：

有自办节目功能的前端，应设置单独的前端机房。其使用面积为 $12\sim30m^2$；播出节目在 10 套以下时，前端机房的使用面积宜为 $20m^2$；播出节目每增加 5 套，机房面积宜增加 $10m^2$。另外，如有用于自制节目的演播室，其使用面积约为 $30\sim100m^2$。

（2）演播室的工艺设计宜符合下列要求：

① 演播室天幕高度：3.0～4.5m；

② 室内噪声：NR25；

③ 混响时间：0.35～0.8s；

④ 室内温度：夏季不高于28℃，冬季不低于18℃；

⑤ 演播室演区照度不低于500lx，色温 3200K。

（3）前端机房系统设计时要根据系统规模的大小，使用电视频道的多少等情况，确定使用标准箱或标准立柜的数量。

381

（4）标准前端箱或立柜应采用屏蔽性能良好的金属材料。箱或柜的结构要坚固，防尘、散热效果良好。

（5）部件和设备在前端箱或立柜中应满足流程布局合理、高低电平分开、操作方便、便于维修、安装牢固、标识明确等要求，并应保留不少于两个电视频道部件的空余位置。

（6）街道以上前端机房系统应设置图像质量监视装置，采用三台以上监视器时，各监视器间应采用屏蔽措施，防止互相串扰。

（7）街道以上系统在前端机房内应设置电源、电压、分路电流监视装置，还应能分别监视机房内各集中供电路的电压和电流的工作情况。

（8）街道以上前端机房系统在前端应设置前端输出电平监视装置。

（9）街道以上前端机房应有温湿度监视装置。

（10）街道以上系统的前端应有电源稳压设备。

（11）前端机房的安全防火应按二级以上的标准设计。

4. 前端机房设备与控制台的安装要求

（1）前端设备的安装不宜靠近具有强电磁场干扰和具有高电位危险的设备，如电梯机房控制屏（盘）旁、交流配电盘和低压配电屏旁等处。

（2）前端箱应避免安装在高温、潮湿或易受损伤的场所（如厨房、浴室、锅炉房等）。

（3）按机房平面布置图进行设备机架与控制台定位。机架背面、侧面与墙净距不小于0.8m。控制台正面与墙的净距离不应小于1.2m，侧面与墙或其他设备的净距在主要通道上不应小于1.5m，在次要通道不应小于0.8m。

（4）机架与控制台到位后，均应进行垂直度调整，并从一端按顺序进行；几个机架并排在一起时，两机架间的缝隙不得大于3mm。机架面板应在同一直线上，并与基准平行，前后偏差不大于3mm。相互有一定间隔而排成一列的设备，其面板前后偏差不应大于5mm。

（5）机架与控制台安装竖直平稳，前端机房所有设备应摆放在购置或自制的标准机架上。

（6）机架内机盘、部件和控制台的设备安装应牢固，固定用的螺丝、垫片、弹簧垫片均应按要求安装，不得遗漏。

5. 机房内电缆的布放要求

（1）当采用地槽时，电缆由机架底部引入，顺着地槽方向理直，按电缆的排列顺序放入槽内，顺直无扭绞，不得绑扎。电缆进出槽口时，拐弯处应成捆绑扎，并应符合最小弯曲半径要求。

（2）当采用架槽时，电缆在槽架内布放可不绑扎，并宜留有出线口。电缆应由机架上方的出线口引入。引入机架的电缆应成捆绑扎，绑扎应整齐美观。

（3）当采用电缆走道时，电缆也应由机架上方引入。走道上布放的电缆应在每个梯铁上进行绑扎。上下走道间的电缆或电缆离开走道进入机架内时，应在距离弯点1cm处开始，每隔20cm空绑一次。

（4）当采用防静电地板时，电缆应顺直无扭绞，不得使电缆盘结；在引入机架处应成捆绑扎。

（5）各种电缆用管道要分开敷设，绑扎时要分类，视、音频电缆严禁与电源线及射频线等同管埋设或一起绑扎。

（6）电缆的敷设在两端应留有余量，并标示明显的永久性标记。

（7）各种电缆插头的装设应遵照生产厂家的要求实施，并应做到接触良好、牢固、美观。

6. 机房内接地母线的路由、规格应满足的要求

（1）接地母线表面应完整，并应无明显锤痕以及残余焊剂渣；铜带母线应光滑无毛刺，绝缘线的绝缘层不得有老化龟裂现象。

（2）接地母线应铺放在地槽和电缆走道中央或固定在架槽的外侧，母线应平整，不歪斜，不弯曲。母线与机架或机顶的连接应牢固端正。

（3）铜带母线在电缆走道上应采用螺丝固定，铜绞线的母线在电缆走道上应绑扎在梯铁上。

（4）机房地线接地母线电阻≤1Ω，机房地线装置单独设置，其接阻≤4Ω。

（5）电缆从房屋引入引出，在入口处要加装防水罩；电缆向上引时，应在入口处做成滴水弯，其弯度不得小于电缆的最小弯曲半径。电缆沿墙上下时，应设支撑物，将电缆固定（绑扎）在支撑物上，支撑物的间距可根据电缆的数量确定，但不得大于1m。

（6）在有光端机（发送机、接收机）的机房中，光缆经由走线架、拐弯点（前、后）应予绑扎，上下走道或爬墙的绑扎部件应垫胶管，端机上的光缆留10～20m余量，余缆应盘成圈放在机房外终端点。

（7）前端机房的总接地装置不应与工频交流地互通，也不应与房屋建筑避雷装置互通，应单独设置接地装置，接地电阻不大于4Ω。

（8）由于条件限制，前端机房的总接地线只能利用房屋建筑避雷接地或工频交流供电系统的接地时，只能在地面或地下总接地排处连接在一起，此时，总接地排的接地电阻不应大于1Ω。

（9）避雷器箱汇接到机房总接地装置时，连接线应用铜质线，直径不小于6mm；在室内的其余设备接地连接线也应用大于3mm的铜质线，且保证无损伤。

（10）总接地排在室内应用不小于25mm×3mm或50m×1mm的铜排；在室外时，可用扁铁、圆钢等材料，室内外接地线连接时一定要可靠。机架接地要求有25mm×2mm的紫铜汇流排，各设备单元接地可用直径3mm软铜线（也可用铜编织线）接到汇流排上。机架与总接地排用直径大于等于6mm以上的铜质线连接（图6-30）。

（11）前端机房的电源插座都应固定，且应安装在不易危及人身安全、不易损坏的地方，电源线的绝缘层不得有老化龟裂的现象。

（12）配电进线各相线及零线均接电源避雷器，接地接至设备地。

（13）机房内应配有消防器材和满足相应的保安要求。

第六节　传输分配系统和传输线

一、传输线缆

作为CATV的传输媒介主要包括：电缆、光缆和微波以及它们的混合型。电缆是

CATV 最早采用的传输媒介，目前大多数中、小型 CATV（如大楼）系统还是完全电缆传输。电缆网一般是树形结构，而大中型 CATV 系统通常采用光缆和电缆混合传输（HFC）。其中光缆网一般是星形结构，用于干线传输；电缆网是树形结构，用于分配网络。下面着重介绍同轴电缆。

同轴电缆性能的好坏，不仅直接影响到信号的传输质量，还影响到系统规模的大小、寿命的长短和合理的造价等。

同轴电缆由同轴结构的内外导体构成，内导体（芯线）用金属制成并外包绝缘物，绝缘物外面是用金属丝编织网或用金属箔制成的外导体（皮），最外面用塑料护套或其他特种护套保护。

CATV 用的同轴电缆，各国都规定为 75Ω，所以使用时必须与电路阻抗相匹配，否则会引起电波的反射。

同轴电缆的衰减特性是一个重要性能参数。它与电缆的结构、尺寸、材料和使用频率等均有关系。

（1）电缆的内外导体的半径越大，其衰减（损耗）则越小。所以，大系统长距离传输多采用内导体粗的电缆。

（2）同一型号的电缆中绝缘物外径越粗，其损耗越小。即使绝缘外径相同，但型号不同，则因绝缘物的材料和形状以及结构不同，其损耗也不同。

（3）同一同轴电缆的损耗与工作频率的平方根成正比，即

$$\frac{A_2}{A_1} = \sqrt{\frac{f_2}{f_1}} \qquad (6\text{-}3)$$

式中：A_1——为频率 f_1 下的衰减（dB）；

　　　A_2——为频率 f_2 下的衰减（dB）。

例如，某一同轴电缆在频率为 200MHz 时损耗为 10dB，则在 800MHz 频率时的损耗增加到 20dB。这是结算值，实际上考虑到高频介质损耗等，要比此值大一些。

（4）由于同轴电缆的内外导体是金属，中间是塑料或空气介质，所以电缆的衰减与温度有关。随着温度增高，其衰减值也增大。经验估计，电缆的衰减是随温度增加而增加的比例约为 0.15%（dB/℃）。

在选用同轴电缆时，要选用频率特性好、电缆衰减小、传输稳定、防水性能好的电缆。目前，国内生产的 CATV 用同轴电缆的类型可分为实芯和藕芯电缆两种。芯线一般用铜线。外导体有两种：一种是铝管，另一种为铜网加铝箔。绝缘外套又分单护套和双护套两种。

在 CATV 工程中，以往常用 SYKV 型同轴电缆，近来由于宽带发展要求，常用 SY-WV 型同轴电缆。干线一般采用 SYWV-75-12 型（或光缆），支干线和分支线多用 SY-WV-75-12 或 SYWV-75-9 型，用户配线多用 SYWV-75-5 型。

表 6-21 列出了国内外部分同轴电缆主要技术指标，供读者参考。75-5、75-7 主要用于分配网；75-9、75-12 主要用于支线及分配线；干线传输应使用 75-12 以上的电缆（或光缆）。

屏蔽特性也是一个重要性能。屏蔽特性以屏蔽衰减（dB）表示，dB 数越大表明电缆的屏蔽性能越好。电缆的屏蔽特性好，不但可防止周围环境中的电磁干扰影响本系统，也

国内外部分同轴电缆主要技术指标

表 6-21

电缆型号		内导体直径 mm	绝缘直径 mm	外导体结构	护套材料	护套最大外径 mm	特性阻抗 Ω	最大衰减系数 20℃dB/100m				最小回波损耗 dB	
								50 MHz	200 MHz	550 MHz	800 MHz	VHF	UFH
75-5	SYWV-75-5	1.00	4.8	铝塑带+编织	PVC	7.5	75±3	4.8	9.7	16.8	20.3	20	18
	RG6 系列	1.02	4.57	铝塑带+编织	PVC	6.91	75±3	4.7	9.0	15.4	18.8	20	20
	5C-HFL	1.20	5.0	铝塑带+编织	PVC	8.0	75±3	—	9.0	—	—	20.8	20.8
	FK-5-P	1.00	4.8	铝塑带+编织	PVC	7.2	75±3	4.6	8.9	15.8	19.0	20	20
75-7	SYWV-75-7	1.66	7.25	铝塑带+编织	PVC	10.3	75±2.5	3.2	6.4	10.7	13.3	20	18
	RG11 系列	1.63	7.11	铝塑带+编织	PVC	13.16	75±3	3.0	5.6	10.0	12.3	20	20
	7C-HFL	1.80	7.0	铝塑带+编织	PVC	10.5	75±3	—	6.2	—	—	20.8	20.8
	KF-7-P	1.60	7.0	铝塑带+编织	PVC	10.3	75±2.5	3.0	5.8	10.3	12.8	20	20
75-9	SYWV(Y)-75-9	2.15	9.0	铝塑带+编织或铝管	PVC	12.2	75±2.5	2.4	5.0	8.5	10.4	20	18
	ACW9PTC.412	2.26	9.3	铝管	中密度聚乙烯	12.5	75±2	2.13	4.36	7.44	9.14	24	22
	FK-9-P	2.05	8.8	铝塑带+编织	PVC	12.0	75±2	2.3	4.5	8.0	9.9	20	20
	FK-9-L	2.05	8.8	铝管	高密度聚乙烯	12.0	75±2	2.3	4.5	8.0	9.9	24	22
	BK-9-L	2.18	8.8	铝管	高密度聚乙烯	12.0	75±2	2.1	4.2	7.4	9.2	26	24
75-12	SYWV(Y)-75-12	2.77	11.5	铝管	PVC 或低密度聚乙烯	16.7	75±2	1.9	3.9	6.7	8.2	20	18
	ACE7PTC.500	2.78	11.5	铝管	中密度聚乙烯	14.7	75±2	1.69	3.48	5.99	7.35	24	22
	BK-12-L	2.85	11.7	铝管	高密度聚乙烯	14.7	75±2	1.65	3.41	5.94	7.20	26	24
75-13	QR540	3.15 铜包铝	13.03	铝管	高密度聚乙烯	15.49	75±2	1.44	3.04	5.18	6.30	26	26
	MC²500	3.10 铜包铝	11.9	铝管	高密度聚乙烯	14.90	75±2	1.48	3.04	5.09	6.28	26	26
	TX10565J	3.28 铜包铝	13.2	铝管	高密度聚乙烯	15.90	75±2	1.48	3.0	5.12	6.30	26	26
75-14	BK-14-L	3.28 铜	13.3	铝管	高密度聚乙烯	16.5	75±1.5	1.42	2.85	5.10	6.25	26	26

可防止电缆的传输信号泄漏而干扰其他设备。一般来说，金属管状的外导体具有最好的屏蔽特性，采用双层铝塑带和金属网也能获得较好的屏蔽效果。现在为了发展有线电视宽带综合业务网，生产了具有四层屏蔽的接入网同轴电缆，其屏蔽特性很好。

二、传输分配系统的设计

（一）用户分配系统的方式

基本方式有四种，如图 6-36 所示。

图 6-36

（二）用户分配系统的设计

1. 分配系统的设计内容

① 满足系统指标分配给分配系统的各种指标要求；

② 通过各种分支器、分配器的不同选取和组合，最终能使系统输出端口（用户端口）的电平值设计在 $70dB\mu V\pm5dB\mu V$ 以内（非邻频系统）或 $65dB\mu V\pm4dB\mu V$ 以内（邻频系统）；

③ 根据用户分布情况确定电平分配结构；

④ 设计延长放大器、用户分配放大器和分配网络电平值，对系统的各项指标进行验算；

⑤ 合理选择各段的电缆型号和其他器材；

⑥ 要考虑网络的未来发展，适合于未来的功能扩展，如双向网及信息高速公路等。

2. 合理选择分配系统所用器材

① 用户分配放大器。选择用户分配放大器应注意其频率范围、最大增益、最大输出电平、噪声系数等指标。除此之外，还应注意用户分配放大器的功能是否满足系统要求，

如 AGC 功能、ALG 功能、温度补偿功能等。考虑未来系统功能的扩展，用户分配放大器最好应留有反向放大模块的位置，以便于今后升级为双向传输网络。对放大器相关功能的选择要根据当地的具体条件结合干线放大器功能来确定，一般在整个系统中，放大器的功能选择不应完全一致，最好间隔使用不同功能的放大器，以弥补相互间的不足。由于用户分配放大器处于有源传输网络的末端，应选择最大传输电平尽可能大的放大器，以带动更多的用户。

② 电缆。对分配系统射频电缆的选择应根据系统传输信号的频率范围来考虑，如种类太多，将造成更多的浪费，同时也给施工带来不便。一般支干线（用户分配放大器到各分支器、分配器之间的电缆）选用-9、-7 电缆；而由分支器、分配器输出口到用户终端盒选用-5 电缆。常见的组合形式是：干线-12、支干线-9、进户-5；或干线-12、支干线-7、进户-5。对电缆的损耗指标要根据系统相应的频率范围来查表或查看电缆产品说明书。

③ 分支器、分配器。对分支器、分配器的选择应考虑室内用还是室外用、过流型还是非过流型，以及频率范围、分配损耗、插入损耗、分支损耗等。对分配器的分配损耗一般可按下述参数考虑：

分配数	分配损耗
二分配	4dB
三分配	6dB
四分配	8dB
六分配	10dB

对分支器的插入损耗和分支损耗可以查表或查产品说明书。

对大楼（例如高层建筑）从上至下进行分配时，一般上层的分支衰减量应取大一些，下层的分支衰减量应小一些，这样才能保证上、下层用户端的电平基本相同。同时，分支器的主输出口空余时，也必须接 75Ω 的负载。

④ 用户盒。用户盒是有线电视系统最末端的部件，通常都安装在用户家里。其有明装盒和暗装盒、单孔（TV）和双孔（TV、FM）之分。由于现代有线电视系统中很少有传输 FM 信号的，所以大多选用单孔用户盒，很少选用双孔用户盒。

3. 分配系统各点电平的计算

分配系统各点电平的计算方法主要有正推法和倒推法两种。

① 正推法。以用户分配放大器输出电平为基础，从前往后逐步减去电缆损耗、分支分配器损耗，最后求出用户端口电平值，一直到电平不能再满足输出端口电平的要求为止。

② 倒推法。以分配网络最后一个用户端口电平为基础，非邻频传输系统用户端口电平为 70dB±5dB 以内，邻频传输系统为 65dB±4dB 以内，从后往前加上电缆损耗、分支分配器损耗，最后计算出放大器的输出电平，一直到用户分配放大器所能提供的最大输出电平为止。

用正推法计算分配网络各点电平比较符合人们的习惯。一般来说用户分配放大器的输出电平都是已知的，为了尽可能带动更多的用户，放大器输出电平一般都比较高，通常在 100～115dB 之间。这样由前向后推算比较直观，直到计算结果不能满足用户端口电平为止，不需反复计算调整放大器输出电平及各分支器、分配器的各种损耗。而倒推法首先是不符合人们的习惯，其次是倒推法计算的结果往往需要反复调整分支损耗且不易使各端口电平保持一致。所以，一般在工程设计时都采用正推法计算分配系统各点电平。

如果计算结果不能满足用户端口电平的规定值，就要调整前端设备的输出电平和改变分支损耗值，以适应用户端口电平的需要。必要时可增加用户分配放大器或衰减器，或调整用户分配放大器的斜率。改变分配方式时，要注意使各用户端口电平差尽可能小，一般应在10dB以内。用户分配放大器的输出电平也不能太高，一般最大输出电平为120dB左右，而实际调整用户分配放大器时应控制在115dB以内。同时还要注意到在电缆较长的分配网络中，电缆对高频道信号的衰减大，对低频道信号的衰减小，所以在计算电平分配时通常只在高频段和低频段各列举一个频道进行计算。

图6-37所示为采用分配—分支方式的小型无源分配系统。系统为邻频系统，频率范围为55～550MHz，支线采用SYWV-75-9电缆，其在信号频率高、低端的衰减量分别为7.73dB/100m和2.25dB/100m。从分支器到用户端口采田SYWV-75-5电缆，其在信号频率高、低端的衰减量分别为14.72dB/100m和4.40dB/100m。四分配器的分配损耗为8dB，四分支器的分支损耗和插入损耗如表6-22所示。系统结构如图6-37所示。其计算过程如下。

四分支器损耗（dB） 表6-22

序号	1	2	3	4	5	6
插入损耗	4.2	3.6	2.2	1.2	1.0	1.0
分支损耗	8	12	16	20	24	28

用户分配放大器输出电平为110dB，斜率为10dB，四分配器输出端电平为102dB（92dB）。

第一支路：括号内为频率低端电平。

分支器1输入电平＝102－0.5×7.73＝98.14（dB）

$\qquad\qquad$（92－0.5×2.25＝90.88dB）

用户①端口电平＝98.14－28－0.15×14.72＝67.94（dB）

$\qquad\qquad$（90.88－28－0.15×4.4＝62.22dB）

分支器2输入电平＝98.14－1－0.03×7.73＝96.91（dB）

$\qquad\qquad$（90.88－1－0.03×2.25＝89.81dB）

用户②端口电平＝96.91－28－0.15×14.72＝66.71（dB）

$\qquad\qquad$（89.81－28－0.15×4.4＝61.15dB）

分支器3输入电平＝96.91－1－0.03×7.73＝95.68（dB）

$\qquad\qquad$（89.81－1－0.03×2.25＝88.74dB）

用户③端口电平＝95.68－24－0.15×14.77＝69.48（dB）

$\qquad\qquad$（88.74－24－0.15×4.4＝64.08dB）

分支器4输入电平＝95.68－1－0.03×7.73＝94.45（dB）

$\qquad\qquad$（88.74－1－0.03×2.25＝87.67dB）

用户④端口电平＝94.45－24－0.15×14.77＝68.25（dB）

$\qquad\qquad$（87.67－24－0.15×4.4＝63.01dB）

分支器5输入电平＝94.45－1－0.03×7.73＝93.22（dB）

(87.67－1－0.03×2.25＝86.60dB)

用户⑤端口电平＝93.22－24－0.15×14.77＝67.02（dB）

(86.60－24－0.15×4.4＝61.94dB)

分支器6输入电平＝93.22－1－0.03×7.73＝91.99（dB）

(86.60－1－0.03×2.25＝85.53dB)

用户⑥端口电平＝91.99－20－0.15×14.77＝69.79（dB）

(85.53－20－0.15×4.4＝64.87dB)

依此类推，可以计算出各支路、各用户端口电平，如图 6-37 所示。由于 2、3 支路相同，只计算一路即可。

图 6-37 一种分配网络

三、传输分配系统的工程举例

【例1】 有一幢 18 层高层住宅大楼，楼层间距为 2.8m，每层为 8 个用户（有的为 7户），要求接收 5、8、14、20 四个频道电视节目，试设计该系统，并画出其施工设计图。

设计成的系统图如图 6-38 所示。图 6-39 为标准层的平面图。其 1-1 剖面图如图 6-40（a）所示，图中市有线电视网的电缆由一层挂墙引入，直往上至顶层机房，接入前端的输出处，用作接收市有线电视节目时使用。市有线电视网电缆也可埋地（埋深 0.6～0.8m）引入，如图 6-40（a）下部的虚线所示。共用天线机房设在顶层，其平面图如图 6-40（b）所示，分前端箱则设在第 9 层。图 6-40（c）是 18 层屋顶的平面图，图中标出天线基础的位置。该系统的分干线电缆采用 SYKV-75-9 型。从分支器到用户线采用SYKV-75-5 型，穿管 DG20。

图 6-38　18 层住宅楼系统设计图

图 6-39　标准层平面图

图 6-40　平、剖面图

(a) 1-1 剖面图；(b) 机房平面图；(c) 18 层屋顶平面图

第七节 传输分配系统的施工

一、建筑物之间的线路施工

1. 建筑物间线路架空敷设要求

（1）从支撑杆上引入电缆跨过街道或庭院时，电缆架设最小高度应大于 5m。电缆在固定到建筑物上时，应安装吊钩和电缆夹板，电缆在进入到建筑物之前先做一个 10cm 的滴水弯。

（2）在居民小区内建筑物间跨线时，有车道的地方不低于 4.5m，无车道的地方不低于 4m。

（3）建筑物间电缆的架设，应根据电缆及钢绞线的自重而采用不同的结构安装方式，如图 6-41 所示。其中图（a）、（b）为两种不同结构的安装方式，进出建筑物的电缆应穿带滴水弯的钢管敷设。钢管在建筑物上安装完毕后，应对墙体按原貌修复。

图 6-41 支线电缆跨接方式

（4）在架设电缆时，一般要求建筑物间电缆跨距不得大于 50m，在其跨距大于 50m时，应在中间另加立杆支撑。在跨距大于 20m 的建筑物间的吊线，采用规格为 1×7-

4.2mm 的钢绞线；在跨距小于 20mm 的建筑物间的吊线可用 1×7-2.4mm。同一条吊线最多吊挂两根电缆，用电缆挂钩将支线电缆挂在吊线上面，挂钩间距为 0.5m，如图 6-42 所示。

2. 建筑物间线路暗埋敷设要求

建筑物间跨线需暗埋时，应加钢管保护，埋深不得小于 0.8m，钢管出地面后应高出地面 2.5m 以上，用卡环固定在墙上，电缆出口加防雨保护罩。

3. 建筑物上沿墙敷设电缆要求

（1）在建筑物上安装的墙担（拉台）应在一层至二层楼之间，墙担间距不超过 15m，墙担用 φ10 膨胀螺栓固定在建筑物外墙上，电缆经过建筑物转角处要安装转角担，电缆终端处安装终端担。

（2）沿建筑物外墙敷设的吊线可用 1×7-2.4mm 的钢绞线，钢绞线应架在一二层间空余处，以不影响开窗为宜。

（3）电缆沿墙敷设应横平竖直，弯曲自然，符合弯曲半径要求。挂钩或线卡间距为 0.5m。

二、建筑物内的电缆敷设

建筑物内的电缆敷设按新旧建筑物分成明装和暗装两种方式。

图 6-42　架空明线的安装示意图

1—电缆挂环；2—电杆；3—干线部件防水箱；4—钢丝；5—电缆

1. 建筑物内电缆的明装要求

（1）电缆由建筑物门梁或窗户侧墙打孔进入楼道，孔内要求穿带防水弯的钢管保护，以免雨水进入，电缆要留滴水弯，在钢绞线处用绑线扎牢。

（2）电缆进入建筑物内后，需沿楼梯墙上方用钢钉卡或木螺丝加铁卡，将电缆固定并引至分支盒，电缆转弯处要注意电缆的弯曲半径要求。电缆卡之间的间距为 0.5m，如图 6-43 所示。

（3）楼层之间的电缆必须加装不少于 2m 长的保护管予以保护。一种是用分支器箱配 φ45mm 或 φ30mm 的镀锌钢管保护，分支器放在分支盒内，钢管用铁卡环固定在墙上；另一种是用铁盒或塑料防水盒配 φ20～φ25mm 的 PVC 管保护，分支器放在防水盒内，PVC 管用铁卡加膨胀管木螺丝固定在墙上。

（4）电缆的敷设过程中，不得对电缆进行挤压、扭绞及施加过大拉力，外皮不得有破损。

2. 建筑物内电缆的暗装要求

对于新建房屋应采用分支—分配式设计并暗管预埋。电缆的暗装是指电缆在管道、线槽、竖井内敷设。有线电视系统管线是由建筑设计人员进行设计的，不同建筑物内的管道设计会有所不同。有的宾馆、饭店和写字楼的各种专用线路，包括有线系统是利用竖井和顶棚中的线槽或管道敷设的。砖结构建筑物的管道是在建筑施工时预埋在墙中，而板状结构建筑物的管道可事先预埋浇注在板墙内。敷设电缆时必须按照建筑设计图纸施工。电缆的暗装如图 6-44 所示。

图 6-43　电缆的固定方法

图 6-44　电缆的暗装

在管道中敷设电缆时应注意下列问题：

（1）电缆管道在大于 25m 及转弯时，应在管道中间及拐角处配装预埋盒，以利电缆顺利穿过。

（2）预埋的管道内要穿有细铁丝（称为带丝），以便拉入电缆；管道口要用软物或专用塑料帽堵上，以防泥浆、碎石等杂物进入管道中。

（3）电缆在线槽或竖井内敷设时，要求电缆与其他线路分开走线，以避免出现对电视信号的干扰。

（4）敷设电缆的两端应留有一定的余量，并要在端口上做上标记，以免将输入、输出线搞混。

三、分配系统的安装

分配系统在有线电视系统中分布最广，也最贴近用户，主要设备和装置有：分配放大器、分配器、分支器、终端盒及电缆等。

（一）电缆接头要求

电缆经连接器接入分配放入器，所用的连接器型号由分配放大器输入口决定。一般要求对 SYWV-75-9、SYWV-75-12 型电缆应使用针形连接器，而不提倡使用冷压或环加 F 形连接器；对 SYWV-75-7 型电缆应使用带针防水 F 形连接器，如图 6-45 所示；对 SY-WV-75-5 型电缆可使用冷压或环加 F 形连接器，如图 6-46 所示。

图 6-45 带插针的 F 形连接器

图 6-46 环加 F 形连接器

（二）分配放大器的安装要求

根据建筑物设计方案的不同，分配放大器可能安装在室外，也可能安装在室内。

（1）在建筑物外安装分配放大器，应使用防水型分配放大器，其安装方法与干线放大器相同。

（2）新建房屋可将分配放大器安装在预埋的分前端箱内。

（3）在建筑物内明装情况下，应在不影响人行的位置安装铁箱，箱体底部距楼道地面不低于 1.8m，将分配放大器安装在铁箱内。

（三）分支器、分配器的安装要求

分配系统所用分支器、分配器的输入、输出端口通常是 F 形插座（分英制、公制两种），可配接 F 形冷压接头，各输出端口应接 75Ω 终端负载。

1. 分支、分配器的明装要求

（1）安装方法是按照部件的安装孔位，用 φ16mm 合金钻头打孔后，塞进塑料膨胀管，再用木螺丝对准安装孔加以紧固。塑料型分支、分配器或安装孔在盒盖内的金属型分支、分配器，则要揭开盒盖对准安装盒钻眼；压铸型分支、分配器，则对准安装孔钻眼。

（2）对于非防水型分支、分配器，明装的位置一般是在分配器箱内或走廊、阳台下面，必须注意防止雨淋受潮，连接电缆水平部分留出长 250～300mm 左右的余量。然后导线向下弯曲，以防雨水顺电缆流入部件内部。

图 6-47　用户盒安装位置

2. 分支、分配器的暗装要求

暗装有木箱与铁箱两种，并装有单扇或双扇箱门，颜色尽量与墙面相同。在木箱上装分配器或分支器时，可按安装孔位置，直接用木螺丝固定。采用铁箱结构，可利用二层板（铁板）将分配器或分支器固定在二层板上，再将二层板固定在铁箱上。

（四）用户盒安装

用户盒也分明装与暗装，明装用户盒（插座）只有塑料盒一种，暗装盒又有塑料盒、铁盒两种，应根据施工图要求进行安装。一般盒底边距地 0.3～1.8m，用户盒与电源插座盒应尽量靠近，间距一般为 0.25m，如图 6-47 所示。

1. 明装

明装用户盒直接用塑料胀管和木螺丝固定在墙上，因盒突出墙体，应特别注意在墙上明装，施工时要注意保护，以免碰坏。

2. 暗装

暗装用户盒应在土建主体施工时将盒与电缆保护管预先埋入墙体内，盒口应和墙体抹灰面平齐，待装饰工程结束后，进行穿放电缆，接线安装盒体面板。面板应紧贴建筑物表面。

用户终端盒是系统与用户电视机连接的端口。用户盒的面板有单孔（TV）和双孔（TV、FM），盒底的尺寸是统一的，如图 6-48 所示。一般统一的安装在室内安放电视机位置附近的墙壁上，但每幢楼或每个单元的布线及用户终端盒的安装应统一在一边。用户终端盒的安装要求牢固、端正、美观，接线牢靠。

用户电缆应从门框上端附近钻孔进入住户，用塑料钉卡住钉牢，卡距应小于 0.4m，布线要横平竖直，弯曲自然，符合弯曲半径要求。用户盒的安装如图 6-48（明装）和图 6-49（暗装）所示。用户盒无论明装还是暗装，盒内均应留有约 100～150mm 的电缆余量，以便安装和维修时使用。

图 6-48　用户盒（串接—分支）明装示意图

图 6-49　相邻两个用户盒的安装法（暗装）

第七章 视频监控系统

第一节 系统构成与设计要求

一、视频监控系统的构成

（一）视频监控系统（英文缩写 CCTV）

视频监控系统亦称视频安防监控系统，包括前端设备、传输设备、处理/控制设备和记录/显示设备四部分。

（二）视频安防监控系统结构模式

根据对视频图像信号处理/控制方式的不同，视频安防监控系统结构宜分为以下模式：

图 7-1 简单对应模式

1. 简单对应模式

监视器和摄像机简单对应（图 7-1 和图 7-2）。

图 7-2 简单监控系统

2. 时序切换模式

视频输出中至少有一路可进行视频图像的时序切换（图 7-3 和图 7-4）。

图 7-3 时序切换模式

图 7-4 时序切换和间接遥控系统

3. 矩阵切换模式

可以通过任一控制键盘，将任意一路前端视频输入信号切换到任意一路输出的监视器上，并可编制各种时序切换程序（图 7-5 和图 7-6）。

图 7-5 矩阵切换模式

图 7-6 微机加矩阵切换器方框图

图 7-7 是采用矩阵切换方式的电视监控系统示例。

图 7-7 电视监控系统示例

注 1. 摄像机配管图中未注管路的均为 RC25。

2. 四层为 3×，五～七层为 4×，顶层 2×。

4. 数字视频网络虚拟交换/切换模式

模拟摄像机增加数字编码功能，被称作网络摄像机。数字视频前端可以是网络摄像

400

机，也可以是别的数字摄像机。数字交换传输网络可以是以太网和 DDN、SDH 等传输网络。数字编码设备可采用具有记录功能的 DVR 或视频服务器。数字视频的处理、控制和记录措施可以在前端、传输和显示的任何环节实施（图 7-8）。

图 7-8　数字视频网络虚拟交换/切换模式

视频安防监控系统示意图示例见图 7-9（a）、（b）。

图 7-9（a）　视频监控系统示例之一

注：1. 本系统为采用数字录像机监控及记录的视频监控系统。数字录像机（DVR）构成本地局域网，由管理主机统一控制。电视墙图像信号直接来自数字录像机的输出。

2. 数字录像机构成的本地网络经过一定的安全防护措施，可与其他网络连通，将数字视频信号送到其他网络终端上去。

401

图 7-9 (*b*) 视频监控系统示例之二

注：1. 本系统为数字视频网络虚拟交换/切换模式的视频监控系统，摄像机采用具有数字视频信号输出的网络摄像机。

2. 本系统采用集中存储方式。若采用分布存储方式时，要求增加具有本地数字视频数据存储的视频服务器或数字录像机。

视频监控系统已有三代发展历史：

1. 全模拟图像监控方式

主要由摄像机、视频矩阵、监视器、录像机组成，采用模拟方式传输，如图 7-2、图 7-4、图 7-6 及图 7-7 所示。

2. 基于 DVR（硬盘录像机）技术的模拟＋数字混合监控方式

前端摄像机采用模拟方式传输，后端用 DVR 完成数字图像处理、压缩、录像、显示

图 7-10　以 DVR 为核心的小型视频监控系统

和网络传输，见图 7-9、图 7-10。

3. 全数字化网络监控方式

摄像信号经数字压缩，送到网络或服务器，网络上用户可通过软件或浏览器观看图像，并可控制云台镜头等，见图 7-9（b）。

表 7-1 给出电视监控系统的三个发展进程。

视频监控的发展进程　　　　　　　　　　表 7-1

项目 \ 代别	第一代（模拟矩阵）	第二代（多媒体主机或 DVR）	第三代（网络虚拟矩阵）
前端	普通摄像机、高速球	同第一代	网络摄像机、网络高速球"第一代"的前端设备＋网络视频接入器
传输	视频：视频电缆 控制：双绞缆 电源：电源电缆	同第一代	视频 控制｝网线 电源：电源电缆
后端	矩阵 画面分割器 切换器 录像机（或 DVR） 监视器	多媒体控制主机或 DVR 监视器 多媒体监控系统控制软件	可上网的普通电脑 系统管理及控制软件
互联互通	仅可"一对一" 不可"互联互通"	同第一代	可以"互联互通"，通过上网在普通浏览器即可进行，无需特殊软件支持，"想在哪看，就在哪看"
传输方式	摄像头与监控者是一对一式的传输	同第一代	摄像头与监控者是通过网络形式传输，不是一对一式传输
线缆利用	一条视频线上只能传一路视频	同第一代	多路视频和控制可以在一条网线上反复用
监控主机选择	监控主机的输入/输出路数需固定且扩容困难	同第一代	视频输入/输出路数可任意由软件设定，无需硬件扩容，十分方便
视频监控输入/输出	每路输入或输出视频均需一路电缆与主机相连，导致成捆电缆进入监控室，并接入主机	同第一代	"一根网线"进主控室和主控电脑相联，即构成控制主机
增减前端摄像机	增减前后端摄像机时需重新布线	同第一代	无需在工程前认真设计监控系统，可随时增减、更改前端摄像头位置
设置分控	分控监视器需逐一布线连接	某些 DVR 和多媒体主机可通过网络增设分控	在网络内可任意设置分控而无需再布线
实现远程监控	实现远程联网困难	可实现远程监控，但操控不方便	十分方便实现远程联网，无需增加任何其他设备
控制协议	高速球、解码器与主机协议需一致，某些视频主机协议不公开	同第一代	网络协议是国际统一标准，不存在主机与高速球、解码器等协议兼容问题

二、视频监控系统的功能和性能

（一）视频监控系统的功能要求

（1）应根据各类建筑物安全防范管理的需要，对建筑物内（外）的主要公共活动场所、通道、电梯及重要部位等进行视频探测、图像实时监视和有效记录、回放。监视图像信息和声音信息应具有原始完整性。

（2）系统的画面显示应能任意编程，能自动或手动切换，画面上应用摄像机的编号、部位、地址和时间、日期显示。系统记录的图像信息应包含图像编号、地址、记录时的时间和日期。

（3）矩阵切换和数字视频网络虚拟交换/切换模式的系统应具有系统信息存储功能，在供电中断或关机后，对所有编程信息和时间信息均应保持。

（4）系统应能独立运行，也能与入侵报警系统、出入口控制系统、火灾报警系统、电梯控制等系统联动。当发生报警或其他系统向视频系统发出联动信号时，系统能按照预定工作模式，切换出相应部位的图像至指定监视器上，并能启动视频记录设备；其联动响应时间不大于4s。

（5）辅助照明联动应与相应联动摄像机的图像显示协调同步，同时具有音频监控能力的系统宜具有视频音频同步切换的能力。

（6）系统应预留与安全防范管理系统联网的接口，实现安全防范管理系统对视频安防监控系统的智能化管理与控制。

（二）视频监控系统的性能指标

（1）在正常工作照明条件下模拟复合视频信号应符合以下规定：

视频信号输出幅度 $1V_{P-P}\pm3dB$ VBS（全电视信号）

实时显示黑白电视水平清晰度   ≥400TVL

实时显示彩色电视水平清晰度   ≥270TVL

回放图像中心水平清晰度   ≥220TVL

黑白电视灰度等级   ≥8

随机信噪比   ≥36dB

（2）在正常工作照明条件下数字信号应符合以下规定：

单路画面像素数量   ≥352×288（CIF）

单路显示基本帧率：   ≥25fps

数字视频的最终显示清晰度应满足本条第1款的要求。

（3）图像质量的主观评价，可采用五级损伤制评定，图像等级应符合表7-2的规定。系统在正常工作条件下，监视图像质量不应低于4级，回放图像质量不应低于3级。在允许的最恶劣工作条件下或应急照明情况下，监视图像质量不应低于3级；在显示屏上应能有效识别目标。

五级损伤制评定图像等级   表7-2

图像等级	图像质量损伤主观评价	图像等级	图像质量损伤主观评价
5	不觉察损伤或干扰	2	损伤或干扰较严重,令人相当讨厌
4	稍有觉察损伤或干扰,但不令人讨厌	1	损伤或干扰极严重,不能观看
3	有明显损伤或干扰,令人感到讨厌		

（4）视频安防监控系统的制式应与通用的电视制式一致；选用设备、部件的视频输入

和输出阻抗以及电缆的特性阻抗均应为 75Ω，音频设备的输入、输出阻抗为高阻抗。

（5）沿警戒线设置的视频安防监控系统，宜对沿警戒线 5m 宽的警戒范围实现无盲区监控；

（6）系统应自成网络独立运行，并宜与入侵报警系统、出入口控制系统、火灾自动报警系统及摄像机辅助照明装置联动；当与入侵报警系统联动时，系统应对报警现场进行声音或图像复核。

三、视频监控系统的摄像设防要求

（1）重要建筑物周界宜设置监控摄像机。

（2）地面层出入口、电梯轿厢宜设置监控摄像机；停车库（场）出入口和停车库（场）内宜设置监控摄像机。

（3）重要通道应设置监控摄像机，各楼层通道宜设置监控摄像机；电梯厅和自动扶梯口，宜预留视频监控系统管线和接口。

（4）集中收款处、重要物品库房、重要设备机房应设置监控摄像机。

（5）通用型建筑物摄像机的设置部位应符合表 7-3 的规定。

摄像机的设置部位　　　　　　　　　　　　　　　　　　　　表 7-3

建设项目 部位	饭店	商场	办公楼	商住楼	住宅	会议 展览	文化 中心	医院	体育 场馆	学校
主要出入口	★	★	★	★	☆	★	★	★	★	☆
主要通道	★	★	★	★	△	★	★	★	★	☆
大堂	★	☆	☆	☆	☆	☆	☆	☆	☆	△
总服务台	★	☆	△	△	—	☆	☆	△	☆	—
电梯厅	△	☆	☆	△	—	☆	☆	☆	☆	△
电梯轿厢	★	★	★	△	△	★	☆	★	★	△
财务、收银	★	★	★	—	—	★	☆	★	☆	☆
卸货处	☆	★	—	—	—	★	—	☆	—	—
多功能厅	☆	△	☆	△	—	☆	☆	△	△	△
重要机房或其出入口	★	★	★	☆	☆	★	★	★	★	☆
避难层	★	—	★	★	—	—	—	—	—	—
检票、检查处	—	—	—	—	—	☆	☆	—	★	△
停车库（场）	★	★	★	☆	△	☆	☆	☆	☆	△
室外广场	☆	☆	☆	△	—	☆	☆	△	☆	☆

注：★应设置摄像机的部位；☆宜设置摄像机的部位；△可设置或预埋管线部位。

第二节　摄像机及其布置

一、摄像机分类

摄像机处于 CCTV 系统的最前端，它将被摄物体的光图像转变为电信号——视频信号，为系统提供信号源，因此它是 CCTV 系统中最重要的设备之一。

摄像机按摄像器件类型分为电真空摄像管的摄像机和CCD（固体摄像器件）摄像机，目前一般都采用CCD摄像机。

1. 按颜色划分

有黑白摄像机和彩色摄像机。由于目前彩色摄像机的价格与黑白摄像机相差不多，故大多采用彩色摄像机。

2. 按图像信号处理方式划分

（1）数字式摄像机（网络摄像机）。

（2）带数字信号处理（DSP）功能的摄像机。

（3）模拟式摄像机。

3. 按摄像机结构区分

（1）普通单机型，镜头需另配。

（2）机板型（board type）：摄像机部件和镜头全部在一块印刷电路板上。

（3）针孔型（pinhole type）：带针孔镜头的微型化摄像机。

（4）球型（dome type）：是将摄像机、镜头、防护置或者还包括云台和解码器组合在一起的球形或半球形摄像前端系统，使用方便。

4. 按摄像机分辨率划分

（1）影像像素在25万像素（pixel）左右、彩色分辨率为330线、黑白分辨率400线左右的低档型。

（2）影像像素在25～38万之间、彩色分辨率为420线、黑白分辨率500线上下的中档型。

（3）影像像素在38万点以上、彩色分辨率大于或等于480线、黑白分辨率600线以上的高分辨率型。

5. 按摄像机灵敏度划分

（1）普通型：正常工作所需照度为$1\sim3lx$；

（2）月光型：正常工作所需照度为0.1lx左右；

（3）星光型：正常工作所需照度为0.01lx以下；

（4）红外照明型：原则上可以为零照度，采用红外光源成像。

6. 按摄像元件的CCD靶面大小划分

有1英寸、$\frac{2}{3}$英寸、$\frac{1}{2}$英寸、$\frac{1}{3}$英寸、$\frac{1}{4}$英寸等几种。目前是$\frac{1}{2}$英寸摄像机所占比例急剧下降，$\frac{1}{3}$英寸摄像机占据主导地位，$\frac{1}{4}$英寸摄像机将会迅速上升。各种英寸靶面的高、宽尺寸见表7-4所示。

CCD摄像机靶面像场 a、b 值

表7-4

摄像机管径 /in(mm)　像场尺寸	1 (25.4)	$\frac{2}{3}$ (17)	$\frac{1}{2}$ (13)	$\frac{1}{3}$ (8.5)	$\frac{1}{4}$ (6.5)
像场高度 a(mm)	9.6	6.6	4.6	3.6	2.4
像场宽度 b(mm)	12.8	8.8	6.4	4.8	3.2

二、摄像机的镜头

（一）摄像机镜头的分类

1. 按摄像机镜头规格分

有 1 英寸……$\frac{1}{4}$ 英寸等规格，镜头规格应与 CCD 靶面尺寸相对应，即摄像机靶面大小为 $\frac{1}{3}$ 英寸时，镜头同样应选 $\frac{1}{3}$ 英寸的。

2. 按镜头安装分

C 安装座和 CS 安装（特种 C 安装）座。两者之螺纹相同，但两者到感光表面的距离不同。前者从镜头安装基准面到焦点的距离为 17.526mm，后者为 12.5mm。

3. 按镜头光圈分

手动光圈和自动光圈。自动光圈镜头有二类：

（1）视频输入型——将视频信号及电源从摄像机输送到镜头来控制光圈；

（2）DC 输入型——利用摄像机上的直流电压直接控制光圈。

4. 按镜头的现场大小分

（1）标准镜头：视角 30° 左右，在 $\frac{1}{2}$ 英寸 CCD 摄像机中，标准镜头焦距定为 12mm；在 $\frac{1}{3}$ 英寸 CCD 摄像机中标准镜头焦距定为 8mm。

（2）广角镜头：视角在 90° 以上，可提供较宽广的视景。1/2 和 1/3 英寸 CCD 摄像机的广角镜头标准焦距分别为 6mm 和 4mm。

（3）远摄镜头：视角在 20° 以内，此镜头可在远距离情况下将拍摄的物体影像放大，但使观察范围变小。1/2 英寸和 1/3 英寸 CCD 摄像机远摄镜头焦距分别为大于 12mm 和大于 8mm。

（4）变焦镜头（zoom lens）：也称为伸缩镜头，有手动变焦镜头（manual zoom lens）和电动变焦镜头（motorized zoom lens）两类。其输入电压多为直流 8～16V，最大电流为 30mA。

（5）手动可变焦点镜头（vari-focus lens）：它介于标准镜头与广角镜头之间，焦距连续可变，既可将远距离物体放大，同时又可提供一个宽广视景，使监视宽度增加。这种变焦镜头可通过设置自动聚焦于最小焦距和最大焦距两个位置，但是从最小焦距到最大焦距之间的聚焦，则必须通过手动聚焦实现。

（6）针孔镜头：镜头端头直径几毫米，可隐蔽安装。

5. 按镜头焦距分

（1）短焦距镜头：因入射角较宽，故可提供较宽广的视景。

（2）中焦距镜头：标准镜头，焦距长度视 CCD 尺寸而定。

（3）长焦距镜头：因入射角较窄，故仅能提供狭窄视景，适用于长距离监视。

（4）变焦距镜头：通常为电动式，可作广角、标准或远望镜头用。表 7-5 和表 7-6 列出定焦和变焦镜头的参数。

常用定焦距镜头参数表 表 7-5

焦距(mm)	最大相对孔径	像场角度		分辨能力(线数/mm)		透射系数	边缘与中心照度比(%)
		水平	垂直	中心	边缘		
15	1∶1.3	48°	36°	—	—	—	—
25	1∶0.95	32°	24°	—	—	—	—
50	1∶2	27°	20°	38	20	—	48
75	1∶2	16°	12°	35	17	0.75	40
100	1∶2.5	14°	10°	38	18	0.78	70
135	1∶2.8	10°	7.7°	30	18	0.85	55
150	1∶2.7	8°	6°	40	20	—	—
200	1∶4	6°	4.5°	38	30	0.82	80
300	1∶4.5	4.5°	3.5°	35	26	0.87	87
500	1∶5	2.7°	2°	32	15	0.84	90
750	1∶5.6	2°	1.4°	32	16	0.58	95
1000	1∶6.3	1.4°	1°	30	20	0.58	95

常用变焦距镜头参数表 表 7-6

焦距(mm)	相对孔径	视场角			最近距离(m)
		对角线	水 平	垂 直	
12～120	1∶2	5°14′ 49°16′	4°12′ 40°16′	3°10′ 30°1′	1.3
12.5～50	1∶1.8	12°33′ 47°28′	10°03′ 38°48′	7°33′ 92°35′	1.2
12.5～80	1∶1.8	8°58′ 47°28′	6°18′ 38°18′	4°44′ 29°34′	1.5
14～70	1∶1.8	8°58′ 42°26′	7°12′ 34°54′	5°24′ 26°32′	1.2
15～150	1∶2.5	6°04′ 55°50′	4°58′ 45°54′	30°38′ 35°08′	1.7
16～64	1∶2	9°48′ 37°55′	7°52′ 30°45′	5°54′ 23°18′	1.2
18～108	1∶2.5	8°24′ 47°36′	6°44′ 38°48′	5°02′ 29°34′	1.5
20～80	1∶2.5	11°20′ 43°18′	9°04′ 35°14′	6°48′ 26°44′	1.2
20～100	1∶1.8	9°04′ 35°14′	7°16′ 28°30′	5°26′ 21°34′	1.3
25～100	1∶1.8	9°04′ 35°14′	7°16′ 28°30′	5°26′ 21°34′	2

（二）镜头特性参数

镜头的特性参数很多，主要有焦距、光圈、视场角、镜头安装接口、景深等。

所有的镜头都是按照焦距和光圈来确定的，这两项参数不仅决定了镜头的聚光能力和放大倍数，而且决定了它的外形尺寸。

焦距一般用毫米（mm）表示，它是从镜头中心到主焦点的距离。光圈即是光圈指数

F，它被定义为镜头的焦距（f）和镜头有效直径（D）的比值，即

$$F=\frac{f}{D} \tag{7-1}$$

也即光圈 F 是相对孔径 D/f 的倒数，在使用时可以通过调整光阑口径的大小来改变相对孔径。

光圈值决定了镜头的聚光质量，镜头的光通量与光圈的平方值成反比（$1/F^2$）。具有自动可变光圈的镜头可依据景物的亮度来自动调节光圈。光圈 F 值越大，相对孔径越小。不过，在选择镜头时要结合工程的实际需要，一般不应选用相对孔径过大的镜头。因为相对孔径越大，由边缘光量造成的像差就大，如要去校正像差，就得加大镜头的重量和体积，成本也相应增加。

视场是指被摄物体的大小。视场的大小应根据镜头至被摄物体的距离、镜头焦距及所要求的成像大小来确定，如图 7-11 所示。其关系可按下式计算：

$$H=\frac{aL}{f} \tag{7-2}$$

$$W=\frac{bL}{f} \tag{7-3}$$

式中：H——现场高度（m）；

　　　W——视场高度（m），通常 $W=\frac{4}{3}H$；

　　　L——镜头至被摄物体的距离（视距 m）；

　　　f——焦距（mm）；

　　　a——像场高度（mm）；

　　　b——像场宽度（mm）。

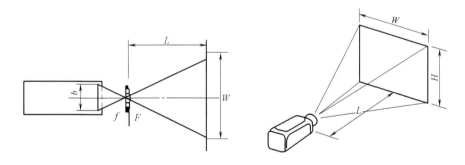

图 7-11　镜头特性参数之间的关系

例如，已知被摄物体距镜头中心的距离为 3m，物体的高度为 1.8m，所用摄像机 CCD 靶面为 $\frac{1}{2}$ 英寸，由表 7-4 查得其靶面垂直尺寸 a 为 4.6mm，则由上式可求得镜头的焦距为：

$$f=\frac{aL}{H}=\frac{4.6\times3000}{1800}\approx8\text{mm}$$

可见，焦距 f 越长，视场角越小，监视的目标也小。

图 7-12　镜头参数计算图

(a) $\frac{1}{3}$英寸摄像机；(b) $\frac{2}{3}$英寸摄像机；(c) $\frac{1}{2}$英寸摄像机

　　对于镜头焦距的选择，相同的成像尺寸，不同焦距长度的镜头的视场角也不同。焦距越短，视场角越大，所以短焦距镜头又称广角镜头。根据视场角的大小可以划分为以下五种焦距的镜头：长角镜头视场角小于 45°；标准镜头视场角为 45°～50°；广角镜头视场角在 50°以上；超广角镜头视场角可接近 180°；大于 180°的镜头称为鱼眼镜头。在 CCTV 系统中常用的是广角镜头、标准镜头、长角镜头。表 7-7 列出了长角镜头与广角镜头各项性能之对比，供选择镜头焦距时参考。标准镜头的各项性能是广角镜头与长角镜头的折中效果。

　　图 7-12 为镜头参数计算图。

　　作为例子，对于银行柜员所使用的监控摄像机，其覆盖的景物范围有着严格的要求，因此景物视场的高度（或垂直尺寸）H 和宽度（或水平尺寸）W 是能确定的。例如摄取一张办公桌及部分周边范围，假定 $H=1500\text{mm}$，$W=2000\text{mm}$，并设定摄像机的安装位置至景物的距离 $L=4000\text{mm}$。现选用 1/3 英寸 CCD 摄像机，则由表 7-4 查得：$a=3.6\text{mm}$，$b=4.8\text{mm}$，将它代入（7-2）式和（7-3）式可得：

长焦距镜头和广角镜头的性能比较　　　　　　表 7-7

性能＼类别	广 角 镜 头	长 焦 镜 头
景深	深	浅
取景显像	小	大
聚焦要求	低	高
远近感	有夸张效果,甚至变形	画面压缩,深度感小,变形小
使用效果	适应全景	应用于特写
画调	硬调	软调
适合场合	(1)实况全景场面; (2)拍摄小场所; (3)显示被摄体为主,又要捎带其背景	(1)被摄体离镜头较远; (2)被摄体清楚,而其他距离的物体模糊; (3)适用于不变形的展现近景的摄制

$$f=\frac{aL}{H}=\frac{3.6\times4000}{1500}=9.6\text{mm}$$

$$f=\frac{bL}{W}=\frac{4.8\times4000}{2000}=9.6\text{mm}$$

故选用焦距为 9.6mm 的镜头,便可在摄像机上摄取最佳的、范围一定的景物图像。

以上是指定焦距镜头的选择方法,可知长焦距镜头可以得到较大的目标图像,适合于展现近景和特写画面,而短焦距镜头适合于展现全景和远景画面。在 CCTV 系统中,有时需要先找寻被摄目标,此时需要短焦距镜头,而当找寻到被摄目标后又需看清目标的一部分细节。例如防盗监视系统,首先要监视防盗现场,此时要把视野放大而用短焦距镜头;图 7-13 为不同焦距镜头所对应的视场角图(设所用镜头配接 $\frac{2}{3}$ 英寸 CCD 摄像机)。

图 7-13　不同焦距镜头所对应的视场角

景深是指焦距范围内的景物的最近和最远点之间的距离。改变景深有三种方法:

(1) 使用长焦距镜头。

(2) 增大摄像机和被摄物体的实际距离。

(3) 缩小镜头的焦距。第③种是最常用的改变景深的方法。

(三) 镜头的选择

合适镜头的选择由下列因素决定:

(1) 再现景物的图像尺寸;

(2) 处于焦距内的摄像机与被摄体之间的距离;

(3) 景物的亮度。

因素①和②决定了所用镜头的规格,而③对于摄像机的选择有一定影响。在一定的意义上,②和③具有相互依赖的关系,景深在很大程度上取决于镜头最大的光圈值,它也决定于光通量的获得。

一旦发现窃贼则需要把行窃人的某一部分如脸部进行放大，此时则要用长焦距镜头。变焦距镜头的特点是在成像清楚的情况下通过镜头焦距的变化，来改变图像的大小和视场角的大小。因此上述防盗监视系统适合选择变焦距镜头，不过变焦距镜头的价格远高于定焦距镜头。对广播电视系统，因被摄体一般都是移动的，故一般不采用定焦距镜头。对CCTV系统，由于被摄体的移动速度和最大移动距离远小于广播电视拍摄电视节目时被摄体的移动速度和最大移动距离，又由于变焦距镜头价格高，所以在选择镜头时首先要考虑被摄体的位置是否变化。如果被摄体相对于摄像机一直处于相对静止的位置，或是沿该被摄体成像的水平方向具有轻微的水平移动（如监视仪表指数等），应该以选择定焦距镜头为主。而在景深和视角范围较大且被摄体属于移动性的情况下，则应选择变焦距镜头。为方便设计，一般摄像机的监视距离可按25～40m选定。

三、云台和防护罩的选择

摄像机云台是一种安装在摄像机支撑物上的工作台，用于摄像机与支撑物之间的连接，云台具有水平和垂直回转的功能。云台与摄像机配合使用能达到扩大监视范围的作用。

云台的种类很多，可按不同方式分类如下：

1. 按安装部位分

室内云台和室外云台（全天候云台）。室外云台对防雨和抗风力的要求高，而其仰角一般较小，以保护摄像机镜头。

2. 按运动方式分

有固定支架云台和电动云台。电动云台按运动方向又分水平旋转云台（转台）和全方位云台两类。表7-8列出几种常用电动云台的特性。

几种常用电动云台的特性　　　　表7-8

性能 种类 项目	室内限位旋转式	室外限位旋转式	室外连续旋转式	室外自动反转式
水平旋转速度	6°/s	3.2°/s	—	6°/s
垂直旋转速度	3°/s	3°/s	3°/s	—
水平旋转角	0°～350°	0°～350°	0°～350°	0°～350°
垂直旋转角 仰	45°	15°	30°	30°
垂直旋转角 俯	45°	60°	60°	60°
抗风力	—	60m/s	60m/s	60m/s

3. 按承受负载能力分

轻载云台——最大负重20磅（9.08kg）；

中载云台——最大负重50磅（22.7kg）；

重载云台——最大负重100磅（45kg）；

防爆云台——用于危险环境，可负重100磅。

4. 按旋转速度分

恒速云台——只有一档速度，一般水平转速最小值为6～12°/s，垂直俯仰速度为3～3.5°/s。

可变速云台——水平转速为0～>400°/s，垂直倾斜速度多为0～120°/s，最高可达400°/s。

图 7-14　防护罩的种类

摄像机作为电子设备，其使用范围受元器件的使用环境条件的限制。为了使摄像机能在各种条件下应用，就要使用防护罩。防护罩的种类很多，如图 7-14 所示的分类。

第三节　视频监控系统设备的选择与安装

一、摄像机选择与设置要求

（1）监视目标亮度变化范围大或须逆光摄像时，宜选用具有自动电子快门和背光补偿的摄像机。

（2）当需全天 24h 连续监控时，在需夜间关闭灯光的室内场所，宜选用带红外光源的红外摄像机（或加装红外灯作光源）。

（3）所选摄像机的技术性能宜满足系统最终指标要求；电源变化范围不应大于±10%（必要时可加稳压装置）；温度、湿度适应范围如不能满足现场气候条件的变化时，可采用加有自动调温控制系统的防护罩。

（4）监视目标的最低环境照度应高于摄像机要求最低照度的 50 倍，设计时应根据各个摄像机安装场所的环境特点，选择不同灵敏度的摄像机。一般摄像机最低照度要求为0.3lx（彩色）和 0.1lx（黑白）。

（5）根据安装现场的环境条件，应给摄像机加装防护外罩，防护罩的功能包括防高温、防低温、防雨、防尘，特别场合还要求能有防辐射、防爆、防强振等的功能。在室外使用时（即高低温差大，露天工作，要求防雨、防尘），防护罩内宜加有自动调温控制系统和遥控雨刷等。

（6）根据摄像机与移动物体的距离确定摄像机的跟踪速度，高速球摄像机在自动跟踪时的旋转速度一般设定为 100°/s。

（7）摄像机应设置在监视目标区域附近不易受外界损伤的位置，不应影响现场设备运行和人员正常活动，同时保证摄像机的视野范围满足监视的要求。摄像机应有稳定牢固的支架，其设置的高度，室内宜距地面 2.5～5m；室外距地面宜 3.5～10m。室外如采用立杆安装，立杆的强度和稳定度应满足摄像机的使用要求。电梯轿厢内的摄像机应设置在电梯轿厢门侧左或右上角，可选水平视像角≥70°的广角镜头。

（8）摄像机应尽量避免逆光设置，必须逆光设置的场合（如汽车库、门庭），除对摄像机的技术性能进行考虑外，还应设法减小监视区域的明暗对比度。

（9）摄像机镜头应避免强光直射，以保证摄像管靶面不受损伤，镜头视场内不得有遮挡监视目标的物体。

二、镜头选择与设置要求

（1）镜头尺寸应与摄像机靶面尺寸一致，视频监控系统所采用的一般为 1 英寸以下（如 1/2 英寸、1/3 英寸）摄像机。

（2）监视对象为固定目标时，可选用定焦镜头，如贵重物品展柜。

（3）监视目标视距较大时可选用长焦镜头。

（4）监视目标视距较小而视角较大时，可选用广角镜头，如电梯轿厢内。

（5）监视目标的观察视角需要改变和视角范围较大时，应选用变焦镜头。

（6）监视目标的照度变化范围相差 100 倍以上，或昼夜使用摄像机的场所，应选用光圈可调（自动或电动）镜头。

（7）需要进行遥控监视的（带云台摄像机）应选用可电动聚焦、变焦距、变光圈的遥控镜头。

（8）摄像机需要隐藏安装时，如顶棚内、墙壁内、物品里，镜头可采用小孔镜头、棱镜镜头或微型镜头。

三、云台选择与设置要求

（1）所选云台的负荷能力应大于实际负荷的 1.2 倍，并满足力矩的要求。

（2）监视对象为固定目标时，摄像机宜配置手动云台（又称为支架或半固定支架），其水平方向可调 15°～30°，垂直方向可调±45°。

（3）电动云台可分为室内或室外云台，应按实际使用环境来选用。

（4）电动云台要根据回转范围、承载能力和旋转速度等三项指标来选择。

（5）云台的输入电压有交流 220V、交流 24V、直流 12V 等。选择时要结合控制器的类型和视频监控系统中的其他设备统一考虑。一般应选用带交流电机的云台，它的转速是恒定的，水平旋转速度一般为 3°/s～10°/s，垂直转速为 4°/s；需要在很短时间内移动到指定位置的应选用带预置位快球型一体化摄像机。

（6）云台转动停止时，应具有良好的自锁性能，水平和垂直转向回差应不大于 1°。

（7）室内云台在承受最大负载时，噪声应不大于 50dB。

（8）云台电缆接口宜位于云台固定不动的位置，在固定部位与转动部位之间（摄像机为固定部位）的控制输入线和视频输出线应采用软螺旋线连接。

四、防护罩选择与设置要求

（1）防护罩尺寸规格要与摄像机的大小相配套。

（2）室内防护罩，除具有保护、防尘、防潮湿等功能，有的还起装饰作用，如针孔镜头、半球形玻璃防护罩。

（3）室外防护罩一般应具有全天候防护功能，如防晒、防高温（＞35℃）、防低温（＜0℃）、防雨、防尘、防风沙、防雪、防结霜等。罩内设有自动调节温度、自动除霜装置，宜采用双重壳体密封结构。选择防护罩的功能可依实际使用环境的气候条件加以取舍。

（4）特殊环境可选用防爆、防冲击、防腐蚀、防辐射等特殊功能的防护罩。

五、视频切换控制器选择与设置要求

（1）控制器的容量应根据系统所需视频输入、输出的最低接口路数确定，并留有适当的扩展余量。

（2）视频输出接口的最低路数由监视器、录像机等显示与记录设备的配置数量及视频信号外送路数决定。

（3）控制器应能手动或自动编程，并使所有的视频信号在指定的监视器上进行固定的时序显示，对摄像机、电动云台的各种动作（如转向、变焦、聚焦、调制光圈等动作）进行遥控。

（4）控制器应具有存储功能。当市电中断或关机时，对所有编程设置，摄像机号、时间、地址等均可记忆。

（5）控制器应具有与报警控制器（如火警、盗警）的联动接口，报警发生时能切换出相应部位摄像机图像，予以显示与记录。

（6）大型综合安全消防系统需多点或多级控制时，宜采用多媒体技术，使文字信息、图表、图像、系统操作，在一台 PC 机上完成。

六、视频报警器选择与设置要求

（1）视频报警器将监视与报警功能合为一体，可以进行实时的、大视场、远距离的监视报警。激光夜视视频报警器可实现夜晚的监视报警，适用于博物馆、商场、宾馆、仓库、金库等处。

（2）视频报警器对于光线的缓慢变化不会触发报警，能适应时段（早、中、晚等）和气候不同所引起的光线变化。

（3）当监视区域内出现火光或黑烟时，图像的变化同样可触发报警。视频报警器可兼有火灾报警和火情监视功能。

（4）数字式视频报警器可在室内、室外全天候使用。

（5）视频报警器对监视区域里快速的光线变化比较敏感，在架设摄像机时，应避免环境光对镜头的直接照射，并尽量避免在摄像现场内经常开、关的照明光源。

七、监视器选择与设置要求

（1）视频监控系统实行分级监视时，摄像机与监视器之间应有恰当的比例。重点观察的部位不宜大于 2∶1，一般部位不宜大于 10∶1。录像专用监视器宜另行设置。

（2）安全防范系统至少应有两台监视器，一台做固定监视用，另一台做时序监视或多画面监视用。

（3）清晰度：应根据所用摄像机的清晰度指标，选用高一档清晰度的监视器。一般黑白监视器的水平清晰度不宜小于600TVL，彩色监视器的水平清晰度不宜小于300TVL。

（4）根据用户需要可采用电视接收机作为监视器。有特殊要求时，可采用背投式大屏幕监视器或投影机。

（5）彩色摄像机应配用彩色监视器，黑白摄像机应配用黑白监视器。

（6）监视者与监视器屏幕之间的距离宜为屏幕对角线的4～6倍，监视器屏幕宜为230～635mm（9～25英寸）。

八、录像机选择与设置要求

（1）防范要求高的监视点可采用所在区域的摄像机图像全部录像的模式。

（2）数字录像机（DVR）又称硬盘录像机。它是将视频图像以数字方式记录、保存在计算机硬盘里，并能在屏幕上以多画面方式实时显示多个视频输入图像。

DVR具有对图像/语音进行长时间录像、录音、远程监视和控制的功能，它集合了录像机、画面分割器、云台镜头控制、报警控制、网络传输等五种功能于一体。

选用DVR的注意事项如下：

① DVR的配套功能：如画面分割、报警联动、录音功能、动态侦测等指标；

② DVR储存容量及备份状况，如挂接硬盘的数量，硬盘的工作方式，传输备份等；

③ DVR远程监控一般要求有一定的带宽，如果距离较远，无法铺设宽带网，则采用电信网络进行远程视频监控。

（3）数字录像机的储存容量应按载体的数据量及储存时间确定。载体的数据量可参考表7-9数据。

载体数据量参考值 表7-9

序 号	名 称	数 据 量	15min平均数据量
1	MS Word文档	6.5KB/页	100KB（15页）
2	IP电话	G729,10Kbps	1MB
3	照片	JPEG,100KB/页	3MB（30页）
4	手机电视	QCIF H.264,300Kbps	33MB
5	标清电视	SDTV H.264,2Mbps	222MB
6	高清电视	HDTV H.264,10Mbps	1120MB

注：标清电视可作为参考，目前安防视频监控中看到的视像质量要比标清视像质量差一些。H3C数字视频监控存储视像是按照D1格式，因此回放的质量较高。一般的视频监控解决方案用DVR录像达不到D1，回放的质量就差一些。

（4）用户根据应用的实际需求，选择各种类型的录像机产品：

① 可选择4、8、16路，记录格式可选用CIF，4CIF，D1（标清视像压缩后的2Mbps传输率即D1）等；

② 以mpeg4/h.264为主，可根据需要支持抓拍；

③ 实时播放、实时查询、快速下载等；

④ 保存容量及记录时间等。

九、摄像点的布置与安装

摄像点的合理布置是影响设计方案是否合理的一个方面。对要求监视区域范围内的景物，要尽可能都进入摄像画面，减小摄像区的死角。要做到这点，当然摄像机的数量越多越好，这显然是不合理的。为了在不增加较多的摄像机的情况下能达到上述要求，就需要对拟定数量的摄像机进行合理的布局设计。

摄像点的合理布局，应根据监视区域或景物的不同，首先明确主摄体和副摄体是什么，将宏观监视与局部重点监视相结合。图 7-15 是几种监视系统摄像机的布置实例。当然，这些例子并不是说是最佳布置，因为各使用场合即使类型相同其使用要求也可能不同。另外，还需考虑系统的规模和造价等因素。

图 7-15 监视系统摄像机布置实例

（a）需要变焦场合；（b）停车场监视；（c）银行金库监控；（d）超级市场监视；
（e）银行营业厅监视；（f）宾馆保安监视；（g）公共电梯监视

417

当一个摄像机需要监视多个不同方向时，如前所述应配置遥控电动云台和变焦镜头。但如果多设一二个固定式摄像机能监视整个场所时，建议不设带云台的摄像机，而设几个固定式摄像机，因为云台造价很高，而且还需为此增设一些附属设备。如图 7-16（a）所示，当带云台的摄像机监视门厅 A 方向时，B 方向就成了一个死角，而云台的水平回转速度一般在 50Hz 时约为 3°/s～6°/s，从 A 方向转到 B 方向约为 20～40s。这样，当摄像机来回转动时就有部分时间不能监视目标。如果按图 7-16（b）设置两个固定式摄像机，就能 24h 不间断地监视整个场所，而且系统造价也较低。

摄像机镜头应顺光源方向对准监视目标，避免逆光安装。如图 7-17 所示，被摄物旁是窗（或照明灯），摄像机若安装在图中（a）位置，由于摄像机内的亮度自动控制（自动靶压调整，自动光圈调整）的作用，使得被摄体部分很暗，清晰度也降低，影响观看效果。这时应改变取景位置，如图 7-17 中（b），或用遮挡物将强光线遮住。如果必须在逆光地方安装，则应采取逆光补偿措施，或可采用可调焦距、光圈、光聚焦的三可变自动光圈镜头，并尽量调整画面对比度，使之呈现出清晰的图像。尤其可采用带有三可变自动光圈镜头的 CCD 型摄像机。

图 7-16　门厅摄像机的设置　　　　图 7-17　摄像机应顺光源方向设置

对于摄像机的安装高度，室内以 2.5～5m 为宜；室外以 3.5～10m 为宜，不得低于 3.5m。电梯轿厢内的摄像机安装在其顶部，与电梯操作器成对角处，且摄像机的光轴与电梯两壁及顶棚均成 45°。

摄像机宜设置在监视目标附近不易受外界损伤的地方，应尽量注意远离大功率电源和工作频率在视频范围内的高频设备，以防干扰。从摄像机引出的电缆应留有余量（约 1m），以不影响摄像机的转动。不要利用电缆插头和电源插头去承受电缆的自重量。

由于监视再现图像对比度所能显示的范围仅为（30～40）:1，当摄像机的视野内明暗反差较大时，就会出现应看到的暗部看不见。此时，对摄像机的设置位置、摄像方向和照明条件应进行充分的考虑和调整。

摄像机的安装工艺示例见图 7-18～图 7-26。

图 7-18　吊顶安装之一

图 7-19　吊顶安装之二

图 7-20　墙壁安装　　　　图 7-21　室外水泥墙安装例

(a)

(b)

编号	名称	型号规格	单位	数量	备注	编号	名称	型号规格	单位	数量	备注
1	摄像机		台	1		3	膨胀螺栓	M8×70	个	4	
2	支架	与摄像机配套	个	1		4	螺母	M8	个	4	GB 52—76
						5	垫圈	8	个	4	GB 97—76

图 7-22　壁装与吊装

(a) 壁装；(b) 吊装

注：1. 壁装支架距屋顶 1.5m 左右。

　　2. 吊装适用于层高 2.5m 以下场所。

图 7-23 针孔镜头吊顶安装之一

图 7-24 针孔镜头吊顶安装之二

图 7-25 针孔镜头的外形及其安装示意图

图 7-26 球形云台的结构及安装

关于解码器的安装：

解码器通常安装在现场摄像机附近，安装在吊顶内，要预留检修口，室外安装时要选用具有良好的密封防水性能的室外解码器。

解码器通过总线实现云台旋转，镜头变焦、聚焦、光圈调整，灯光、摄像机开关，防护罩清洗器、雨刷，辅助功能输入、位置预置等功能。

解码器电源一般多为 AC220V 50Hz，通过 RS485 串口和系统主机通信，DC 6～12V 输出供聚焦、变焦和改变光圈速度，另有电源输出供给云台，都为 AC 24V 50Hz 标准云台。

解码器安装时需完成以下 6 项工作：

（1）解码器地址设定。解码器地址通常由 8 位二进制开关确定，开关置 OFF 时为 0（零），ON 时为 1。

（2）镜头电压选择（6V、10V）。

（3）摄像机 DC 电压选择。

（4）雨刷工作电压选择。

（5）云台工作电压选择。

（6）辅助功能输入。

图 7-27 是某解码器的接线示例。

图 7-27 某解码器的接线示意图

第四节 传输方式与线缆工艺

一、传输方式

视频监控系统有视频信号和控制信号两种信号传输。

1. 视频信号传输

视频信号传输又有两种方式：

（1）模拟视频监控系统的视频信号传输方式分为有线和无线方式。有线方式则有采用同轴电缆（几百米传输距离）和采用光端机加光缆（可达几十公里）两种传输方式。智能建筑中每路视频传输距离多为几百米，故常用同轴电缆传输。

（2）数字视频监控系统的视频信号传输方式如图7-28也有三种方式。它的关键设备是网络视频服务器和网络摄像机，基于宽带 IP 网络传输，故其传输技术就是局域网技术。

图 7-28　数字视频监控系统的传输方式

1）网络视频服务器

网络视频服务器是最近几年面世的第三代全数字化远程视频集中监控系统的核心设备。利用它可以将传统摄像机捕捉的图像进行数字化编码压缩处理后，通过局域网、广域网、无线网络、Internet 或其他网络方式传送到网络所延伸到的任何地方。千里之外的网络终端用户通过普通计算机就可以对远程图像进行实时的监控、录像、管理。网络视频服务器基于网络实现动态图像实时传输的特点，使得以往必须局限在区域范围的图像监控系统，变成可以不受时间与地域的限制。

2）网络摄像机

网络摄像机是集视频压缩技术、计算机技术、网络技术、嵌入式技术等多种先进技术于一体的数字摄像设备，是传统摄像机＋网络视频服务器的集合。它的主要特点为：

① 包括一个镜头、光学过滤器、影像感应器、视频压缩卡、Web 服务器、网卡等设备。

② 采用嵌入式系统，无需计算机的协助便可独立工作。

③ 有独立的 IP 地址，可通过 LAN、DSL 连接或无线网络适配器直接与以太网连接。

④ 支持多种网络通信协议，如 TCP/IP，局域网上的用户以及 Internet 上的用户使用标准的网络浏览器，就可以根据 IP 地址对网络摄像机进行访问。

⑤ 观看通过网络传输的实时图像。

⑥ 通过同一网络对镜头、云台的控制，对目标进行全方位的监控。

⑦ 先进的网络摄像机还包含很多其他更有吸引力的功能，例如运动探查、电子邮件警报和 FTP 报警等。

⑧ 采用 MPEG4 视频压缩技术，解决了图像数字化和带宽之间的矛盾。算法的特点在于它实现了高质量视频图像的极高压缩比。对比同样的 DVD 图像质量，压缩比相对 MPEG2 提高了 3～5 倍以上，MPEG4 技术使网络摄像机实用化。

2. 控制信号的传输

对数字视频监控系统而言，控制与信号是在同一个 IP 网传输，只是方向不同。在模拟视频监控系统中，控制信号的传输一般采用如下两种方式：

（1）通信编码间接控制。采用 RS-485 串行通信编码控制方式，用单根双绞线就可以传送多路编码控制信号，到现场后再行解码，这种方式可以传送 1km 以上，从而大大节约了线路费用。这是目前智能建筑监控系统应用最多的方式。

（2）同轴视控。控制信号和视频信号复用一条同轴电缆。其原理是把控制信号调制在与视频信号不同的频率范围内，然后与视频信号复合在一起传送，到现场后再分解开。这种一线多传方式随着技术的进一步发展和设备成本的降低，也是方向之一。

二、线缆的选择与布线

1. 传输方式的选择（表 7-10）

图像传输介质 表 7-10

传输介质	传输方式	特　点	适 用 范 围
同轴电缆	基带传输	设备简单、经济、可靠，易受干扰	近距离，加补偿可达 2km
	调幅、调频	抗干扰好，可多路，较复杂	公共天线、电缆电视
双绞线（电话线）	基带传输	平衡传输，抗干扰性强，图像质量差	近距离，可利用电话线
	数字编码	传送静止、准实时图像，抗干扰性强	报警系统，可视电话，也可传输基带信号，可利用网线
光纤传输	基带传输	IM 直接调制，图像质量好，抗电磁干扰好	应用电视，特别是大型系统
	PCM FDM（频分多路） WDM（波分多路）	双向传输，多路传输	干线传输
无线	微波、调频	灵活、可靠，易受干扰和建筑遮挡	临时性、移动监控
网络	数字编码、TCP/IP	实时性、连续性要求不高时可保证基本质量，灵活性、保密性强	远程传输，系统自主生成，临时性监控

（1）传输距离较近，可采用同轴电缆传输视频基带信号的视频传输方式。采用视频同轴电缆传输方式时，同轴电缆应采用 SYV75 系列产品。SYV75-5 的同轴电缆适用于 300m 以内模拟视频信号的传输。当传输的彩色电视基带信号，在 5.5MHz 点的不平坦度大于 3dB 时，宜加电缆均衡器；当大于 6dB 时，应加电缆均衡放大器。

（2）传输距离较远，监视点分布范围广，或需进电缆电视网时，宜采用射频同轴电缆传输。当采用射频同轴电缆传输方式时，应配置射频调制、解调器、混合器、放大器等。射频同轴电缆（SYWV）适用于距离较远、多路模拟视频信号的传输。

（3）长距离传输或需避免强电磁场干扰的传输，宜采用传输光调制信号的光缆传输方式。当有防雷要求时，应采用无金属光缆。

（4）系统的控制信号可采用多芯线直接传输或将遥控信号进行数字编码用电（光）缆进行传输。

2. 线缆选型

（1）同轴电缆：

① 应根据图像信号采用基带传输还是射频传输，确定选用视频电缆还是射频电缆。

② 所选用电缆的防护层应适合电缆敷设方式及使用环境（如环境气候、存在有害物质、干扰源等）。

③ 室外线路，宜选用外导体内径为 9mm 的同轴电缆，采用聚乙烯外套。

④ 室内距离不超过 500m 时，宜选用外导体内径为 7mm 的同轴电缆，且采用防火的聚氯乙烯外套。

⑤ 终端机房设备间的连接线，距离较短时，宜选用的外导体内径为 3mm 或 5mm，且具有密编铜网外导体的同轴电缆。

（2）其他线缆选择：

① 通信总线　　　　　RVVP2×1.5mm²；

② 摄像机电源　　　　RVS2×0.5mm²；

③ 云台电源　　　　　RVS5×0.5mm²；

④ 镜头　　　　　　　RVS（4～6）×0.5mm²；

⑤ 灯光控制　　　　　RVS2×1.0mm²；

⑥ 探头电源　　　　　RVS2×1.0mm²；

⑦ 报警信号输入　　　RVS2×0.5mm²；

⑧ 解码器电源　　　　RVS2×0.5mm²。

（3）无线传输系统设计：

① 传输频率必须经过国家无线电管理委员会批准；

② 发射功率应适当，以免干扰广播和民用电视；

③ 无线图像传输宜采用调频制；

④ 无线图像传输方式主要有高频开路传输方式和微波传输方式：

a. 监控距离在 10km 范围内时，可采用高频开路传输方式。

b. 监控距离较远且监视点在某一区域较集中时，应采用微波传输方式，其传输距离最远可达几十公里。需要传输距离更远或中间有阻挡物的情况时，可考虑加微波中继。

（4）电缆的敷设要求：

① 电缆的弯曲半径应大于电缆直径的 15 倍。

② 电源线宜与信号线、控制线分开敷设。

③ 室外设备连接电缆时，宜从设备的下部进线。

④ 电缆长度应逐盘核对，并根据设计图上各段线路的长度来选配电缆。宜避免电缆的接续，当电缆接续时，应采用专用接插件。

（5）架设架空电缆时，宜将电缆吊线固定在电杆上，再用电缆挂钩把电缆卡挂在吊线上；挂钩的间距宜为 0.5～0.6m。根据气候条件，每一杆档应留出余兜。

（6）墙壁电缆的敷设，沿室外墙面宜采用吊挂方式；室内墙面宜采用卡子方式。

墙壁电缆当沿墙角转弯时，应在墙角处设转角墙担。电缆卡子的间距在水平路径上宜为 0.6m；在垂直路径上宜为 1m。

（7）直埋电缆的埋深不得小于 0.8m，并应埋在冻土层以下；紧靠电缆处应用沙或细土覆盖，其厚度应大于 0.1m，且上压一层砖石保护。通过交通要道时，应穿钢管保护，电缆应采用具有铠装的直埋电缆，不得用非直埋式电缆作直接埋地敷设。转弯地段的电缆，地面上应有电缆标志。

（8）敷设管道电缆，应符合下列要求：

① 敷设管道线之前应先清刷管孔；

② 管孔内预设一根镀锌铁线；

③ 穿放电缆时宜涂抹黄油或滑石粉；

④ 管口与电缆间应衬垫铅皮，铅皮应包在管口上；

⑤ 进入管孔的电缆应保持平直，并应采取防潮、防腐蚀、防鼠等处理措施。

（9）管道电缆或直埋电缆在引出地面时，均应采用钢管保护。钢管伸出地面不宜小于 2.5m；埋入地下宜为 0.3～0.5m。

（10）光缆的敷设应符合下列规定：

① 敷设光缆前，应对光纤进行检查，光纤应无断点，其衰耗值应符合设计要求。

② 核对光缆的长度，并应根据施工图的敷设长度来选配光缆。配盘时应使接头避开河沟、交通要道和其他障碍物；架空光缆的接头应设在杆旁 1m 以内。

③ 敷设光缆时，其弯曲半径不应小于光缆外径的 20 倍。光缆的牵引端头应做好技术处理；可采用牵引力有自动控制性能的牵引机进行牵引。牵引力应加于加强芯上，其牵引力不应超过 150kg；牵引速度宜为 10m/min；一次牵引的直线长度不宜超过 1km。

④ 光缆接头的预留长度不应小于 8m。

⑤ 光缆敷设完毕，应检查光纤有无损伤，并对光缆敷设损耗进行抽测，确认没有损伤时，再进行接续。

（11）架空光缆应在杆下设置伸缩余兜，其数量应根据所在负荷区级别确定。对重负荷区宜每杆设一个；中负荷区 2～3 根杆宜设一个；轻负荷区可不设，但中间不得绷紧。光缆余兜的宽度宜为 1.52～2m，深度宜为 0.2～0.25m（图 7-29）。

光缆架设完毕，应将余缆端头用塑料胶带包扎，盘成圈置于光缆预留盒中；预留盒应固定在杆上。地下光缆引上电杆，必须采用钢管保护，如图 7-29 所示。

（12）在桥上敷设光缆时，宜采用牵引机终点牵引和中间人工辅助牵引。光缆在电缆槽内敷设不应过紧；当遇桥身伸缩接口处时应作 3～5 个"S"弯，并每处宜预留 0.5m。

图 7-29　光缆的余兜及引上线钢管保护

当穿越铁路桥面时，应外加金属管保护。光缆经垂直走道时，应固定在支持物上。

（13）管道光缆敷设时，无接头的光缆在直道上敷设应由人工逐个入孔同步牵引。预先做好接头的光缆，其接头部分不得在管道内穿行；光缆端头应用塑料胶带包好，并盘成圈放置在托架高处。

（14）光缆的接续应由受过专门训练的人员操作，接续时应采用光功率计或其他仪器进行监视，使接续损耗达到最小；接续后应做好接续保护，并安装好光缆接头护套。

（15）光缆敷设后，宜测量通道的总损耗，并用光时域反射计观察光纤通道全程波导衰减特性曲线。

（16）在光缆的接续点和终端应作永久性标志。

三、监控室的安装施工

1. 监控室的布局

（1）根据系统大小，宜设置监控点或监控室。监控室的设计应符合下列规定：

① 监控室宜设置在环境噪声较小的场所；

② 监控室的使用面积应根据设备容量确定，宜为 $12\sim50m^2$；

③ 监控室的地面应光滑、平整、不起尘。门的宽度不应小于 0.9m，高度不应小于 2.1m；

④ 监控室内的温度宜为 16～30℃，相对湿度宜为 30％～75％；

⑤ 监控室内的电缆、控制线的敷设宜设置地槽；当属改建工程或监控室不宜设置地槽时，也可敷设在电缆架槽、电缆走道、墙上槽板内，或采用活动地板；

⑥ 根据机柜、控制台等设备的相应位置，应设置电缆槽和进线孔。槽的高度和宽度应满足敷设电缆的容量和电缆弯曲半径的要求；

⑦ 监控室内设备的排列，应便于维护与操作，并应满足安全、消防的规定要求。

图 7-30 为监控室的设备布置示例。

图 7-30 监控室设备布置图（单位：mm）
注：
1. 架空地板，地下用线槽放线缆；
2. 专用接地，接地电阻多点接地少于 1Ω；
3. 良好通风，良好照明，应急照明。

（2）监控室根据需要宜具备下列基本功能：

① 能提供系统设备所需的电源；

② 监视和记录；

③ 输出各种遥控信号；

④ 接收各种报警信号；

⑤ 同时输入、输出多路视频信号，并对视频信号进行切换；

⑥ 时间、编码等字符显示；

⑦ 内外通信联络。

（3）控制室一般分为两个区，即终端显示区及操作区。操作区与显示区的距离以监视者与屏幕之间的距离为屏幕对角线的 4～6 倍为宜。

（4）控制台的设置：

① 控制台的设置应便于操作和维修，正面与墙的净距离不应小于 1.2m，两侧面与墙或其他设备的净距离在主通道不应小于 1.5m，在次要通道不应小于 0.8m。

② 控制台的操作面板（基本的组成：操作键盘和九寸监视器），应置于操作员既方便操作又便于观察的位置。图 7-31 和图 7-32 为监控室的控制台布置和形式示例。

图 7-31　监控室的控制台布置

注：1. 控制室供电容量约 3～5kVA。

　　2. 控制室内应设接地端子。

　　3. 图中尺寸仅供参考。

图 7-32　控制台形式

（5）监视器的设置：

① 较小的控制室，宜用吊架把监视器吊于顶棚上；大、中型控制室的监视器宜用监视器架摆放，一般呈内扇形或一字形，监视器架的背面和侧面距墙的距离不应小于 0.8m。

② 固定于机柜内的监视器应留有通风散热孔。

③ 监视器的安装位置应使屏幕不受外界强光直射，当有不可避免的强光入射时，应加光罩遮挡。

④ 与室内照明设计合理配合，以减少在屏幕上因灯光反射引起对操作人员的眩目。

⑤ 监视器的外部调节旋钮应暴露在方便操作的位置，并加防护盖。

图 7-33 为监视器机架布置示例。表 7-11 则表示监视器屏幕尺寸与可供观看的最佳距离。

图 7-33　监视器机架布置

监视器屏幕尺寸与可供观看的最佳距离　　　　　　　　　　　　表 7-11

监视器规格（对角线）		屏幕标称尺寸		可供观看的最佳距离	
（cm）	（英寸）	宽（cm）	高（cm）	最小观看距离（m）	最大观看距离（m）
23	9	18.4	13.8	0.92	1.6
31	12	24.8	18.6	1.22	2.2
35	14	28.0	21.0	1.42	2.5
43	17	34.4	25.8	1.72	3.0

（6）控制室内照明：

① 控制室内的平均照度应≥200lx。

② 照度均匀度（即最低照度与平均照度之比）应≥0.7。

（7）控制室内布线设计：

① 控制室内的电缆、控制线的敷设宜采用地槽。槽高、槽宽应满足敷设电缆的需要和电缆弯曲半径的要求。

② 对活动地板的要求：

a. 防静电；

b. 架空高度≥0.25m；

c. 根据机柜、控制台等设备的相应位置，留进线槽和进线孔。

③ 对不宜设置地槽的控制室，可采用电缆槽或电缆架架空敷设。

（8）系统照明：

① 监视目标所需最低照度：

a. 黑白电视系统，监视目标最低照度应≥10lx；

b. 彩色电视系统，监视目标最低照度应≥50lx。

② 监视目标处于雾气环境时，黑白电视系统宜采用高压水银灯作配光。彩色电视系统宜采用碘钨灯作配光。

③ 具有电动云台的监视系统，照明灯宜设置在摄像机防护罩上或设置在与云台同方向转动的其他装置上。

2. 监控室的安装施工

（1）机架安装应符合下列规定：

① 机架安装位置应符合设计要求，当有困难时，可根据电缆地槽和接线盒位置作适

当调整。

② 机架的底座应与地面固定。

③ 机架安装应竖直平稳；垂直偏差不得超过 1‰。

④ 几个机架并排在一起，面板应在同一平面上，并与基准线平行，前后偏差不得大于 3mm；两个机架中间缝隙不得大于 3mm。对于相互有一定间隔而排成一列的设备，其面板前后偏差不得大于 5mm。

⑤ 机架内的设备、部件的安装，应在机架定位完毕并加固后进行，安装在机架内的设备应牢固、端正。

⑥ 机架上的固定螺钉、垫片和弹簧垫圈均应按要求紧固，不得遗漏。

（2）控制台安装应符合下列规定：

① 控制台位置应符合设计要求；

② 控制台应安放竖直，台面水平；

③ 附件完整、无损伤、螺钉紧固，台面整洁无划痕；

④ 台内接插件和设备接触应可靠，安装应牢固，内部接线应符合设计要求，无扭曲脱落现象。

（3）监控室内，电缆的敷设应符合下列要求：

① 采用地槽或墙槽时，电缆应从机架、控制台底部引入，将电缆顺着所盘方向理直，按电缆的排列次序放入槽内；拐弯处应符合电缆曲率半径要求。

电缆离开机架和控制台时，应在距起弯点 10mm 处成捆空绑，根据电缆的数量应隔 100～200mm 空绑一次。

② 采用架槽时，架槽宜每隔一定距离留出线口。电缆由出线口从机架上方引入，在引入机架时应成捆绑扎。

③ 采用电缆走道时，电缆应从机架上方引入，并应在每个梯铁上进行绑扎。

④ 采用活动地板时，电缆在地板下可灵活布放，并应顺直无扭绞；在引入机架和控制台处还应成捆绑扎。

（4）在敷设的电缆两端应留适度余量，并标示明显的永久性标记。

（5）各种电缆和控制线插头的装设应符合产品生产厂的要求。

（6）引入、引出房屋的电（光）缆，在出入口处应加装防水罩。向上引入、引出的电（光）缆，在出入口处还应做滴水弯，其弯度不得小于电（光）缆的最小弯曲半径。电（光）缆沿墙上下引入、引出时应设支持物。电（光）缆应固定（绑扎）在支持物上，支持物的间隔距离不宜大于 1m。

（7）监控室内光缆的敷设，在电缆走道上时，光端机上的光缆宜预留 10m；余缆盘成圈后应妥善放置，光缆至光端机的光纤连接器的耦合工艺，应严格按有关要求进行。

（8）监视器的安装应符合下列要求：

① 监视器可装设在固定的机架和柜上，也可装设在控制台操作柜上。当装在柜内时，应采取通风散热措施；

② 监视器的安装位置应使屏幕不受外来光直射，当有不可避免的光时，应加遮光罩遮挡；

③ 监视器的外部可调节部分，应暴露在便于操作的位置，并可加保护盖。

四、供电与接地

（1）系统的供电电源应采用 220V、50Hz 的单相交流电源，并应配置专门的配电箱。当电压波动超出＋5％～10％范围时，应设稳压电源装置。稳压装置的标称功率不得小于系统使用功率的 1.5 倍。

（2）摄像机宜由监控室引专线经隔离变压器统一供电。当供电线与控制线合用多芯线时，多芯线与电缆可一起敷设。远端摄像机可就近供电，但设备应设置电源开关、熔断器和稳压等保护装置。

（3）系统的接地，宜采用一点接地方式。接地母线应采用铜质线。

（4）系统采用专用接地装置时，其接地电阻不得大于 4Ω；采用综合接地网时，其接地电阻不得大于 1Ω。

（5）应采用专用接地干线，由控制室引入接地体，专用接地干线所用铜芯绝缘导线或电缆，其芯线截面不应小于 16mm^2。

（6）接地线不能与强电交流的地线以及电网零线短接或混接，接地线不能形成封闭回路。

（7）由控制室引到系统其他各设备的接地线，应选用铜芯绝缘软线，其截面积不应小于 4mm^2。

（8）光缆传输系统中，各监控点的光端机外壳应接地，且宜与分监控点统一连接接地。光缆加强芯、架空光缆接续护套应接地。

（9）架空电缆吊线的两端和架空电缆线路中的金属管道应接地。

（10）进入监控室的架空电缆入室端和摄像机装于旷野、塔顶或高于附近建筑物的电缆端，应设置避雷保护装置。

（11）防雷接地装置宜与电气设备接地装置和埋地金属管道相连。当不相连时，两者间的距离不宜小于 20m。

（12）不得直接在两建筑屋顶之间敷设电缆，应将电缆沿墙敷设于防雷保护区以内，并不得妨碍车辆的运行。

（13）系统的防雷接地与安全防护设计应符合现行国家标准《工业企业通信接地设计规范》GBJ 79—85、《建筑物防雷设计规范》GB 50057—94 和《声音和电视信号的电缆分配系统》GB/T 6510—1996 的规定。

第五节　工 程 举 例

【例 1】　某大楼的电视监控系统。

该大楼共 22 层，设置摄像机 76 台，采用矩阵主机进行控制，控制室设在首层。该电视监控系统图及摄像机的楼层配置如图 7-34 所示。下面着重介绍一下该大楼大堂和电梯间的摄像机布置。

图 7-35 是该大楼大堂门口和电梯间的摄像机布置示例。用来摄像监视大堂门口的摄像机 C，由于直对屋外，需采用具有逆光补偿的摄像机。对于电梯轿厢内摄像机的布置，以往通常设在电梯操作器对角轿厢顶部处，左右上下互成 45°对角，如图中 A 处。但这种

图 7-34　某大楼电视监控系统

布置摄取乘客大部分时间为背部，不如布置在 B 处，能大部分时间摄取乘客正面。摄像机可选用带 3mm 自动光圈广角镜头、隐蔽式黑白或彩色摄像机。

图 7-35 某大楼大堂门口、电梯摄像机布置

【例2】 某智能小区的电视监控系统

该小区在主要出入口、管理大楼等处共设置摄像机 80 台，其中小区内集中绿地及景观的中心区域还设置 2 台云台摄像机。装设在车库内的摄像机将与设置在各自监测范围内的双鉴移动探测器联动，当这些探测器探测到车库内的移动物体并发出报警时，系统将联动相应的摄像机并在监视器上显示相应的报警画面，安保人员还可以控制其中的 1 台云台摄像机进行监控。布置在周界上的摄像机将与周界红外探测器联动。

考虑到系统既要有一定的先进性，还要提高系统的性价比，因此采用国产极锐数字硬盘录像系统。80 台摄像机所摄取的监控画面通过 5 台硬盘录像机的分割、处理及控制，在 5 台 19 英寸专业监视器上全面显示。系统另设 1 台 19 英寸专业显示器作为显示报警联动画面使用。所有监控画面及报警联动画面 24h 记录在硬盘上。

该系统配置如表 7-12 所示，整个系统的结构图如图 7-36 所示。

闭路电视监控系统配置一览表　　　　　　　　　　　　　　表 7-12

序号	名　　称	型号	品牌	产地	数量
1	黑白摄像机	ST-BC3064	日立	日本	80
2	自动光圈镜头 (8.0mm)	SSG0812	精工	日本	74
3	电动三可变镜头	SSL06036M	精工	日本	6
4	内置全方位室外云台带球型防护罩	VD-9109D	亚安	中国	6
5	19″显示器		大水牛	中国	6
6	硬盘录像机	DRM16	极锐	中国	5
7	硬盘	80G/7200	迈拓	美国	10
8	双鉴移动探测器	DT-906	CK	美国	16
9	摄像机防护罩			中国	74
10	支架			中国	74
11	云台支架			中国	6

图 7-36 闭路电视监控系统结构图

【例3】 派出所监控电视系统

图 7-37 为派出所监控中心监控电视系统（图中只画出一个摄像机），采用视频矩阵控制方式。本监控中心除了实现对本辖区的监控外，还可通过光缆；与区公安局监控中心实现摄像机视频图像的相互调控，达到资源共享、协同作战的目的。

图 7-37 派出所监控中心方案图（只画出一个摄像机）

第八章　安全防范系统

第一节　入侵（防盗）报警系统

一、安全防范系统的内容（表 8-1）

安全防范系统内容 表 8-1

项　目	说　明
视频安防（闭路电视）监控系统	采用各类摄像机，对建筑物内及周边的公共场所、通道和重要部位进行实时监视、录像，通常和报警系统、出入口控制系统等实现联动。 视频监控系统通常分模拟式视频监控系统和数字式视频监控系统，后者还可网络传输、远程监视。视频监控系统内容已在第七章阐述
入侵（防盗）报警系统	采用各类探测器，包括对周界防护、建筑物内区域/空间防护和某些实物目标的防护。 常用的探测器有：主动红外探测器、被动红外探测器、双鉴探测器、三鉴探测器、振动探测器、微波探测器、超声探测器、玻璃破碎探测器等。在工程中还经常采用手动报警器、脚挑开关等作为人工紧急报警器件
出入口控制（门禁）系统	采用读卡器等设备，对人员的进、出、放行、拒绝、记录和报警等操作的一种电子自动化系统。 根据对通行特征的不同辨识方法，通常有密码、磁卡、IC 卡或根据生物特征，如指纹、掌纹、瞳孔、声音等对通行者进行辨识
巡更管理系统	是人防和技防相结合的系统。通过预先编制的巡逻软件，对保安人员巡逻的运动状态（是否准时、遵守顺序巡逻等）进行记录、监督，并对意外情况及时报警。 巡更管理系统通常分为离线式巡更管理系统和在线式（或联网式）巡更管理系统。在线式巡更管理系统通常采用读卡器、巡更开关等识别。采用读卡器时，读卡器安装在现场往往和出入口（门禁）管理系统共用，也可由巡更人员持手持式读卡器读取信息
停车场（库）管理系统	对停车场（库）内车辆的通行实施出入控制、监视以及行车指示、停车计费等的综合管理。停车场管理系统主要分内部停车场、对外开放的临时停车场，以及两者共用的停车场
访客对讲系统	是对出入建筑物实现安全检查，以保障住户的安全。 访客对讲系统在住宅、智能化小区中已得到广泛采用，将在第十一章阐述
安全防范综合管理系统	早期的安全防范系统大都是以各子系统独立的方式工作，特点是子系统单独设置，独立运行。子系统间若需联动，通常都通过硬件连接实现彼此之间的联动管理。目前由于计算机技术、通信技术和网络技术的飞速发展，开始采用安全防范综合管理系统，也称集成化安全防范系统。 集成化安全防范系统的特点是采用标准的通信协议，通过统一的管理平台和软件将各子系统联网，从而实现对全系统的集中监视、集中控制和集中管理，甚至可通过因特网进行远程监视和远程控制。 集成化安全防范系统使建筑物的安全防范系统成为一个有机整体，可方便地接入建筑智能化集成管理系统。从而可有效地提高建筑物抗事故、灾害的综合防范能力和发生事故、灾害时的应变能力以及增强调度、指挥、疏散的管理手段等

二、入侵（防盗）报警系统构成

（一）入侵报警系统构成

入侵报警系统通常由前端设备（包括探测器和紧急报警装置）、传输设备、处理/控制/管理设备和显示/记录设备四个部分构成。

（二）入侵报警系统基本模式

入侵报警系统根据信号传输方式的不同分为四种基本模式：分线制、总线制、无线制、公共网络。

1. 分线制系统模式

分线制入侵报警模式如图 8-1 所示。探测器、紧急报警装置通过多芯电缆与报警控制主机之间采用一对一专线相联。

图 8-1　分线制模式

分线制入侵报警系统模式二如图 8-2 所示。探测器的数量小于报警主机的容量，系统可根据区域联动开启相关区域的照明和声光报警器，备用电源切换时间应满足报警控制主机的供电要求。有源探测器宜采用不少于四芯的 RVV 线，无源探测器宜采用两芯线。

分线制入侵报警系统模式三如图 8-3 所示。备用电源切换时间应满足周界报警控制器的供电要求，前端设备的选择、选型应由工程设计确定。

2. 总线制系统模式

图 8-2　分线制入侵报警系统模式二

总线制入侵报警系统模式如图 8-4 所示。总线制控制系统是将探测器、紧急报警装置通过其相应的编址模块，与报警控制器主机之间采用报警总线（专线）相连。与分线制入侵报警系统相同，它也是由前端设备、传输设备、处理/控制/管理设备和显示/记录设备四部分组成，二者不同之处是其传输设备通过编址模块使传输线路变成了总线制，极大地减少了传输导线的数量。

总线制入侵报警系统示例见图 8-5。

图 8-3　分线制入侵报警系统模式三

图 8-4　总线制模式

图 8-5　总线制入侵报警系统示意图

注：总线的长度不宜超过 1200m。防区扩展模块是将多个编址模块集中设置。

3. 无线制模式

探测器、紧急报警装置通过其相应的无线设备与报警控制主机通信。其中一个防区内的紧急报警装置不得大于 4 个（图 8-6）。

图 8-6　无线制模式

4. 公共网络模式

探测器、紧急报警装置通过现场报警控制设备和/或网络传输接入设备与报警控制主机之间采用公共网络相连。公共网络可以是有线网络，也可以是有线—无线—有线网络（图 8-7）。

图 8-7　公共网络模式

以上四种模式可以单独使用，也可以组合使用；可单级使用，也可多级使用。

（三）安全防范系统的设防区域与部位（表 8-2）

安全防范系统设防区域及部位　　　　表 8-2

序号	主要区域和部位	具 体 范 围
1	周界	宜包括建筑物、建筑群外层周界、楼外广场、建筑物周边外墙、建筑物地面层、建筑物顶层等
2	出入口	宜包括建筑物、建筑群周界出入口、建筑物地面层出入口、办公室门、建筑物内和楼群间通道出入口、安全出口、疏散出口、停车库(场)出入口等
3	通道	宜包括周界内主要通道、门厅(大堂)、楼内各楼层内部通道、各楼层电梯厅、自动扶梯口等
4	公共区域	宜包括会客厅、商务中心、购物中心、会议厅、酒吧、咖啡厅、功能转换层、避难层、停车库(场)等
5	重要部位	宜包括重要工作室、重要厨房、财务出纳室、集中收款处、建筑设备监控中心、信息机房、重要物品库房、监控中心、管理中心等

第二节　报警探测器

一、报警探测器的分类及其选用

防盗报警探测器又称入侵探测器，是专门用来探测入侵者的移动或其他动作的由电子及机械部件所组成的装置。它通常是由各种类型的传感器和信号处理电路组成的，又称为入侵报警探头。

入侵探测器的种类繁多，分类方式也有多种。

（一）按用途或使用的场所不同来分

可分为户内型入侵探测器、户外型入侵探测器、周界入侵探测器、重点物体防盗探测器等。

（二）按探测器的探测原理不同或应用的传感器不同来分

可分为雷达式微波探测器、微波墙式探测器、主动式红外探测器、被动式红外探测器、开关式探测器、超声波探测器、声控探测器、振动探测器、玻璃破碎探测器、电场感应式探测器、电容变化探测器、视频探测器、微波—被动红外双技术探测器、超声波—被动红外双技术探测器等。

（三）按探测器的警戒范围来分

可分为点型探测器、线型探测器、面型探测器及空间型探测器。

点型探测器的警戒范围是一个点，线型探测器的警戒范围是一条线，面型探测器的警戒范围是一个面，空间型探测器的警戒范围是一个空间。参看表 8-3。

按探测器的警戒范围分类　　　　　　　　　　　　　　　　表 8-3

警戒范围	探测器种类
点型	开关式探测器(压力垫、门磁开关、微动开关式等)
线型	主动式红外探测器、激光式探测器、光纤式周界探测器
面型	振动探测器、声控—振动型双技术玻璃破碎探测器、电视报警器
空间型	雷达式微波探测器、微波墙式探测器、被动红外探测器、超声波探测器、声控探测器、视频探测器、微波—被动红外双技术探测器、超声波—被动红外双技术探测器、声控型单技术玻璃破碎探测器、次声波—玻璃破碎高频声响双技术玻璃破碎探测器、泄漏电缆探测器、振动电缆探测器、电场感应式探测器、电容变化式探测器

（四）按探测器的工作方式来分

可分为主动式探测器与被动式探测器。

主动式探测器在担任警戒期间要向所防范的现场不断发出某种形式的能量，如红外线、超声波、微波等能量。

而被动式探测器在担任警戒期间本身则不需要向所防范的现场发出任何形式的能量，而是直接探测来自被探测目标自身发出的某种形式的能量，如红外线、振动等能量。

图 8-8 表示现行各种主要入侵探测器分类。

各种常用入侵探测器的选用如表 8-4 和表 8-5 所示。

图 8-8　现行主要入侵探测器分类

各种入侵探测器的选用 表 8-4

警戒范围	名称	适应场所	主要特点	适宜工作环境	不适宜工作环境	宜选如下技术和器材
点	磁开关入侵探测器	各种门、窗、抽屉等	体积小,可靠性好	非强磁场存在情况;门窗缝不能过大	强磁场存在环境;门窗缝隙过大的建筑物	在铁制门窗使用时,宜选用铁制门窗专用磁开关
线	主动红外入侵探测器	室内、室外(一般室内机不能用于室外)	红外线,便于隐蔽	室内周界控制;室外"静态"干燥气候	室外恶劣气候;收发机视线内可能有遮挡物	双光束或四光束鉴别技术
线	遮挡式微波探测器	室内、室外周界控制	受气候影响较小	无高频电磁场存在场所;收发机间不能有可能遮挡物	收发机间可能有遮挡物;高频电磁波(微波频段)存在场所	报警控制器宜加智能鉴别技术
线	振动电缆探测器	室内、室外均可	可与室内外各种实体周界配合使用	非嘈杂振动环境	嘈杂振动环境	报警控制器宜加智能鉴别技术
线	泄露电缆探测器	室内、室外均可	可随地形变化埋设	两探测电缆间无活动物体,无高频电磁场存在场所	高频电磁场干扰环境	报警探测器宜加智能鉴别技术
面	电动式振动探测器	室内、室外均可,主要用于地面控制	灵敏度高,被动式	远离振源	地质板结的冻土地或土质松软的泥土地	所选用报警控制器需有信号比较和鉴别技术
面	压电式振动探测器	室内、室外均可,多用于墙壁或顶棚上	被动式	远离振源	时常引起振动或环境过于嘈杂的场所	智能鉴别技术
面	声波——振动式玻璃破碎双鉴器	室内,用于各种可能产生玻璃破碎场所	与单技术玻璃破碎探测器比,误报少	日常环境噪声	环境过于嘈杂的场所	双/单转换型;智能鉴别技术
体	被动红外入侵探测器	室内空间型,有吸顶式、壁挂式、楼道式、幕帘式等	被动式(多台交叉使用互不干扰),功耗低,可靠性较好	日常环境噪声;温度在15～25℃时探测效果最佳	背景有热变化,如冷热气流、强光间歇照射等;背景温度接近人体温度;强电磁场干扰场合;小动物频繁出没场合	宜增加自动温度补偿技术;抗小动物干扰技术;防遮挡技术;抗强光干扰技术;智能鉴别技术
体	微波——被动红外双鉴器	室内空间型,有吸顶式、壁挂式、楼道式等	误报警少(与被动红外入侵探测器相比);可靠性较好	日常环境噪声;温度在15～24℃时探测效果最佳	现场温度接近人体温度时,灵敏度下降;强电磁场干扰情况;小动物出没频繁场合	双/单转换型;自动温度补偿技术;防遮挡技术;抗小动物干扰技术;智能鉴别技术

续表

警戒范围	名称	适应场所	主要特点	适宜工作环境	不适宜工作环境	宜选如下技术和器材
体	声控单技术式玻璃破碎探测器	室内空间型,有吸顶型、壁挂式等	被动式;仅对玻璃破碎等高频声响敏感	日常环境噪声	环境嘈杂,附近有金属打击声、汽笛声、电铃声等高频声响	智能鉴别技术
	微波多普勒探测器	室内空间型,壁挂式	不受声、光、热的影响	可在环境噪声较强及光变化、热变化较大的条件下工作	不适宜简易房间或临时展厅使用,不适宜高频(微波段)电磁场环境使用,防范现场也不宜有活动物和可能活动物	平面天线技术;智能鉴别技术
	声控——次声波式玻璃破碎双鉴器	室内空间型(警戒空间要有较好的密封性)	与单技术玻璃破碎探测器相比误报少;可靠性较高	密封性较好的室内	简易或密封性不好的室内	智能鉴别技术

常用入侵探测器的选择与使用　　　　　　　　　表 8-5

名称	适用场所与安装方式		主要特点	安装设计要点	适宜工作环境和条件	不适宜工作环境和条件	附加功能
超声波多普勒探测器	室内空间型	吸顶式	没有死角且成本低	水平安装,距地宜小于 3.6m	警戒空间要有较好密封性	简易或密封性不好的室内;有活动物和可能活动物;环境嘈杂,附近有金属打击声、汽笛声、电铃等高频声响	智能鉴别技术
		壁挂式		距地 2.2m 左右,透镜的法线方向宜与可能入侵方向成 180°角			
微波多普勒探测器	室内空间型,挂墙式		不受声、光、热的影响	距地 1.5～2.2m 左右,严禁对着房间的外墙、外窗,透镜的法线方向宜与可能入侵方向成 180°角	可在环境噪声较强、光变化、热变化较大的条件下工作	有活动物和可能活动物;微波段高频电磁场环境;防护区域内有过大、过厚的物体	平面天线技术;智能鉴别技术
被动红外入侵探测器	室内空间型	吸顶式	被动式(多台交叉使用互不干扰),功耗低,可靠性较好	水平安装,距地宜小于 3.6m	日常环境噪声,温度在 15～25℃ 时探测效果最佳	背景有热冷变化,如冷热气流、强光间歇照射等;背景温度接近人体温度;强电磁场干扰;小动物频繁出没场合等	自动温度补偿技术;抗小动物干扰技术;防遮挡;抗强光干扰技术
		挂墙式		距地 2.2m 左右,透镜的法线方向宜与可能入侵方向成 90°角			
		楼道式		距地 2.2m 左右,视场面对楼道			
		幕帘式		在顶棚与立墙拐角处,透镜的法线方向宜与窗户平行	窗户内窗台较大或与窗户平行的墙面无遮挡,其他与上同	窗户内窗台较小或与窗户平行的墙面有遮挡或紧贴窗帘安装,其他与上同	智能鉴别技术

续表

名称	适用场所与安装方式		主要特点	安装设计要点	适宜工作环境和条件	不适宜工作环境和条件	附加功能
微波和被动红外复合入侵探测器	室内空间型	吸顶式	误报警少（与被动红外探测器相比）；可靠性较好	水平安装，距地宜小于4.5m	日常环境噪声，温度在15～25℃时探测效果最佳	背景温度接近人体温度；环境嘈杂，附近有金属打击声、汽笛声、电铃等高频声响；小动物频繁出没场合等	双一单转换型；自动温度补偿技术；抗小动物干扰技术；防遮挡技术；智能鉴别技术
		挂墙式		距地2.2m左右，透镜的法线方向宜与可能入侵方向成135°角			
		楼道式		距地2.2m左右，视场面对楼道			
被动式玻璃破碎探测器	室内空间型，有吸顶、壁挂等		被动式；仅对玻璃破碎等高频声响敏感	所要保护的玻璃应在探测器保护范围之内，并应尽量靠近所要保护玻璃附近的墙壁或顶棚上。具体按说明书的安装要求进行	日常环境噪声	环境嘈杂，附近有金属打击声、汽笛声、电铃等高频声响	智能鉴别技术
振动入侵探测器	室内外		被动式	墙壁、顶棚、玻璃，室外地面表层物下面，保护栏网或桩柱，最好与防护对象实现刚性连接	远离振源	地质板结的冻土或土质松软的泥土地，时常引起振动或环境过于嘈杂的场合	智能鉴别技术
主动红外入侵探测器	室内外（一般室内机不能用于室外）		红外线，便于隐蔽	红外光路不能有阻挡物；严禁阳光直射接收机透镜内；防止入侵者从光路下方或上方侵入	室内周界控制；室外"静态"干燥气候	室外恶劣气候，特别是经常有浓雾、毛毛雨的地域或动物出没的场所，灌木丛、杂草、树叶树枝多的地方	
遮挡式微波入侵探测器	室内、室外周界控制		受气候影响小	高度应一致，一般为设备垂直作用高度的一半	无高频电磁场存在场所；收发机间无遮挡物	高频电磁场存在场所；收发机间有可能遮挡物	报警控制设备宜有智能鉴别技术
振动电缆入侵探测器	室内、室外均可		可与室内各种实体防护周界配合使用	在围栏、房屋墙体、围墙内侧或外侧高度的2/3处。网状围栏上安装固定间隔应小于30m，每100m预留8～10m维护环	非嘈杂振动环境	嘈杂振动环境	报警控制设备宜有智能鉴别技术
泄漏电缆入侵探测器	室内、室外周界控制		可随地型埋设，可埋入墙体	埋入地域应尽量避开金属堆积物	两探测电缆间无活动物体；无高频电磁场存在场所	高频电磁场存在场所；两探测电缆间有易活动物体（如灌木丛等）	报警控制设备宜有智能鉴别技术

续表

名称	适用场所与安装方式	主要特点	安装设计要点	适宜工作环境和条件	不适宜工作环境和条件	附加功能
磁开关入侵探测器	各种门、窗、抽屉等	体积小、可靠性好	舌簧管宜置于固定框上，磁铁置于门窗的活动部位上，两者宜安装在产生位移最大的位置，其间距应满足产品安装要求	非强磁场存在情况	强磁场存在情况	在特制门窗使用时宜选用特制门窗专用门磁开关
紧急报警装置	用于可能发生直接威胁生命的场所(如银行营业所、值班室、收银台等)	利用人工启动(手动报警开关、脚踢报警开关等)发出报警信号	要隐蔽安装，一般安装在紧急情况下人员易可靠触发的部位	日常工作环境	危险爆炸环境	防误触发措施，触发报警后能自锁，复位需采用人工再操作方式

二、各种探测器的特点与安装设计

(一) 微波移动探测器 (雷达式微波探测器)

它是利用频率为 $300 \sim 300000 MHz$（通常为 $10000 MHz$）的微波（电磁波）对运动目标产生多普勒效应构成的微波探测器。它又称为多普勒式微波探测器，或称雷达式微波探测器，如图 8-9 (a) 所示。

所谓多普勒效应是指微波探头与探测目标之间有相对运动时，接收的回波信号频率会发生变化。探头所接收的回波（反射波）与发射波之间的频率差就称为多普勒频率 f_d。它等于 $f_d = \dfrac{2v_r}{c} \cdot f_0$（式中 v_r 为目标与探头相对运动的径向速度；c 为光速；f_0 为探头的发射微波频率）。

亦即，微波探头产生固定频率 f_0 的连续发射信号，当遇到运动目标时，由于多普勒效应，反射波频率变为 $f_0 \pm f_d$，通过接收天线送入混频器产生差频信号 f_d，经放大处理后再传输至控制器。此差频信号也称为报警信号，它解发控制电路报警或显示。这种报警器对静止目标不产生多普勒效应（$f_d = 0$），没有报警信号输出。它一般用于监控室内目标。

图 8-9 (b)、(c) 为微波报警器的探测区域和安装方法。

(二) 主动式红外报警器

红外报警器是利用红外线的辐射和接收技术构成的报警装置。根据其工作原理又可分为主动式和被动式两种类型。

1. 主动式红外报警器的组成

主动式红外报警器是由收、发装置两部分组成。发射装置向装在几米甚至几百米远的接收装置辐射一束红外线，当被遮断时，接收装置即发出报警信号，因此它也是阻挡式报警器，或称对射式报警器。

主动式红外探测器的安装设计要点如下：

图 8-9 微波报警器的安装（单位：mm）

（a）组成框图；（b）探测区域；（c）安装方法

图 8-10 主动式红外报警器的几种布置

（1）红外光路中不能有可能阻挡物（如室内窗帘飘动、室外树木晃动等）；

（2）探测器安装方位应严禁阳光直射接收机透镜内；

（3）周界需由两组以上收、发射机构成时，宜选用不同的脉冲调制红外发射频率，以防止交叉干扰；

（4）正确选用探测器的环境适应性能，室内用探测器严禁用于室外；

（5）室外用探测器的最远警戒距离，应按其最大射束距离的 1/6 计算；

（6）室外应用要注意隐蔽安装；

（7）主动红外探测器不宜应用于气候恶劣，特别是经常有浓雾、毛毛细雨的地域，以及环境脏乱或动物经常出没的场所。

图 8-10 表示主动式红外探测器的几种布置方式：

① 单光路由一只发射器和一只接收器组成，如图 8-10（a）所示。但要注意入侵者跳跃或下爬入而导致漏报。

② 双光路由两对发射器和接收器组

成，如图 8-10（b）所示。图中两对收、发装置分别相对，是为了消除交叉误射。不过，有的厂家产品通过选择振荡频率的方法来消除交叉误射。这时，两只发射器可放在同一侧，两只接收器放在另一侧。

③ 多光路构成警戒面，如图 8-10（c）所示。

④ 反射单光路构成警戒区，如图 8-10（d）所示。

2. 主动红外入侵探测器设置应符合下列要求：

（1）探测器在安装时应考虑不利天气因素对有效探测距离的影响，实际使用距离不宜超过产品额定探测距离的 70%；

（2）主动红外发射机与主动红外接收机应接准，探测器所形成的警戒线应连续无间断，不应有盲区或死角；

（3）探测器安装应采用交叉安装的方式，即在同一处安装两只指向相反的发射装置或两只指向相反的接收装置，并使两装置交叉间距应不小于 0.3m；

（4）围墙顶端与探测器最下一束光轴的间距不宜大于 0.15m；

（5）红外发射机与红外接收机之间不应有遮挡物，围墙两侧不应种植高大树木；

图 8-11 是利用四组主动式红外发射器和接收器构成一个矩形的周界警戒线示例。

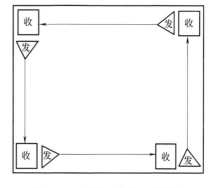

图 8-11　利用红外收、发器构成的周界警戒线

（三）被动式红外报警器

1. 工作原理

被动式红外报警器不向空间辐射能量，而是依靠接收人体发出的红外辐射来进行报警的。被动式红外报警器在结构上可分为红外探测器（红外探头）和报警控制部分。红外探测器目前用得最多的是热释电探测器，作为人体红外辐射转变为电量的传感器。

目前视场探测模式常设计成多种方式，例如有多线明暗间距探测模式，又可划分上、中、下三个层次，即所谓广角形；也有呈狭长形（长廊形）的，如图 8-12 所示。

在探测区域内，人体透过衣饰的红外辐射能量被探测器的透镜接受，并聚焦于热释电传感器上。图中所形成的视场既不连续，也不交叠，且都相隔一个盲区。当人体（入侵者）在这一监视范围中运动时，顺次地进入某一视场又走出这一视场，热释电传感器对运动的人体一会儿看到，一会儿又看不到，再过一会儿又看到，然后又看不到，于是人体的红外线辐射不断地改变热释电体的温度，使它输出一个又一个相应的信号，此就是作为报警信号。传感器输出信号的频率大约为 0.1~10Hz，这一频率范围由探测器中的菲涅尔透镜、人体运动速度和热释电传感器本身的特性决定。

2. 被动式红外探测器的特点及安装使用要点

（1）主要特点

① 被动式红外探测器属于空间控制型探测器。由于其本身不向外界辐射任何能量，因此就隐蔽性而言更优于主动式红外探测器。另外，其功耗可以做得极低，普通的电池就可以维持长时间的工作。

图 8-12　红外探测器的探测模式

(*a*) IR71M (4×2)；(*b*) IR73M (11×2)

② 由于红外线的穿透性能较差，在监控区域内不应有障碍物，否则会造成探测"盲区"。

③ 为了防止误报警，不应将被动式红外探测器探头对准任何温度会快速改变的物体，特别是发热体，如电加热器、火炉、暖气、空调器的出风口、白炽灯等强光源以及受到阳光直射的窗口等。这样可以防止由于热气流的流动而引起的误报警。

（2）被动式红外探测器安装要点

被动式红外探测器根据视场探测模式，可直接安装在墙上、顶棚上或墙角。其布置和安装的原则如下：

① 探测器对横向切割（即垂直于）探测区方向的人体运动最敏感，故布置时应尽量利用这个特性达到最佳效果。如图 8-13 中 *A* 点布置的效果好；*B* 点正对大门，其效果差。

② 布置时要注意探测器的探测范围和水平视角。如图 8-14 所示，可以安装在顶棚上（也是横向切割方式），也可以安装在墙面或墙角，但要注意探测器的窗口（菲涅耳透镜）与警戒的相对角度，防止"死角"。

图 8-15 是全方位（360°视场）被动红外探测器安装在室内顶棚上的部位及其配管装法。

③ 探测器不要对准加热器、空调出风口管道。警戒区内最好不要有空调或热源；如果无法避免热源；则应与热源保持至少 1.5m 以上的间隔距离。

④ 探测器不要对准强光源和受阳光直射的门窗。

⑤ 警戒区内注意不要有高大的遮挡物遮挡和电风扇叶片的干扰，也不要安装在强电处。

⑥ 选择安装墙面或墙角时，安装高度在 2～4m，通常为 2～2.5m。

图 8-16 给出一种安装示例。如图所示，在房间的两个墙角分别安装探测器 *A* 和 *B*，探测器 *C* 则安装在走廊里，用来监视两个无窗的储藏室和主通道（人口）。图中箭头所指方向为入侵者可能闯入的走向。

图 8-13　被动式红外探测器的布置之一

图 8-14　被动式红外探测器的布置之二

（a）安装在墙角可监视窗户；（b）安装在墙面监视门窗；（c）安装在房顶监视门

图 8-15　被动式红外探测器的安装

（四）微波—红外复合探测器

目前常用的双技术报警器是微波—被动红外报警器。它是把微波和被动红外两种探测技术结合在一起，同时对人体的移动和体温进行探测并相互鉴证之后才发出报警。由于两种探测器的误报基本上互相抑制了，而两者同时发生误报的概率又极小，所以误报率大大下降。例如，微波—被动红外双技术报警器的误报率可以达到单技术报警器误报率的 $\frac{1}{421}$；并且通过采用温度补

图 8-16　被动式红外探测器安装实例

（图中箭头表示可能入侵方向）

偿措施，弥补了单技术被动红外探测器灵敏度随温度变化的缺点，使双技术探测器的灵敏度不受环境温度的影响，故使它得到广泛的应用。双技术报警器的缺点是价格比单技术报警器昂贵，安装时需将两种探测器的灵敏度都调至最佳状态较为困难。

图 8-17 是美国 C&K 公司生产的 DT-400 系列双技术移动探测器的探测图形。图 8-17（a）为顶视图，图 8-17（b）为侧视图。该双技术探测器是使用微波＋被动红外线双重鉴证。微波的中心频率为 10.525GHz，微波探测距离可调。这种组合探测器的灵敏度为 2～4 步，探测范围有 6m×6m（DT420T 型）、11m×9m（DT435T 型）、15m×12m

449

图 8-17 DT-400 系列双技术移动探测器的探测图形

（a）顶视图；（b）侧视图

（DT450T 型）、12m×12m（DT440S 型）；18m×18m（DT460S 型）等规格产品。工作温度为－18～65.6℃。

图 8-18 是 C&K 公司新开发的 DT-5360 型吸顶式双技术探测器。这是可安装在顶棚上的视角为 360°的微波—被动红外探测器，具有直径 15m 的探测范围，分别有 72 视区，分成三个 360°视场，安装高度为 2.4～5m。尤其是它可嵌入式安装，使探测器外壳大部分埋在顶棚内，因此隐蔽性好，并可减少撞坏的可能。其他特性与上述 DT-400 系列相类似。

图 8-18 DT-5360 型吸顶式双技术探测器

（a）顶视图；（b）侧视图

微波—被动红外双技术探测器的特点和安装要求如下：

微波—被动红外双技术入侵探测器适用于室内防护目标的空间区域警戒。与被动红外单技术探测器相比，微波—被动红外双技术探测器具有如下特点：

（1）误报警少，可靠性高；

（2）安装使用方便（对环境条件要求宽）；

（3）价格较高，功耗也较大。

选用时，宜含有如下防误报、漏报技术措施：

（1）抗小动物干扰技术；

（2）当两种探测技术中有一种失效或发生故障时，在发出故障报警的同时，应能自动转换为单技术探测工作状态。

其安装设计要点如下：

（1）壁挂式微波—被动红外探测器，安装高度距地面 2.2m 左右，视场与可能入侵方向应成 45°角为宜（若受条件所限，应首先考虑被动红外单元的灵敏度）。探测器与墙壁的倾角视防护区域覆盖要求确定。

450

布置和安装双技术探测器时，要求在警戒范围内两种探测器的灵敏度全可能保持均衡。微波探测器一般对沿轴向移动的物体最敏感，而被动红外探测器则对横向切割探测区的人体最敏感，因此为使这两种探测传感器都处于较敏感状态，在安装微波—被动红外双技术探测器时，应使探测器轴线与保护对象的方向成45°夹角为好。当然，最佳夹角还与视场图形结构有关，故实际安装时应参阅产品说明书而定。

（2）吸顶式微波—被动红外探测器，一般安装在重点防范部位上方附近的顶棚上，应水平安装。

（3）楼道式微波—被动红外探测器，视场面对楼道（通道）走向，安装位置以能有效封锁楼道（或通道）为准，距地面高度2.2m左右。

（4）应避开能引起两种探测技术同时产生误报的环境因素。

（5）防范区内不应有障碍物。

（6）安装时，探测器通常要指向室内，避免直射朝向室外的窗户。如果躲不开，应仔细调整好探测器的指向和视场。

（五）玻璃破碎入侵探测器

1. 工作原理

玻璃破碎探测器是专门用来探测玻璃破碎功能的一种探测器。当入侵者打碎玻璃试图作案时，即可发出报警信号。

按照工作原理的不同，玻璃破碎探测器大体可以分为两大类。一类是声控型的单技术玻璃破碎探测器；另一类是双技术玻璃破碎探测器。这其中又分为两种：一种是产控型与振动型组合在一起的双技术玻璃破碎探测器；另一种是同时探测次声波及玻璃破碎高频声响的双技术玻璃破碎探测器。

声控型单技术玻璃破碎探测器的工作原理与前述的声控探测器相似，利用驻极体话筒来作为接收声音信号的声电传感器，由于它可将防范区内所有频率的音频信号（20～20000Hz）都经过声→电转换而变成为电信号。因此，为了使探测器对玻璃破碎的声响具有鉴别的能力，就必须要加一个带通放大器，以便用它来取出玻璃破碎时发出的高频声音信号频率。

经过分析与实验表明：在玻璃破碎时发出的响亮而刺耳的声响中，包括的主要声音信号的频率是处于大约在10～15kHz的高频段范围之内。而周围环境的噪声一般很少能达到这么高的频率。因此，将带通放大器的带宽选在10～15kHz的范围内，就可将玻璃破碎时产生的高频声音信号取出，从而触发报警。但对人的走路、说话、雷雨声等却具有较强的抑制作用，从而可以降低误报率。

2. 声控—振动型双技术玻璃破碎探测器

声控—振动型双技术玻璃破碎探测器是将声控探测与振动探测两种技术组合在一起，只有同时探测到玻璃破碎时发出的高频声音信号和敲击玻璃引起的振动时，才能输出报警信号。因此，与前述的声控式单技术玻璃破碎探测器相比，可以有效地降低误报率，增加探测系统的可靠性。它不会因周围环境中其他声响而发生误报警。因此，可以全天时（24h）地进行防范工作。

3. 次声波—玻璃破碎高频声响双技术玻璃破碎探测器

这种双技术玻璃破碎探测器比前一种声控—振动型双技术玻璃破碎探测器的性能又有

了进一步的提高，是目前较好的一种玻璃破碎探测器。次声波是频率低于 20Hz 的声波，属于不可闻声波。

经过实验分析表明：当敲击门、窗等处的玻璃（此时玻璃还未破碎）时，会产生一个超低频的弹性振动波，这时的机械振动波就属于次声波的范围；而当玻璃破碎时，才会发出一高频的声音。

次声波—玻璃破碎高频声响双技术玻璃破碎探测器就是将次声波探测技术与玻璃破碎高频声响探测技术这样两种不同频率范围的探测技术组合在一起。只有同时探测到敲击玻璃和玻璃破碎时发生的高频声音信号和引起的次声波信号时，才可触发报警。实际上，是将弹性波检测技术（用于检测敲击玻璃窗时所产生的超低频次声波振动）与音频识别技术（用于探测玻璃破碎时发出的高频声响）这两种技术融为一体来探测玻璃的破碎。一般设计，当探测器探测到超低频的次声波后才开始进行音频识别，如果在一个特定的时间内探测到玻璃的破碎音，则探测器才会发出报警信号。由于采用两种技术对玻璃破碎进行探测，可以大大地减少误报。与前一种双技术玻璃破碎探测器相比，尤其可以避免由于外界干扰因素产生的窗、墙壁振动所引起的误报。

美国 C&K 公司开发生产的 FG 系列双技术玻璃破碎探测器就是采用超低频次声波检测和音频识别技术对玻璃破碎进行探测的。如果超低频检测技术探测到玻璃被敲击时所发出的超低频波，而在随后的一段特定时间间隔内，音频识别技术也捕捉到玻璃被击碎后发出的高频声波，那么双技术探测器就会确认发生玻璃破碎，并触发报警，其可靠性很高。其中 FC-1025 系列探测器可防护的玻璃（无论何种玻璃）最小尺寸为 28cm×28cm。玻璃必须牢固地固定在房间的墙壁上或安装在宽度不小于 0.9m 的隔板上。可防护的玻璃的最小厚度和最大厚度，如表 8-6 所示。

FG-1025 系列探测器可防护的玻璃的最小、最大厚度 表 8-6

玻璃类型	最小厚度	最大厚度	玻璃类型	最小厚度	最大厚度
平板	3/32 英寸(2.4mm)	1/4(6.4mm)	嵌线	1/4 英寸(6.4mm)	1/4(6.4mm)
钢化	1/8 英寸(3.2mm)	1/4(6.4mm)	镀膜[2]	1/8 英寸(3.2mm)	1/4(6.4mm)
层压[1]	1/8 英寸(3.2mm)	9/16(14.3mm)	密封绝缘[1]	1/8 英寸(3.2mm)	1/4 英寸(6.4mm)

　　注：① 对层压型和密封绝缘型玻璃，仅当玻璃的两个表面被击碎时才能起到保护作用。

　　　　② 对于镀膜玻璃，如果其内表面覆有 $3\mu m$ 的防裂纹膜或高强度玻璃完全防护膜，则最大探测距离缩小到 4.6m。

玻璃破碎探测器的安装位置是装在镶嵌着玻璃的硬墙上或顶棚上，如图 8-19 所示的 A、B、C 等。探测器与被防范玻璃之间的距离不应超过探测器的探测距离。注意，探测器与被防范的玻璃之间，不要放置障碍物，以免影响声波的传播；也不要安装在振动过强的环境中。

4. 玻璃破碎探测器的主要特点及安装使用要点

（1）玻璃破碎探测器适用于一切需要警戒玻璃防碎的场所；除保护一般的门、窗玻璃外，对大面积的玻璃橱窗、展柜、商亭等均能进行有效的控制。

（2）安装时应将声电传感器正对着警戒的主要方向。传感器部分可适当加以隐蔽，但在其正面不应有遮挡物。也就是说，探测器对防护玻璃面必须有清晰的视线，以免影响声波的传播，降低探测的灵敏度。

（3）安装时要尽量靠近所要保护的玻璃，尽可能地远离噪声干扰源，以减少误报警。例如像尖锐的金属撞击声、铃声、汽笛的啸叫声等均可能会产生误报警。

实际应用中，探测器的灵敏度应调整到一个合适的值，一般以能探测到距探测器最远的被保护玻璃即可，灵敏度过高或过低，就可能会产生误报或漏报。

图 8-19　玻璃破碎探测器安装示意图

（4）不同种类的玻璃破碎探测器，根据其工作原理的不同，有的需要安装在窗框旁边（一般距离框 5cm 左右），有的可以安装在靠近玻璃附近的墙壁或顶棚上，但要求玻璃与墙壁或顶棚之间的夹角不得大于 90°，以免降低其探测力。

次声波—玻璃破碎高频声响双鉴式玻璃破碎探测器安装方式比较简易，可以安装在室内任何地方，只需满足探测器的探测范围半径要求即可。如 C&K FG-730 系列双鉴式玻璃破碎探测器的探测范围半径为 9m。其安装位置如图 8-19 所示的 A 点，最远距离为 9m。

（5）也可以用一个玻璃破碎探测器来保护多面玻璃窗。这时可将玻璃破碎探测器安装在房间的顶棚板上，并应与几个被保护玻璃窗之间保持大致相同的探测距离，以使探测灵敏度均衡。

（6）窗帘、百叶窗或其他遮盖物会部分吸收玻璃破碎时发出的能量，特别是厚重的窗帘将严重阻挡声音的传播。在这种情况下，探测器应安装在窗帘背面的门窗框架上或门窗的上方；同时为保证探测效果，应在安装后进行现场调试。

（7）探测器不要装在通风口或换气扇的前面，也不要靠近门铃，以确保工作的可靠性。

（8）目前生产的探测器，有的还把玻璃破碎探测器（单技术型或双技术型）与磁控开关或被动红外探测器组合在一起，做成复合型的双鉴器。这样可以对玻璃破碎探测和入侵者闯入室内作案进行更进一步的鉴证。

（六）开关报警器

开关报警器常用的传感器有磁控开关、微动开关和易断金属条等。当它们被触发时，传感器就输出信号使控制电路通或断，引起报警装置发出声、光报警。

1. 磁控开关

磁控开关全称为磁开关入侵探测器，又称门磁开关。它是由带金属触点的两个簧片封装在充有惰性气体的玻璃管（称干簧管）和一块磁铁组成，见图 8-20。

当磁铁靠近干簧管时，管中带金属触点两个簧片，在磁场作用下被吸合，a、b 接通；磁铁远离干簧管达一定距离时干簧管附近磁场消失或减弱；簧片靠自身弹性作用恢复到原位置，a、b 断开。

使用时，一般是把磁铁安装在被防范物体（如门、窗等）的活动部位（门扇、窗扇），如图 8-21 所示。干簧管装在固定部位（如门框、窗框）。磁铁与干簧管的位置需保持适当距离，以保证门、窗关闭磁铁与簧管接近时，在磁场作用下，干簧管触点闭合，形成通路。当门、窗打开时，磁铁与干簧管远离，干簧管附近磁场消失，其触点断开，控制器产生断路报警信号。图 8-22 表示磁控开关在门、窗的安装情况。

图 8-20 磁控开关报警器示意图　　　　　图 8-21 磁控开关安装示意图

图 8-22 安装在门窗上的磁控开关

干簧管与磁铁之间的距离应按所选购的产品要求予以正确安装，像有些磁控开关一般控制距离只有 1~1.5cm 左右，而国外生产的某些磁控开关控制距离可达几厘米。显然，控制距离越大对安装准确度的要求就越低。因此，应注意选用其触点的释放、吸合自如，且控制距离又较大的磁控开关。同时，也要注意选择正确的安装场所和部位。像古代建筑物的大门，不仅缝隙大，而且会随风晃动，就不适宜安装这种磁控开关。在卷帘门上使用的磁控开关的控制距离起码应大于 4cm 以上。

磁控开关的产品大致分为明装式（表面安装式）和暗装式（隐藏安装式）两种，应根据防范部位的特点和防范要求加以选择。安装方式可选择螺丝固定、双面胶贴固定或紧配合安装式及其他隐藏式安装方式。在一般情况下，特别是人员流动性较大的场合最好采用暗装。即把开关嵌装入门、窗框的木头里，引出线也要加以伪装，以免遭犯罪分子破坏。

磁控开关也可以多个串联使用，把它们安装在多处门、窗上，无论任何一处门、窗被入侵者打开，控制电路均可发出报警信号。这种方法可以扩大防范范围，见图 8-23。

图 8-23 磁控开关的串联使用

磁控开关由于结构简单，价格低廉，抗腐蚀性好，触点寿命长，体积小，动作快，吸合功率小，因而经常采用。

安装、使用磁控开关时，也应注意如下一些问题：

（1）干簧管应装在被防范物体的固定部分。安装应稳固，避免受猛烈振动，使干簧管碎裂。

（2）磁控开关不适用于金属门窗，因为金属易使磁场削弱，缩短磁铁寿命。此时，可选用钢门专门型磁控开关，或选用微动开关或其他类型开关器件代替磁控开关。

（3）报警控制部门的布线图应尽量保密，联线接点接触可靠。

（4）要经常注意检查永久磁铁的磁性是否减弱，否则会导致开关失灵。

（5）安装时要注意安装间隙。

磁开关入侵探测器，由于它价格便宜，性能可靠，所以一直备受用户青睐。磁开关入侵探测器有一个重要的技术指标是分隔隙，即磁铁盒与开关盒相对移开至开关状态发生变化时的距离。国家标准《磁开关入侵探测器》GB 15209—94 中规定，磁开关入侵探测器按分隔间隙分为 3 类。

A 类：大于 20mm；B 类：大于 40mm；C 类：大于 60mm。

应该注意，上述分类绝非产品质量分级，使用中要根据警戒门窗的具体情况选择不同类别的产品。一般家庭推拉式门窗厚度在 40mm 左右，若安装 C 类门磁，门窗已被打开缝，报警系统还不一定报警。此时若用其他磁铁吸附开关盒，则探测系统失灵，作案可能成功。如果选用 A 类产品，则上述情况不易发生。总之，一定要根据门窗的厚度、间隙、质地选用适宜的产品，保证在门窗被开缝前报警。

铁质门窗、塑钢门窗（内有铁质骨架）应选择铁制门窗专用磁开关入侵探测器，以防磁能损失导致系统的误报警。

磁开关入侵探测器的安装也有些讲究，除安装牢固外，一般在木质门窗上使用时，开关盒与磁铁盒相距 5mm 左右。金属门窗上使用时，两者相距 2mm 左右。安装在推拉式门窗上时，应距拉手边 150mm 处；若距拉手边过近，则系统易误报警；过远，便出现门窗已被开缝还未报警的漏报警现象。

2. 微动开关

微动开关是一种依靠外部机械力的推动，实现电路通断的电路开关，见图 8-24。

外力通过传动元件（如按钮）作用于动作簧片上，使其产生瞬时动作，簧片末端的动触点 a 与静触点 b、c 快速接通（a 与 b）和切断（a 与 c）。外力移去后，动作簧片在压簧作用下，迅速弹回原位，电路又恢复 a、c 接通，a、b 切断状态。

图 8-24　微动开关示意图

我们可以将微动开关装在门框或窗框的合页处，当门、窗被打时，开关接点断开，通过电路启动报警装置发出报警信号。也可将微动开关放在需要被保护的物体下面，平时靠物体本身的重量使开关触点闭合；当有人拿走该物体时，开关触点断开，从而发出报警信号。

微动开关的优点是：结构简单、安装方便、价格便宜、防震性能好、触点可承受较大的电流，而且可以安装在金属物体上。缺点是抗腐蚀性及动作灵敏程度不如前述的磁控开关。

3. 紧急报警开关

当在银行、家庭、机关、工厂等各种场合出现入室抢劫、盗窃等险情或其他异常情况时，往往需要采用人工操作来实现紧急报警。这时，就可采用紧急报警按钮开关和脚挑式或脚踏式开关。

紧急报警按钮开关安装在隐蔽之处，需要由人按下其按钮，使开关接通（或断开）来实现报警。此种开关安全可靠，不易被误按下，也不会因振动等因素而误报警。要解除报警必需要由人工复位。

在某些场合也可以使用脚挑式或脚踏式开关。如在银行储蓄所工作人员的脚下可隐蔽性地安装这种类型的开关。一旦有坏人进行抢劫时，即可用脚挑或脚踏的方法使开关接通（或断开）来报警。要解除报警同样要由人工复位。安装这种形式的开关一方面可以起到及时向保卫部门或上一级接警中心发出报警信号的作用，另一方面不易被犯罪分子觉察，有利于保护银行工作人员的人身安全。

利用紧急报警开关发出报警信号，可以根据需要采用有线或无线的发送方式。

4. 易断金属导线

易断金属导线是一种用导电性能好的金属材料制作的机械强度不高、容易断裂的导线。用它作为开关报警器的传感器时，可将其捆绕在门、窗把手或被保护的物体之上，当门窗被强行打开，或物体被意外移动搬起时，金属线断裂，控制电路发生通断变化，产生报警信号。目前，我国使用线径在 $0.1 \sim 0.5\text{mm}$ 的漆包线作为易断金属导线。国外采用一种金属胶带，可以像胶布一样粘贴在玻璃上并与控制电路连接。当玻璃破碎时，金属胶条断裂而报警。但是，建筑物窗户太多或玻璃面积太大，则金属条不太适用。易断金属导线具有结构简单、价格低廉的优点；缺点是不便于伪装，漆包线的绝缘层易磨损而出现短路现象，从而使报警系统失效。

图 8-25　压力垫使用情况示意图

5. 压力垫

压力垫也可以作为开关报警器的一种传感器。压力垫通常放在防范区域的地毯下面，如图 8-25 所示，将两条长条形金属带平行相对应地分别固定在地毯背面和地板之间，两条金属带之间有几个位置使用绝缘材料支撑，使两条金属带互不接触。此时，相当于传感器开关断开。当入侵者进入防范区，踩踏地毯，地毯相应部位受重力而凹陷，使地毯下没有绝缘物支撑部位的两条金属带接触。此时相当于传感器开关闭合，发出报警信号。

6. 振动入侵探测器

振动探测器是一种在警戒区内能对入侵者引起的机械振动（冲击）发出报警的探测装置。它是以探测入侵者的走动或进行各种破坏活动时所产生的振动信号作为报警的依据。例如，入侵者在进行凿墙、钻洞、破坏门、窗、撬保险柜等破坏活动时，都会引起这些物体的振动。以这些振动信号来触发报警的探测器就称为振动探测器。

（1）振动探测器的基本工作原理

振动传感器是振动探测器的核心组成部件。它可以将因各种原因所引起的振动信号转变为模拟电信号，此电信号再经适当的信号处理电路进行加工处理后，转换为可以为报警控制器接收的电信号（如开关电压信号）。当引起的振动信号超过一定的强度时，即可触发报警。当然，对于某些结构简单的机械式振动探测器可以不设信号处理这部分电路，振动传感器本身就可直接向报警控制器输出开关电压信号。

应该指出的是，引起振动产生的原因是多种多样的，有爆炸、凿洞、电钻孔、敲击、切割、锯东西等多种方式，各种方式产生的振动波形是不一样的，即产生的振动频率、振动周期、振动幅度三者均不相同。不同的振动传感器因其结构和工作原理的不同，所能探测的振动形式也各有所长。因此，应根据防范现场最可能产生的振动形式来选择合适的振动探测器。

振动探测器按其传感器工作原理可分为位移式传感器（少用）、速度式传感器（如电动式）和加速度传感器（如压电式）等三种。

电动式振动传感器的结构如图 8-26 所示。它主要是由一根条形永久磁铁和一个绕有线圈的圆形筒组成。永久磁铁的两端用弹簧固定在传感器的外壳上，套在永久磁铁外围的圆筒上绕有一层较密的细铜丝线圈，这样，线圈中就存在着由永久磁铁产生的磁通。

图 8-26 电动式振动传感器

将这种探测器固定在墙壁、顶棚板、地表层或周界的钢丝网上，当外壳受到振动时，就会使永久磁铁和线圈之间产生相对运动。由于线圈中的磁通不断地发生变化，根据电磁感应定律，在线圈两端就会产生感应电动势，此电动势的大小与线圈中磁通的变化率成正比。将线圈与报警电路相连，当感应电动势的幅度大小与持续时间满足报警要求时，即可发出报警信号。

电动式振动探测器对磁铁在线圈中的垂直加速位移尤为敏感，因此，当安装在周界的钢丝网面上时，对强行爬越钢丝网的入侵者有极高的探测率。电动式振动探测器也可用于室外进行掩埋式安装，构成地面周界报警系统，用来探测入侵者在地面上走动时所引起的低频振动，因此，通常又称为地面振动探测器（或地音探测器）。每根传输线可连接几十个（如 25～50 个）探测器，保护约 60～90m 长的周界。它适用于地音振动入侵和建筑物振动入侵的探测。

（2）振动探测器的主要特点及安装使用要点

① 振动探测器基本上属于面控制型探测器。它可以用于室内，也可以用于室外的周界报警。优点是在人为设置的防护屏障没有遭到破坏之前，就可以做到早期报警。

振动探测器在室内应用明敷、暗敷均可；通常安装于可能入侵的墙壁、顶棚板、地面或保险柜上；安装于墙体时，距地面高度 2～2.4m 为宜。传感器垂直于墙面。其在室外应用时，通常埋入地下，深度在 10cm 左右，不宜埋入土质松软地带。

② 振动式探测器安装在墙壁或顶棚板等处时，与这些物体必须固定牢固，否则将不易感受到振动。用于探测地面振动时，应将传感器周围的泥土压实，否则振动波也不易传

到传感器，探测灵敏度会下降。在室外使用电动式振动探测器（地音探测器），特别是泥土地，在雨季（土质松软）、冬季（土质冻结）时，探测器灵敏度均明显下降，使用者应采取其他报警措施。

③ 振动探测器安装位置应远离振动源（如室内冰箱、空调等，室外树木等）。在室外应用时，埋入地下的振动探测器应与其他埋入地中的一些物体，如树木、电线杆、栏网桩柱等保持适当的距离；否则，这些物体因遇风吹引起的晃动而导致地表层的振动也会引起误报。因此，振动传感器与这些物体之间一般应保持1～3m以上的距离。

④ 电动式振动探测器主要用于室外掩埋式周界报警系统中。其探测灵敏度比压电晶体振动探测器的探测灵敏度要高。电动式振动探测器磁铁和线圈之间易磨损，一般相隔半年要检查一次，在潮湿处使用时检查的时间间隔还要缩短。

7. 声控报警探测器

声控报警器用传声器做传感器（声控头），用来控制入侵者在防范区域内走动或作案活动发出的声响（如启闭门窗、拆卸搬运物品、撬锁时的声响），并将此声响转换为报警电信号经传输线送入报警主控器。此类报警电信号既可送入监听电路转换为音响，供值班人员对防范区直接监听或录音；同时也可以送入报警电路，在现场声响强度达到一定电平时启动告警装置发出声光报警。

声控报警器通常与其他类型的报警装置配合使用，作为报警复核装置（又称声音复核装置，简称监听头），可以大大降低误报及漏报率。因为任何类型报警器都存在误报或漏报现象。若有声控报警器配合使用，在报警器报警的同时，值班员可监听防范现场有无相应的声响，若听不到异常的声响时，可以认为是报警器出现误报。而当报警器虽未报警，但是由声控报警器听到防范现场有撬门、砸锁、玻璃破碎的异常声响时，可以认为现场已被入侵而报警器产生漏报，可及时采取相应措施。鉴于此类报警器有以上优点，故在规划警戒系统时，可优先考虑采用这种报警器材。

声音复核装置使用时应该注意：

① 声音复核装置只能配合其他探测器使用。

② 警戒现场声学环境改变时，要调节声音复核装置的灵敏度。如警戒区从未铺地毯到铺上较厚的地毯；从未挂窗帘到挂上较厚的窗帘；从较少货物到货物的大量增多等。

8. 场变化式报警器

对于高价值的财产防盗报警，如对保险箱等，可采用场变化式报警器，亦称电容式报警系统，如图8-27所示。

图 8-27　按电容原理工作的信号器用于财产的监控保护

需要保护的财产（如金属保险箱）独立安置，平时加有电压，形成静电场，亦即对地构成一个具有一定电容量的电容器。当有人接近保险箱周围的场空间时，电介质就发生变化；与此同时，等效电容量也随之发生变化，从而引起LC振荡回路的振荡频率发生变化，分析处理器一旦采集到这一变化数据，立即触发继电器报警，在作案之前就能发出报警信号。

9. 周界报警器

为了对大型建筑物或某些场地的周界进行安全防范，一般可以建立围墙、栅栏，或采用值班人员守护的方法。但是围墙、栅栏有可能受到破坏或非法翻越，而值班人员也有出现工作疏忽或暂时离开岗位的可能。为了提高周界安全防范的可靠性，可以安装周界报警装置。实际上，前述的主动红外报警器和摄像机也可作周界报警器。

周界报警器的传感器可以固定安装在现有的围墙或栅栏上，有人翻越或破坏时即可报警。传感器也可以埋设在周界地段的地层下，当入侵者接近或越过周界时产生报警信号，使值守人员及早发现，及时采取制止入侵的措施。

下面介绍几种专用的周界报警传感器。

（1）泄漏电缆传感器

这种传感器类似于电缆结构，见图8-28。其中心是铜导线，外面包围着绝缘材料（如聚乙烯），绝缘材料外面用两条金属（如铜皮）屏蔽层以螺旋方式交叉缠绕，并留有方形或圆形孔隙，以便露出绝缘材料层。

电缆最外面是聚乙烯塑料构成的保

图 8-28 泄漏电缆结构示意图

护层。当电缆传输电磁能量时，屏蔽层的空隙处便将部分电磁能量向空间辐射。为了使电缆在一定长度范围内能够均匀地向空间泄漏能量，电缆空隙的尺寸大小是沿电缆变化的。

把平行安装的两根泄漏电缆分别接到高频信号发射器和接收器就组成了泄漏电缆周界报警器。当发射器产生的脉冲电磁能量沿发射电缆传输，并通过泄漏孔向空间辐射时，在电缆周围形成空间电磁场，同时与发射电缆平行的接收电缆通过泄漏孔接收空间电磁能量，并沿电缆送入接收器。

这种周界报警器的泄漏电缆可埋入地下，如图8-29所示。当入侵者进入控测区时，使空间电磁场的分布状态发生变化，因而使接收电缆收到的电磁能量产生变化。此能量变化量就是初始的报警信号，经过处理后即可触发报警器工作。其原理如图8-30所示。

此周界报警器可全天候工作，抗干扰能力强，误报和漏报率都比较低，适用于高保安、长周界的安全防范场所。

泄漏电缆入侵探测器适用于室外周界，或隧道、地道、过道、烟囱等处的警戒。其主要特点如下：

① 隐蔽性好，可形成一堵看不见的，但有一定厚度和高度的电磁场"墙"。

② 电磁场探测区不受热、声、振动、气流干扰源影响，且受气候变化（雾、雨、雪、风、温、湿）影响小。

③ 电磁场探测区不受地形、地面不平坦等因素的限制。

图 8-29　泄漏电缆埋入地下及产生空间场的示意图

④ 无探测盲区。

⑤ 功耗较大。

选用时宜具有以下防误报、漏报技术措施：采用信号数字化处理、存储、鉴别技术和入侵位置判别技术。

泄漏电缆入侵探测器的安装要点如下：

① 泄漏电缆视情况可隐藏安装在隧道、地道、过道、烟囱、墙内或埋入警戒线的地下。

② 应用于室外时，埋入深度及两根电缆之间的距离视电缆结构、电缆介质、环境及发射机的功率而定。

③ 泄漏电缆探测主机就近安装于泄漏电缆附近的适当位置，注意隐蔽安装，以防破坏。

④ 泄漏电缆通过高频电缆与泄漏电缆探测主机相连，主机输出送往报警控制器。

⑤ 周界较长，需由一组以上泄漏电缆探测装置警戒时，可将几组泄漏电缆探测装置适当串接起来使用。

⑥ 泄漏电缆埋入的地域要尽量避开金属堆积物，在两电缆间场区不应有易移动物体（如树等）。

图 8-30　泄漏电缆周界入侵探测系统原理框图

（2）振动传感电缆型入侵探测系统

振动传感电缆型入侵探测系统的探测原理如图 8-31 所示。一根塑料护套内安装三芯导线的电缆，两端分别接上发送装置与接收装置，将电缆呈波浪状或其他形状固定在网状围墙上，构成 1 个防护区。每 2 个、4 个或 6 个防护区共用一个控制器（多通道控制器）。控制器将各防护区的报警信号传输至控制中心，入侵者触动网状围墙、破坏网状围墙等行为使其振动，并达到一定强度时，会产生报警信号。振动传感电缆型入侵探测系统精度极高，漏报率、误报率极低，可全天候使用，特别适合网状围墙。

图 8-31　振动传感电缆型入侵探测系统的探测原理图

振动电缆探测器设置应满足下列要求：

① 在网状围栏上安装时，需将信号处理器（接口盒）固定在栅栏的桩柱，电缆敷设在栅网 2/3 高度外。

② 敷设振动电缆时，应每隔 20cm 固定一次，每隔 10m 做一半径为 8cm 左右的环。

③ 警戒周界需过大门时，应将电缆穿入属管中，埋入室外地坪下 1m 深度。

④ 在周界拐角处应避免电缆弯成死角和磨损。

（3）静电感应围栏入侵探测系统

静电感应围栏式入侵探测系统是一种有别于传统的微波、红外对射、振动电缆、泄漏电缆及高压电网等的周界报警系统，如图 8-32 所示。它具有如下特点：

图 8-32　静电感应围栏式周界报警系统

① 本系统可以适应于各种复杂地形，不受地形的高低、曲折、转角等限制，不留死角，打破了红外线、微波墙等只适用于视距和平坦区域使用的局限性。

② 本系统同高压电网有着本质的区别，具有绝对的安全性，不会引起火花，可广泛用于弹药库等易爆、易燃场所，同时不会危害生命。

③ 本系统具有强大的整体防御能力和防破坏能力，无论"接近、触摸、剪断、翻越"均报警。传感灵敏度可据用户具体使用情况自行设定。

④ 本系统可同一切接受开关信号的报警主机接口兼容，以实现远程联网报警等多种功能。

⑤ 探测电缆数目根据需要可以 1～12 根，电缆长度可达数百米。

⑥ 该系统具有性能稳定、安装适应性强、性价比高等优点，是天然气站、油库、军事设施、养殖场、飞机场、停车场、码头、监狱、看守所、博物馆、电站、工厂、高层住宅、智能小区等长距离周界防范的上佳选择。

几种周界报警系统的性能对比见表 8-7。

几种周界报警系统的性能对比　　　　　　　　表 8-7

功能\系统	阻挡作用	威慑感	不规则边界	安全性	误报率	直接成本	使用寿命	维护费用	综合技术
红外对射	无	无	差	好	高	低	低	高	低
振动电缆	有	有	好	好	中	高	长	低	较高
张力网	有	有	中	好	较高	低	长	高	中
高压电网	有	有	好	差	低	高	长	低	高
静电感应系统	有	有	好	好	低	中	长	低	中
埋地电缆	无	无	好	好	低	高	长	中	高

周界报警系统的防区划分应有利于报警时准确定位，重点设防区域级及住宅小区的每一个独立防区长度不宜大于 70m。

第三节　防盗报警系统的设备选型与工程示例

一、设备选型与使用

（一）报警探测器的选用原则

报警探测器应按以下要求选择使用：

（1）根据防范现场的最低温度、最高温度，选择工作温度与之相匹配的主动红外报警探测器；

（2）主动红外报警探测器由于受雾影响严重，室外使用时均应选择具有自动增益功能的设备；

（3）多雾地区、环境脏乱及风沙较大地区的室外不宜使用主动红外报警探测器；

（4）探测器的探测距离较实际警戒距离应留出 20% 以上的余量；

（5）室外使用时应选用双光束或四光束主动红外报警探测器；

（6）在空旷地带或围墙、屋顶上使用主动红外报警探测器时，应选用具有避雷功能的设备；

（7）遇有折墙，且距离又较近时，可选用反射器件，从而减少探测器的使用数量；

（8）室外使用主动红外入侵探测器时，其最大射束距离应是制造厂商规定的探测距离的 6 倍以上。

（二）小型系统设备设计考虑

1. 控制设备的选型

（1）报警控制器的常见结构主要分为台式、柜式和壁挂式三种。小型系统的控制器多采用壁挂式。

（2）控制器应符合《防盗报警控制器通用技术条件》GB 12663—90 中有关要求。

（3）应具有可编程和联网功能。

（4）设有操作员密码，可对操作员密码进行编程。密码组合不应小于 10000。

（5）具有本地报警功能，本地报警喇叭声强级应大于 80dB。

（6）接入公共电话网的报警控制器应满足有关部门入网技术要求。

（7）具有防破坏功能。

2. 值班室的布局设计

（1）控制器应设置在值班室。室内应无高温、高湿及腐蚀气体，且环境清洁，空气清新。

（2）壁挂式控制器在墙上的安装位置：其底边距地面的高度不应小于 1.5m。如靠门安装时，靠近其门轴的侧面距离不应小于 0.5m，正面操作距离不应小于 1.2m。

（3）控制器的操作、显示面板应避开阳光直射。

（4）引入控制器的电缆或电线的位置应保证配线整齐，避免交叉。

（5）控制器的主电源引入线宜直接与电源连接，应尽量避免用电源插头。

（6）值班室应安装防盗门、防盗窗、防盗锁、设置紧急报警装置以及同处警力量联络和向上级部门报警的通信设施。

（三）大、中型系统设备设计考虑

1. 控制设备的选型

（1）一般采用报警控制台（结构有台式和柜式）。

（2）控制台应符合《防盗报警中心控制台》GB/T 16572—1996 的有关技术性能要求。

（3）控制台应能自动接收用户终端设备发来的所有信息（如报警、音、像复核信息）。采用微处理技术时，应同时有计算机屏幕上实时显示（大型系统可配置大屏幕电子地图或投影装置），并发出声、光报警。

（4）应能对现场进行声音（或图像）复核。

（5）应具有系统工作状态实时记录、查询、打印功能。

（6）宜设置"黑匣子"，用以记录系统开机、关机、报警、故障等多种信息，且值班人员无权更改。

（7）应显示直观，操作简便。

（8）有足够的数据输入、输出接口，包括报警信息接口、视频接口、音频接口，并留有扩充的余地。

（9）具备防破坏和自检功能。

（10）具有联网功能。

（11）接入公共电话网的报警控制台应满足有关部门入网技术要求。

2. 控制室的布局设计

（1）控制室应为设置控制台的专用房间，室内应无高温、高湿及腐蚀气体，且环境清洁，空气清新。

（2）控制台后面板距墙不应小于 0.8m，两侧距墙不应小于 0.8m，正面操作距离不应小于 1.5m。

（3）显示器的屏幕应避开阳光直射。

（4）控制室内的电缆敷设宜采用地槽。槽高、槽宽应满足敷设电缆的需要和电缆弯曲半径的要求。

（5）宜采用防静电活动地板，其架空高度应大于 0.25m，并根据机柜、控制台等设备的相应位置，留进线槽和进线孔。

（6）引入控制台的电缆或电线的位置应保证配线整齐，避免交叉。

（7）控制台的主电源引入线宜直接与电源连接，应尽量避免用电源插头。

（8）应设置同处警力量联络和向上级部门报警的专线电话，通信手段不应少于两种。

（9）控制室应安装防盗门、防盗窗和防盗锁，设置紧急报警装置。

（10）室内应设卫生间和专用空调设备。

二、安全防范工程的线缆敷设

1. 电缆的敷设

（1）根据设计图纸要求选配电缆，尽量避免电缆的接续。必须接续时应采用焊接方式或采用专用接插件。

（2）电源电缆与信号电缆应分开敷设。

（3）敷设电缆时应尽量避开恶劣环境，如高温热源、化学腐蚀区和煤气管线等。

（4）远离高压线或大电流电缆，不易避开时应各自穿配金属管，以防干扰。

（5）电缆穿管前应将管内积水、杂物清除干净，穿线时涂抹黄油或滑石粉。进入管口的电缆应保持平直，管内电缆不能有接头和扭结；穿好后应做防潮、防腐处理。

（6）管线两固定点之间的距离不得超过 1.5m。下列部位应设置固定点：

① 管线接头处；

② 距接线盒 0.2m 处；

③ 管线拐角处。

（7）电缆应从所接设备下部穿出，并留出一定余量。

（8）在地沟或顶棚板内敷设的电缆，必须穿管（视具体情况选用金属管或塑料管）。

（9）电缆端作好标志和编号。

（10）明装管线的颜色、走向和安装位置应与室内布局协调。

（11）在垂直布线与水平布线的交叉处要加装分线盒，以保证接线的牢固和外观整洁。

2. 光缆的敷设

（1）敷设光缆前，应检查光纤有无断点、压痕等损伤。

（2）根据施工图纸选配光缆长度，配盘时应使接头避开河沟、交通要道和其他障碍物。

（3）光缆的弯曲半径不应小于光缆外径的 20 倍。光缆可用牵引机牵引，端头应作好技术处理。牵引力应加于加强芯上，大小不应超过 150kg。牵引速度宜为 10m/min；一次牵引长度不宜超过 1km。

（4）光缆接头的预留长度不应小于 8m。

（5）光缆敷设一段后，应检查光缆有无损伤，并对光缆敷设损耗进行抽测，确认无损伤时，再进行接续。

（6）光缆接续应由受过专门训练的人员操作，接续时应用光功率计或其他仪器进行监视，使接续损耗最小。接续后应做接续保护，并安装好光缆接头护套。

（7）光缆端头应用塑料胶带包扎，盘成圈置于光缆预留盒中，预留盒应固定在电杆上。地下光缆引上电杆，必须穿入金属管。

（8）光缆敷设完毕时，需测量通道的总损耗，并用光时域反射计观察光纤通道全程波导衰减特性曲线。

（9）光缆的接续点和终端应作永久性标志。

三、防盗报警工程举例

【例 1】 某大厦防盗报警系统

某大厦是一幢现代化的 9 层涉外高务办公楼。根据大楼特点和安全要求，在首层各出入口各配置 1 个双鉴探头（被动红外/微波探测器），共配置 4 个双鉴探头，对所有出入口的内侧进行保护。二楼至九楼的每层走廊进出通道，各配置 2 个双鉴探头，共配置 16 个双鉴探头；同时每层各配置 4 个紧急按钮，共配置 32 个紧急按钮。紧急按钮安装位置视办公室具体情况而定。整个防盗报警系统如图 8-33 所示。

保安中心设在二楼电梯厅旁，约 $10m^2$。管线利用原有弱电桥架为主线槽，用 DG20 管引至报警探测点（或监控电视摄像点）。防盗报警系统采用美国（ADEMCO）（安定宝）大型多功能主机 4140XMPT2。该主机有 9 个基本接线防区，可总线式结构，扩充防区十分方便，可扩充多达 87 个防区，并具备多重密码、布防时间设定、自动拨号以及"黑匣子"记录等功能。

图 8-33 中的 4208 为总线式 8 区（提供 8 个地址）扩展器，可以连接 4 线探测器。6139 为

图 8-33 某大厦报警系统图

465

LCD 键盘。关于各楼层设备（包括摄像机）的分配表如表 8-8 所示。

图 8-34 是金库中利用监控电视和被动红外/微波双鉴报警探测器进行安全防范的布置图。

各楼层设备分布表　　　　　　　　　　　　　　表 8-8

楼层	摄像机		报警器		
	固定云台	自动云台	双鉴探头	紧急按钮	门磁开关
1	2	1	4	0	0
2	3	0	2	4	0
3	2	0	2	4	0
4	2	0	2	4	0
5	2	0	2	4	0
6	2	0	2	4	0
7	2	0	2	4	0
8	2	0	2	4	0
9	1	0	2	4	0
电梯	2	0	0	0	0
合计	20	1	20	32	0

图 8-34　金库监控系统布置图

【例 2】　酒店安防系统的设计要点与示例

酒店是开放式经营方式，主要是为客人提供住宿、餐饮、娱乐、休闲、商务等业务，出入人员比较繁多。而犯罪分子恰好利用这种特点伺机作案，主要作案方式为在休闲娱乐场所拎包、办公室及客房撬锁，甚至收银台抢劫等。因此，酒店的安全防范系统更注重于以事件记录为主，结合保安的巡查管理而达到酒店内部空间的全方位、立体化的防护体系的建立。

针对酒店的治安特点，需要对酒店从建筑物外围直至大厅、楼层、客房、办公室及服务场所作出相应的纵深安全防范。首先，对出入各层防范区域的人员都做到实时监视；同时，在客房区域内部空间建立进入的区域授权限制的控制体制；再结合酒店保安实时巡查，从而做到"点"，"面"、"线"、"高度"的全面防范。

一般来说，酒店安全防范具有以下共性：

（1）对酒店周边环境以及出入通道的实时监控和入侵报警，杜绝非法进入酒店行为；

（2）对大堂的各个服务点以及桑拿、足浴、游泳池等娱乐活动场所入口进行辅助监视以及紧急报警，有效地制止酒店内违法犯罪现象的发生；

（3）对大堂、楼层走廊、电梯、停车场进行实时监控，避免客人人身及财产受到伤害和损失；

（4）财务室、前台等处是现金周转的主要场所，建立视频安防监控、报警、通信相结合的安全防范系统是行之有效的保卫手段；

（5）酒店办公室以及各个安装重要设备的房间设置入侵报警与出入口控制相结合的安全防范，可以降低安全防范事故的发生；

（6）将酒店服务场所和客房进行智能隔离，非酒店员工和闲杂人员无法随意进入客房楼层，可以有效制止外来人员对客人的犯罪事件的发生；

（7）酒店客房设置智能门锁，智能卡由入住客人保管，客房内设置紧急报警装置，可在最大程度上保障客人的生命财产安全；

（8）各个系统在中心联网管理以及系统间的有效集成联动控制构成一个统一的整体，发挥其最大潜能；

（9）保安实时巡查系统和对讲调度系统有效结合的技术防范体系，实现了人防、技防相结合的有机体。

酒店的安防设置部位和防护措施如表8-9所示。对于五星级酒店一般按其先进型进行设计。下面以实例进行说明。

酒店安防布置部位与分级   表8-9

	部位	防护措施	基本型	提高型	先进型
周界	地面层出入口（正门、其他出入口）	电子防护	宜	宜	宜
		视频安防监控	—	宜	宜
	外窗	电子防护	宜	宜	宜
	顶层	实体防护，或/和电子防护	宜，或/和	宜，或/和	宜，或/和
出入口	安全出口	保护安装出入口控制时与消防联动	应	应	应
	疏散出口				
通道	周界内主要通道	视频安防监控	—	—	—
	各层门厅（大堂）		—	宜	宜
	楼层内通道		宜预留管线和接口	宜，或/和入侵报警系统	应，或/和入侵报警系统
	楼层电梯厅		宜预留管线和接口	宜	应
	自动扶梯口				

续表

	部位	防护措施	基本型	提高型	先进型
公共区域	避难层,功能转换层	视频安防监控	应预留管线和接口	宜	应
	停车(场)库	停车场管理系统	—	宜	应
		视频安防监控	—	宜预留管线和接口	应
	会客区、商务中心、会议区、商店、文体娱乐中心	视频安防监控	宜预留管线和接口	宜	应
重要部门	重要工作室	防盗安全门	应	应	应
		出入口控制系统	可		
		入侵报警系统		宜	宜
	设备监控中心、信息中心	防盗安全门	应	应	应
		出入口控制系统	宜		
		视频安防监控		宜	宜
		入侵报警系统			
	财务出纳室	防盗安全门	应	应	应
		紧急报警系统			
		入侵报警系统	宜		
		视频安防监控		宜	宜
	重要物品库	防盗安全门	应	应	应
		紧急报警系统			
		出入口控制系统	宜		
		入侵报警系统		宜	宜
		视频安防监控	—		
	银行营业场所	满足银行营业场所安全防范工程设计要求	应	应	应
监控中心		系统组建模式	—	组合式	集成式
		专用工作间	可设在值班室	应	应
		独立卫生间、休息室		宜	应
		面积	—	≥30m²	≥50m²

（一）项目简介

某五星级酒店用地面积为 10520m²，建筑面积 55000m²，酒店地下 1 层，主楼为 25 层，附楼为 4 层，共有客房约 660 套，总统套房 1 套，以及配套的大型宴会厅、游泳池、棋牌室、桑拿房和 15 间会议室，具有接待大型旅游团体入住的能力。

（二）设防区域和部位选择

设防区域主要根据酒店的总体布局及功能分区，结合酒店纵深防范共划分为以下几个区域：

（1）外围区域：主要针对酒店的周边区域，主体建筑物的外立面，此外还包括地面停车位及地下车库；

（2）公共出入口区域：主要针对酒店 1～5 层，包括入口大堂、各楼层出入口、紧急通道出入口及电梯；

（3）各楼层区域：主要针对各楼层功能分区及楼层走道，特别是客房以及放置重要设备的会议室、设备间等区域；

（4）收银区域：主要针对现金交易场所及酒店财务管理办公区；

（5）酒店死角区域：主要针对日常较少人员到达的公共区域；

（6）监控中心：主要针对监控中心自身的防护、保安调度和综合管理。

（三）技术防范措施

1. 外围区域的防范措施

沿酒店外围墙（除入口大门）分布，在东面、西面各设置 2 对 50m 双光束红外对射探测器，南面设置 2 对 60m 双光束红外对射探测器，北面设置 2 对 40m 双光束红外对射探测器，配套各对探测器设立低照度黑白摄像机，实现中心报警与监控的联动报警。

酒店地块入口设置彩色高速球机，地下车库出入口处设置彩色低照度摄像机，加强对进出人员、车辆及停车的监视。在车库内部的行车道处设置吊装彩色匀速球机 4 台，对车辆的停放进行监视，防止碰擦及盗窃等行为。

地下车库入口设置一进一出的停车管理系统，并配置图像对比功能，方便车辆的停放及管理。

2. 公共出入口区域的防范措施

在 1～5 层，包括酒店入口大堂、各楼层出入口、紧急通道出入口及电梯等处设置监控点，对进出人员进行监视，见表 8-10。

设置位置与摄像机类型　　　　　　　　　　　　　表 8-10

设置位置及监视范围	类　型
大堂入口、休闲厅、票务房、保险柜、收银台、接待厅、行李储存室、礼品店	彩色半球摄像机
其他各个出入口及桑拿房入口	彩色枪式摄像机
大堂吧（调制为有线电视频道传输到各个电视终端）	超宽动态一体化彩色摄像机
上下楼层通道（2 个）、足浴理疗入口	彩色半球摄像机
上下楼层通道（2 个）、宴会前厅	彩色半球摄像机
上下楼层通道、走廊	彩色半球摄像机
游泳池入口	彩色半球摄像机
楼层走廊	彩色半球摄像机
电梯轿厢	碟形彩色

在酒店的 6 部电梯中设置读卡控制系统，防止外来人员随意进入到各楼层。

3. 各楼层区域的防范措施

（1）各楼层走道设置彩色半球摄像机，对进出本楼层的人员进行监视；

（2）本楼层客房、功能厅以及设备用房设置出入口控制系统，采用联网方式，对门的开启时间、门的状态进行集中管理及监测；

（3）功能厅及总统套房等设置重要仪器及贵重物品的区域，设置入侵报警系统。

4. 收银区域的防范措施

前台接待处、娱乐场所的收银区以及酒店内部财务室设置彩色半球摄像机，加强对酒店收银人员的管理。同时，上述区域设置报警系统，防止发生抢劫及盗窃等行为，见表8-11。

设置位置与设备选用　　　　　　　　　　　　　　　　表 8-11

楼　　层	设 置 位 置	设 置 设 备
一层	酒店前台接待、收银台、保险柜、礼品店、票务房、桑拿房	紧急按钮
二层	足浴理疗室接待、收银	紧急按钮
三层	宴会厅、会议室	报警键盘红外探测器、门磁
四层	会议室、接待室、董事会议厅、管理办公室	报警键盘红外探测器、门磁
五层～二十五层	标房、卫生间	紧急按钮
二十五层	总统套房、卫星电视机房	报警键盘红外探测器、门磁

5. 酒店死角区域的防范措施

电子巡查系统采用离线式，根据管理需求设置巡逻点及巡逻路线，结合保安人员对讲系统对公共区域死角进行巡查。

6. 监控中心的防范措施

（1）中心的防护除硬件满足标准要求外，在入口设置出入口控制及对讲系统，防止外来人员随意进入；

（2）控制中心、中心内部设置监控点，监视值班人员的工作情况。

（四）集成管理

安全防范监控中心对整个安防系统进行集成管理，在达到保证视频图像、报警信息控制管理等的实时性的基础上，实现整个系统的信息数据化和网络化，并结合保安的巡查和调度系统，在物防的基础上，有效地建立人防、技防的有机体，从而实现了现代酒店的安防纵深防护体系。

【例3】　酒店安防综合系统设计举例

某大厦是一座综合性的办公楼，共18层，底层设餐厅、商店、大堂、总服务台、大厦管理室，2层设有监控机房、网络机房、财务办公室；2～18层共设121个写字间。为了加强管理，确保大厦的安全，建设方提出要建设一个技术先进，具有报警、监控功能，对突发事件具备联动处理能力，具有有人值守和无人值守两种工作方式，且具备扩充能力和能适应不断发展需要的安防综合系统。

（一）初步设想

整个系统由电视监控、防盗报警两大部分共同组成，系统设计还包括实现两者的联动、监控中心显示和大厦管理办公室辅中心的联网。

大厦综合安防系统通过电视摄像、监视及录像，结合双鉴探测器等前端设备，对大厦主要出入口、楼梯、过道、商店、服务台等重要部位和区域进行全天候图像监控和微波、红外、设防时的探测，实时地、直观地掌握控制区的情况和势态，使整个大厦处于严密监控之中。

系统设计准备采用视频切换矩阵和数字录像技术相结合的方式，对重点画面（最多可达 64 路）进行全天候监视和录像，对全部摄像机画面使用少量的监视器及录像机进行全景的轮流切换显示，并实现对前端各种球机、云台、镜头等摄像机设备的控制。

防盗报警部分采取信号联动的方式与电视监控系统相结合应用。在重要房间还装有报警按钮。系统除接收和响应前端探测器的报警信号外，同时启动辅助照明设备，联动监视摄像、录像设备等。

在本工程的电视监控、防盗报警前端设备的设置上作如下考虑和安排：

（1）大堂前厅、后厅都是防范的重要区域，设一体化彩色摄像机、双鉴或三鉴探测器、声波探测器。

（2）各层电梯厅是重要垂直通道，设置半球彩色摄像机、双鉴或三鉴探测器。

（3）各层楼梯也是必经之道，设彩色摄像机和被动红外探测器。

（4）两部电梯的轿厢内设置厢内摄像机。

（5）各写字间预留报警探测器和报警紧急按钮接口，以备租用单位在需要加强防卫时使用。

（6）财务办公室、服务台等重要位置，专设报警紧急按钮。

（二）设计方案

本工程安防综合系统设计方案的系统拓扑，如图 8-35 所示。

图 8-35 视频监控报警系统拓扑

1. 报警系统设计

（1）探测器部分

报警探测器是系统的前端设备，是整个系统的信号采集器，安装在重要场所、重要通道上。本方案共设探测器 56 个，在写字间还预留报警器接口 121 个。本系统主要选用美国安定宝（Ademco）公司的报警系列产品。

（2）报警紧急按钮

在遇到警情时，人工迅速按下紧急按钮。紧急按钮有手动和脚踏两种，本方案在财务办公室、服务台、商店内，两种并用。本方案共设手报 5 个，脚踏 5 个，在写字间还预留按钮接口，以备扩展。

（3）传输线路

由于报警信号传输速率低，工作电流小，报警信号线采用超 5 类 UTP 线缆，电源线和控制线采用四芯护套线 RVVP4×0.75。系统采用总线拓扑结构，易于扩展，布线简捷。

（4）报警处理

报警主机是防盗报警的核心，是实现系统功能的指挥中心，主要实现的功能是报警的处理与联动。该系统采用一台 VISTA 120 报警控制主机，集中接收所有前端的报警探测和紧急按钮信号，根据不同防区设定的撤防、设防状态，判断是否处于报警状态。一旦报警，则触发声光警示及联动。报警响应设备由声、光及联动组成，声是指报警喇叭，光是指报警灯，联动是指与视频监控联动。当报警发生鸣叫，声响有 120dB，报警灯开始闪烁，提醒值班人员警情已经发生。联动控制是在软、硬件设施的协调下，驱动摄像机自动对报警图像进行录像，显示报警区域所在的楼层平面图，记录、保存并打印报警信息。

2. 视频监控系统设计

（1）摄像机部分

本工程按照初步设计的要求在重要部位、厅室、楼口、过道共设置各类摄像机 65 台，其中彩色一体化球形机 2 台，彩色半球形机 21 台，彩色转黑白固定摄像机 40 台，轿厢摄像机 2 台，如表 8-12 所示。所有摄像机的视频传输介质选用 SYV-75-5-4 同轴电缆，镜头、云台控制线选用 RVVP3×1.0 型屏蔽线，前端摄像机、解码器的供电线缆采用 RVV2×1.5 双绞线。所有线缆均经桥架并经 KBG 管敷设。

安防系统的前端设置　　　　　　表 8-12

楼层	壁挂双鉴探测器	吸顶双鉴探测器	紧急报警按钮	彩色一体化球形摄像机	彩色半球形摄像机	彩转黑白固定摄像机	轿厢摄像机	安防前端预留接口
1 层	3	2	6	2	4	6		0
2 层	3	0	2	0	1	2	2	9
3~18 层	3×16	0	0	0	1×16	2×16		7×16
小计	54	2	8	2	21	40	2	121
总计	64				65			121

（2）分配控制部分

监控中心设在大厦一楼，系统前端摄像机视频信号，经视频分配器分两路，一路送入具有 16 画面处理功能的硬盘录像机（设置 4 台），另一路送入矩阵主机。（矩阵主机选用派尔高公司生产的 CM9760 型），通过矩阵主机实现各终端操作功能，如将所有调整正确的摄像机图像信号在场回扫期间切换到任意监视器，包括为每个视频输入（摄像机）确定编号、日期，并调给任何一个视频输出（监视器）。可进行编程、自动切换、完成联动等各项任务。

（3）显示部分

根据常规的匹配原则，摄像机与监视器比例应为 4∶1 或 8∶1。本方案 65 台摄像机配置 9 台监视器，其中 8 台 14in 监视器，1 台 34in 长虹 G3488 纯平彩色电视机。各监视器安装在定制的屏幕墙钢架上，钢架安装后板距墙不小于 800mm，以利于安装和日后维修。

（4）记录存储部分

视频记录设备采用嵌入 16 画面处理器的硬盘录像机 4 台，全部视频可环路输出，具有高性能、超稳定性等优点，可将多个摄像机的彩色图像实时显示于一台监视器上，所有图像可同时录制于其内置的 HDD 硬盘中，同时具有多功能实时回放、检索、远程传输和外置硬盘备份的功能。其主要优点为高压缩比和高图像解析度，压缩方式为 MPEG-4，且可根据不同的录像方式选择不同的压缩比，按照所选的硬盘大小，一般可连续录像 5～10 天。

（5）分控设置部分

由于本系统采用数字硬盘录像，具有视频服务器功能，只需在大厦管理办公室配备一台监控客户机，即可享用分控功能调用所需监视的图像。监控客户机与本系统采用超 5 类 UTP 连接。

3. 后端设备与机房设计

（1）后端设备部分

后端设备有声光报警装置、打印机、存储设备、记录记备等。

（2）电源部分

电源部分采取双电源供电，同时设置不间断电源。对各设备的供电专门配置了电源时序控制器。

（3）监控机房部分

监控机房要达到温度、湿度、洁净度的要求，在防火、防水、防干扰、防震、防雷、防鼠虫害上要采取措施。电源线路要安装防雷的浪涌保护器（SPD），设置等电位铜排连接，接地电阻（联合接地）不大于 1Ω。机房内的机柜、机架金属管、槽、屏蔽线缆外层、防静电地板、电气和电子设备的金属外壳、信息设备的防静电接地、安全保护接地、浪涌保护器接地端均以最短的距离与等电位连接网络的接地端子连接。与端子板连接的接地干线应采用多股铜导线或铜带，横截面不小于 16mm² 。

4. 设备选型

防盗报警选择了美国安定宝公司的产品。该公司在全球有着良好的发展势头，近 10 年来在我国市场上有 50％ 的占有率，其产品已通过 UL、FCC 认证，同时经过我国公安部的质量检验。报警主机选用 VISTA-120。该机有 9 个基本接线防区（可扩充到 128 个防区），使用总线、有线及无线传输；可分为 8 个可独立操作及通信的子系统，150 组使用者密码，划分为 7 个用户级别；可记录 224 宗事件以供参考，由键盘显示，也可接打印机输出；来自报警探头的信号输入报警主机可监控显示，并控制一路或多路继电器作灯光、摄像、录像、警号等控制，实现报警联动；主机通过 4100 串口模块联入 CCTV 系统。主机通过编程键盘可对任何一个防区进行布防和撤防，并有电话拨号接口，可联入 110 报警网。系统中所使用的报警前端产品也是安定宝品牌。吸顶式微波红外（双鉴）探测器为 DT-6360STC，墙装式双鉴探测器为 DT-7435，紧急报警按钮为 PB-2。所需防盗报警器材、设备，如表 8-13 所示。

视频监控选择了美国派尔高（Peleo）公司的产品。该公司是专业视频电视监控厂家，其品牌在我国 CCTV 商品市场占有率达 40％，并在我国各大地区设有办事处，可提供优

安防系统的报警器材、设备　　　　　　　　　　　表 8-13

品　名	规格、型号	单位	数量	产地
报警主机	VISTA120	台	1	美国/安定保
主机接口串行模块	4100SM	个	1	美国/安定保
控制键盘	6139	个	1	美国/安定保
两防区地址编址器	4193SN	个	64	美国/安定保
紧急按钮	PB-2	个	10	美国/安定保
吸顶式微波红外探测器	DT-6360STC	个	2	美国/安定保
墙装式微波红外探测器	DT7435	个	54	美国/安定保
墙装式微波红外探测器安装支架	SMB10L	5 个/包	10	美国/安定保
直流电源 12V(DC),3A	WDA-801	个	1	中国/WINBEST
蓄电池	12V,7AH	个	3	中国
主机用变压器	16.5V(AC),50W	个	3	中国
串口总线模块	CW2301	个	1	中国/丛文
16 路输出报警联动模块	CW6116	个	1	中国/丛文
警灯	HC-102	个	1	美国/安定保
串口卡	CP-168U	块	1	中国台湾/MOXA
打印机	EPSON LQ-1600K	台	1	美国/EPSON

质的技术服务及备品备件。本次设计选用的产品主要有 CM9760 矩阵主机、室内一体化彩色球机 SD53TC-SMW-1-X、半球形一体化摄像机 ICS-150-CS3、电梯轿厢摄像机 ISCO90-CS3、34in 长虹大屏幕 G3488 电视机，硬盘录像机选用深圳金山品科公司的 DIG-816AWF 产品。所需视频监控器材、设备，如表 8-14 所示。

视频监控器材、设备　　　　　　　　　　　表 8-14

品　名	规格、型号	单位	数量	产地
视频矩阵	CM9760-304 * 36-X	台	1	美国/派尔高
键盘	CM9760-KBD-X	台	2	美国/派尔高
室内一体化彩色球机	SD53TC-SMW-1-X	台	2	美国/派尔高
报警接口单位	CM9760-ALM	台	1	美国/派尔高
数据转换器	CM9760-DT4-X	台	1	美国/派尔高
半球形一体化摄像机	ICS150-CS3	台	21	美国/派尔高
彩色定焦摄像机	CC3701H-2X	台	40	美国/派尔高
4.5mm 定焦镜头	13FD4	台	40	美国/派尔高
室内防护罩	Y44098(W)	台	40	中国/亚安
电梯摄像机	ICS090-CS3	台	2	美国/派尔高
电梯楼层叠加器	INV-4050	台	2	中国/INV
彩色监视器	ML21C	台	8	Maway
硬盘录像机	DIG-816AWF(250G 硬盘)	台	4	中国/品科

续表

品　名	规格、型号	单位	数量	产地
视频分配放大器	16 入 32 出	台	4	中国
大屏幕电视机	G3488，34″	台	1	中国/长虹
变压器	24VAC，50W	台	4	中国
高灵敏度音频头	JOM2824	台	65	Javelin/中国
音频矩阵	TP6900D-32×4	台	1	中国/东浦
19in 标准配线机柜，42U	60mm×800mm×2200mm	台	1	中国
电视墙及操纵台	—	套	1	中国
吸顶式深色球罩	DF5-0	台	2	美国/派尔高
音频分配放大器	32 进，64 出	台	1	自制
报警输出单元	CM9760-REL	台	1	美国/派尔高
硬盘录像机报警接口模块	PQ-2097P	台	1	中国/品科

此外，本工程尚需一批线缆，其中有六芯屏蔽通信控制电缆 RVVP6×0.75、两芯屏蔽双绞控制电缆 RVVP2×0.75、六芯控制电缆 RVV6×0.75、两芯控制电缆 RVV2×0.75、四芯控制电缆 RVV4×0.75、超 5 类 UTP 线缆、电梯随行电缆 TV-TV2P-75-5、视频电缆 SYV-75-5 等。这些线缆可选用国内产品，其数量可由施工图经计算给出。

第四节　出入口控制系统

一、出入口控制系统的组成与要求

出入口控制系统又称门禁控制系统（Access Control System）它主要由识读、执行、传输和管理/控制四部分组成，见图 8-36 和图 8-37。

图 8-36　出入口控制系统的基本组成

1. 身份识读（目标识别）

身份识读是出入口控制系统的重要组成部分，其作用是对通行人员的身份进行识别和确认。实现身份识读的种类和方式很多，主要包括密码类、卡证类、生物识别类以及复合类身份识别方式。

2. 出入口管理控制主机

出入口管理子系统是出入口控制系统的管理与控制中心，亦即是出入口控制主机。它是将出入口目标识别装置提取的目标身份等信息，通过识别、对比，以便进行各种控制处理。

图 8-37　网络型出入口控制系统组成示意图

出入口控制主机可根据保安密级要求，设置出入门管理法则。既可对出入者按多重控制原则进行管理，也可对出入人员实现时间限制等，对整个系统实现控制；并能对允许出入者的有关信息，出入检验过程等进行记录，还可随时打印和查阅。

3. 电锁与执行

电锁与执行部分包括各种电子锁具、挡车器、三辊匝等控制设备。这些设备动作灵敏、执行可靠性高，且具有良好的防潮、防腐性能；具有足够的机械强度及防破坏的能力。

电子锁具种类繁多，按工作原理不同可分为电插锁、磁力锁、阳极锁、阴极锁和剪力锁等，可以满足各种木门、玻璃门、金属门的安装需要。每种电子锁具都有自己的特点，在安全性、方便性和可靠性上也各有差异，应视具体情况来选择使用。

二、个人识别技术

在出入口控制装置中使用的出入凭证或个人识别方法，主要有如下三大类：密码、卡片和人体特征识别技术。它们的优缺点见表 8-15。

各种识别方法的比较　　　　　　　　　　　　表 8-15

分　类		原　理	优　点	缺　点	备　注
代码识别		对输入预先登记的密码进行确认	不用携带物品、价廉	不能识别个人身份，会泄密或遗忘	要定期更改密码
卡片	磁卡	对磁卡上的磁条存储的个人数据进行读取与识别	价廉、有效	伪造更改容易，会忘带卡或丢失	为防止丢失和伪造，可与密码法并用
	IC卡	对存储在 IC 卡中的个人数据进行读取与识别	伪造难、存储量大、用途广泛	会忘带卡或丢失	
	非接触式 IC 卡	对存储在 IC 卡中的个人数据进行非接触式的读取与识别	伪造难、操作方便、耐用	会忘带卡或丢失	

分 类	原 理	优 点	缺 点	备 注
生物特征识别 · 指纹	对输入指纹与预先存储的指纹进行比较与识别	无携带问题,安全性极高,装置易小型化	对无指纹者不能识别	效果好
掌纹	输入掌纹与预先存储的掌纹进行比较与识别	无携带问题,安全性很高	精确度比指纹法略低	
视网膜	用摄像输入视网膜与存储的视网膜进行比较与识别	无携带问题,安全性极高	对弱视或瞳眼不足而视网膜充血以及视网膜病变者无法对比	注意摄像光源强度不一致对眼睛有伤害

常用编码识读设备的选择与安装见表8-16。用人体生物特征识读设备的选择与安装见表8-17。常见执行设备的选择与安装见表8-18。

常用编码识读设备及应用特点　　　　　　　　　　表 8-16

序号	名称	适应场所	主要特点	适宜工作环境和条件	不适宜工作环境和条件
1	普通密码键盘	人员出入口,授权目标较少的场所	密码易泄漏,易被窥视,保密性差,密码需经常更换	室内安装;如需室外安装,需选用密封性良好的产品	不易经常更换密码,且授权门标较多的场所
2	乱序密码键盘	人员出入口,授权目标较少的场所	密码易泄漏,密码不易被窥视,保密性较普通密码键盘高,需经常更换		
3	磁卡识读设备	人员出入口,较少用于车辆出入口	磁卡携带方便,便宜,易被复制、磁化,卡片及读卡设备易被磨损,需经常维护		室外可被雨淋处;尘土较多的地方;环境磁场较强的场所
4	接触式IC卡读卡器	人员出入口	安全性高,卡片携带方便,卡片及读卡设备易被磨损,需经常维护	室内安装;适合人员通道可安装在室内外;适合人员通道	室外可被雨淋处;静电较多的场所
5	接触式TM卡(纽扣式)读卡器	人员出入口	安全性高,卡片携带方便,不易被磨损		尘土较多的地方
6	条码识读设备	用于临时车辆出入口	介质一次性使用,易被复制,易损坏	停车场收费岗亭内	非临时目标出入口
7	非接触只读式读卡器	人员出入口,停车场出入口	安全性较高,卡片携带方便,不易被磨损,全密封的产品具有较高的防水、防尘能力	可安装在室内外,近距离读卡器(读卡距离<500mm)适合人员通道;远距离读卡器(读卡距离,>500mm)适合车辆出入口	电磁干扰较强的场所;较厚的金属材料表面;工作在900MHz频段下的人员出入口;无防冲撞机制(防冲撞可依次读取同时进入感应区域的多张卡),读卡距离>1m的人员出入口
8	非接触可写、不加密式读卡器	人员出入口,消费系统一卡通应用的场所,停车场出入口	安全性不高,卡片携带方便,易被复制,不易被磨损,全密封的产品具有较高的防水、防尘能力		
9	非接触可写、加密式读卡器	人员出入口,与消费系统一卡通应用的场所,停车场出入口	安全性高,无源卡片,携带方便,不易被磨损,不易被复制,全密封的产品具有较高的防水、防尘能力		

常用人体生物特征识读设备及应用特点　　　　　表 8-17

序号	名称	主要特点	适宜工作环境和条件	不适宜工作环境和条件
1	指纹识读设备	指纹头设备易于小型化；识别速度很快，使用方便；需人体配合的程度较高	操作时需人体接触识读设备	操作时需人体接触识读设备，不适宜安装在医院等容易引起交叉感染的场所
2	掌形识读设备	识别速度较快；需人体配合的程度较高		
3	虹膜识读设备	虹膜被损伤、修饰的可能性很小，也不易留下被可能复制的痕迹；需人体配合的程度很高；需要培训才能使用	操作时不需人体接触识读设备	环境亮度变化大的场所，背光较强的地方
4	面部识读设备	需人体配合的程度较低，易用性好，适于隐蔽地进行面像采集、对比		环境亮度适宜、变化不大的场所

常用执行设备技术参数　　　　　表 8-18

序号	应用场所	执行设备名称	安装设计要点
1	单向开启、平开木门（含带木框的复合材料门）	阴极电控锁	适用于单扇门；安装位置距地面 900～1100mm 门边框处；可与普通单舌机械锁配合使用
		电控撞锁、一体化电子锁	适用于单扇；安装于门体靠近开启边，距地面 900～1100mm 处；配合件安装在边门框上
		磁力锁、阳极电控锁	安装于上门框，靠近门开启边；配合件安装于门体上；磁力锁的锁体不应暴露在防护面（门外）
		自动平开门机	安装于上门框；应选用带闭锁装置的设备或另加电控锁；外挂式门机不应暴露在防护面（门外）；应有防夹措施
2	单向开启，平开镶玻璃门（不含带木框门）	阳极电控锁	适用于单扇门；安装位置距地面 90～110cm 边门框处；可与普通单舌机械锁配合用
		磁力锁	安装于上门框，靠近门开启边；配合件安装于门体上；磁力锁的锁体不应暴露在防护面（门外）
		自动平开门机	安装于上门框；应选择带闭锁装置的设备或另加电控锁；外挂式门机不应暴露在防护面（门外）；应有防夹措施
3	单向开启、平开玻璃门	带专用玻璃门夹的阳极电控锁	安装位置同本表第 1 条相关内容；玻璃门夹的作用面小，应安装在防护面（门外）；无框（单玻璃框）门的锁引线应有防护措施
		带专门玻璃门夹的磁力锁	
		玻璃门夹电控锁	
4	双向开启、平开玻璃门	带专用玻璃门夹的阳极电控锁	同本表第 3 条相关内容
		玻璃门夹电控锁	

序号	应用场所	执行设备名称	安装设计要点
5	单扇、推拉门	阳极电控锁	同本表第1、3条相关内容
		磁力锁	安装于边门框;配合件安装于门体上;不应暴露在防护面(门外)
		推拉门专用电控挂钩锁	根据锁体结构不同,可安装于上门框或边门框;配合件安装于门体上;不应暴露在防护面(门外)
		自动推拉门机	安装于上门框;应选用带闭锁装置的设备或另加电控锁;应有防火措施
6	双扇、插拉门	阳极电控锁	同本表第1、3条相关内容
		推拉门专用电控挂钩锁	应选用安装于上门框的设备;配合件安装于门体上;不应暴露在防护面(门外)
		自动推拉门机	同本表第5条相关内容
7	金属防盗门	电控撞锁、磁力锁、自动门机	同本表第1条、第5条相关内容
		电机驱动锁舌电控锁	根据锁体结构不同,可安装于门框或门体上
8	防尾随人员快速通道	电控三棍闸、自动启闭速通门	应与地面有牢固的连接;常与非接触式读卡器配合使用;自动启闭速通门应有防夹措施
9	小区大门、院门等(人员、车辆混行通道)	电动伸缩栅栏门	固定端与地面应牢固连接;滑轨应水平铺设;门开口方向应在值班室一侧;启闭时应有声、光指示,并有防夹措施
		电动栅栏式栏杆机	应与地面有牢固的连接;适用于不限高的场所,不宜选用闭合时间小于3s的产品,应有防砸措施
10	一般车辆出入口	电动栏杆机	应与地面有牢固的连接;用于有限高的场所时,栏杆应有曲臂装置;应有防砸措施
11	防闯车辆出入口	电动升降式地挡	应与地面有牢固的连接;地挡落下后,应与地面在同一水平面上;应有防止车辆通过时,地挡顶车的措施

三、出入口控制系统的设计

系统应根据建筑物的使用功能和安全防范管理的要求,对需要控制的各类出入口,按各种不同的通行对象及其准入级别,对其进、出实施实时控制与管理,并应具有报警功能。

目前,常用的出入口控制系统有基于总线结构和基于网络的出入口控制系统两种。

1. 基于总线结构的出入口控制系统

图 8-38 为基于总线结构的出入口控制系统。本系统管理主机与总线之间通过通信器连接,控制器与控制器之间用 RS485 总线连接;通信器通信端口的数量根据所连接的总线数量确定;前端设备的选择由工程设计确定。

2. 基于网络的出入口控制系统

图 8-39 为基于网络的出入口控制系统。本系统服务器与各子网主机之间通过网络连接,控制器与控制器之间由 RS485 连接;通信器的通信端口数量根据所连接的总线数量

图 8-38　基于总线结构的出入口控制系统

确定；前端设备的选择由工程设计确定。

图 8-39　基于网络的出入口控制系统

图 8-40 是使用以太网传输的出入口控制系统。图中有使用与类双绞线的以太网和以 RS485 连接的方式示例。

四、一卡通系统

1. 功能要求

（1）一卡通宜具有出入口控制、电子巡查、停车场管理、考勤管理、消费管理等功能，见图 8-41~图 8-44 所示。

（2）一卡通系统由"一卡、一库、一网"组成。"一卡"，在一张卡片上实现开门、考

图 8-40 使用以太网传输的门禁系统网络结构示例

勤、消费等多种功能；"一库"，在同一个软件平台上，实现卡的发行、挂失、充值、资料查询等管理，系统用一个数据库；"一网"，各系统的终端接入局域网进行数据传输和信息交换。

应该指出，这里所述的一卡通系统是根据建设方物业信息管理部门要求设置的。设计应用时，消费系统应严格按照银行、财务信息规定执行，高风险安防系统不宜介入。

2. 系统设计及设备选择

（1）在要求不高的场合，可选用一卡多库的方案。各个应用系统配备一台计算机，一套管理软件。

（2）一卡通系统应选用智能型非接触式 IC 卡。一张 IC 卡能分成多个独立的区域，每个区域都有自己的密码，并能读和写。

（3）感应式 IC 卡与读卡器的读写距离愈大，价格愈高，通常读写距离为 100mm～300mm，在停车库（场）管理系统中，一般为 400～700mm，较理想的读写距离为 30～

150mm。在小型工程中，为了降低投资，停车库（场）管理系统单独使用一张读写距离较大的感应式 IC 卡，不纳入该工程中的一卡通系统。

（4）用于银行储蓄和支出的一卡通系统，卡片选用双面卡，正面为感应式，背面为接触式。

（5）一卡通系统的软件：

① 出入口控制软件；

② 考勤软件；

③ 会所收费管理软件；

④ 售餐管理软件；

⑤ 企事业"一卡通"软件（出入口控制/考勤/会议报到/售餐消费）；

⑥ 小区"一卡通"软件（出入口控制/考勤/电子巡查/会所消费）；

⑦ 校园"一卡通"软件（食堂/图书馆/机房/宿舍门禁）；

⑧ 其他特殊要求的软件。

图 8-41 是学校的一卡通系统示例。

图 8-41 一卡通系统

五、门禁系统的安装

门禁控制系统的设备布置如图 8-45 所示。电控门锁的选择应根据门的材质、门的开启方向等。门禁控制系统的读卡器距地 1.4m 安装。安装时应考虑锁的类型、安装位置、安装高度、门的开启方向等。

如图 8-46 所示，有的磁卡门锁内设置电池，不需外接导线，只要现场安装即可。阴极式及直插式电控门锁通常安装在门框上，在主体施工时在门框外侧门锁安装高度处预埋穿线管及接线盒，锁体安装要与土建工程配合。

图 8-42 "一卡通"系统硬件结构图

图 8-43 "一卡通"考勤子系统结构图

图 8-44 "一卡通"门禁子系统结构图

483

图 8-45　门禁系统现场设备安装示意图

在门扇上安装电控门锁时，需要通过电合页进行导线的连接，门扇上电控门锁与电合页之间可预留软塑料管；在主体施工时，在门框外侧电合页处预埋导线管及接线盒，导线选用 RVS2×1.0mm²，连接应采用焊接或接线端子连接，如图 8-47 所示。

图 8-46　直插式电控门锁安装示意图

电磁门锁是经常用的一种门锁，选用安装电磁门锁要注意门的材质、门的开启方向及电磁门锁的拉力。图 8-48 为电磁门锁的安装示意图。表 8-19 列出几种不同电磁门锁的性能。

门禁控制部分的线缆选型如下：

（1）门磁开关可采用 2 芯普通通信线缆 RVV（或 RVS），每芯截面积为 0.5mm²。

（2）读卡机与现场控制器连线可采用 4 芯通信线缆（RVVP）或 3 类双绞线，每芯截面积为 0.3～0.5mm²。

（3）读卡机与输入/输出控制板之间可采用 5～8 芯普通通信线缆（RVV 或 RVS）或 3 类双绞线，每芯截面积为 0.3～0.5mm²。

（4）输入/输出控制板与电控门锁、开门按钮等均采用 2 芯普通通信线缆（RVV），每芯截面积为 0.75mm²。

图 8-47　电控门锁与电合页安装示意图

图 8-48　电磁门锁安装示意图

电磁门锁规格、外形尺寸、性能　　　　　　　　　　　　　　表 8-19

型号	外形尺寸 $L \cdot H \cdot W$/mm	输入电压 DC/V	消耗电流/mA	拉力/kg	单/双门
CCW30S	166×36×21	12/24	370/185	120	单门
EM2	228×39×24	12/24	490/245	280	单门
CM2600	476×48×25.5	12/24	2×530/265	2×280	双门
EM4	268×73×40	12/24	490/245	500	单门
EM12	536×73×40	12/24	2×480/245	2×500	双门

第五节　电子巡更系统

电子巡更系统是一个人防和技防相结合的系统。它通过预先编制的巡逻软件，对保安人员巡逻的运动状态（是否准时、遵守顺序等）进行记录、监督，并对意外情况及时报警。

一、系统组成

电子巡查系统通常由采集装置、识读装置、控制器及管理软件、管理主机、打印机组成。

电子巡更系统可分离线式和在线式（或联网式）两种。

1. 离线式电子巡更系统

离线式电子巡更系统通常有：接触式和非接触式两类。

（1）接触式：在现场安装巡更信息钮，采用巡更棒作巡更器，见图8-49。巡更员携巡更棒按预先编制的巡更班次、时间间隔、路线巡视各巡更点，读取各巡更点信息，返回管理中心后将巡更棒采集到的数据下载至电脑中，进行整理分析，可显示巡更人员正常、早到、迟到、是否有漏检的情况。

（2）非接触式：在现场安装非接触式磁卡，采用便携式IC卡读卡器作为巡更器。巡更员持便携式IC卡读卡器，按预先编制的巡更班次、时间间隔、路线，读取各巡更点信息，返回管理中心后将读卡器采集到的数据下载至电脑中，进行整理分析，可显示巡更人员正常、早到、迟到、是否有漏检的情况。

现场巡更点安装的巡更钮、IC卡等应埋入非金属物内，周围无电磁干扰，安装应隐蔽安全，不易遭到破坏。

在离线式电子巡更系统的管理中心还配有管理计算机和巡更软件。

图 8-49

（a）离线式电子巡更系统示意图；（b）巡棒和信息纽扣

2. 在线式电子巡更系统（图8-50）

在线式一般多以共用防侵入报警系统设备方式实现，可由防侵入报警系统中的警报接收与控制主机编程确定巡更路线。每条路线上有数量不等的巡更点。巡更点可以是门锁或读卡机，视作为一个防区。巡更人员在走到巡更点处，通过按钮、刷卡、开锁等手段，将以无声报警表示该防区巡更信号，从而将巡更人员到达每个巡更点时间、巡更点动作等信息记录到系统中，从而在中央控制室，通过查阅巡更记录就可以对巡更质量进行考核。

图 8-50　在线式电子巡更系统

一种在线式巡更系统在住宅小区的应用示例如图 8-51 所示。

图 8-51　住宅小区在线巡更系统图

表 8-20 为住宅小区在线巡更系统图。

在线式和离线式电子巡更系统的比较　　　　　　　　　　　　　　表 8-20

比较项目	离线式电子巡更系统	在线式电子巡更系统
系统结构	简单	较复杂
施工	简单	较复杂
系统扩充	方便	较困难

续表

比较项目	离线式电子巡更系统	在线式电子巡更系统
维护	一般无需维修	不需经常维修
投资	较低	较高
对巡更过程中意外事故的反应功能	无	可及时反应
对巡更员的监督功能	有	极强
对巡更员的保护功能	无	有

二、巡更系统主要功能

（1）系统应能编制保安人员巡查软件，采集读取巡检数据信息，并进行数据分析，查询巡检人员实际操作的原始数据，并提供各种综合查询打印报表，分析原因，改进管理。

（2）系统应能准确记录预定区域、路线巡查的时间（年、月、日、时、分、秒）、地点、人员信息。

（3）巡查工作应具有保密性，巡查程序的编制应具有灵活性和可调性。即系统可根据需要随时修改巡查程序，调整巡查线路、方向、巡查点顺序以及各巡查点的到达时间。

（4）电子巡查系统可利用微机组成独立系统，也可与出入口控制系统或入侵报警系统联合设置。电子巡查系统应能与安全技术防范的中央监控室联网，实现中央监控室对该系统的集中管理与集中监控。

（5）系统应有扩容余量。

三、巡更采集装置的设置部位

（1）建筑物主要出入口；

（2）各层出入口及主要通道、走道、楼梯口；

（3）门厅、电梯前室、地下车；

（4）室外重点部位；

（5）其他根据需要应设置地址寻检器的部位。

系统信息采集点的采集装置安装离地面高度宜为1.4m。采集装置或识读装置在识读时应有声、光或振动等提示信号，识读响应时间应小于1s。在入侵探测器的覆盖区域内不宜设置电子巡查点。

第六节　停车库管理系统

一、系统组成

停车场（库）管理系统通常由入口管理系统、出口管理系统和管理中心等部分组成，如图8-52所示。系统的基本部件是车辆探测器、读卡机、发卡（票）机、控制器、自动道闸、满位显示器、计/收费设备和管理计算机。

（1）车辆探测器

图 8-52　停车场（库）管理系统框图

图中：带 * 号的发卡机、计费显示、打印是收费停车场配置的设备；

带 ♯ 号的图像对比是配置图像对比功能的停车场的设备。

车辆探测器是感应数字电路板，传感器都采用地感线圈，由多股铜芯绝缘软线按要求规格现场制作，线圈埋于栏杆前后地下 5～10cm，只要路面上有车辆经过，线圈产生感应电流传送给电路板，车辆探测器就会发出有车的信号。对车辆探测器的要求是灵敏度和抗干扰性能应符合使用要求。

（2）读卡机

对出入口读卡机的要求与出入口控制（门禁）系统对读卡器的要求相同，要求对有效卡、无效卡的识别率高；"误识率"和"拒识率"低；对非接触式感应卡的读卡距离和灵敏度符合设计要求等。

（3）发卡（票）机

发卡（票）机是对临时停车户进场时发放的凭证，有感应卡、票券等多种形式。一般感应卡都回收复用。对收费停车场入口处的发卡（票）机的要求是吐卡（出票）功能正常；卡（票）上记录的进场信息（进场日期、时间）准确。

（4）通行卡

停车场（库）管理系统所采用的通行卡可分：ID 卡、接触式 IC 卡、非接触式 IC。非接触式 IC 卡还按其识别距离分成近距离（20mm 左右）、中距离（30～50mm 左右）和长距离（70mm 以上）等种。

（5）控制器

控制器是根据读卡机对有效卡的识别，符合放行条件时，控制自动道闸抬起放行车辆。对控制器的要求是性能稳定可靠，可单独运行，可手动控制，可由管理中心指令控制，可接受其他系统的联动信号，响应时间符合要求等。

（6）自动道闸

自动道闸对车辆的出入起阻挡作用。自动道闸一般长 3～4m（根据车道宽度选择），通常有直臂和曲臂两种形式。前者用于停车场出入口高度较高的场合，后者用于停车场出入口高度较低，影响自动道闸的抬杆。其动作由控制器控制，允许车辆放行时抬杆，车辆通过后落杆。对自动道闸的要求是升降功能准确；具有防砸车功能。防砸车功能是指在栏杆下停有车辆时，栏杆不能下落，以免损坏车辆。

（7）满位显示器

满位显示器是设在停车场入门的指示屏，告知停车场是否还有空车位。它由管理中心管理。对满位显示器的要求是显示的数据与具体情况相符。

二、车辆出入的检测与控制系统

车辆出入检测方式

车辆出入检测与控制系统如图 8-53 所示。为了检测出入车库的车辆，目前有两种典型的检测方式：红外线方式和环形线圈方式，如图 8-54 所示。本节着重介绍目前广泛采用的埋地环形线圈方式。

图 8-53　车辆出入检测与控制系统

1. 红外线检测方式

如图 8-54（a）所示，在水平方向上相对设置红外收、发装置，当车辆通过时，红外光线被遮断，接收端即发出检测信号。图中一组检测器使用两套收发装置，是为了区分通过是人还是汽车。而采用两组检测器是利用两组的遮光顺序，来同时检测车辆行进方向。

安装时如图 8-55 所示，除了收、发装置相互对准外，还应注意接收装置（受光器）不可让太阳光线直射到。此外，还有一种将受光器改为反射器的收发器＋反射器的方式。

2. 环形线圈检测方式

如图 8-54（b）所示，使用电缆或绝缘电线做成环形，埋在车路地下，当车辆（金属）驶过时，其金属体使线圈发生短路效应而形成检测信号。所以，线圈埋入车路时，应特别注意有否碰触周围金属。环形线圈周围 0.5m 平面范围内不可有其他金属物。环形线圈的施工可参见图 8-56 和图 8-57。

图 8-54 检测出入车辆的两种方式

（a）红外光电方式；（b）环形线圈方式

三、车库管理设备的安装

1. 读卡机（IC 卡机、磁卡机、出票读卡机、验卡票机）的安装（图 8-55）

图 8-55 读卡机的安装（单位：mm）

（a）外形；（b）安装方法

（1）应安装在平整、坚固的水泥墩上，保持水平，不能倾斜；

（2）宜安装在室内；安装在室外时，应考虑防水及防撞装置措施；

（3）读卡机与闸门机安装的中心间距宜为 2.4～2.8m。

2. 环形感应线圈的安装（图 8-56）

（1）感应线圈放在 100mm 厚的水泥基础上，基础内无金属物体，四角用木楔固定。将木楔打入水泥基础后，其超出部分不应高于 50mm，然后再浇注 60mm 厚的混凝土，如图 8-57（b）所示。

图 8-56　环形线圈的施工

（2）感应线圈也可在地面开槽，然后将线圈放入矩形槽内进行安装固定，但必须在探测地面上应无金属物，如图 8-57（c）所示。

图 8-57　感应线圈的安装（单位：mm）

（a）感应线圈布置图；（b）感应线圈安装方法一（木楔固定法）；（c）感应线圈安装方法二（开槽固定法）

（3）感应线圈内部探测线有塑料预制保护，在安装时注意不能伤害导线。

（4）探测线圈必须装于方的槽中，且槽内应没有无关的线路。动力线路距线槽距离应在大于 50mm。距金属和磁性物体的距离应大于 300mm。

（5）感应线圈至控制设备之间的专用引线不得有接头。环形感应线圈施工见图 8-58。

3. 闸门机的安装（图 8-59）

图 8-58 环形线圈的施工

（a）平面图（出入库单车道）；（b）平面图（出入库双车道）；（c）剖面图

注：闸门机边上可安装防护柱进行保护。
防护柱可用 φ100mm 钢管制成，外涂黄黑色油漆。

图 8-59 自动闸门的安装（单位：mm）

　　停车场管理系统通常是一卡通系统的一个子系统，它与一卡通系统共享数据库、控制平台和通信网络。停车场管理系统配置包括停车场控制器、自动吐卡机、远程遥控、远距离读卡器、感应卡（有源卡和无源卡）、自动道闸、车辆感应器、地感线圈、通信适配器、摄像机、传输设备和停车场系统管理软件等。图 8-60 是停车库管理系统设备连接图。

图 8-60　停车场管理系统设备连接图

　　4. 车库管理系统的安装图

　　如图 8-61 所示，它由出票验票机、闸门机、收费机、环形线圈感应器等组成。汽车入库时，按压取票后，闸门机上升开启；当汽车离开复位线圈感应器时闸门机自动放下关闭。出库部分可采用人工收费或设置验票机（或读卡机），检测到有效票后，闸门机自动上升开启，当汽车驶离复位线圈感应器后闸门机自动放下关闭。

　　5. 车库管理系统组成与清单（表 8-21～表 8-23）

停车库设备表（示例）　　　　　　　　　　　　　　　　　　　　表 8-21

设备	名　称	型　号	数量
入口设备	1. 电动道闸	ZFHDZ-HW	1
	2. 数字车辆检测器(含镀银高温感应线圈、聚四氟乙烯护套,内置地感处理器)	VD-108	1
	3. 图像对比设备		
	彩色摄像机	420 线	1
	自动光圈镜头	SSG0812	1
	摄像机室外防护罩	含支架、万向头	1
	摄像机立柱	含抱箍	1

续表

设备	名 称	型 号	数量
入口设备	摄像机电源	DC12V	1
	4. 入口票箱		
	ID 卡读卡系统	ZFHD-ID	1
	自动发卡系统	ZFHD-FK	1
	线性电源	24V/12V/5V	1
	中文电子显示屏	ZFHD-LED	1
	语音提示	ZFHD-VOICE	1
	箱体	ZFHD-PX2	1
	数字车辆检测器	VD-108B	1
出口设备	1. 电动道闸	ZFHDZ-HW	1
	2. 数字车辆检测器(含镀银高温感应线圈、聚四氟乙烯护套,内置地感处理器)	VD-108	1
	3. 图像对比设备		
	彩色摄像机	420 线	1
	自动光圈镜头	SSG0812	1
	摄像机室外防护罩	含支架、万向头	1
	摄像机立柱	含抱箍	1
	摄像机电源	DC12V	1
	4. 出口票箱		
	ID 卡读卡系统	ZFHD-ID	1
	线性电源	12V/5V	1
	电子中文显示屏	ZFHD-LED	1
	语音提示	ZFHD-LED	1
	箱体	ZFHD-LED	1
管理中心设备	1. 计算机		
	2. 多用户串口卡	SUNIX	1
	3. 图像卡及软件	SDK2000	1
	4. 控制器	ZFHD-NT2	1
	5. 通信转换器	RS485-232	1
	6. 收费控制管理软件	ZFHDID2000	1
	7. 台式 IC 读卡器		1

电源线（线材：2 芯铜线） 表 8-22

停车场总电源处到收费亭	2 芯(2mm²)	1 根
收费亭到入口票箱、出口票箱各 1 根	2 芯(1.5mm²)	2 根
收费亭到入口道、出口道闸各 1 根	2 芯(1.5mm²)	2 根
收费亭到入口摄像机、出口摄像机各 1 根	2 芯(1mm²)	2 根
从收费亭到入口聚光灯、出口聚光灯各 1 根	2 芯(1.5mm²)	2 根

图 8-61　车库管理系统组成

(a) 立体图；(b) 平面图

通信线（线材：超五类屏蔽双绞线 8 芯） 　　　　　　　表 8-23

从收费亭到入口票箱 （1根超五类屏蔽双绞线）	收费计算机和汉字显示屏	2 芯
	控制器和入口票箱内读卡器	2 芯
	对讲主机和对讲分机	2 芯
	剩余 2 芯线暂未使用，留做备份	
从收费亭到入口道闸 （1根超五类屏蔽双绞线）	道闸控制板和岗亭内手动按钮	4 芯
	道闸控制板和控制器	2 芯
	剩余 2 芯线暂未使用，留做备份	
从收费亭到出口票箱 （1根超五类屏蔽双绞线）	收费计算机和汉字显示屏	2 芯
	控制器和出口票箱内读卡器	2 芯
	对讲主机和对讲分机	2 芯
	剩余 2 芯线暂未使用，留做备份	
从收费亭到出口道闸 （1根超五类屏蔽双绞线）	道闸控制板和岗亭内手动按钮	4 芯
	道闸控制板和控制器	2 芯
	剩余 2 芯线暂未使用，留做备份	

音频、视频线 　　　　　　　表 8-24

从收费亭到入口摄像机（规格为 128 编 75Ω）	1 根
从收费亭到出口摄像机（同上）	1 根
从入口票箱音频到出口票箱（2 芯音频线）	1 根

第七节　电梯出入控制系统

电梯出入控制系统实际上是出入口控制（门禁）子系统的功能之一，防止非受权人员闯入，在现代酒店宾馆、办公大楼和政府机关中应用较多，发挥了智能电梯门禁管理系统的优势。

（一）系统特点

电梯出入控制系统与原电梯控制系统完全隔离，不会对电梯原有的控制和运行性能产生任何影响。当消防信号输入或者控制系统掉电时，电梯出入控制系统自动脱离，电梯恢复为普通电梯正常使用。

（二）主要功能

1. 电梯开通方式

电梯开通方式除常规通用方式外，还有用于安保特殊用途的刷卡方式。

（1）卡或密码方式。个性化的两种开门方式，即可以选择刷卡开门或者是输入密码开门。

（2）卡＋密码方式。刷完卡后，必须输入正确的密码才能开门。密码是个性化的密码，即一人一密。

2. 控制层数功能。

每个电梯控制器可控制8层电梯，随着电梯层数增加，增加电梯控制器，通过扩展电梯控制器实现系统无限制电梯楼层。

3. 记录功能。

电梯系统具有全面的事件记录保存功能，可记录的事件类型包括电梯出入记录和电梯报警记录，每一记录均详细记录了人员姓名、刷卡时间等信息，结合计算机可针对具体事情的发生时间和负责人进行查询，落实责任。

4. 时间限制功能

使用电梯时，不同的人可设置不同的刷卡有效时间，超过允许时间后刷卡将视为无效。例如：用户A刷卡有效时间设为8：00～18：00，在此期间内用户A可正常使用电梯，超时后将禁止使用电梯。

5. 权限功能

使用电梯时，不同的人有不同的权限分配，每个进入电梯的人经过授权可以进入指定的区。用户刷卡后相应权限的楼层按钮被激活，用户可选择楼层。例如：用户A允许进入楼层为1、3、4，刷卡后电梯面板1、3、4楼层按键接通亮灯，其他按键保持断开状态。

每张卡片可独立设置截止有效期限，例如：用户A卡片有效时间为2006年8月3日至2006年8月5日，用户A在2006年8月5日后卡片无效。

6. 安全功能

电梯系统采用完全符合安防产品规范的分体式结构设计，即读卡部分与电梯控制部分进行分离。当电梯系统的事件服务器与管理主机失去通信的异常情况下，可以通过保存在

图 8-62　电梯出入控制系统拓扑图

事件服务器中的信息脱机工作，不影响任何操作。电梯控制器与电梯本身的控制系统采用无源触点（干结点）连接，两者完全隔离，不对电梯原有性能产生任何影响。

（三）系统组成

图 8-62 是电梯出入控制系统拓扑图。在电梯轿厢内的电梯控制器中，设有门禁一卡通读卡器。客人进入电梯时，首先在读卡器上刷卡，然后依常规按下要去的楼层键。读卡器采集到的信息传送给数据交换机进行处理后，再通过以太网送至电梯门禁工作站存储和进行身份认证识别，如果允许通行，电梯轿厢自动关门后启动。如果不刷卡或卡未被授予，电梯不能启动。

一卡通 IC 卡电梯控制系统可实现与消防信号联动，消防信号输入交换机后，IC 卡电梯智能控制系统停止工作，电梯恢复为普通电梯，以确保电梯在紧急情况下的紧急使用；当消防信号撤除后，IC 卡电梯智能控制系统将自动运行管制电梯。而在电梯检修状态时，可人工通过安装在电梯井的控制器电源开关断开 IC 卡电梯控制系统，当电梯检修完毕后，再由人工开启 IC 卡管制状态。电梯设备采用 TCP/IP 联网方式，确保整个系统的安全可靠性，有利于整个系统的统一管理。

第九章 火灾自动报警与联动控制系统

第一节 火灾报警和灭火系统的设计内容

参见表9-1～表9-5。

火灾报警与灭火系统的设计内容 表 9-1

设备名称	内容
报警设备	火灾报警器(探测器、报警器),火灾自动报警控制器,紧急报警设备(电铃、警笛、声光报警、紧急电话、紧急广播)
自动灭火设备	洒水喷头、泡沫、粉末、二氧化碳、卤化物灭火设备
手动灭火设备	消火器(泡沫粉末)、室内外消防栓
防火排烟设备	探测器、控制盘、自动开闭装置、防火卷帘门、防火门、排烟口、排烟机、空调设备(停)
通信设备	应急通信机、一般电话、对讲电话、手机等
避难设备	应急照明装置、引导灯、引导标志牌、应急口、避难楼梯等
有关设施	洒水送水设备、应急插座、消防水池、应急电梯、电气设备监视、闭路监控电视、电梯运行监视、一般照明等

设计项目与电气专业配合的内容 表 9-2

序号	设计项目	电气专业配合措施
1	建筑物高度	确定电气防火设计范围
2	建筑防火分类	确定电气消防设计内容和供电方案
3	防火分区	确定区域报警范围、选用探测器种类
4	防烟分区	确定防排烟系统控制方案
5	建筑物室内用途	确定探测器形式类别和安装位置
6	构造耐火极限	确定各电气设备设置部位
7	室内装修	选择探测器形式类别、安装方法
8	家具	确定保护方式、采用探测器类型
9	屋架	确定屋架探测方法和灭火方式
10	疏散时间	确定紧急和疏散标志、事故照明时间
11	疏散路线	确定事故照明位置和疏散通路方向
12	疏散出口	确定标志灯位置指示出口方向
13	疏散楼梯	确定标志灯位置指示出口方向
14	排烟风机	确定控制系统与联锁装置
15	排烟口	确定排烟风机联锁系统
16	排烟阀门	确定排烟风机联锁系统
17	防火烟卷帘门	确定探测器连动方式
18	电动安全门	确定探测器联动方式
19	送回风口	确定探测器位置
20	空调系统	确定有关设备的运行显示及控制
21	消火栓	确定人工报警方式与消防泵联锁控制
22	喷淋灭火系统	确定动作显示方式
23	气体灭火系统	确定人工报警方式、安全启动和运行显示方式
24	消防水泵	确定供电方式及控制系统
25	水箱	确定报警及控制方式
26	电梯机房及电梯井	确定供电方式、探测器的安装位置
27	竖井	确定使用性质、采取隔离火源的各种措施必要时放置探测器
28	垃圾道	设置探测器
29	管道竖井	根据井的结构及性质,采取隔断火源的各种措施,必要时设置探测器
30	水平运输带	穿越不同防火区,采取封闭措施

电气消防设计与建筑的配合　　　　　　　　　　　　　　　　　　　　表 9-3

序号	名称	内　容
1	消防控制室	在具有报警、防排烟和灭火系统时设置,仅此其中一二项时设置值班室
		地面为活动木地板,宜设在首层出入方便处
		门应向疏散方向开启,并应在入口处设置明显的标志
		盘前操作距离,单列布置≥1.5m,双列布置≥2m。值班人员经常工作一面盘距墙≥3m。控制盘排列长度>4m 时,盘两端应设宽度≥1m 的通道
		需设置火灾信号接收盘、事故扩音机盘、防排烟控制盘;消防设备控制盘、监视盘、继电器盘和设备电源盘,视其系统规模确定使用面积
		与值班室、消防水泵房、空调机房、卤代烷管网灭火系统应急操作处,设固定对讲电话
2	建筑物高度	指从室外地坪至女儿墙高度<50m 不做报警系统。>50m 应做报警系统,于规定房间(电梯机房、配电室、空调机房)内设置探测器。特殊工程按建筑防火等级而定
		>50m 按一类建筑做消防设计 <50m 按二类建筑做消防设计
3	报警区域	应按防火分区或楼层划分,可将 1 个防火分区划分为 1 个报警区域,又可将同层几个防火分区划分为 1 个报警区域,但不得跨越楼层
		每个防火分区至少设置 1 个手动报警器,区内任何位置到就近 1 个报警器距离<30m,距地 1.5m 安装
		不同防火分区的路线不宜穿入同 1 根管内
4	探测区域	单独划分者,敞开或封闭楼梯间、防烟楼梯间前室、电梯前室、走廊、电梯井道顶部、电梯机房、疏散楼梯夹层
		按独立房间规定,1 个探测区域面积≤500m²。但从入口能看清内部时,则≤1000m²
		对于非重点建筑,相邻 5 间房为 1 个探测区域,其面积≤400m²。若 10 个房间时≤1000m²
5	探测器	探测区域内的每个房间至少设置一只探测器,特殊工程视建筑防火等级决定
		疏散楼梯 3 层设置 1 个,装于休息板上
		电梯井设置时,于井道上方的机房顶棚上
		周围 0.5m 内不应有遮挡物
		在宽度<3m 的内走道顶棚上居中布置,感烟(温)探测器间距≤1.5m,至端墙间距≤规定距离之半
6	区域报警控制器	设在有人值班的房间或场所
		1 个报警区域设置 1 台,系统中≤3 台
		仅用 1 台警戒数个楼层时,在每层楼梯口设楼层灯光显示装置
		墙上安装时,底边距地≥1.5m。靠近门轴的侧面距离≥0.5m,正面操作距离≥1.2m
7	集中报警控制器	设在有人值班的专用房间或消防值班室内
		设 1 台可配以 2 台以上区域报警控制器
		与后墙距离≥1m。一侧靠墙时另一侧距离≥1m
		正面操作距离,单列布置≥1.5m,双列布置≥2m,值班人员经常工作一面盘距墙≥3m
8	顶板布置	探测器、喷洒头、水流阀、风口、灯具、扬声器与之统一协调
		检查顶板垫层厚度是否提供消防管线暗敷的条件
9	应急照明	双路电源送至走廊灯和大厅内局部设置的顶灯,灯型尽量与之一致。互投电源盘设置以 6kW 为界限
		消防控制室、柴油发电机房、变配电室、通信、空调、排烟机房等室内照度≥5lx

续表

序号	名称	内　　容
10	疏散指示标志	出入口上方预留暗装标志灯条件,走廊距地 0.5m 处设标有方向指示的疏散灯,灯间距<20m,视工程性质确定双路电源或应急灯
		疏散走廊及其交叉口、拐弯处、安全出口处安装
11	事故广播	共同磋商扬声器位置,确定事故广播与背景音乐是同置于消防控制室,还是单设广播室
		装于走廊、大厅等处,应保证本楼任何部位到最近扬声器距离≤25m,扬声器功率≥3W
		床头控制柜内设置扬声器时,应有火灾事故广播功能
		火灾确认后,启动本层和上下两层的事故广播,但首层,着火除启动 1、2 层外,还需启动地下各层
12	电梯	索取电梯订货图,确定设备容量和选择恰当的电源盘位置
		向电梯送双回路电源,于末端互投
		火灾确认后,发出控制信号,强制普通电梯全部停于首层启动消防电梯,并接受其反馈信号
13	防火卷帘门	向各樘门上电动机送消防电源于吊顶内,其自带操作盘于墙的两面暗装。火灾确认后关闭,并接受其返回信号
		控制在入口处,探测器设置在一面,而防火分区的卷帘门则两侧设探测器
		有小门一次动作,无小门分两次落下
14	电动防火门	向各樘门上送消防电源至顶板或墙上的磁力闭门器,火灾确认失压后返回信号
15	线路敷设	消防控制、通信和警报线路穿金属管暗敷于非燃烧体结构内,保护层厚度≥30mm
16	手动报警器	安装在消火栓附近的墙面距地 1.5m 处,之间步行距离≤0.5m

电气消防设计与结构的配合　　　　　表 9-4

序号	名称	内　　容
1	梁的高度	>0.5m 时,需在梁的两侧安装探测器
		在梁上安装一般探测器时,与顶板距离应≤0.5m,安装瓦斯探测器时则应≤0.3m
		探测器距墙、梁边的水平距离≥0.5m
		梁高>0.5m 时,瓦斯探测器应装在有煤气灶一侧顶板上
2	梁至顶棚间距	决定消防管线暗敷于吊顶内的条件
		对安装探测器有密切关系
3	梁突出顶棚的高度	<200mm 的顶棚上设置探测器,可不考虑梁对探测器保护面积的影响
		在 200~600mm 时,按照保护面积设置
		>600mm 时,被梁隔断的每个梁间区域至少设置 1 只探测器
4	梁间距	<1m 时可视为平顶棚

续表

序号	名称	内 容
5	穿梁	预制梁时,上下消防立管要求建筑墙往一侧砌
6	房间高度极限	梁高限度 220mm 时,3 级感温探测器为 4m
		梁高限度 225mm 时,2 级感温探测器为 6m
		梁高限度 275mm 时,1 级感温探测器为 8m
		梁高限度 375mm 时,感烟探测器为 12m
7	弱电竖井	较复杂工程,区域报警器间的线路经竖井内通过时,井位关系需选择适当
8	墙面留洞	提交防火卷帘门控制盘两面墙留洞部位及标高
		提交应急照明盘墙面留洞部位及标高

电气消防设计与设备的配合   表 9-5

序号	名称	内 容
1	探测器	安装在回风口附近时,距进风口水平距离≥1.5m
		湿式自动喷水灭火系统:温度达 68℃时→喷头玻璃泡破→闭式喷头喷水→水流指示器报警指示某个区域着火→与此同时管内压力降低→报警阀开启→侧水流使压力开关动作→启动喷淋泵→并向消防控制室返回启泵和报警阀、闸阀开启信号。本系统的厨房、车库等处可酌情不设感温探测器
		干式自动喷水灭火系统:温度达 68℃时→喷头玻璃泡破→闭式喷头放气(事先由压缩机向报警阀以上干管充气)→气压降低膜片推开报警阀→水流指示器,指示某个区域着火→与此同时侧水流使压力开关动作→启动喷淋泵→并向消防控制室返回启泵和报警阀、闸阀开启信号。本系统的厨房、车库等处可酌情不设感温探测器
2	探测器	预作用自动喷水灭火系统:温度达 65℃时→感温探测器报警→操作释压阀→泄水后预作用报警阀开启→管道充水的同时侧水流使压力开关动作→启动喷淋泵→温度达 68℃时→喷头玻璃泡破裂而喷水
		雨淋水幕自动喷水灭火系统:温度达 65℃时→感温探测器报警→操作释压阀,泄水后雨淋报警阀开启水充上去,开式喷头大量喷水→与此同时,侧水流使压力开关动作→启动喷淋泵
3	手动报警器	一般和消火栓按钮成双成对安装,手动给信号,消防控制室启泵
4	排烟风机	送双路电源,在火灾报警、开启排烟口后,启动排烟风机并接受其返回信号
5	排烟阀	平时关闭,火灾时接受自动发来的或远距离操纵系统输入的电气信号,阀门开启(微动开关常开接点闭合)→向消防控制室输出信号
6	正压送风机	送双路电源,火灾报警后开启有关排烟阀,联动启动有关部位的正压送风机并接受其返回信号
7	空调	送单路电源,火灾报警后停止空调系统
		或用分励脱扣方式停掉空调机组的总电源
		或用失压脱扣方式停掉空调机组的控制电源
8	消火栓灭火系统	着火时,按下消火栓按钮,获得启动指令,并返回启泵按钮位置和消防泵工作、故障状态信号
		无消防控制室,有手动报警器,消防泵气压罐控制需有此线路,并返回启泵按钮位置和消防泵工作、故障状态信号
		有消防控制室,虽有手动报警器,但消防泵非气压罐控制仍需有此线路,并返回启泵按钮位置和消防泵工作、故障状态信号
		有消防控制室和手动报警器,消防泵为气压罐控制,不做此线路。仅返回消防泵工作、故障状态信号即可

续表

序号	名称	内　　容
9	自动喷水灭火系统	向消防泵、喷淋泵送双路电源,报警、泄水致使报警阀、闸阀开启后,侧水流让压力开关动作而启动消防泵或喷淋泵,并向消防控制室返回工作、故障状态信号
10	水流指示器	水系统灭火中指示某个区域着火的信号显示
11	泡沫干粉灭火	控制系统的启、停显示系统的工作状态
12	卤代烷 CO_2 灭火系统	控制系统的紧急启动、切断装置
		由两个探测器(感烟和感温或离子和光电)联动的控制设备,具有 30s 可调的延时装置
		显示手动、自动工作状态
		具有报警、喷射各阶段的声、光报警信号和切除装置
		延时阶段具有自动关闭防火门、窗,停止空调系统的功能

第二节　火灾自动报警系统的构成与保护对象

一、火灾自动报警系统的组成

火灾自动报警系统主要由火灾探测装置、火灾报警控制器以及信号传输线路等组成。更仔细地分,火灾自动报警系统的构成如下:

(1) 报警控制系统主机;

(2) 操作终端和显示终端;

(3) 打印设备(自动记录报警、故障及各相关消防设备的动作状态);

(4) 彩色图形显示终端;

(5) 带备用蓄电池的电源装置;

(6) 火灾探测器;

(7) 手动报警器(破玻璃按钮、人工报警);

(8) 消防广播;

(9) 疏散警铃;

(10) 输入、输出监控模块或中继器(用于监控所有消防关联的设施);

(11) 消防专用通信电话;

(12) 区域报警装置(区域火灾显示装置);

(13) 其他有关设施。

二、火灾自动报警与联动设置要求

1. 应设置火灾自动报警与联动控制系统的多层及单层建筑(表 9-6)。

应设置火灾联动系统的多层及单层建筑 表 9-6

序号	低层建筑类型
1	9 层及 9 层以下的设有空气调节系统,建筑装修标准高的住宅
2	建筑高度不超过 24m 的单层及多层公共建筑
3	单层主体建筑高度超过 24m 的体育馆、会堂、影剧院等公共建筑
4	设有机械排烟的公共建筑
5	除敞开式汽车库以外的Ⅰ类汽车库、高层汽车库、机械式立体汽车库、复式汽车库,采用升降梯做汽车疏散口的汽车库

2. 应设置火灾自动报警与联动控制系统的高层建筑（表 9-7）

应设置火灾联动系统的高层建筑 表 9-7

序号	高层建筑类型
1	有消防联动控制要求的一二类高层住宅的公共场所
2	建筑高度超过 24m 的其他高层民用建筑,以及与其相连建筑高度不超过 24m 的裙房
3	建筑高度超过 250m 的民用建筑的火灾自动报警与联动控制的设计,应提交国家消防主管部门组织专题研究、论证

3. 应设置火灾自动报警与联动控制系统的地下民用建筑（表 9-8）

应设置火灾联动系统的地下民用建筑 表 9-8

序号	地下民用建筑类型
1	铁道、车站、汽车库(Ⅰ类、Ⅱ类)
2	影剧院、礼堂
3	商场、医院、旅馆、展览厅、歌舞娱乐放映游艺场所
4	重要的实验室、图书库、资料库、档案库

三、火灾自动报警系统保护对象分级

（1）民用建筑火灾自动报警系统保护对象分级，应根据其使用性质、火灾危险性、疏散和扑救难度等综合确定，分为特级、一级、二级。火灾自动报警系统保护对象分级详见表 9-9。

火灾自动报警系统保护对象分级 GB 50116—1998 表 9-9

等级		保 护 对 象
特级		建筑高度超过 100m 的高层民用建筑
一级	建筑高度不超过 100m 的高层民用建筑	一类建筑
	建筑高度不超过 24m 的民用建筑及建筑高度超过 24m 的单层公共建筑	(1)200 床及以上的病房楼,每层建筑面积 1000m² 及以上的门诊楼 (2)每层建筑面积超过 3000m² 的百货楼、商场、展览楼、高级旅馆、财贸金融楼、电信楼、高级办公楼 (3)藏书超过 100 万册的图书馆、书库 (4)超过 3000 座位的体育馆 (5)重要的科研楼、资料档案楼 (6)省级(含计划单列市)的邮政楼、广播电视楼、电力调度楼、防灾指挥调度楼 (7)重点文物保护场所 (8)大型以上的影剧院、会堂、礼堂

续表

等级		保护对象
一级	工业建筑	(1)甲、乙类生产厂房 (2)甲、乙类物品库房 (3)占地面积或总建筑面积超过 1000m² 的丙类物品库房 (4)总建筑面积超过 1000m² 的地下丙、丁类生产车间及物品库房
	地下民用建筑	(1)地下铁道、车站 (2)地下电影院、礼堂 (3)使用面积超过 1000m² 的地下商场、医院、旅馆、展览厅及其他商业或公共活动场所 (4)重要的实验室,图书、资料、档案库
二级	建筑高度不超过 100m 的高层民用建筑	二类建筑
	建筑高度不超过 24m 的民用建筑	(1)设有空气调节系统的或每层建筑面积超过 2000m²,但不超过 3000m² 的商业楼、财贸金融楼、电信楼、展览楼、旅馆、办公楼、车站、海河客运站、航空港等公共建筑及其他商业或公共活动场所 (2)市、县级的邮政楼、广播电视楼、电力调度楼、防灾指挥调度楼 (3)中型以下的影剧院 (4)高级住宅 (5)图书馆、书库、档案楼
	工业建筑	(1)丙类生产厂房 (2)建筑面积大于 50m²,但不超过 1000m² 的丙类物品库房 (3)总建筑面积大于 50m²,但不超过 1000m² 的地下丙、丁类生产车间及地下物品库房
	地下民用建筑	(1)长度超过 500m 的城市隧道 (2)使用面积不超过 1000m² 的地下商场、医院、旅馆、展览厅及其他商业或公共活动场所

注：1. 一类建筑、二类建筑的划分，应符合现行国家标准《高层民用建筑设计防火规范》GB 50045 的规定；工业厂房、仓库的火灾危险性分类，应符合现行国家标准《建筑设计防火规范》GBJ 16 的规定。

2. 本表未列出的建筑的等级可按同类建筑的类比原则确定。

（2）下列民用建筑的火灾自动报警系统保护对象分级可按表 9-10 划分。

民用建筑的火灾自动报警系统保护对象分级　　　　　　表 9-10

等级	保护对象	等级	保护对象
一级	电子计算中心	一级	大型及以上铁路旅客站
	省(市)级档案馆		省(市)级及重要开放城市的航空港
	省(市)级博展馆		一级汽车及码头客运站
	4 万以上座位大型体育场	二级	大、中型电子计算站
	星级以上旅游饭店		2 万以上座位体育场

四、火灾自动报警系统保护方式和探测范围

（1）报警区域应按防火分区或楼层划分；一个报警区域宜由一个或同层相邻几个防火分区组成。

（2）每个防火分区允许的最大建筑面积见表9-11。

每个防火分区的允许最大建筑面积 表 9-11

建筑类别	未设自动灭火系统	设有自动灭火系统
	每个防火分区建筑面积（m²）	每个防火分区建筑面积（m²）
一类建筑	1000	2000
二类建筑	1500	3000
地下室	500	1000

（3）探测区域应按独立房（套）间划分。一个探测区域的面积不宜超过 500m²。从主要出入口能看清其内部，且面积不超过 1000m² 的房间，也可划分一个探测区域。

（4）红外光束线形感烟火灾探测器的探测区域长度不宜超过 100m，缆式感温火灾探测器的探测区域不宜超过 200m；空气管差温火灾探测器的探测区域长度宜在 20～100m。

（5）符合下列条件之一的二级保护建筑，可将数个房间划为一个探测区域。

① 相邻房间不超过 5 个，总面积不超过 400m²，并在每个门口设有灯光显示装置。

② 相邻房间不超过 10 个，总面积不超过 1000m²，在每个房间门口均能看清其内部，并在门口设有灯光显示装置。

（6）表 9-12 所列的建筑场所应分别单独划分探测区域。

应分别单独划分探测区域的建筑场所 表 9-12

序号	单独划分探测区域的建筑场所类型
1	敞开或封闭楼梯间
2	防烟楼梯间前室
3	消防电梯前室、消防电梯与防烟楼梯间合用的前室
4	走道、坡道、管道井、电缆隧道
5	建筑物闷顶、夹层

第三节　火灾自动报警系统的设计

一、火灾自动报警与消防联动控制的系统方式

（1）区域报警系统，宜用于二级保护对象；

（2）集中报警系统，宜用于一二级保护对象；

（3）控制中心系统，宜用于特级、一级的保护对象。

参见表 9-13 及图 9-1～图 9-3。

火灾报警与消防联动控制系统分类　　　　　表 9-13

名　称	系　统　组　成	保　护　范　围	适　用　场　所
区域系统	1～n 台区域报警控制器	保护对象仅为某一局部范围或某一设施	图书馆、电子计算机房、专门有人值班
集中系统	1～2 台集中报警控制器中间楼层设楼层显示器和复示盘	保护对象少且分散;或保护对象多,但没有条件设区域报警器的场所	无服务台(或楼层值班室)的写字楼、商业楼、综合办公楼
区域—集中系统	1 台集中报警控制器和 2 台及以上区域报警器	规模较大,保护控制对象较多有条件设置区域报警器需要集中管理或控制	有服务台旅(宾)馆
控制中心系统	多个消防控制室(或值班室)和一个消防控制中心	规模大,需要集中管理	群体建筑与超高层建筑

图 9-1　区域报警系统框图　　　　　　　　图 9-2　集中报警系统图

图 9-3　控制中心报警系统图

二、火灾自动报警系统的线制

所谓线制是指探测器与控制器之间的传输线的线数。它分为多线制和总线制,参见图 9-4。

图 9-4　火灾报警控制器的线制与连接方式

（a）多线制；（b）四总线制；（c）二总线制；（d）环形二总线制；（e）链式连接方式

目前，二总线制火灾自动报警系统获得了广泛的应用。在火灾自动报警系统与消防联动控制设备的组合方式上，总线制火灾自动报警系统的设计有两种常用的形式。

（1）消防报警系统与消防联动系统分体式

这种系统的设计思想是分别设置报警控制器和联动控制器，报警控制器负责接收各种火警信号，联动控制器负责发出声光报警信号和启动消防设备。即系统分设报警总线和联动控制总线，所有的火灾探测器通过报警总线回路接入报警控制器，各类联动控制模块则通过联动总线回路接入联动控制器，联动设备的控制信号和火灾探测器的报警信号分别在不同的总线回路上传输。报警控制器和联动控制器之间通过通信总线相互连接。系统简图如图 9-5 所示。

图 9-5　系统简图

此种系统的特点是由于分别设置了控制器及总线回路，报警系统与联动系统相对独立运行，整个报警与联动系统的可靠性较高；但系统的造价也较高，设计较为复杂，管线较多，施工与维护较为困难。该系统适合于消防报警及联动控制系统规模较大的特级、一级保护现象。

（2）消防报警系统与消防联动系统一体式

这种系统的设计思想是将报警控制器和联动控制器合二为一，即将所有的火灾探测器与各类联动控制模块均接入报警控制器，在同一总线回路中既有火灾探测器，也有消防联动设备控制模块。联动设备的控制信号和火灾探测器的报警信号在同一总线回路上传输。报警控制器既能接收各种火警信号，也能发出报警信号和启动消防设备。系统简图如图9-6所示。

图 9-6　系统简图

此系统的特点是整个报警系统的布线极大简化，设计与施工较为方便，便于降低工程造价；但由于报警系统与联动控制系统共用控制器总线回路，余度较小，系统整体可靠性略低。该系统适合于消防报警及联动控制系统规模不大的二级保护对象。另外在设计与施工中要注意系统的布线应按消防联动控制线路的布线要求设计施工。

三、智能火灾报警系统

火灾自动报警系统发展至今，大致可分为三个阶段：

（1）多线制开关量式火灾探测报警系统。这是第一代产品，目前国内除极少数厂家生产外，它已处于被淘汰的状态。

（2）总线制可寻址开关量式火灾探测报警系统。这是第二代产品，尤其是二总线制开关量式探测报警系统目前还被大量采用。

（3）模拟量传输式智能火灾报警系统。这是第三代产品，目前我国已开始从传统的开关量式的火灾探测报警技术，跨入具有先进水平的模拟量式智能火灾探测报警技术的新阶段。它使系统的误报率降低到最低限度，并大幅度地提高了报警的准确度和可靠性。

传统的开关量式火灾探测报警系统对火灾的判断依据，仅仅是根据某种火灾探测器探测的参数是否达到某一设定值（阈值）来确定是否报警，只要探测的参数超过其自身的设定值就发出报警信号（开关量信号）。这一判别工作是在火灾探测器中由硬件电路实现，探测器实际上起着触发器件的作用。由于这种火灾报警的判据单一，对环境背景的干扰影响无法消除，或因探测器内部电路的缓慢漂移，从而产生误报警。

模拟量式火灾探测器则不同，它不再起触发器件的作用，即不对灾情进行判断，而仅是用来产生一个与火灾现象成正比的测量值（模拟量），起着传感器的作用，而对火灾的评估和判断由控制器完成。所以，模拟量火灾探测器确切地说，应称为火灾参数传感器。

控制器能对传感器送来的火灾探测参数（如烟的浓度）进行分析运算，自动消除环境背景的干扰，同时控制器还具有存储火灾参数变化规律曲线的功能，并能与现场采集的火灾探测参数对比，来确定是否报警。在这里，判断是否发生了火灾，火灾参数的当前值不是判断火灾的唯一条件，还必须考查在此之前一段时间的参数值。也就是说，系统没有一个固定的阈值，而是"可变阈"。火灾参数的变化必须符合某些规律，因此这种系统是智能型系统。当然，智能化程度的高低，与火灾参数变化规律的选取有很大的关系。完善的智能化分析是"多参数模式识别"和"分布式智能"，它既考查火灾中参数的变化规律，又考虑火灾中相关探测器的信号间相互关系，从而把系统的可靠性提高到非常理想的水平。表9-14列出两种火灾自动报警系统的比较。

两种火灾自动报警系统之比较　　　　表9-14

	传统火灾自动报警系统	智能火灾自动报警系统
探测器(传感器)	开关量	模拟量
火灾探测最佳灵敏度	不唯一	唯一(随外界环境变化而自行调整)
报警阈值	唯一	多态(预警、报警、故障等)
探测器灵敏漂移	无补偿	"零点"自动补偿
信号处理算法	简单处理	各种火灾算法
自诊断能力	无	有
误报率	高(达 20∶1)	低(至少降低一个数量级甚低至几乎为零)
可靠性	低	高

应该指出，这里所说的开关量系统或模拟量系统，指的是从探测器到控制器之间传输的信号是开关量还是模拟量。但是，以开关量还是模拟量来区分系统是传统型还是智能型是不准确的。例如，从探测器到控制器传输的信号是模拟量，代表烟的浓度，但控制器却有固定的阈值，没有任何的模式分析，则系统还是传统型的，并无智能化。再如，探测器若本身软硬件结构相当完善，智能化分析能力很强，探测器本身能决定是否报警，且没有固定的阈值，而探测器报警后向控制器传输的信号却是报警后的开关量。显然，这种系统是智能型而不是传统型。因此，区分传统型系统与智能型系统的简单办法不是"开关量"与"模拟量"之别，而是"固定阈"与"可变阈"之别。

第四节　消防联动控制系统的设计考虑

一、消防联动控制设计要求

（1）消防联动控制对象应包括下列设施：

① 各类自动灭火设施；

② 通风及防、排烟设施；

③ 防火卷帘、防火门、水幕；

④ 电梯；

⑤ 非消防电源的断电控制；

⑥ 火灾应急广播、火灾警报、火灾应急照明、疏散指示标志的控制等。

（2）消防联动控制应采取下列控制方式：

① 集中控制；

② 分散控制与集中控制相结合。

（3）消防联动控制系统的联动信号，其预设逻辑应与各被控制对象相匹配，并应将被控对象的动作信号送至消防控制室。

（4）当采用总线控制模块控制时，对于消防水泵、防烟和排烟风机的控制设备，还应在消防控制室设置手动直接控制装置。

（5）消防联动控制设备的动作状态信号，应在消防控制室显示。

火灾报警与联动控制系统图如图 9-7 所示。火灾报警与消防控制关系如图 9-8 所示。

二、消防设备的联动要求与控制逻辑关系

参见表 9-15 及表 9-16。

图 9-7　火灾报警与消防联动控制系统框图

消防设备及其联动要求　　　　　　　　　　　　　　　　　　表 9-15

消　防　设　备		火灾确认后联动要求
火灾警报装置应急广播		1. 二层及以上楼层起火,应先接通着火层及相邻上下层; 2. 首层起火,应先接通本层、二层及全部地下层; 3. 地下室起火,应先接通地下各层及首层; 4. 含多个防火分区的单层建筑,应先接通着火的防火分区
非消防电源箱		有关部位全部切断
消防应急照明灯及 紧急疏散标志灯		有关部位全部点亮
室内消火栓系统水喷淋系统		1. 控制系统启停; 2. 显示消防水泵的工作状态; 3. 显示消火栓按钮的位置; 4. 显示水流指示器、报警阀、安全信号阀的工作状态
其他灭火系统	管网气体灭火系统	1. 显示系统的自动、手动工作状态; 2. 在报警、喷射各阶段发出相应的声光报警,并显示防护区报警状态; 3. 在延时阶段,自动关闭本部位防火门窗及防火阀,停止通风空调系统,并显示工作状态
	泡沫灭火系统 干粉灭火系统	1. 控制系统启停; 2. 显示系统工作状态
其他防火设备	防火门	门任一侧火灾探测器报警后,防火门自动关闭,且关门信号反馈回消防控制室
	防火卷帘	疏散通道上: 1. 烟感报警,卷帘下降至楼面 1.8m 处; 2. 温感报警,卷帘下降到底; 防火分隔时: 探测器报警后卷帘下降到底; 3. 卷帘的关闭信号反馈回消防控制室
	防排烟设施 空调通风设施	1. 停止有关部位空调送风,关闭防火阀,并接受其反馈信号; 2. 启动有关部位的放烟排烟风机、排烟阀等,并接受其反馈信号; 3. 控制挡烟垂壁等防烟设施

三、消防控制设备的控制及显示功能

1. 消防控制设备对室内消火栓系统应有的控制、显示功能

（1）专线及总线自动或手动控制消火栓泵的起、停;

（2）显示消火栓泵的工作、故障状态;

（3）显示消防水池的水位、消防水泵的电源是否处于正常状态;

（4）显示消火栓按钮的位置;

（5）消火栓按钮应采用 50V 以下的安全电压。

2. 消防控制设备对自动喷水和水喷雾灭火系统应有的控制、显示功能

（1）专线及总线自动或手动控制喷水（雾）泵的启、停;参见图 9-9;

图 9-8　火灾报警与消防控制关系方框图

注：对分散于各层的数量较多的装置，如各种阀等，为使线路简单，宜采用总线模块化控制；对于关系全局的重要设备，如消火栓泵、喷淋泵、排烟风机等，为提高可靠性，宜采用专线控制或模块与专线双路控制；对影响很大，万一误动作可能造成混乱的设备，如警铃、断电等，应采用手动控制为主的方式。

消防控制逻辑关系表　　　　　　　　　　　　表 9-16

控制系统	报警设备种类	受控设备及设备动作后结果	位置及说明
水消防系统	消火栓按钮	启动消火栓泵	泵房
	报警阀压力开关	启动喷淋泵	泵房
	水流指示器	报警，确定起火层	水支管
	检修信号阀	报警，提醒注意	水支管
	水防水池水位或水管压力	启动、停止稳压泵等	
预作用系统	该区域探测器或手动按钮	启动预作用报警阀充水	该区域（闭式喷头）
	压力开关	启动喷淋泵	泵房
水喷雾系统	感温、感烟同时报警或紧急按钮	启动雨淋阀，起动喷淋泵（自动延时30s）	该区域（开式喷头）
空调系统	感烟探测器或手动按钮	关闭有关系统空调机、新风机、送风机	
		关闭本层电控防火阀	
	防火阀70℃温控关闭	关闭该系统空调机或新风机、送风机	

续表

控制系统	报警设备种类	受控设备及设备动作后结果	位置及说明
防排烟系统	感烟探测器或手动按钮	打开有关排烟机与正压送风机	地下室、屋面
		打开有关排烟口（阀）	
		打开有关正压送风口	火灾层及上下层
		两用双速风机转入高速排烟状态	
		两用风管中，关正常排风口，开排烟口	
	防火阀280℃温控关闭	关闭有关排烟风机	地下室、屋面
	可燃气体报警	打开有关房间排风机，关闭煤气管道阀门	厨房、煤气表房等
防火卷帘防火门	防火卷帘门旁的感烟探测器	该卷帘或该组卷帘下降一半	
	防火卷帘门旁的感温探测器	该卷帘或该组卷帘归底	
		有水幕保护时，起动水幕电磁阀和雨淋泵	
	电控常开防火门旁感烟或感温探测器	释放电磁铁，关闭该防火门	
	电控挡烟垂壁旁感烟或感温探测器	释放电磁铁，该挡烟垂壁或该组挡烟垂壁下垂	
手动为主系统	手动或自动，手动为主	切断火灾层非消防电源	火灾层及上下层
	手动或自动，手动为主	起动火灾层警铃或声光报警装置	火灾层及上下层
	手动或自动，手动为主	使电梯归首，消防电梯投入消防使用	
	手动	对有关区域进行紧急广播	火灾层及上下层
	消防电话	随时报警、联络、指挥灭火	

（2）显示水流指示器、信号阀、压力开关、低气压报警开关、消防水池和消防水箱的水位、消防喷水（雾）泵电源是否处于正常状态；

（3）显示消防喷水（雾）泵的工作、故障状态；

（4）控制电磁阀、电动阀的开启。

3. 消防水泵控制柜应设置手动和自动巡检消防水泵的功能，自动巡检功能的规定

（1）自动巡检周期不宜大于7d，但应能按需任意设定。

（2）自动巡检时，消防泵按消防方式逐台启动运行。每台泵运行时间不少于2min，对控制柜一次回路中主要低压器件逐一检查其动作状态。

（3）设备应能保证在巡检过程中遇消防信号时自动退出巡检，进入消防运行状态。

（4）巡检中发现故障应有声、光报警；具有故障记忆功能的设备；应记录故障的类型及故障发生的时间等。

（5）采用工频方式巡检的设备，应有防超压的措施。设巡检泄压回路的设备，回路设置应安全可靠。

4. 消防控制设备对气体灭火系统应有的控制、显示功能

（1）采用气体灭火系统的防护区，应选用灵敏度级别高的火灾探测器。其报警信号应由同一防护区域内相邻的两个及以上独立的火灾探测器，或一个火灾探测器及一个手动报警按钮的报警信号。作为系统的联动触发信号，探测器的组合宜采用感烟火灾探测器和感

温火灾探测器。

（2）显示系统所处的手动、自动转换状态。

（3）自动控制装置应在接到两个独立的火灾信号后才能启动；手动控制装置和手动与自动转换装置应设在防护区疏散出口的门外便于操作的地方，安装高度为中心点距地面 1.5m。

（4）在报警、喷射各阶段，控制室应有相应防护区域的火灾探测器的报警信号、选样阀动作的反馈信号、压力开关的反馈信号的声、光警报，并能手动切除声响信号。

（5）在释放气体阶段，应自动关闭该防护区域的防火门、窗，停止送排风机及关闭相应阀门，停止空气调节系统及关闭设置在该防护区域的电动防火阀，关闭有关部位的防火阀。

（6）在储瓶间内或防护区疏散出口门外便于操作的地方，应设置机械应急操作手动启、停控制按钮。

（7）主要出入口门上方应设气体灭火剂喷放指示标志灯及相应的声、光警报信号，同时防护区采用的相应气体灭火系统的永久性标志牌。灭火剂喷放指示灯信号，应保持到防护区通风换气后，以手动方式解除。

（8）在防护区内设置手动与自动控制的转换装置，当人员进入防护区时，应能将灭火系统转换为手动控制方式。当人员离开防护区时，应能恢复为自动控制方式。防护区内外应设手动、自动控制状态的显示装置。

（9）经过有爆炸危险和变电、配电场所的管网，以及布设在以上场所的金属箱体等，应设防静电接地。

（10）气体灭火系统的手动控制与应急操作应有防止误操作的警示显示与措施。

5. 消防控制设备对泡沫灭火系统应有的控制、显示功能

（1）控制泡沫泵及消防水泵的启、停。

（2）控制泡沫灭火系统有关电动阀门的开启。

（3）显示系统的工作状态。

6. 消防控制设备对干粉灭火系统应有的控制、显示功能

（1）控制系统的启、停。

（2）显示系统的工作状态。

7. 消防控制设备对常开防火门的控制应符合的要求

（1）门任一侧的火灾探测器报警后，防火门应自动关闭。

（2）防火门关闭信号应送到消防控制室。

8. 消防控制设备对防火卷帘的控制应符合的要求

（1）疏散通道上的防火卷帘两侧，应设置感烟、感温火灾探测器组及警报装置，且两侧应设置手动控制按钮，参见图 9-10。

（2）疏散通道上的防火巷帘，应按下列程序自动控制下降：感烟探测器动作后，卷帘下降至地（楼）面 1.8m；感温探测器动作后，卷帘下降到底。

（3）用作防火分隔的防火卷帘，火灾探测器动作后，卷帘应下降到底。

（4）感烟、感温探测器的报警信号及防火卷帘的关闭信号应选至消防控制室。

9. 火灾报警后，消防控制设备对防烟、排烟设施应有的控制、显示功能

图 9-9　水喷淋系统和防排烟系统控制实例

图 9-10　电动防火卷帘门的安装

(a) 正剖面图；(b) 侧剖面图；(c) 卷帘门布线（平面图）；(d) 电梯前室卷帘门的探头布置

（1）启动有关部位的防烟、排烟风机和排烟阀等，并接收其反馈信号；

（2）控制挡烟垂壁等防烟设施；

（3）控制排烟窗的开启，并接收其反馈信号。

10. 非消防电源断电及电梯的应急控制应符合的要求

（1）确认火灾后，应能在消防控制室或在变电所按防火分区切除非消防电源；

（2）确认火灾后，消防控制室发出指令，控制所有电梯降至首层或转换层，打开门后，非消防电梯断电，消防电梯投入消防使用；

（3）消防控制室应显示消防电梯及客梯运行状态，并接收其反馈信号；

（4）火灾发生时，停止有关部位的空调机、送风机，关闭电动防火阀，并接收其反馈信号。

11. 消防报警系统与照明、安全防范系统的联动

（1）火灾发生时，应能在消防控制室自动点亮疏散通道上的应急照明；

（2）火灾发生时，应能在消防控制室自动打开疏散通道上的由出入口控制系统控制的通道门；

（3）火灾发生时，应能在消防控制室自动打开设有汽车库管理系统的电动栏杆。

第五节　火灾探测器及其安装设计

一、火灾探测器的种类与性能

参见图 9-11 与表 9-17～表 9-19。

探测器的种类与性能　　　　表 9-17

火灾探测器种类名称			探测器性能
感烟式探测器	定点型	离子感烟式	及时探测火灾初期烟雾，报警功能较好。可探测微小颗粒（油漆味、烤焦味及大相对分子质量气体分子，均能反应并引起探测器动作；当风速大于 10m 时不稳定，甚至引起误动作）
		光电感烟式	对光电敏感，宜用于特定场合。附近有过强红外光源时可导致探测器不稳定。其寿命较前者短
感温式探测器	缆式线型感温电缆		不以明火或温升速率报警，而是以被测物体温度升高到某定值时报警
	定温式	双金属定温	火灾早、中期产生一定温度时报警，且较稳定。凡不可采用感烟探测器、非爆炸性场所和允许一定损失的场所选用
		热敏电阻	它只以固定限度的温度值发出火警信号，允许环境温度有较大变化而工作比较稳定，但火灾引起的损失较大
		半导体定温	
		易熔合金定温	
	差温式	双金属差温式	适用于早期报警，它以环境温度升高率为动作报警参数，当环境温度达到一定要求时发出报警信号
		热敏电阻差温式	
		半导体差温式	
	差定温式	膜盒差定温式	具有感温探测器的一切优点而又比较稳定
		热敏电阻差定温式	
		半导体差定温式	

续表

火灾探测器种类名称		探测器性能
感光式探测器	紫外线火焰式	监测微小火焰发生,灵敏度高,对火焰反应快,抗干扰能力强
	红外线火焰式	能在常温下工作。对任何一种含碳物质燃烧时产生的火焰都能反应。对恒定的红外辐射和一般光源(如灯泡、太阳光和一般的热辐射,x、γ射线)都不起反应
可燃气体探测器		探测空气中可燃气体含量、浓度,超过一定数值时报警
复合型探测器		是全方位火灾探测器,综合各种长处,使用各种场合,能实现早期火情的全范围报警

图 9-11　火灾探测器分类

常用火灾探测器分类比较表 表 9-18

	探测器类型	性能特点	适用范围	备注
感烟探测器	点型离子感烟探测器	灵敏度高,历史悠久,技术成熟,性能稳定,对阴燃火的反应最灵敏	宾馆客房、办公楼、图书馆、影剧院、邮政大楼等公共场所	
	点型光电感烟探测器	灵敏度高,对湿热气流扰动大的场所适应性好	同上	易受电磁干扰,散射光型黑烟不灵敏
	红外光束(激光)线型感烟探测器	探测范围大,可靠性及环境适应性好	会展中心、演播大厅、大会堂、体育馆、影剧院等无遮挡大空间	易受红外光、紫外光干扰,探测视线易被遮挡

续表

	探测器类型	性 能 特 点	适 用 范 围	备 注
感温探测器	点形感温探测器	性能稳定,可靠性及环境适应性好	厨房、锅炉间、地下车库、吸烟室等	造价较高,安装维护不便
	缆式线形感温探测器	同上	电气电缆井、变配电装置、各种带式传送机构等	造价较高,安装维护不便
火焰探测器		对明火反应迅速,探测范围广	各种燃油机房、油料储藏库等火灾时有强烈火焰和少量烟热的场所	易受阳光和其他光源干扰,探测易被遮挡,镜头易被污染
复合探测器		综合探测火灾时的烟雾温度信号,探测准确,可靠性高	装有联动装置系统、单一探测器不能确认火灾的场所	价格贵,成本高

感烟探测器适用场所、灵敏度与感烟方式的关系 表 9-19

序号	适 用 场 所	灵敏度级别选择	感烟方式及说明
1	饭店、旅馆、写字楼、教学楼、办公楼等的厅堂、卧室、办公室、展室、娱乐室、会议室等处	厅堂、办公室、大会议室、值班室、娱乐室、接待室等,用中低档,可延时工作。吸烟室、小会议室,用低档,可延时工作。卧室、病房、休息厅、展室、衣帽室等,用高档,一般不延时工作	早期热解产物中烟气溶胶微粒很小的,用离子感烟式更好;微粒较大的,用光电感烟式更好。可按价格选择感烟方式,不必细分
2	计算机房、通信机房、影视放映室等处	高档或高、中档分开布置联合使用,不用延时工作方式	考虑装修情况和探测器价格选择:有装修时,烟浓度大,颗粒大,光电更好;无装修时,离子更好
3	楼梯间、走道、电梯间、机房等处	高档或中档均可,采用非延时工作方式	按价格选定感烟方式
4	博物馆、美术馆、图书馆等文物古建单位的展室、书库、档案库等处	灵敏度级别选高档,采用非延时工作方式	按价格和使用寿命选定感烟方式。同时还应设置火焰探测器,提高反应速率和可靠性
5	有电器火灾危险的场所,如电站、变压器间、变电所和建筑配电间	灵敏度级别必须选高档,采用非延时工作方式	早期热解产物微粒小,用离子,否则,用光电;必须与紫外火焰探测器配用
6	银行、百货商场、仓库	灵敏度级别可选高档或中档,采用非延时工作方式	有联动探测要求时,可用有中、低档灵敏度和双信号探测器,或与感温探测器配用,或采用烟温复合式探测器
7	可能产生阴燃火,或发生火灾不早期报警将造成重大损失的场所	灵敏度级别必须选高档,必须采用非延时工作方式	烟温复合式探测器;烟温光配合使用方式;必须按有联动要求考虑

二、火灾探测器的选择

（一）点形火灾探测器的选择

（1）对不同高度的房间,可按表 9-20 选择点形火灾探测器。

（2）点形火灾探测器选用的场所如表 9-21 所示。表 9-22 列出高层民用建筑及其有关部位的火灾探测器类型选择表。

根据房间高度选择探测器　　　　　　表 9-20

房间高度 h(mm)	感烟探测器	感温探测器			火焰探测器
		一　级	二　级	三　级	
12<h≤20	不适合	不适合	不适合	不适合	适合
8<h≤12	适合	不适合	不适合	不适合	适合
6<h≤8	适合	适合	不适合	不适合	适合
4<h≤6	适合	适合	适合	不适合	适合
h≤4	适合	适合	适合	适合	适合

适宜选用或不适宜选用火灾探测器的场所　　　　　　表 9-21

类　　型		适宜选用的场所	不适宜选用的场所
感烟探测器	离子式	(1)饭店、旅馆、商场、教学楼、办公楼的厅堂、卧室、办公室等； (2)电子计算机房、通信机房、电影或电视放映室等； (3)楼梯、走道、电梯机房等； (4)书库、档案库等； (5)有电器火灾危险的场所	符合下列条件之一的场所： (1)相对湿度长期大于95%； (2)气流速度大于5m/s； (3)有大量粉尘，水雾滞留； (4)可能产生腐蚀性气体； (5)在正常情况下有烟滞留； (6)产生醇类、醚类、酮类等有机物质
	光电式		符合下列条件之一的场所： (1)可能产生黑烟； (2)大量积聚粉尘； (3)可能产生蒸气和油雾； (4)在正常情况下有烟滞留
感温探测器		符合下列条件之一的场所： (1)相对湿度经常高于95%以上； (2)可能发生无烟火灾； (3)有大量粉尘； (4)在正常情况下有烟和蒸汽滞留； (5)厨房、锅炉房、发电机房、茶炉房、烘干车间等； (6)吸烟室、小会议室等； (7)其他不宜安装感烟探测器的厅堂和公共场所	(1)可能产生阴燃火或发生火灾不及时报警将造成重大损失的场所，不宜选择感温探测器； (2)温度在0℃以下的场所，不宜选用定温探测器； (3)温度变化较大的场所，不宜选用差温探测器
火焰探测器 (感光探测器)		符合下列条件之一的场所： (1)火灾时有强烈的火焰辐射； (2)无阴燃阶段的火灾； (3)需要对火焰作出快速反应	符合下列条件之一的场所： (1)可能发生无焰火灾； (2)在火焰出现前有浓烟扩散； (3)探测器的镜头易被污染； (4)探测器的"视线"易被遮挡； (5)探测器易受阳光或其他光源直接或间接照射； (6)在正常情况下有明火作业以及 X 射线、弧光等影响
可燃气体探测器		(1)使用管道煤气或天然气的场所； (2)煤气站和煤气表房以及存储液化石油气罐的场所； (3)其他散发可燃气体和可燃蒸气的场所； (4)有可能产生一氧化碳气体的场所，宜选择一氧化碳气体探测器	除适宜选用场所之外所有的场所

高层民用建筑及其有关部位火灾探测器类型的选择表　　　　表 9-22

项目	设置场所	差温式			差定温式			定温式			感烟式		
		Ⅰ级	Ⅱ级	Ⅲ级	Ⅰ级	Ⅱ级	Ⅲ级	Ⅰ级	Ⅱ级	Ⅲ级	Ⅰ级	Ⅱ级	Ⅲ级
1	剧场、电影院、礼堂、会场、百货公司、商场、旅馆、饭店、集体宿舍、公寓、住宅、医院、图书馆、博物馆等	△	○	○	△	○	○	○	△	△	×	○	○
2	厨房、锅炉房、开水间、消毒室等	×	×	×	×	×	×	△	○	○	×	×	×
3	进行干燥、烘干的场所	×	×	×	×	×	×	○	○	○	×	×	×
4	有可能产生大量蒸汽的场所	×	×	×	×	×	×	○	○	○	×	×	×
5	发电机室、立体停车场、飞机库等	×	○	○	×	○	○	○	○	○	×	△	○
6	电视演播室、电影放映室	×	×	△	×	×	△	○	○	○	○	○	○
7	在第一项中差温式及差定温式有可能不预报火灾发生的场所	×	×	×	×	×	×	○	○	○	○	○	○
8	发生火灾时温度变化缓慢的小间	×	×	×	○	○	○	○	○	○	△	○	○
9	楼梯及倾斜路							×	×	×	△	○	○
10	走廊及通道										△	○	○
11	电梯竖井、管道井	×	×	×	×	×	×	×	×	×	△	○	○
12	电子计算机房、通信机房	△	×	×	△	×	×	△	○	○	△	○	○
13	书库、地下仓库	△	○	○	△	○	○	○	○	○	△	○	○
14	吸烟室、小会议室等	×	×	○	○	○	○	○	×	×	×	×	○

注：1. ○表示适于使用。

　　2. △表示根据安装场所等状况，限于能够有效地探测火灾发生的场所使用。

　　3. ×表示不适于使用。

（二）线形火灾探测器的选择

1. 宜选用红外光束感烟探测器的场所

（1）无遮挡高大空间的库房、博物馆、展览馆等；

（2）古建筑、文物保护的高大厅堂馆所等；

（3）装设红外光束感烟探测器的场所，需采取防止吊车、叉车等机械日常操作遮挡红外光束，引起误报的措施。

2. 宜选择线型感温探测器的场所或部位

(1) 公路隧道、铁路隧道等；

(2) 不易安装点形探测器的夹层、闷顶；

(3) 其他环境恶劣不适合点形探测器安装的危险场所。

3. 宜选择缆式线形定温探测器的场所或部位

(1) 电缆隧道、电缆竖井、电缆夹层、电缆桥架等；

(2) 配电装置、开关设备、变压器等；

(3) 各种皮带输送装置；

(4) 控制室、计算机室的闷顶内、地板下及重要设施隐蔽处等；

(5) 其他环境恶劣不适合点形探测器安装的危险场所。

4. 宜选择空气管式线形差温探测器的场所

(1) 可能产生油类火灾且环境恶劣的场所；

(2) 不易安装点形探测器的夹层、闷顶。

(三) 图像形火灾探测器的选择

1. 双波段火灾探测器的选用

(1) 双波段火灾探测器采用双波段图像火焰探测技术，在报警方式上属于感火焰形火灾探测器件，具有可以同时获取现场的火灾信息和图像信息的功能特点。将火焰探测和图像监控有机地结合在一起，为防爆型。

(2) 双波段火灾探测器可用于易产生明火的各类场所，如家具城、档案库、电气机房、物资库、油库等大空间以及环境恶劣场所。

(3) 双波段火灾探测器的设计要求各产品不尽相同，实际工程中应参见相关产品样本。

2. 线形光束图像感烟探测器的选用

(1) 线形光束图像感烟火灾探测器采用光截面图像感烟火灾探测技术，在报警方式上属于线形感烟火灾探测器件。它可对被保护空间实施任意曲面式覆盖，具有分辨发射光源和其他干扰光源的功能，具有保护面积大、响应时间短的特点。

(2) 线形光束图像感烟火灾探测器可用于在发生火灾时产生烟雾的场所，烟草单位的烟叶仓库、成品仓库，纺织企业的棉麻仓库、原料仓库等大空间以及环境恶劣场所。

图 9-12 是同时使用线形光束图像感烟探测器和双波段火灾探测器的大空间火灾报警系统。

3. 宜选用缆式线形感温探测器的场所或部位

(1) 电缆隧道、电缆夹层、电缆竖井、重要的电缆桥架、托盘等；

(2) 配电装置、开关设备、变压器等；

(3) 各种皮带输送装置；

(4) 控制室、计算机室的闷顶内、地板下及重要设施隐蔽处等；

(5) 其他环境恶劣不适合点形探测器安装的危险场所。

4. 宜选用空气管式线形差温探测器的场所

(1) 可能产生油类火灾且环境恶劣的场所；

(2) 不易安装点形探测器的夹层、闷顶。

图 9-12 大空间火灾报警系统图

（四）可燃气体探测器的选择

1. 宜选用可燃气体探测器的场所

（1）使用管道煤气或天然气的厨房；

（2）燃气站和燃气表房以及大量存储液化石油气罐的场所；

（3）其他散发可燃气体和可燃蒸气的场所；

（4）有可能产生一氧化碳气体的场所，宜选用一氧化碳气体探测器。

2. 爆炸性气体场所气体探测器的选用

(1) 防爆场所选用的探测器应为防爆型；

(2) 探测器的报警灵敏度应按照所需探测的气体进行标定，一级报警后（达到爆炸下限的 25%）应控制启动有关排风机、送风机，二级报警后（达到爆炸下限的 50%）应控制切断有关可燃气体的供应阀门。

3. 可燃气体探测器的安装

(1) 探测器的安装高度应根据所需检测的气体的比重确定，可燃气体密度小于空气密度（如天然气、城市煤气），可燃气体探测器安装位置应距离顶棚 0.3m，可燃气体密度大于空气密度（如液化石油气），可燃气体探测器安装位置应距离地面 0.3m。

(2) 探测器的水平安装位置应靠近燃气阀门、管道接头、燃气表、燃气用具等气体容易泄露的部位。

(3) 线形光束图像感烟火灾探测器的设计要求各产品不尽相同，实际工程中应参见相关产品样本。

(五) 吸气式烟雾探测器的选择

(1) 吸气式烟雾探测器适用于火灾的早期监测，下列场所宜采用吸气式烟雾探测器：具有高空气流量、高大开敞空间、隐蔽探测、人员高度密集、有强电磁波产生或不允许有电磁干扰、人员不宜进入等特别重要场所。

(2) 探测器按功能分为如下两类：

① 吸气式烟雾探测报警器：具有烟雾探测功能，具有复位、消音、自检功能，可独立于消防报警控制器使用，可对报警信号进行本地或远程输出。

② 吸气式烟雾探测器：具有烟雾探测功能，不具有复位、消音、自检功能，不能够脱离消防报警控制器独立使用，所有对探测器的操作均需通过消防报警控制器来完成。

(3) 探测区域不应跨越防火分区，一条管路的探测区域不宜超过 $500m^2$，一台探测器的探测区域不宜超过 $2000m^2$。

(4) 吸气式烟雾探测火灾报警系统的每个采样孔可视为一个点式感烟探测器，采样孔的间距不应大于相同条件下点形感烟探测器的布置间距。

(5) 在单独的房间设置的采样孔不得小于 2 个。

(6) 一台探测器的采样管总长不宜超过 200m，单管长度不宜超过 100m。采样孔总数不宜超过 100 个，单管上的采样孔数量不宜超过 25 个。

(7) 吸气式烟雾探测器的工作状态应在消防控制室或值班室内集中显示。

三、火灾探测器的布置与安装

(一) 点形火灾探测器的安装

(1) 探测区域内的每个房间至少应设置一只点形火灾探测器。探测器安装示意图如图 9-13 所示。

(2) 感烟、感温探测器的保护面积和保护半径应按表 9-23 确定。

(3) 感烟、感温探测器的安装间距不应超过图 9-14 中由极限曲线 $D_1 \sim D_{11}$（含 D_9）所规定的范围。

(4) 一个探测区域内所需设置的探测器数量按下式计算：

图 9-13　探测器安装示意图

图 9-14　由探测器的保护面积 A 和保护半径 R 确定
探测器的安装间距 a、b 的极限曲线

$$N \geqslant \frac{S}{K \cdot A}$$

式中：N——一个探测区域所需设置的探测器数量（个），N 取整数；

　　　S——一个探测区的面积（m²）；

　　　A——一个探测器的保护面积（m²）；

　　　K——修正系数，重点保护建筑取 0.7～0.9，非重点保护建筑取 1.0。

感烟、感温探测器的保护面积和保护半径　　　　表 9-23

火灾探测器的种类	地面面积 $S(\text{m}^2)$	房间高度 $h(\text{m})$	探测器的保护面积 A 和保护半径 R					
			屋顶坡度					
			$\theta \leqslant 15°$		$15° < \theta \leqslant 30°$		$\theta > 30°$	
			$A(\text{m}^2)$	$R(\text{m})$	$A(\text{m}^2)$	$R(\text{m})$	$A(\text{m}^2)$	$R(\text{m})$
感烟探测器	$S \leqslant 80$	$h \leqslant 12$	80	6.7	80	7.2	80	8.0
	$S > 80$	$6 < h \leqslant 12$	80	6.7	100	8.0	120	9.9
		$h \leqslant 6$	60	5.8	80	7.2	100	9.0
感温探测器	$S \leqslant 30$	$h \leqslant 8$	30	4.4	30	4.9	30	5.5
	$S > 30$	$h \leqslant 8$	20	3.6	30	4.9	4.0	6.3

探测器设置数量的具体计算步骤如下：

① 根据探测器监视的地面面积 S、房间高度 h、屋顶坡度 Q 及火灾探测器的种类查表 9-23，得出使用一个不同种类探测器的保护面积（A）和保护半径值（R），再考虑修正系数 K，计算出所需探测器数量，取整数；

② 根据保护面积 A 和保护半径 R，由图 9-14 中二极限曲线选取探测器安装的间距不应大于 a、b，然后具体布置探测器；

③ 检验探测器到最远点的水平距离是否超过探测器保护半径，如超过时，应重新安排探测器或增加探测器数值。

【**例题**】　一个地面面积为 $30\text{m} \times 40\text{m}$（$1200\text{m}^2$）的生产车间，其屋顶坡度为 15°，房间高度为 8m，使用感烟探测器保护，求需要多少只探测器？

【**解**】　① 按已知条件从表 9-23 中，可知一个探测器保护面积 $A = 80\text{m}^2$，保护半径 $R = 6.7\text{m}$，选 $K = 1.0$。因此，该车间应安装感烟探测器数量为：

$$N = \frac{1200}{1.0 \times 80} = 15 只$$

② 根据 $A = 80$，在二极限曲线 D_7 的曲线段 YZ 上选取探测器安装间距 a、b 的数值。结合现场形状，选取 $a = 8\text{m}$，$b = 10\text{m}$。其布点情况见图 9-15。

图 9-15　布点情况

③ 探测器布点初步确定以后，还需要检查是否满足保护半径要求。因为探测器到最远的水平距离为 $R=6.4\text{m}<6.7\text{m}$，故符合要求。

（5）探测器一般安装在室内顶棚上。探测器周围 0.5m 内不应有遮挡物。

探测器至墙壁、梁边的水平距离不应小于 0.5m，如图 9-16 所示。

（6）探测器至空调送风口边的水平距离不应小于 1.5m，至多孔送风顶棚孔口的水平距离不应小于 0.5m。

（7）在宽度不大于 3m 以内的走道顶棚上设置探测器时宜居中布置。感温探测器的安装间距 L 不应超过 10m，感烟探测器的安装间距 L 不应超过 15m。探测器至端墙的距离不应大于探测器安装间距的一半，见图 9-16（b）平面图。

图 9-16　探测器的布置

（a）剖面图；（b）平面图

（8）探测器的安装距离见表 9-24。探测器一般不安装在梁上，若不得已时，应按图 9-16 规定安装。探测器上的确认灯应朝向进门时易观察的位置。

感烟、感温探测器安装要求　　　　　　　　　　　　表 9-24

安 装 场 所	要 求	安 装 场 所	要 求
感温探测器间距	<10m	距电风扇净距	≥1.5m
感烟探测器间距	<15m	距不突出的扬声器净距	≥0.1m
探测器至墙壁、梁边的水平距离	≥0.5m	距多孔送风顶棚孔净距	≥0.5m
至空调送风口边的水平距离	>1.5m	与各种自动喷水灭火喷头净距	≥0.3m
与照明灯具的水平净距	>0.2m	与防火门、防火卷帘间距	1～2m
距高温光源灯具	>0.5m	探测器周围 0.5m 内，不应有遮挡物	

（9）在梁突出顶棚的高度小于 200mm 的顶棚上设置感烟、感温探测器时，可不考虑对探测器保护面积的影响。

当梁突出顶棚的高度在 200～600mm 时，应按有关规定的图表确定探测器的安装位置。和一个探测器能够保护的梁间区域的个数。

当梁突出顶棚的高度超过 600mm 时，被梁隔断的每个梁间区域至少设置一个探测器；

当被梁隔断的区域面积超过一个探测器的保护范围面积时，则应将被隔断的区域视为一个探测区，并应按有关规定计算探测器的设置数量。

（10）当房屋顶部有热屏障时，感烟探测器下表面至顶棚的距离应符合表 9-25 的规定。

感烟探测器下表面距顶棚（或屋顶）的距离　　　　　表 9-25

探测器的安装高度 h(m)	感烟探测器下表面距顶棚（或屋顶）的距离 d(mm)					
	顶棚（或屋顶）坡度 θ					
	$\theta \leqslant 15°$		$15° < \theta < 30°$		$\theta > 30°$	
	最小	最大	最小	最大	最小	最大
$h \leqslant 6$	30	200	200	300	300	500
$6 < h \leqslant 8$	70	250	250	400	400	600
$8 < h \leqslant 10$	100	300	300	500	500	700
$10 < h \leqslant 12$	150	350	350	600	600	800

（11）探测器宜水平安装；如受条件限制必须倾斜安装时，倾斜角不应大于 45°；大于 45°时，应加木台安装，如图 9-17 所示。

(a)　　　　　　　　　(b)

图 9-17　探测器的安装角度

(a) $\theta \leqslant 45°$时；(b) $\theta > 45°$时

（12）电梯井、升降机井、管道井和楼梯间等处应安装感烟探测器。

图 9-18　探测器在楼梯间的设置

1）楼梯间及斜坡道：

① 楼梯间顶部必须安装一只探测器。

② 楼梯间或斜坡道，可按垂直距离每 10～15m 高处安装一只探测器。为便于维护管理，应在房间面对楼梯平台上设置（图 9-18）。

③ 地上层和地下层楼梯间若需要合并成一个垂直高度考虑时，只允许地下一层和地上层的楼梯间合用一个探测器。

2）电梯井、升降机井和管道井：

① 电梯井　只需在正对井道的机房屋顶下装一只探测器。

② 管道井（竖井）未按每层封闭的管道井（竖

井）应在最上层顶部安装。在下述场合可以不安装探测器：

a. 隔断楼板高度在三层以下且完全处于水平警戒范围内的管道井（竖井）及其他类似场所；

b. 管道井（竖井）经常有大量停滞灰尘、垃圾、臭气或风速常在 5m/s 以上。

（13）在下列场所可不设置感烟、感温探测器：

1）火灾探测器的安装面距地面高度大于 12m（感烟）、8m（感温）的场所；

2）因气流影响，使探测器不能有效发现火灾的场所；

3）闷顶和夹层间距小于 50cm 的场所；

4）闷顶及相关吊顶内的构筑物和装修材料是难燃型或已装有自动喷水灭火系统的闷顶或吊顶的场所；

5）难以维修的场所；

6）厕所、浴室及类似场所。

（二）可燃气体探测器的安装要求

（1）探测器的安装位置应根据被测气体的密度、安装现场的气流方向、湿度等各种条件而确定。密度大，比空气重的气体，探测器应安装在探测区域的下部；密度小，比空气轻的气体，探测器应安装在探测区域的上部。

（2）在室内梁上安装探测器时，探测器与顶棚距离应在 200mm 以内。

（3）在可燃气体比空气重的场合，气体探测器应安装距煤气灶 4m 以内，距地面应为 300mm。梁高大于 0.6m 时，气体探测器应安装在有煤气灶的梁的一侧，在可燃气体比空气轻的场合，气体探测器安装同一般点形火灾探测器，参见图 9-19 所示。

（4）防爆型可燃气体探测器安装位置依据可燃气体比空气重或轻分别安装在泄漏处的上部或下部，与非爆型可燃气体探测器安装相同。无论传统型圆形探测器还是变送器式方形探测器都采用墙上安装或利用钢管安装方式。后者利用直径 50mm 钢管或现有水、气管作为支撑钢管，加以 U 形螺栓管卡固定圆形探测器。而方形探测器要以 U 形螺栓管卡固定在直径 80mm 的钢管或现有水、气管上。支撑钢管安装方式适用于可燃气体比空气重的场合，探测器探测端面离地面高度以 0.3～0.6m 为宜。

（三）线形光束感烟探测器的安装

线形光束感烟探测器与点形减光式光电感烟探测器的工作原理是一样的，只是烟不必进入点形光电探测器的采样室中。因此，点形光电感烟探测器能使用的场合，线形光束感烟探测器都可以使用。但是一般说来，线形光束感烟探测器较适宜安装在下列场所：

① 无遮挡大空间的库房、博物馆、纪念馆、档案馆、飞机库等；

② 古建筑、文物保护的厅堂馆所等；

③ 发电厂、变配电站等；

④ 隧道工程。

下列场所不宜使用线形光束探测器：

① 在保护空间有一定浓度的灰尘、水气粒子，且粒子浓度变化较快的场所；

② 有剧烈振动的场所；

③ 有日光照射或强红外光辐射源的场所。

线形光束感烟探测器的安装如下图 9-20 和图 9-21 所示。

图 9-19 煤气探测器的安装

图 9-20 线形光电探测器的安装

图 9-21 光电探测器的布置

(a) 正面图；(b) 平面图

（1）红外光束感烟探测器安装位置应选择烟最容易进入的光束区域，不应有其他障碍遮挡光束及不利的环境条件影响光束，发射器和接收器都必须固定可靠，不得松动。

（2）光束感烟探测器的光束轴线距顶棚的垂直距离宜为 0.3～1.0m，距地面高度不宜超过 20m。

（3）当房间高度为 8～14m 时，除在贴近顶棚下方墙壁的支架上设置外，宜在房间高度 1/2 的墙壁或支架上也设置光束感烟探测器。当房间高度为 14～20m 时，探测器宜分 3 层设置。

（4）相邻两组光束感烟探测器的水平距离最大不应超过 14m，探测器和发射器之间的距离不宜超过 100m。

（四）缆式线形定温探测器的安装方法

线形定温火灾探测器由两根弹性钢丝分别包敷热敏材料，绞对成形，绕包带再加外护套而制成。在正常监视状态下，两根钢丝间阻值接近无穷大。由于有终端电阻的存在，电缆中通过微小的监视电流。当电缆周围温度上升到额定动作温度时，其钢丝间热敏绝缘材料性能被破坏，绝缘电阻发生跃变，几近短路，火灾报警控制器检测到这一变化后报出火灾信号。当线形定温火灾探测器发生断线时，监视电流变为零，控制器据此可发出故障报警信号。

线形定温火灾探测器配加的单芯铜线作为接地保护使用。户外型线形定温火灾探测器在最外层编织绝缘纤维护套，起保护内部传感部件的作用，适合室外使用。屏蔽型线形定温火灾探测器在最外层编织金属丝护套，能起到良好的电磁屏蔽作用。使用时将金属丝接地，以防止强电磁场干扰信号串入线形定温火灾探测器，影响报警控制器，可提高系统的安全性和可靠性，同时也适合防爆场所使用。

1. 线形定温火灾探测器的选用

在选用下列保护对象的火灾报警系列时，宜优先选用线形定温火灾探测器：

（1）电缆桥架、电缆隧道、电缆夹层、电缆沟、电缆竖井；

（2）运输机、皮带装置、铁路机车；

（3）配电装置：包括开关设备、变压器、变电所、电机控制中心、电阻排等；

（4）除尘器中的布袋尘机、冷却塔、市政设施；

（5）货架仓库、矿山、管道线栈、桥梁、港口船舰；

（6）冷藏库、液体、气体贮藏容器；

（7）在火药、炸药、弹药火工品等有爆炸危险的场所必须选用防爆系列的线形定温火灾探测器。

2. 线形定温火灾探测器的安装

（1）安装时，应根据安装地点环境温度范围选用线形定温火灾探测器规格等级，一般设计原则是超过安装地点通常最高温度 30℃选取线形定温火灾探测器额定动作温度。

（2）线形定温火灾探测器安装在电缆托架或支架上时，宜以正弦波方式敷设于所有被保护的动力电缆或控制电缆的外护套上面，尽可能采用接触安装。具体安装方法参照图9-22，固定卡具选用阻燃塑料卡具。

图 9-22

（3）在传送带上安装：在传送带宽度不超过 0.3m 的条件下，用一根和传送带长度相等的线形定温火灾探测器来保护。线形定温火灾探测器应是直接固定于距离传送带中心正上方不大于 225mm 的附属件上。附属件可以是一根吊线，也可以借助于现场原有的固定物。吊线的作用是提供一个支撑件。每隔 75m 用一个紧线螺栓来固定吊线。为防止线形定温火灾探测器下落，每隔 1~5m 用一个紧固件将线形定温火灾探测器和吊线卡紧，吊线的材料宜用 Φ2 不锈钢丝。其单根长度不宜超过 150m（在条件不具备时也可用镀锌钢丝来代替），如图 9-23 所示。

图 9-23

另一种方法是将线形定温火灾探测器安装于靠近传送带的两侧,可将线形定温火灾探测器通过导热板和滚珠轴承连接起来,以探测由于轴承摩擦和煤粉积累引起的过热。一般设计安装原则是在不影响平时运行和维护的情况下根据现场情况而定。

(4) 在建筑物内敷设线形定温火灾探测器时,其距顶棚不宜大于 500mm(一般在 200～300mm 内选择);其与墙壁之间的距离约为 1500mm。它宜以方波形式敷设。方波间的距离不宜超过 4000mm,如图 9-24 所示。

图 9-24 热敏电缆线路之间及其和墙壁之间的距离

(5) 如果线形定温火灾探测器敷设在走廊、过道等长条形状建筑时,宜用吊线以直线方式在中间敷设。吊线应有拉紧装置,每隔 2m 用固定卡具把电缆固定在吊线上,如图 9-25 所示。

(6) 安装于动力配电装置上:图 9-26 说明线形定温火灾探测器呈带状安装于电机控制盘上。由于采用了安全可靠的线绕扎结,使整个装置都得到保护。其他电气设备如变压器、刀闸开关、主配电装置、电阻排等在其周围温度不超过线形定温火灾探测器允许工作温度的条件下,均可采用同样的方法。

图 9-25 热敏电缆在顶棚下方安装

$d=0.5m$ 以下(通常为 0.2～0.3m)

(7) 安装于灰尘收集器或沉渣室、袋室、冷却塔、浮顶罐及市政设施、高架仓库等场所。安装方法可参照室内顶棚下的方式,在靠近和接触安装时可参照电缆托架的方式。

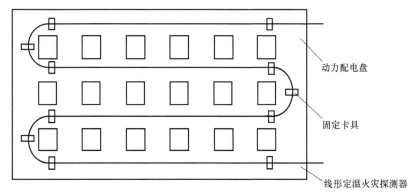

图 9-26 线形定温火灾探测器控制盘内带状敷设

(8) 缆式线形定温火灾探测器的接线盒、终端盒可安装在电缆隧道内或室内,并应将其固定于现场附近的墙壁上。安装于户外,应加外罩雨箱。

（五）空气管线形差温探测器的安装

1. 使用安装时的注意事项

（1）安装前必须做空气管的流通试验，在确认空气管不堵、不漏的情况下再进行安装。

（2）每个探测器报警区的设置必须正确，空气管的设置要有利于一定长度的空气管足以感受到温升速率的变化。

（3）每个探测器的空气管两端应接到传感元件上。

（4）同一探测器的空气管互相间隔宜不大于 5m，空气管至墙壁距离宜为 1~1.5m。当安装现场较高或热量上升后有阻碍，以及顶部有横梁交叉几何形状复杂的建筑，间隔要适当减小。

（5）空气管必须固定在安装部位，固定点间隔在 1m 之内。

（6）空气管应安装在距安装面 100mm 处，难以达到的场所不得大于 300mm。

（7）在拐弯的部分空气管弯曲半径必须大于 5mm。

（8）安装空气管时不得使铜管扭弯、挤压、堵塞，以防止空气管功能受损。

（9）在穿通墙壁等部位时，必须有保护管、绝缘套管等保护。

（10）在人字架顶棚设置时，应使其顶部空气管间隔小一些，相对顶部比下部较密些，以保证获得良好的感温效果。

（11）安装完毕后，通电监视：用 U 形水压计和空气注入器组成的检测仪进行检验，以确保整个探测器处于正常状态。

（12）在使用过程中，非专业人员不得拆装探测器，以免损坏探测器或降低精度。另外应进行年检，以确保系统处于完好的监视状态。

2. 安装实例

这里举空气管线差温探测器在顶棚上安装的实例，如图 9-27 所示。另外，当空气管需要在人字形顶棚、地沟、电缆隧道、跨梁局部安装时，应按工程经验或厂家出厂说明进行。

图 9-27　空气管探测器在顶棚上的安装示意

（六）火焰探测器安装要求（图 9-28）

（1）红外火焰探测器应安装在能提供最大视场角的位置。在有梁顶棚或锯齿形顶棚

图 9-28　火焰探测器吸顶和壁挂安装

时，安装位置应选最高处的下面。探测器的有效探测范围内不应有障碍物。探测器安装时，应避开阳光或灯光直射或反射到探测器上。若无法避开反射来的红外光时，应采取防护措施，对反射光源加以遮挡，以免引起误报。探测器安装间距（L）应小于安装高度（H）的两倍（即 $L<2H$）。安装在潮湿场所应采取防水措施，防止水滴侵入。

（2）紫外火焰探测器的安装应处于其被监视部位的视角范围以内，但不宜在可能产生火焰区域的正上方，其有效探测范围内不应有障碍物。安装在潮湿场所时应采用密封措施。

（七）空气抽样火灾探测系统的安装

空气抽样火灾探测系统是一种火灾初始阶段探测的火灾自动报警设备，其安装应符合下列规定：

（1）该系统保护面积应不大于 2000m^2。

（2）每个探测器保护面积应不大于 100m^2。

（3）按网格覆盖理论规定，探测器与墙壁之间的距离应不超过 5m；两个探测器的间距应不超过 10m。

（4）管路采用顶棚板下方安装，隐藏式安装或在回风口安装。

（5）管路采用单管、双管、三管或四管系统。单管或双管系统，每管的长应不大于 100m；三管或四管系统，每管的管长应不大于 50m。每根管的取样孔应不大于 25 个。

四、手动报警装置的安装

国家规范规定：火灾自动报警系统应有自动和手动两种触发装置。所谓触发装置是指能自动或手动产生火灾报警信号的器件。

自动触发器件是火灾探测器、水流指示器、压力开关等。

手动报警按钮、消防泵启动按钮是人工手动发送信号、通报火警的触发器件。人工报警简便易行，可靠性高，是自动系统必备的补充。手动报警按钮一般情况下不兼作启泵的作用，但如果这两个触发装置在某一工程中，设置标准完全重合时，可以考虑兼容。

关于手动火灾报警按钮的设置，要求报警区域内的每个防火分区，至少设置一个手动报警按钮。

（1）手动火灾报警按钮应安装在下列部位：

① 大厅、过厅、主要公共活动场所的出入口；

② 餐厅、多功能厅等处的主要出入口；

③ 主要通道等经常有人通过的地方；

④ 各楼层的电梯间、电梯前室。

（2）手动火灾报警按钮安装的位置，应满足在一个防火分区内的任何位置到最邻近的一个手动火灾报警按钮的步行距离，不大于25m。

（3）手动火灾报警按钮在墙上的安装高度为1.3～1.5m。按钮盒应具有明显的标志和防误动作的保护措施。

（4）手动火灾报警按钮应安装牢固，并不得倾斜。

（5）手动火灾报警按钮的外接导线应留有不小于100mm的余量，端部应有明显标志。

五、接口模块的安装

（1）接口模块含输入、输入/输出、切换及各种控制动作模块以及总线隔离器等。

（2）总线隔离器设置应满足以下要求：当隔离器动作时，被隔离保护的输入/输出模块不应超过32个。

（3）为了便于维修模块，应将其装于设备控制柜内或吊顶外，吊顶外应安装在墙上距地面高1.5m处。若装于吊顶内，需在吊顶上开维修孔洞。

（4）安装有明装和暗装两种方式，前者将模块底盒安装在预埋盒上，后者将模块底盒预埋在墙内或安装在专用装饰盒上。

六、火灾报警控制器的安装

（1）火灾报警控制器的安装应符合下列要求：

① 火灾报警控制器（以下简称控制器）在墙上安装时，其底边距地（楼）面高度宜为1.3～1.5m；落地安装时，其底宜高出地坪0.1～0.2m。

② 控制器靠近其门轴的侧面距离不应小于0.5m，正面操作距离不应小于1.2m。落地式安装时，柜下面有进出线地沟；如果需要从后面检修时，柜后面板距离不应小于1m；当有一侧靠墙安装时，另一侧距离不应小于1m。

③ 控制器的正面操作距离：当设备单列布置时不应小于1.5m；双列布置时不应小于2m；在值班人员经常工作的一面，控制盘前距离不应小于3m。

（2）控制器应安装牢固，不得倾斜。安装在轻质墙上时应采取加固措施。

（3）引入控制器的电缆或导线应符合下列要求：

① 配线应整齐，避免交叉，并应固定牢固。

② 电缆芯线和所配导线的端部均应标明编号，并与图纸一致；字迹清晰不易褪色；并应留有不小于200mm的余量。

③ 端子板的每个接线端，接线不得超过两根。

④ 导线应绑扎成束；其导线引入线穿线后，在进线管处应封堵。

（4）控制器的主电源引入线应直接与消防电源连接，严禁使用电源插头。主电源应有明显标志。

（5）控制器应接地牢固，并有明显标志。

（6）竖向的传输线路应采用竖井敷设。每层竖井分线处应设端子箱。端子箱内的端子宜选择压接或带锡焊接的端子板。其接线端子上应有相应的标号。分线端子除作为电源线、故障信号线、火警信号线、自检线、区域号外，宜设两根公共线供给调试作为通信联络用。

（7）消防控制设备在安装前应进行功能检查，不合格者，不得安装。

（8）消防控制设备的外接导线，当采用金属软管作套管时，其长度不宜大于 2m，且应采用管卡固定。其固定点间距不应大于 0.5m。金属软管与消防控制设备的接线盒（箱）应采用锁母固定，并应根据配管规定接地。

（9）消防控制设备外接导线的端部应有明显标志。

（10）消防控制设备盘（柜）内不同电压等级、不同电流类别的端子应分开，并有明显标志。

七、其他设备的安装

（1）楼层显示器采用壁挂式安装，直接安装在墙上或安装在支架上。其底边距地面的高度宜为 1.3～1.5m，靠近其门轴的侧面距离不应小于 0.5m，正面操作距离不应小于 1.2m。

（2）接线端子箱作为一种转接施工线路，是一种便于布线和查线的接口装置，还可将一些接口模块安装在其内。端子箱采用明、暗两种安装方式，将其安装在弱电竖井内的各分层处或各楼层便于维修调试的地方。

八、火灾应急广播和警报装置

（一）火灾应急广播的设置范围和技术要求

《火灾自动报警系统设计规范》GB 50116—98 规定：控制中心报警系统应设置火灾应急广播系统；集中报警系统宜设置火灾应急广播系统。火灾应急广播主要用来通知人员疏散及发布灭火指令。

（1）火灾应急广播扬声器的设置，应符合下列要求：

1）在民用建筑内，扬声器应设置在走道和大厅等公共场所。每个扬声器的额定功率不应小于 3W，其数量应能保证从一个防火分区内的任何部位到最近一个扬声器的距离不大于 25m。走道内最后一个扬声器至走道末端的距离不应大于 12.5m。

2）在环境噪声大于 60dB 的场所设置的扬声器，在其播放范围内最远点的播放声压级应高于背景噪声 15dB。

3）客房设置专用扬声器时，其额定功率不宜小于 1W。

（2）火灾事故广播播放疏散指令的控制程序：

1）地下室发生火灾，应先接通地下各层及首层。若首层与第 2 层具有大的共享空间时，也应接通第 2 层。

2）首层发生火灾，应先接通本层、第 2 层及地下各层。

3）第2层及第2层以上发生火灾，应先接通火灾层及其相邻的上、下层。

（3）火灾事故广播线路应独立敷设，不应和其他线路（包括火警信号、联动控制等线路）同管或同线槽槽孔敷设。

（4）火灾应急广播与公共广播（包括背景音乐等）合用时应符合以下要求：

1）火灾时，应能在消防控制室将火灾疏散层的扬声器和公共广播扩音机强制转入火灾应急广播状态。

2）消防控制室应能监探用于火灾应急广播时的扩音机的工作状态，并具有遥控开启扩音机和采用传声器广播的功能。

3）床头控制柜设有扬声器时，应有强制切换到应急广播的功能。

4）火灾应急广播应设置备用扩音机，其容量不应小于火灾应急广播扬声器最大容量总和的1.5倍。有关火灾事故广播和背景音乐广播合用的设计可参见第四章的公共广播系统。

（5）火灾应急广播的控制方式有以下几种形式：

1）独立的火灾应急广播。这种系统配置专用的扩音机、分路控制盘、音频传输网络及扬声器。当发生火灾时，由值班人员发出控制指令，接通扩音机电源，并按消防程序起动相应楼层的火灾事故广播分路。系统方框原理图见图9-29。

图 9-29　火灾应急广播系统

2）火灾应急广播与广播音响系统合用。在这种系统中，广播室内应设有一套火灾应急广播专用的扩音机及分路控制盘，但音频传输网络及扬声器共用。火灾事故广播扩音机的开机及分路控制指令由消防控制中心输出，通过强拆器中的继电器切除广播音响而接通火灾事故广播，将火灾事故广播送入相应的分路，其分路应与消防报警分区相对应。

利用消防广播具有切换功能的联动模块，可将现场的扬声器接入消防控制器的总线上，由正常广播和消防广播送来的音频广播信号，分别通过此联动模块的无源常闭触点和无源常开触点接在扬声器上。火灾发生时，联动模块根据消防控制室发出的信号，无源常闭触点打开，切除正常广播，无源常开触点闭合，接入消防广播，实现消防强切功能。一个广播区域可由一个联动模块控制，如图 9-30 所示。

图 9-30　总线制消防应急广播系统示意图

（a）控制原理方框图；（b）模块接线示意图

Z1，Z2—信号二总线连接端子；D1，D2—电源二总线连接端子；ZC1，ZC2—正常广播线输入端子；
XF1，XF2—消防广播线输入端子；SP1，SP2—与扬声器连接的输出端子

（二）火灾警报装置

未设置火灾应急广播的火灾自动报警系统，应设置火灾警报装置。

火灾警报装置是在火灾时能发出火灾音响及灯光的设备。由电笛（或电铃）与闪光灯组成一体（也有只有音响而无灯光的）。音响的音调与一般音响有区别，通常是变调声（与消防车的音调类似），其控制方式与火灾应急广播相同。

火灾警报装置的设置范围和技术要求如下：

规范规定：设置区域报警系统的建筑，应设置火灾警报装置；设置集中报警系统和控制中心报警系统的建筑，宜装置火灾警报装置。同时还规定：在报警区域内，每个防火分区至少安装一个火灾警报装置。其安装位置，宜设在各楼层走道靠近楼梯出口处。警报装置宜采用手动或自动控制方式。

为了保证安全，火灾警报装置应在火灾确认后，由消防中心按疏散顺序统一向有关区域发出警报。在环境噪声大于 60dB(A) 的场所设置火灾警报装置时，其声压级应高于背景噪声 15dB(A)。

九、消防专用电话的安装

（1）消防专用电话，应建成独立的消防通信网络系统。

（2）消防控制室、消防值班室或工厂消防队（站）等处应装设向公安消防部门直接报警的外线电话（城市 119 专用火警电话用户线）。

（3）消防控制室应设消防专用电话总机，且宜选择共电式电话总机或对讲通信电话设备。

（4）下列部位应设置消防专用电话分机：

① 消防水泵房、备用发电机房、配变电室、主要通风和空调机房、排烟机房、消防电梯机房及其他与消防联动控制有关的且经常有人值班的机房；

② 灭火控制系统操作装置处或控制室；

③ 企业消防站、消防值班室、总调度室。

（5）设有手动火灾报警按钮、消火栓按钮等处宜设置电话塞孔。电话塞孔在墙上安装时，其底边距地面高度宜为 1.3～1.5m。

（6）特级保护对象的各避难层应每隔 20m 设置一个消防专用电话分机或电话塞孔。

（7）工业建筑中下列部位应设置消防专用电话分机：

① 总变、配电站及车间变、配电所；

② 工厂消防队站，总调度室；

③ 保卫部门总值班室；

④ 消防泵房、取水泵房（处）、电梯机房；

⑤ 车间送、排风及空调机房等处。

工业建筑中手动报警按钮、消火栓启泵按钮等处宜设消防电话塞孔。

十、消防控制室和系统接地

1. 消防控制室的设置

（1）消防控制室宜设置在建筑物的首层（或地下 1 层），门应向疏散方向开启，且入口处应设置明显的标志，并应设置直通室外的安全出口。

（2）消防控制室周围不应布置电磁场干扰较强及其他影响消防控制设备工作的设备用房，不应将消防控制室设于厕所、锅炉房、浴室、汽车间、变压器室等的隔壁和上、下层相对应的房间。

（3）有条件时宜设置在防灾监控、广播、通信设施等用房附近，并适当考虑长期值班人员房间的朝向。

2. 消防控制室的设备布置

（1）设备面盘前的操作距离：单列布置时不应小于 1.5m；双列布置时不应小于 2m。

（2）在值班人员经常工作的一面，控制屏（台）至墙的距离不应小于 3m。

（3）控制屏（台）后的维修距离不宜小于 1m。

（4）控制屏（台）的排列长度大于 4m 时，控制屏（台）两端应设置宽度不小于 1m 的通道。

（5）集中报警控制器（或火灾通用报警控制器）安装在墙上时，其底边距地高度应为 1.3～1.5m；靠近其门轴的侧面距墙不应小于 0.5m；正面操作距离不应小于 1.2m。

（6）消防控制室的送、回风管在其穿墙处应设防火阀。

（7）消防控制室内严禁与其无关的电气线路及管路穿过。

（8）火灾自动报警系统应设置带有汉化操作的界面，可利用汉化的 CRT 显示和中文屏幕菜单直接对消防联动设备进行操作。

（9）消防控制室在确认火灾后，宜向 BAS 系统及时传输，显示火灾报警信息，且能接收必要的其他信息。

消防报警控制室设备安装如图 9-31 及图 9-32 所示。

图 9-31　消防、安防控制室平面布置图

3. 系统接地

为保证火灾自动报警系统和消防设备正常工作，对系统的接地规定如下：

（1）火灾自动报警系统应在消防控制室设置专用接地板，接地装置的接地电阻值应符合下列要求：

① 当采用专用接地时，接地电阻值不应大于 4Ω；

② 当采用联合接地时，接地电阻值不应大于 1Ω。

（2）火灾报警系统应设专用接地干线，由消防控制室引至接地体。

（3）专用接地干线应采用铜芯绝缘导线，其芯线截面积不应小于 $25mm^2$，专用接地干线宜穿硬质型塑料管理设至接地体。

（4）由消防控制室接地板引至各消防电子设备的专用接地线应选用铜芯塑料绝缘导线，其芯线截面积不应小于 $4mm^2$。

（5）消防电子设备凡采用交流供电时，设备金属外壳和金属支架等应作保护接地。接地线应与电气保护接地干线（PE 线）相连接。

图 9-32 消防控制中心示例

(a) 平面图；(b) Ⅱ—Ⅱ剖面图；(c) Ⅰ—Ⅰ剖面图

图 9-33 画出共用接地和专用接地的示意图。

图 9-33

(a) 共用接地装置示意图；(b) 专用接地装置示意图

第六节　布线与配管

一、布线的防火耐热措施

（1）火灾报警系统和消防设备的传输线应采用铜芯绝缘导线或铜芯电缆，推荐采用 NH 氧化镁防火电缆耐火电缆或 ZR 阻燃型电线电缆等产品。这些线缆的电压等级不应低于交流 250V，线芯的最小截面一般应符合表 9-26 的要求。

<table>
<tr><td colspan="3">火灾自动报警系统用导线最小截面</td><td>表 9-26</td></tr>
<tr><td>类　　别</td><td>线芯最小截面(mm²)</td><td colspan="2">备　　注</td></tr>
<tr><td>穿管敷设的绝缘导线</td><td>1.00</td><td colspan="2"></td></tr>
<tr><td>线槽内敷设的绝缘导线</td><td>0.75</td><td colspan="2"></td></tr>
<tr><td>多芯电缆</td><td>0.50</td><td colspan="2"></td></tr>
<tr><td>由探测器到区域报警器</td><td>0.75</td><td colspan="2">多股铜芯耐热线</td></tr>
<tr><td>由区域报警器到集中报警器</td><td>1.00</td><td colspan="2">单股铜芯线</td></tr>
<tr><td>水流指示器控制线</td><td>1.00</td><td colspan="2"></td></tr>
<tr><td>湿式报警阀及信号阀</td><td>1.00</td><td colspan="2"></td></tr>
<tr><td>排烟防火电源线</td><td>1.50</td><td colspan="2">控制线＞1.00mm²</td></tr>
<tr><td>电动卷帘门电源线</td><td>2.50</td><td colspan="2">控制线＞1.50mm²</td></tr>
<tr><td>消火栓控制按钮线</td><td>1.50</td><td colspan="2"></td></tr>
</table>

（2）系统布线采取必要的防火耐热措施，有较强的抵御火灾能力，即使在火灾十分严重的情况下，仍能保证消防系统安全可靠的工作。

所谓防火配线是指由于火灾影响，室内温度高达 840℃时，仍能使线路在 30min 内可靠供电。

所谓耐热配线是指由于火灾影响，室内温度高达 380℃时，仍能使线路在 15min 内可靠供电。

无论是防火配线还是耐热配线，都必须采取合适的措施：

① 用于消防控制、消防通信、火灾报警以及用于消防设备（如消防水泵、排烟机、消防电梯等）的传输线路均应采取穿管保护。

金属管、PVC（聚氯乙烯）硬质或半硬质塑料管或封闭式线槽等都得到了广泛应用。但需注意，传输线路穿管敷设或暗敷于非延燃的建筑结构内时，其保护层厚度不应小于 30mm。若必须明敷时，在线管外用硅酸钙筒（壁厚 25mm）或用石棉、玻璃纤维隔热筒（壁厚 25mm）保护。

② 在电缆井内敷设有非延燃性绝缘和护套的导线、电缆时，可不穿管保护，对消防电气线路所经过的建筑物基础、顶棚、墙壁、地板等处均应采用阻燃性能良好的建筑材料和建筑装饰材料。

③ 电缆井、管道井、排烟道、排气道以及垃圾道等竖向管道，其内壁应为耐火极限不低于 1h 的非燃烧体，并且内壁上的检查门应采用丙级防火门。

（3）为满足防火耐热要求，对金属管端头接线应保留一定余度；配管中途接线盒不应埋设在易于燃烧部位，且盒盖应加套石棉布等耐热材料。

以上是建筑消防系统布线的防火耐热措施，除此之外，消防系统室内布线还应遵照有关消防法规规定，做到：

① 不同系统、不同电压、不同电流类别的线路不应穿于同一根管内或线槽内的同一槽孔内；

② 建筑物内不同防火分区的横向敷设的消防系统传输线路，如采用穿管敷设，不应穿于同一根管内；

③ 建筑物内如只有一个电缆井（无强电与弱电井之分），则消防系统弱电部分线路与强电部分线路应分别设置于同一竖井的两侧；

④ 火灾探测器的传输线路应选择不同颜色的绝缘导线，同一工程中相同线别的绝缘导线颜色要一致，接线端子要设不同标号；

⑤ 绝缘导线或电缆穿管敷设时，所占总面积不应超过管内截面积的 40%，穿于线槽的绝缘导线或电缆总面积不应大于线槽截面积的 60%。

消防系统的防火耐热布线见图 9-34。

图 9-34　建筑消防系统防火耐热布线示意图
(a) 消火栓灭火系统；(b) 声、光报警装置；(c) 防排烟系统；(d) 疏散诱导及应急插座装置；
(e) 自动水喷淋灭火系统；(f) 自动气全喷洒灭火系统；(g) 火灾自动报警系统
图中：——耐火线；——耐热线；——一般线；----管道线

二、系统的配线

系统的配线如下：

1. 回路总线

指主机到各编址单元之间的联动总线。导线规格为 RVS-2×1.5m² 双色双绞多股塑料软线。要求回路电阻小于 40Ω，是指从机器到最远编址单元的环线电阻值（两根导线）。

2. 电源电线

指主机或从机对编址控制模块和显示器提供的 DC24V 电源。电源总线采用双色多股塑料软线，型号为 RVS-2×1.5mm²。接模块的电源线用 RVS-2×1.5mm²。

3. 通信总线

指主机与从机之间的联接总线，或者主机——从机——显示器之间的联结总线。通信总线采用双色多绞多股塑料屏蔽导线，型号为 RVVP-2×1.5mm²；距离短（＜500m）时，可用 2×1.0mm²。

4. 联动系统控制线

总线联动系统控制选用 RVS 双色双绞线，多线联动控制系统选用 KVV 电缆线，其余用 BVR 或 BV 线。

三、管线的安装

管线安装的要求如下：

（1）火灾自动报警系统报警线路应采用穿金属管、阻燃型硬制塑料管或封闭式线槽保护；消防控制、通信和警报线路在暗敷时，宜采用阻燃型电线穿保护管敷设在不燃结构层内（保护层厚度 3cm）。控制线路与报警线路合用明敷时，应穿金属管并喷涂防火涂料，其线采用氧化镁防火电缆。总线制系统的布线，宜采用电缆敷设在耐火电缆桥架内，或有条件的可选用铜皮防火电缆。

（2）消火栓泵、喷淋泵电动机配电线路宜选用穿金属管，并埋设在非燃烧体结构内的电线，或选用耐火电缆敷设在耐火型电缆桥架或选用氧化镁防火型电缆。

（3）建筑物各楼层带双电源切联的配电箱至防火卷帘的电源应采用耐火电缆。

（4）消防电梯配电线路应采用耐火电缆或氧化镁防火电缆。

（5）火灾应急照明线路、消防广播通信应采用穿金属管保护电线，并暗敷于不燃结构内，且保护层厚度不小于 30mm，或采用耐火型电缆明敷于吊顶内。

（6）布线使用的非金属管材、线槽及其附件应采用不燃或非延燃性材料制成。

（7）管线经过建筑物的变形缝（包括沉降缝、伸缩缝、抗震缝等）处，应采用以下措施：

① 管线经过建筑物的变形缝处，宜采用两个接线盒分别设置在变形缝两侧。

② 一个接线盒，两端应开长孔（孔直径大于保护管外径 2 倍以上），变形缝的另一侧管线通过此孔伸入接线盒处。

③ 连接线缆及跨接地线均应呈悬垂状而有余量。无论变形缝两侧采用两个或一个接线盒，必须呈弯曲状留有余量。

④ 工作接地线应采用铜芯绝缘导线或电缆，不得利用镀锌扁铁或金属软管。

（8）管线安装时，还应注意如下几点：

1）不同系统、不同电压、不同电流类别的线路，应穿于不同的管内或线槽的不同槽孔内。

2）同一工程中相同线别的绝缘导线颜色应一致，导线的接头应在接线盒内焊接，或用端子连接，接线端子应有标号。

3）敷设在多尘和潮湿场所管路的管口和管子连接处，均应作密封处理。

4) 存在下列情况时，应在便于接线处装设接线盒：

① 管子长度每超过 45m，无弯曲时；

② 管子长度每超过 30m，有一个弯曲时；

③ 管子长度每超过 20m，有两个弯曲时；

④ 管子长度每超过 12m，有三个弯曲时。

5) 管子入盒时，盒外侧应套锁母，内侧应装护口。在吊顶内敷设时，盒的内外侧均应套锁母。

6) 线槽的直线段应每隔 1.0～1.5m 设置吊点或支点，在线槽接头处、距接线盒 0.2m 处及线槽走向改变或转角处亦应设吊点或支点，吊装线槽的吊杆直径应大于 6mm。

四、控制设备的接线要求

1. 报警控制器的配线要求

(1) 配线应整齐，避免交叉，并应固定牢靠；

(2) 电缆芯线和所配导线的端部均应标明编号，并与图纸一致，字迹清晰不易褪色；

(3) 端子板的每个接线端，接线不得超过两根；

(4) 电缆芯和导线应留有不小于 20cm 的余量；

(5) 导线应绑扎成束，导线引入线穿线后应在进线处封堵。

2. 报警控制器的电源与接地要求

(1) 控制器的主电源引入线应直接与消防电源连接，严禁使用电源插头。主电源应有明显标志。

(2) 控制器的接地应牢固并有明显标志，工作接地线与保护接地线必须分开。

3. 消防联动控制设备的接线的要求

(1) 消防控制设备盘（柜）内不同电压等级、不同电流类别的端子应分开，并有明显标志。

(2) 消防控制设备的外接导线，当采用金属软管作套管时，其长度不宜大于 1m，并应采用管卡固定，其固定点间距不应大于 0.5m。金属软管与消防控制设备的接线盒应采用锁母固定，并应根据配管规定接地。外接导线端部应有明显标志。

第七节　工 程 举 例

如图 9-35 所示，某综合楼的 1～4 层为商业用房，每层在商业管理办公室设区域报警控制器或楼层显示器；5～12 层是宾馆客房，每层服务台设区域报警控制器；13～15 层是出租办公用房，在第 13 层设一台区域控制器警戒 13～15 层；16～18 层是公寓，在第 16 层设一台区域控制器。全楼共 18 层按其各自的用途和要求设置了 14 台区域报警控制器或楼层显示器和一台集中报警控制器和联动控制装置。下面利用上海松江电子仪器厂生产的 JB-2002 型模拟量火灾报警控制器进行工程布线设计。

JB-2002 型控制器是一种模拟量火灾报警控制系统，它集火灾自动报警和消防联动控制于一体，是一个能适应多种规模的智能化系统。下面首先介绍一下 JB-2002 火灾报警控制系统的特点和性能。

图 9-35 宾馆、商场综合楼自动报警系统示意图

（一）JB-2002 型火灾报警控制系统的特点

（1）控制器主机集报警与联动控制于一体，同时满足《火灾报警控制器通用技术条件》GB 4717—93 和《消防联动控制设备通用技术条件》GB 16806—97 双项标准检测要求。系统采用全总线通信技术，报警与联动控制在同一对总线回路，且报警部分模拟量与开关量兼容，从而简化方便了系统设计和现场布线。系统信号传输以串行码数字通信方式，短路保护措施，及强有力的抗干扰措施，使系统能正常有效地处于最佳工作状态。总线长度可达 1500m。

（2）本系统中所有模拟量火灾探测器均采用了新型微功耗单片机（带 A/D 转换），能将各种火灾信息参数（如烟浓度、温度等）及非火灾环境信息参数准确无误地传送至控制器主机。本底补偿、可变窗长、能量积分算法的引入，提高了系统的报警准确率，降低了误报率。控制器还可对模拟量探测器的灵敏度（Ⅰ～Ⅲ级）根据不同场合进行设定和更改。

（3）控制器为多 CPU 系统，每个回路均有 3 个 8 位 CPU，对探测器、模块进行巡检操作（发码、收码）和数据处理，及时将探测器的数据、联动模块的动作信息传输给主 CPU。主 CPU 采用 16 位单片机，负责调度各回路板的工作情况，处理火警、联动及故障信息的判别、显示、打印及人机对话与控制。系统通过 RS-485 接口联接火灾显示盘，

并标准配备一组 RS-232 接口提供给 BA 等上一级管理系统。

（4）控制器采用 320×240 或 640×480 点阵液晶显示屏，以液晶汉字显示为主，数码管显示为辅，可直接显示各报警点、联动点以及火灾显示盘的各类信息数据和状态信号，内容丰富，信息量大，直观清晰，方便实用。

（5）控制器操作采用一二级密码输入、下拉式菜单提示，进行多项选择操作，可进行系统配置、联动控制编程、系统自检、定点检测、数据查看及模拟量探测器数据曲线动态显示等功能操作，直观方便。

（6）本产品系列主机容量覆盖面大，单台主机的点数可从 200 点（1 回路）至 4800 点（24 回路），其中联动点可从 64 点至 1536 点。可配置十多种模拟量、开关量探测器及联动控制模块，可连接 63 台火灾显示盘。同时标准配备二线制多线联动控制点 6 点（壁挂式）或 16 点（柜式）。

（7）系统自备汉字库通过编程对每个探测器、联动模块可最多用 10 个汉字或 20 个英文字符描述其所在部位的名称，可方便迅速地找到事发地点。

（8）控制器具有对火警原始数据及系统运行情况（开机、关机、复位等）进行备份记录的功能。

（9）可通过电话线传输实现对控制器进行系统设置、联动编程等远程控制操作。

（10）一台 2002 集中机通过 RS-485 接口可联结 16 台 2002 区域机，通信距离可达 1500m。集中机采用彩色大屏幕触摸式液晶显示、Windows 98 视窗操作系统，并自带 CRT 功能。集中机除了能正确接收反映各区域机的运行状态和数据信息外，还具有对各区域机进行远程编程操作和远程控制功能。

（11）控制器主机除自身配用的主机电源外，还配备有相关容量的联动外控电源（容量不够时还可追加增配）。主机电源、联动外控电源均含备电。主、备电自动切换，以保证整个火灾报警控制系统正常运行的连续性。

（12）本系统可接入的开关量探测器、模块及外围配套产品均与 JB-1501A 火灾报警控制器（联动型）系统兼容。

（二）系统说明

利用 JB-2002 型火灾报警控制器构成的火灾自动报警和消防联动控制系统，如图 9-36 所示。从图中可以看出，它具有报警、控制和显示的功能，接上 HJ-1756 和 HJ-1757 还具有消防电话和消防广播等功能。本系统采用二总线制，所以设计和安装十分简便。各种模拟量火灾探测器（开关量探测器也兼容）和设备控制模块、输入模块等并接在总线上即可。某大楼的布线设计如图 9-37 所示，其图例说明如图 9-38 所示。

JB-2002 系列控制器的总线回路最多为 24 回路，每回路可有 200 个编码地址点，因此最大容量可达 4800 点之多。每回路中，开关量部分可占地址≤127 点，其中联动控制模块可占地址≤64 点。开关量点数确定后，其余点数可配置模拟量探测器。对于消防泵、风机等消防设备采用多线联动方式。多线联动点的容量为 16～48 点。

图 9-36 中 1825 控制模块用于对各类层外控消防设施，例如各类电磁阀、警铃、声光报警器、防火卷帘门等实施可靠控制。火警时，经逻辑控制关系，由模块内的继电器输出触点来控制外控设施的动作，动作状态信号可通过无源常开触点接模块无源接点反馈端，或将 AC220V 加至模块交流反馈端，经总线返回给主机。

图 9-36 JB-2002 型模拟量火灾报警控制系统图

ZBN-RVS-2×1.0 至火灾显示盘
ZBN-BV-2×2.5 至防火卷帘门
ZBN-BV-2×1.0 等联动点
ZBN-BV-2×2.5 至消防广播
ZBN-BV-2×1.5 至警铃J
ZBN-BV-2×1.5 至手报插孔H,
ZBN-RVS-6×1.5 至总线电话2H
ZBN-BV-2×1.0 至探测器

图9-37 某大楼（底层）的消防系统布置平面图

图例	设备名称	图例	设备名称
FAS	火灾报警控制器(联动型)	F	排烟阀 正压风阀
	消防广播	◁	扬声器
	二线式电话主机	DY	非消防电源
	总线式电话主机	SF	湿式报警阀
S	光电感烟探测器	DT	电梯 控制箱
		JM	防火卷帘门 控制箱
↓	点型差定温探测器	XFJ	新风机 控制箱
		✔	可燃气体探测器
Y	手动报警按钮(带电话插孔)	SFJ	送风机 控制箱
JK	监控阀	ZYFJ	正压风机 控制箱
→	水流指示器	PYFJ	排烟风机 控制箱
⊘	消火栓按钮	YX	火灾显示盘
⌂	警铃	⌂	总线式电话分机
XFB	消防泵 控制箱	⊙	接线端子箱
PLB	喷淋泵 控制箱		

图 9-38 设备图例说明

　　1807 多线模块用于对消防泵、喷淋泵、排烟风机、正压送风机等消防设施实施可靠控制。控制器经二根线（M＋，M－）控制 1807 实现对消防设施的启动、停机控制、动作状态反馈以及线路开路、短路故障反馈等功能。

　　图 9-36 系统中还使用 CRT 微机显示系统进行显示与管理。

图 9-39　JB-3120 型火灾报警控制系统图

注：1. 回路总线，采用 BV 线、截面积≥1.0mm²。

2. RS-485 通信总线，采用 RVS 线，截面积≥1.0mm²。

3. DC24V 电源线，采用 BV 线竖井中截面积≥4.0mm²，平面布线截面积≥2.5mm²。

4. 多线联动控制线，采用 BV 线截面积≥1.5mm²。

5. 消防广播线，采用 BV 线截面积≥1.5mm²；截面积≥1.5mm²（应单独穿管）。

6. 消防电话通信线，采用 RVS 线，截面积≥1.5mm²（应单独穿管）。

（三）JB-3102 型火灾报警控制系统（图 9-39）

JB-3102 型火灾报警控制系统由上海松江电子仪器厂设计并生产。它在继承了 JB-QGZ-2002 火灾报警控制系统优点的基础上，最新开发了新一代智能火灾报警控制系统。其主要特点是：模拟量智能型、全总线型、联动型、局域网络化（对等结构式）。控制器集火灾报警和联动控制于一体，系统采用全总线通信技术，报警与联动控制共线，模拟量与开关量兼容。控制器单机最大容量为 24 回路，每回路 200 点，总共 4800 点（其中总线联动控制点不超过 1024 点）。多线控制联动点最大容量为 64 点，最多可配火灾显示盘 63 台。可接入 ZY-4A 型气体灭火控制单元，最多为 8 套 32 个灭火区。可通过 CAN 总线将 16 台控制器联网构成火灾报警控制局域网系统，无需集中控制器，局域网系统的报警、联动最大容量可达 7 万多点。

第十章 建筑设备自动化系统（BAS）

第一节 建筑设备自动化系统概述

建筑设备自动化系统（Building Automation system，简称 BAS），亦称建筑设备监控系统，是将建筑物或建筑群内的电力、照明、空调、给排水、电梯、防灾、保安、车库管

图 10-1 楼宇自动化系统（BAS）的范围

图 10-2 广义 BAS 和狭义 BAS

理等设备或系统，以集中监视、控制和管理为目的而构成的一个综合系统。它的目的是使建筑物成为安全、健康、舒适、温馨的生活环境和高效的工作环境，并能保证系统运行的经济性和管理的智能化。因此，广义地说，建筑设备自动化（BAS）也包括消防自动化（FA）和保安自动化（SA）。这种广义的 BAS 监控系统亦即建筑设备管理系统（BMS）。广义 BAS 所包含的监控内容如图 10-1 和图 10-2 所示。有关消防、保安等内容已在前面几章详述，而且，由于目前我国的管理体制要求等因素，要求独立设置（如消防系统、保安系统等）的情况较多，故本章着重以空调、给排水等系统为主进行叙述。

第二节　DDC 与集散型控制系统

一、集散型控制系统的基本组成

BAS 系统的监控是通过计算机控制系统实现，目前广泛采用集散型计算机控制系统，又称分布式控制系统（Distribuited Control System，简称 DCS）。它的特征是"集中管理，分散控制"。即以分布在现场被控设备处的多台微型计算机控制装置（即 DDC）完成被控设备的实时监测和控制，以安装于中央监控室的中央管理计算机完成集中操作、显示、报警、打印与优化控制，从而形成分级分布式控制。近年来出现的现场总线控制系统（Fiel Bus Control System，简称 FCS）则是新一代分布式控制系统。

由上述可见，集散型计算机控制基本系统如图 10-3 所示，主要由如下四部分构成：传感器与执行器、DDC（直接数字控制器）、通信网络及中央管理计算机。通常，中央管理计算机（或称上位机、中央监控计算机）设置在中央监控室内，它将来自现场设备的所有信息数据集中提供给监控人员，并接至室内的显示设备、记录设备和报警装置等。DDC 作为系统与现场设备的接口，它通过分散设置在被控设备的附近，收集来自现场设备的信息，并能独立监控有关现场设备。它通过数据传输线路与中央监控室的中央管理监控计算机保护通信联系，接受其统一控制与优化管理。中央管理计算机与 DDC 之间的信息传送，由数据传输线路（通信网络）实现，较小规模的 BAS 系统可以简单用屏蔽双绞线作为传输介质。BAS 系统的末端为传感器和执行器。它是装置在被控设备的传感（检测）元件和执行元件。这些传感元件如温度传感器、湿度传感器、压力传感器、流量传感器、电流电压转换器、液位检测器、压差器、水流开关等，将现场检测到的模拟量或数字量信号输入至 DDC，DDC 则输出控制信号传送给继电器、调节器等执行元件，对现场被控设备进行控制。图 10-4 是一种典型的大楼 BAS 系统的示例。

图 10-3　集散型控制系统基本组成

图 10-4　大楼 BAS 系统示例

二、建筑设备监控系统组成

建筑设备监控系统通常由监控计算机、现场控制器、仪表和通信网络四个主要部分组成。在大型建筑中，也可将火灾自动报警系统、安全技术防范系统等集成为建筑设备管理系统。

1. 建筑设备监控系统三层网络结构

建筑设备监控系统，宜采用分布式系统和多层次的网络结构。大型系统宜采用由管理、控制、现场设备三个网络层构成的三层网络结构，其网络结构应符合图的规定。中型系统宜采用两层或三层的网络结构，其中两层网络结构宜由管理层和现场设备层构成。小型系统宜采用以现场设备层为骨干构成的单层网络结构或两层网络结构。如图 10-5 为建筑设备监控系统三层网络结构示意。

2. 建筑设备监控系统的三个网络层，应具有的软件

（1）管理网络层的客户机和服务器软件；

（2）控制网络层的控制器软件；

（3）现场网络层的微控制器软件。

3. 中央管理计算机

中央管理计算机担负着整个建筑或建筑群的能量控制与管理、防火与保安的监控及环境的控制与管理等关键任务，起着类似人脑的重要指挥作用，因此称为工作站、操作站、上位机或中央机。其除要求完善的软件功能外，硬件必须可靠。每台 DDC 只关系到个别

图 10-5　建筑设备监控系统三层网络结构

设备的工作，而中央管理计算机却关系到整个系统，并且连续 24h 不间断工作。如此高的可靠性要求，对于普通的商用个人计算机用作中央机显然是不合适，也是不能被接受的。提高计算机可靠性通常采用两种方式：

（1）工业控制机　尽可能用高可靠性计算机，但万一发生故障，就会死机。

（2）容错计算机　同时使用两台或多台计算机完成同一任务，利用增加冗余度来提高整体可靠性。万一主机故障，备份机自动快速投入，以保障系统继续正常运行。

为保证实时性，通常采用两台计算机互为热备份的"双机热备份"或称"双机容错"方法。在一定条件下，双机容错系统允许采用性能较好的商用微型计算机。

三、DDC（现场控制器）

直接数字控制器（Direct Digital Controller，DDC），通常用作集散控制系统中的现场控制站，通过通信总线与中央控制站联系。通常它安装在被控设备的附近。DDC 的核心是控制计算机，通过模拟量输入通道（AI）和开关量输入通道（DI）采集实时数据，然后按照一定的控制规律进行计算，最后发出控制信号，并通过模拟量输出通道（AO）和开关量输出通道（DO）直接控制生产过程，如图 10-6 所示。

在 DDC 的系统设计和使用中，主要掌握 DDC 的输入和输出的连接。根据信号形式的不同，DDC 的输入和输出有如下四种：

1. 模拟量输入（Analogy Input，缩写为 AI）

模拟量输入的物理量有温度、湿度、浓度、压力、压差、流量、空气质量、CO_2、CO、氨、沼气等气体含量、脉冲计数、脉冲频率、单相（三相）电流、单相（三相）电压、功率因数、有功功率、无功功率、交流频率等。这些物理量由相应的传感器感应测得，再经过变送器转变为电信号送入 DDC 的模拟输入口（AI）。此电信号可以是电流信号（一般为 0～10mA），也可以是电压信号（0～5V 或 0～10V）。电信号送入 DDC 模拟

图 10-6　DDC 控制器的构成

量输入 AI 通道后，经过内部模拟/数字转换器（A/D）将其变为数字量，再由 DDC 计算机进行分析处理。

2. 数字量输入（DI）

DDC 计算机可以直接判断 DI 通道上的开关信号，如启动继电器辅助接点（运行状态）、热继电器辅助接点（故障）、压差开关、冷冻开关、水流开关、水位开关、电磁开关、风速开关、手自动转换开关、0～100％阀门反馈信号等，并将其转化成数字信号，这些数字量经过 DDC 控制器进行逻辑运算和处理。DDC 控制器对外部的开关、开关量传感器进行采集。DI 通道还可以直接对脉冲信号进行测量，测量脉冲频率，测量其高电平或低电平的脉冲宽度，或对脉冲个数进行计数。

一般数字量接口没有接外设开关信号或所接外设开关信号是断开状态时，DDC 控制器将其认定为"0"，而当外设开关信号接通时，DDC 控制器将其认定为"1"。

3. 模拟量输出（AO）

DDC 模拟量输出（AO）信号是 0～5V、0～10V 间的电压或 0～10mA、4～20mA 间的电流。其输出电压或电流的大小由计算机内数字量大小决定。由于 DDC 计算机内部处理的信号都是数字信号，所以这种连续变化的模拟量信号是通过内部数字/模拟转换器（D/A）产生的。通常，模拟量输出（AO）信号用来控制电动比例调节阀、电动比例风阀等执行器动作。

4. 数字量输出（DO）

开关量输出（DO）亦称数字量输出。它可由计算机输出高电平或低电平，通过驱动电路带动继电器或其他开关元件动作，也可驱动指示灯显示状态。DO 信号可用来控制开关、交流接触器、变频器以及可控硅等执行元件动作。交流接触器是启停风机、水泵及压缩机等设备的执行器。控制时，可以通过 DDC 的 DO 输出信号带动继电器，再由继电器触头接通交流接触器线圈，实现设备的启停控制。

四、仪表—传感器和执行器

（1）仪表的分类及主要功能：

建筑设备监控系统中常用的仪表分为检测仪表（如传感器、变送器）和执行仪表（如电动、气动执行器）两大类。

建筑设备监控系统中常用的检测仪表包括：温度、湿度、压力、压差、流量、水位、一氧化碳、二氧化碳、照度、电量等测量仪表。执行仪表包括电动调节阀、电动蝶阀、电磁阀、电动风阀执行机构等。

检测仪表分为处理模拟量信号的传感器类仪表和处理开关量的控制器类仪表，检测仪表的主要功能是将被检测的参数稳定、准确、可靠地转换成现场控制器可接受的电信号。

执行仪表分为对被调量可进行连续调节的调节阀类仪表和对被调量进行通断两种状态控制的控制阀类仪表。执行仪表的主要功能是接受现场控制器的信号，对系统参数进行自动或远程调节。

（2）检测仪表的选择原则：

检测仪表的选择包括仪表的适用范围、量程、输出信号、测量精度、外形尺寸、防护等级、安装方式等。检测仪表的选择原则：在满足仪表测量精度和安装场所要求的前提下，应尽量选择结构简单、稳定可靠、价格低廉、通用性强的检测仪表。

（3）常用传感器如表 10-1 所示。各种传感器的要求如下：

常用监控用传感器　　　　　　　　　　　　　　　　表 10-1

名　　称	用　　途
温度开关	可以用于调节空调环境温度(三速开关)，主要用于风机盘管的控制
差压开关	可以用于测量送风风道中过滤网是否堵塞，以及测量连通器中的液位高度
气体流量开关	可以用于检测气体的流量及气流的通断状态，以保证系统的正常工作
水流开关	是检测液体流量状态的电子开关，用于检测空调、供暖、供水等系统
温度传感器	传感器的电阻与其温度相对应，测量其电阻即可计算对应温度
湿度传感器	新一代湿度传感器采用了最新的固体化湿度感应元件，湿度感应能力从 0 至 100%，并可以在一个宽阔的温度范围内工作。其响应速度快，可靠性高，使用寿命长，适用于制冷站及空调系统
电阻远传压力表	压力、压差传感器用于测量液体的压力和压差，且大部分用来测量水管中的表压力。输出参数是电压比例信号，工作温度在 $-40\sim+85$℃，在楼宇自控中被用于测量供水管网的压力

名 称	用 途
压力传感器	模拟量压力、压差传感器可以测量空气、液体的压力及压差等
压差传感器	模拟量压力、压差传感器可以测量空气、液体的压力及压差等，被测压力或压差经过变送器作用于传感器，使桥路的输出电压与被测压力或压差成比例变化
电动平衡阀	安装在供热系统及空调系统的回水干管及支管上，可精确调节阻力，起到开关、测量、调节等重要作用

① 温度传感器量程应为测点温度的 1.2～1.5 倍，管道内温度传感器热响应时间不应大于 25s。当在室内或室外安装时，热响应时间不应大于 150s。

② 压力（压差）传感器的工作压力（压差），应大于测点可能出现的最大压力（压差）的 1.5 倍，量程应为测点压力（压差）的 1.2～1.3 倍。

③ 流量传感器量程应为系统最大流量的 1.2～1.3 倍，且应耐受管道介质最大压力，并且有瞬态输出。

液位传感器宜使正常液位处于仪表满量程的 50%。

④ 成分传感器的量程应按检测气体、浓度进行选择，一氧化碳气体宜按 0～300ppm（1ppm = 1mg/m³，下同）或 0～500ppm；二氧化碳气体宜按 0～2000ppm 或 0～10000ppm（ppm=10^{-6}）。

（4）风量传感器宜采用皮托管风量测量装置。其测量的风速范围不宜小于 2～16m/s，测量精度不应小于 5%。

（5）水管道的两通阀宜选择等百分比流量特性；蒸气两通阀，当压力损失比大于或等于 0.6 时，宜选用线性流量特性；小于 0.6 时，宜选用等百分比流量特性。

（6）水泵、风机变频器输出频率范围应为 1～55Hz，变频器过载能力不应小于 120% 额定电流，变频器外接给定控制信号应包括电压信号和电流信号。电压信号为直流 0～10V，电流信号为直流 4～20mA。

五、DDC 控制的原理和方法

（一）新风机组的 DDC 控制

下面以新风机组的监测控制为例，来说明如何利用 DDC 进行计算机监测控制。

图 10-7 是一台典型的新风处理空调机（简称新风机）。所谓新风机系指处理新风负荷的。它根据送风温度或湿度进行控制。空气—水换热器夏季通入冷水对新风降温降湿，冬季通入热水对空气加热。干蒸汽加湿器则在冬季对新风加湿。

新风机组采用直接数字控制器 DDC 进行控制，即利用数字计算机，通过软件编程实现如下控制功能：

1. 风机启停控制及运行状态显示

DDC 通过事先编制的启停控制软件，通过 1 路 DO 通道控制风机的启停，将风机电机主电路上交流接触器的辅助触点作为开关量输入（DI 信号），输入 DDC 监测风机的运行状态；主电路上热继电器的辅助触点信号（1 路 DI 信号）作为风机过载停机报警信号。

2. 送风温、湿度监测及控制

在风机出口处设 4～20mA 电流输出的温、湿度变送器各一个（TT1、MT1），接至

图 10-7　新风机组控制原理图

DDC 的 2 路 AI 输入通道上，分别对空气的温度和相对湿度进行监测，以便了解机组是否将新风处理到所要求的状态，并以此控制盘管水阀和加湿器调节阀。

送风温度控制，即定出风温度控制：控制器根据内部时钟确定设定温度（夏季和冬季设定值不同），比较温度变送器所采集的送风温度，采用 PID 控制算法或其他算法，通过 1 路 AO 通道调节热交换盘管的二通电动调节水阀 V1，以使送风温度与设定值一致。

水阀应为连续可调的电动调节阀。图中采用 2 个 AO 输出通道控制，一路控制执行器正转，开大阀门；另一路控制执行器反转，关小阀门。为了解准确的阀位还通过 1 路 AI 输入通道检测阀门的阀位反馈信号。如果阀门控制器中安装了阀位定位器，也可以通过 AO 输出通道输出 4~20mA 或 0~10mA 的电流信号直接对阀门的开度进行控制。

新风相对湿度控制：控制器根据测定的湿度值 MT1，与设定湿度值进行比较，用 PI 控制算法，通过 1 个 AO 通道控制加湿电动调节阀 V2，使送风湿度保持在所需的范围。干蒸气加湿器也是通过一个电动调节阀来调节蒸汽量，其控制原理与水阀相同。

3. 过滤器状态显示及报警

风机启动后，过滤网前后建立起一个压差，用微压差开关即可监视新风过滤器两侧压差。如果过滤器干净，压差将小于指定值；反之如果过滤器太脏，过滤网前后的压差变大，超过指定值，微压差开关吸合，从而产生"通"的开关信号，通过一个 DI 输入通道接入 DDC。微压差开关吸合时所对应的压差可以根据过滤网阻力的情况预先设定。这种压差开关的成本远低于可以直接测出压差的微压差传感器，并且比微压差传感器可靠耐用。因此，在这种情况下一般不选择昂贵的可连续输出的微压差传感器。

4. 风机转速控制

由 DDC 1 路 AI 通道测量送风管内的送风压力，调节风机的转速，以调节送风量，确保送风管内有足够的风压。

5. 风门控制

在冬季停机后为防止盘管冻结，可选择通断式风阀控制器，通过 1 路 DO 通道来控制，当输出为高电平时，风阀控制器打开风阀，低电平时关闭风阀。为了解风阀实际的状态，还可以将风阀控制器中的全开限位开关和全关限位开关通过 2 个 DI 输入通道接入 DDC。

也可对回风管和新风管的温度与湿度进行检测，计算新风与回风的焓值，按回风与新风的焓值比例，控制回风门和新风门的开启比例，从而达到节能的目的。

6. 安全和消防控制

只有风机确实启动，风速开关检测到风压后，温度控制程序才会工作。

当火灾发生时，由消防联动控制系统发出控制信号，停止风机运行，并通过 1 路 DO 通道关闭新风阀。新风阀开/闭状态通过 2 路 DI 送入控制器。

7. 防冻保护控制

在换热器水盘管出口安装水温传感器，测量出口水温。一方面供控制器用来确定是热水还是冷水，以自动进行工况转换；同时还可以在冬季用来监测热水供应情况，供防冻保护用。水温传感器可使用4~20mA 电流输出的温度变送器，接到 DDC 的 AI 通道上。

当机组内温度过低时（如盘管出口水温低于 5℃或送风温度低于 10℃），为防止水盘管冻裂，应停止风机，关闭风阀，并将水阀全开，以尽可能增加盘管内与系统间水的对流，同时还可排除由于水阀堵塞或水阀误关闭造成的降温。

防冻保护后，如果热水恢复供应，应重新启动风机，恢复正常运行。为此，需设一防冻保护标志 P_t，当产生防冻动作后，将 P_t 置为1。当测出盘管出口水温大于 35℃，并且 P_t 为 1 时，可认为热水供应恢复，应重新开启风机，打开新风阀，恢复控制调节动作，同时将标志 P_t 重置为 0。

如果风道内安装了风速开关，还可以根据它来预防冻裂危险。当风机电机由于某种故障停止，而风机开启的反馈信号仍指示风机开通时，或风速开关指示出风速度过低，也应关闭新风阀，防止外界冷空气进入。

8. 连锁控制

启动顺序控制：

启动新风机—开启新风机风阀—开启电动调节水阀—开启加湿电动调节阀。

停机顺序控制：

关闭新风机—关闭加湿电动调节阀—关闭电动调节水阀—关闭新风机风阀。

9. 最小新风量控制

为了保证基本的室内空气品质，通常采用测量室内 CO_2 浓度的方法来衡量。从节能角度考虑，室内空气品质的控制一般希望在满足室内空气品质的前提下，将新风量控制在最小。由于通常情况下人是 CO_2 唯一产生源，控制 CO_2 的浓度在一定的限度下，能有效地保证新风量满足标准的要求。而且与传统的固定新风量的控制方案相比，在保证室内空气品质不变的前提下，以 CO_2 浓度作为指标的控制方案具有明显的节能效果。

按照图 10-7 的设置，可知需要 DI 通道 2 路、AI 通道 6 路（用于湿度测量及电动水阀、电动蒸汽阀阀位测量）、DO 通道 2 路、AO 通道 2 路。由此可以选择 DDC 现场控制器。只要它能够提供上述输入输出通道，并有足够的数据存贮区及编程空间，通信功能与建筑物内空调管理系统选择的通信网络兼容，原则上都可以选用。

（二）空调机组的 DDC 控制

空调机组的 DDC 控制原理如图 10-8 所示。控制中心对空调机组工作状态的监控有：

过滤器阻力（ΔP），冷、热水阀门开度，加湿器阀门开度，送风机与回风机的启、

图 10-8　空调机组 DDC 控制系统原理图

停，新风、回风与排风风阀的开度，新风、回风以及送风的温度、湿度。根据设定的空调机组工作参数与上述监测的状态参数情况，控制中心来控制送、回风机的启、停，新风与回风的比例调节，换热器盘管的冷、热水流量，加湿器的加湿量等，以保证空调区域空气的温度与湿度既能在设定的范围内满足舒适性要求，又能使空调机组以最低的能耗方式运行。

系统的控制原理和功能及其软硬件配置如表 10-2 所示。

系统的控制原理、功能及软硬件配置表 　　　　　　　　　　　　　　表 10-2

序号	主要功能	功能原理说明	所需监控硬件设置	所需软件实现
1	设备安全运行			
1.1	温度自动调节	保证空调区域内的温度符合设计指标。根据回风温度与设定温度,对冷/热水阀开度进行 PID 调节,从而控制回风温度。在夏季工况时,当回风温度高于设定值时,调节水阀开大;当回风温度低于设定值时,调节水阀开小。在冬季工况时,当回风温度高于设定值时,调节水阀关小;当回风温度低于设定值时,调节水阀开大。使回风温度始终控制在设定值范围内	回风温度传感器、回水调节阀	设定温度、PID 调节程序、设定及调整 PID 调节参数

序号	主要功能	功能原理说明	所需监控硬件设置	所需软件实现
1	设备安全运行			
1.2	湿度自动调节	保证空调区域内的湿度符合设计指标。根据回风湿度与设定湿度比较，开关加湿装置对湿度进行自动调节	回风湿度传感器、加湿装置电气接口	设定湿度、开关加湿装置程序
1.3	盘管防冻保护	防止在冬季时热交换盘管中的水因低温结冰而冻裂盘管	防冻开关	防冻开关动作时的连锁保护程序
1.4	空气洁净监测保护	阻止室外脏空气的进入，保证室内空气清洁	新风阀执行机构、过滤器压差开关	停机时关闭风阀连锁程序、过滤器堵塞时报警程序
1.5	设备故障监测	及时发现风机、水阀、风阀的运行故障	风机压差开关、风机运行状态电气接口、水阀状态反馈测点、风阀开启状态监测	状态异常时报警程序
1.6	最少风量保证	出于节能的需要，室内的已处理后的空气通过回风管道循环利用，但需要保证一定的新风量，避免室内新风量不足	新风阀执行机构、回风阀执行机构	最小新风量设定、新风阀回风阀连锁运行程序
1.7	风阀水阀风机连锁运行	当机组停止使用时关闭风阀，阻止室外脏空气进入，关闭水阀停止温度自动调节，减少冷或热负荷，关闭加湿装置。在冬季，当机组停止使用时需适当开启热水阀防止盘管冻损	新风阀执行机构、回风阀执行机构、风机启停电气接口	季节判断，连锁程序
2	设备节能高效运行			
2.1	时间表启停	机组按预定的时间表自动启停，节省人力，减少能源浪费	风机启停电气接口	假日表、时间表程序
2.2	室外能源利用	在春秋过渡季节，充分利用室外能源，减少冷源热源的消耗	室外温湿度传感器	季节判断，过渡季温度自动调节程序
2.3	调节精度自动调节	同一个空调服务区域在不同的季节和不同的时间段调整调节精度，适当地调节精度可减少设备频繁动作，减少能量抵损	—	控制参数调节程序
3	设备管理			
3.1	设定参数自动调节	同一个空调服务区域在不同的季节和不同的时间段自动调整设定参数，适应不同时间段的使用需要，提高服务质量	—	设定参数自动调整程序
3.2	设备运行时间累积	累积风机运行时间，根据功率计算能耗，累积过滤器运行时间，定期更换	风机压差开关、过滤器压差开关	风机运行时间累积、用电量计算、过滤器运行时间累积、过滤器定期更换提示程序
3.3	设备运行参数或状态监测	监测和记录设备运行参数和状态，积累建筑物和机电设备运行数据，为节能措施提供分析数据，当有故障时便于及时定位故障点解决	风机状态电气接口、水阀反馈测点、风机手自动状态电气接口、加湿装置状态反馈电气接口、风阀状态监测点、温湿度传感器、送风温湿度传感器、室内温湿度传感器	关键数据长期记录

（三）排风风机的 DDC 控制

排风风机的 DDC 控制方案如图 10-9 所示，其主要功能为：

图 10-9　排风风机控制方案示意

1. 风机控制

分站根据其内部的软件及时钟，按时间程序或事件来启动或停止风机（闭合或断开控制回路）。

2. 过滤器报警

风机启动后，过滤网前后将建立起一个风压。如果过滤器干净，风压将小于一个指定值，接触器的干接点会断开。反之如果过滤器太脏，过滤网前后的风压变大，接触器的干接点将闭合。分站根据接触器的干接点的情况会发出过滤网报警信息。

（四）冷却水塔的 DDC 控制

冷却水塔的控制方案如图 10-10 所示。该控制方案的主要功能是：分站可以根据软件及内设时钟来控制冷却塔的启动和停止。启动时，首先控制打开水阀，然后启动风机。冷却塔启动期间，分站根据探测到的水温及设定温度，决定风机是否运转或开启几台风机。如果停止冷却塔，首先关闭水阀，然后停止风机。

（五）水箱的 DDC 控制

典型水箱控制方案如图 10-11 所示。它的主要控制功能是：分站根据水箱水位来控制补水泵的启停。当水箱水位达到高水位时，停止补水泵，直至水位降到低水位。当水箱水位降到低水位时，启动补水泵，直至水箱水位达到高水位。另外可根据要求，采用增加一个水位探测点或采用软件手段来保护供水泵。

（六）电梯的 DDC 控制

大楼的电梯有自动扶梯和直升电梯，电梯的 DDC 控制就是对建筑物内的各种电梯实

图 10-10　冷却水塔控制方案示意

图 10-11　典型水箱控制方案示意

行集中的控制和管理，并执行联动程度。其控制框图如图10-12所示。

自动扶梯的 DDC 控制主要完成以下功能：

（1）自动扶梯定时启/停；

（2）自动扶梯运行状态检测，在发生故障时向系统管理中心报警；

（3）根据自动扶梯使用繁忙程度，实现最佳调度。

直升梯的 DDC 控制主要完成以下功能：

（1）多台电梯集中控制，当任一层用户按叫电梯时，最接近用户同方向电梯将率先到达用户层，以节省用户的等待时间。

（2）自动检测电梯运行的繁忙程度，以控制电梯组的启/停的台数，节省能源；同时，显示并监视每部电梯的运行状态。

（3）电梯发生故障时，向系统管理中心报警。

图 10-12　电梯组群控功能

（4）根据电梯运行状态，自动启/停电梯。

（5）部分电梯装有智慧卡读卡机，供工作人员（持智慧卡）使用。

（七）电力设备（低压配电）DDC 控制（图 10-13）

图 10-13

低压配电的自动控制功能和常用仪表选用如表 10-3 所示。

电力设备自动控制子系统功能　　　　　　　　　　　　　　**表 10-3**

监控内容	常用自动控制功能	常用仪表选择
变压器线圈温度过热保护	当变压器过负荷时，线圈温度升高，温度控制器发出信号，自动报警记录故障，并采取相应措施	温度控制器热电阻由制造厂家预埋在变压器线圈里，现场控制器可直接获取开关量信号
电流检测	自动检测回路电流，越限自动报警记录故障，并采取相应措施	通过电控柜中安装的电流互感器，将被测回路的电流转换为 0～5A，再通过电流变送器将其变为标准信号送至现场控制器
电压检测	自动检测回路电压，越限自动报警记录故障，并采取相应措施	通过电控柜中安装的电压互感器，将被测回路的电压转换为 0～100V，再通过电压变送器将其变为标准信号送至现场控制器
开关状态检测	自动检测各重要回路开关状态，跳闸时，自动报警记录故障，并采取相应措施	从断路器或自动开关的辅助接点上获取信号
有功功率检测	自动检测回路有功功率	通过电流与电压互感器，将被测回路的电流与电压信号送至有功功率变送器，将其变为标准信号送至现场控制器
无功功率检测	自动检测回路无功功率	通过电流与电压互感器，将被测回路的电流与电压信号送至无功功率变送器，将其变为标准信号送至现场控制器
电量检测	自动检测回路用电量及建筑物总用电量	通过电流与电压互感器，将被测回路的电流与电压信号送至电量变送器，将其变为标准信号送至现场控制器
频率检测	自动检测回路频率	通过频率变送器，将其变为标准信号送至现场控制器

第三节　智能建筑的 BAS 设计

一、设计原则与步骤

BAS 的设计原则是功能实用，技术先进，设备及系统具有良好开放性和可集成性，选择符合主流标准的系统和产品，保证在建筑物生命周期内 BAS 系统的造价和运行维护费用尽可能低，系统安全、可靠，具有良好容错性。设计步骤如下：

（1）技术需求分析。设计人员应根据建筑物的实际情况及业主的要求（一般通过招标文件体现），依据相关规范与规定，确定建筑物内实施自动控制及管理的各个功能子系统。

根据业主提供的技术数据与设计资料（一般为设计图纸），确认各功能子系统所包括的需要监控、管理的设备数量。

（2）确定各功能子系统的控制方案。对于需要进行楼宇设备自动化子系统的控制功能给出详细说明，明确系统的控制方案及要达到的控制目标，以指导工程设备的安装、调试及施工。选定实现 BAS 的系统和产品。

（3）确定系统监控点及监控设备。在控制方案的基础上，确定被控设备进行监控的点位、监控点的性质以及选用的传感器、阀门及执行机构，并选配相应的控制器、控制模块。根据中央监控中心的功能和要求，确定中央监控系统的硬件设备数量及系统软件、工具软件需求的种类与数量，采用监控点表进行统计。

（4）统计汇总控制设备（传感器、控制器）清单。对选配的控制设备、软件列表统计与汇总。

（5）绘制各种被控设备的控制原理图，绘制出整个设备 BAS 施工平面图及系统图。

（6）采用组态软件完成系统、画面及控制组态和软件设计。

二、集散型 BAS 网络结构形式

1. 单层网络结构

单层网络结构为工作站＋现场控制设备（图 10-14），现场设备通过现场控制网络互相连接，工作站通过通信适配器直接接入现场控制网络。它适用于监控节点少、分布比较集中的小型楼宇自控系统。单层网络结构有如下特点：

图 10-14　工作站＋现场控制设备的单层网络结构

（1）整个系统的网络配置、集中操作、管理及决策等全部由工作站承担。

（2）控制功能分散在各类现场控制器及智能传感器、智能执行机构之中。

（3）同一条现场控制总线上所挂接的现场设备之间可以通过点对点或主从的方式直接进行通信，而不同总线的设备直接通信必须通过工作站中转。

目前，绝大多数的 BAS 产品都支持这种网络结构，构建简单，配置方便。缺点是，只支持一个工作站，该工作站承担不同总线设备直接通信中转的任务，控制功能分散不够彻底。

2. 两层网络结构

两层网络结构为操作员站（工作站、服务器）＋通信控制器＋现场控制设备（图 10-15 所示），现场设备通过现场控制网络互相连接，操作员站（工作站、服务器）采用局域网中比较成熟的以太网等技术构建，现场控制网络和以太网等上层网络之间通过通信控制器实现协议转换、路由选择等。两层网络结构适用大多数 BAS，其特点是：

（1）现场控制设备之间通信要求实时性高，抗干扰能力强，对通信效率要求不高，一般采用控制总线（例如现场总线、N2 总线等）完成。

（2）操作员站（工作站、服务器）之间由于需要进行大量数据、图形的交互，通信带

图 10-15 BAS 两层网络结构

宽要求高，而对实时性、抗干扰能力要求不高，所以多采用以太网技术。

（3）通信控制器可以由专用的网桥、网关设备或工控机实现。不同的 BAS 产品中，通信控制器的功能强弱不同。功能简单的只是起到协议转换的作用，在采用这种产品的网络中，不同现场总线之间设备的通信仍要通过工作站进行中转；复杂的可以实现路由选择、数据存储、程序处理等功能，甚至可以直接控制输入输出模块，起到 DDC 的作用。这种设备已不再是简单的通信控制器，而是一个区域控制器，例如美国 Johnson Controls 的网络控制单元（NCU）。

（4）绝大多数 BAS 产商在底层控制总线上都有一些支持某种开放式现场总线的技术（如由美国 Echelon 公司推出的 Lonworks 现场总线技术）的产品。这样两层网络都可以构成开放式的网络结构，不同产品之间能够方便地实现互联。

3. 三层网络结构

三层网络结构为操作员站（工作站、服务器）＋通信控制器＋现场大型通用控制设备＋现场控制设备（图 10-16 所示）。现场设备通过现场控制网络互相连接；操作员站（工作站、服务器）采用局域网中比较成熟的以太网等技术构建；现场大型通用控制设备采用中间层控制网络实现互联。中间层控制网络和以太网等上层网络之间通过通信控制器实现协议转换、路由选择等。三层网络结构适用监控点相对分散、联动功能复杂的 BAS 系统。

三层网络结构 BAS 系统特点：

（1）在各末端现场安装一些小点数、功能简单的现场控制设备，完成末端设备基本监控功能，这些小点数现场控制设备通过现场控制总线相连。

（2）小点数现场控制设备通过现场控制总线接入一个大型通用现场控制器，大量联动运算在此控制设备内完成。这些大型通用现场控制器也可以带一些输入、输出模块直接监控现场设备。

（3）大型通用现场控制器之间通过中间控制网络实现互联，这层网络在通信效率、抗干扰能力等方面的性能介于以太网和现场控制总线之间。

图 10-17 所示是西门子 APOGEE 楼宇自动化系统结构，采用三层网络架构。楼宇系

图 10-16　BAS 三层网络结构

统可支持不同的通信协议，包括 BACnet、OPC、LonWorks、Modbus 和 TCP/IP 等。

4. 按系统大小确定网络结构

建设设备监控系统，宜采用分布式系统和多层次的网络结构。并应根据系统的规模、功能要求及选用产品的特点，采用单层、两层或三层的网络结构，但不同网络结构均应满足分布式系统集中监视操作和分散采集控制（分散危险）的原则。BAS 规模如表 10-4所示。

BAS 规模区分表　　　　　　　　　　　　　　　　表 10-4

系 统 规 模	实时数据点数量（个）
小型系统	250 以下
较小型系统	251～999
中型系统	1000～2999
较大型系统	3000～4999
大型系统	5000 及以上

大型系统宜采用由管理、控制、现场设备三个网络层构成的三层网络结构。其网络结构应符合图 10-5 的规定。

中型系统宜采用两层或三层的网络结构，其中两层网络结构宜由管理层和现场设备层构成。

小型系统宜采用以现场设备层为骨干构成的单层网络结构或两层网络结构。各网络层

图 10-17　西门子 APOGEE 楼宇自动化系统结构

应符合下列规定：

（1）管理网络层应完成系统集中监控和各种系统的集成；

（2）控制网络层应完成建筑设备的自动控制；

（3）现场设备网络层应完成末端设备控制和现场仪表设备的信息采集和处理。

三、集散型 BAS 设计方法

1. 按楼宇建筑层面组织的集散型 BAS 系统

这种设计方法是先按楼宇建筑层面划分大系统，再按功能划分子系统。对于大型的商楼宇、办公楼宇，往往是各个楼层有不同的用户和用途（如首层为商场，二层为某机构总部……），因此，各个楼层对 BAS 系统的要求会有所区别，按楼宇建筑层面组织的集散BAS 系统能很好地满足要求。按楼宇建筑层面组织的集散型 BAS 系统如图 10-18 所示。

这种结构的特点是：

（1）由于是按建筑层面组织的，因此布线设计及施工比较简单，子系统（区域）的控制功能设置比较灵活，调试工作相对独立。

（2）整个系统的可靠性较好，子系统失灵不会波及整个楼宇系统。

（3）设备投资较大，尤其是高层建筑。

（4）较适合商用的多功能建筑。

图 10-18　按楼层面组织的集散型 BAS 系统

2. 按楼宇设备功能组织的集散型 BAS 系统

这种设计方法是先按功能划分大系统，再按楼宇建筑层面划分子系统。这是常用的系统结构，按照整座楼宇的各个功能系统来组织（图 10-19）。这种方案的特点有：

（1）由于是按整座建筑设备功能组织的，因此布线设计及施工比较复杂，调试工作量大。

（2）整个系统的可靠性较弱，子系统失灵会波及整个建筑系统。

（3）设备投资省。

（4）较适合功能相对单一的建筑（如企业、政府的办公楼、高级住宅等）。

3. 混合型的集散型 BAS 系统

这是兼有上述两种结构特点的混合型，即某些子系统（如供电、给排水、消防、电梯）采用按整座楼宇设备功能组织的集中控制方式，另外一些子系统（如灯光照明、空调等）则采用按楼宇建筑层面组织的分区控制方式。这是一种灵活的结构系统，它兼有上述两种方案的特点，可以根据实际的需求而调整。

图 10-19　按设备功能组织的集散型 BAS 系统

四、BA 系统设计步骤与 DDC 分站设计要求（表 10-5、表 10-6）

BA 系统的设计步骤　　　　　　　　　　　　　　　　　　表 10-5

项目	内　　　容
设计流程	（1）确定控制对象系统监控方案,画出各子系统的控制系统(或原理)图(草图)。涉及内容有控制对象系统的组成及工作原理、控制要求;根据不同的控制参数确定调节规律;测量变送装置及执行机构。 （2）按控制对象系统编制监控表(分表)。涉及内容有监控点的类型和数量。 （3）确定 DDC 分站(现场控制器)的监控范围和位置及形式;画出 DDC 分站的监控原理接线图。涉及内容有 DDC 分站的位置、容量和布线长度。 （4）编制监控总表。 （5）确定中央站硬件组态、监控中心的位置和布置,画出监控中心设备布置图。涉及内容有供电电源、监控中心用房面积和环境条件。 （6）确定系统的网络结构,画出系统网络图(系统图)。 （7）画出各层 BAS 平面图。涉及内容有线路敷设、分站位置、中央站位置、监控点位置及类型
监控表的编制	1.编制监控表的基本要求 （1）为划分分站及确定分站模件的选型提供依据。 （2）为确定系统硬件和应用软件的设置提供依据。 （3）为规划通信信道提供依据。 （4）为系统能以简捷的键盘操作命令,进行访问和调用具有标准格式的显示报告与记录文件创造条件。 2.每个监控点应列出的内容 （1）所属设备名称及其编号。 （2）设备所属配电箱/控制盘编号。

项目	内　　容
监控表的编制	（3）设备安装楼层及部位。 （4）监控点的被监控量及工程单位。 （5）监控点所属类型。 （6）对指定点的监控任务是由中央站完成还是由分站与配电箱/控制盘等现场级设备完成，或中央站与现场级均需具有同样的监控功能。 3. 总表列出内容 （1）规划每个分站的监控范围，赋予"分站编号"。 （2）对于每个对象系统内的设备，赋予 BAS 所用的系列"分组编号"。 （3）通信系统为多总线系统时，赋予总线"通道编号"。 （4）对于每个控制点，赋予"点号"
深化设计	监控点表设计完成后基本完成了建筑物楼宇设备监控系统的初步设计。随后楼宇设备监控系统的深化设计逐步展开，不断修改和细化原设计，完成监控设备选型、监控范围划分、管线设计现场屏柜设计、传感器与执行器的施工设计、工程界面协调等工作，画出系统网络图各层 BAS 平面图

DDC 分站（现场控制器）设计的要点　　　　　　　　　　　　　　表 10-6

要点	内　　容
分站监控区域的划分	（1）集中布置的大型设备应规划在一个分站内监控（如集中空调器，冷冻机组、柴油发电机组等）。有利于就地、就近、方便地安装和维护，也有利于运行管理。 （2）集中布置的设备群应划为一个分站。（如变配电站、大空间的照明回路等）。 （3）一个分站实际所用的监控点数不超过最大容量的 80%。若点数过多，则可并列设置两个及以上的分站（现场控制器），或在分站之外设置扩展箱。 （4）分站对控制对象系统实施 DDC 控制时，必须满足实时性的要求。一个分站对多个回路实施分时控制时，要考虑数据采集时间、数字滤波时间、控制程序运算及输出时间的综合时间，避免因分时过短而导致失控，即对每个回路的分时应满足其工作周期要求。若实时性的要求无法满足，解决办法有提高分站主机的性能、增设硬件配置、改变分站区域划分等。 （5）每个分站至监控点的最大距离应根据所用传输介质、选定的传输速率以及线芯截面积等数值按产品规定的最大距离的性能参数确定，且不得超过。应尽可能地在合理范围内缩短，因为这段线路传输的信号为一次仪表信号，线路过长或选择与布置不当都会造成信号失真、损失或引入干扰，也会对维护、调整造成不便。 （6）分站监控范围可不受楼层限制，依据平均距离最短原则设置于监控点附近（一般不超过 50m）。但当消防功能被纳入系统后，消防分站（即报警区域）则应按有关消防规范确定，按防火分区或同一楼层的几个防火分区来设置。非消防分站不受防火分区的限制。 （7）出入口控制子系统应独设分站。 （8）巡更联络与保安监视子系统，应独设分站或在某分站内单独设功能模块
分站的位置与布置	1）分站（现场控制器）的位置 （1）噪声低、干扰少、环境相对安静、24h 均可接近进行检查和操作的地方。 （2）满足产品自然通风的要求，空气自然对流路径畅通。 （3）在潮湿、蒸气场所，应采取防潮、防结露措施。 （4）远离电动机、大电流母线、电缆通道，间距至少为 1.5m，以避免电磁干扰，否则应采取可靠屏蔽和接地措施。 2）分站的布置 分站一般应选挂墙的箱式结构。其安装高度可参照动力或照明配电箱的要求，底边距底 1.5m，盘前应留有足够的操作空间，以便临时接插各类调试设备，至少需要 1.0～1.2m，宜达到 1.5m。分站的位置一般在控制参数较为集中的地方（如各种机房）

五、BAS 中的监测点及相应传感器

为了明确 BAS 设计对象，根据 BAS 中一般的对象环境和功能要求，总结出 BAS 中基本监测

点、接口位置及常用传感器，如表 10-7 所示，而实际的监控点应根据具体工程进行设计。

BAS中基本监测点、接口位置及相应传感器　　　　　　表 10-7

系　统		监　控　点	接口位置或常用传感器
供配电系统	变配电部分	高压进、出线柜断路器状态/故障；高、低压联络柜母线联络开关状态/故障；直流操作柜断路器/故障；低压进、出线柜断路器/故障；低压配电柜断路器/故障；市电/发电转换柜断路器状态/故障；动力柜断路器状态/故障(DI)[①]高、低压进线电压、电流，直流操作柜电压、电流，动力电源柜进线电流、电压；低压进线、动力进线有功功率，无功功率，功率因素；低压进线、动力进线电量(AI)	信号取出点；相应断路器辅助触点
			电压、电流变送器；有功功率、无功功率、功率因素变送器；电量变送器
		变压器温度(AI)	温度传感器
	应急发电机与蓄电池组	发电机输出电压、电流、有功功率、无功功率、功率因数(AI)	电压、电流变送器；有功功率、无功功率、功率因素变送器
		发电机配电屏断路器状态(DI)	配电屏蔽断路器辅助开关
		发电机油箱油位(AI)	液位传感器
		发电机冷却水泵、冷却风扇的开/关控制(DO)	DDC 数字输出接口
		发电机冷却水泵运行状态(DI)	信号取出点；水流开关
		发电机冷却风扇的故障(DI)	风扇主电路接触器的辅助接口
		发电机冷却水泵、冷却风扇的故障(DI)	相应主电路热继电器的辅助接口
		蓄电池电压[②](AI)	直流电压传感器
照明系统		室外自然光度测量(AI)	自然光(照度)传感器
		分区(楼层)照明、事故照明、航标灯、景观灯等电源开/关控制(DO)	DDC[③]数字输出接口
		分区(楼层)照明、事故照明、航标灯、景观灯等电源运行状态/故障(DI)	相应电源接触器的辅助触点
		分区(楼层)照明、事故照明、航标灯、景观灯等电源手/自动状态(DI)	信号取出点；相应电源控制回路
空调与冷热源系统	空调系统	送风机、回风机运行状态(DI)	动力柜主电路接触器的辅助接点
		送风机、回风机故障状态(DI)	相应主电路热继电器的辅助接点
		送风机、回风机手/自动状态(DI)	相应主动力柜控制回路
		送风机、回风机开/关控制(DO)	相应电源接触器的辅助触点
		空调冷冻水/热水阀门、加湿阀门调节；新风口、回风口，排风口风门开度控制(AO)	DDC 模拟输出口
		防冻报警(DI)	低温报警开关
		过滤网压差报警(DI)	过滤网压差传感器
		新风、回风、送风温度(AI)	风管式温度传感器
		室外温度(AI)	室外温度传感器
		新风、回风、送风湿度(AI)	风管式湿度传感器
		送风风速(AI)	风管式风速传感器
		空气质量(AI)	空气质量传感器(CO_2、CO 浓度)

系　统			监　控　点	接口位置或常用传感器
空调与冷热源系统	制冷系统		冷水机组、冷冻水泵、冷却水泵、冷却塔风机、冷却塔进水电动蝶阀开/关控制(DO)	DDC 数字输出接口
			冷水机组、冷却塔风机运行状态(DI)	相应动力柜主电路接触器的辅助接点
			冷冻水泵、冷却水泵运行状态(DI)	相应水泵出水口的水流开关
			冷水机组、冷冻水泵、冷却水泵、冷却塔风机故障(DI)	相应主电路热继电器的辅助接点
			冷水机组、冷冻水泵、冷却水泵、冷却塔风机手/自动控制(DI)	相应动力柜控制回路
			冷冻水压差旁通阀(AO)	DDC 模拟输出接口
			冷冻水供水、回水温度;冷却塔进水、出水温度(AI)	分水器进水口、集水器出水口水管温度传感器;冷却塔进水、回水温度传感器
			冷冻水供水/回水压差(AI)	分水器进水口和集水器之间压差传感器
			冷冻水总回水流量(AI)	集水器出水口电磁流量计
			冷却水泵出口压力(AI)	冷却水泵出水口压力传感器
			电动蝶阀开关位置监测(DI)	开关输出点
	热源系统	电④锅炉部分	锅炉出口热水温度、压力测量(AI)	分水器进口温度、压力传感器
			锅炉热水流量测量(AI)	集水器出口流量传感器
			锅炉回水干管压力测量(AI)	集水器出口压力传感器
			锅炉、热水泵运行状态(DI)	动力柜主电路接触器的辅助接点
			锅炉、热水泵故障状态(DI)	相应动力柜主电路热继电器的辅助接点
			锅炉、热水泵、电动蝶阀开关控制(DO)	DDC 数字输出接口
			热水泵手/自动状态(DI)	动力柜控制电路
			电动蝶阀开关位置监测(DI)	开关输出点
		热交换部分	二次水循环泵、补水泵运行状态(DI)	相应动力柜主电路接触器的辅助接点
			二次水循环泵、补水泵故障状态(DI)	相应动力柜主电路热继电器的辅助接点
			二次水循环泵、补水泵手/自动状态(DI)	相应动力柜控制回路
			二次水出口、分水器供水、二次热水回水温度测量	温度传感器
			二次热水回水流量、供回水压力测量(AI)	流量传感器,压力/压差传感器
			二次水循环泵、补水泵自停控制(DO)	DDC 数字输出口
			一次热水/蒸汽、换热器二次电动阀控制(AO)	DDC 模拟输出口
			差压旁通阀门开度控制(AO)	DDC 模拟输出口
			膨胀水箱水位监测(DI)	膨胀水箱内液位开关
给排水系统			给、排水泵运行状态(DI)	给、排水泵动力柜主接触辅助触点
			给、排水泵运行状态故障(DI)	给、排水泵动力柜主电路热继电器辅助触点
			给、排水泵手/自动转换状态(DI)	给、排水泵动力柜控制电路
			给、排水泵开/关控制(DO)	DDC 数字输出接口
			给、排水水流开关状态(DI)	给、排水流开关状态输出
			给水系统:地下水、高位水箱(高位水箱给水系统)水位监测;排水系统:集水坑水位监测(DI)	水位开关,一般有溢流、启泵、停泵、低限位报警四个液位开关
			给水系统:管网给水压力监测(水泵直接给水或者气压式给水系统)(DI)	管式液压传感器

系　统	监　控　点	接口位置或常用传感器
电梯系统	电梯运行状态、方向、所处楼层、故障报警、紧急状况报警（DI）	电梯控制箱运行状态、方向、所处楼层、故障报警、紧急状况报警输出口
	电梯运行的开/关控制（DO）	DDC 数字输出接口
	消防控制（DO）	消防联动控制器的输出模块

注：① 控制点类型分为：AI（Analog Input，模拟监测）；DI（Digital Input，状态/数字监测）；AO（Analog Output，模拟调节/控制）；DO（Digital Output，状态/数字控制）。
② 直流蓄电池组的作用是提供 220、110、24V 直流电。它通常设置在高压配电室内，为高压主开关操作、保护、自动装置及事故照明等提供电流电源。
③ DDC（Direct Digital Controller），指集散控制系统的现场控制器，即直接数字控制器。
④ 燃煤和燃油锅炉属于压力容器，国家有专门技术规范和管理机构，因此这类锅炉的运行控制不纳入 BAS。最多只对锅炉的开停状态进行监控，而它们的运行由专门的控制系统完成。

六、BAS 监控功能设计

　　BAS 监控功能设计的基础是建筑设备控制的工艺图及其技术要求。认真研究目标建筑物的建筑图样及变配电、照明、冷热源、空调通风、给排水等系统的设计图样、工艺设计说明、设备清单等工程资料，然后根据实际工程情况，依照各监控对象的监控原理进行监控点数及系统方案设计，并完成监控点数表的制作。

　　监控点数表是把各类建筑设备要求监控的内容按模拟量输入 AI、模拟量输出 AO、数字/开关量输入 DI 及数字/开关量输出 DO 分类，逐一列出的表格。由监控点数表，可以确定在某一区域内设置需监控的内容，从而选择现场控制器（DDC）的形式与容量。典型的监控点数表例如表 10-6 所示。

　　按监控点数表选择 DDC 时，其输入/输出端一般应留有 15%～20% 的余量，以备输入/输出端故障或将来有扩展需要时使用。正确确定监控点数是深化 BAS 设计的基础。

　　此外，DDC 分站位置选择宜相对集中，一般设在机房或弱电间内，以达到末端元件距离（一般不超过 50m）较短为原则。分站设置应远离有压输水管道，在潮湿、有蒸气场所应采取防潮、防结露措施；分站还应该远离（间距至少 1.5m）电动机、大电流母线、电缆通道，以避免电磁干扰。在无法躲避干扰源时，应采取可靠的屏蔽和接地措施。

　　国家标准《智能建筑设计标准》GB/T 50314—2000 按照各建筑设备监控功能分为三级：甲级、乙级和丙级，对各种建筑设备的监控功能分级标准和要求如表 10-8 所示。

建筑设备监控功能分级表　　　　　　　　　　　　　表 10-8

设备名称	监　控　功　能	甲级	乙级	丙级
压缩式制冷系统	(1)启停控制和运行状态显示	○	○	○
	(2)冷冻水进出口温度、压力测量	○	○	○
	(3)冷却水进出口温度、压力测量	○	○	○
	(4)过载报警	○	○	○
	(5)水流量测量及冷量记录	○	○	○
	(6)运行时间和启动次数记录	○	○	○
	(7)制冷系统启停控制程序的设定	○	○	○
	(8)冷冻水旁通阀压差控制	○	○	○
	(9)冷冻水温度再设定	○	×	×
	(10)台数控制	○	×	×
	(11)制冷系统的控制系统应留有通信接口	○	○	×

设 备 名 称	监 控 功 能	甲级	乙级	丙级
吸收式制冷系统	(1)启停控制和运行状态显示	○	○	○
	(2)运行模式、设定值的显示	○	○	○
	(3)蒸发器、冷凝器进出口水温测量	○	○	○
	(4)制冷剂、溶液蒸发器和冷凝器的温度及压力测量	○	○	×
	(5)溶液温度压力、溶液浓度值及结晶温度测量	○	○	×
	(6)启动次数、运行时间显示	○	○	○
	(7)水流、水温、结晶保护	○	○	○
	(8)故障报警	○	○	○
	(9)台数控制	○	×	×
	(10)制冷系统的控制系统应留有通信接口	○	×	×
蓄冰制冷系统	(1)运行模式(主机供冷、溶冰供冷与优化控制)参数设置及运行模式的自动转换	○	○	×
	(2)蓄冰设置溶冰速度控制,主机供冷量调节,主机与蓄冷设备供冷能力的协调控制	○	○	×
	(3)蓄冰设备蓄冰量显示,各设备启停控制与顺序启停控制	○	○	×
热力系统	(1)蒸汽、热水出口压力、温度、流量显示	○	○	○
	(2)锅炉气泡水位显示及报警	○	○	○
	(3)运行状态显示	○	○	○
	(4)顺序启停控制	○	○	○
	(5)油压、气压显示	○	○	○
	(6)安全保护信号显示	○	○	○
	(7)设备故障信号显示	○	○	○
	(8)燃料耗量统计记录	○	×	×
	(9)锅炉(运行)台数控制	○	×	×
	(10)锅炉房可燃物、有害物质浓度监测报警	○	×	×
	(11)烟气含氧量监测及燃烧系统自动调节	○	×	×
	(12)热交换器能按设定出水温度自动控制进气或水量	○	○	○
	(13)热交换器进气或水阀与热水循环泵联锁控制	○	×	×
	(14)热力系统的控制系统应留有通信接口	○	○	×
冷冻水系统	(1)水流状态显示	○	×	×
	(2)水泵过载报警	○	○	×
	(3)水泵启停控制及运行状态显示	○	○	○
冷却系统	(1)水流状态显示	○	×	×
	(2)冷却水泵过载报警	○	○	×
	(3)冷却水泵启停控制及运行状态显示	○	○	○
	(4)冷却塔风机运行状态显示	○	○	○
	(5)进出口水温测量及控制	○	○	○
	(6)水温再设定	○	×	×
	(7)冷却塔风机启停控制	○	○	○
	(8)冷却塔风机过载报警	○	○	×

续表

设备名称	监控功能	甲级	乙级	丙级
空气处理系统	(1)风机状态显示	○	○	○
	(2)送回风温度测量	○	○	○
	(3)室内温、湿度测量	○	○	○
	(4)过滤器状态显示及报警	○	○	○
	(5)风道风压测量	○	○	×
	(6)启停控制	○	○	○
	(7)过载报警	○	○	×
	(8)冷热水流量调节	○	○	○
	(9)加湿控制	○	○	○
	(10)风门控制	○	○	○
	(11)风机转速控制	○	○	×
	(12)风机、风门、调节阀之间的联锁控制	○	○	○
	(13)室内 CO_2 浓度监测	○	×	×
	(14)寒冷地区换热器防冻控制	○	○	○
	(15)送回风机与消防系统的联动控制	○	○	○
变风量(VAV)系统	(1)系统总风量调节	○	○	×
	(2)最小风量控制	○	○	×
	(3)最小新风量控制	○	○	×
	(4)再加热控制	○	○	×
	(5)变风量(VAV)系统的控制装置应有通信接口	○	○	×
排风系统	(1)风机状态显示	○	○	×
	(2)启停控制	○	○	×
	(3)过载报警	○	○	×
风机盘管	(1)室内温度测量	○	×	×
	(2)冷热水阀开关控制	○	×	×
	(3)风机变速与启停控制	○	×	×
整体式空调机	(1)室内温、湿度测量	○	×	×
	(2)启停控制	○	×	×
给水系统	(1)水泵运行状态显示	○	○	○
	(2)水流状态显示	○	×	×
	(3)水泵启停控制	○	○	○
	(4)水泵过载报警	○	○	×
	(5)水箱高低液位显示及报警	○	○	○
排水及污水处理系统	(1)水泵运行状态显示	○	×	×
	(2)水泵启停控制	○	×	×
	(3)污水处理池高低液位显示及报警	○	×	×
	(4)水泵过载报警	○	×	×
	(5)污水处理系统留有通信接口	○	×	×

续表

设备名称	监控功能	甲级	乙级	丙级
供配电设备监视系统	(1)变配电设备各高低压主开关运行状况监视及故障报警	○	○	○
	(2)电源及主供电回路电流值显示	○	○	○
	(3)电源电压值显示	○	○	○
	(4)功率因数测量	○	○	○
	(5)电能计量	○	○	○
	(6)变压器超温报警	○	○	×
	(7)应急电源供电电流、电压及频率监视	○	○	○
	(8)电力系统计算机辅助监控系统应留有通信接口	○	○	×
照明系统	(1)庭园灯控制	○	×	×
	(2)泛光照明控制	○	×	×
	(3)门厅、楼梯及走道照明控制	○	×	×
	(4)停车场照明控制	○	×	×
	(5)航空障碍灯状态显示、故障报警	○	×	×
	(6)重要场所可设智能照明控制系统	○	×	×
	应对电梯、自动扶梯的运行状态进行监视	○	×	×
	应留有与火灾自动报警系统、公共安全防范系统、车库管理系统通信接口	○	○	×

注：○表示有此功能，×表示无此功能。

七、BAS 设计应注意的问题

1. 中央控制室选址及室内设备布置

（1）中央控制室应尽量靠近控制负荷中心，应离变电所、电梯机房、水泵房等会产生强电磁干扰的场所 15m 以上；上方及毗邻无用水和潮湿的机房及房间。

（2）室内控制台前应有 1.5m 的操作距离。控制台离墙布置时，台后应有大于 1m 的检修距离，并注意避免阳光直射。

（3）当控制台横向排列总长度超过 7m 时，应在两端各留大于 1m 的通道。

（4）中央控制室宜采用抗静电架空活动地板，高度不小于 20cm。

2. 建筑设备自动化系统的电源要求

（1）中央控制室应由变配电所引出专用回路供电，中央控制室内设专用配电盘，负荷等级不低于所处建筑中最高负荷等级。

（2）通常要求系统的供电电源的电压不大于 ±10%，频率变化不大于 ±1Hz，波形失真率不大于 20%。

（3）中央管理计算机应配置 UPS 不间断供电设备。其容量应包括建筑设备自动化系统内用电设备总和，并考虑预计的扩展容量，供电时间不低于 30min。

（4）现场控制器的电源应满足下述要求：

① I 类系统（650～4999 点），当中央控制室设有 UPS 不间断供电设备时，现场的电源由 UPS 不间断电源以放射式或树干式集中供给。

②Ⅱ类系统（1～649点），现场控制器的电源可由就地邻近动力盘专路供给。

③含有 CPU 的现场控制器，必须设置备用电池组，并能支持现场控制器运行不少于72h，保证停电时不间断供电。

3. 现场控制器设置原则

（1）现场控制器的设置应主要考虑系统管理方式、安装调试维护方便和经济性。一般按机电系统平面布置进行划分。

（2）现场控制器要远离输水管道，以免管道、阀门跑水，殃及控制盘。在潮湿、蒸气场所，应采取防潮、防结露等措施。

（3）现场控制器要离电机、大电流母线、电缆 1.5m 以上，以避免电磁干扰。在无法满足要求时，应采取可靠屏蔽和接地措施。

（4）现场控制器位置选择宜相对集中，一般设在机房或弱电小间内，以达到末端元件距离较短为原则（一般不超过 50m）。

（5）现场控制器一般可选用壁挂式结构，在设备集中的机房控制模块较多时，可选落地柜式结构，柜前操作净距不小于 1.5m。

（6）每台现场控制器输入输出接口数量与种类应与所控制的设备要求相适应，并留有10%～20%的余量。

4. 建筑设备自动化系统的布线方式

（1）建筑设备自动化系统线路包括：电源线、网络通信线和信号线。

① 电源线一般 BV－（500V）2.5mm² 铜芯聚氯乙烯绝缘线。

② 网络通信线需由采用何种计算机局域定及建筑设备自动化系统在数据传输率、未来可兼容性和硬件成本等多方面综合考虑确定。一般有同轴电缆（不同厂商的产品不尽相同）；有的系统采用屏蔽双绞线或非屏蔽双绞线（分 3、4、5 三个级别）；在强干扰环境中和远距离传输时，宜选用光缆。

③ 信号缆一般采用线芯截面 1.0mm² 或 1.5mm² 的普通铜芯导线或控制电缆，对信号线是否需要采用软线及屏蔽线应根据具体控制系统与控制要求确定。

（2）建筑设备自动化系统线路均采用金属管或金属线槽保护，网络通信线和信号线不能与电源线共管敷设。当其必须做无屏蔽平等敷设时，间距不小于 0.3m，如敷于同一金属线槽，需设金属分隔。

5. 建筑设备自动化系统监控点统计

（1）根据各工种设备的选型，核定对指定监控点的实施监控的技术可行性。

（2）建筑设备自动化系统监控点可通过编制监控点总表来进行统计，参见表 10-9 和表 10-10。较小型的系统可编制一个监控点总表，中型以上系统应按不同对象系统编制多个监控点表，组成监控点总表。

（3）编制监控点总表应满足下述要求：

① 为划分和确定现场控制提供依据。

② 为确定系统硬件和应用软件设置提供依据。

③ 为规划通信道提供依据。

④ 为系统能以简捷的键盘操作命令进行访问和调用具有标准格式显示报告与记录文件创造前提。

（4）建筑设备自动化系统监控点总表格式。编制监控点总表，应以现场控制器为单位，按模拟输入、数字输入、模拟输出、数字输出等种类分别统计。

DDC 监控表　　　　　　　　　　　　　　　表 10-9

共　页　第　页

项目：	设备位号	通道号	DI 类型		DO 类型		模拟量输入点 AI 要求						模拟量输出点 AO 要求				DDC供电电源引自	管线要求			
			电压输入	接点输入	电压输出	接点输出	信号类型					供电电源	信号类型		供电电源			导线规格	型号	管线编号	穿管直径
DDC 编号				其他		其他	温度	湿度	压力	流量	其他	其他	其他		其他						
序号 / 监控点描述																					
1																					
2																					
3																					
4																					
5																					
6																					
7																					
8																					
9																					
10																					
11																					
12																					
13																					
14																					
15																					
16																					
17																					
18																					
19																					
20																					
合计																					

BAS 监控点一览表　　　　　　　　　　　　表 10-10

共　页　第　页

项目	设备数量	输入输出点数量统计				数字量输入点 DI						数字量输出点 DO			模拟量输入点 AI													模出点 AO		电源
		数字输入DI	数字输出DO	模拟输入AI	模拟输出AO	运行状态	故障报警	水流检测	差压报警	液位检测	手/自动	启停控制	阀门控制	开关控制	风温检测	水温检测	风压检测	水压检测	湿度检测	差压检测	流量检测	阀位	电压检测	电流检测	有功功率	无功功率	功率因数	频率检测	其他 风阀 水阀		
日期 序号 / 设备名称																															
1	空调机组																														

续表

序号	设备名称	设备数量	数字输入DI	数字输出DO	模拟输入AI	模拟输出AO	运行状态	故障报警	水流检测	差压报警	液位检测	手/自动	启停控制	阀门控制	开关控制	风温检测	水温检测	风压检测	水压检测	湿度检测	差压检测	流量检测	阀位	电压检测	电流检测	有功功率	无功功率	功率因数	频率检测	其他	风阀	水阀	电源
2	新风机组																																	
3	通风机																																	
4	排烟机																																	
5	冷水机组																																	
6	冷冻水泵																																	
7	冷却水泵																																	
8	冷却塔																																	
9	热交换器																																	
10	热水循环泵																																	
11	生活水泵																																	
12	清水池																																	
13	生活水箱																																	
14	排水泵																																	

第四节　BAS 监控中心

（1）监控中心宜设在主楼低层，可单独设置，也可与其他弱电系统的控制机房，如消防、安防监控系统等集中设置。

① 控制机房如单独设置，应远离潮湿、灰尘、振动、电磁干扰等场所，避免与建筑物的变配电室相邻及阳光直射。如集中设置，除上述要求外，还必须满足消防控制室的设计规范要求。

② 监控中心应设空调，一般可取自集中空调系统；当仍不能满足产品对环境的要求时，应增设一台专用的空调装置。此时应设空调室，并采取噪声隔离措施。

③ 中央控制室宜设铝合金骨架架空的活动地板，高度不低于 0.2m；各类导线在活动地板下线槽内敷设，电源线与信号线之间应采取隔离措施。若设有竖井时，活动地板下部应与其相通。

④ 不间断电源设备按规模设专用室时，其面积可参照有关规定及设备占地面积确定，但不得小于 4m²。

放置蓄电池的专用电源室应设机械排风装置，火警时应自动关闭。该室与中央控制室不得有任何门窗或非密闭管道相通。

⑤ 规模较大系统且有多台监视设备布置于中央控制室时，监控设备应呈弧形或单排直列布置；屏前净空按操作台前沿计算不得小于 1.5m，屏后净空不得小于 1m。

⑥ 中央控制室宜采用顶棚暗装室内照明，室内最低平均照度宜取 150～200lx，必要时可采用壁灯作辅助照明。

⑦ 监控中心应根据系统规模大小设置卤代烷或二氧化碳等固定式或手提式灭火装置，禁止采用水喷淋装置。

⑧ 规模较大的系统，在中央控制室宜设直通室外的安全出口。

图 10-20 是一种监控中心布局示意图。它的 BAS 与 CCTV 及公共广播等系统合置在一起，仅供参考。

图 10-20　管理中心的布局示意图

（2）楼宇自动化系统的电源要求如下：

1）中央控制室应由变配电所引出专用回路供电，中央控制室内设专用配电盘。负荷等级不低于所处建筑中最高负荷等级。

2）通常要求系统的供电电源的电压波动不大于 ±10%，频率变化不大于 ±1Hz，波形失真率不大于 20%。

3）中央管理计算机应配置 UPS 不间断供电设备。其容量应包括建筑设备自动化系统内用电设备总和，并考虑预计的扩展容量，供电时间不低于 30min。

4）现场控制器的电源应满足下述要求：

① Ⅰ类系统（650～4999点）：当中央控制室设有UPS不间断供电设备时，现场控制器的电源由UPS不间断电源以放射式或树干式集中供给。

② Ⅱ类系统（1～649点）：现场控制器的电源可由就地邻近动力盘专路供给。

③ 含有CPU的现场控制器，必须设置备用电池组，并能支持现场控制器运行不少于72h，保证停电时不间断供电。

第五节 工程举例

目前国内的楼宇自控系统市场基本为国外品牌一统天下，市场份额最大的是HON-EY-WELL、SIEMENS、JOHNSON这三家，其次有INVENSYS、DELTA、TREND、TAC、ALC、日本山武等，国内有清华同方（RH6000）、海湾公司（HW-BA5000）、浙大中控（OptiSYS）和北京利达（BABEL）等。

【例1】 图10-21是某超高层建筑的BA系统结构图。该BA系统采用美国Johnson（江森）公司的METASYS楼宇自动化系统。此系统使用工业标准的ARCNET高速通信网络作为通信主干线，如图10-21所示。各分站控制器和操作站均与ARCNET网络相连，其通信速度为2.5Mbit/s。操作站（中央管理计算机）采用PC微机，各分站采用DDC，系统为两级网络结构。图10-21中的网络控制器（NCU）设于现场，直接与ARCNET网络和现场的DDC控制器连接。它也可脱离ARCNET网络独立工作。

图10-21 METASYS系统构成的BAS

网络控制器NCU中带有网络控制模块、数字控制模块、多样化模块。网络控制模块是NCU的主处理机，负责监控接到NCU上的控制点及与中央操作站互相通信；数字控制模块执行控制程序，如PID控制、连锁控制等，可接受10个通用输入点和10个通用输出点；多样化模块直接连接现场二态输入/输出监控点，并受网络控制模块的指令控制。

图10-22中的DX或VAV都是直接数字控制器DDC。Johnson91系列DDC装于现场，它带有显示屏及功能按钮等。其主要功能有：比例控制、比例加积分控制、比例加积

图 10-22　某超高层建筑的 BA 系统结构和分布图

分加微分控制、开关控制、平均值、最大/最小值选择、焓值计算、逻辑、联锁等，对被控设备进行监视和控制。

BAS 监控中心一般设在大楼底层，房间面积约 15～20m^2 左右。监控中心宜与消防中心、公共广播系统同室或相邻，以便于布线和管理。图 10-23 是 BA 系统与消防、保安、公共广播系统的控制室合用的平面布置图示例。

图 10-23　监控中心示例

1—机房电源配电箱（带备用电源）；2—BA 系统总控操作台；3—BA 系统 UPS 电源；4—CCTV 监视系统显示屏；5—CCTV 监视系统操作台；6—消防报警系统总控制台；7—紧急广播柜；8—CATV 系统前端设备机箱；9—电梯运行状态显示屏；10—木地板电缆沟（有盖板）

【例 2】　某金融大厦的 BA 系统设计

图 10-24 是某金融大厦的 BA 系统结构及分布图。该大厦为一幢建筑面积 55000m^2 的综合性办公大楼，共 40 层。机电设备主要分布在地下 2 层、地上 5 层、20 层及 39 层四个楼层。整个建筑物根据各专业所提供的监控要求为 459 个输入输出点。

设计前期首先根据各专业所提供的监控资料按楼层分区分类编制监控点数表，以确定各设备层输入的模拟量、数字量点数，及输出的模拟量、数字量点数。模拟量包括温度、压力、湿度、流量、电流、电压等参数。数字量包括状态信号和故障报警信号。而提供数字量的接点必须是无源接点。根据所选用的 DDC 分站设备的容量，即有多少个模拟输入点（AI），多少个数字输入点（DI），多少个模拟输出点（AO），多少个数字输出点（DO），再考虑将来如有可能发展，还应预留一些备用发展点，来确定 DDC 分站的数量和位置。该大厦 BA 系统选用了瑞典 TA-6711 系统，上位机为 486PC 机，整个大厦共设置了 31 个 DDC 控制器。安装设备时，DDC 分站应尽量靠近被控对象，且便于巡视、维护，环境应干燥。

本 BA 系统包括空调子系统、空调冷热源子系统、给排水子系统、消防子系统、电梯子系统和巡更子系统等。

图 10-24　某金融大厦 BA 系统结构及分布图

第六节　BAS 工程的安装

一、线缆敷设与选择

1. 线路敷设

（1）BAS 线路通常包括：电源线、网络通信电缆和信号线三类。

电源线一般采用 BV-(500) 2.5mm² 铜芯聚氯乙烯绝缘线。

网络通信电缆采用同轴电缆（有 50、75、93Ω 等几种）和双绞线。

信号线一般选用线芯截面 1.0mm² 或 1.5mm² 的普通铜心导线或控制电缆。

（2）BAS 线路均采用金属管、金属线槽或带盖板的金属桥架配线方式。网络通信线和信号线不得与电源线共管敷设。当其必须做无屏蔽平行敷设时，间距不小于 0.3m，如敷于同一金属线槽，需设金属隔离。

（3）在高层建筑内，通信干道在竖井内与其他线路平行敷设时，应按上述（2）规定办理（同轴电缆可采用难燃塑料管敷设）。

条件允许时应单设弱电信号配线竖井。

每层建筑面积超过 1000m² 或延长距离超过 100m 时，宜设两个竖井，以利分站布置和数据通信。

（4）水平方向布线宜采用：顶棚内的线槽、线架配线方式；地板上的架空活动地板下或地毯下配线方式以及沟槽配线方式；楼板内的配线管、配线槽方式；房间内沿墙配线方式。

2. 通信线缆选择

现场控制器及监控计算机之间的通信线，在设计阶段宜采用控制电缆或计算机专用电缆中的屏蔽双绞线，截面为 0.5～1mm²。如在系统招标后完成设计，则应根据选定系统的要求选择线缆。

3. 仪表控制电缆选择

仪表控制电缆宜采用截面为 0.75～1.5mm² 的控制电缆，根据现场控制器要求选择控制电缆的类型，一般模拟量输入、输出采用屏蔽电缆，开关量输入、输出采用非屏蔽电缆。大口径电动控制阀应根据其实际消耗功率选择电缆截面和保护设备。

4. 电缆桥架选择

在线缆较为集中的场所宜采用电缆桥架敷设方式。

强、弱电电缆宜分别敷设在电缆桥架中。当在同一桥架中敷设时，应在中间设置金属隔板。

电缆在桥架中敷设时，电缆截面积总和与桥架内部截面积比一般应不大于 40％。

电缆桥架在走廊与吊顶中敷设时，设计应注明桥架规格、安装位置与标高。

电缆桥架在设备机房中敷设时，设计应注明桥架规格，安装位置与标高可根据现场实际情况决定。

5. 电缆管道的选择

建筑设备监控系统中的信号、电源与通信电缆所穿保护管，宜采用焊接钢管。电缆截面积总和与保护管内部截面积比应不大于 35％。

6. 仪表导压管路选择与安装

仪表导压管路选择，应符合工业自动化仪表有关设计规范。一般选择 $\phi14 \times 1.6$ 无缝钢管。

仪表导压管路敷设，应符合工业自动化仪表管路敷设有关规定，一次阀、二次阀、排水阀、放气阀、平衡阀等管路敷设应符合标准坡度要求。

7. 现场控制器的通信线路及电源线路敷设

当建筑物每层都设有设备机房，并且上下对齐时，宜采用在机房楼板埋管、直接垂直走线方式，敷设现场控制器的通信线路及电源线路。

当建筑物设备机房未设置在上下对齐位置时，宜采用在竖井中走线方式敷设现场控制器的通信线路及电源线路。

二、系统设备的安装

（1）中央控制及网络通信设备应在中央控制室的土建和装饰工程完工后安装。

（2）现场控制设备的安装位置选在光线充足、通风良好、操作维修方便的地方。

（3）现场控制设备不应安装在有振动影响的地方。

（4）现场控制设备的安装位置应与管道保持一定距离，如不能避开管道，则必须避开阀门、法兰、过滤器等管道器件及蒸气口。

（5）设备及设备各构件间应连接紧密、牢固，安装用的坚固件应有防锈层。

（6）设备在安装前应做检查，并应符合下列规定：

① 设备外形完整，内处表面漆层完好；

② 设备外形尺寸、设备内主板及接线端口的型号及规格符合设计规定。

（7）有底座设备的底座尺寸，应与设备相符，其直线允许偏差为每米±1mm。当底座的总长超过5m时，全长允许偏差为±5mm。

（8）设备底座安装时，其上表面应保持水平。水平方向的倾斜度允许偏差为每米±1mm。当底座的总长超过5m时，全长允许偏差为±5mm。

（9）柜式中央控制及网络通信设备的安装应符合下列规定：

① 应垂直、平正、牢固；

② 垂直度允许偏差为每米±1.5mm；

③ 水平方向的倾斜度允许偏差为每米±1mm；

④ 相邻设备顶部高度允许偏差为±2mm；

⑤ 相邻设备接缝处平面度允许偏差为±1mm；

⑥ 相邻设备间接缝的间隙，不大于±2mm。

三、输入设备的安装

（一）一般规定

（1）各类传感器的安装位置应安装在能正确反映其性能的位置，便于调试和维护的地方。

（2）水管型温度传感器、蒸气压力传感器、水管型压力传感器、水流开关、水管流量传感器不宜安装在管道焊缝及其边缘上开孔焊接。

（3）风管型温、湿度传感器及室内温度传感器、风管压力传感器、空气质量传感器应避开蒸气放空口及出风口处。

（4）管型温度传感器、水管型压力传感器、蒸气压力传感器、水流开关的安装应与工艺管道安装同时进行。

（5）风管压力、温度、湿度、空气质量、空气速度传感器及压差开关应在风管保温传感器安装完成之后安装。

（6）水管型压力、压差、蒸气压力传感器及水流开关、水管流量传感器的开孔与焊接工作，必须在工艺管道的防腐、衬里、吹扫和压力试验前进行。

（7）各传感器与现场DDC的接线一般可选用RVV或RVVP2×1.0（或3×1.0）线缆。

（二）温、湿度传感器的安装（图 10-25～图 10-27）

（1）室内外温、湿度传感器的安装要符合设计的规定和产品说明要求外还应达到下列要求：

① 不应安装在阳光直射、受其他辐射热影响的位置和远离有高振动或电磁场干扰的区域。

② 室外温、湿度传感器不应安装在环境潮湿的位置。

③ 安装的位置不能破坏建筑物外观及室内装饰布局的完整性。

④ 并列安装的温、湿度传感器距地面高度应一致。高度允许偏差为±1mm。同一区域内安装的温、湿度传感器高度允许偏差为±5mm。

图 10-25　温度传感器

图 10-26　室内温度传感器安装图

⑤ 室内温、湿度传感器的安装位置宜远离墙面出风口，如无法避开，则间距不应小于 2m。

⑥ 墙面安装附近有其他开关传感器时，距地高度应与之一致。其高度允许偏差为±5mm。传感器外形尺寸与其他开关不一样时，以底边高度为准。

⑦ 检查传感器到 DDC 之间的连接线的规格（线径截面）是否符合设计要求。对于镍传感器的接线总电阻应小于 3Ω，1kΩ 铂传感器的接线总电阻应小于 1Ω。

（2）风管型温、湿度传感器的安装（图 10-28）：

图 10-27　室内温、湿度传感器安装示意图

　　风管型温、湿度传感器应安装在风管的直管段，如不能安装在直管段，则应避开风管内通风死角的位置安装。

　　（3）水管型温度传感器（图 10-29）：

　　① 水管型温度传感器的开孔与焊接工作，必须在工艺管道的防腐、衬里、吹扫和压力试验前进行；

　　② 水管型温度传感器的感温段大于管道口径的 1/2 时可安装在管道顶部，如感温段小于管道口径的 1/2 时应安装在管道的侧面或底部；

　　③ 水管型温度传感器的安装位置应选在水流温度变化灵敏和具有代表性的地方，不宜选在阀门等阻力部件的附近和水流束呈死角处以及振动较大的地方。

图 10-28　风管型温度传感器的安装

　　（三）压力传感器与压差传感器的安装

　　1. 风管型压力传感器与压差传感器的安装

　　（1）风管型压力传感器应安装在气流流束稳定和管道的上半部位置；

　　（2）风管型压力传感器应安装在风管的直管段，如不能安装在直管段，则应避开风管内通风死角的位置；

　　（3）风管型压力传感器应安装在温、湿度传感器的上游侧；

　　（4）高压风管其压力传感器应装在送风口，低压风管其压力传感器应装在回风口。

　　2. 水管型压力与压差传感器的安装（图 10-30）

注意：
胶套管必须套于传感器之电线上，以防水份流进，
避免传感器因而损坏

图 10-29　水管型温度传感器安装图　　　　图 10-30　压力传感器安装图

（1）水管型压力与压差传感器的取压段大于管道口径的 2/3 时，可安装在管道顶部；如取压段小于管道口径的 2/3 时，应安装在管道的侧面或底部。

（2）水管型压力与压差传感器的安装位置应选在水流流束稳定的地方，不宜选在阀门等阻力部件的附近和水流束呈死角处以及振动较大的地方。

（3）水管型压力与压差传感器应安装在温、湿度传感器的上游侧。

（4）高压水管其压力传感器应装在进水管侧；低压水管其压力传感器应装在回水管侧。

3．蒸气压力传感器

（1）蒸气压力传感器应安装在管道顶部或下半部与工艺管道水平中心线成 45°夹角的范围内；

（2）蒸气压力传感器的安装位置应选在蒸气压力稳定的地方，不宜选在阀门等阻力部件的附近和蒸气流动呈死角处以及振动较大的地方；

（3）蒸气压力传感器应安装在温湿度传感器的上游侧。

（四）压差开关的安装（图 10-31）

（1）风压压差开关安装离地高度不应小于 0.5m；

（2）风压压差开关引出管的安装不应影响空调器本体的密封性；

（3）风压压差开关的线路应通过软管与压差开关连接；

（4）风压压差开关应避开蒸气放空口；

（5）空气压差开关内的薄膜应处于垂直平面位置。

（五）水流开关的安装（图 10-32）

（1）水流开关上标识的箭头方向应与水流方向一致；

图 10-31 压差开关安装图

（2）水流开关应安装在水平管段上，不应安装在垂直管段上。

（六）水管流量传感器的安装（图 10-33）

（1）水管流量传感器的取样段大于管道口径的 1/2 时，可安装在管道顶部；如取样段小于管道口径的 1/2 时，应安装在管道的侧面或底部。

（2）水管流量传感器的安装位置应选在水流流束稳定的地方，不宜选在阀门等阻力部件的附近和水流束呈死角处以及振动较大的地方。

（3）水管流量传感器应安装在直管段上，距弯头距离应不小于 6 倍的管道内径。

（4）电磁流量计（图 10-34）：

① 电磁流量计应安装在避免有较强的交直流磁场或有剧烈振动的场所。

② 电磁流量计、被测介质及工艺管道三者之间应该连成等电位，并应接地。

③ 电磁流量计应设置在流量调节阀的上游。流量计的上游应有直管段，长度 L 为 $10D$（D—管径）；下游段应有 4～5 倍管径的直管段。

④ 在垂直的工艺管道安装时，液体流向自下而上，以保证导管内充满被测液体或不致产生气泡。水平安装时必须使电极处在水平方向，以保证测量精度。

图 10-32 水流开关安装图样

（5）涡轮式流量传感器：

① 涡轮式流量传感器安装时要水平，流体的流动方向必须与传感器壳体上所示的流向标志一致。

如果没有标志，可按下列方向判断流向：

a）流体的进口端导流器比较尖，中间有圆孔；

b）流体的出口端导流器不尖，中间没有圆孔。

② 当可能产生逆流时，流量变送器后面装设止逆阀，流量变送器应装在测压点上游，并距测压点 3.5～5.5 倍管径的位置。测温应设置在下游侧，距流量传感器 6～8 倍管径的位置。

③ 流量传感器需要装在一定长度的直管上，以确保管道内流速平稳。流量传感器上游应留有 10 倍管径的直管，下游有 5 倍管径长度的直管。若传感器前后的管道中安装有阀门，管道缩径、弯管等影响流量平稳的设备，则直管段的长度还需相应增加。

流量传感器信号的传输线宜采用屏蔽和带有绝缘护套的电缆。

（七）电量传感器的安装

（1）按设计和产品说明书的要求，检查各种电量传感器的输入与输出信号是否相符。

（2）检查电量传感器的接线是否符合设计和产品说明书的接线要求。

（3）严防电压传感器输入端短路和电流传感器输入端开路。

（4）电量传感器裸导体相互之间或者与其他裸导体之间的距离不应小于 4mm；当无法满足时，相互间必须绝缘。

（八）空气质量传感器

（1）空气质量传感器应安装在回风通道内。

（2）空气质量传感器应安装在风管的直管段。如不能安装在直管段，则应避开风管内通风死角的位置。

（3）探测气体比重轻的空气质量传感器应安装在风管或房间的上部。探测气体比重重的空气质量传感器应安装在风管或房间的下部。

（九）风机盘管温控设备安装

（1）温控开关与其他开关并列安装时，距地面高度应一致，高度允许偏差为±1mm；与其他开关安装于同一室内时，高度允许偏差为±5mm。温控开关外形尺寸与其他开关不一样时，以底边高度为准。

（2）电动阀阀体上箭头的指向应与水流方向一致。

（3）风机盘管电动阀应安装于风机盘管的回水管上。

（4）四管制风机盘管的冷热水管电动阀共用线应为零线。

（十）风速传感器

空气速度传感器应安装在风管的直管段。如不能安装在直管段，则应避开风管内通风死角的位置。

（十一）控制屏、显示屏设备安装

（1）机房控制显示屏安装应在中央控制室的土建和装饰工程完工后安装。

（2）控制显示屏各构件间应连接紧密，牢固。安装用的坚固件应有防锈层。

（3）控制显示屏在安装前应做检查，并应符合下列规定：

水流传感器(MIS/2)安装图 1

水流传感器(MIS/2)安装图 2

注意事项:
1. 传感器可以垂直安装或水平安装;
2. 安装图1为传感器安装位置,在直管上与转角之间的最少距离;
3. 安装图2为传感器,以水平安装时之角度,应当45°至135°之间,
   最佳之角度为90°;
4. 除MIS/2外,其他配件由他方提供

水流传感器(MIS/2)安装配件尺寸图　　对应水管直径　　水流传感器(MIS/2)接线图

图 10-33　水流传感器安装接线图

图 10-34　电磁流量器安装图

① 显示屏外形完整，内外表面漆层完好；

② 显示屏外形尺寸、型号及规格符合设计规定。

（4）控制显示屏的安装应符合下列规定：

① 应垂直、平正、牢固；

② 垂直度允许偏差为每米±1.5mm；

③ 水平方向的倾斜度允许偏差为每米±1mm；

④ 相邻显示屏顶部高度允许偏差为±2mm；

⑤ 相邻显示屏镶接处平面度允许偏差为±1mm；

⑥ 相邻显示屏镶接处的间隙，不大于±0.5mm。

四、输出设备的安装

1. 风阀控制器安装

（1）风阀控制器上的开闭箭头的指向应与风门开闭方向一致。

（2）风阀控制器与风阀门轴的连接应固定牢固。

（3）风阀的机械机构开闭应灵活，无松动或卡塞现象。

（4）风阀控制器安装后，风阀控制器的开闭指示位应与风阀实际状况一致。风阀控制器宜面向便于观察的位置。

（5）风阀控制器应与风阀门轴垂直安装，垂直角度不小于 85°。

（6）风阀控制器安装前应按安装使用说明书的规定检查线圈。阀体间的绝缘电阻、供电电压、控制输入等应符合设计和产品说明书的要求。

（7）风阀控制器在安装前宜进行模拟动作。

（8）风阀控制器的输出力矩必须与风阀所需的力矩相匹配，并符合设计要求。

（9）当风阀控制器不能直接与风门挡板轴相连接时，则可通过附件与挡板轴相连。其附件装置必须保证风阀控制器旋转角度的调整范围。

2. 电动调节阀的安装（图 10-35）

（1）电动阀阀体上箭头的指向应与水流方向一致。

（2）与空气处理机、新风机等设备相连的电动阀一般应装有旁通管路。

（3）电动阀的口径与管道通径不一致时，应采用渐缩管件，同时电动阀口径一般不应低于管道口径两个档次，并应经计算确定满足设计要求。

（4）电动阀执行机构应固定牢固。阀门整体应处于便于操作的位置。手动操作机构面向外操作。

（5）电动阀应垂直安装于水平管道上，尤其对大口径电动阀不能有倾斜。

（6）有阀位指示装置的电动阀，阀位指示装置应面向便于观察的位置。

（7）安装于室外的电动阀应有适当的防晒、防雨措施。

（8）电动阀在安装前宜进行模拟动作和试压试验。

（9）电动阀一般安装在回水管上。

（10）电动阀在管道冲洗前，应完全打开，清除污物。

（11）检查电动阀门的驱动器，其行程、压力和最大关闭力（关阀的压力）必须满足设计和产品说明书的要求。

（12）检查电动调节阀的型号、材质必须符合设计要求。其阀体强度、阀芯泄漏试验必须满足产品说明书有关规定。

（13）电动调节阀安装时，应避免给调节阀带来附加压力。当调节阀安装在管道较长的地方时，其阀体部分应安装支架和采取避振措施。

（14）检查电动调节阀的输入电压、输出信号和接线方式，应符合产品说明书和设计的要求。

3. 电磁阀的安装

（1）电磁阀阀体上箭头的指向应与水流方向一致；

（2）与空气处理机和新风机等设备相连的电磁阀旁一般应装有旁通管路；

图 10-35　电动调节阀的安装方法

（3）电磁阀的口径与管道通径不一致时，应采用渐缩管件，同时电磁阀口径一般不应低于管道口径两个档次，并应经计算确定满足设计要求；

（4）执行机构应固定牢固，操作手柄应处于便于操作的位置；

（5）执行机构的机械传动应灵活，无松动或卡塞现象；

（6）有阀位指示装置的电动阀，阀位指示装置应面向便于观察的位置；

（7）电磁阀安装前应按安装使用说明书的规定检查线圈与阀体间的绝缘电阻；

（8）如条件许可，电磁阀在安装前宜进行模拟动作和试压试验；

（9）电磁阀一般安装在回水管口；

（10）电磁阀在管道冲洗前，应完全打开。

五、电源与接地

（1）建筑设备监控系统的现场控制器和仪表宜采用集中供电方式，即从控制机房放射式向现场控制器和仪表敷设供电电缆，以便于系统调试和日常维护。

（2）监控计算机及其外围设备应由设在控制机房的专用配电柜（箱）供电，不与照明或其他动力负荷混接。专用配电柜（箱）的供电电源应符合建筑物的负荷等级的要求，宜由两路电源供电至机房自动切换。有条件时可配置 UPS 不间断电源，其供电时间不少于 30min。

（3）控制机房配电柜，总电源容量不小于系统实际需要电源容量的 1.2 倍。配电柜内对于总电源回路和各分支回路，都应设置断路器作为保护装置，并明显标记出所供电的设备回路与线号。

（4）电源线规格与截面选择：

向每台现场控制器的供电容量，应包括现场控制器与其所带的现场仪表所需用电容量。宜选择铜芯控制电缆或电力电缆。导线截面应符合相关规范的要求，一般在 1.5～4.0mm² 之间。

（5）接地要求：

① 建筑设备监控系统的控制机房设备、现场控制器和现场管线，均应良好接地。

② 建筑设备监控系统的接地一般包括屏蔽接地和保护接地。屏蔽接地用于屏蔽线缆的信号屏蔽接地处，保护接地用于正常不带电设备，如金属机箱机柜、电缆桥架、金属穿管等处。

③ 建筑设备监控系统的接地方式可采用集中的联合接地或单独接地方式，应将本系统中所有接地点连接在一起后在一点接地。采用联合接地时接地电阻应小于 1Ω，采用单独接地时接地电阻应小于 4Ω。

第十一章　住宅小区智能化系统

第一节　住宅小区智能化系统的组成与功能等级

　　智能化住宅小区，是指该小区配备有智能化系统，并达到建筑结构与智能化系统的完美结合。通过高效的管理与优质的服务，为住户提供一个安全、舒适、便利的居住环境，同时可享受数字化生活的乐趣。这里所说的住宅小区智能化系统，是指建筑智能化住宅小区需要配置的系统。总的说来，它包括安全防范子系统、管理与监控子系统、通信网络子系统以及其总体集成技术。住宅小区智能化系统的组成如图 11-1 和表 11-1 所示。

住宅小区智能化系统的组成

表 11-1

子系统	说　　明
综合布线系统	为实现社区管理自动化、通信自动化、控制自动化,保证社区内各类信息传送准确、快捷、安全,最基本的设施就是社区综合布线系统。社区综合布线系统的实质是将社区(或各个住宅小区)中的计算机系统、电话系统、监控系统、保安防盗报警系统和电力系统等合成一个体系结构完整的、设备接口规范的、布线施工统一的、管理协调方便的体系
信息通信系统	社区通信系统是智能社区的中枢神经系统,是社区实现对外界联系,获取信息,感知外部世界,加强信息交流的关键系统。该系统可实现高速信息传输和信息交换及电子邮件,可连接多种通信终端设备,确保社区内数字、文字、声音、图形、图像和电视信息的高速流通,与市内、国内和国外等有关部门实现信息交换和资源共享
安全防范系统	在封闭式管理的社区小区周围设置红外线、微波等报警探测装置,并与社区管理中心的主机相连,用于及时发现非法越界者。社区管理中心能实时显示报警路段和报警时间,能自动记录与保存报警信息。例如,在小区出入口、楼宇进出口、主要通道、电梯轿厢等重点部位设置相应的探测器或摄像机,并联网至社区管理中心;通过相关信息,和传输图像进行监视。并将监视的图像和信息进行记录和保存
家庭报警系统	住户室内具有燃气泄漏报警、户门及阳台外窗防范报警、按钮式家庭紧急求助报警等功能。报警时在住户室内发出声、光信号,并将报警信号传至社区管理中心进行实时记录、处理与存储。设置住户室内火灾自动报警功能,家庭燃气进气管设置自动开关,在发出泄漏报警信号的同时自动切断进气。设置电话自动拨出装置,家庭报警和求助信息反映到管理中心的同时,能够自动拨通事先设置的电话,通知有关部门与住户本人
视频点播系统	用户通过计算机连接接入网,进行 VOD 服务和其他多媒体应用。用户也可通过机顶盒连接接入网
可视对讲系统	可视对讲系统是一套住宅服务措施,提供访客与住户之间双向可视通话,达到图像、语音双重识别,从而增加安全可靠性,同时节省大量的时间,提高了工作效率。更重要的是,如果把住户内所安装的门磁开头、红外报警探测器、烟雾探测器、瓦斯报警器等设备连接到可视对讲系统的保全型室内机上以后,可视对讲系统就升级为一个安全技术防范网络。它可以与住宅小区物业管理中心或社区警卫有线或无线通信,从而起到防盗、防灾、防煤气泄漏等安全保护作用
巡更巡逻系统	在社区相应地点设置无线或有线巡更信息点,巡逻人员装备电子巡更器,按规定的路线进行值班巡查并予记录。管理中心设置巡更管理机,使巡更人员巡逻时间、位置能通过管理机实时记录与显示。在社区相应位置设立巡更签到器,规定保安人员巡更路线及巡更时间,保安人员佩带签到器巡逻,控制中心的电子地图上就会显示出所有保安人员(配签到器的)所在位置。当保安人员在规定时间内没有到指定地点巡逻,控制中心即发出声光报警信号,中心即可查询其位置,并用保安对讲机联络

续表

子系统	说　明
背景音响系统	社区/小区的背景音乐系统一般设置成提供背景音乐和紧急广播两用的系统。公共广播系统主要是针对室外广播系统,通常室外噪声较高,使用扩声系统来改进听音条件。一旦遇有火灾或突发事件非常情况时,背景音乐广播系统可通过切换装置,强制切换成紧急广播
车辆出入系统	对出入社区/小区的机动车辆通过智能卡或其他形式进行管理与计费,并将信息实时送至社区管理中心。社区车辆的出入及收费采用 IC 卡管理系统,对长期用户可用月卡,对来访车辆可用临时IC 卡,所有 IC 卡均经读卡机自动收费。在社区出入口设置摄像机对来往车辆进行自动监控,把车辆的资料(车牌号码、颜色等)传输到管理中心软件中,当有车辆离开时,司机所持的 IC 卡必须和电脑资料一致,才能升杆放行
设备监控系统	现代社区普遍选用恒压供水系统和 VVVF(变频调速)电梯。这些都为实现社区设备管理自动化提供了先决条件。通过有关网络,控制中心可显示社区内主要设备如水泵、水池水位、电梯、高低压开关、路灯等的运行状况,并可通过软件控制设备,使设备运行于最经济合理模式中。当设备发生故障时,控制中心发生声光报警,并通知管理人员处理事故
物业管理系统	物业管理系统是社区智能化运行的先决条件和必备条件,没有一个良好的物业管理体系,再好的社区智能化设施也无法运行,仅仅是装饰而已。综观信息社会的物业管理,其管理组织将向集团化方向发展。集团化物业管理,一般涵盖了社区、公寓写字楼、饭店、购物中心、会所等多类物业。建立统一的网络信息平台,在总部设立中心数据库。分支机构进行物业的日常处理,总部利用网络,透过数据库进行宏观决策和处理。同时,总部可以通过网管系统对各分支机构的业务进行实时监控,在网络信息平台进行整个集团内部的信息交流,既实现集团内部数据的统一性与完整性,又实现各分支机构间的独立性和能动性。 　　智能化社区的物业管理分为两大类:一类是常规管理,诸如房产管理、设备管理、维修管理、报案管理、收费管理、投诉管理、内部管理。另一类是非常规管理,又称增值管理,诸如虚拟社区、远程医疗、远程购物、远程教育、VOD、网络电话、网络游戏、电视会议、音乐点播、一卡通、电子公告、IN-TERNET 接入等

图 11-1　社区智能化系统的组成

普通楼宇智能化系统与住宅小区智能化系统的比较　　　　表 11-2

项　目		普通楼宇	住　宅　小　区
安全防范系统	视频监控系统	相同	相同
	入侵报警系统	相同	相同
	出入口控制系统	相同	相同
	巡更系统	基本相同	相同
	停车场管理系统	相同	有小区管理的特点
	访客对讲系统	一般无	小区特有
火灾自动报警系统	自动手动报警系统	基本相同	非强制性要求,参照执行
	联动控制系统	基本相同	内容不全相同
	紧急广播系统	基本相同	原则相同
监控与管理系统	设备监控系统	基本相同	小区的重点不同
	表具数据自动抄收及远传	一般只到楼层	小区特有,计量到户
	物业管理系统	基本相同	基本相同
	家庭控制器	无	小区特有
	智能卡管理系统	相同	相同
通信网络系统	电话系统	相同	相同
	接入网系统	相同	相同
	卫星电视及有线电视	相同	相同
	公共广播系统	相同	相同
信息网络系统	接入网系统	相同	相同
	信息服务系统	相同	相同
	计算机信息网络系统	相同	相同
综合布线系统		基本相同	小区有自身的特点
智能化系统集成		相同	相同

从表 11-2 可见，住宅小区智能化系统与前述普通楼宇智能化系统的各子系统大多是相同的，因此本章主要阐述住宅小区智能化系统中特有的或有特点的子系统。

第二节　住宅小区安全防范系统

一、住宅小区安全防范系统的防线构成

为给智能住宅小区建立一个多层次、全方位、科学的安全防范系统，一般可构成五道安全防线，以便为小区居民提供安全、舒适、便捷的生活环境。这五道安全防线是：

第一道防线，由周界防越报警系统构成，以防范翻越围墙和周界进入小区的非法侵入者；

第二道防线，由小区电视监控系统构成，对出入小区和主要通道上的车辆、人员及重要设施进行监控管理；

第三道防线，由保安电子巡逻系统构成，通过保安人员对小区内可疑人员、事件进行

监管以及夜间电子巡更；

第四道防线，由联网的楼宇对讲系统构成，可将闲杂人员拒之楼梯外；

第五道防线，由联网的家庭报警系统构成，当窃贼非法入侵住户家或发生如煤气泄漏、火灾、老人急病等紧急事件时，通过安装在户内的各种自动探测器进行报警，使接警中心很快获得情况，以便迅速派出保安或救护人员赶往住户现场进行处理。

居住区安全防范系统根据投资、管理等条件可按基本型、提高型、先进型三类配置，系统配置、布防及要求应不低于表11-3的要求。

住宅小区基本型、提高型、先进型安全防范系统配置表　　　　表 11-3

系统组成与相关子系统		防范区域	配置要求		
			基本型	提高型	先进型
周界防护	实体防护	小区周界	●	●	●
	周界入侵报警系统	小区周界围墙、栅栏等	○	●	●
公共区域安全防范	视频安防监控系统	小区出入口、停车库(场)出入口等	●	●	●
		电梯、重要公共场所、自行车集中停放区	○	●	●
		周界、楼栋出入口、停车场区	△	○	●
	电子巡查系统	住宅楼、重要公共建筑、设备房外围、自行车集中停放区、周界等	●	●	●
	停车库(场)安全管理系统	小区出入口道闸	●	●	●
		停车库及其出入口、停车场区	△	○	●
	出入口控制系统	小区主要出入口	△	○	●
		住宅楼层通道门、重要活动场所、电梯出入等	△	△	○
住户安全防范	访客(可视)对讲系统	楼栋出入口、住户厅(含别墅单元)	●	●	●
		监控中心或小区出入口门卫	○	●	●
	实体防护	一层、连通商铺顶住宅、别墅设内置式防护窗/高强度防护玻璃,设分户防盗安全门	●	●	●
	住户报警系统	紧急报警(求助)装置	○	●	●
		一二层和连通商铺顶住宅或别墅单元的门窗、通道	○	●	●
		其他层	△	○	●
小区监控中心	监控中心		●	●	●
	安全管理系统		○	●	●

注：●应配置○宜配置△可配置

二、住宅小区安全防范工程设计

住宅小区的安全防范工程，根据建筑面积、建设投资、系统规模、系统功能和安全管理要求等因素，由低至高分为基本型、提高型、先进型三种类型，见表11-4。5 万 m² 以上的住宅小区应设置监控中心。住宅小区安防系统集成示例如图11-2所示。

三种类型住宅小区安全防范工程设计标准的比较　　　　表 11-4

住宅小区类型	基 本 型	提 高 型	先 进 型
周界防护	①沿小区周界应设置实体防护设施(围栏、围墙等)或周界电子防护系统。 ②实体防护设施沿小区周界封闭设置,高度不应低于 1.8m,围栏的竖杆间距不应大于 15cm。围栏 1m 以下不应有横撑。 ③周界电子防护系统沿小区周界封闭设置(小区出入口除外),应能在监控中心通过电子地图或模拟地形图显示周界报警的具体位置,应有声、光指示,应具备防拆和断路报警功能	①沿小区周界设置实体防护设施(围栏、围墙等)和周界电子防护系统。 ②小区出入口应设置视频安防监控系统。 ③应满足基本型的第②、③条规定	①沿小区周界设置实体防护设施(围栏、围墙等)和周界电子防护系统。 ②小区出入口应设置视频安防监控系统。 ③应满足基本型的第②、③条规定
公共区域安全防范	宜安装电子巡查系统	宜安装电子巡查系统	①安装电子巡查系统。 ②在重要部位和区域设置视频安防监控系统。 ③宜设置停车库(场)管理系统
家庭安全防范	①住宅一层宜安装内置式防护窗或高强度防护玻璃窗。 ②应安装访客对讲系统,并配置不间断电源装置。访客对讲系统主机安装在单元防护门上或墙体主机预埋盒内,应具有与分机对讲的功能。分机设置在住户室内,应具有门控功能,宜具有报警输出接口。 ③访客对讲系统应与消防系统互联,当发生火灾时,(单元门口的)防盗门锁应能自动打开。 ④宜在住户室内安装至少一处以上的紧急求助报警装置。紧急求助报警装置应具有防拆卸、防破坏报警功能,且有防误触发措施;安装位置应适宜,应考虑老年人和未成年人的使用要求,选用触发件接触面大、机械部件灵活、可靠的产品。求助信号应能及时报至监控中心(在设防状态下)	①住宅一层宜安装内置式防护窗或高强度防护玻璃窗。 ②应安装访客对讲系统,并配置不间断电源装置。访客对讲系统主机安装在单元防护门上或墙体主机预埋盒内,应具有与分机对讲的功能。分机设置在住户室内,应具有门控功能,宜具有报警输出接口。 ③访客对讲系统应与消防系统互联,当发生火灾时,(单元门口的)防盗门锁应能自动打开。 ④宜在住户室内安装至少一处以上的紧急求助报警装置。紧急求助报警装置应具有防拆卸、防破坏报警功能,且有防误触发措施;安装位置应适宜,应考虑老年人和未成年人的使用要求,选用触发件接触面大、机械部件灵活、可靠的产品。求助信号应能及时报至监控中心(在设防状态下)	①应符合基本型住宅小区的第①、③、④款的规定。 ②应安装访客可视对讲系统,可视对讲主机的内置摄像机宜具有逆光补偿功能或配置环境亮度处理装置,并应符合提高型住宅小区的第②款的相关规定。 ③宜在户门及阳台、外窗安装入侵报警系统,并符合提高型住宅小区的第③款的相关规定。 ④在户内安装可燃气体泄露自动报警装置
监控中心的设计	①监控中心宜设在小区地理位置的中心,避开噪声、污染、振动和较强电磁场干扰的地方。可与住宅小区管理中心合建,使用面积应根据设备容量确定。 ②监控中心设在一层时,应设内置式防护窗(或高强度防护玻璃窗)及防盗门。 ③各子系统可单独设置,但由监控中心统一接收、处理来自各子系统的报警信息。 ④应留有与接处警中心联网的接口。 ⑤应配置可靠的通信工具,发生警情时,能及时向接处警中心报警	①监控中心宜设在小区地理位置的中心,避开噪声、污染、振动和较强电磁场干扰的地方。可与住宅小区管理中心合建,使用面积应根据设备容量确定。 ②监控中心设在一层时,应设内置式防护窗(或高强度防护玻璃窗)及防盗门。 ③各子系统可单独设置,但由监控中心统一接收、处理来自各子系统的报警信息。 ④应留有与接处警中心联网的接口。 ⑤应配置可靠的通信工具,发生警情时,能及时向接处警中心报警	①应符合基本型住宅小区的第①、②款的规定。 ②安全管理系统通过统一的管理软件实现监控中心对各子系统的联动管理与控制,统一接收、处理来自各子系统的报警信息等,且宜与小区综合管理系统联网。 ③应符合基本型住宅小区的第④、⑤款的规定

图 11-2　住宅小区安全防范系统集成示例

第三节　访客对讲系统

一、访客对讲系统类型

楼宇对讲系统是一种典型的门禁控制系统。在楼宇的出入口安装身份识别装置，密码锁（锁）或者读卡器，住户需经识别无误后，系统触发电控锁，才能进入楼宇大门。来访者则要通过可视或非可视的对讲系统，由住宅的主人确认无误后，遥控电控锁开启，来访者才能进入楼宇大门。楼宇对讲系统是智能楼宇、智能住宅最基本的防范措施，得到了广泛的应用。楼宇对讲系统的分类如下：

1. 按对讲功能分

可分为单对讲型和可视对讲型。

2. 按线制结构分

可分为多线制、总线加多线制、总线制（表 11-5 及图 11-3）。

三种系统的性能对比　　　　　　　　　　　　　表 11-5

性　能	多　线　制	总线多线制	总　线　制
设备价格	低	高	较高
施工难易程度	难	较易	容易
系统容量	小	大	大
系统灵活性	小	较大	大
系统功能	弱	强	强
系统扩充	难扩充	易扩充	易扩充
系统故障排除	难	容易	较易
日常维护	难	容易	容易
线材耗用	多	较多	少

图 11-3　三种访客对讲系统结构（一）

（a）多线制；（b）总线多线制

图 11-3　三种访客对讲系统结构（二）

（c）总线制

（1）多线制系统：通话线、开门线、电源线共用，每户再增加一条门铃线。

（2）总线多线制，采用数字编码技术，一般每层有一个解码器（四用户或八用户）。解码器与解码器之间以总线连接；解码器与用户室内机呈星形连接；系统功能多而强。

（3）总线制：将数字编码移至用户室内机中，从而省去解码器，构成完全总线连接，故系统连接更灵活，适应性更强。但若某用户发生短路，会造成整个系统不正常。

二、访客对讲系统的组成

对讲系统分为可视对讲和非可视对讲。对讲系统由主机、楼层分配器、若干分机、电源箱、传输导线、电控门锁等组成，如图 11-4 所示。

图 11-4　访客对讲系统连接图

注：室内分机可根据需要再设置分机。

1. 对讲系统

对讲系统主要由传声器、语音放大器和振铃电路等组成，要求对讲语言清晰，信噪比高，失真度低。可视对讲系统则另加摄像机和显示器。

2. 控制系统

一般采用总线制传输、数字编解码方式控制，只要访客按下户主的代码，对应的户主拿下话机就可以与访客通话，以决定是否需要打开防盗安全门。

3. 电源系统

电源系统供给语言放大、电气控制等部分的电源，它必须考虑下列因素：

(1) 居民住宅区市电电压的变化范围较大，白天负荷较轻时可达 250～260V，晚上负荷重，就可能只有 170～180V，因此电源设计的适应范围要大。

(2) 要考虑交直流两用，当市电停电时，由直流电源供电。

4. 电控防盗安全门

楼宇对讲系统用的电控防盗安全门是在一般防盗安全门的基础上加上电控锁、闭门器等构件组成。防盗门可以是栅栏式的或复合式的，关键是安全性和可靠性。

三、访客对讲系统的要求

(1) 住宅小区应配置联网型访客（可视）对讲系统，实现住宅小区出入口、楼栋和监控中心、住户之间双向通话。

(2) 小区出入口应设置管理副机。管理副机应能正确选呼小区内各住户分机，并应听到回铃声。

(3) 住宅楼楼栋出入口和地下机动车、非机动车车库与住宅楼相通的出入口的对讲主机应能正确选呼该楼栋内任一住户分机，并应听到回铃声。

(4) 管理主机应能与住宅小区出入口的管理副机、住宅楼楼栋口的对讲主机、住户室内对讲分机之间进行双向选呼和通话。

(5) 访客对讲系统电控门应有以下几种开锁方式：

① 住户通过室内分机遥控开锁；

② 管理主机遥控开锁；

③ 住户进门时，可采用感应卡开锁或用钥匙开锁。门内开锁用按钮开锁。

(6) 访客或住户进门后，闭门器应能将楼宇电控防盗门自动关闭，管理主机可显示楼宇电控防盗门的开闭状态。

(7) 可视访客对讲系统门口对讲机摄像机应采用自动光圈，广角镜头，并应有夜视功能。

(8) 门口对讲机宜安装在单元门入口处防护门上或墙体内，并应具有防盗防水功能。门口对讲机底边距地宜为 1.3～1.5m。

(9) 室内对讲分机宜设置在起居室（厅）内。室内对讲分机底边距地宜为 1.3～1.5m。

(10) 紧急求助报警装置应符合以下要求：

① 每户至少应在客厅、主卧室的隐蔽、可靠、便于操作部位安装紧急求助报警装置，宜在卫生间预留安装位置。

② 紧急求助报警装置应具有防误触发措施。触发报警后能自锁，复位需要采用人工操作方式。

(11) 每台管理主机管控的住户数应≤500，以避免音（视）频信号堵塞。

(12) 管理主机应有访客信息（访客呼叫、住户应答等）的记录和查询功能，以及异常信息（系统停电、门锁故障时间、楼宇电控防盗门开启状态的持续时间≥120s 等）的声光显示、记录和查询功能。信息内容应包括各类事件日期、时间、楼栋门牌号等。

(13) 系统应自带备用电源装置。市电停电后应自动投入，蓄电池应保证整个系统在停电情况下连续工作时间大于 8h。

四、访客对讲系统的安装

（1）门口机的安装应符合下列规定：

① 门口机的安装高度离地面宜 1.5～1.7m 处，面向访客；

② 对可视门口机内置摄像机的方位和视角做调整；对不具有逆光补偿功能的摄像机，安装时宜作环境亮度处理。

（2）管理机安装时应牢固，并不影响其他系统的操作与运行。

（3）用户机宜安装在用户出入口的内墙，安装的高度离地面宜 1.3～1.5m 处，保持牢固。

（4）对讲系统安装后应达到如下性能要求：

① 画面达到可用图像要求（一般水平清晰度≥200 线，灰度等级≥6 级，边缘允许有一定的几何失真，无明显干扰）；

② 声音清楚（无明显噪声），声级一般不低于 60dBA；

③ 附有报警和紧急按钮的系统，需调试报警与紧急按钮的响应速度。

五、工程举例

【例1】 图 11-5 是韩国金丽牌 ML-1000A 型非可视对讲系统，它是一种双向对讲数字式大楼管理系统。

系统布线时，电源线与信号线必须分开配线，以避免干扰。在图 11-5 中，中央电脑控制主机与中继器及中继器之间的信号线使用 0.4mm 六芯屏蔽线，另接 2mm 二芯电源线，并接到电源供电器。其余全部采用 0.4mm 的四芯线或二芯线。系统的传输距离不大于 500m。

例如，有一栋 12 层住宅楼，每层 8 个住户。整栋大楼为独立管理，有两个单元，设两个门口机。整栋大楼设一个总管理员，也可以根据实际情况选择不设管理人员。两个单元的任一住户可以通过管理员转接，以达到住户间的双向对讲，管理员可呼叫任一住户，并与之双向对讲，管理员可控制开启每一个单元的大门。

该大楼访客对讲系统的设备配置如表 11-6 所示。

一栋 12 层 96 户住宅楼的对讲系统设备配置 表 11-6

序 号	产 品 型 号	产 品 名 称	数 量	备 注
1	ML-803	住户室内对讲机	96	每户一台
2	MCU-1000A	中央电脑控制机	1	每栋楼一台
3	SCU-1010A	中继器	6	每 16 户一台
4	LAP-101	共同对讲门口机	2	每单元一台
5	ML-101G	管理员对讲机	1	
6	DSU-101	序号显示器	1	管理员室一台
7	MS-100PA	系统供电器	1	一个系统一台

【例2】　可视对讲访客系统

根据住宅用户多少的不同，可视对讲系统又分为直接按键式及数字编码按键式两种系统。其中前者主要适用于普通住宅楼用户，后者既适用于普通住宅楼用户，又适用于高层住宅楼用户。

最多可以接 32 个 SCU-1010A

SCU-1010A　中继器(可带 16 户)

住户室内对讲机
ML-803

MCU-1000A　中央电脑控制主机

共同对讲门口机
LAP-101

使用方法

MS-100PA

系统供电器

DSU-101

房号显示器

共同对讲门口机
LAP-101

使用方法

防盗电锁

管理员对讲机
ML-101G

防盗电锁

图 11-5　ML-1000A 型单对讲系统

1. 直接按键式可视对讲系统

直接按键式可视对讲系统的门口机上有多个按键，分别对应于楼宇的每一个住户，因此这种系统的容量不大，一般不超过 30 户。图 11-6 示出 6 户型直接按键式可视对讲系统结构图。由图可见，门口机上具有多个按键，每一个按键分别对应一个住户的房门号，当来访者按下标有被访住户房门号的按键时，被访住户即可在其室内机的监视器上看到来访者的面貌，同时还可以拿起对讲手柄与来访者通话，若按下开锁按钮，即可打开楼宇大门口的电磁锁。由于此门口机为多户共用式，因此，住户的每一次使用时间必须限定，通常是每次使用限时 30s。

由图 11-6 可见，各室内机的视频、双向声音及遥控开锁等接线端子都以总线方式与门口机并接，但各呼叫线则单独直接与门口机相连。因此，这种结构的多住户可视对讲系统不需要编码器，但所用线缆较多。

图 11-6　直接按键式可视对讲系统结构图

图 11-6 中的 $S_1 \sim S_6$ 分别是各室内机内部的继电器触点开关（这里为方便对系统的理解，单独取出画于室内机的外部），当来访者在门口机上按下某住户的房门号按键时（假设 101 号按键对应 5 号室内机），即可通过对应的呼叫线传到相应的 5 号室内机，使该室内机内的门铃发出"叮咚"音响，同时，机内的继电器吸合，开关 S_5 将 5 号机的各视频、音频线及控制线接到系统总线上。门口机上设定了按键延时功能，在某房门号键被按下后的 30s 时间内（延时时间可以在内部设定），系统对其他按键是不会响应的，因此，在此期间内其他各室内机均不能与系统总线连接，保证了被访住户与来访者的单独可视通话。此时的电路结构，与前述的单户型可视对讲门铃的结构是完全一样的。当被访住户挂机或延时 30s 后，5 号机内的继电器将自动释放，S_5 与系统总线脱开。

2. 联网式可视对讲系统

联网型的楼宇对讲系统是将大门口主机、门口主机、用户分机与小区的管理主机组网，实现集中管理。住户可以主动呼叫辖区内任何一家住户。小区的管理主机、大门口主机也能呼叫辖区内任何一家住户。来访者在小区的大门口就能通过大门口主机呼叫住户，未经住户允许来访者不能进入小区。有的联网型用户分机除具备可视或非可视对讲、遥控开锁等基本功能外，还允许接各种安防探测器、求助按钮，能将各种安防信息及时送到管理中心。联网型的楼宇对讲系统见图 11-7。门口机除了呼叫功能外还可以通过普通键盘、乱码键盘或读卡器，实现开锁功能。

图 11-7　联网型可视带报警模块的对讲系统示意图

3. 与有线电视共用的可视对讲系统

上述系统的视频与音频信号是由系统独立传输的，在一些可视对讲系统中，其视频信号可利用楼宇的 CATV（公用无线电视）网传送，即门口摄像机输出经同轴电缆接入调制器，由调制器输出的射频电视信号通过混合器进入大楼 CATV 系统。调制器的输出电视频道应调制在 CATV 系统的空闲频道上，并将调定的频道通知用户。在用户与来访者通话的同时，可通过安装在分机面板上的小屏幕或开启电视来观看室外情况。其原理接线如图 11-8 所示。

图 11-9 是利用 CATV 射频同轴电缆的监控图像系统。其中图（a）是住宅可视对讲系统（摄像头设在大楼门口）。图（b）是用于小区的安防视频监控系统。安装使用时，说明如下：

（1）邻频调制器输出的监控射频频道必须选择与有线电视信号各频道均不同频的某一频道，其输出电平必须与有线电视信号电平基本一致，以免发生同频干扰或相互交调。

615

图 11-8　可视对讲系统视频与 CATV 共网原理图

图 11-9　小区用射频传输电视监控图像系统图

（a）住宅可视对讲系统；（b）小区保安监视系统

（2）图 11-9（a）适用于已设置普通电话或住宅对讲系统需增加可视部分的住宅楼。来客可用普通电话或对讲机呼叫住户，住户与来客对话，同时打开电视机设定的频道观察来访者。

（3）图 11-9（b）方案是利用小区已有的监视系统和有线电视传输网络，实现住户在家利用电视机观察小区内设置监视点的地方。

这种 CATV 共网方式还可用于背景音乐广播，详见图 11-10。该系统有四套自办节目，其中一套背景音乐节目源采用音频传输。另三套节目，将其音频信号采用调频方式，通过各自的调制器后接入 CATV 前端混合器，再经电视电缆线路输送到各客房床头柜的 FM/AM 收音机天线输入插孔。图中接线有二线和三线制。三线可用强制功能的消防广播。

图 11-10　FM 传输背景音乐与消防广播系统示意图

第四节 住宅小区通信网络系统

一、住宅小区通信网络系统方式

对于住宅小区通信网络来说目前大多采用电信网和有线电视网实现。住宅小区通信网络的组成有表11-7所示的几种方式可供选择。

住宅小区通信网络组成 表 11-7

业务网络	通信方式		设备类型	实施部门	安装地点
电话网	集中用户交换机功能（centrex）		程控电话交换机软件	电信	公用网电话局
	程控交换局远端用户模块		程控电话交换机远端用户模块	电信	物业提供机房
	程控交换局		程控电话交换机	电信	物业提供机房或公用网电话局
	程控用户交换局（站）		程控用户电话交换机	物业	物业提供机房
接入网	光纤接入	光纤环路 光纤到小区 FTTL	光纤线路终端（OLT）	电信或物业	电信或物业提供机房
		光纤到路边 FTTC	光纤网络单元（ONU）	电信或物业	物业机房或住宅楼设备间
		光纤到楼 FTTB 光纤到户 FTTH	传输设备（SOH 等）	电信或物业	物业机房、住宅楼设备间或小区内（管道）
		光纤同轴混合（HFC）	局端设备	广电、电信、物业	物业提供机房
			远端设备	广电、电信、物业	物业机房或住宅楼设备间
			光纤、同轴传输网	广电、电信、物业	小区内
	铜缆接入	高比特数字用户线（HDSL）非对称数字用户线（ADSL）	局端设备	电信或物业	电信或物业提供机房
			远端设备	电信或物业	物业机房主或住宅楼设备间
	无线接入	无线用户环路（WLL）	基站	电信或物业	物业机房或住宅楼设备间及用户住处
			控制单元	电信或物业	物业提供机房
		卫星 VSAT 系统	室外单元	电信或物业	物业提供场地
			端站设备	电信或物业	物业机房或住宅楼设备间
综合业务数字网	窄带综合业务数字程控交换局（H-ISDN）		ISDN 电话交换设备	电信或物业	电信或物业提供机房
	宽带综合业务数字程控交换局（B-ISDN）		ATM 交换设备	电信或物业	电信或物业提供机房

（一）住宅小区电话网

住宅小区住户的电话业务主要由公用市话网的所在地电话局提供，电信部门主管运营和维护。利用公用电话网的交换局设备或在小区内设置用户远端模块，可为住户提供市话等各种业务。住宅小区的住户相对比较集中，小区的规模又各不一样，因此在小区物业中心的机房内可设置用户远端模块局，也是电信部门推荐的一种建设方案（参阅第二章）。

利用远端用户交换模块，实质上是将电话局交换设备的用户机架及接线器移至远端，其容量可达到几千线。交换局和远端局之间通过光传输系统及一对光纤实现信息的传送。一般主局和远端局之间均采用单模光纤，支持的距离可达几十公里。

采用远端模块局有如下特点：

（1）远端模块局与母局有相同的用户接口、性能、业务提供和话务负荷能力；

（2）所有的维护和计费在母局进行，远端局可以做到无人值守；

（3）远端局的容量可以是几十门至几千门，并方便扩容；

（4）远端局的交换设备占地面积小，只需在物业中心提供相应的房屋、电源、接地体等条件即可安装；

（5）远端局的业务增加和性能改进可随母局一起升级。小区通信网络参见图 11-11。

图 11-11　小区宽带网络结构图

对于小区内的集团、企业、公司等单位的用户又可采用集中用户交换机功能的方式，在原有的电话交换机上使用软件去完成虚拟交换。用户可以不建设交换系统，就可实现内部通话及与公用网的电话业务。并且内部通话可不进行计费，用户只需交付入网费，即可享用公用电话网所能提供的多种业务。物业亦可免去日常对交换设备的维护工作。

同时，在电话网上用户可以利用普通电话线，配上一个调制解调器（Modem）拨号上网，实现数据通信，对于大部分的用户来说是较为经济和简便的一种方式，但有接入速率偏低的感觉，况且语音和数据业务不能同时兼有。

利用现有电话网中的用户双绞线采用 ADSL 调制解调技术，有较好的应用前景。接入能力上行速率达 64～640kbit/s，下行速率可达 2～8Mbit/s。ADSL 非对称的宽带特性可实现 PC 机与系统视像服务器之间的网络互联，又不会影响语音业务。最大优点是不需要改变现有的市话用户配线网。此种方式的应用在物业应设置 ATM 交换设备。

ATM 主要以"信息组"进行复用和交换，克服了分组交换和电路交换方式的局限性，提供 64kbit/s～600Mbit/s 各种信息业务。对于小区住宅用户可提供的业务主要有 VOD、高清晰电视节目、高质量电视信号的传送、可视电话/数字电话业务、电子金融服务等。

（二）住宅小区接入网（表 11-8）

各种接入技术的扼要比较

表 11-8

	速率/(bit/s)	基础设施	主要优点	主要问题	发展前景
模拟 Modem	56k	现有电话网	成熟，有国际标准，价格低	速度很低，不能接入视频信息，与电话不能并用	发展有限
N-ISDN	64k/128k	现有电话网	成熟、标准化，与电话并用，价格适宜	速度不高，仍无法接入实时视频	是宽带接入前的过渡
ADSL	1.5k～8M	现有电话网	利用现有电话线、宽带接入，可与电话并用	价格较高	FTTH 实现前的宽带过渡技术
简化 ADSL	64k～1.5M	现有电话网	用户端不需分离器，价格大大低于 ADSL	不支持数字电视的接入	可能是近期主要的电信宽带接入方案
Cable Modem	2M～36M	现有有线电视网	利用现有有线电视电缆、宽带接入	非全数字化，速率与用户数成反比	FTTH 实现前的广电宽带解决方案
FTTH	155M～622M	新建光纤网	速度极高，能接入所有业务，全数字传输	不够成熟，标准化不够，价格昂贵	理想家庭接入技术

（三）住宅小区局域网（LAN）

在住宅小区智能化系统中，计算机局域网是实现"智能化"的关键，即应用计算机网络技术和现代通信技术，建立局域网并与 Internet 互联，为住户提供完备的物业管理和综合信息服务。

小区局域网结构由接入网、信息服务中心和小区内部网络三部分构成。

1. 接入网

一般系指局域网与 Internet 互联网的连接方式。地区用户接入方式可以有多种选择，可以由电信局、有线电视台或其他 ISP（Internet service Provider）提供该业务。

2. 信息服务中心

信息服务中心是小区局域网的心脏，由路由器、防火墙、Internet 服务器、数据备份设备、交换机、工作站等硬件设备和网络操作系统、Internet 应用服务、数据库、网络管理、防火墙等软件以及针对小区实际需要而二次开发的应用软件等组成。小区是否设信息服务中心应视建设规模和业主的投资情况而定，其功能和提供的服务通常是随着小区的建设和实际需要而逐步完善的。

3. 小区局域网

主要可为住户提供物业管理办公自动化、综合信息服务、家居服务和日常生活资讯等功能。根据应用和功能要求，可以列出对小区网络速率的要求，如表 11-9 所示。图 11-12 是住宅小区计算机局域网的示意图。

图 11-12 住宅小区计算机局域网示意图

小区网络性能需求一览表 表 11-9

需求名称	速率/(bit/s)	说　　明	
住户接入速率	56～300k	小区局域网内仅提供多媒体非实时性应用服务和对 Internet 的访问服务	
	≥1.5M	如果小区内提供 VCD 档次的 VOD[采用 MPEC-1 方式的 CCIR601 格式的录像,720(像素)×488(线)×30(帧/s),数据率为 1.5Mbit/s]	
	≥4M	如果小区内提供 DVD 档次的 VOD(采用 MPEC-2 方式的最低分辨率视像 352×288×30,数据率为 4Mbit/s;中分辨率视像 720×576×30,为 15Mbit/s)	
网站/物业管理服务器接入速率	10M	小区用户数≤100,平均每户≥100kbit/s	高峰时段可假定同时访问数为总户数的 1/10
	100M	100<小区用户数≤1000,100kbit/s≤平均速率≤1Mbit/s	
	1000M	5000≥小区用户数≥1000,2000kbit/s≤平均速率≤1Mbit/s	

621

续表

需求名称	速率/(bit/s)	说　　　明	
对外互联速率	256k	小区用户数≤100,高峰时段平均每户最低速率≥25.6kbit/s	按 1/10 用户同时访问网站计算
	2M	100<小区用户数≤1000,20kbit/s<高峰时段最低速率≤200kbit/s	
	10M	4000≥小区用户数≥1000,25kbit/s≤高峰时段最低速率≤100kbit/s	
VOD 服务器接入速率	100M	可支持 60 路 VCD 节目或支持 25 路低分辨率 DVD 节目的同时传输	
	1000M	可支持 600 路 VCD 节目或 250 路低分辨率 DVD 节目的同时传输,或 60 路中分辨率的MPEC Ⅱ视像节目的传输(720 像素×576 行×30 帧/s)	

（四）住宅小区的布线

小区的布线建设可以分成三个步骤进行，这三个步骤是：

1. 家庭布线

在每个家庭内安装家庭布线管理中心，即家庭配线箱，家庭内部的所有设备电缆都由配线箱分出连接各个设备。

2. 住宅楼布线

在各个住宅楼设置楼内布线管理中心，即楼内的配线箱，这个楼宇内所有住户的线缆在楼内布线管理中心汇集。

3. 小区布线管理中心

各个住宅楼的线缆在小区布线管理中心汇集。

表 11-10 列出小区的各种设备和传输媒介。

智能化小区各种设备及相应传输线缆　　　　　　　　表 11-10

	主　要　设　备	传　输　介　质
家庭智能化设备	红外传感器、人体热释电传感器、超声波传感器、开关式传感器、微波传感器、激波传感器、连接 110 报警机	普通绞线(屏蔽或非屏蔽)或无线传输
	外传报警执行(119 火警)装置、自动喷淋装置、温度传感器、烟雾传感器、煤气泄漏传感器、氧传感器、环境自动调节	普通绞线(屏蔽或非屏蔽)或无线传输
	载波电器控制器,家电自动监测控制(电视机、计算机、音响设备、空调机,其他家电设备),卫生间排气扇控制,水、电、气阀门控制,自动抄表(电表、水表、气表、热水表、热量表)	普通绞线(屏蔽或非屏蔽)或无线传输
	电冰箱、洗碗机、电饭煲、微波炉、热水器、食品干燥机、消毒碗柜、抽油烟机、调料柜、米柜、燃气灶的工作状态监测及控制	普通绞线(屏蔽或非屏蔽)
小区物业管理智能化设备	车辆(自行车)管理	普通绞线
	公共区照明控制、声光控开关、定时开关、人体热释电开关	普通绞线
	保安人员巡更系统	普通绞线
	人员进出管理	普通绞线
	电视监控及周边红外监控系统	同轴电缆或绞线
小区智能化通信设备	小区局域网(以太网)、小区程控交换机、传真、电话、可视电话	光纤、五类双绞线、普通绞线
	有线电视系统	同轴电缆、光纤
	地下停车场手机、BP 机信号呼入和呼出系统、移动电话系统、移动对讲系统	同轴电缆或无线传输

二、住宅小区宽带网的设计

宽带接入是相对于普通拨号上网方式而言，拨号上网速率因受模拟传输限制最高只有56kbit/s，根本无法浏览实时传输的网上多媒体信息，连一般的网页浏览也需较长的等待时间，更不用说网上信息的下载。宽带的定义，即按接入的带宽分类，宽带传输速率＞2Mbit/s，而窄带传输速率≤2Mbit/s。

宽带网分为三个层次，分别是核心层、汇聚层、接入层。核心层主要负责 IP 业务汇接，包括广域 ATM 网、宽带骨干 IP 网等。汇聚层主要包括分 DDN 宽带专线接入，100M/1000M（快速/千兆以太网）接入，IP 路由寻址等接入。接入层是直接对用户的最终接入，也就是"最后一公里"，主要包括 10M/100M（LAN）以太网、ADSL（非对称数字线路）、基于 HFC 的 Cable Modem、HomePAN 以及无线接入等方式。下面对目前住宅小区常用的前三种宽带网接入方式的工程设计进行阐述：

（一）FTTB+LAN（以太网）接入方式与工程设计

我国接入网建设，按照光纤尽量靠近用户，以发展光纤接入网为主的原则，已初步实现了光纤到路（FTTC）、光纤到办公室（FTTO）、光纤到楼（FTTB）。目前的发展方向是光纤以太网加局域网接入，即 FTTB（光纤到大楼）＋LAN 的方式。这样，光纤可敷设到楼边，楼内采用局域以太网的方式，线路采用五类双绞线连接。用户无需要任何调制解调设备，在电脑内加装一块以太网网卡即可。这样成本较低，还能提供 10～100Mbit/s 的用户接入速率，而且便于管理、维护，是新建小区的首选接入方式。

由于宽带接入商通常采用先投资，再回报的投资策略，所以一般先为小区免费布线，网络开通前的费用均由宽带接入商投资。在做设计前必须先由小区开发商与宽带接入商签订协议，此后由宽带接入商提供一份技术要求任务书，供小区开发商提供给设计人员、设计单体建筑时参考。因设备、线路由宽带接入商垫资，所以设备、线材均由其选型，配置采用低配置型综合布线设计，电话线路仍采用传统电话配线、配管方式。宽带接入只考虑每户设置一个信息接口，如需多个信息接口，需住户自行安装小型 HUB，家庭信息箱中即可提供一个四口 HUB，复式住宅及别墅不受此限制。设计单位根据技术要求条件书，进行楼内盒箱及管线预埋，通常有两种做法：单式和楼栋式，其管线设计方案分别见图11-13 和图 11-14。图 11-13 为楼栋式进线，三个单元分别表示了两种垂直干管配管方法。图 11-14 表示单元式进线，分线盒出线采用电话、数据共管配线至家庭信息配线箱的配线方式。是否采用信息配线箱由工程设计定，一般非智能化住宅可不采用家庭信息配线箱。智能化住宅因牵涉系统较多（如电视、电话、宽带网、访客对讲、三表远传、家庭报警等），需采用家庭信息配线箱。两种配管方式均可采用，具体由宽带接入商确定。

单元式配线，需在每栋楼前设置人孔，与单元电缆手孔相连。楼栋式配线则直接由楼前电缆手孔暗配管至信息配线箱（860mm×600mm×160mm，$W×D×H$）。信息配线箱中含有水平安装数据、语音配线架、垂直安装 HUB（以太网交换机）。配线箱暗敷设于单元楼道底层墙上，安装高度底边距地 1.4m。HUB 等设备的供电分别引自公共照明回路，线路采用 BV-500（3×2.5）SC15-FC，并应根据现场供电情况决定是否增加 UPS 供电设备。电话及信息接点均采用不同的配线架，再由一层分别供至各层配线盒。配线盒安装高度距顶 0.3m。由各层配线盒至每户家庭信息配线箱及信息插座均采用穿管暗敷。如采用

图 11-13 楼栋式宽带网及电话配线系统

图 11-14 单元式宽带网及电话单元配线系统

家庭信息配线箱，其安装高度距地 1.8m。箱盒预埋尺寸应根据设计，参考样本选定。其管径截面利用率双绞用户线为 20%～25%，平行电话用户线为 20%～30%。施工暗管及盒箱时，宽带接入商均需配合施工，线路穿放由其自行施工。小区应设置交换机房，面积在宽带接入商提供的技术任务书中确定，宜设于小区中心会所内或物业管理中心。机房设计牵涉网络设计，由宽带接入商设计、施工。占用房间面积由宽带接入商向小区房地产开发商提出要求，由房地产开发商统一规划、设计、施工后，再销售或租赁给宽带接入商。

（二）ADSL 接入

这种接入方式的传输介质均采用普通电话线，适用于用户宽带需求较分散的已有住宅小区，以及光纤短期内无法敷设到的地方。ADSL 的上行信道有 25 个 4kHz 信道，最高上行速率可达 864kbit/s，一般为 640kbit/s。下行信道有 249 个 4kHz 信道，最高下行速率为 8Mbit/s。由于与普通模拟电话占用不同的区段（模拟电话：20Hz～3.4kHz，XDSL2.5～3.4kHz），所以可在一对电话双绞线上同时传输语音和数据信号，只需加装一个分离器和 ADSL MODEM 即可。但采用此技术需建成一批 ADSL 市话端局，其接入商只有中国电信一家，接入方案主要有 ADSL 直接接入及 ADSL+LAN 方式。ADSL 直接接入需在电信局设置 DSLAM（DSL Acess Mux 即 DSL 多路复用器），因多路复用器价格较高，所以，此种接入方式成本较高，不适宜推广。而 ADSL+LAN 的方式，数据从住宅楼到小区直至电信局仍采用光纤以太网方式，楼内则采用 MINIADSL 作为 ADSL 端局，既可省去繁杂的入户线路改造，又降低了 DSLAM 的造价，而且传输距离长，是 ADSL 接入的发展方向。但因电信局不同意此接入方式，而只同意采用直接接入的方式，所以尽管 ADSL+LAN 有诸多优点，但仍未能得到推广。由于此方式均为电信局端设备改造，用户端无需对线路进行改造，所以多为电信系统自行设计，故不详述。

（三）HFC 接入

现有 HFC（有线电视光纤同轴混合网）经过双向改造后，使用 Cablc Modem 就可以构成宽带接入网。一般 HFC 上行数据信道利用 50MHz 的低频段采用 QSPK 或 16QAM 调制方式，下行数据信道利用 170MHz 以上的频段，Cable Modem 采用 DOC-SIS 标准。

由于 HFC 采用总线型结构，共享频段，用户和邻用户分享有限的宽带，当一条线路上用户激增时，速度将会减慢。所以为保证接入速度，小区内用户通常只能满足 500 户需求，否则需将一个小区拆分成几个区段，才能保证下行速率为 30Mbit/s，用户端可提供 10Mbit/s 接口。由于受用户数限制，仅有部分小区采用 HFC 方式。现在广播电视局基本采用 HFC+LAN 方式，因 HFC 的行政主管为广播电视局，所以与 ADSL 接入方式一样缺少接入商竞争。传统 HFC 做法是用户加装分配器分别接至信息接口及电视接口，因广播电视局未获得电话经营权，所以无法提供电话接口。用户加装 Cable Modem，根据授权密码使用数据接口。

HFC 接入网的主干系统采用光纤，配线部分则使用现有 CATV 网中的树形分支结构的同轴电缆。每个光网络单元（ONU）连接一个服务区（SA），每个服务区内的用户数一般在 500 户左右（基于通信质量和价格的综合考虑）。用户 PC 需要配置 Cable Modem（电缆调制解调器）才能上网。Cable Modem 可以是单独的设备，也可以是机顶盒中的一块插卡（机顶盒中还可以插入数字电视卡，以便在模拟电视机上接收数字电视节目或者插入 IP 电话卡实现在因特网上打电话）。每个 Cable Modem 在用户端有两种接口：连接模拟电视机的 AUI 接口和连接 PC 机的 RJ45 双绞线接口。Cable Modem 多采用非对称结构，下行速率达 3M～10Mbit/s，上行速率可达 200k～2Mbit/s。

上述三种住宅小区宽带网接入方式的优缺点如表 11-11 所示。

三种接入方式的优缺点比较

表 11-11

	优　点	缺　点	使用/计费方式
LAN	(1)用户端不需各种调制解调器； (2)高速，每户独享 10M 带宽； (3)除了 Internet 高速接入外，ASP 还提供小区专用虚拟服务器，便于小区实现网络化物业管理和内部信息服务	(1)必须敷设专用网络布线系统； (2)网络设备需占用建筑面积	(1)专线上网，不需拨号； (2)包月计费，不限使用时间
ADSL	利用电话线，不需专门布线	(1)用户端需要 ADSL Modem 作接入设备； (2)仅作为 Internet 接入通道，信息内容受制于 ISP	(1)专线上网，不需拨号； (2)包月计费，不需缴付电话费，速率 1～4M 可选，使用费用相应递加
HFC	利用双向有线电视网络	(1)树型网络结构，传输速率取决于同一光节点下的用户数量，用户增多速率下降，通常下行速率只有 1～2 Mbit/s，常见的是 400～500Mbit/s； (2)用户端需要 Cable Modem 作接入设备； (3)仅作为 Internet 接入通道，信息内容受制于 ISP	(1)与有线电视混用，不需拨号； (2)提供几种包用计费套餐，不限使用时间

第五节　住宅小区综合布线系统

一、住宅小区布线系统方案

（一）住宅综合布线系统

智能化住宅小区的一个重要特征在于小区的网络化。智能小区的综合布线系统为实现网络化提供了物质基础和基本途径。图 11-15 是一种多层住宅综合布线的系统图示例。

图中在一层的设备间内设置了 HUB1、HUB2 及 480 对 110 模块（用于语音）、48 个 RJ45 模块（用于数据）的 BD/FD，在其他单元的一层设置了 144 对 110 模块的 CP。从室外引入 1 根光缆（6 芯多模或单模光纤）与 HUB1 连接，HUB1 用两端带 RJ45 插头的电缆与 HUB2 连接，HUB1 和 HUB2 用两端带 RJ45 插头的电缆与 BD/FD 连接；从室外引入的 HYV-150×2×0.5 电话电缆与 BD/FD 连接。从 BD/FD 引至其他单元 CP 各 2 根五类 25 对对绞电缆（用于数据）、4 根三类 25 对对绞电缆（用于语音）。由 BD/FD 和各单元的 CP 引至各自单元每个住户各 3 根 4 对对绞电缆。HUB 总的端口数量为 48 口（本建筑物的用户数量），HUB 也可为多台 HUB 进行堆叠（如可采用 2 台 24 端口的 HUB 或 4 台 12 端口的 HUB 等）。支持数据和语音的多层住宅综合布线系统第一种设计方案见图 11-15 中的做法，图中电缆旁边的数字为 4 对对绞电缆的根数。图 11-16 为家居综合布线

图 11-15　多层住宅综合布线系统图

配置示例。

图 11-16　家居综合布线配置

（二）住宅传统布线系统

小区住宅布线系统有两种方式：一是前述的综合布线系统，二是采用传统线缆的传统

627

布线方法。这里叙述后一种。

住宅传统布线系统设计方案共四种（图 11-17）。这四种设计方案的网络接口设备和主配线设备设置相同，主配线设备至各辅助分离信息插座 ADO/配线箱 DD 的路径不同，并根据所需进线光缆和电话电缆、电视同轴电缆数量及备用管数量确定。

1. 方案一

单元的各层均设置楼层配线箱，从主配线设备引至每个楼层配线箱的一组电缆，经楼层配线箱将电缆分配给各住户的辅助分离信息插座 ADO/配线箱 DD。该方案见图 11-17 中的 1 单元。

图 11-17　多层住宅家居布线系统图

2. 方案二

各单元的每三层（或每两层）设置一个楼层配线箱，从主配线设备引至每个楼层配线箱的一组电缆，经楼层配线箱将缆线分配给本层及上下层各住户的辅助分离信息插座 ADO/配线箱 DD。该方案见图 11-17 中 2 单元。

3. 方案三

不设置配线箱，从主配线设备接引至各单元住户的 ADO/DD 一组电缆。该方案见图 11-17 中 3 单元。

4. 方案四

各单元的一层设置一个单元配线箱，该单元配线箱负责每个单元的配线。从主配线设备引至每个单元配线箱的一组电缆，经单元配线箱分配给各住户的 ADO/DD。该方案见图 11-17 中的 4 单元。

二、住宅布线系统的配置与布线

（一）住宅（家居）布线的类型

住宅（家居）布线主要有三种基本类型：

1. 信息系统布线

提供信息服务平台，进行信息的管理，其应用包括电话、传真、计算机、电子邮件、电视（视频会议）、家庭办公及其附加服务。利用信息系统布线可以提供小区和住户间的信息管理，小区和住户家中的日常外部通信。

2. 控制系统布线

提供对住户生存环境的控制，如控制家中的水、电、气、热能表的自动抄送，空调自控、照明控制、家庭防盗报警、访客对讲、监控等，从而实现家庭内部实时、准确、有效、方便的自动化环境控制服务。布线介质可选用双绞线和同轴电缆共同构成，拓扑结构可采用星形、总线形或菊花链形的一种或几种形式的混合。

3. 家庭电子和家庭娱乐的布线

家庭电子和娱乐一般由音频和视频信号组成，如有线电视、家庭影院、视频点播等。传输介质可采用同轴电缆，总线形配置，通过计算机网络作为传输媒体，用户也用通过在电视上加装机顶盒来完成信号的接收和转换。

住宅布线传输方式有多种，有不同的传输介质如同轴电缆、双绞线、光纤电力线载波等有线方式，红外遥控、射频等无线信号传输方式。有线方式具有安全性高、容量大、速率高等优势，无线遥控方式更适合家庭。

（二）住宅布线系统线缆、信息插座

1. 非屏蔽双绞线

4 对非屏蔽双绞线（UTP）主要用于干线电缆、跳线和连接信息插座，该线缆要求符合或超过 ANSI/TIA/EIA568A 标准。

2. 同轴电缆

同轴电缆可使用第六型系列和第十一型系列，其性能符合 SCETEIPS-SP-001。设备线和跳线应符合第五十九型系列或第六型系列的同轴电缆，并安装阴型的同轴电缆连接头，要求符合 GR-1503-CORE、SCTE IPS-SP-404 的第五十九型系列中的电子和安全测试，接头/插座和连接头安装必须符合 SCTE IPS-SP-40 的标准。

3. 光缆

光缆可使用 $50/125\mu m$ 多模光纤或单模光纤或两种光纤一起使用，光纤到信息插座可使用 2 芯或 4 芯光纤，光纤插头可用 ST 或 SC 单头/双头的多模或单模连接器，连接器应附加 A 和 B 的标记，以表示 SC 连接头的位置一及位置二，方便识别。

4. 信息插座

信息插座必须使用 T-568A 接线方法，使用 4 对 8 芯插座/插头。插座必须安装在墙上，并可选择面板式或盒装式。

（三）住宅布线系统的设置要求

1. 配线箱 DD 设置

住宅配线箱 DD 如图 11-18 的虚线框内。它必须安装在每个家庭内，安装的位置应便于安装和维修。DD 内安装有源设备时，需要由配电箱为配线箱 DD 提供一个交流 220V、15A 独立回路的电源供电。图 11-19 是住宅布线平面图示例。

2. 各种信息插座的设置

信息插座的设置一定要保证足够数量，考虑到未来发展的需要。客厅设置四种信息插

图 11-18 住户配线箱（DD）接线示意图

座，以满足电话、电视、计算机、传真机的需要；书房设置四种信息插座，以满足电话、电视、计算机、传真机的需要；主卧室、卧室各设置三种信息插座，以满足电话、电视、计算机的需要；餐厅设置两种信息插座，以满足电话、电视的需要；卫生间设置一种信息插座，以满足电话的需要；厨房设置一种信息插座，以满足电话的需要。信息插座的设置方法既要满足住户现有的需要，也要满足住户今后房间功能的改变或家具摆放位置改变时的需要。未来服务升级或引入新的服务时，只需将新的硬件设备接到信息插座的缆线上即可。

3. 主配线间

主配线间主要放置分界点、辅助分离缆线、主干缆线、有源设备、保护设备及其他需要与服务供应者接入线连接的设备等。

图 11-19 智能化住宅布线平面图

4. 楼层配线间和楼层配线处

楼层配线间和楼层配线处是主干和辅助分离信息电缆端接处、设置楼层配线箱。楼层配线间是安装楼层配线箱的房间，楼层配线处是将楼层配线箱安装在某一墙上的地方。

楼层配线间和楼层配线处要求设置在每层或者每三层（上层、本层和下层）或根据实际情况每若干层设置一个。楼层配线间和楼层配线处应方便接线。

高层住宅楼中，采用楼层配线间。楼层配线间设置在弱电竖井内。

多层住宅楼中，采用楼层配线处。楼层配线处设置在楼梯间内。

楼层配线箱在墙上的最小占用面积应大于表 11-12 的要求。

楼层配线箱的最小占用面积要求　　　　　　　　　　　　　　　表 11-12

名　　称	等级一家居布线	等级二家居布线
楼层配线箱的最小面积(可供五个家庭单元)	370mm(宽)×610mm(高)	775mm(宽)×610mm(高)
每增加一个家庭单元楼层配线箱所需增加的最小面积	32270mm²	64540mm²

5. 设备间

设备间可包括主配线间和楼层配线间，一个设备间通常不仅包含服务接线端，还有不同空间的要求。设备间有电源、空调通风系统。

6. 主干布线

双绞线和光纤应采用星形拓扑结构，同轴主干电缆可采用星形或总线形拓扑结构，图 11-20 和图 11-21 是住宅小区和高层住宅的光纤到户通信系统图例。

三、住宅光纤到户系统（FTTH）

无源光网络系统（PON）在住宅小区中的应用，也就是住宅光纤入户系统（FTTH）。

（一）设计原则

每 2000 户左右考虑设置一个光纤交接箱，每 30 户左右建议设置一个光分配箱，每 64 户最少预估 1 芯光纤。家用 ONU 尽量安装在用户终端弱电多媒体箱内，入户光缆终端设置在箱内，以加强对光纤接头的保护。

（二）不同类型住宅类型的设计思路

1. 别墅小区

采用小区一级集中分光，每条链路只设一个分光点，由 OLT 分光器集中安装在小区的光交接箱内，各个别墅统一由小区光交接箱单独配出。集中的分光对维护和故障检测较简单，故障面较小，但线路相对较多。

2. 小高层住宅小区

一级分光器集中安装在小区的光交接箱内。二级分光器设置在单元楼内，安装在住宅单元的光分配箱内。光分配箱一般设于单元弱电间，由光分配箱内分光器配光纤给各户 ONU。由于分光点较多，链路衰耗较大，且从光网络管理的角度上来讲，分光点较多且分散对维护和故障检测较困难。

3. 高层住宅小区

采用一级分散分光，将 OLT 分光器集中安装在单元的光交接箱内，光交接箱设于单元弱电间，楼内每隔几层（建议三层）设置一个光分配箱，光分配箱安装在弱电竖井内，由光分配箱内分光器配光纤给本区域内各户 ONU，如图 11-20 所示：

图11-20　住宅小区无源光网络系统（FTTH）

注:

(1)本图为光纤到户接入网技术的光纤到户方案,支持语音、数据、IPTV的应用。本系统按每层8户考虑,为每户提供1根1芯光缆。图中HD为住户配线箱。

(2)本图以十二层住宅楼为例,1栋十二层住宅楼有1个楼门(单元),每层有8个住户。

(3) 3栋邻近的高层住宅楼(共288户)组成一个配线区,配线区所有光分路器设置在弱电间(电信间)内,光分路器的支路侧端口数应大于本配线区的用户数。配线区应满足3家电信业务经营者配线设备、光分路器设置。

(4)本图中所标出配线光缆、用户光缆及配线设备的容量为实际需要计算值,在工程设计中应预留不少于10%的维修余量,并按光缆、配线设备的规格选用。

图 11-21 高层住宅光纤到户通信方案示例

633

第六节　远程自动抄表系统

一、自动抄表系统的组成

自动抄表系统一般由管理中心计算机、传输控制器、数据采集器、计量表及其传输方式等组成，如图 11-22 所示。

说明：
1. 标准接口三表系统可与有线网、电信网、电脑网做系统集成。它提供标准 232 接口，可走三个网的总线，三种方式根据用户具体要求而定。
2. 标准接口采集器可以连一户的水表、电表、煤气表，也可单连一个单元的水表、电表或煤气表，表具数为 64 块。

图 11-22　SKJ 标准接口水电气多表远程系统图

（一）水表、电表、气表

可用传统的机械式表，但需加装传感器，目前市面上已有带脉冲输出的电子式电表和远传水表。

（二）数据采集器

对基表（用户表）脉冲进行计数和处理，并存贮结果，同时将数据传至传输控制器，并接收传输控制器发来的各种操作命令。通常可做成一种表专用，或三种表共用。对于多层住宅，采集器集中设在首层，而高层住宅可将其分层或隔层设在竖井内。采集器需提供 220V 电源，可根据基表数量来确定采集器的数量。采集器与基表的连线可采用线径为 0.3～0.5mm 的四芯线，如 RVVP-4×0.3，连线距离一般不宜超过 50m。

（三）传输控制器

作用是定时或实时抄录采集器内基表的数据，并将数据存储在存储器内，供计算机随时调用，同时将计算机的指令传输给采集器。控制器可设在小区管理中心，挂墙安装，需220V电源。可根据采集器的数量来确定控制器的个数，控制器与采集器的通信可采用专线方式，通过RS-485串行接口总线将控制器与采集器连接，线路最长可达1km。也可采用电力载波方式（图11-23），利用低压220V电力线路作通信线路。为此，要求控制器与采集器所接电源应在同一变压器的同一相上。同时，对电源质量有一定要求，如线路上不能有特殊频率干扰，电网功率因数 $\cos\phi \geqslant 0.85$ 等。

（四）管理中心计算机

调用传输控制器内基表数据，将数据处理、显示、存贮、打印，并向控制器发出操作指令。系统一般具有查询、管理、自动校时、定时或实时抄表、超载报警、断线检测等功能。中心计算机对一个小区而言，可设在小区管理中心；对一个行业而言，可设在行业主管部门的管理中心（如供电部门可设一个抄表中心对所有电表进行自动抄表）；对一个城市而言，可设在城市三表管理中心（如果存在的话）。中心计算机与控制器的通信通常有专线方式：通过RS-485串行接口总线，将传输控制器与计算机连接，连线最大距离可达3km。如果控制器与计算机设在同一处，则可通过RS-232接口相连；共用电话网通信方式，将计算机和控制器通过调制解调器接入公用电话网（不需专线，需抄表时才接入使用）。

二、自动抄表系统方式

自动抄表系统的实现主要有几种模式，即总线式抄表系统、电力载波式抄表系统和利用电话线路载波方式等。总线式抄表系统的主要特征是在数据采集器和小区的管理计算机之间以独立的双绞线方式连接，传输线自成一个独立体系，可不受其他因素影响，维修调试管理方便。电力载波式抄表系统的主要特征是数据采集器将有关数据以载波信号方式通过低压电力线传送。其优点是一般不需要另铺线路，因为每个房间都有低压电源线路，连接方便。其缺点是电力线的线路阻抗和频率特性几乎每时每刻都在变化，因此传输信息的可靠性成为一大难题，故要求电网的功率因数在0.8以上。

（一）电力载波式自动抄表系统（图11-23）

电力载波采集器与电表、水表、煤气表内传感器之间采用普通导线直接连接，电表、水表、煤气表通过安装在其内传感器的脉冲信号方式传输给电力载波采集器，电力载波采集器接收到脉冲信号转换成相应的计量单位后进行计数和处理，并将结果存储。电力载波采集器和电力载波主控机之间的通信采用低压电力载波传输方式。电力载波采集器平时处于接收状态，当接收到电力载波主控机的操作指令时，则按照指令内容进行操作，并将电力采集器内有关数据以载波信号形式通过低压电力线传送给电力载波主控机。管理中心的计算机和电力载波主控机之间是通过市话网进行通信的。

（二）总线式自动抄表系统（图11-24）

该系统采用光电技术，对电表、水表、煤气表的转盘信息进行采样，采集器计数记录数据。所记录的数据供抄表主机读取。在读取数据时，抄表主机根据实际管辖用户表的容量，依次对所有用户表发出抄表指令；采集器接收指令正确无误后，立即将该采集器记录

图 11-23　电力载波式集中电、水、煤气自动计量计费系统

图 11-24　总线式集中电、水、煤气自动计量计费系统

的用户表数据向抄表主机发送出去；抄表主机与采集器之间采用双绞线连接。

管理中心的计算机与抄表主机之间通过市话网通信。管理中心的计算机将电的有关数据传送给电力公司计算机系统，水的有关数据传送给自来水公司计算机系统，热水的有关数据传送给热力公司计算机系统，煤气的有关数据传送给煤气公司计算机系统。管理中心

的计算机可以准确、快速地计算用户应交的电费、水费和煤气费，并在规定的时间将这些数据传送给银行计算机系统，供用户交费、银行收费时使用。

（三）基于 LonWorks 控制网络的自动抄表系统

LonWorks 技术是由美国 Eschlon 公司于 1990 年底推出的全新的智能控制网络技术，它将网络技术由主从式发展到对等式，又发展到现在的客户/服务器方式。不受总线式网络拓扑单一形式的限制，可以选用任意形式的网络拓扑结构。它的通信介质也不受限制，可用双绞线、电力线、光纤、天线、红外线等，并可在同一网络中混合使用。在 LonWorks 技术基础上建立的自动抄表系统，使我们在今后智能化小区的建设中，可以非常简捷地进行系统扩充、升级、增加，如小区安全防范系统、小区停车场管理系统、小区公共照明控制系统、小区电梯控制系统、小区草地喷淋控制系统、住户家电智能化控制系统等。

图 11-25 是基于 LonWorks 总线技术的自动抄表系统。该系统使小区内所有住户实现防盗报警（包括室内红外移动探测，非法进入，门磁开关，红外对射）、煤气泄漏报警，紧急求助报警，及对住户的水表、电表、煤气表的远程抄表计量功能。

它由管理中心主机（上位微机）、校准时钟、路由器、控制器组成。控制器由双绞线联网后，最大距离不超过 2.7km，最多不得超过 64 个控制器，增加重复器最多可带 127 个控制器。为了提高系统容量和覆盖面积，采用路由器，按星形网络结构连接，

图 11-25　基于 LonWorks 总线技术的自动抄表系统

最多连接 62 个路由器，从而提高系统的网络容量和系统的可靠性。管理中心的计算机（上位机）是客户/服务机构，它含有小区内所有用户信息和网络信息数据库，是系统的中枢机构。

第七节　家庭智能化系统

一、家庭智能化与家庭控制器

家庭智能化，或称住宅智能化。一般认为，它体现"以人为本"的原则，综合家庭通信网络系统（Home Communication network System，简称 HCS）、家庭设备自动化系统（Home Automation System，简称 HAS）、家庭安全防范系统（Home security system，简称 HSS）等的各项功能，为住户家庭提供安全、舒适、方便和信息交流通畅的生活环境。

目前，家庭智能化系统大多以家庭控制器（亦称家庭智能终端）为中心，综合实现各种家庭智能化功能。图 11-26 是一种家庭控制器。它由中央处理器 CPU、功能模块等组成。它包括如下三大单元：

家庭控制器主机	通信网络单元	电话通信模块
		计算机网络模块
		CATV 模块
	设备自动化单元	照明监控模块
		空调监控模块
		电器设备监控模块
		三表数据采集模块
	安全防范单元	火灾报警模块
		煤气泄漏报警模块
		防盗报警模块
		对讲及紧急求助模块

图 11-26　家庭控制器主机的组成

（1）家庭通信网络单元

家庭通信网络单元由电话通信模块、计算机互联网模块、CATV 模块组成。

（2）家庭设备自动化单元

家庭设备自动化单元由照明监控模块、空调监控模块、电器设备监控模块和电表、水表、煤气表数据采集模块组成。

（3）家庭安全防范单元

家庭安全防范单元由火灾报警模块、煤气泄漏报警模块、防盗报警模块和安全对讲及紧急呼救模块组成。

二、家庭控制器的功能

图 11-27 表示以家庭控制器为中心，与户内外设备的连接图。由此可见系统的功能如下：

图 11-27　家庭控制器与外部设备的关系图

（一）家庭控制器主机的功能

通过总线与各种类型的模块相连接，通过电话线路、计算机互联网、CATV 线路与外部相连接。家庭控制器主机根据其内部的软件程序，向各种类型的模块发出各种指令。

（二）家庭通信网络的功能

1. 电话线路

通过电话线路双向传输语音信号和数据信号。

2. 计算机互联网

通过互联网实现信息交互、综合信息查询、网上教育、医疗保健、电子邮件、电子购物等。

3. CATV 线路

通过 CATV 线路实现 VOD 点播和多媒体通信。

（三）家庭设备自动化的功能

家庭设备自动化主要包括电器设备的集中、遥控、远距离异地的监视、控制及数据采集。

1. 家用电器进行监视和控制

按照预先所设定程序的要求对微波炉、开水器、家庭影院、窗帘等家用电器设备进行监视和控制。

2. 电表、水表和煤气表的数据采集、计量和传输

根据小区物业管理的要求，在家庭控制器设置数据采集程序，可在某一特定的时间通过传感器对电表、水表和煤气表用量进行自动数据采集、计量，并将采集结果传送给小区物业管理系统。

3. 空调机的监视、调节和控制

按照预先设定的程序根据时间、温度、湿度等参数对空调机进行监视、调节和控制。

4. 照明设备的监视、调节和控制

按照预先设定的时间程序分别对各个房间照明设备的开、关进行控制，并可自动调节各个房间的照明度。

（四）家庭安全防范的功能

家庭安全防范主要包括防火灾发生、防煤气（可燃气体）泄漏、防盗报警、安全对讲、紧急呼救等。家庭控制器内按等级预先设置若干个报警电话号码（如家人单位电话号码、手机电话号码、寻呼机电话号码和小区物业管理安全保卫部门电话号码等），在有报警发生时，按等级的次序依次不停地拨通上述电话进行报警（可报出家中是哪个系统报警了）。

1. 防火灾发生

通过设置在厨房的感温探测器和设置在客厅、卧室等的感烟探测器，监视各个房间内有无火灾的发生。如有火灾发生，家庭控制器发出声光报警信号，通知家人及小区物业管理部门。家庭控制器还可以根据有人在家或无人在家的情况，自动调节感温探测器和感烟探测器的灵敏度。

2. 防煤气（可燃气体）泄漏

通过设置在厨房的煤气（可燃气体）探测器，监视煤气管道、灶具有无煤气泄漏。如有煤气泄漏，家庭控制器发出声光报警信号，通知家人及小区物业管理部门。

3. 防盗报警

防盗报警的防护区域分成两部分，即住宅周界防护和住宅内区域防护。住宅周界防护是指在住宅的门、窗上安装门磁开关；住宅内区域防护是指在主要通道、重要的房间内安装红外探测器。当家中有人时，住宅周界防护的防盗报警设备（门磁开关）设防，住宅内区域防护的防盗报警设备（红外探测器）撤防。当家人出门后，住宅周界防护的防盗报警设备（门磁开关）和住宅区域防护的防盗报警设备（红外探测器）均设防。当有非法侵入时，家庭控制器发出声光报警信号，通知家人及小区物业管理部门。另外，通过程序可设定报警点的等级和报警器的灵敏度。

4. 安全对讲

住宅的主人通过安全对讲设备与来访者进行双向通话或可视通话，确认是否允许来访

者进入。住宅的主人利用安全对讲设备，可以对大楼入口门或单元门的门锁进行开启和关闭控制。

（五）紧急呼救

当遇到意外情况（如疾病或有人非法侵入）发生时，按动报警按钮向小区物业部管理部门进行紧急呼救报警。

关于智能化住宅的布线示例见前图 11-19。

第八节　住宅小区物业管理系统与小区系统设计

一、物业管理系统的功能与组成

（一）系统的一般功能

小区物业计算机管理系统的硬件部分由计算机网络及其他辅助设备组成。软件部分是集成小区居民、物业管理人员、物业服务人员三者之间关系的纽带，对物业管理中的房地产、住户、服务、公共设施、工程档案、各项费用及维修信息资料进行数据采集、加工、传递、存储、计算等操作，反映出物业管理的各种运行状态。物业软件应以网络技术为基础，面向用户实现信息高度共享，方便物业管理公司和住户的信息沟通。

根据功能实现位置的分布，住宅小区应采用如图 11-28 所示的集中管理的应用系统。小区安全管理除了电视监控系统之外，电子巡更、停车场管理和出入口管理可以采用一个安全管理系统来实现。住户管理可以采用一种设备来实现各种智能化管理目标。并通过现有的网络传输介质（电话、CATV、计算机网络布线等）实现与中央管理系统的互联，以减少投资和管理成本。

图 11-28　智能小区的集成管理平台

（二）物业管理构成（图 11-28）

普通的物业计算机管理系统，可以采用单台或多台独立的单机方式工作，它们可以分别运行不同的相关软件，完成不同的物业管理功能。较为完善的物业管理系统，要求采用计算机联网方式工作，实现系统信息共享，进一步提高办公自动化程度，同时也为小区居民在家上网查询、了解小区物业管理及与自家相关的物业管理情况提供方便。图 11-29 是典型的系统软件功能框图。

图 11-29　小区物业管理综合软件功能框图

二、小区公用设备的控制与管理

现代化物业管理要求对公用设备进行智能化集中管理，主要包括对小区的采暖热交换系统、生活热水热交换系统、水箱液位、照明回路、变配电系统等信号进行采集和控制，实现设备管理系统自动化，起到集中管理、分散控制、节能降耗的作用。

智能化住宅小区的公共设备监控与管理系统主要由给排水监控系统、电梯监控系统、供配电监控系统、灯光照明控制系统和其他监控系统等组成。其原理图见图 11-30。

智能小区的设备监控主要包括两大部分，即有关水的监控部分和有关电的监控部分。水的监控，主要是监控各类水池（包括饮用水池、生活用水池、污水池、消防用水池等）

图 11-30　公共设备监控系统原理图

的状态及各种水泵的工作状态。过去通常采用监测水池水位高低来观察水泵工作状态。对于饮用水和生活用水来说，现在通常采用一种压力传感器监测管线水压来推算水池水位的方法，更为科学地保障居民供水压力，同时可以适当缩小相关蓄水池的大小。各类水池蓄水状态及水泵工作状态动态反映到小区物业管理中心计算机上，不仅可以时刻确保小区居民用水等问题，而且也保证了小区相关设备的良好状态。

电力安全对小区整个系统非常重要，一旦电力系统出现故障，小区必须启动一定容量的发电设备，以维持小区基本系统运行工作用电。因此，要求对小区变配电系统的主要设备状态进行实时监测，使物业管理中心随时了解系统电力工作状态，对可能出现的故障及时处理，确保小区用电安全。

公共照明控制是为了合理、科学使用能源，消除"长明灯"现象，并利用合理的控制策略和技术，为人们提供最佳照明条件。

住宅小区建筑设备监控系统的监控对象和功能及其配置要求如表 11-13 所示，其中基本配置是系统应实现的功能，可根据实际需求合理选配。

三、住宅小区智能化系统设计举例

某市庭园式住宅小区占地 8.8hm²，由四个住宅组群、一个中心绿地和公共社区组成，总建筑面积约 10 万 m²。根据小区所在地的政治、经济发展水平和文化传统，要求该住宅小区在合理控制工程造价和执行国家标准的基础上，应用现代化信息技术和网络技术，通过精心设计、择优集成、精密施工，提高住宅使用功能，实现住宅智能化，达到安全、舒适、方便、高效、环境优美的先进型智能化住宅小区。

监控功能与配置要求   表 11-13

监控对象	监 控 功 能	基本配置	可选配置
给排水系统	监测蓄水池、生活水箱、集水井、污水井的液位,并对超高、超低液位进行报警	☆	
	监视生活水泵、消防泵、排水泵、污水处理设备的运行状态	☆	
电梯系统	以直观的动态图形显示电梯的层站、运行方式及综合故障报警	☆	
	保存电梯 24h 内的详细历史信息	☆	
照明系统	对公共区域的照明(包括道路、景观、泛光、单元/楼层大堂灯光)设备进行监控	☆	
	监视航空障碍信号灯的状态	☆	
	能按设定的时间表自动控制照明回路开/关	☆	
通风系统	对地下室、地下车库的通风设备进行监控	☆	
	监视风机的运行状态、手/自动开关状态和故障报警	☆	
	能按设定的时间表自动控制风机的启停	☆	
冷热源系统	监视小区集中供冷/热源设备的运行/故障状态;监测蒸气、冷热水的温度、流量、压力及能耗	☆	
	对热源设备与水泵进行节能方式的组合运行控制		△
其他系统	对园林绿化浇灌实行自动控制		△
	对人工河、喷泉、循环水等景观设备进行监控		△
	对其他特殊建筑设备进行监控		△

注:☆代表基本配置;△代表可选配置。

（一）智能化系统的总体要求

住宅小区智能化系统总体方案如图 11-31 所示，它可分为如下几个方面考虑：

（1）安全防范系统：周界防越报警系统、闭路电视监视系统、保安巡逻管理系统、可视对讲系统、住宅联网报警系统。

（2）信息管理系统：三表远传抄收系统、停车场管理系统、紧急广播与背景音乐系统、公共设备集中监控系统、物业综合信息管理系统。

（3）信息网络系统：网络综合布线系统、住宅小区电话系统、有线电视系统、集成管理系统。

（4）综合布线系统。

（5）小区管理中心。

（6）火灾自动报警系统。

（二）智能化系统设计方案（图 11-31）

住宅小区安全防范系统　本庭园式住宅小区的安全防范系统是多层次、多级别、多功能设计的有机结合，系统除具备模块化、集成化、规范化之外，还具有实时现场监视和控制及分级管理、分级报警的功能。

1. 周界防越报警系统

在住宅小区周界建立必要的围栏，辅以对射式主动红外移动探测器构成小区外围防

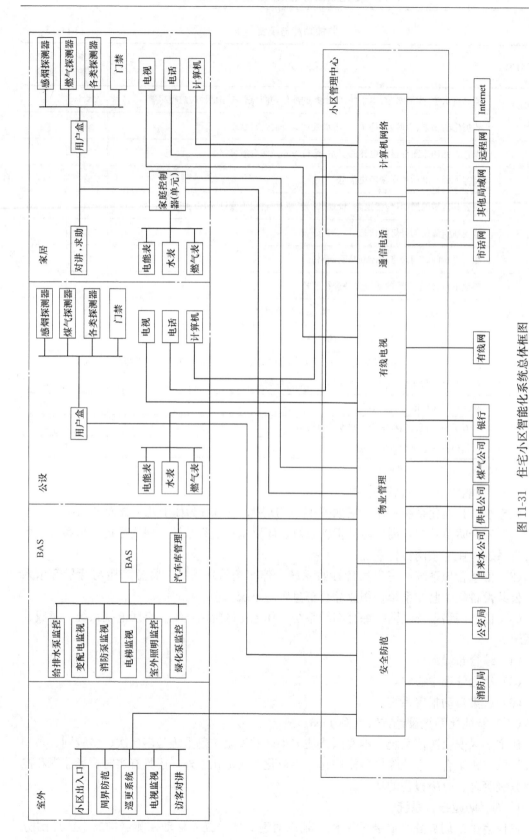

图 11-31 住宅小区智能化系统总体框图

644

线。当非正常出入者穿越探测器防范区域即触发报警，有效地防范闲杂人员及犯罪分子通过周界出入小区，减少案件的发生。

根据住宅小区周界特点及选用设备的性能，将本住宅小区周界划分为 12 个防区，便于发生警情时，保安人员能较准确知道警情发生的位置。报警接收主机安装在物业管理中心，负责周界探测器信号的接收。警情发生时，主机接收到报警信号，显示发生警情的防区。管理人员可通过闭路电视监控系统察看警情发生的现状，通知巡逻保安人员及时赶到出事地点处理警情。

2. 闭路电视监控系统

由于小区采用全封闭结合开放出入通道的管理方式，因此需建立闭路电视监控系统对小区一些重要区域和主要出入口进行监控，并进行实时记录，加强小区内部的管理。

本住宅小区的闭路电视监控系统主要针对防范区域进行设计。根据小区的实际情况，共设置 16 个监控点，对小区行人及车辆出入口、公共场所、小区死角、汽车库出入口进行监视，并确保一定的照度，以便将视频信号传输到物业管理中心。重要部位的摄像点实行 24h 不间断录像监控。在小区物业管理中心设闭路电视监视屏，管理人员可对小区进行巡回监视或重点监视，也可通过画面分割器同时监视 69 个摄像点的情况；某处报警时，摄像机自动对准出事地点进行监视录像，并通知保安人员及时赶到现场。

本系统适用于电视摄像机数量在 10 台以上、100 台以下的中型保安监视系统。画面分割处理器根据甲方要求，可采用四画面、九画面或十六画面分割处理器。摄像机主要设置在小区进出口处，汽车库进出口处，住宅主要通道处。

3. 保安巡更管理系统

为了保证住宅小区管理中心全面、精确了解小区的安全信息，及时处理异常情况，加强对保安人员定时巡视工作的监督和管理，在小区内设置合理的巡更路线及固定巡更点，提高整个小区防范能力，有机地将人防、技防相结合。

根据本住宅小区设计总平面图设定巡更路线，巡更点设在小区主干道及各支路旁边的建筑物上，文化交流中心、幼儿园、地下停车场、中心花园也设置巡更点，小区共设 51 个巡更点，设 3 条巡更路线。

巡更开关可设定时间间隔，保安人员在触发前一个巡更开关后，系统会通知下一个巡更开关计时，保安人员应在设定时间内触发下一个巡更开关，否则会向管理中心发出报警信号。保安人员携带数据采集器，每到一个站点触发一次巡更开关，巡逻完毕后，保安人员将数据采集器送回管理中心即可。管理中心通过微机读出保安人员的数据采集器，并打印出信息报表，可全面、准确及时地了解和掌握保安人员的巡更情况。

4. 访客对讲系统

访客对讲系统主要针对外来访客进行管理，有效地防范外来人员通过楼梯口轻易进入住宅单元，降低住家盗窃案件发生，同时系统方便了住户的使用。

单对讲由管理员机、电控防盗门主机、住户话机及配件组成，如图 11-32 所示。图中只画出高层住宅楼（1 号楼）和多层住宅（1 单元）的标准配置，其余类似。管理员机是系统的核心，安装在住宅小区管理中心。电控防盗门主机安装在住宅楼梯口，供来访者操作使用，呼叫住户或与管理员机联系，或密码开锁。住户话机用于与来访者通话，开启防盗门，也可与管理员机联系，实现来访者、住户、管理员三者之间相互呼叫和对讲，除通话双方外，其他人听不到通话内容，来访者无法知道住户家中是否有人。访客通过设在梯口的主机与住户室内机联系，来访者可按下相应的住户号，住户响应后可与来访者对话，经住户同意开启电控锁，来访者进入梯内。

住户可用室内机直接与管理员进行联系，或按对讲机上的求助键把求助信号传递给中心管理员。在小区的物业管理中心安装管理员总机，通过转换模块接入管理计算机。管理人员通过系统管理软件可了解梯口人员出入状况及住户的求助等信息，同时管理员通过管理员总机可与住户进行信息交流。

5. 住宅联网报警系统（图 11-31）

通过在住户家内安装探测器及报警通信主机，对住家进行安全防范。警情发生时，探测器将探测到的报警信号传输给报警通信主机，主机通过逻辑判断并确认后用总线传输至中心接警计算机，中心管理人员通过接警计算机对警情作出反应，达到对住户家中非法入侵行为进行防范的目的。

根据住宅小区的规划，住宅联网报警系统的室外干线与可视对讲系统共用总线，避免室外部分的布管、布线。室内各探测器与报警通信主机采用单线连接，避免传输过程中受到干扰而出现漏报或误报。

住家入户大门处安装门磁，对企图从大门非法侵入住家的事件发出报警；阳台采用幕帘式红外微波双鉴探测器，对企图从阳台及窗户非法侵入住家的事件发出报警；客厅采用球状红外微波双鉴探测器，提供对住家内部平面及空间的探测，对进入防护区域的非法事件发出报警。主卧安装紧急按钮，当发生抢劫及其他紧急事故时，可按下发出求救信号。

物业管理中心通过计算机进行监测，当发生警情时，中心能立即了解发生警情的住家及相关资料，进一步作出反应。

6. 消防报警系统（FAS）

消防控制中心室设在小区中央控制室。按消防规范的要求，该系统应具备对地下停车场、会所和高层电梯前室有火灾探测、手动报警、报警及故障显示、消防通信、火灾事故广播和消防联动控制的能力。

根据探测区的不同情况，采用不同类型的智能火灾探测器。地下停车场采用复合型探测器，会所采用感烟探测器。消防系统应高效可靠，低误报率。图 11-32 为住户内安全防范系统。

（三）物业信息管理系统

1. 三表远传自动抄收系统

三表抄收指对住户水表、煤气表、电能表费用的抄收。传统的抄收方式，打扰了住户正常的生活；对物业公司来说，收费难已成为物业公司较头疼的事，造成水、电、煤气智能部门经营管理上的困难，通过建立三表远传自动抄收系统减少人工参与，提高小区物业管理水平。

本小区住宅采用三表自动抄收远传系统，每户设计一块电表，一块气表，二块水表，如图 11-33 所示。

系统通过管理机完成对小区内各耗能表数据的采集，通过电力线载波，由载波终端机传送到物业管理中心，完成对数据的抄收、管理。管理机安装在智能电表箱内，可接入 8 块耗能表。电表直接在电表箱内连至管理机，水表和煤气表由住户家中引线至电表箱，再连至管理机。载波终端机安装在变压器房内,该终端机可连接多个变压器供电范围内低压电网上的每个管理机,并对其自动调相进行数据双向通信。系统总控管理站安装在物业管理中心,进行小区内用户电量、用气量、用水量的信息采集、存储、统计与综合管理。电力公司、煤气公司和自来水公司可以通过电话 MODEM 或数据网络传输取得相应的资料。

管理机与载波终端机之间的通信 380/220V 电力线为载体,直接用电力线进行数据双向传输;载波终端机与总控管理站之间通过电话网进行数据传输。

2. 停车场自动管理系统

通过利用高度自动化的机电设备对停车场进行安全、有效的管理,满足整个小区的住户和管理者对停车场效率、安全、性能以及管理上的高要求。

系统包括住户车辆进出管理、非小区居住人员的车辆进出管理及收费,加强对进出地下车库车辆的有序管理。本住宅小区共有 2 个地下停车库,采用一进一出停车场管理系统、收费管理方式、接近式读卡技术。

3. 紧急广播与背景音乐系统

背景音乐系统主要在小区中心绿地、喷泉广场、地下车库、小区主要通道等处进行设置,控制中心由广播控制室和消防控制室组成。广播控制室用于日常背景音乐的播放及紧急事件的广播,消防控制室用于发生火灾时,强制切入广播相关事宜。整个系统共分 5 个回路。菱香园中心花园为 1 路,叠翠苑组团为 1 路,望江苑组团为 1 路,郁金苑组团为 1 路,清岚苑组团为 1 路。

4. 公共设备集中监控系统

为确保小区内各项设备运行良好,节约人力和能源,减少维护费用,提高管理效率,对小区内的机电设备进行集中监视和管理。

BAS 监控中心包含一台中央站,对整个小区内的变配电系统、给排水系统、公共照明及电梯系统等设备进行监测和控制。系统中央站采用微型计算机,下位机采用 DDC 直接数字控制器。

(1) 给排水监测系统

监视给水泵、排污泵,排水池(水泵均按 1 用 1 备计)。

监控水泵的运行状态和故障报警。当水泵发生故障时,自动投入备用泵。

监控水泵运行状态,根据水池液位高低自动启停水泵,并根据水泵运行时间,自动确定运行与备用泵。

通过 DDC 采集水泵的工作状态,在小区管理中心就可直接观察各水泵是启动还是停止。

(2) 变配电监测系统

监测低压进线电压、电流、有功功率、功率因数、频率等电力参数。

监测变压器超温报警。

监测低压母线断路器的状态。

(3) 电梯监视系统

小区内高层建筑的 9 部电梯。

由于电梯系统的设备及其控制系统均由电梯厂家提供。电梯厂家可提供电梯的运行、故障等信息。现采用 LED 电梯集中显示,在小区主控中心就可实现对所有电梯的上行、

图 11-32　住户内安全防范系统

图例

◇EI　电控锁
◇B　玻璃破碎探测器
◇IR　红外入侵探测器
◇R/M　红外／微波双探测器
▭•▭　电控防盗门主机
⌂◎　对讲电话分机（带求助控键）
✎　煤气泄漏探测器
◇S　感烟探测器

说明：

1.系统功能：
（1）来访者按下相应的住户号码，室内对讲分机发出铃声，来访者听到门口机的回铃声。
（2）住户拿起室内分机与来访者对讲，住户按下楼门上的电控锁打开，单元锁钮，单元楼门电控锁打开，来访者进门后，闭门器会自动将门关闭。

2.户内对讲、求助和煤气泄漏报警系统每户必装，其余报警装置由用户有偿自选，一楼用户，由开发商出资安装。

图 11-33　三表自动抄收系统图

说明

1. 本方案采用电力线作为数据传输介质，省去小区内部布线，表具数据存储在智能箱内，管理计算机可定时查询数据。

2. 多层住宅采用三表自动抄收系统，一层 2 户，每户用一块电表、一块气表、二块水表。

3. 高层住宅采用二表自动抄收系统，一层 4 户，每户用一块气表、一块水表，电表采用磁卡表，先买电后用电。

4. 智能电表箱包括管理机和电能表。

下行、停靠楼层、故障等进行监视。在电梯发生故障时，还可通过电话对讲实现小区主控中心与电梯内受困人员的通话。

（4）照明控制系统

小区内公共照明回路。

照明系统是具有控制管理建筑物的公共照明的功能，按各个区域的要求不同，在低压配电室设置多个独立控制回路，通过 DDC 分站即可实时检测各个回路的手/自动状态故障，开关状态等。对小区内的公共照明采用定时自动管理方式进行控制，具有高度的可靠性和明显的节能功能。

5. 物业管理综合信息系统

物业管理综合信息系统的核心是"信息化物业综合管理系统"软件，该软件是安装于计算机物业综合管理中心局域网，实现消费、结算、查询物业管理中心、三表数据抄收、小区内部信息服务等系统的网络信息集成。以高效便捷的软硬件体系来协调小区居民、物业管理人员、物业服务人员三者间的关系。

系统分为前台和后台两部分：前台是设在公共场所的多媒体触摸屏电脑，或者个人家庭的 PC 机，通过小区内部的局域网，进行查询、投诉和报修等事宜。后台是管理中心的服务器，负责采集、处理和存储各子系统的信息。

小区物业中心综合管理系统分为硬件及软件两部分：硬件部分是在物业管理中心内部建立内部计算机局域网，由物业管理计算机、中心服务器、网络工作站及多媒体电脑构成，通过局域网的建立可完成物业管理公司与用户双向沟通，及物业管理公司的内部管理。软件部分，即物业管理综合信息查询系统，它是专用于物业管理的一套事务处理软件，分为前台系统和后台系统两大部分，前后台系统紧密相连，共同完成物业管理中的各项工作。

（四）信息网络系统

1. 综合布线系统（图 11-34）

本住宅小区综合布线工程总体目标是：以现代通信技术、现代计算机技术、现代管理技术、现代控制技术为技术支撑，建立一个开放的、模块化的系统体系，支持小区电话、数据、图文、图像等多媒体业务的需要。

本住宅小区综合布线系统的设计包括六个部分：用户工作区，配线子系统，干线子系统，设备间，管理和建筑群子系统，各部分之间采用星形拓扑结构连接，如图 11-34 所示。

用户工作区由终端设备连线和信息插座组成。这些信息插座全部使用 8 芯的 RJ45 模块式插座，可方便与计算机连接。

针对本方案，我们对用户工作区做以下设计：

① 每个家庭住户设 1 个数据点；

② 管理中心根据实际情况每间设 1 个数据点；

③ 文化交流中心、幼儿园可根据需要相应设计。

2. 有线电视系统

图 11-35 是某住宅小区一个公寓楼有线电视系统图，进线由下部光纤引入。

3. 电视监控系统

图 11-34　小区综合布线图

图 11-35 住宅小区公寓楼有线电视系统图

本住宅小区将闭路电视监控系统的矩阵主机与周界翻越报警系统中心接收主机相连，其前端监控摄像机与周界防范区域对应，多媒体监控主机上绘制有周界电子地图；当周界发生警情时，显示报警区域，同时驱动周界上警灯威慑非法入侵者。

住宅报警接收主机接收到报警时，将警情传送至多媒体监控中心，可启动与报警区域相近的摄像机进行监控、摄像，便于中心控制室人员了解报警区域动态，并通知保安人员进行处理。

在以上系统集成的基础上，融合住宅小区的计算机网络系统，可实现整个小区信息服务管理的集成，这层意义上的集成是指各子系统管理上的集成和信息服务的集成。采用两台上位机集中监控管理，其中一台计算机用于控制管理，另一台计算机用于信息管理，其余下位机（子系统主控计算机）采用分布管理的方式。上位机通过开放式的数据库对各子系统的信息进行分析、处理，最终达到有效管理的目的。上位机和各下位机采用快速以太网连接，下位机完成其系统管理的同时，将主要故障信息发送至上位机，便于管理人员处理。同时，在必要时，上位机可接管下位机的工作。

图 11-36 是小区机房的设备布置图。

注:1.本图机房设备布置仅供参考,在工程设计中应根据管理要求、实际设备数量进行布置。

2.机房设备布置应符合《安全防范工程技术规范》GB 50348、《火灾自动报警系统设计规范》GB 50116、《电子信息系统机房设计规范》GB 50174的规定。

3.电视墙上的监视器到操作人员之间的距离宜为屏幕对角线的4~6倍。

图 11-36 小区设备机房布置图示例

参 考 文 献

[1] 梁华等编著. 智能建筑弱电工程设计与安装. 北京：中国建筑工业出版社，2011.
[2] 梁华等编著. 音视频会议系统与大屏幕显示技术. 北京：中国建筑工业出版社，2012.
[3] 梁华等编著. 新编智能建筑弱电工程施工手册. 北京：中国建筑工业出版社，2016.
[4] 北京市建筑设计研究院有限公司编. 建筑电气专业技术措施（第二版）. 北京：中国建筑工业出版社，2016.
[5] 王齐祥等编著. 现代公共广播技术与工程案例. 北京：国防工业出版社，2011.
[6] 梁晨编著. 现代酒店电气设计与应用实例. 北京：中国建筑工业出版社，2017.
[7] 易建勋等编著. 计算机网络设计（第3版）. 北京：人民邮电出版社，2013.
[8] 白永生编著. 建筑电气弱电系统设计指导与实例. 北京：中国建筑工业出版社，2015.
[9] 有关的国家标准与行业标准.